食品安全风险监测实用技术手册

吴国华　赵　榕　主　编
刘晓峰　刘卫东　副主编

化学工业出版社
·北京·

内容简介

本书是北京市疾病预防控制系统在开展食品安全风险监测工作的过程中，结合国内外开展食品风险监测所采用的有关法规、规定和要求，对在数十年间采用的食品安全风险理化检验部分方法、规定等的集成。主要介绍了国内外食品安全风险监测法规、监测技术等的现状、发展趋势和不同监测项目、不同监测样品的采样、制样、检测、质量控制以及数据上报、隐患报告等具体个案的规定、要求和方法。可以对未来的监测工作起到启示、借鉴的作用。

本书可供从事食品安全风险及污染物监测的相关技术人员使用，同时可供高等院校食品、检验、农业等专业的师生参考。

图书在版编目（CIP）数据

食品安全风险监测实用技术手册 / 吴国华，赵榕主编；刘晓峰，刘卫东副主编. —北京：化学工业出版社，2022.5

ISBN 978-7-122-41027-6

Ⅰ.①食… Ⅱ.①吴… ②赵… ③刘… ④刘… Ⅲ.①食品安全-风险管理-手册 Ⅳ.①TS201.6-62

中国版本图书馆CIP数据核字（2022）第047023号

责任编辑：张　艳　　　　文字编辑：陈小滔　王文莉
责任校对：宋　玮　　　　装帧设计：王晓宇

出版发行：化学工业出版社（北京市东城区青年湖南街13号　邮政编码100011）
印　　装：中煤（北京）印务有限公司
710mm×1000mm　1/16　印张41　字数880千字　2023年1月北京第1版第1次印刷

购书咨询：010-64518888　　　　售后服务：010-64518899
网　　址：http://www.cip.com.cn
凡购买本书，如有缺损质量问题，本社销售中心负责调换。

定　　价：268.00元

本书编写人员名单

（按照工作量及姓氏笔画排序）

房　宁　李　倩　王　玮　李　敏　乔庆东　庄景新　范　赛　赵旭东
王玉江　王　硕　任永胜　刘　平　李　晔　张向明　林　强　袁　蕊
王权帅　孙卫明　李　堃　杨文英　曹　民　董德泉　刘　佳　李冬梅
李　兵　沙博郁　张志荣　周　洋　赵劲松　王　佳　王　涛　刘　伟
刘爱军　刘盛田　李健潇　张　楠　侯瀚然　郭蒙京　马爱英　王　静
任武洁　刘卫东　李永纪　周一卉　郑丽红　赵丹莹　赵　榕　凌　玲
黎　娟　于秋红　王子剑　王　正　王丽荣　王轶晗　王海云　朱风雷
刘裕婷　李君建　李　斯　吴国华　张来颖　陈　东　陈忠辉　罗诗萌
胡　静　徐赐贤　郭爱华　曹　冬　崔　霞　温　雅　翟亚楠　丁文波
王　芳　王　松　王建国　王春来　王　艳　王艳春　巩俐彤　毕　容
朱云杰　刘　烨　刘　淳　刘墨一　闫革彬　安　阳　孙开齐　孙　涵
李丽萍　李建超　李　琳　李　博　吴云钊　沈成钢　张玉玉　张洪磊
张　颖　陈永艳　邵俊娟　周　雨　孟亚楠　孟　鹏　赵连佳　赵海燕
贾建伟　郭　虹　谈春洁　崔　悦　雷　凯　褚　添

序

“民以食为天、食以安为先”，食品是否安全是消费者在吃得饱、吃得好后关注和考虑的首要问题。如何判断某种、某类食品是否安全？食品安全整体状况是否良好？利用现代检测技术开展监测就成为当前最为有效的手段。监测不同于一般的合规性检测，其目的是要主动发现以往未曾关注的食品安全问题，或者针对性去确定已知的食品安全问题是否确实存在，故方法适用的食品监测更具针对性，对仪器设备的先进、灵敏度远高于以往常规的方法。因此，基于以往的方法进行技术提升或重新建立全新的方法，确实是一种挑战！

本书主编吴国华先生和赵榕女士均是我非常熟悉、敬重及合作多年的国内食品检验领域的知名专家。吴国华先生是我国改革开放后第一批正规学习检验专业的大学生，毕业后即开始在北京市疾控中心（前身是北京市卫生防疫站）从事食品理化检验工作。在实际工作中他首先注意从书本上获取相关知识，收集了国内几乎全部检验方面的书籍；其次，勤于动手、刻苦钻研，几乎所有的食品检验方法他都实际应用过，深谙其中的问题及操作技巧，从而为此次编写工作奠定了扎实的技术基础。赵榕女士也是科班检验专业出身，作为食品检验界的后起之秀，其实力有目共睹。主要体现在：一是聪颖、创造能力强；二是勤快、动手能力强；三是严谨规范。她提出的方法都具有操作简便、快速准确的特点。因此，我相信由他们总结的方法一定能保证实际适用和简便易行，在实际监测过程中必将发挥出重要的技术支撑作用。因此，我非常愿意向广大读者推荐此书。

本书共分 8 章，既包括基本知识和规范要求，还包括分别针对金属、食品添加剂、食品接触材料中污染物、农药残留、兽药残留、生物毒素以及其他关注物质检验技术相关内容。适用于近年来国家和北京市食品安全风险监测中所有的食品基质。内容不仅有方法介绍、具体的操作步骤，还有相关的化合物结构知识以及关键步骤说明等，因此，本书适合从事食品安全风险监测工作和食品日常检验工作的技术人员、开展食品工艺及检验专业教学工作的教师及大中专学生作为技术参考书使用。

杨大进

2022 年 10 月于北京

目录

第一章
食品安全风险监测技术基本要求

第一节　食品安全风险监测概况

食品安全风险监测是通过系统和持续地收集食源性疾病、食品污染以及食品中有害因素的监测数据及相关信息，并进行综合分析和及时通报的活动。《中华人民共和国食品安全法》第二章第十四条：国家建立食品安全风险监测制度，对食源性疾病、食品污染以及食品中的有害因素进行监测。因此，我国的食品安全风险监测是作为一个制度在执行。其目的在于帮助食品安全监管部门掌握国家和地区食品安全状况和食品污染水平、分布及其变化趋势；为开展食品安全风险评估，制定和修订食品安全标准以及其他食品安全相关政策提供科学依据；为风险预警和风险交流工作提供科学信息。

一、国外食品安全风险监测的情况

全球环境监测系统/食品项目（GEMS/Food）：1976年，世界卫生组织（WHO）、联合国粮食及农业组织（FAO）与联合国环境规划署（UNEP）共同建立了全球环境监测系统/食品项目，其中就包括食品污染物监测。监测项目主要包括食品中重金属、农药残留、真菌毒素和持久性有机污染物等。该项目目的是了解各成员国的食品污染状况和食品污染物摄入量，在保护健康和促进贸易方面发挥了积极作用。

欧盟：1991年，为促进各成员国参与全球环境监测系统/食品项目，欧盟建立了GEMS/Food-Euro体系。在GEMS/Food-Euro框架下，既有各成员国的独立监测计划，也有欧盟统一的监测方案。按照欧盟相关法规和指令要求，欧盟统一的污染物监测内容包括植物性食品的农药残留、动物性食品的兽药残留及其他污染物。荷兰、芬兰、德国、爱尔兰、挪威、瑞典、丹麦等国家都建立了各自的食源性疾病监测体系。欧洲的17个国家在欧共体的资助下共同组建了沙门菌、产志贺毒素的大肠杆菌监测网（Enter-Net），主要进行沙门菌和产志贺毒素的大肠杆菌O157及其耐药性的监测。在欧洲集中协调沙门菌血清分型和噬菌体分型，建立即时的沙门菌国际数据库。通过对暴发事件的识别和调查，在不同国家的专家之间及时交换信息，使得欧洲及其他地方的公共卫生行动更为有效。在过去的几年里，Enter-Net发现数起跨国发生的疾病暴发事件，并对其进行了调查和干预，在国际间的食源性疾病暴发事件中发挥作用。日本、加拿大、南非、澳大利亚及新西兰均加入了该网络。

美国：由美国食品药品监督管理局（FDA）和美国农业部（USDA）负责开展食品安全风险监测工作。FDA监测项目包括农药等化学污染物。其监测目标主要侧重于以往监测中发现的食品污染超标严重的地区和食品。USDA于1967年开展食品化学污染物监测，监测项目包括农药残留、允许使用的兽药和违禁添加药物残留及其他化学污染物。监测的目的是用于美国肉、禽、蛋类食品的安全性评价，了解FDA和美国环保局执行联邦法规和条款情况。美国的疾病监测是以“国家—

州—地方”3级公共卫生部门为基本架构。国家一级有监测网络100多个，如全国法定报告疾病监控系统、食源性疾病主动监测网（FoodNet）、水源性疾病主动监测网、公共卫生信息系统（PHLIS）、国家肠道细菌耐药性检测系统（NARMS）、细菌分子分型国家电子网络（PulseNet）、边境传染病监视项目（BIDS）、全球新发传染病监测网（GenSentinel）、实验室快速应答网络（LRN）等。美国与食品安全风险有关的监测网络多，参与部门多，监测项目多，监测方式多，但这些网络既有分工又有机地连接，部门之间注重交流和合作，做到信息共享和交流畅通，职责明确，为保障食品安全提供了有力的技术支撑。

加拿大：加拿大食品检验局（CFIA）负责食品化学污染物监测。监测工作于1978年正式启动，主要基于风险评估需求，选择加拿大居民日常消费量大和污染较为严重的食品作为采样和监测的重点。通过监测了解污染物变化趋势，进行暴露评估，制定、修订标准，并制定有效措施，加强风险管理。

德国：德国作为欧盟成员国既参与欧盟的监测方案、提交相关数据，也制定本国的监测计划。1995年起由联邦政府和联邦州政府共同执行系统性德国食品监测，是官方食品控制框架下的独立的法律任务，监测覆盖德国绝大多数食品。德国联邦消费者保护和食品安全局（BVL）负责监测结果的分析和数据管理，并在BVL的官方网站公布，公众和企业可免费下载。监测数据提交德国风险评估研究所进行风险评估，是暴露评估、标准制定、修订及风险管理的依据。

二、我国的食品安全风险监测体系

卫生部于2000年开始建立全国食品污染物监测网和食源性疾病监测网络并逐年扩大。为加强食品安全监管，自2010年起，国家卫生健康委员会（原卫生部）会同有关部门每年制定国家食品安全风险监测计划并组织实施，初步形成了以国家食品安全风险评估中心和各级疾病预防控制机构为主体的风险监测网络。

三、我国食品安全风险监测现状

监测工作的概况。监测工作已经覆盖全国，监测点逐年增加，目前已涵盖全国86.8%的区县，参与食品安全风险监测的技术机构由2010年的344家增加到2014年底的933家，监测样品量由2010年的12.91万增加到2014年的29.27万。

监测工作的基础理论有待建立。到目前为止，在我国起指导性作用的基础理论尚未完全建立。监测工作基础理论包括：监测项目的选择和确定依据、监测数量的确定、监测任务的分配、监测工作的组织开展、监测数据的统计分析方法以及监测结果的利用等。由于基础理论缺乏，对于基层开展监测工作只能以上级下发的年度监测计划和工作手册作为参考依据，制定主动监测计划，由于基层对该项工作深层次含义的了解不够，主动监测计划制定的目的不明确，从而导致监测效果比较差。为保障监测工作更好地开展，理论先行已刻不容缓。

监测能力待提高。由于监测工作量逐年增大，监测工作也呈现出从最初仅是省级层面开展向地市级甚至向区县级下沉的趋势，多数省份化学污染物的监测工作已逐步由地市级技术机构承担，且部分项目已由具备监测能力的区县级技术机构承担。根据近几年相关监测工作调研数据分析，部分基层监测技术机构确实已经具备开展监测工作所需的仪器设备、人员配备和检测技术水平，尤其是在我国东部沿海和部分中部省份。但部分基层技术机构尚缺乏全面开展工作的能力，人员能力不足，尤其是化学污染物监测。需要制定切实可行的技术机构能力水平评判标准，并将其纳入原则规范制定的工作中，通过能力培养确保工作质量。

加强机制建设，使各级技术机构主动提升技术水平。国家食品安全风险监测是一项系统性、综合性、连续性的任务，对健康和社会经济发展具有重要的影响。国家在多部门联合制定和统一发布实施国家食品安全风险监测计划的同时，尽快制定完善风险监测工作规范，全面规范风险监测计划方案制定、采样、检验、数据报送、技术培训、质量控制、督导检查等工作程序，建立监测保障和激励机制，确定阶段性和长远监测规划。督促各地建立长效工作机制，出台有关政策、制度，依法明确责任部门及参与部门的工作职责、权利及人、财、物等资源保障机制，完善食品安全风险监测地方方案的组织形式、监测结果的通报和会商机制。建立食品安全风险监测结果，风险监测质量管理办法，完善报告制度和机制，不断提高风险监测报告、预警和应急处置能力。国家与地方监测要做到一体与独立相结合、相辅相成，既发挥地方在国家监测计划执行中的主动性，又服务地方的食品安全监管，进一步促进国家和地方食品安全监测的长期可持续发展。设计监测技术机构分级标准，并以此为原则授予各监测技术机构不同的级别，使各级机构无论在参与的监测任务、接受培训的内容还是在监测工作经费上都有所不同，借此以调动各级技术机构的积极性。建立监测工作奖励机制，对于在监测工作中完成任务量大以及有突出技术贡献的技术机构给予奖励，以促使各级技术机构认真开展并完成好所承担的监测任务。经常性开展监测数据质量评比工作，一方面发现重视监测质量工作的技术机构，同时也对发现存在质量问题的机构开展技术帮扶，使其明确问题所在，以确保其加强质量保证工作。

四、我国食品安全风险监测发展趋势展望

为实现理想的监测效果，当前监测工作开展的理念和工作方式亟待更新，以适应监测不断增加的新项目的检测需要以及适应当前国家充分利用社会资源的要求。

由于在检测技术方面不同部门和各个机构都具有其各自的技术优势，建议考虑当前任务分配的方式，可以适当考虑其他部门或者具有突出特色的实验室，将部分监测任务进行委托，以更好地完成监测任务。

改变现有的授课加试验的全国性培训方式，将部分需要重点进行技术培训的技术人员安排至遴选出的实验室学习和实践一段时间，确保融会贯通。

目前在年度计划中常规监测的项目数和监测量大约是专项监测的一倍左右，在现有数据已经基本保证需要的基础上，适当减少常规监测，强化过程监测，实现找原因、溯源头并指导生产实践。

目前在食品化学项目监测中仅30％的方法属于多组分分析方法，而微生物更是传统的一个项目一个方法，分析时间长。因此，从方法选择上，有必要根据现有项目多、检验人员紧张的特点优先选取多组分、前处理和分析时间短、结果准

确变异小的分析方法。改变现有数据展示的方法，力争以实时和在线方式自动分析数据、图表等形式高效形象展示的方法。

监测工作是一项系列性的工作，受多种因素影响，其工作的质量不单单是控制好实验室检测质量，而是应该从方案制定开始，开展有效的技术培训，样品采集、运输、交接、储存和分析，以及数据报送全链条。因此需要将相关因素和相关环节通盘考虑才能取得应有的效果。

在以往监测的基础上归纳总结形成我国中长期监测规划，既有长期项目又有年度重点，突出监测项目的精准性，为生产和监管提供可靠的依据和针对性的手段。

监测工作是食品安全风险管理中的一项基础性工作，监测数据的作用巨大。因此，深层次分析当前监测工作中存在的问题，科学设计监测计划、科学组织开展监测工作并充分利用好监测数据是今后监测工作中需要重点考虑的内容。

五、食品安全风险监测管理

《中华人民共和国食品安全法》第二章中第十四条　国家建立食品安全风险监测制度，对食源性疾病、食品污染以及食品中的有害因素进行监测。国务院卫生行政部门会同国务院食品安全监督管理等部门，制定、实施国家食品安全风险监测计划。省、自治区、直辖市人民政府卫生行政部门会同同级食品安全监督管理等部门，根据国家食品安全风险监测计划，结合本行政区域的具体情况，制定、调整本行政区域的食品安全风险监测方案，报国务院卫生行政部门备案并实施。

第十五条　承担食品安全风险监测工作的技术机构应当根据食品安全风险监测计划和监测方案开展监测工作，保证监测数据真实、准确，并按照食品安全风险监测计划和监测方案的要求报送监测数据和分析结果。

食品安全风险监测工作人员有权进入相关食用农产品种植养殖、食品生产经营场所采集样品、收集相关数据。采集样品应当按照市场价格支付费用。

第十六条　食品安全风险监测结果表明可能存在食品安全隐患的，县级以上人民政府卫生行政部门应当及时将相关信息通报同级食品安全监督管理等部门，并报告本级人民政府和上级人民政府卫生行政部门。食品安全监督管理等部门应当组织开展进一步调查。

卫生部（现国家卫生健康委员会）2010 年 1 月 25 日颁布了《食品安全风险监测管理规定（试行）》（卫监督发〔2010〕17 号)。在该规定中对监测计划的制定和实施做了明确规定。

第二节　食品安全监测技术

一、监测方法的选择

选择正确、适宜的监测方法，是食品安全风险监测极其重要的工作。原则上应该选用下达任务部门规定的方法，以确保监测结果的准确性和可重复性。当任务下达单位规定的监测方法不适宜于监测机构时，应该选用与下达任务机构规定的方法在技术参数上尽可能相近的方法。尤其是定性限（LOD）和回收率的要求。

二、监测方法的验证与确认

对于监测机构而言，选择了方法是否满足监测工作的需要，尤其是新项目时，必须对选用的监测方法进行方法学验证或确认。ISO/IEC Guide 99：2007《International vocabulary of metrology-Basic and general concepts and associated terms（VIM）》的条款2.44中规定“方法验证是实验室通过核查，提供客观有效证据证明满足检测方法规定的要求”；条款2.45中规定“实验室通过试验，提供客观有效证据证明特定检测方法满足预期的用途”。准确地讲，方法验证着重于检测方法会不会用，方法确认则着重于该检测方法能不能用于食品安全风险监测工作。多数情况下，采用的方法都不是标准方法。在下达监测任务时，同时会下发相应的技术手册。但是技术手册的方法多数是符合所需监测项目的要求，每个监测机构需要对手册方法进行方法确认。但是有时需要对手册中没有提供的监测项目自建方法。这时就需要对自己实验室所建立的方法进行验证。方法验证和方法确认在技术层面上是有所差异的。

对于方法验证与确认，《合格评定 化学分析方法确认和验证指南》（GB/T 27417—2017）可以作为参考。

在进行方法验证或者确认之前，需要明晰几个概念。

（一）基本概念

确认（validation）：通过提供客观证据对特定的预期用途或应用要求已得到满足的认定。方法确认要保证“方法的可行性和正确性，且满足预期用途”。表1-1列出了这六大类化学检测方法确认所需的性能参数。

验证（verification）：通过提供客观证据对规定要求已得到满足的认定。方法验证通常是保证“实验室有能力按照方法做，并且做得正确”，对于不需要进行确认的性能参数，一般不需要验证。表1-2列出了AOAC关于上述六种化学测试方法的验证要求。

空白（blanks）：用于检测的基体，已知此基体中不含目标分析物或目标分析物含量为0。一般分为试剂空白、样品空白和标准溶液空白。

①试剂空白是指空白检测中的一种基体，除不加入检测样品外，其他检测步骤与样品检测完全相同。②样品空白是指空白检测中使用的一种能充分反映样品典型特征的基体，此基体为不含目标分析物或目标分析物为0的样品，或与样品近似，且不含目标分析物的材料或替代物。③标准溶液空白是指空白检测过程中使用的一种基体，此基体由配制标准溶液的试剂药品构成，且不含目标分析物。

表1-1 六类化学分析方法的确认要求

性能指标	鉴定	低浓度定量	低浓度限度	高浓度定量	高浓度限度	定性分析
准确度	否	是	否	是	是	否
精密度	否	是	否	是	是	否

续表

性能指标	鉴定	低浓度定量	低浓度限度	高浓度定量	高浓度限度	定性分析
特异性	是	是	是	是	是	是
定性限	否	是	是	是/否	否	否
定量限	否	是	否	是/否	否	否
耐用性	否	是	否	是	否	否
线性	否	是	否	是	否	否

表 1-2　六类化学分析方法的验证要求

性能指标	鉴定	低浓度定量	低浓度限度	高浓度定量	高浓度限度	定性分析
准确度	否	是	否	是	是	否
精密度	否	是	否	是	是	否
特异性	是/否	是/否	是/否	是/否	是/否	是/否
定性限	否	是	是	否	否	否
定量限	否	是	是	否	否	否
耐用性	否	否	否	否	否	否
线性	否	否	否	否	否	否

（二）方法确认

按照食品污染物及有害因素的监测要求，原则上应当优先选择手册中提供的方法，其次选择最灵敏的国家标准检测方法，其定性和定量的准确度以及方法的精密度能够满足食品中化学污染物和有害因素监测的要求，也可以选择比国标方法更准确更灵敏的非标方法，使用前需要进行验证确认。

针对兽药、生物毒素和非法添加等项目可采用指定的基于免疫技术的快速检测方法进行粗筛，对于发现的阳性样品再采取必要的确证措施。

对于新开展的检测项目，在正式开始实际样品的检测前，需要对所用方法进行证实。对于国家标准、行业标准、国际标准进行方法确认。对于自己建立的方法、文献方法则需要进行方法验证。由于方法类型很多，需要确认/验证的性能指标，可参见表 1-1 或表 1-2，也可参见表 1-3。下面就个别性能指标进行说明。

表 1-3　典型方法确认参数的选择

性能参数	确认方法		筛选方法	
	定量方法	定性方法	定量方法	定性方法
定性限①	√	√	√	—
定量限	√	—	√	—
灵敏度	√	√	—	—
选择性	√	√	√	√
线性范围	√	—	√	—
测量范围	√	—	√	—
基质效应②	√	√	√	—
精密度(重复性和再现性)	√	—	√	—

续表

性能参数	确认方法		筛选方法	
	定量方法	定性方法	定量方法	定性方法
准确度	√	√	—	—
稳健度	√	—	√	√

注：√表示正常情况下需要确认的性能参数；

—表示正常情况下不需要确认的性能参数；

① 被测物的浓度接近于“零”时需要确认此性能参数；

② 化学分析中，基质指的是样品中被分析物以外的祖坟，基质经常对分析物的分析过程有显著的干扰，并影响分析结果的准确性。

(1) 选择性

一般情况下，分析方法在没有重大干扰的情况下应具有一定的选择性。对于化学分析方法，在有干扰的情况下，如基质成分、代谢物、降解产物、内源性物质等，保证检测结果的准确性至关重要。实验室可选用下述两种方法检查干扰：①分析一定数量（至少3个）的代表性空白样品，检查在目标分析物出现的区域是否有干扰（信号、峰等）；②在代表性空白样品、标准溶液或纯试剂基质中添加一定浓度的有可能干扰分析物定性和/或定量的物质后，再检查在目标分析物出现的区域是否有干扰。

(2) 测量范围

方法的测量范围应覆盖方法的最低浓度水平（定量限）和关注浓度水平。确认方法测量范围时，至少应确认最低浓度水平（定量限）、关注浓度水平和最高浓度水平的正确度和精密度。测量范围确认及判定方式见表1-4。

表 1-4　测量范围确认及判定方式

确认水平	最低浓度水平（定量限）	关注浓度水平最高浓度水平	最高浓度水平
确认方法	准确度	准确度(采用表1-8中的一种或多种合适的方法进行)	
	精密度		
判定方式	准确度	精密度(按表1-6中的描述进行) 判定方式准确度满足后续(5)节对应确认方法的判定要求。精密度满足表1-4的要求	
	精密度		

若方法的测量范围呈线性，除应满足测量范围的要求外，还应满足下列要求：①采用校准曲线法定量，浓度点不得小于6个（含空白浓度，标准中有规定的按标准的规定进行），浓度范围一般应覆盖关注浓度的50%～150%，如需做空白，则应覆盖关注浓度水平的0～150%，每个浓度点至少重复测量2次，根据浓度值与响应值绘制校准曲线。②对于准确定量的方法，线性回归方程的相关系数不低于0.99。

(3) 定性限和定量限

定性限。通常情况下，只有当目标分析物的含量接近于“零”的时候才需要确定方法的定性限或定量限。当分析物浓度远大于定量限时，没有必要评估方法的定性限和定量限。但是对于那些浓度接近于定性限和定量限的痕量和超痕量检测，并且报告为“未检出”时，应确定定性限和定量限。不同的基质需要分别评估定性限和定量限。定性限的验证或评估可采用下列方法进行：

① 标准方法已给出定性限［LOD或方法定性限（MDL）］时

在给出的MDL浓度水平上，通过分析该浓度水平的样品（$n \geq 10$），以验证给出的MDL，分析结果应在给出的MDL（±20%）范围内。

② 方法未给出MDL时

可选用下列一种合适的方法评估定性限。

a. 空白标准偏差法。即通过分析大量的样品空白来确定定性限。独立测试的次数应不少于10次（$n \geq 10$），计算出检测结果的标准偏差（s）。LOD＝样品空白平均值＋3s。IUPAC规定对各种光学分析方法，可用下式计算：

$$D.L = k \times s_b / s$$

式中　D.L——方法的最低检出浓度；

s_b——空白多次测量的标准偏差（吸光度）；

s——标准偏差（即校准曲线的斜率）；

k——系数。

为了评估，空白测定次数必须足够多，最好能测20次以上，取$k=3$（相应的置信水平大约为90%）。

b. 信噪比法。本方法适用于能显示基线噪声的仪器分析方法。对于定量方法来说，由于仪器分析过程都会有背景噪声，常用的方法就是利用已知低浓度的分析物样品与空白样品的测量信号进行比较，确定能够可靠检出的最小的浓度。即：

$$S/N \geq 3$$

式中　S——样品信号值；

N——空白信号值。

c. 分辨率法。在分光光度法中，以扣除空白值后的与0.01吸光度相对应的浓度值为定性限。滴定分析中，以消耗0.02mL标准溶液所对应的浓度或含量作为定性限。

定量限（LOQ）：又称报告限，是一个限值，高于该值，定量结果的正确度和精密度可接受。一般实验室取3～10倍定性限作为方法的定量限。

定性限：样品中可被（定性）检测，但并不需要准确定量最低含量（或浓度），是在一定置信水平下，从统计学上与空白样品区分的最低浓度水平（或含量）。

方法定性限：通过分析方法全部检测过程后（包括样品预处理），目标分析物产生的信号能以一定的置信度区别于空白样品而被检测出来的最低浓度或含量。

定性限的利用。定性限是分析测试的重要指标，是分析方法的重要基本参数之一。在日常检测过程中，定性限的确定和利用对实验室报出准确检测结果和规避风险具有十分重要的意义。实验室评估出方法定性限后，可参照以下三种情况利用定性限：①如定性限等于或略小于标准分析方法所规定的定性限，则仍采用规定值；②如定性限显著偏低并被多次测定证实其稳定性很好，也可改用此实测值，但必须在报告中加以说明；③如定性限大于标准分析方法的规定值，则表明空白试验值不合格，应找出原因并加以改正，直至小于等于规定值后，实验才能继续进行。

实验室检测结果的表述方式可以分为三种情况（见表 1-5）。

表 1-5 分析结果的表达方式

类别	报告结果表示
检测结果小于定性限	“未检出”，并注明定性限。如：未检出（定性限为 0.01μg/kg）
检测结果在定性限和定量限之间	“<定量限”，并注明定量限。如：<0.03（定量限为 0.03μg/kg）
检测结果大于定量限	直接报告符合数字修约的实测值。如：0.05μg/kg

（4）精密度

精密度反映了分析方法或测量系统存在的随机误差的大小，测试结果的随机误差越小，测试的精密度越高。精密度通常以相对标准偏差（RSD）的形式表示。具体见表 1-6。

表 1-6 实验室内相对标准偏差

被测组分含量水平/(μg/kg)	0.1	1	10	100
实验室内相对标准偏差/%	43	30	21	15
被测组分含量水平/(mg/kg)	1	10	100	1000
实验室内变异系数(CV)	11	7.5	5.3	3.8
被测组分含量水平/%	1	10	100	
实验室内变异系数(CV)	2.7	2.0	1.3	

在考察精密度时应注意以下几个问题：

① 分析结果的精密度与样品中待测物质的浓度水平有关，因此，必要时应取两个或两个以上不同浓度水平的样品进行分析方法精密度检查；

② 标准偏差的可靠程度受测量次数的影响，因此，计算标准偏差时需要足够多的测量次数，一般要求至少重复测定 6 次，计算时应剔除离群值；

标准中对精密度是有要求的，应满足标准的规定。

（5）准确度

准确度是反映方法系统误差和随机误差的总和指标，它决定着这个分析结果的可靠性。测定值与真值的偏差范围见表 1-7。

表 1-7 测定值与真值的偏差范围

真值含量/(mg/kg)	偏差范围/%	真值含量/(mg/kg)	偏差范围%
<0.001	−50～+20	10～<1000	<15
0.001～<0.01	−30～+10	1000～<10000	<10
0.010～<10	−20～+10	≥10000	<5

① 标准样品分析法

通过分析标准样品，由所得结果了解分析的准确度。如果标准中有对准确度的判定方式，则按标准的规定，如无，可用下列方式进行判定。

a. $CD_{0.95}$（临界差）法。用于测量的标准方法提供有可靠的重复性标准偏差 σ_r

和复现性标准偏差 σ_R 时，可采用 CD 值进行评价，标准方法的临界 CD 值为下式：

$$CD_{0.95}=\frac{1}{\sqrt{2}}\sqrt{(2.8\sigma_R)^2-(2.8\sigma_r)^2\times\frac{(n-1)}{n}}$$

式中，$r=2.8\sigma_r$；$R=2.8\sigma_R$。

实验室在重复性条件下，n 次测量的算术平均值 $\overline{X}$ 与参考值 X_{ref} 之差 $\overline{X}-X_{ref}$ 小于临界 CD 值，则该测量结果为满意结果，否则为不满意结果。

b. En 值（又称归一化偏差）法。当实验室能够对所检测项目进行正确的不确定度评定时，可使用 En 值对结果评价，见下式。

$$En=\frac{\overline{X}-X_{ref}}{\sqrt{U_1^2+U_2^2}}$$

式中，$\overline{X}$ 为测量结果的平均值；$\overline{X}_{ref}$ 为参考值；U_1 为实验室扩展不确定度；U_2 为参考值的扩展不确定度。当 $En\leqslant 1$，则表明实验室的结果满意，否则为不满意。

c. Z 值法。在 $CD_{0.95}$ 值和 En 值不可获得时，如相关专业标准规定了测试结果的允许差，可按标准规定评价。计算 Z 值，见下式。

$$Z=\frac{X_{lab}-X_{ref}}{\Delta}$$

式中，X_{lab} 为实验室测量结果；X_{ref} 为标准品或控制样品的参考值；Δ 为标准中规定的允许差。

若 $Z\leqslant 1$，则测试结果为满意结果，否则为不满意结果。

② 加标回收率测定法

在样品中加入一定量标准物质测其回收率。按下式计算回收率 P：

$$P=\frac{\text{加标试样测定值}-\text{试样测定值}}{\text{加标量}}\times 100\%$$

进行加标回收时，应注意以下几点：

a. 加标物质的形态应该和待测物的形态相同；

b. 回收率应在方法测定低限、两倍方法测定低限和十倍方法测定低限进行三水平试验；

c. 任何情况下加标量均不得大于待测物含量的 3 倍（一般取 0.5～2 倍）；

d. 当样品中待测物浓度高于校准曲线的中间浓度时，加标量应控制在待测物浓度的半量。

回收率的参考范围见表 1-8。

表 1-8　回收率参考范围

被测组分含量/(mg/kg)	回收率范围/%
＞100	95～105
＜1～100	90～110
＜0.1～1	80～110
≤0.1	60～120

③ 与其他方法比较法

通常认为，不同原理的分析方法具有相同不准确度的可能性极小，当对同一样品用不同原理的分析方法测定，并获得一致的测定结果时，可将其作为真值的最佳估计。

当用不同分析方法对同一样品进行重复测定时，若所得结果一致，或经统计检验，其差异不显著时，则可认为这些方法都具有较好的准确度。所得结果呈现显著性差异，则应以被公认的可靠方法为准。检验两结果是否存在显著性差异的方法有 t 值检验法、En 值法。

t 值检验法。双整体 t 检验（独立样本）是检验两个样本平均数与其各自所代表的总体差异是否显著。首先按照 F 检验法检验两样品的方差是否存在显著性差异，如无，方可进行 t 值检验。

$$t=\frac{\overline{X_1}-\overline{X_2}}{\sqrt{\frac{(n_1-1)s_1^2+(n_2-1)s_2^2}{n_1+n_2-2}\left(\frac{1}{n_1}-\frac{1}{n_2}\right)}}$$

式中，$\overline{X}$ 为两个样本平均值；s 为两样品标准偏差；n 为样本的个数。

以 0.05 为显著性水平，$f=n_1+n_2-2$，查 t 值表，得临界值 $t_{表}$。如 $t<t_{表}$，则说明两样本平均值无显著性差异，否则，说明两样本平均值存在显著性差异。

En 法。当实验室能够对两个检测项目进行正确的不确定度评定时，可使用 En 值对结果评价。本方法还适用于利用标准物质进行验证、已知不确定度的两个实验室间的比对和留样再测情况。

计算公式：

$$En=\frac{x_1-x_2}{\sqrt{U_1^2+U_2^2}}$$

式中，x_1 为一种方法的测量结果；x_2 为另一种方法的测量结果；U_1 为一种方法的实验室扩展不确定度；U_2 为另一种方法的实验室扩展不确定度。

注：a. 如进行标准物质验证、实验室间比对、留样再测，则可将 x_2 改成被测物品参考值、另一个实验室或上次的测量结果，将 U_2 改成参考值的扩展不确定度、另一个实验室或本实验室的扩展不确定度。

b. 用于实验室间比对时，当已知参比实验室的不确定度优于本实验室，且无法获取具体不确定度值时，可保守认为与本实验室该结果的不确定度相等。

c. 如利用标准物质进行验证，可假定本实验室测量结果的不确定度等同于标准物质证书上给定的不确定度，以简化计算公式。

判定方式：如 $En\leqslant 1$，则表明实验室的结果满意，否则为不满意。

准确度可采用本节“（5）准确度”中的一种或多种合适的方法进行，汇总情况见表 1-9。

表 1-9　准确度试验及判定方式汇总表

准确度试验方式	准确度判定方式
标准样品分析法	*CD* 法(适用于标准中提供 *r* 和 *R*,或重复性标准偏差和再现性标准偏差的方法) *En* 值法(适用于实验室能够对所检测项目进行正确的不确定度评定时) *Z* 值法(适用于方法标准规定了测试结果的允许差时) 重复分析标准物质法
加标回收率测定法	适用于无标准样品的准确度试验(见表 1-8)
与其他方法比较法	*t* 值检验法(应用两种方法分别对检测对象重复测定 6 次以上) *En* 值法(适用于实验室能够对所检测项目进行正确的不确定度评定时)

第三节　质量控制

为确保监测数据的准确可靠，必须采取适当的质量控制措施。对于质量控制，国内外有很多的规范和标准。比如农药残留分析：良好实验室规范导则［Analysis of pesticide residues：guidelines on good laboratory practice in pesticide residue analysis (CAC/GL 40—1993，Rev. 1—2003)］；食品和饲料中农药残留分析质量控制与方法确认（Analytical quality control and method validation procedures for pesticide residues analysis in food and feed)；GB/T 27404—2008《实验室质量控制规范　食品理化检测》；NY/T 1896—2010《兽药残留实验室质量控制规范》等。为确保结果的准确性，需要对整个检测系统进行控制。在《农药残留分析：良好实验室规范导则》中有如下规定：

一、对于分析人员

熟练的分析人员应该熟悉或了解大多数过程，由于分析物的浓度是在 μg/kg～mg/kg 范围内，必须注意残留分析的细节。每个分析人员在第一次使用选定的分析方法前应该完成方法技术参数的测试过程，并在分析样品前确认所需参数范围内方法的有效性。分析人员必须进行培训，能正确使用仪器设备，并具有相应的实验室技能。分析人员必须理解残留分析的原理和分析质量保证系统的要求。分析人员也必须理解所采用方法每个阶段的目的，准确描述方法和记录。分析人员也必须经过培训，才能对所测数据进行解释和评价。所有分析人员培训和练兵经历的记录必须进行归档。

在建立残留分析实验室时，分析人员应该到已建好的、可以获得一些有用的经验和良好培训的实验室以获得相应经验。

二、基本装备

（一）实验室

实验室及其附属设施必须按照相应任务所需要的最佳效果进行设计，以达到最大安全系数和最小样品污染概率。实验室建造和使用的材料应该耐化学品腐蚀，且样品接收和储藏、样品处理、样品提取和净化及测定仪器都需要单独的房间。提取和净化的区域必须满足溶剂实验室的条件要求，且必须配备高质量的通风设施。如果分析工作仅仅在残留水平上，样品接收、储藏和制备可以在同一个房间。满足样品公正性和确保人身安全是农药残留分析设备的最低要求。

考虑重要残留工作（在其他实验室无法实现）的必要性和更好的条件，也必须保证实验室的安全。在工作区域应严禁吸烟、进食或饮食。工作区域尽量少放溶剂，大量溶剂应该远离工作区域，单独储存。应该尽量少使用高毒或慢性毒性的溶剂和试剂。必须安全储藏所有废液，倾倒废液时要确保安全，遵循环境保护要求。

主要工作区域应该设计和配置一个适当范围的分析溶剂使用区。所有灯、浸渍器和冰箱等设备必须是防火花或防爆的。提取、净化和浓缩应在通风的区域，最好在通风橱中进行。

在真空或压力下使用玻璃仪器时，必须使用安全罩，并配备足够的安全眼镜、手套和防护服、紧急清洗设备以及溅出处理装备。必须有足够可用的灭火装置。分析人员必须知道许多农药具有急性或慢性毒性，而且有必要十分注意所使用的标准参考物质。

（二）仪器和设备

实验室需要配备足够、可靠的水电设施。足够的试剂、溶剂、玻璃器皿、色谱材料等都是基本配置。

必须对色谱仪器、天平、光度计等仪器设备进行保养，定期校验仪器性能，且要保留所有的仪器维修记录。检测仪器的校准或检定、校准曲线以及与标准的比较都是必要的。

由于标定数值的可能性改变可能对测定的不确定性产生重大影响，因此必须对测定仪器进行定期校准或检定及其期间核查。天平和自动移液器以及相关仪器必须定期进行校准。应该连续监测或定期检查冰箱。

仪器必须满足使用目的的要求。

所有实验室都需要大量的满足要求的高质量的农药标准物质，其范围应该覆盖所有实验室检测样品的本体化合物和包括在 MRL 中的代谢产物。

所有分析标准样、储备液和试剂必须有清晰的标签，注明制备日期、分析人员、使用的溶剂、储藏条件。由于降解过程的影响，标签上还应注明有效期，并将它们储藏在合适的条件下。同时，也应注意农药标准溶液在储藏期间的条件，以免在光或热的作用下降解，或由于溶剂挥发而浓缩。

三、分析过程

（一）避免污染

农药残留分析不同于常量分析的一个主要方面是污染和干扰问题。用于测定阶段的样品，痕量污染就能引起结果错误或可能影响残留分析的灵敏度。采样、样品运输、储存和分析的每一个阶段都可能引起污染。在玻璃仪器、试剂、有机溶剂和水使用以前，必须通过溶剂空白实验，对可能干扰结果的污染物进行检测。

润肤剂、护肤霜、抗菌肥皂、蚊虫喷雾剂、香水和化妆品均能引起干扰问题，特别是使用电子捕获检测器时干扰尤为突出。除了禁止使用上述物品外，没有更实际的、能解决干扰的办法。

润滑剂、密封剂、塑胶、天然或合成的橡胶、防护手套、来源于日常压缩空气管道的油和套管、滤纸、脱脂棉上的杂质均可引起最后测试溶液的污染。

化学试剂、吸附剂和一般实验溶剂可能包含或吸附干扰分析的化合物。有必要纯化试剂和吸附剂，一般需要使用重蒸的溶剂。去离子水通常也是可能的干扰因素，尽管有许多例子说明自来水或井水可以达到满意的结果，但最可取的是重蒸水。

玻璃器皿、进样针和色谱柱污染主要来源于先前的样品或提取物。所有器皿必须用清洁剂洗涤，用蒸馏水（或其他洁净的水）清洗，再用溶剂冲洗。必须单独保存用于残留分析的玻璃器皿，且不能用于其他目的的检测。

农药标准物质应该一直储存在与残留实验室分开的独立房间，并储藏在合适的温度下。不能将浓缩的分析标准溶液和提取液保存在相同的区域。所有记录应该及时完成并保存。

在残留实验室中不允许使用可能是污染源的塑料器具。除了 PTFE（聚四氟乙烯）通常是可接受的外，包含塑料制品中的其他材料都是可疑的，只有在特定的环境下可以接受。储藏样品的器具也可能引起污染，需要具有塞子的玻璃容器。

分析仪器应该存放于单独的房间。污染的类型和重要性因所用的检测技术类型和所测定农药的残留水平而变化。例如，基于气相色谱（GC）或高效液相色谱（HPLC）的方法，污染的影响是重要的，而用分光光度计测定，则污染的影响可能不那么重要。对于相对高含量的残留，溶剂或其他材料的背景干扰与残留结果相比，影响可能并不重要，同时也可以通过特定的检测器克服许多污染问题。此外，污染与检测结果互不干扰时则是可以接受的。

残留分析和制剂分析必须完全分开，并且相应的实验设施也应分开。为了避免交叉污染，样品储存和样品制备不应该在主要残留实验室中，而应该在不同的房间。

（二）样品的接收和储存

实验室接收的每一个样品应该附有样品来源、分析要求、样品处理过程中的潜在危险等方面的完整信息。

每个样品接收后，必须马上贴好专门的样品标签，该标签应该伴随样品从分析到结果报告的所有过程。样品的处置必须符合相应的要求，并且保存样品记录。

样品处理和分样必须选用已经证明能够获得一个有代表性的分析部分，并选用对样品中现存的残留浓度无影响的操作程序。

如果样品不能立刻分析，但能在几天内完成分析，样品应该储存在 1～5℃ 条件下，并避免阳光直射。然而，接收的深度冷冻的样品必须在 −16℃ 以下储藏直到分析。如果样品需要储存更长的时间才能分析，则储存温度应该在 −20℃ 左右，在这个温度下，农药的酶降解极低。如果进行较长时间的储藏，应该用在相同时期和相同条件下储存的添加回收样品校验储存期间的影响。农药残留储藏稳定性的相关信息可查阅FAO/WHO的农药残留联席会议（JMPR）出版的《农药残留评估》和制造商为支持农药登记呈送的相关资料。

当样品进行冷冻时，为了减少在储藏期间冰晶分离的可能影响，建议在冷冻前先取出分析子样，且必须注意确保整个子样都用于分析中。

避免储存样品的容器渗漏，且容器及其盖子或塞子不得带入化学污染物质。

（三）标准操作规程（SOP）

SOP应该适用于例行操作的所有过程。SOP应该包括适用范围、整个实验操作细节的说明、可达到的检测限、内部质量控制要求和结果计算方法等。它也包括方法、标准物质或试剂可能引起的任何危险。

必须记录一个SOP的任何偏差，并经分析主管批准。

（四）方法使用过程中（运行）的确认

运行确认的主要目的：① 在实际使用条件下检测方法的运行情况；② 考查如样品组分、仪器运转、化学品质量、分析运行和实验室环境不同引起的不可避免的影响等；③ 论证该方法运行特性是否广泛地类似于方法确认时的预期，该方法的偏差是否在统计学的控制范围内，且结果的精确度和不确定度是否符合预期。为了这个目的，方法确认的数据可以随方法定期运行期间的运行确认数据进行不断更新。

内部质量控制结果提供长期重现性的基本信息和方法的其他运行特性，包括方法拓展的分析物和检测产品等。

基本的运行特性测试和适当的检验程序描述见表1-11。

为了有效地进行运行确认，分析样品应结合适当的质量控制程序（空白和回收测定、参考物质等）进行分析。控制表用于检查方法运行趋势和确保维护统计控制。

控制表的构建和应用：控制表是阐述方法运行和方法选择参数重现性的有用工具。其中的一个例子是回收率控制表。根据实验室任务来应用控制表。当分析大量同类样品的相同有效组分时，控制表基于方法定期使用的平均回收和标准偏差。当分析少量不同样品的多残留时，控制表不能按常规使用。在这些情况下，初始控制表由代表性基质中的代表性分析物的平均回收率（Q）和下述的典型变异系数（CV_{Atyp}）组成。当针对单个分析物或样品基质进行的方法确认所获得的平均回收率及其变异系数数据没有统计学差异时，每一个都可作为真实回收率和方法准确度的评估，建立其相应的典型回收率（Q_{typ}）和CV_{Atyp}，并用于建立初始控制表。

$$\text{警告限：} Q_{\mathrm{typ}} \pm 2 \times CV_{\mathrm{Atyp}} \times Q$$

$$\text{控制限：} Q_{\mathrm{typ}} \pm 3 \times CV_{\mathrm{Atyp}} \times Q$$

当方法确认时涵盖了不同分析物和基质，每种分析物和基质的回收率应记录，并满足要求。在常规使用中方法重现性可以稍超出方法确认的重现性。如果一些回收率超出了警告限或者偶尔超出控制限，但仍在计算得到的范围内，则不需要采取特殊的控制措施。

在方法正常使用时，基于15～20次回收率检验，作为运行确认的资料，计算平均或典型回收率和CVA值，并组成新的控制表，该表反映出方法应用的长期重现性。建立新的参数必须在具体的可接受范围内。

如对于有疑问的分析物不能得到这些数值，样品检测结果报告应该说明其准确度和精密度比常规农药测定差。

方法正常使用时，如果对特殊分析物和样品基质进行≥10次回收率测定的平均值与代表性分析物和样品基质获得的回收率平均值明显不同（$P=0.05$），则Q_{typ}和CV_{Atyp}是不可用的。需要运用新的平均回收率和测得的CV值为特殊分析物和样品基质计算新的警告限和控制限。

如果重复进行的运行确认数据超出了警告限（1/20以内的数据在警告限之外可以接受），必须检查方法应用条件，分辨偏差来源，并在方法继续应用以前进行必要的校正。

如果方法运行确认数据在定义的控制限以外，应该重复分析整批样品（或者是至少正常发现的分析物残留≥0.7AL样品及偶尔发现的分析物残留≥0.5AL样品）。

阳性样品分析部分的再分析是运行确认的另一种有用方法。它们的结果能用于计算针对一般和特殊分析物和样品基质的实验室方法的重现性（CV_{Ltyp}）。这种情况下，CV_{Ltyp}也包括样品处理过程的不确定度，但不能表示样品处理过程中分析物是否损失。

（五）确证检验

作为监测目的的检测，在报告样品含有不正常出现在这类产品中的农药残留，或残留量超过MRL标准之前，确证检验尤为重要。样品中可能包含被误判为农药的干扰物，如气相色谱电子捕获检测器检测酞酸酯；磷选择性检测器检测含硫和氮的化合物等。首先，如果仅仅一个样品超标，应该用同样的方法重复分析样品。若残留量结果确认，还应提供结果重复性证据。应该注意支持检测残留量存在的唯一证据由检验运行数据提供。

确证检验可以是定量和（或）定性的，但在大多数情况下，两者都需要。当在检验中遇到MRL设置在或者大概在检测限附近时，尽管在这个水平很难定量，但也必须提供足够的确认。

是否需要确证检验由样品类型或已知的信息决定。在许多基质中，经常发现某几个残留存在。对于一系列相似来源，包括相同农药残留的样品，随机按比例的选取部分样品进行确证检验就足够了。相似地，当已知一种特定的农药应用于相同的样品基质中，尽管一个随机选择的结果应该得到证实，但一般不必确证检验。在有空白样品可用时，应该用其检查可能存在的干扰物质。

对于定量确证，采用起始选用的测定技术是必要的，但不同的检测技术也是可供选择的。对于定性确证，可以应用质谱（MS）或基于不同的物理-化学特性相结合的技术。

确认检验结果的必要步骤是分析人员的判断，并特别注意应该选择干扰效应最小的方法。根据实验室合适的可用仪器和专业技能来选择分析方法。一些可选择的确认过程。

（六）质谱法

从质谱获得的残留数据能代表更加完整可靠的证据，质谱是可供选择的确证技术之一，这个技术也可用于残留筛选。在农药残留分析中，质谱通常与色谱联用，以同时提供保留时间、质/荷比和离子丰度。精确的分离技术、质谱仪、分离技术和质谱之间接口及其所检测的农药范围之间是相互独立的，没有一个适合所有化合物残留检测的联用方法。不稳定分析物在通过质谱系统和接口时常遇到其他检测器相类似的问题。农药残留确认是完全由电子轰击离子化质谱（实际上一般从 m/z50 到超过分子离子范围）获得的。在确证时应该重点考虑谱图中离子的相对丰度和干扰离子的缺失。这种分析模式能避免来自提取和储存提取溶液产生的污染物的干扰，且选择性最好。大多数质谱数据系统允许一些干扰信号（如由于柱流失等引起的），但要通过扣除背景值来消除干扰信号影响，这一点是非常有用的，但有时可能产生使人误解的结果。通常通过限制质谱扫描范围或选择离子检测范围可以增加灵敏度，但离子（尤其低质量的）检测数越少，产生的数据越不准确。其他可用的确证方法还有：

① 通过改变色谱柱；

② 通过改变离子化方式（如化学离子化方式）；

③ 用串联质谱检测选择性离子进一步反应的产物；

④ 在增加质量分辨率的情况下，通过检测选择的离子等。就定量而言，离子检测是更加具体、干扰最小的方法，并能提供好的信噪比。质谱分析应该满足与其他分析系统相似的分析质量控制的要求。

单独使用 HPLC 进行的残留确证检验一般比使用 GC 问题更多。如果用紫外吸收检测，完整的谱图能很好地提供组分存在的证据。然而，一些农药具有与其他化合物相似的官能团或结构，或者提取物中有其他干扰化合物产生另外的问题而很难判断。多波长下产生的紫外吸收数据可以有助于也可以不利于鉴定，但是一般情况下其本身的特异性是不够充分的。荧光数据可以用来支持紫外吸收获得的数据。LC-MS 能提供好的支持数据，但由于产生的谱图十分简单，出示很少的特征片段，因此 LC-MS 的结果不可能完全确定。LC-MS/MS 则是更有效的技术，结合选择性特性，它经常能提供组分存在的证据。LC-MS 技术经常受介质效应影响（尤其抑制作用），定量确认需要使用标准添加或同位素标记物。衍生化法也可以用于 HPLC 法残留检测的确证。

在一些情况下，用薄层色谱（TLC）对气相色谱结果进行确证是更方便的。根据比移值（R_f 值）和可视化反应两个标准进行确证。当确定化合物类型且共提取物影响很小时，基于生物技术的检测方法（如酶反应、真菌生长或叶绿体抑制）特别适用于定性确认。国际理论和应用化学联合会（IUPAC）的农药报告中包含了该技术的大量参考文献，报告综述了该技术及其适当的应用。然而，薄层色谱在定量确认方面是有限的。这个技术包括将待测化合物根据 R_f 值以洗脱液在平板上洗脱和进一步的物理或化学方法确证分析。标准溶液应该总是点在样品提取物的旁边，以排除非重复性 R_f 的问题。在提取物上面用农药标准溶液点样也可以提供有用的信息。薄层色谱的优点是分离速度快、费用低并适用于热敏感性物质；缺点是通常比仪器色谱检测器灵敏度低和需要经常更有效的净化。

（七）衍生化反应

化学反应。经常采用的方法是通过小量的化学反应产生农药的降解、加合或缩合产物，再用色谱技术检测这个产物。反应产生的化合物具有与母体化合物不同的保留时间和（或）检测响应。农药标准物应该和可疑残留物一样处理，以保证对每个结果直接进行对比。为了证实在样品中残留物反应的进行，也应该包括加标提取物。由于衍生试剂的特性，检测衍生物时，可能存在干扰。应用于确证目的的化学反应的综述文章由 W. P. Cochrane 发表。化学反应具有快速且简易的优点，但需要购买和纯化特殊的试剂。

物理反应。有用的技术是光化学改变使农药形成一个或更多个色谱特性的产物。应该以同样的方式处理加标提取物和农药标准物样品。存在多种农药残留的样品可能存在结果难解释的问题。在这种情况下，在反应前应先选择 TLC、HPLC 或柱分离对上述的农药残留样品进行处理。

其他方法。许多农药容易被酶降解或转化。对比常规化学反应，这些过程是非常特别的，一般由氧化、水解或脱烷反应组成。母体产生的反应产物具有不同的色谱特性，如果用标准品与反应产物进行对比，可以用来确认结果。

四、结果报告

（一）最低校准水平（LCL）

当分析的目的是监测或核实残留是否符合 MRL 或其他 ALs 时，残留检测方法必须足够灵敏以能可靠地检测出作物和环境样品残留量在 MRL 或 ALs 附近的农药残留。当残留水平很低时，进行残留的检测通常耗费昂贵且难度很大，因此残留测定方法也不必灵敏到可以测定低于 MRL 2 个或更多个数量级的残留水平。采用 LCL（见术语表）有减少获得数据难度的优势，同时也减少花费。规定不同样品的 LCL 建议对残留分析人员选择合适的方法非常有用。

对于有 MRL 的有效成分，LCL 按照 MRL 进行分类。为了便于分析，分类确定方法如下：

MRL/(mg/kg)	LCL/(mg/kg)
5 或更高	0.5
0.5～<5	0.1～<0.5
0.05～<0.5	0.02～<0.1
<0.05	0.5×MRL①

① 当 MRL 在分析方法的检测限时，LCL 也将是这个水平。

（二）结果的表述

对于监测目的的检测，仅仅报告已确认的数据，按 MRL 要求进行表述。未检出值应该报告为低于 LCL，而不是用外推法计算的低于一个水平的数据。一般情况下，检测结果不必用回收率校正。仅仅当回收率与100%差值显著时，结果需用回收率校正。如果报告结果进行了校正，则均应给出测定值和校正值，也应报告出校正基数。如果从单一检测部分（副样）重复测定（如用不同色谱柱，用不同检测器或基于不同离子色谱）获得了确认结果，应该报告最低的有效数值。如果从多个检测部分分析获得确认结果，应该报告每个检测部分最低有效数值的算术平均值。考虑到一般情况下20%～30%的相对精密度，结果应该用两位有效数字表达（如0.11、1.1、11和1.1×10^2）。在低浓度下，精密度在50%范围内，低于0.1的残留结果应该仅仅用一位有效数字表述。

方法确认概要如图1-1，分析物稳定性确认如图1-2。

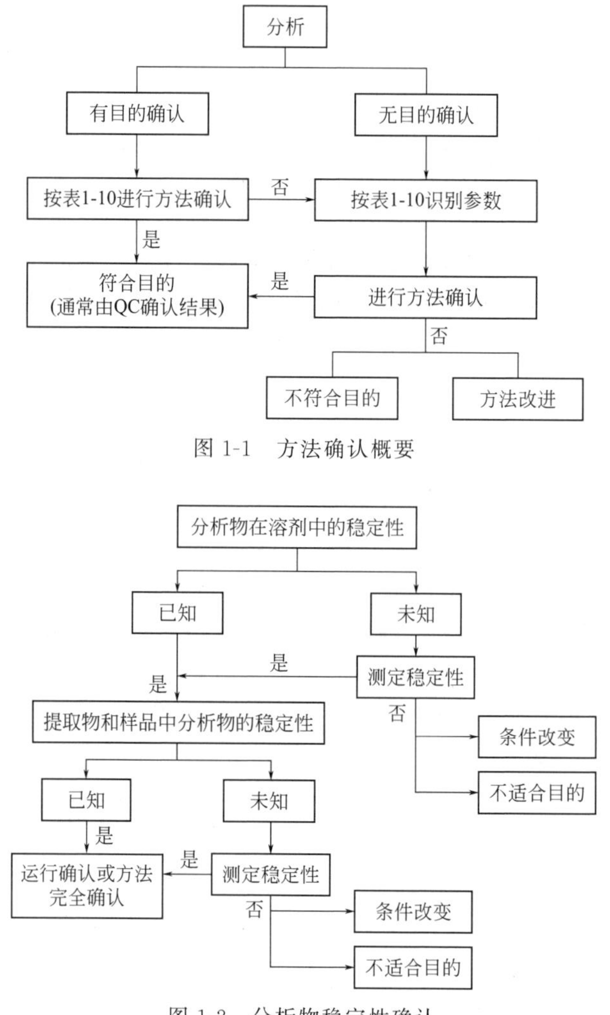

图1-1　方法确认概要

图1-2　分析物稳定性确认

方法确认参数评估概要如表1-10所示。一些确证的参数评估、标准、要求如表1-11～表1-13所示。

表 1-10　方法确认参数评估概要

检测参数	现有检测方法，先前参数测试已经显示出其对一个或多个分析物/基质组合是有效的					现有检测方法的改进	还未确认的新方法	可以结合的实验类型
	运行确认[①]	附加的基质[②]	附加的分析物[③]	较低的分析物浓度	另一个实验室			
专一性（显示出检测信号对应一个化合物，而不是另外的化合物）	否（提供满足基质空白和分析物确认的标准）	是，如果质量控制中基质出现干扰	是	是，如果质量控制中基质出现干扰	不必进行严密检查，如果测定系统的运行相似或许好些	是或否。严密检查也许是必要的，如果检测系统运行差异较大或基质干扰程度不确定，需要进行方法改进	是。严密检查也许是必要的，如果对比现存方法，测定系统是不同的或基质干扰程度不确定	
分析范围，提取、净化、衍生化和测定的回收率	是	是	是	是	是	是	是	校准范围；分析范围；LOD/LOQ；基质效应
分析物测定校准范围	否	否	是	是	是，对于代表性分析物	是，对于代表性分析物	是，对于代表性分析物	线性、重现性和信噪比
LOD 和 LOQ	否	是（部分，如果基质来源于代表性类别）	是（部分，对于代表分析物）	是	是	是	是	最低校准水平和低水平添加回收率数据
报告限值，LCL	是	否	否	否	否	否	否	
样品提取物中分析物稳定性▶▶	否	是，除非基质来源于代表性类别	是，除非分析物是代表性的	是	否	否，除非提取物/最终溶剂是不同的，或者净化不太严格	是，如果提取溶剂和最后溶剂不同于现存方法，或者对比现存方法净化不太严格	

续表

检测参数	现有检测方法，先前参数测试已经显示出其对一个或多个分析物/基质组合是有效的					现有检测方法的改进	还未确认的新方法	可以结合的实验类型
	运行确认①	附加的基质②	附加的分析物③	较低的分析物浓度	另一个实验室			
样品储藏期间待测物稳定性▶▲	是	是	是	理论上	否	否	否	
提取效率▶▶	否	理论上	理论上	理论上	否	否，除非所用提取条件不同	是，除非应用先前的提取过程	
分析样品均一性▶	是▶	否，除非基质本质上有差异	否	否	否，除非改变了仪器	否，除非改变了仪器	是，除非应用先前的样品检测过程	
样品处理过程中待测物稳定性▶	否	是，除非代表性基质	是，除非代表性分析物	理论上	否	否，除非运行过程温度高、耗时长、粗的粉碎等	否，除非运行过程比确认过程温度高、耗时长、更细粉碎等	重复性，重现性

① 正进行质量控制。

② 如果相关信息不可用。

③ 代表性分析物可以根据水解、氧化和光解特性来选择。

▲代表性产品中（或上）的稳定性数据应该提供足够的信息。出现某些情况需要附加检验，如：

a. 样品储藏超过了检测期（如稳定检测在4周内，直到6周才分析样品造成测定待测物的损失）；

b. 稳定检测在≤－18℃进行，但样品储藏在实验室≤5℃条件下；

c. 样品通常储藏在≤－15℃，但储藏温度达到＋5℃。

▶ 提取效率信息可以从登记化合物的制造商或公司获得。

▶ 偶尔有效样品检测部分的重复分析。

表 1-11 不同环境下方法确证的参数评估

参数	水平	分析数目或需要的检测类型	标准定量方法	标准筛选方法	注释
(1)优化方法的实验室(单个实验室)运行					
① 提取物和标准溶液中分析物稳定性	≤AL,或容易检测的残留水平	对于每个代表性分析物/产品,在每个合适的点(包括零点)进行5次以上的重复测定添加样品检验残留稳定性 对比储藏和新制标准溶液分析物浓度	在储藏提取液中的待测物和分析标准物没有显著变化($P=0.05$)	在储藏后期,添加在LCL水平的残留是可以检测的	如果在测定过程中分析方法是可疑的、分析材料储存时间超过了测定准确期,或如果方法优化期间回收率低,需要检测提取物稳定性在方法优化期间,若对回收提取液进行了储藏,回收率应该以老的和新准备的校准进行测定。储存时间应该包含可能需要完全分析的最长时间
② 校准函数基质效应	LCL到2~3倍AL	检测反应函数应包括≥2个重复、≥3个分析物水平加上空白样品。对于非线性反应,测定响应曲线应该≥7个分析物水平和≥3个重复 检测所有代表性分析物和基质的基质效应。随机将标准物加入到试剂和样品提取物中	对于线性校准:分析标准溶液回归系数(r)≥0.99,残留SD($S_{y/x}$)≤0.1;对于多项式函数,(r)≥0.98如果差异显著($P=0.05$),确认基质效应	对于线性校准:回归系数(r)≥0.98,残留SD≤0.2;对于多项式函数,(r)≥0.95	可以在过程优化、精密度或检测能力测定期间建立校准参数。准备不同浓度的校准溶液 对于MRM用多种混合分析物(标准混合液)进行校准,可以适当用色谱系统进行分离 如果基质效应十分明显,用基质添加分析标准物质进行进一步检验。因为基质效应随时间、样品(有时)、色谱柱等发生改变,确认方法不能给出基质效应的明确信息
③ 分析范围,准确性,真实性,精密度,检测限(LD),定量限(LOQ)	LCL到2~3倍AL	测定代表性分析物和基质结合的样品:≥5个分析部分标记0、LCL、AL;在2~3倍AL水平下≥3个重复;回收率检验时,分析中使用该方法的分析人员和仪器都应分开	LOQ应该符合目的要求;平均回收率和CV_A见标准参考物质测定的平均残留量与认可值没有明显差异($P=0.05$)	在LCL下所有残留均是可检测的	分析人员应该阐明具体最大α偏差和β偏差下方法适合测定的AL水平下存在的分析物 对于MRM,空白样品添加水平应该涵盖待测物存在的ALs。他们可以不符合代表性分析物的实际AL 用标准混合物添加分析部分。测定代表性分析物/基质结合的样品准确度和精密度范围应该考虑方法的典型性,其将作为新分析物和新产品的标准,同时作为内部质量控制的最初指导 报告未修正的结果用重复结果的平均回收率和CV_A。CV_A等同于样品分析实验室内的重现性 如果明显不同于100%,应对平均回收率结果进行校准 如果方法不允许评价回收率,则准确性和精密度是方法的校准评价参数

续表

参数	水平	分析数目或需要的检测类型	标准定量方法	标准筛选方法	注释
④ 分析物检测的专一性和选择性	最低校准水平(LCL)	用 MS、相似的技术或可用的分离和检测技术适当组合进行组分分辨。分析不同来源的≥5 个代表性产品的空白样，报告空白中的分析物的等同响应物 测定和报告检测器选择性(δ)和所用具体检测器对代表性分析物相对响应因子(RRF)	测定分析物响应。两个不同色谱柱的残留测定应该在重复色谱测定临界范围之内	AL 水平下 β 误差率一般<5%	仅仅应用分离和检测技术的特定联用技术。对于分析物(非处理过程应用的)，已知处理过的样品可以用来代替未处理样品。样品基质成熟明显影响空白样品响应。在确证运行期间，应该定期检查空白值 报告空白提取物中典型峰 LCL 最好是≤0.3L，除非当 AL 设在 LOQ 及其附近 检测可以结合确定限和检测能力运行，其也将提供化合物相对 RRts 和 RRFs 的信息 如果空白样响应干扰分析物，应改变色谱条件或用可选择的检测系统。因为关于分析物的信息增加，因此选择性检测器的适当联合应用可以增加检测细节
⑤ 分离选择性	在 AL	用方法测定所有检测分析物的 RRt 值(不仅仅参考标准物)。使用没有光谱测定的色谱技术时，应用不同分离原理和/或不同极性的柱子测定 RRts。测定和报告结果(R_S)及重要峰的拖尾因子	最大峰应该从设计的分析物分离，在 10%峰高处至少有一个峰宽的距离，或需要对所有分析物更加有选择性的检测	所有检测待测物的实验性分辨。(不是所有待测物都需要分离)	除非色谱分离和光谱检测联用，能分离(最小 $R \geq 1.2$)所有需要检测的化合物，报告不同极性色谱柱的 RRt 值 检测可以与校准参数和基质效应相结合(见⑦)
⑥ 分析样品中待测物均匀性	大约在 AL 或容易检测的残留水平	分析≥5 个重复的每组代表性产品检验样品处理后的部分。测定分析 CV_{sp} 待测物均匀性应该用已知稳定的分析物进行检查	$CV_{sp} \leq 10\%$	$CV_{sp} \leq 15\%$ 预期的残留最高部分用于筛选方法是合适的(如柑橘皮)，并且不必均质	选用表面残留稳定的产品或在切碎或磨碎处理前，实验室样品中小部分样品单元(<20%)代表样品处理过程最坏的情况 为相继使用的任何过程进行处理过程的确认 确认可以应用于其他物理性质相似的产品，并且这独立于分析步骤检验可以结合待测物测定稳定性进行(见⑦) 测定样品常数，去计算满足 $CV_{sp} \leq 10\%$ 质量标准要求的分析部分的大小 如果残留的 CVL 在所列范围内，则不必单独测定 CV_{sp}

续表

参数	水平	分析数目或需要的检测类型	标准定量方法	标准筛选方法	注释
⑦ 样品处理过程中待测物稳定性	大约 AL	在样品处理前添加已知数量的待测物到产品中。在处理后，每个产品分析≥5个重复 应用稳定标记化合物和待测物一起检验对于 MRM 和组特定方法 GSM，可以很好分离的几个待测物可以一起检验	在样品处理前如果添加平均回收率（包括过程回收率）和 CV_A 在所列范围内，检测物稳定性不必指定如果总体回收率和过程回收率有明显差异（$P=0.05$），定量稳定性	在处理后添加在 LCL 水平分析物仍可以检测	处理过程中样品温度可能是至关重要的。为相继使用的任何过程进行处理过程的确认。确认对检测物和（或）样品基质应该是特定的为检验稳定性测定平均回收率以及不稳定和稳定标记化合物的 CV_L 用这些化合物进行内部 QA 检验 用不稳定化合物和稳定化合物平均浓度比例表述残留稳定性。稳定化合物标准变异系数（CV_s）将指示实验室内重复性
⑧ 提取效率	大约在 AL 或容易检测的残留水平	分析含残留的样品或参考物质的≥5个重复部分 对比参考（或不同）过程与检验的过程对于 MRM 所测分析物应该先有大范围 P_{ow} 值。仅仅取有残留部分进行测定	对于有残留样品，参考过程获得的平均结果和检验过程平均结果在计算 CV_L 时没有显著差异（$P=0.05$），或当方法检验用 CV_A 计算时，参考物质测定值和平均残留值没有显著差异（$P=0.05$）。如果方法 CV_A 大于10%，重复分析数量必须增加以保证相对标准偏差小于5%，否则定量和报告提取效率（除分析阶段回收率依据提取部分）	已知的出现在或大约在 LOQ 或 LCL 的平均残留量在样品中实际是可以检测的	提取温度、混合或分散速度、提取时间和试剂/水/基质比例可对提取效率有重大的影响。这些参数的效应可以用重现性实验检查。优化条件尽可能保持不变 确认一般应用于一组产品和相似物理化学特性的代表性分析物。确认独立于方法相应的过程 每个方法的平均回收率从标记分析部分测定 如果回收率明显不同于100%，用测定的平均回收率校正结果依据一些规定筛选能力，应该在95%置信度内
⑨ 样品储藏期间待测物稳定性	大约 AL	分析新鲜的均匀的包含农药残留的样品，或匀质并标记空白样品（时间为0），然后按照实验室常规程序分析储藏（通常≤−18℃）的样品 储藏时间应该超过采样和分析间隔预计的最长时间 每个时间点≥5个重复 分析储藏的≥4个样品、检测≥2添加部分和在分析时空白添加样 分析部分在提取前或提取时迅速解冻	储藏期间待测物无明显损失（$P=0.05$）	在储藏后添加最低校准水平 LCL 的分析物仍可检测	为了样品用于任何相继的过程，确认储藏的有效性 分析物确认是特定的。然而，一般认为从代表性基质获得的储藏稳定性数据对相似基质是有效的。选择基质应该考虑分析物的化学稳定性（如水解）和使用目的。储藏期间稳定性相关信息可以从 JMPR 评价或从登记档案中获得 报告初始残留浓度、保留的残留浓度和分析物回收率 可以通过适当管理安排采样和分析计划，避免不必要的样品储藏，这计划不是分析方法的一个部分

续表

参数	水平	分析数目或需要的检测类型	标准定量方法	标准筛选方法	注释
(2)确认方法的扩展					
① 样品储藏期间、处理过程待测物在提取物和标准溶液中稳定性	见本表(1)中①、②和⑨				只有当处理过程稳定性和代表性基质的信息已经不可用时
② 校准函数,基质效应	LCL 到 2～3 倍 AL	以含 AL 的 3 点基质和没有基质分析标准来校准	对于线性校准:分析标准溶液回归系数(r)≥0.99,相对残留 $SD(S_{y/x})$≤0.1 对于多项式函数,(r)≥0.98	对于线性校准:回归系数(r)≥0.98,相对残留 SD≤0.2 对于多项式函数,(r)≥0.95	确认方法不能给出基质效应的明确信息,因为基质效应随时间、样品(有时)、色谱柱等发生改变而变化
③ 准确性,精密度,LD,LOQ	在 AL	预先计划: 分析添加 AL 水平的代表性基质的 3 个分析部分 无法预期: 在新待测物水平下,添加 2～3 个分析样品的额外部分。计算添加分析物的回收率 如果相当数量的分析样品不可用,使用相似的样品基质进行回收率测定	残留回收率应该在方法重现性限制内: 3 个部分:$C_{max}-C_{min}$≤$3.3CV_{Atyp}Q$ 2 个部分:$C_{max}-C_{min}$≤$2.8CV_{Atyp}Q$ CV_{Atyp} 为采用方法的典型重复性变异系数 Q=新分析物的平均回收率	在报告目标水平下添加的分析物在所有检验中均可检测到	在方法确认期间,使用已建立的 CV_{Atyp} 方法应该仅仅用于有目的使用(可能错用)分析物的代表性产品

续表

参数	水平	分析数目或需要的检测类型	标准定量方法	标准筛选方法	注释
④ 待测物检测的专一性和选择性		用 MS 或可用的分离和检测联合技术确定预先计划： 分析每组(可能存在新的待测物)中一个代表性空白样品 分析含代表性化合物的新的基质 无法预期： 检测空白样品的响应信号(如果可用)，或用实验室最可用的技术说明响应信号唯一对应的是分析物	测定响应信号对应的是分析物 所用检测系统比方法确认期间有同样或更好的检测器 基于两不同色谱柱测定的残留应该在色谱检测临界范围内。在方法确认期间获得代表性分析物相对保留值，其相对保留值对于 GLC 应该小于 2%，对于 HPLC 测定小于 5%	在 AL 的 β 偏差小于 5%	如果计划扩展新的分析物，应该运用方法检查可能含有分析物的所有代表性样品基质 当分析物预期不会检测到时，仅对实际基质进行检查即可 见本表中(1)① 空白样品响应信号不得干扰可能在样品中检测到的待测物。报告空白提取物存在的典型峰 新基质提取物的背景噪声应该在代表性产品/样品基质范围内 如果检测选择性不能消除基质响应信号，用合适色谱柱将基质峰和分析物分离
⑤ 分离选择性	见本表中(1)⑤				当信息不可用时，见本表中(1)⑤
⑥ 提取效率	见本表中(1)⑧				当信息不可用时，见本表中(1)⑧
(3)其他实验室已确认方法的适应					
① 化学品、试剂和吸附剂的纯度和适用性		检测试剂空白、吸附剂和试剂的适用性 有无样品下运行衍生化反应	高于 0.3 LCL 没有干扰信号	高于 0.5 AL 没有干扰信号	在方法转换过程中最常见的一些问题包括：试剂、溶剂和色谱的选择以及设备性能等的不同。如果可能尽可能确认方法开发者使用的材料和仪器，如果方法或接收的出版物不能提供相关信息，在可能的情况下，尽量使用方法开发者使用的同类型的材料和设备
② 提取物和标准溶液中分析物的稳定性	见 1.1	见本表中(1)			如果提供的方法中含有分析物稳定性的完整信息或该方法取代的是以前用来分析分析物和稳定性的方法时该测定可以省略

续表

参数	水平	分析数目或需要的检测类型	标准定量方法	标准筛选方法	注释
③ 校准函数基质效应	LCL 到 2～3 倍 AL	检测包括在方法中(≥3 个分析水平和 1 个空白)的代表性检测物的响应函数。对于非线性响应,在≥7 个水平和 3 个重复下检测相应值	对于线性校准:分析标准溶液回归系数$(r)\geqslant 0.99$,相对残留 $SD(S_{y/x})\leqslant 0.1$。对于多项式函数,$(r)\geqslant 0.98$	对于线性校准:分析标准溶液回归系数$(r)\geqslant 0.98$,相对残留 $SD(S_{y/x})\leqslant 0.2$。对于多项式函数,$(r)\geqslant 0.95$	见本表中(1)②
④ 分析范围的准确度和精确度、检测限、定量限	空白提取和/或 AL	测定代表性分析物/基体结合的样品:分析添加在 0 和 AL 的空白样品≥5 个分析部分和 3 个标记在 2AL 的样品。回收率试验应与使用该方法的样品分析者、在分析过程中所使用的仪器分开	平均回收率和 CV_A 应该在所列的范围内	所有的回收率在 LCL 可以检测到 参考材料在 AL:分析物可检测	见本表中(1)③注释
⑤ 分析检测的专一性和选择性	在 AL	检查所用检测器的运行特性并将其与方法专一性进行对照。检查每个具有代表性产品空白的响应信号,反之按本表中(1)④的描述进行检测	对应响应信号的分析物应该是唯一的。检测器的性能(敏感性和选择性)应该和方法中的一致或更好见本表中(1)④ 部分	在 AL 的阴性样品(β 偏差)一般应小于 5%	特定检测器的相对响应值可能因不同的模式发生变化。正确的验证检测器的专一性是获得可靠结果的关键。对照观察到的空白响应信号和报告的空白提取物的典型峰。见本表中(1)④ 部分的其他注释
⑥ 分析物的均匀性	在 AL 或容易检测的残留	检测不同性质的两个具有代表性的产品	$CV_{sp}<10\%$	$CV_{sp}<15\%$。对于筛选方法,用预期的残留最高部分是合适的(如柑橘皮),可不必均质	运行检测以确认应用条件和实验室确定方法的参数适应性的相似性。当测定结果同报道的 CV_{sp} 值相似时,样品的处理条件可以认为是相似的,不再要求对确定的方法进行进一步的验证

续表

参数	水平	分析数目或需要的检测类型	标准定量方法	标准筛选方法	注释
⑦ 待测物在提取物和标准溶液中的稳定性	见本表中(1)①				如果提供的方法中含有分析物稳定性的完整信息或该方法取代的是以前用来分析分析物和稳定性的方法时该测定可以省略

表 1-12　农药残留分析的实验室确证标准①

浓度	重复性		重现性		真实性
	CV_A/%③	CV_L/%④	CV_A/%③	CV_L/%④	平均回收率范围/%②
≤1μg/kg	35	36	53	54	50～120
<1μg/kg～0.01mg/kg	30	32	45	46	60～120
<0.01～0.1mg/kg	20	22	32	34	70～120
<0.1～1mg/kg	15	18	23	25	70～110
>1mg/kg	10	14	16	19	70～110

① 利用多残留方法，可能有些分析物不能严格符合定量基准。在这种条件下，所得的数据可接受性依据分析的目的而定，例如当进行 MRL 符合性检测时，指定的标准应该尽可能按技术要求进行，然而任何低于 MRL 的具有较高不确定性的数据都是可以接受的。

② 这些回收率范围对于多残留方法是适合的。对有些目的，一些严格的标准是必要的，如单一分析物的方法或兽药残留。

③ CV_A：除样品处理过程之外的分析变异系数。该参数可以用于对标准物质或提取前添加的分析部分所进行的检测进行评价。

④ CV_L：实验室结果的整体变异系数，包括分析部分间达到 10%残留变异（CV_{sp}）。注意：分析部分间的残留变异可以利用对重复样品残留测定的不确定性进行计算：

$$CV_L^2=CV_{sp}^2+CV_A^2$$

表 1-13　运行确认的要求

参数	水平	分析数目或需要的检测类型	标准定量方法	标准筛选方法	注释
(1)常规使用方法					
① 化学品、吸附剂和试剂的适合性		对于每个新的批次：检测试剂空白、吸附剂和试剂的适合性进行无样品的衍生化反应	≥0.3LCL，没有干扰响应	≥0.3AL，没有干扰响应	如果空白样品、校正和回收率是满意的，即可确认试剂等的适合性
② 校准和分析范围		如果校准曲线的截距接近0，则可以利用标准混合物的单点校准为定量确认使用多点校准(3×2)	如果分析的标准品和样品提取物间隔进样，而且相对残留的计算 SD 值≤0.1，分析批次可以被认为在统计控制之下	在LCL分析物被检测	标准溶液和样品应该被间隔进样 对于多点校准，在没有自动进样器的情况下，选择适当浓度的标样交叉注入可以节省时间 因为系统响应信号经常变化，多点校准操作一般应该确认截距值接近0 如果校正物浓度非常接近样品的浓度，对于定量确认，多点校准是不必要的
③ 准确度和精密度	在分析范围内	在每一个分析批次内包括标准混合物添加的≥1个样品，或重复分析有效样品重复部分	检测器和色谱柱的性能应该和方法中的一致或更好 所有的回收率应符合GB/T 27404建立的控制表警告限范围内 每20个或100个样品运行阶段，可能会超出警告限和运行限。如果任何一个回收率超出运行限或者有效样品重复分析结果超过临界限，应该重复分析批次 $C_{max} \sim C_{min} > 2.8 \times CV_{Ltyp} \times Q$ Q 是重复测定的平均残留，CV_{Ltyp} 是在实验室重现性的量，它包括样品处理和分析过程的不确定性		用标准混合物添加分析部分。改变不同批次的标准混合物以获得一定间隔水平下分析物回收率。在AL也可LCL和2倍AL下研究不同水平的回收率，确认在分析范围内方法的适应性 在AL下研究的多次回收率应该高于其他水平的2～3倍 在特定的批次内反复分析有效样品可以代替回收率试验 对于MRM，从分析物(存在特殊样品)中准备产品/样品特定标准混合物 对于实验性确认：准备含有合适的检测混合物的分析批次和样品在分析批次中，对于定量测定/确认：包括检测混合物、合适数量的校准混合物、添加空白样品，或者一个重复的有效样品和一个新的有效样品 样品和标准交替进样

续表

参数	水平	分析数目或需要的检测类型	标准定量方法	标准筛选方法	注释
④ 分离的选择性、检测的专一性检测器的性能		在每一个色谱中，包括合适的检测混合物。在分析批次中，包括无处理的产品（如果能得到），如果没有未处理的样品，使用标准添加（同在分析批次中的标准相似） 确认每个组分，对出现在≥0.7 AL 水平的分析物进行定量	检测化合物的 R_s、T_f 和检测的 δ 值应该在特定的范围内 对于 GLC 相对保留值应该在 2% 以内，对于 HPLC 相对保留值应该在 5%。检测器的性能应该在特定的范围内。样品共提取物的干扰不应该≥0.3 LCL。加标回收率应该在可接受的样品回收率范围内	检测器的性能应该在特定的范围内。对于禁用的化合物，分析物应该在 LCL 之上	有时也被称为系统适宜性检测 为每个方法准备检测混合物，选择混合物的组分，目的是表明色谱分离和检测系统的特征参数 为了检测混合物和用于校准的分析物组分，调节 RRt 数据库。为监测系统限定 RRF 特性，如果基体效应是主要的，利用在空白基体中准备的分析标准物进行定量确定
⑤ 样品处理过程的分析物的均匀性	在能很好检出的分析物浓度下	随机选择有效样品。重复分析另一个样品或两个样品	在不同的两天测定的结果，其重复分析部分重现性应在范围内 $C_{max} \sim C_{min} > 2.8 \times CV_{Ltyp} \times Q$ Q 是重复测定的平均残留，CV_{Ltyp} 是方法确认期间样品处理过程和分析过程的不确定性		进行选择性检测来覆盖每个要分析的产品。在生长季节初期检测均匀性，或者在给定类型的样品分析开始进行检测 可接受的检测结果也可以确定分析物的重现性（CV_A）是合适的
⑥ 提取效率					在分析过程中不能控制提取效率。为确保合适的效率，已确定的提取过程不能进行任何改变
⑦ 分析持续时间			样品、提取物等储藏时间不能比方法确定时样品稳定性测定的时间长。储藏条件一般要定期进行监测和记录		对于需要额外储藏稳定性测定的例子
（2）偶尔检测到分析物					
除下面内容外，依照本表中（1）中描述的检测					

续表

参数	水平	分析数目或需要的检测类型	标准定量方法	标准筛选方法	注释
准确度和精密度	在AL附近	对另外的分析部分进行再分析在分析物水平上添加标准物	在不同的两天测定的残留应该在临界范围内 $C_{max} \sim C_{min} > 2.8 \times CV_{Ltyp} \times Q$ Q是重复测定的平均残留，CV_{Ltyp}是在方法确定时获得的相关的标准添加物回收率，应该在运行范围内		如果发现残留≥0.5AL时，检测准确度
(3)在非正常时间间隔内使用的方法					
除下面内容外，依照本表中(1)中描述的检测					
准确度和精密度(重复性)	在AL和LCL	在每个分析批次，在LCL的添加样和在AL的两个样品。如果未处理样品(与被分析的同一批次的部分相似)不可用，使用标准添加样品 分析≥2个分析部分	最少有两个回收率在警告限内，一个在运行限内重复部分的残留测定应该在临界范围内 $C_{max} \sim C_{min} > 2.8 \times CV_{Ltyp} \times Q$ 或 $C_{max} \sim C_{min} > f(n) \times CV_{Ltyp} \times Q$. Q是重复测定的平均残留，CV_{Ltyp}是在方法确定时获得的，$f(n)$是极端变化范围因子，同重复样品的数量相关		可接受的结果也可以提供所使用的化学品、吸附剂及试剂的适应性确定残留在0.5AL以上 如果运行标准不满意，应该实践方法运行，它的运行特点(Q、CV_{Atyp}、CV_{Ltyp})应在方法部分再确认时确定
(4)方法执行中的变化					
变化		将被检测的参数	对于检测方法和可接受性标准见附件1相应部分		
① 色谱柱		检测分离的选择性、分辨能力、惰性及RRt值	应不影响运行特性		使用合适的检测混合物获得柱性能的信息
② 样品处理设备		处理样品的均匀性分析物的稳定性	应该与相关标准相一致		当粉碎或混合程度比原有设备差时，需要进行均匀性测定。如果处理时间延长、温度升高，需要测定分析物的稳定性
③ 提取设备		用5个重复对比新旧仪器检测残留的区别	在$P=0.05$水平，平均残留不应该有重要的差异		使用新型号的仪器需要进行检测

续表

参数	水平	分析数目或需要的检测类型	标准定量方法	标准筛选方法	注释
④ 检测	检测分离的选择性和检测的选择性和敏感性		运行特征应该同方法中的相同或更好		使用新的检测试剂时，也需要单独测定检测能力
⑤ 分析者	在每个水平进行≥5个回收率检测[LCL、AL和2～3AL]，重新分析1个空白样品和两个有效样品		所有的结果应该在实验室方法制定的警告限内，重复样品分析应该在临界限内		这是一个最低要求。某些研究残留领域的实验室使用更详细的方法，包括：a.在可接受的标准内产生标准曲线；b.对每个基质至少进行两个分析，包括最少3个水平重复加标的具有代表性的分析物；c.至少1个分析运行，含有一个加标样品，3个水平的重复，提供给不知情的分析者。所有结果必须同可接受标准相符，或可被重复
⑥ 实验室	不同的分析者在不同日期进行≥3个回收率检测[LCL、AL和2(3)AL]，确定准确性和精确性		所有的结果应该在实验室方法制定的警告限内		在新的条件下，一定要建立方法的重现性，如果可能需要多个分析

本章缩略语表

AL	accepted limit	可接受限
APHIS	Animal and Plant Health Inspection Service	（美国）动植物检验局
BMELV	Bundesministerium für Ernährung, Landwirtschaft und Verbraucherschutz	德国联邦食品和农业部
BVL	Bundesamtes für Verbraucherschutz und Lebensmittelsicherheit	德国联邦消费者保护与食品局和联邦风险评估研究所
CAC	Codex Alimentarius Commission	国际食品法典委员会
CCMAS	Codex Committee on Methods of Analysis and Sampling	分析与抽样方法分法典委员会
EFSA	European Food Safety Authority	欧洲食品安全局
EPA	Environmental Protection Agency	美国环境保护署
FDA	U. S. Food and Drug Administration	美国食品和药品监管局
FSIS	Food Safety and Inspection Service	（美国）食品安全检验局
IUPAC	International Union of Pure and Applied Chemistry	国际理论与应用化学联合会
JMPR	Joint FAO/WHO Meeting on Pesticide Residues	FAO/WHO 农药残留专家联席会议
LCL	lowest calibrated level	最低校准水平
LOD	limit of detection	定性限
LOQ	limit of quantitation	定量限
MDL	method detection limit	方法定性限
MRL	maximum residue limit	最高残留限量
RASFF	Rapid Alert System for Food and Feed	（欧盟）食品、饲料快速预警系统
USDA	U. S. Department of Agriculture	美国农业部
C_{max}	highest residue detected in replicate analytical portions	分析部分中检测到的最高残留量
C_{min}	lowest residue detected in replicate analytical portions	分析部分中检测到的最低残留量
CV_{Atyp}	typical coefficient of variation of residues determined in one analytical portion.	一个分析部分残留检测的典型变异系数
CV_{Ltyp}	typical coefficient of variation of analyses of portions of a laboratory sample.	实验室样品残留分析的典型变异系数
CV_{sp}	coefficient of variation of residues in analytical portions.	分析部分残留变异系数
MRM	multi-Residue Method	多残留分析方法
RRF	relative response factor	相对响应因子
RRt	relative retention value for a peak	峰相对保留值
R_s	resolution of two chromatographic peaks	两色谱峰的分离度
SD	standard Deviation	标准偏差

参考文献

[1] 合格评定 化学分析方法确认和验证指南：GB/T 27417—2017 [S].
[2] 实验室质量控制规范 食品理化检测：GB/T 27404—2008 [S].
[3] 兽药残留实验室质量控制规范：NY/T 1896—2010 [S].

第二章
食品中金属的分析

第一节　食品中铝的测定

一、适用范围

本规程规定了粉条、粉丝、膨化食品、大米、茶叶、海蜇、挂面、面包、糕点、面粉、馒头、油条、鲜冻畜禽肉中铝测定的电感耦合等离子体光谱法。

本规程适用于粉条、粉丝、膨化食品、大米、茶叶、海蜇、挂面、面包、糕点、面粉、馒头、油条、鲜冻畜禽肉中铝的电感耦合等离子体光谱法的测定。

二、方法提要

样品经消解后，去离子水定容，用电感耦合等离子体光谱仪（ICP-OES）测定，与标准系列比较定量。

三、仪器设备和试剂

（一）仪器和设备

① 电感耦合等离子体发射光谱仪。

② 密闭微波消解系统：含聚四氟乙烯密闭消解罐。

③ 压力消解罐，配有聚四氟乙烯消解内罐。

④ 电热消解器（赶酸器）。

⑤ 恒温干燥箱。

⑥ 可调式控温电热板。

⑦ 样品粉碎设备：匀浆机、高速粉碎机。

（二）试剂和耗材

实验用水符合 GB/T 6682 所规定的一级水要求。

① 硝酸（MOS 级，ρ=1.42g/mL）。

② 硝酸溶液（2+98）。

（三）标准品及标准物质

铝单元素溶液标准物质：100mg/L，GBW(E)080129，中国计量科学研究院。

四、样品的处理

（一）试样的制备与保存

① 粉条、粉丝、膨化食品、茶叶、大米、挂面、面包、面粉、馒头等含水量小的样品：如粉条、茶叶、大米、挂面等取至少 50g 样品粉碎（膨化食品也可取 50g 以上完整包装 1 个，在包装内把样品全部捏碎），充分混匀后，称取样品 1～2g（精确至 1mg）。干样：取至少 100g 样品用冷纯净水清洗表面，用干净的吸水纸擦去表面水分，剁碎混匀后，准确称取 0.5～1g（精确至 1mg）样品。

② 湿样：取至少 100g 样品用干净的吸水纸擦去表面水分，剁碎混匀后，准确称取 1～2g（精确至 1mg）样品。

③ 油条等油炸食品：将样品用洁净滤纸反复挤压去除大部分油脂，取至少 100g 样品切碎，混匀，称取 0.5～1g（精确至 1mg）样品。

（二）试样的前处理

1. 微波消解法

称取均匀的试样 0.2～0.5g（精确到 0.001g）于微波消解内罐中，加入 5～8mL 硝酸，盖上内罐盖，旋紧外罐置于微波消解仪中（含糖、脂肪高的样品需进行冷消化，放置至少 1h，最好过夜），按照微波消解仪的消解条件进行消解（消解参考条件参见表 2-1），消解完毕待冷却后取出内罐，赶酸至剩余 1～2mL 溶液，将消化液转移至 25mL 或 50mL 容量瓶中，并用少量水多次洗涤消解内罐，合并洗涤液定容至刻度，混匀备用，同时做 3 个试剂空白试验。

2. 压力罐消解法

称取均匀的试样 0.5～1g（精确到 0.001g）于聚四氟乙烯压力消解内罐中，加入 10mL 硝酸，盖上内盖（含糖、脂肪高的样品需进行冷消化，放置至少 1h，最好过夜），旋紧外罐置于恒温干燥箱中消解（消解参考条件参见表 2-2），消解完毕待冷却后取出内罐，赶酸至剩余 1～2mL 溶液，将消化液转移至 25mL 容量瓶中，并用少量水多次洗涤消解内罐，合并洗涤液定容至刻度，混匀备用，同时做 3 个试剂空白试验。

表 2-1　微波消解参考条件

步骤	控制温度/℃	升温时间/min	恒温时间/min
1	140	10	5
2	170	5	10
3	190	5	20

表 2-2　压力罐消解参考条件

步骤	控制温度/℃	恒温时间/h
1	120	2
2	140	2
3	160	4

五、试样分析

（一）仪器条件

根据仪器性能调至最佳状态，PerkinElmer 公司 Optima 7000DV 电感耦合等离子体发射光谱仪参考工作条件如下：

① 波长：396.152nm。

② 功率：1150W。

③ 辅助气流量：0.5L/min。

④ 蠕动泵转速：50r/min。

⑤ 观测方式：水平观测。

（二）标准曲线及样品测定

将标准系列溶液导入电感耦合等离子体光谱仪进行测定，以铝标准溶液含量和对应光谱强度绘制标准曲线或计算直线回归方程，试样光谱强度与曲线比较或代入方程求得含量。在测定过程中，建议每测定10～20个样品用铝标准溶液检查仪器的稳定性。

六、质量控制

在检测中，尽可能使用有证标准物质作为质量控制样品，也可采用加标试验进行质量控制。

（一）标准物质

选用与样品基质相同或相似的标准物质作为质量监控的标准（参见表2-3）。标准物质与样品按相同方法同时进行消化后，测定其铝含量。测定结果应在证书给定的范围内。每批样品至少分析1个标准物质，并以2～3平行形式测定。

表2-3　铝成分标准物质选用参考表（10^{-2}）

标准号	生物成分分析标准物质名称	标准值
GBW10010	大米	0.039±0.004
GBW10011	小麦	0.0104±0.0010
GBW10012	玉米	0.032±0.003
GBW10018	鸡肉	0.016±0.003
INCT-TL-1	波兰有证参考物质	0.229±0.028

（二）加标回收

称取相同样品量的样品，加入一定浓度的铝标准溶液，然后将其与样品同时消化进行测定，计算加标回收率。每10个样品测定1个加标回收率，若样品量少于10个，至少测定1个加标回收率。

七、结果计算

试样中铝含量按下式计算。

$$X=\frac{(c-c_0)\times V}{m}\times f$$

式中　X——试样中铝的含量，mg/kg；

c——测定样液中铝的浓度，μg/mL；

c_0——空白溶液中铝的浓度，μg/mL；

V——试样消化液总体积，mL；

m——试样质量，g；

f——稀释倍数。

计算结果保留三位有效数字。

八、技术参数

（一）精密度

精密度指在重复条件下获得的两次独立测定结果的相对偏差。在重复性条件下获得的两次独立测定结果的绝对差值不得超过算术平均值的10%。食品中不同含量铝的相对偏差值见表2-4。

表2-4 食品中铝平行样测定的相对偏差参考值

铝/(mg/kg)	平行样的相对偏差/%
<25	<20
>25	<10

（二）加标回收率

将一定浓度的铝标准溶液加至样品中，经消化，然后同时测定样品和加标样品，计算加标回收率。面粉和鲜冻畜禽肉中铝的不同加标量的加标回收率参考值见表2-5和表2-6。

表2-5 面粉中铝测定的回收率及其精密度（$n=6$）

食品种类	本底值/(mg/L)	加标量/(mg/L)	回收率范围/%	平均回收率/%	RSD/%
面粉	0.361～0.457	1.00	92.9～103	98.0	2.01
	4.29～4.58	5.00	95.6～102	98.8	2.19
	8.69～8.85	10.0	97.5～104	101	3.03

表2-6 鲜冻畜禽肉中铝测定的回收率及其精密度（$n=6$）

本底值/(mg/L)	加标量/(mg/L)	测定值/(mg/L)	回收率/%	RSD/%
0.450	4.00	4.48	106.7	2.13
0.381	4.00	4.35	91.9	3.06
3.58	10.0	13.6	100.6	1.54
7.29	10.0	17.1	97.4	0.88
8.95	10.0	19.2	102.8	1.38
6.69	10.0	16.6	98.7	1.09

另外，标准物质与样品按相同方法同时进行消化后，测定其铝含量，测定结果应在证书给定的范围内。

（三）方法定性限及定量限

将仪器各参数调至最佳工作状态，分别对空白和至少三个浓度铝标准溶液进行三次重复测定，取三次测定的平均值后，按线性回归法求出标准曲线斜率（b）。对试剂空白进行至少20次测定，计算试剂空白吸光度值的标准偏差（s）。按试剂空白吸光度值的3倍标准偏差和10倍标准偏差，分别计算出方法定性限和定量限。

本方法定性限（LOD）为0.2mg/kg（以取样量1.0g，定容至25mL计）。

九、注意事项

① 食品中铝元素分析在采样、制备、实验操作中容易受到环境、试剂及器皿的污染，因此在采样、制备及实验中不使用含铝、玻璃器皿容器，尽量使用超纯试剂，实验前需要做消化空白，计算定性限是否符合方法的要求。

② 在测定标准参考物质中铝含量时，发现测定结果偏低，这主要是由于标准参考物质中，铝硅结合形成难溶的结合态铝，当采用硝酸体系进行消解时，铝硅结合链无法破坏，无法将铝彻底消解游离出来，导致测定结果偏低。消化时添加0.2～0.5mL氢氟酸，可以破坏硅铝结合链，形成易挥发的四氟化硅，通过赶酸，将氢氟酸彻底赶净后再进行结果测量，可以得到较为理想的测定结果。因此，在测定食品样品中非添加的铝含量时，建议消化时添加氢氟酸，采用硝酸-氢氟酸体系，测定结果更加准确。在测定添加了含铝添加剂的一些面制加工品及膨化食品（如馒头、油条、糕点等）时，消化只需采用硝酸体系即可。

③ 使用硝酸-氢氟酸体系消解时，要特别注意赶酸，因为氢氟酸对电感耦合等离子体的雾化器和雾室有腐蚀，在赶酸过程中必须彻底赶净（否则要使用氢氟酸专用雾化器，定容体积尽可能大一些）。具体赶酸操作：在140℃的电热板上赶酸至干（在这个温度下，不会造成铝的挥发损失），然后再用5%硝酸转移定容，可以确保氢氟酸彻底赶净。

第二节　食品中铬的测定

一、适用范围

本规程规定了液态乳、新鲜水果、新鲜蔬菜、肉制品、大米、小米、咸蛋、肉松及鱼松中铬含量测定的石墨炉原子吸收光谱法。

本规程适用于液态乳、新鲜水果、新鲜蔬菜、肉制品、大米、小米、咸蛋、肉松及鱼松中铬含量的测定。

二、方法提要

试样经消解后，导入原子吸收分光光度计石墨炉中，原子化后吸收357.9nm共振线，在一定浓度范围，其吸收值与铬含量成正比，与标准系列比较定量。

三、仪器设备和试剂

（一）仪器和设备

本规程所用玻璃器皿及聚四氟乙烯消解内罐均需以硝酸溶液（1+4）浸泡24h以上，用水反复冲洗，最后用去离子水冲洗干净。

① 原子吸收分光光度计（附石墨炉原子化器及铬空心阴极灯）。

② 微波消解仪及其配套的消化罐（管）。

③ 电热消解器（赶酸器）。

④ 压力消解器，配有聚四氟乙烯消解内罐。

⑤ 恒温干燥箱。

⑥ 可调式电热板或电炉。

⑦ 100mL 高脚烧杯或锥形瓶，表面皿；或 50mL 消解瓶，漏斗。

⑧ 天平：感量为 1mg。

⑨ 样品粉碎设备：匀浆机，高速粉碎机。

（二）试剂和耗材

本规程所用试剂除特定说明，均为优级纯，所用纯水均符合 GB/T 6682 所规定二级水。

① 混合酸消解液（9+1，体积分数）：硝酸-高氯酸。取 9 份硝酸与 1 份高氯酸混合。

② 硝酸溶液（0.5mol/L）：取 3.2mL 硝酸加入 50mL 水中，稀释到 100mL。

③ 过氧化氢（30%）。

④ 磷酸二氢铵-硝酸镁溶液：称取 1.0g 磷酸二氢铵、0.06g 硝酸镁，用 0.5mol/L 硝酸溶液溶解后，用 0.5mol/L 硝酸溶液定容至 100mL，混匀。

（三）标准品及标准物质

① 铬标准储备液（1000μg/mL）：可购于具有资质的单位（如：中国计量科学研究院，GBW08614），室温、洁净阴凉处保存，使用时应严格按证书要求使用。

② 铬标准使用液：铬标准储备液用硝酸溶液经多次稀释成每毫升含 100ng 铬的标准使用液。在 4℃冰箱中保存，可稳定 1 个月。

③ 标准系列：分别吸取铬标准使用液 0、1.00mL、2.00mL、4.00mL、6.00mL、8.00mL 于 50mL 容量瓶中，用硝酸溶液稀释至刻度，摇匀，配制成 0、2.0ng/mL、4.0ng/mL、8.0ng/mL、12.0ng/mL、16.0ng/mL 铬浓度标准系列。标准系列临用前现配。

四、样品的处理

（一）试样的制备与保存

① 咸蛋：去壳，粉碎，备用。

② 肉制品：将试样除去脂肪、筋膜，均质化，备用。

③ 新鲜蔬菜和水果：样品用水洗净，晾干，取可食部分，制成匀浆，储于塑料瓶中，冷藏备用。

④ 大米、小米：粉碎，备用。

（二）试样消解

1. 湿式消解法

根据样品的水分含量准确称样（干样品称 1.0～3.0g，液态乳、新鲜蔬果约称 5.0g），称取 1.0～5.0g 均匀试样（精确至 0.001g），放入 100mL 高脚烧杯或锥形瓶中，加10～15mL混合酸，加盖表面皿放置过夜。将样品放置电热板上消解，先150℃±10℃消化1h，再将温度升至200℃±10℃进行消化。若出现炭化（变棕黑色）趋势，应立即从电热板上取下，再补加适量硝酸，直至冒白烟，消化液呈无色透明或略带黄色，赶除液体中剩余酸和氮氧化物。将试样消化液全部转入10mL或25mL容量瓶中，用少量水多次洗涤高脚烧杯或锥形瓶，洗涤液合并于容量瓶中用纯水定容，充分摇匀备用。按同法做3个试剂空白。

2. 微波消解法

取0.2～0.5g均匀试样（精确至0.001g）于聚四氟乙烯内罐，加入8mL硝酸，浸泡过夜。再加入过氧化氢2mL。盖好内盖，旋紧外盖，放入微波消解仪内，按仪器使用说明书操作方法进行消化（参考表2-7消解程序）。消化结束，冷却至室温，将聚四氟乙烯内罐移入赶酸器，170℃±10℃（设定温度）赶酸至0.5～1mL。将试样消化液全部转入10mL或25mL容量瓶中，并用少量水洗涤内罐多次，洗涤液合并于容量瓶中，用纯水定容至刻度，混匀后备用。按同法做3个试剂空白。

表2-7 CEM MARS6 XPRESS型微波消解仪参数

步骤	爬升时间/min	保持时间/min	温度/℃	功率/W
1	5	3	120	1600
2	4	5	160	1600
3	6	30	190	1600

3. 压力罐消解法

称取0.2～0.5g均匀试样（精确到0.001g）于聚四氟乙烯压力消解内罐中，加入8mL硝酸，盖上内盖，旋紧外罐，浸泡过夜。置于恒温干燥箱中消解，150℃消解8h。消解完毕，冷却后取出内罐，赶酸至剩余0.5～1mL溶液，将消化液转移至10mL或25mL容量瓶中，并用少量纯水多次洗涤消解内罐，合并洗涤液定容至刻度，混匀后备用，同时做3个试剂空白。

五、试样分析

（一）仪器参考条件

根据各自仪器性能选择最佳条件，调试使之处于最佳状态。参考条件如下：

① 波长：357.9nm；

② 狭缝：0.7nm；

③ 灯电流：8mA；

④ 干燥温度：150℃，50s（或增加250℃，10s）；

⑤ 灰化温度：1100℃，30s；

⑥ 原子化温度：2400℃，5s（或原子化温度：2300℃，2s；洁净温度：2500℃，2s）；

⑦ 背景校正：塞曼或氘灯效应。

（二）标准曲线

分别吸取铬标准系列溶液0、2.0ng/mL、4.0ng/mL、8.0ng/mL、12.0ng/mL、

16.0ng/mL 各 10～20μL（在同一方法中所有空白、标准溶液和样品溶液进样量必须保持一致）注入石墨炉，测其吸光度值，绘制标准曲线。

（三）样品测定

分别吸取试剂空白液和样品消化液各 10～20μL 注入石墨炉，测其吸光度值，得到样液中铬的浓度。

在测定过程中，建议每测定 10～20 个样品用铬标准溶液或标准物质检查仪器的稳定性。

（四）基体改进剂的使用

对于有基体干扰的试样，可注入适量的基体改进剂磷酸二氢铵-硝酸镁溶液（10g/L ＋0.6g/L）（一般为 5μL 或与试样等量）消除干扰。制备铬标准曲线时也要加入与试样测定时等量的基体改进剂。

六、质量控制

在检测中，尽可能使用有证标准物质作为质量控制样品，也可采用加标试验进行质量控制。

（一）标准物质

选用与样品基质相同或相似的标准物质作为质量监控的标准。标准物质与样品按相同方法同时进行消化后，测定其铬含量。测定结果应在证书给定的范围内。每批样品至少分析 1 个标准物质，并以 2～3 平行形式测定。标准物质选用参考见表 2-8。

表 2-8　铬成分标准物质选用参考表（质量分数/10^{-6}）

标准号	生物成分分析标准物质名称	标准值
GBW10012	玉米	0.11
GBW10048	芹菜	1.35±0.22
GBW10019	苹果	0.30±0.06
GBW10051	猪肝	0.23±0.06
GBW10017	奶粉	0.39±0.04
GBW10050	大虾	0.35±0.11

（二）加标回收

称取相同样品量的样品，加入一定浓度的铬标准溶液，然后将其与样品同时消化进行测定，计算加标回收率。每 10 个样品测定 1 个加标回收率，若样品量少于 10 个，至少测定 1 个加标回收率。

七、结果计算

试样中铬含量按下式进行计算。

$$X=\frac{(c-c_0)\times V}{m\times 1000}$$

式中 X——试样中铬含量，mg/kg；

c——测定试样消化液中铬含量，ng/mL；

c_0——空白液中铬含量，ng/mL；

V——试样消化液总体积，mL；

m——试样质量，g；

1000——转换系数。

当铬含量≥1.00mg/kg时，计算结果保留三位有效数字；当铬含量＜1.00mg/kg时，计算结果保留两位有效数字。

八、技术参数

（一）精密度

本程序的精密度是指在重复条件下获得的两次独立测定结果的相对偏差，食品中不同含量铬的相对偏差参考值见表2-9。

表2-9 样品中铬平行样测定的相对偏差参考值

铬的浓度/(mg/kg)	＜0.1	0.1～1.0	＞1.0
平行样的相对偏差/%	＜25	＜15	＜10

（二）加标回收

分别在样品中加入高、中、低三水平铬标准溶液，计算加标回收率，不同加标量的加标回收率参考值见表2-10。

表2-10 肉松等食品中铬测定的加标回收率参考值（$n=6$）

食品种类	本底值/(mg/kg)	加标量/(mg/kg)	回收率范围/%	平均回收率/%	RSD/%
肉松	0.086	0.034	85.9～97.1	92.9	5.1
	0.086	0.068	89.1～103.9	95.3	6.3
	0.086	0.20	89.4～101.8	98.0	5.3
液态乳	0.0018	0.010	94.5～104.0	99.2	3.4
	0.0018	0.040	95.6～98.1	97.1	0.9
	0.0018	0.10	99.9～101.0	100.2	0.4
苹果	0.0018	0.010	94.4～105.0	99.0	3.9
	0.0018	0.040	96.9～105.0	101.0	3.4
	0.0018	0.10	97.8～99.8	98.5	0.7
小米	0.0082	0.0050	79.1～87.9	83.5	5.8
	0.0082	0.040	88.3～95.9	92.1	4.4
	0.0082	0.080	84.2～91.0	87.6	3.9
肉制品	0.24	0.10	90.0～110.0	94.5	25
	0.24	0.40	90.0～110.0	93.5	15
	0.24	0.60	90.0～110.0	95.0	15

续表

食品种类	本底值/(mg/kg)	加标量/(mg/kg)	回收率范围/%	平均回收率/%	RSD/%
咸蛋	0.024	0.42	94.4～109.2	98.9	6.2
	0.024	0.83	100.3～111.9	105.0	5.2
	0.024	1.7	80.5～93.0	86.0	5.2
大米	0.11	0.33	86.3～101.3	95.3	5.9
	0.11	0.83	101.1～113.7	107.5	5.2
	0.11	1.7	88.6～110.0	100.6	10.0

除表2-10所列食品外，本规程其他食品加标回收率参考值范围为85%～120%。

（三）方法定性限及方法定量限

将仪器各参数调至最佳工作状态，分别对空白和至少三个浓度铬标准溶液进行三次重复测定，取三次测定的平均值后，按线性回归法求出标准曲线斜率（b）。对试剂空白进行至少20次测定，计算试剂空白吸光度值的标准偏差（s）。根据定性限公式，按试剂空白吸光度值的3倍标准偏差和10倍标准偏差，再根据取样量和定容体积，分别计算出方法定性限和定量限。

湿式消解法：称取5.000g样品，定容体积为25.00mL，方法的定性限为0.002mg/kg，定量限为0.006mg/kg。

微波消解法：称取0.500g样品，定容体积为25.00mL，方法的定性限为0.005mg/kg，定量限为0.015mg/kg。

压力罐消解法：称取0.500g样品，定容体积为10.00mL，方法的定性限为0.010mg/kg，定量限为0.034mg/kg。

九、注意事项

① 分析器皿应该在洗涤后放入带盖的盒内，防止被环境污染。

② 配制标准溶液时，应加入少量硝酸（一般硝酸浓度为0.5mol/L），防止因容器壁吸附或产生氢氧化物而引起浓度变化。

③ 标准曲线吸光度值与浓度的相关系数应≥0.995。

④ 利用标准曲线测定样品浓度时，样品浓度必须在标准曲线的浓度范围内，否则要稀释，不得将标准曲线任意外延。

⑤ 每测定10～20个样品后应测定标准溶液或标准物质，若测定的标准溶液或标准物质结果落在给定范围以内，说明仪器是稳定的。若测定的标准溶液或标准物质结果落在给定范围之外，之前所测样品必须重新测定。

⑥ 新购买的硝酸要做验收实验，空白值应不得对检测结果产生明显影响，否则扣除空白时会引起较大的误差。取硝酸10mL，经消化后，用纯水定容至25.00mL，若铬浓度<1.0ng/mL，硝酸试剂验收合格。

⑦ 使用微波消解法测定食品中铬时，最大称样量为0.5g，并要做好样品的预消解。预消解方法一：称取适量样品于聚四氟乙烯内罐，加6mL硝酸、2mL过氧化氢，浸泡过夜。预消解方法二：称取适量样品于聚四氟乙烯内罐，加6mL硝酸、

2mL 过氧化氢，打开盖子，放在赶酸器中，120℃±10℃（设定温度）加热半小时。

第三节 食品中锰的测定

一、适用范围

本规程规定了酒类、饮料中锰含量测定的火焰原子吸收光谱法。

本规程适用于酒类、饮料中锰含量的测定。

二、方法提要

试样经消解后，导入原子吸收分光光度计中，经火焰原子化后吸收 279.5nm 共振线，在一定浓度范围，其吸收值与锰含量成正比，与标准系列比较定量。

三、仪器设备和试剂

（一）仪器和设备

本规程所用玻璃仪器均需以硝酸溶液（1+5）浸泡过夜，用水反复冲洗，最后用去离子水冲洗干净。

① 原子吸收分光光度计（附空气-乙炔燃烧器及锰空心阴极灯）。

② 可调式电热板或可调式电炉。

③ 100mL 锥形瓶或高脚烧杯，表面皿。

④ 天平：感量为 1mg。

（二）试剂和耗材

本规程所用试剂除特定说明，均为优级纯，所用纯水均符合 GB/T 6682 所规定二级水。

① 硝酸。

② 高氯酸。

③ 硝酸溶液（0.5mol/L）：取 3.2mL 硝酸加入 50mL 水中，稀释到 100mL。

④ 混合酸消解液（9+1，体积分数）：硝酸-高氯酸。取 9 份硝酸与 1 份高氯酸混合。

（三）标准品及标准物质

① 锰标准储备溶液（1000μg/mL）：可购于具有资质的单位[如：中国计量科学研究院，GBW(E)080157]，室温、洁净阴凉处保存，使用时应严格按证书要求使用。

② 锰标准使用液：锰标准溶液用硝酸溶液（0.5mol/L）稀释成每毫升含 100.0μg 锰的标准使用液，储存于聚乙烯瓶中，4℃冰箱保存，并且避光和尽量短时间在空气中暴露。可稳定 2 个月。

③ 标准系列。分别吸取锰标准使用液 0、0.50mL、1.00mL、2.00mL、3.00mL、

4.00mL于200mL容量瓶中，用硝酸溶液（0.5mol/L）稀释至刻度，摇匀，配制成0、0.25μg/mL、0.50μg/mL、1.00μg/mL、1.50μg/mL、2.00μg/mL锰浓度标准系列。标准系列临用前现配。

四、样品的处理

（一）试样的制备与保存

含酒精性（或二氧化碳）样品，加混合酸消化前，先在电热板或电炉上低温加热除去乙醇或二氧化碳，放冷后，再加混合酸进行消化。

注：白酒除去乙醇后也可直接测定。

（二）湿式消解法

精确称取均匀液体样品5.00～10.00g(mL)于锥形瓶或高脚烧杯中，放数粒玻璃珠，加10～20mL混合酸，加盖，过液。置电热板或电炉上消解，若变棕黑色，再加混合酸，直至冒白烟，消化液呈无色透明或略带黄色。待自然冷却至室温，将试样消化液全部转入10mL或25mL容量瓶中，用去离子水定容，充分混匀备用。取与消化试样相同量的混合酸消化液，按同一方法做3个试剂空白。

五、试样分析

（一）仪器参考条件

根据各自仪器性能选择最佳条件，调试使之处于最佳状态。参考条件如下：

① 波长：279.5nm；

② 狭缝：0.41～1.3nm；

③ 灯电流：5～10mA；

④ 空气流量：15.0L/min；

⑤ 乙炔流量：2.0～2.2L/min；

⑥ 背景校正：氘灯或自吸收。

（二）标准曲线

分别吸取锰标准系列溶液0、0.25μg/mL、0.50μg/mL、1.00μg/mL、1.50μg/mL、2.00μg/mL依次喷入火焰原子化器，测其吸光度值，完成标准曲线的绘制。

（三）样品测定

分别吸取试剂空白液和样品消化液依次喷入火焰原子化器，测其吸光度值，得到样液中锰的浓度。

在测定过程中，建议每测定10～20个样品用锰标准溶液或标准物质检查仪器的稳定性。

六、质量控制

在检测中，尽可能使用有证标准物质作为质量控制样品，也可采用加标试验进行质量控制。

（一）标准物质

选用与样品基质相同或相似的标准物质作为质控标准物。标准物质与样品按相同方法同时进行消化后，测定其锰含量，测定结果应在证书给定的标准值±不确定度的范围内。每批样品至少分析 1 个标准物质，并以 2～3 平行形式测定。标准物质选用参考见表 2-11。

表 2-11　锰选用参考表

标准号	名称	标准值
GSB 07-1189—2000	水质锰	(0.402±0.015)mg/L

（二）加标回收

称取相同样品量的样品，加入一定浓度的锰标准溶液，然后将其与样品同时消化进行测定，计算加标回收率。每批样品至少分析 1 个标准物质，并以 2～3 平行形式测定。

七、结果计算

试样中锰含量按下式进行计算。

$$X=\frac{(\rho-\rho_0)\times V\times f}{m}$$

式中　X——试样中锰含量，mg/kg 或 mg/L；

ρ——测定试样消化液中锰含量，μg/mL；

ρ_0——试剂空白液中锰含量，μg/mL；

V——试样消化液总体积，mL；

m——试样质量或体积，g 或 mL；

f——稀释倍数。

计算结果保留三位有效数字。

八、技术参数

（一）精密度

本规程的精密度是指在重复条件下获得的两次独立测定结果的相对偏差。酒类、饮料中锰的相对偏差不得超过 20%。

（二）加标回收

将一定浓度的锰标准溶液加至样品中消化，然后同时测定样品和加标样品，计算加标回收率。酒类、饮料中锰的不同加标量的加标回收率参考值范围为 90%～115%。

（三）方法定性限及定量限

将仪器各参数调至最佳工作状态，分别对空白和至少三个浓度锰标准溶液进行三次重复测定，取三次测定的平均值后，按线性回归法求出工作曲线斜率（b）。

对试剂空白进行至少20次测定，计算试剂空白吸光度值的标准偏差（s）。根据定性限公式按试剂空白吸光度值的3倍标准偏差和10倍标准偏差，再根据取样量和定容体积，分别计算出方法定性限和定量限。本法称取5.00g样品，定容25.00mL，方法的定性限为0.013mg/kg，定量限为0.044mg/kg。

九、注意事项

① 分析器皿应该在分析前及时洗涤，然后放入带盖的盒内，防止被环境因素污染。

② 新购买的硝酸、高氯酸，要做验收实验，空白值应不得对检测结果产生明显影响，否则扣除空白时会引起较大的误差。取（9+1）硝酸-高氯酸20mL，经消化后，用去离子水定容至25.00mL，若锰浓度<0.05μg/mL，硝酸、高氯酸试剂验收合格。

③ 含酒精性饮料或二氧化碳饮料，先用电热板或电炉低温加热除去乙醇或二氧化碳，放冷后，再加混合酸10mL，继续消化至完全。

④ 配制标准溶液时，应加入少量硝酸（一般硝酸浓度为0.5mol/L），防止因容器壁吸附或产生氢氧化物而引起浓度变化。

⑤ 每测定10～20个样品后应测定标准溶液或标准物质，若测定的标准溶液或标准物质结果落在给定范围以内，说明仪器是稳定的。若测定的标准溶液或标准物质结果落在给定范围之外，之前所测样品必须重新测定。

第四节 食品中镍的测定

一、适用范围

本规程规定了小麦粉、大米、咸蛋、鲜冻畜肾（猪、牛、羊）、新鲜蔬菜、肉松及鱼松中镍含量测定的石墨炉原子吸收光谱法。

本规程适用于小麦粉、大米、咸蛋、鲜冻畜肾（猪、牛、羊）、新鲜蔬菜、肉松及鱼松中镍含量的测定。

二、方法提要

试样经消解后，导入原子吸收分光光度计石墨炉中，原子化后吸收232.0nm共振线，在一定浓度范围，其吸收值与镍含量成正比，与标准系列比较定量。

三、仪器设备和试剂

（一）仪器和设备

本规程所用玻璃器皿及聚四氟乙烯消解内均需以硝酸溶液（1+4）浸泡24h以上，用水反复冲洗，最后用去离子水冲洗干净。

① 原子吸收分光光度计（附石墨炉原子化器及镍空心阴极灯）。

② 微波消解仪及其配套的消化罐（管）。

③ 可调式电热板或电炉。

④ 压力消解罐，配有聚四氟乙烯消解内罐。

⑤ 电热消解器（赶酸器）。

⑥ 恒温干燥箱。

⑦ 100mL 高脚烧杯或锥形瓶，表面皿。

⑧ 天平：感量为 1mg。

（二）试剂和耗材

本规程所用试剂除特定说明，均为优级纯，所用纯水均符合 GB/T 6682 所规定二级水。

① 硝酸：BV-Ⅲ级；MOS 级。

② 高氯酸。

③ 混合酸消解液（9+1，体积分数）：硝酸-高氯酸。取 9 份硝酸与 1 份高氯酸混合。

④ 硝酸溶液（1%）：取硝酸 1.0mL 加入少量水中，稀释到 100mL，混匀。

⑤ 过氧化氢（30%）。

⑥ 磷酸二氢铵溶液（10g/L）：称取 1.0g 磷酸二氢铵，以用硝酸溶液溶解稀释到 100mL。

⑦ 磷酸二氢铵-硝酸镁溶液（10g/L+0.6g/L）：称取 1.0g 磷酸二氢铵、0.06g 硝酸镁，用硝酸溶液溶解后，用硝酸溶液定容至 100mL，混匀。

⑧ 硝酸钯溶液（CAS RN：10102-05-3）（0.1%）。

（三）标准品及标准物质

① 镍标准储备液（1000μg/mL）：可购于具有资质的单位（如：中国计量科学研究院，GBW08618），室温、洁净阴凉处保存，使用时应严格按证书要求使用。

② 镍标准使用液：镍标准储备液用硝酸溶液经多次稀释成每毫升含 250ng 镍的标准使用液。在 4℃冰箱中保存，可稳定 1 个月。

③ 标准系列：分别吸取镍标准使用液 0、0.50mL、1.00mL、2.00mL、3.00mL、4.00mL、5.00mL 于 25mL 容量瓶中，用硝酸溶液稀释至刻度，摇匀，配制成 0、5.0ng/mL、10.0ng/mL、20.0ng/mL、30.0ng/mL、40.0ng/mL、50.0ng/mL 镍浓度标准系列。标准系列临用前现配。

四、样品的处理

（一）试样的制备与保存

① 咸蛋：去壳，粉碎，备用。

② 鲜冻畜肾：样品在室温平衡后，除去脂肪、筋膜，均质化，备用。

③ 新鲜蔬菜：样品用水洗净，晾干，取可食部分，制成匀浆，储于塑料瓶中，冷藏备用。

④ 大米：粉碎后备用。

（二）试样消解

1. 湿式消解法

称取 0.5～5.0g 均匀试样（精确至 0.001g）于 100mL 高脚烧杯或锥形瓶中，放数粒玻璃珠，加入混合酸 10mL，加盖浸泡过夜。放置电热板上消解，先 120℃±10℃（设定温度）消化 1h，再将温度升至 180℃±10℃（设定温度）消化 2h，最后将温度升至 200℃±10℃（设定温度）消化至完全。若出现炭化（变棕黑色）趋势，应立即从电热板上取下，再补加适量硝酸，直至冒白烟，消化液呈无色透明或略带黄色。待自然冷却至室温，加 10mL 去离子水继续加热，直至冒白烟，赶除液体中剩余酸和氮氧化物。将试样消化液全部转入 10mL 或 25mL 容量瓶中，用去离子水定容，充分混匀备用。取与消化试样相同量的混合酸，按同法做 3 个试剂空白。

2. 微波消解法

取 0.2～0.5g 均匀试样（精确至 0.001g）于聚四氟乙烯内罐，加入 6mL 硝酸，浸泡过夜。再加入 2mL 过氧化氢（30%）。盖好内盖，旋紧外盖，放入微波消解仪内，按仪器使用说明书操作方法进行消化（参考表 2-12、表 2-13 消解程序）。消化结束，冷却至室温，将聚四氟乙烯内罐移入赶酸器，170℃±10℃（设定温度）赶酸至 0.5～1mL。将试样消化液全部转入 10mL 或 25mL 容量瓶中定容，并用少量水洗涤内罐多次，洗涤液合并于容量瓶中，用纯水定容至刻度，混匀后备用。按同法做 3 个试剂空白。

表 2-12　CEM MARS6 XPRESS 型微波消解仪参数

步骤	爬升时间/min	保持时间/min	温度/℃	功率/W
1	5	3	120	1600
2	4	5	160	1600
3	6	30	190	1600

表 2-13　微波消解升温程序

温度/℃	压力/Pa	升温时间/min	恒温时间/min	功率变化/%
120	30	5	20	30
160	30	5	20	50
190	30	5	20	80
50	30	10	0	0

3. 压力罐消解法

称取 0.2～0.5g 均匀试样（精确到 0.001g）于聚四氟乙烯压力消解内罐中，加入 8mL 硝酸，盖上内盖，旋紧外罐，浸泡过夜。置于恒温干燥箱中消解，150℃消解 8h。消解完毕冷却后取出内罐，赶酸至剩余 0.5～1mL 溶液，将消化液转移至 10mL 或 25mL 容量瓶中，并用少量水多次洗涤消解内罐，合并洗涤液定容至刻度，混匀后备用，同时做 3 个试剂空白。

五、试样分析

（一）仪器参考条件

根据各自仪器性能选择最佳条件，调试使之处于最佳状态。参考条件如下：

① 波长：232.0nm；

② 狭缝：0.2nm；

③ 灯电流：10～25mA；

④ 干燥温度：120～140℃，20～40s；

⑤ 灰化温度：800～1400℃，20～30s；

⑥ 原子化温度：2400～2800℃，3～5s；

⑦ 背景校正：氘灯或塞曼效应。

（二）标准曲线

1. 标准曲线（外标法）

分别吸取镍标准系列溶液 0、5.0ng/mL、10.0ng/mL、20.0ng/mL、30.0ng/mL、40.0ng/mL、50.0ng/mL 各 10～20μL 注入石墨炉，测其吸光度值，绘制标准曲线。

2. 标准曲线（标准加入法）

分别吸取镍标准系列溶液 0、5.0ng/mL、10.0ng/mL、20.0ng/mL、30.0ng/mL、40.0ng/mL、50.0ng/mL 各 10～20μL 和一定量的待测样品溶液注入石墨炉，测其吸光度值，绘制标准曲线。

（三）样品测定

分别吸取试剂空白液和样品消化液各 10～20μL 注入石墨炉，测其吸光度值，得到样液中镍的浓度。

在测定过程中，建议每测定 10～20 个样品用镍标准溶液或标准物质检查仪器的稳定性。

（四）基体改进剂的使用

对于有基体干扰的试样，可注入适量的基体改进剂磷酸二氢铵-硝酸镁溶液或磷酸二氢铵溶液或硝酸钯（一般为 5μL 或与试样等量）消除干扰。制备镍标准曲线时也要加入与试样测定时等量的基体改进剂。

六、质量控制

在检测中，尽可能使用有证标准物质作为质量控制样品，也可采用加标试验进行质量控制。

（一）标准物质

选用与样品基质相同或相似的标准物质作为质量监控的标准。标准物质与样品按相同方法同时进行消化后，测定其镍含量。测定结果应在证书给定的范围内。每批样品至少分析 1 个标准物质，并以 2～3 平行形式测定。标准物质选用参考见

表 2-14。

表 2-14 镍成分标准物质选用参考表（质量分数/10^{-6}）

标准号	生物成分分析标准物质名称	标准值
GBW10018	鸡肉	0.15±0.03
GBW10048	芹菜	1.8±0.4
GBW10017	奶粉	0.18
GBW10050	大虾	0.23
GBW10024	扇贝	0.29±0.08

（二）加标回收

称取相同样品量的样品，加入一定浓度的镍标准溶液，然后将其与样品同时消化进行测定，计算加标回收率。每 10 个样品测定 1 个加标回收率，若样品量少于 10 个，至少测定 1 个加标回收率。

七、结果计算

试样中镍含量按下式进行计算。

$$X=\frac{(\rho-\rho_0)\times V}{m\times 1000}$$

式中 X——试样中镍含量，mg/kg；

ρ——测定试样消化液中镍含量，ng/mL；

ρ_0——空白液中镍含量，ng/mL；

V——试样消化液总体积，mL；

m——试样质量，g；

1000——换算系数。

当镍含量≥1.00mg/kg 时，计算结果保留三位有效数字；当镍含量<1.00mg/kg 时，计算结果保留两位有效数字。

八、技术参数

（一）精密度

本规程精密度是指在重复条件下获得的两次独立测定结果的相对偏差，食品中不同含量镍的相对偏差参考值见表 2-15。

表 2-15 样品中镍平行样测定的相对偏差参考值

镍的浓度/(mg/kg)	< 0.1	0.1～1.0	> 1.0
平行样的相对偏差/%	< 25	<15	< 10

（二）加标回收

分别在样品中加入高、中、低三水平镍标准溶液，计算加标回收率，不同加标量的加标回收率参考值见表 2-16。

表 2-16　食品中镍测定的加标回收率参考值（$n=6$）

食品种类	本底值/(mg/kg)	加标量/(mg/kg)	回收率范围/%	平均值/%	RSD/%
小麦粉	0.070	0.050	80.3～114.0	96.0	13.0
	0.070	0.10	87.2～103.0	95.1	6.4
	0.070	0.50	88.4～105.0	97.6	6.2
咸蛋	0.33	0.33	81.5～108.5	92.7	10.7
	0.33	0.83	99.7～115.4	108.0	6.5
	0.33	1.70	89.4～98.6	93.9	3.4
大米	0.52	0.33	89.5～118.0	101.4	9.9
	0.52	0.83	96.9～112.6	105.2	6.5
	0.52	1.70	92.0～104.8	100.7	4.8
猪肾、牛肾、羊肾	0.072	0.084	82.4～111.2	94.9	12.6
	0.072	0.33	100.0～112.5	108.0	4.4
	0.072	0.50	101.6～110.2	105.1	3.9
肉松	0.082	0.050	93.8～102.1	96.3	4.4
	0.082	0.10	90.7～106.6	99.8	5.4
	0.082	0.50	93.1～100.7	97.1	3.0
茄子	<0.020	0.32	93.8～101.0	97.0	2.8
	<0.020	0.62	89.6～97.2	93.0	2.9
	<0.020	1.90	96.5～105.6	99.7	3.3

（三）方法定性限及定量限

将仪器各参数调至最佳工作状态，分别对空白和至少三个浓度镍标准溶液进行三次重复测定，取三次测定的平均值后，按线性回归法求出标准曲线斜率（b）。对试剂空白进行至少 20 次测定，计算试剂空白吸光度值的标准偏差（s）。根据定性限公式 $L=Ks/b$，按试剂空白吸光度值的 3 倍标准偏差和 10 倍标准偏差，再根据取样量和定容体积，分别计算出方法定性限和定量限。

湿法消解法：称取 5.000g 样品，定容体积为 25.00mL，方法的定性限为 2μg/kg，定量限为 6μg/kg。

微波消解法：称取 0.300g 样品，定容体积为 25.00mL，方法的定性限为 50μg/kg，定量限为 160μg/kg。

压力罐消解法：称取 0.500g 样品，定容体积为 10mL，方法的定性限为 20μg/kg，定量限为 50μg/kg。

九、注意事项

① 新购买的硝酸、高氯酸，要做验收实验，空白值应不得对检测结果产生明显影响，否则扣除空白时会引起较大的误差。取（9+1）硝酸-高氯酸 10mL，经消化后，用去离子水定容至 10.00mL，若镍浓度<2.5ng/mL，硝酸、高氯酸试剂

验收合格。

② 微波消解一般先加入硝酸浸泡过夜，消解之前再加入双氧水。

③ 使用石墨炉原子吸收法测定食品中镍，为消除样品基质的影响，最好采用标准加入法进行测定。

第五节 食品中铜的测定

一、适用范围

本规程规定了小麦粉、新鲜蔬菜、新鲜水果、肉、矿泉水中铜含量测定的火焰原子吸收光谱法。

本规程适用于小麦粉、新鲜蔬菜、新鲜水果、肉、矿泉水中铜含量的测定。

二、方法提要

试样经消解后，导入原子吸收分光光度计中，原子化后吸收 324.8nm 共振线，在一定浓度范围，其吸收值与铜含量成正比，与标准系列比较定量。

三、仪器设备和试剂

（一）仪器和设备

本规程所用玻璃器皿及聚四氟乙烯消解内罐均需以硝酸溶液（1+4）浸泡 24h 以上，用水反复冲洗，最后用去离子水冲洗干净。

① 原子吸收分光光度计（附火焰原子化器及铜空心阴极灯）。

② 可调式电热板或电炉。

③ 微波消解仪及其配套的消化罐（管）。

④ 电热消解器赶酸器。

⑤ 100mL 高脚烧杯或锥形瓶，表面皿。

⑥ 天平：感量为 1mg。

（二）试剂和耗材

本规程所用试剂除特定说明，均为优级纯，所用纯水均符合 GB/T 6682 所规定二级水。

① 硝酸：BV-Ⅲ级；MOS 级。

② 高氯酸。

③ 混合酸消解液（9+1，体积分数）：硝酸-高氯酸。取 9 份硝酸与 1 份高氯酸混合。

④ 硝酸溶液（0.5%）：取 50mL 硝酸，缓慢加入到 950mL 水中，混匀。

⑤ 过氧化氢（30%）：优级纯。

（三）标准品及标准物质

① 铜标准储备溶液（1000μg/mL）：可购于具有资质的单位（如：中国计量

科学研究院，GBW08615)，室温、洁净阴凉处保存，使用时应严格按证书要求使用。

② 铜标准使用液：铜标准溶液用硝酸溶液经多次稀释成每毫升含 10.0μg 铜的标准使用液。在 4℃冰箱中保存，可稳定 1 个月。

③ 标准系列：分别吸取 10.0μg/mL 铜标准使用液 0、1.00mL、2.00mL、4.00mL、6.00mL、8.00mL、10.00mL 于 100mL 容量瓶中，用硝酸溶液稀释至刻度，摇匀，配制成 0、0.10μg/mL、0.20μg/mL、0.40μg/mL、0.60μg/mL、0.80μg/mL、1.00μg/mL 铜浓度标准系列。标准系列临用前现配。

四、样品的处理

（一）试样的制备与保存

新鲜水果、新鲜蔬菜：洗净晾干，取可食部分均质化，冷藏备用。

肉：将试样除去脂肪、骨及腱后洗净晾干，绞碎搅匀，冷藏备用。

（二）试样消解

1. 湿式消解法

称取 0.5～5.0g 均匀试样（精确至 0.001g）于 100mL 高脚烧杯或锥形瓶中，放数粒玻璃珠，加入混合酸 10mL，加盖浸泡过夜。放置电热板上消解，先 120℃±10℃（设定温度）消化 1h，再将温度升至 180℃±10℃（设定温度）消化 2h，最后将温度升至 200℃±10℃（设定温度）消化至完全。若出现炭化（变棕黑色）趋势，应立即从电热板上取下，再补加适量硝酸，直至冒白烟，消化液呈无色透明或略带黄色。待自然冷却至室温，加 10mL 去离子水继续加热，直至冒白烟，赶除液体中剩余酸和氮氧化物。赶酸至剩余 1～2mL 溶液。将试样消化液全部转入 10mL 或 25mL 容量瓶中，用纯水定容，充分混匀备用。取与消化试样相同量的混合酸，按同法做 3 个试剂空白。

2. 微波消解法

称取 0.2～0.5g 试样（精确至 0.001g）于聚四氟乙烯内罐，加入 6mL 硝酸，浸泡过夜。再加入过氧化氢 2mL。盖好内盖，旋紧外盖，放入微波消解仪内，按仪器使用说明书操作方法进行消化（参考表 2-17 消解程序）。消化结束，冷却至室温，将聚四氟乙烯内罐移入赶酸器，170℃±10℃（设定温度）赶酸至 0.5～1mL。将试样消化液全部转入 10mL 或 25mL 容量瓶中定容，并用少量水洗涤内罐多次，洗涤液合并于容量瓶中，用纯水定容至刻度，混匀后备用。按同法做 3 个试剂空白。

表 2-17　CEM MARS6 XPRESS 型微波消解仪参数

步骤	爬升时间/min	保持时间/min	温度/℃	功率/W
1	5	3	120	1600
2	4	5	160	1600
3	6	30	190	1600

五、试样分析

（一）仪器参考条件

根据各自仪器性能选择最佳条件，调试使之处于最佳状态。参考条件如下：

① 波长：324.8nm；

② 狭缝：0.5～0.7nm；

③ 灯电流：5～15mA；

④ 空气流量：9～15L/min；

⑤ 乙炔气流量：1.8～2.5L/min。

⑥ 背景校正：氘灯或塞曼效应。

（二）标准曲线

分别吸取铜标准系列溶液 0、0.10μg/mL、0.20μg/mL、0.40μg/mL、0.60μg/mL、0.80μg/mL、1.00μg/mL 依次喷入火焰原子化器，测其吸光度值，完成标准曲线的绘制。

（三）样品测定

分别吸取试剂空白液和样品消化液（矿泉水可直接测定）依次喷入火焰原子化器，测其吸光度值，得到样液中铜的浓度。

在测定过程中，建议每测定 10～20 个样品用铜标准溶液或标准物质检查仪器的稳定性。

六、质量控制

在检测中，尽可能使用有证标准物质作为质量控制样品，也可采用加标试验进行质量控制。

（一）标准物质

选用与样品基质相同或相似的标准物质作为质量监控的标准（参见表 2-18）。标准物质与样品按相同方法同时进行消化后，测定其铜含量。测定结果应在证书给定的范围内。每批样品至少分析 1 个标准物质，并以 2～3 平行形式测定。

表 2-18　铜成分标准物质选用参考表（质量分数/10^{-6}）

标准号	生物成分分析标准物质名称	标准值
GBW10012	玉米	0.66±0.08
GBW08503b	小麦粉	3.98±0.43
GBW10048	芹菜	8.2±0.4
GBW10051	猪肝	52±3
GBW10017	奶粉	0.51±0.13
GBW10016	茶叶	18.6±0.7
GBW10019	苹果	2.5±0.2
GBW10050	大虾	10.3±0.7

（二）加标回收

称取相同样品量的样品，加入一定浓度的铜标准溶液，然后将其与样品同时消化进行测定，计算加标回收率。每 10 个样品测定 1 个加标回收率，若样品量少于 10 个，至少测定 1 个加标回收率。

七、结果计算

试样中铜含量按下式进行计算。

$$X=\frac{(\rho-\rho_0)\times V\times 1000}{m\times 1000}$$

式中 X——试样中铜含量，mg/kg 或 mg/L；

ρ——测定试样消化液中铜含量，μg/mL；

ρ_0——空白液中铜含量，μg/mL；

V——试样消化液总体积，mL；

m——试样质量，g 或 mL；

1000——换算系数。

当铜含量≥10.0mg/kg（或 mg/L）时，计算结果保留三位有效数字；当铜含量<10.0mg/kg（或 mg/L）时，计算结果保留两位有效数字。

八、技术参数

（一）精密度

本规程的精密度是指在重复条件下获得的两次独立测定结果的相对偏差，食品中不同含量铜的相对偏差参考值见表 2-19。

表 2-19 样品中铜平行样测定的相对偏差参考值

铜的浓度/(mg/kg)	<0.1	0.1～1.0	>1.0
平行样的相对偏差/%	<25	10～15	<10

（二）加标回收

分别在样品中加入高、中、低三水平铜标准溶液，计算加标回收率，不同加标量的加标回收率参考值见表 2-20。

表 2-20 食品中铜测定的加标回收率参考值（n=6）

食品种类	本底值/(mg/kg)	加标量/(mg/kg)	回收率范围/%	平均值/%	RSD/%
小麦粉	1.3	1.0	99.0～110.0	104.5	4.9
	1.3	2.0	95.0～106.0	100.7	4.2
	1.3	10.0	95.9～106.0	101.2	3.4
圆白菜	0.0048	0.50	101.0～104.0	103.3	1.9
	0.0048	2.0	97.9～100.0	99.2	0.9
	0.0048	5.0	103.0～105.0	104.0	0.6

续表

食品种类	本底值/(mg/kg)	加标量/(mg/kg)	回收率范围/%	平均值/%	RSD/%
苹果	0.0048	0.5	99.4～107.0	103.1	2.6
	0.0048	2.0	97.7～100.0	99.2	0.9
	0.0048	5.0	94.9～96.9	96.2	0.7
肉	0.30	1.7	90.0～95.0	93.5	15.0
	0.30	3.7	90.0～95.0	92.5	10.0
	0.30	6.7	90.0～95.0	93.0	5.0
矿泉水、矿物质水	0.05①	0.20①	100.9～103.5	102.0	0.9
	0.05①	0.40①	103.6～104.5	104.0	0.3
	0.05①	0.80①	104.9～106.1	105.3	0.4

①计量单位为L。

（三）方法定性限及定量限

将仪器各参数调至最佳工作状态，分别对空白和至少三个浓度铜标准溶液进行三次重复测定，取三次测定的平均值后，按线性回归法求出标准曲线斜率（b）。对试剂空白进行至少20次测定，计算试剂空白吸光度值的标准偏差（s）。根据定性限公式 $L=Ks/b$，按试剂空白吸光度值的3倍标准偏差和10倍标准偏差，再根据取样量和定容体积，分别计算出方法定性限和定量限。

湿法消解法：称取5.000g样品，定容体积为25.00mL，方法的定性限为0.005mg/kg，定量限为0.016mg/kg。

微波消解法：称取0.500g样品，定容体积为10.00mL，方法的定性限为0.04mg/kg，定量限为0.2mg/kg。

九、注意事项

新购买的硝酸、高氯酸，要做验收实验，空白值应不得对检测结果产生明显影响，否则扣除空白时会引起较大的误差。取（9+1）硝酸-高氯酸20mL，经消化后，用去离子水定容至25.00mL，若铜浓度<0.05μg/mL，硝酸、高氯酸试剂验收合格。

第六节　食品中总砷的测定

一、适用范围

本规程规定了豆腐、干豆（黄豆、黑豆、豌豆、蚕豆）、粮食、糕点、新鲜蔬菜、新鲜水果、肉、淡水产品、液态乳、植物油、婴幼儿食品、饮料、食用菌（干、鲜）、果蔬罐头及茶叶中总砷含量测定的氢化物发生原子荧光光谱法。

本规程适用于豆腐、干豆（黄豆、黑豆、豌豆、蚕豆）、粮食、糕点、新鲜蔬菜、新鲜水果、肉、淡水产品、液态乳、植物油、婴幼儿食品、饮料、食用菌

(干、鲜)、果蔬罐头及茶叶中总砷含量的测定。

二、方法提要

试样经消解后，加入硫脲使五价砷预还原为三价砷，再加入硼氢化钾或硼氢化钠使还原生成砷化氢，由氩气载入原子化器中分解为原子态砷，在高强度砷空心阴极灯的发射光激发下产生荧光，其荧光强度在固定条件下与被测液中砷浓度成正比，与标准系列比较定量。

三、仪器设备和试剂

(一)仪器和设备

本规程所用玻璃器皿及聚四氟乙烯消解内罐均需以硝酸溶液(1+4)浸泡24h以上，用水反复冲洗，最后用去离子水冲洗干净。

① 原子荧光光度计(附砷空心阴极灯)。

② 微波消解仪及其配套的消化罐(管)。

③ 压力消解罐，配有聚四氟乙烯消解内罐。

④ 电热消解器(赶酸器)。

⑤ 恒温干燥箱。

⑥ 可调式电热板或电炉。

⑦ 天平：感量为1mg。

⑧ 100mL高脚烧杯或锥形瓶，表面皿。

(二)试剂和耗材

本规程所用试剂除特定说明，均为优级纯，所用纯水均符合GB/T 6682所规定一级水。

① 硝酸：65%硝酸，默克公司。

② 硼氢化钾溶液(20g/L)：称取20.0g硼氢化钾，用5.0g/L氢氧化钾溶液溶解并定容至1000mL，混匀，现配现用。

③ 硫脲+抗坏血酸溶液：称取10.0g硫脲，加约80mL水，加热溶解，待冷却后加入10.0g抗坏血酸，稀释至100mL。现配现用。

④ 硝酸溶液(3+97)：量取硝酸30mL，缓缓倒入970mL水中，混匀。

⑤ 混合酸消解液(9+1，体积分数)：硝酸-高氯酸。取9份硝酸与1份高氯酸混合。

(三)标准品及标准物质

砷标准储备溶液(1000μg/mL)：可购于具有资质的单位(如：中国计量科学研究院，GBW08611)，室温、洁净阴凉处保存，使用时应严格按证书要求使用。

砷标准使用液：砷标准溶液用硝酸溶液(3+97)多次稀释至1000μg/L。吸取1000μg/L砷标准中间液2.50mL于25mL容量瓶中，用硝酸溶液(3+97)稀释至刻度，混匀。相当于砷浓度100μg/L。现用现配。

四、样品的处理

（一）试样的制备与保存

① 粮食、茶叶、干豆类、干食用菌：样品去除杂物后，粉碎均匀，装入食品塑料袋或洁净聚乙烯瓶中，密封保存备用。

② 新鲜蔬菜、新鲜水果、鲜食用菌、肉、淡水产品：样品用水洗净，晾干，取可食部分，制成匀浆，储于塑料瓶中，冷藏备用。

③ 糕点、果蔬罐头、豆腐、婴幼儿食品：样品粉碎均匀，装入食品塑料袋或洁净聚乙烯瓶中，密封冷藏保存备用。

（二）试样消解

1. 湿式消解法

称取1.0g均匀试样（精确至0.001g）于100mL高脚烧杯或锥形瓶中，加入20mL混合酸消解液（9＋1），加表面皿或漏斗浸泡过夜。放置电热板或消解器上消解，先120℃±10℃（设定温度）消化1h，再将温度升至140℃±10℃（设定温度）消化2h，最后将温度升至180℃±10℃（设定温度）消化至完全。若出现炭化（变棕黑色）趋势，应立即从电热板或消解器中取出，再补加适量硝酸，直至冒白烟，消化液呈无色透明或略带黄色。待自然冷却至室温，加10mL去离子水继续加热，直至冒白烟，赶除液体中剩余酸和氮氧化物，赶酸至剩余1～2mL溶液。将试样消化液全部转入25mL容量瓶中，用去离子水定容，充分混匀备用。取与消化试样相同量的混合酸，按同法做3个试剂空白。

2. 压力罐消解法

称取0.2～0.5g均匀试样（精确到0.001g）于聚四氟乙烯压力消解内罐中，加入8mL硝酸，盖上内盖，旋紧外罐，浸泡过夜。置于恒温干燥箱中消解，160℃消解4～8h。消解完毕冷却后取出内罐，赶酸至剩余0.5～1mL溶液，将消化液转移至25mL容量瓶中，并用少量水多次洗涤消解内罐，合并洗涤液定容至刻度，混匀后备用，同时做3个试剂空白。

3. 微波消解法

称取混匀试样0.2～0.5g左右（精确到0.001g）于消解罐中，加5～8mL硝酸，加盖放置过夜，旋紧罐盖。按微波消解仪使用说明书操作进行消化（参考表2-21消解程序）。冷却后取出，缓慢开盖排气，用少量水冲洗内盖，将消解罐放入赶酸器中，赶除液体中剩余酸和氮氧化物（80℃至消化液剩0.5～1mL）。将消化液全部转入25mL或50mL容量瓶中，用少量水多次洗涤消化罐，洗液合并于容量瓶中并定容至刻度，混匀备用。取与消化试样相同量的硝酸，按同一方法做试剂空白。

表2-21　CEM MARS6 XPRESS型微波消解仪参数

步骤	爬升时间/min	保持时间/min	温度/℃	功率/W
1	5	5	120	1600

续表

步骤	爬升时间/min	保持时间/min	温度/℃	功率/W
2	4	10	160	1600
3	3	20	180	1600

五、试样分析

（一）仪器参考条件

根据各自仪器性能选择最佳条件，调试使之处于最佳状态。参考条件如下：

① 光电倍增管电压：270V；

② 砷空心阴极灯电流：80mA；

③ 原子化器：温度 200℃；高度 8mm；

④ 屏蔽气流速：600mL/min；

⑤ 载气：300mL/min；

⑥ 测量方式：荧光强度，读数方式：峰面积；

⑦ 读数延迟时间：0.5s；

⑧ 读数时间：7s；

⑨ 标液或样液加入体积：1.0mL。

（二）仪器校正

样品进行测量前，根据待测元素的性质，参照仪器使用说明书，对测定所用光电倍增管电压、灯电流、原子化器温度、氩气流量进行最佳条件选择。

（三）标准曲线

开机并设定好仪器条件后，预热稳定约 20min。进入空白值测量状态，连续用标准系列的“0”管进样，待读数稳定后，记录下空白值（即让仪器自动扣本底）即开始测量。设置标准曲线各点浓度为 0、10.0μg/L、20.0μg/L、40.0μg/L、60.0μg/L、80.0μg/L、100.0μg/L，仪器自动稀释测得各点荧光强度，测得其荧光强度并求得荧光强度与浓度关系的一元线性回归方程。标准系列测定完后应仔细清洗进样针。

（四）样品测定

分别吸取样液和试剂空白液各 1.0mL 注入仪器，测得其荧光强度，由仪器软件计算得出样液中砷浓度。每次测不同的试样前都应清洗进样针。

六、质量控制

（一）标准物质

选用与样品基质相同或相似的标准物质作为质量监控的标准。标准物质与样品按相同方法同时进行消化后，测定其砷含量。测定结果应在证书给定的范围内。每批样品至少分析 1 个标准物质，并以 2～3 平行形式测定。标准物质选用参考见表 2-22。

表 2-22 砷成分标准物质选用参考表（质量分数/10^{-6}）

标准号	生物成分分析标准物质名称	标准值
GBW10013	黄豆	0.035±0.012
GBW10018	鸡肉	0.109±0.013
GBW(E)080684a	大米粉	0.423±0.023
GBW10052	绿茶	0.27±0.05

（二）加标回收

称取相同样品量的样品，加入一定浓度的砷标准溶液，然后将其与样品同时消化进行测定，进行对照试验，加标回收率必须符合质控要求。每 10 个样品测定 1 个加标回收率或每批样品测定 1 个加标回收率。

七、结果计算

试样中砷含量按下式进行计算。

$$X=\frac{(\rho-\rho_0)\times V\times 1000}{m\times 1000\times 1000}$$

式中 X——试样中砷的含量，mg/kg；

ρ——试样消化液中砷的含量，μg/L；

ρ_0——试剂空白液中砷的含量，μg/L；

V——试样消化液总体积，mL；

m——试样质量或体积，g；

1000——换算系数。

计算结果保留两位有效数字。

八、技术参数

（一）精密度

精密度指在重复条件下获得的两次独立测定结果的相对偏差，食品中不同含量砷的相对偏差参考值见表 2-23。

表 2-23 样品中总砷平行样测定的相对偏差参考值

总砷的浓度/(mg/kg)	＜0.0010	0.0010～0.010	＞0.010
平行样的相对偏差/%	＜30	＜20	＜10

（二）加标回收

分别在样品中加入高、中、低三水平砷标准溶液，计算加标回收率，不同加标量的加标回收率参考值见表 2-24。

表 2-24　豆腐等食品中总砷测定的加标回收率参考值（$n=6$）

食品种类	本底值/(mg/kg)	加标量/(mg/kg)	回收率范围/%	平均值/%	RSD/%
豆腐	0.011	0.010	81.5～96.5	92.4	7.9
	0.011	0.020	88.0～105.0	96.6	7.2
	0.011	0.050	85.0～108.2	98.4	8.0
黄豆	<0.023	0.050	95.5～105.5	99.2	5.6
	<0.023	0.125	92.5～102.0	98.5	5.4
	<0.023	0.250	89.7～97.1	93.3	4.0
黑豆	<0.0025	0.050	86.2～110.7	96.8	9.7
	<0.0025	0.125	88.6～110.2	97.1	7.4
	<0.0025	0.250	87.3～112.3	97.2	10.9
豌豆	<0.003	0.500	90.1～106.7	94.1	4.4
	<0.003	1.00	93.5～107.1	101.6	5.6
	<0.003	2.00	92.5～105.7	98.6	4.7
蚕豆	<0.003	0.500	91.8～105.8	101.5	4.5
	<0.003	1.00	92.3～108.7	102.6	5.9
	<0.003	2.00	90.7～106.5	97.8	5.2

除表 2-24 所列食品外，本规程其他食品加标回收率参考值范围为 85%～120%。

（三）方法定性限及定量限

压力罐消解法：称取 0.500g 样品，定容体积为 25.00mL，方法的定性限为 0.003mg/kg，定量限为 0.01mg/kg。

湿式消解法：称取 1.000g 样品，定容体积为 25.00mL，方法的定性限为 0.0025mg/kg，定量限为 0.0082mg/kg。

微波消解法：称样量为 1.000g，定容体积为 25.0mL 时，方法定性限为 0.0015mg/kg，方法定量限为 0.005mg/kg。

九、注意事项

试验用水、酸、还原剂以及整个过程中用的其他试剂必须保证不含或少含砷（砷含量小于 5.0μg/L）及干扰元素。

盛放硼氢化钾或硼氢化钠还原剂的容器应为聚乙烯材质，避免使用玻璃器皿。

第七节　食品中无机砷的测定

一、适用范围

本规程规定了海带、紫菜、大米、鱼类、虾、猪肝等食品中无机砷含量测定的液相色谱-氢化物发生原子荧光光谱法。

本规程适用于海带、紫菜、大米、鱼类、虾、猪肝等食品中无机砷的液相色谱-氢化物发生原子荧光光谱法测定。

二、方法提要

样品被粉碎或者研磨后，经甲醇水溶液提取，通过高效液相色谱-氢化物发生装置在线生成砷化氢，由氩气载入原子荧光仪中，其荧光强度与被测液中的各形态砷化合物浓度成正比，与标准系列比较定量。

三、仪器设备和试剂

（一）仪器和设备

所用玻璃器皿均需以硝酸溶液（1+4）浸泡过夜，用水反复冲洗，最后用去离子水冲洗干净。

① LC-AFS6500 原子荧光形态分析仪：包括原子荧光光谱仪、液相色谱泵及自动进样器。

② 天平：感量为 0.1mg。

③ 组织匀浆器。

④ 高速粉碎机。

⑤ 离心机，最大转速 10000r/min。

⑥ 超声清洗器。

⑦ 氮吹仪。

（二）试剂和耗材

实验用水符合 GB/T 6682 中一级水规定的要求。除特殊规定外，本规程所用试剂为分析纯。

① 甲醇：色谱纯。

② 氢氧化钾、硼氢化钾、磷酸氢二铵、盐酸（37%）、双氧水：优级纯。

③ 15mmol/L 磷酸氢二铵溶液（pH=6.0）：称取磷酸氢二铵 1.98g，加水 900mL 左右溶解，用 20%氨水或 10%草酸调节 pH 至 6.0，定容至 1000mL。当日配制使用。

④ 盐酸溶液（7%，体积分数）：量取浓盐酸（37%）70mL，溶于水并稀释至 1.0L。

⑤ 硼氢化钾溶液（15g/L）：称取硼氢化钠 15.0g，用 5.0g/L 氢氧化钾溶液溶解并稀释至 1.0L。

（三）标准品及标准物质

As(Ⅲ) 标准溶液：亚砷酸根溶液标准物质 GBW08666，含量为 1.011μmol/g。

As(Ⅴ) 标准溶液：砷酸根溶液标准物质 GBW08667，含量为 0.233μmol/g。

四、样品的处理

（一）试样的制备与保存

新鲜样品取可食部分匀浆，干样取可食部分高速粉碎机粉碎，装入洁净聚乙烯瓶中，密封，于4℃冰箱冷藏备用。

（二）试样的前处理

准确称取粉碎（海带、紫菜、大米）或捣碎均质（其他样品）后的样品0.5～1.0g（精确至0.001g），加入（1+1）甲醇水溶液10mL，振摇均匀后，超声提取20 min，3000r/min离心10 min，取出上清液；重复上述萃取过程3次，合并上清液到100mL烧杯中。

合并液在60℃下蒸至约5mL，加入60μL双氧水，定容至10mL，混匀，在70℃水浴30 min，使As(Ⅲ)全部转化为As(Ⅴ)，测前待测液10000r/min离心10 min，上清液过0.45μm滤膜，稀释后备用。

五、试样分析

（一）仪器参考条件

液相色谱参考条件：

① 色谱柱：阴离子交换柱Hamilton PRP-X100（柱长250mm，内径4.1mm，粒径10μm）；

② 流动相组成：15mmol/L磷酸氢二钠（pH=6.0）；

③ 流速：1.0mL/min；

④ 进样体积：100μL；

原子荧光光谱仪参考条件：

① 负高压：270V；

② 灯电流：60～100mA（根据“高敏低噪”原则调整灯电流）；

③ 载气流速：300mL/min；

④ 辅助气流速：600mL/min；

⑤ 载液：7%（体积分数）HCl；

⑥ 还原剂：1.5%KBH_4-0.5%KOH。

（二）标准曲线

取6支10mL容量瓶，分别加入1.0μg/mL混合标准使用液0.10mL、0.20mL、0.40mL、0.60mL、0.80mL、1.00mL，用流动相稀释至刻度。此标准系列溶液的浓度分别为10.00μg/L、20.00μg/L、40.00μg/L、60.00μg/L、80.00μg/L、100.0μg/L。标准系列溶液进样量为100μL，以标准系列溶液中目标化合物的浓度为横坐标，以色谱峰面积为纵坐标，绘制标准曲线。

（三）试样的测定

吸取处理好的样品溶液进HPLC-HGAFS测量，每个样品平行测量3次，取平均值。同时做3个空白对照。

以被分析组分的保留时间定性，峰面积定量，根据标准曲线得到待测液中无机砷的浓度。

六、质量控制

按照被测样品数量的10%的比例对所测组分进行加标回收试验，样品量<10件的最少测1个。原则上加标量与样品中目标化合物的含量相等或相近，且样品测定值处在标准曲线范围内，回收率范围85.0%～110%。

七、结果计算

试样中无机砷含量按下式进行计算。

$$X=\frac{(c-c_0)\times V}{m}\times f$$

式中　X——试样中无机砷的含量，μg/g；

c——样品溶液中五价砷的浓度，μg/L；

c_0——空白溶液中五价砷的浓度，μg/L；

V——样品提取液浓缩后定容体积，L；

m——试样质量，g；

f——样品上机前稀释倍数。

计算结果保留两位有效数字。

八、技术参数

（一）加标回收率和精密度

将一定浓度的无机砷标准溶液加至样品中，经提取，然后同时测定样品和加标样品，计算加标回收率。精密度指在重复条件下获得的两次独立测定结果的相对偏差，在重复性条件下获得的两次独立测定结果的绝对差值不得超过算术平均值的20%。样品中无机砷的加标回收率及精密度见表2-25。

表2-25　无机砷测定的加标回收率及精密度（$n=6$）

食品名称	加标量/(mg/kg)	平均回收率/%	RSD/%
大米	0.05	89.6	6.8
	0.10	92.5	8.5
	0.50	90.8	7.8
海带	0.05	90.5	10.4
	0.10	95.3	10.7
	0.50	88.3	7.9
虾	0.05	91.8	8.6
	0.10	98.6	5.6
	0.50	85.2	9.1
鱼	0.05	97.3	8.9
	0.10	91.1	9.2
	0.50	92.9	6.9

续表

食品名称	加标量/(mg/kg)	平均回收率/%	RSD/%
猪肝	0.05	88.6	8.2
	0.10	94.2	4.8
	0.50	93.5	8.3
紫菜	0.05	92.2	9.2
	0.10	93.1	9.4
	0.50	96.4	8.6

（二）方法定性限及定量限

称样量为1.00g，定容体积为10.0mL时，本规程测定上述食品中无机砷的方法定性限为10μg/kg；定量限为35μg/kg。

九、注意事项

① 所有使用的器皿在使用前必须经硝酸溶液（1+4）浸泡超过12h，然后用去离子水冲洗，以保证其洁净度。

② 通过均质化、超声和涡旋（旋涡）振荡，使样品均匀分散于提取试剂中，以防止凝结成块不利于提取。

③ As(Ⅲ）出峰时间与二甲基砷（DMA）出峰时间较近，当样品中含有大量DMA时将会干扰As(Ⅲ）的定量，本规程采用双氧水，使As(Ⅲ）全部转化为As(Ⅴ)，然后定量测量As(Ⅴ）的浓度，从而得到无机砷的总含量。

第八节　食品中镉的测定

一、适用范围

本规程规定了肉松、鱼松、面包、豆腐、干豆（黄豆、豌豆、蚕豆、黑豆)、粮食、肉、鲜冻畜肝肾、糕点、茶叶、新鲜蔬菜、新鲜水果、饮料、果蔬罐头、食用菌（干、鲜）及液态乳中镉含量测定的石墨炉原子吸收光谱法。

本规程适用于肉松、鱼松、面包、豆腐、干豆（黄豆、豌豆、蚕豆、黑豆)、粮食、肉、鲜冻畜肝肾、糕点、茶叶、新鲜蔬菜、新鲜水果、饮料、果蔬罐头、食用菌（干、鲜）及液态乳中镉含量的测定。

二、方法提要

试样经消解后，导入原子吸收分光光度计石墨炉中，原子化后吸收228.8nm共振线，在一定浓度范围内，其吸收值与镉含量成正比，与标准系列比较定量。

三、仪器设备和试剂

（一）仪器和设备

本规程所用玻璃器皿及聚四氟乙烯消解内罐均需以硝酸溶液（1+4）浸泡24h以上，用水反复冲洗，最后用去离子水冲洗干净。

① 原子吸收分光光度计（附石墨炉原子化器及镉空心阴极灯）。

② 微波消解仪及其配套的消化罐（管）。

③ 压力消解罐，配有聚四氟乙烯消解内罐。

④ 电热消解器（赶酸器）。

⑤ 恒温干燥箱。

⑥ 可调式电热板或电炉。

⑦ 100mL高脚烧杯或锥形瓶，表面皿；或50mL消解瓶，漏斗。

⑧ 天平：感量为1mg。

（二）试剂和耗材

本规程所用试剂除特定说明，均为优级纯，所用纯水均符合GB/T 6682所规定二级水。

① 硝酸：65%硝酸（默克公司）。

② 高氯酸。

③ 混合酸消解液（9+1，体积分数）：硝酸-高氯酸。取9份硝酸与1份高氯酸混合。

④ 过氧化氢（30%）：优级纯。

⑤ 硝酸溶液（0.5mol/L）：取3.2mL硝酸加入50mL水中，稀释到100mL。

⑥ 磷酸二氢铵-硝酸镁（10g/L+0.6g/L）溶液：称取1.0g磷酸二氢铵、0.06g硝酸镁，用硝酸溶液溶解后，用硝酸溶液定容至100mL，混匀。

（三）标准品及标准物质

① 镉标准储备溶液（100μg/mL）：可购于具有资质的单位[如：中国计量科学研究院，GBW(E)080119]，室温、洁净阴凉处保存，使用时应严格按证书要求使用。

② 镉标准使用液：镉标准溶液用硝酸溶液经多次稀释成每毫升含0.05μg镉的标准使用液。在4℃冰箱中保存，可稳定1个月。

③ 标准系列：分别吸取镉标准使用液0、1.00mL、2.00mL、3.00mL、4.00mL、5.00mL于50mL容量瓶中，用硝酸溶液稀释至刻度，摇匀，配制成0、1.0μg/L、2.0μg/L、3.0μg/L、4.0μg/L、5.0μg/L镉浓度标准系列。标准系列临用前现配。

四、样品的处理

（一）试样的制备与保存

① 粮食、茶叶、干豆类、干食用菌样品：样品去除杂物后，粉碎均匀，装入

食品塑料袋或洁净聚乙烯瓶中，密封保存备用。

② 新鲜蔬菜、新鲜水果、鲜食用菌、肉、鲜冻畜肝肾：样品用水洗净，晾干，取可食部分，制成匀浆，储于聚乙烯瓶中，冷藏备用。

③ 面包、糕点、果蔬罐头、豆腐：样品粉碎均匀，装入食品塑料袋或洁净聚乙烯瓶中，密封冷藏保存备用。

（二）试样消解

1. 湿式消解法

称取 1.0～5.0g 均匀试样（精确至 0.001g）于 100mL 高脚烧杯或锥形瓶（或 50mL 消解瓶）中，加入 20mL 混合酸，加表面皿或漏斗浸泡过夜。放置电热板或消解器上消解，先 120℃±10℃（设定温度）消化 1h，再将温度升至 140℃±10℃（设定温度）消化 1h，最后将温度升至 180℃±10℃（设定温度）消化至完全。若出现炭化（变棕黑色）趋势，应立即从电热板或消解器中取下，再补加适量硝酸，直至冒白烟，消化液呈无色透明或略带黄色。待自然冷却至室温，加 10mL 去离子水继续加热，直至冒白烟，赶除液体中剩余酸和氮氧化物，赶酸至剩余 1～2mL 溶液。将试样消化液全部转入 25mL 容量瓶中，用去离子水定容，充分混匀备用。取与消化试样相同量的混合酸，按同法做 3 个试剂空白。

2. 微波消解法

取 0.2～0.5g 均匀试样（精确至 0.001g）于聚四氟乙烯内罐，加入 6mL 硝酸，浸泡过夜。再加入过氧化氢（30%）2mL。盖好内盖，旋紧外盖，放入微波消解仪内，按仪器使用说明书操作方法进行消化（参考表 2-26 消解程序）。消化结束，冷却至室温，将聚四氟乙烯内罐移入赶酸器，170℃±10℃（设定温度）赶酸至 0.5～1mL。将试样消化液全部转入 25mL 容量瓶中，并用少量水洗涤内罐多次，洗涤液合并于容量瓶中，用纯水定容至刻度，混匀后备用。按同法做 3 个试剂空白。

表 2-26　微波消解仪参数（MARS 型）

步骤	爬升时间/min	保持时间/min	温度/℃	功率/W
1	5	3	120	1600
2	4	5	160	1600
3	6	30	190	1600

3. 压力罐消解法

称取 0.2～0.5g 均匀试样（精确到 0.001g）于聚四氟乙烯压力消解内罐中，加入 8mL 硝酸，盖上内盖，旋紧外罐，浸泡过夜。置于恒温干燥箱中消解，160℃消解 8h。消解完毕冷却后取出内罐，赶酸至剩余 0.5～1mL 溶液，将消化液转移至 25mL 容量瓶中，并用少量水多次洗涤消解内罐，合并洗涤液定容至刻度，混匀后备用，同时做 3 个试剂空白。

五、试样分析

（一）仪器参考条件

根据各自仪器性能选择最佳条件，调试使之处于最佳状态。参考条件如下：

① 波长：228.8nm；
② 狭缝：0.7nm；
③ 灯电流：8mA；
④ 干燥温度：150℃，20s；250℃，10s；
⑤ 灰化温度：500℃，23s；
⑥ 原子化温度：1500℃，2s（洁净温度：2500℃，2s）；
⑦ 背景校正：氘灯或塞曼效应。

（二）标准曲线

分别吸取镉标准系列溶液 0、1.0μg/L、2.0μg/L、3.0μg/L、4.0μg/L、5.0μg/L 各 10～20μL 及磷酸二氢铵-硝酸镁溶液 5μL 注入石墨炉，测其吸光度值，绘制标准曲线。

（三）样品测定

分别吸取试剂空白液和样品消化液各 10～20μL 及磷酸二氢铵-硝酸镁溶液 5μL 注入石墨炉（在同一方法中所有空白、标准溶液和样品溶液进样量必须保持一致），测其吸光度值，得到样液中镉的浓度。

在测定过程中，建议每测定 10～20 个样品用镉标准溶液或标准物质检查仪器的稳定性。

六、质量控制

在检测中，尽可能使用有证标准物质作为质量控制样品，也可采用加标试验进行质量控制。

标准物质：选用与样品基质相同或相似的标准物质作为质量监控的标准（参见表 2-27）。标准物质与样品按相同方法同时进行消化后，测定其镉含量。测定结果应在证书给定的范围内。每批样品至少分析 1 个标准物质，并以 2～3 平行形式测定。

表 2-27　镉成分标准物质选用参考表（质量分数/10^{-6}）

标准号	生物成分分析标准物质名称	标准值
GBW10018	鸡肉	0.005
GBW(E)080684a	大米粉	0.482±0.028
GBW10013	黄豆	0.011

加标回收：称取相同样品量的样品，加入一定浓度的镉标准溶液，然后将其与样品同时消化进行测定，计算加标回收率。每 10 个样品测定 1 个加标回收率，若样品量少于 10 个，至少测定 1 个加标回收率。

七、结果计算

试样中镉含量按下式进行计算。

$$X=\frac{(\rho-\rho_0)\times V}{m\times 1000}$$

式中 X——试样中镉含量，mg/kg；

ρ——测定试样消化液中镉含量，μg/L；

ρ_0——空白液中镉含量，μg/L；

V——试样消化液总体积，mL；

m——试样质量，g；

1000——换算系数。

计算结果保留两位有效数字。

八、技术参数

（一）精密度

本程序的精密度是指在重复条件下获得的两次独立测定结果的相对偏差，食品中不同含量镉的相对偏差参考值见表 2-28。

表 2-28 样品中镉平行样测定的相对偏差参考值

镉的浓度/(mg/kg)	＜0.1	0.1～1.0	＞1.0
平行样的相对偏差/%	＜25	＜15	＜10

（二）加标回收

分别在样品中加入高、中、低三水平镉标准溶液，计算加标回收率，不同加标量的加标回收率参考值见表 2-29。

表 2-29 肉松等食品中镉测定的加标回收率参考值（$n=6$）

食品种类	本底值/(mg/kg)	加标量/(mg/kg)	回收率范围/%	平均回收率/%	RSD/%
肉松	0.0034	0.0023	87.6～110.0	100.1	9.5
	0.0034	0.0046	87.3～111.4	98	8.6
	0.0034	0.023	101.1～118.9	109.2	6.4
面包	0.0097	0.02	85.2～112.1	101.5	11.3
	0.0097	0.05	97.8～112.2	104.4	4.7
	0.0097	0.075	106.3～114.1	110.7	3.3
豆腐	＜0.0003	0.025	88.6～117.1	103.5	12.6
	＜0.0003	0.05	92.3～113.6	105.2	8.6
	＜0.0003	0.1	98.6～108.9	102.2	6.9
黄豆	＜0.02	0.025	99.1～109.0	104.7	4.8
	＜0.02	0.05	96.6～102.0	98.8	2.9
	＜0.02	0.1	100.0～107.0	104.3	3.6
黑豆	＜0.040	0.025	97.4～107.4	101.7	3.3
	＜0.040	0.05	94.6～101.0	98.1	2.4
	＜0.040	0.1	95.4～102.3	97.7	2.5

续表

食品种类	本底值/(mg/kg)	加标量/(mg/kg)	回收率范围/%	平均回收率/%	RSD/%
豌豆	0.11	0.025	88.1～112.4	93.2	7.4
	0.11	0.05	90.5～107.1	99.6	6.8
	0.11	0.1	92.5～109.7	105.1	5.5
蚕豆	0.012	0.025	88.4～110.5	91.2	8.8
	0.012	0.05	90.1～109.7	93.6	6.5
	0.012	0.1	91.3～108.9	97.6	5.4

除表2-29所列食品外，本规程其他食品加标回收率参考值范围为85%～115%。

（三）方法定性限及方法定量限

将仪器各参数调至最佳工作状态，分别对空白和至少三个浓度镉标准溶液进行三次重复测定，取三次测定的平均值后，按线性回归法求出标准曲线斜率（b）。对试剂空白进行至少20次测定，计算试剂空白吸光度值的标准偏差（s）。根据定性限公式 $L=Ks/b$，按试剂空白吸光度值的3倍标准偏差和10倍标准偏差，再根据取样量和定容体积，分别计算出方法定性限和定量限。

微波消解法：称取0.300g样品，定容体积为25.00mL，方法的定性限为0.01mg/kg，定量限为0.03mg/kg。

压力罐消解法：称取0.500g样品，定容体积为25.00mL，方法的定性限为0.0008mg/kg，定量限为0.003mg/kg。

湿式消解法：称取1.000g样品，定容体积为25.00mL，方法的定性限为0.040mg/kg，定量限为0.13mg/kg。

九、注意事项

① 分析器皿应该在洗涤后放入带盖的盒内，防止被环境污染。

② 配制标准溶液时，应加入少量硝酸（一般硝酸浓度为0.5mol/L），防止因容器壁吸附或产生氢氧化物而引起浓度变化。

③ 标准曲线吸光度值与浓度的相关系数应≥0.995。

④ 利用标准曲线测定样品浓度时，样品浓度必须在标准曲线的浓度范围内，否则要稀释，不得将标准曲线任意外延。

⑤ 每测定10～20个样品后应测定标准溶液或标准物质，若测定的标准溶液或标准物质结果落在给定范围以内，说明仪器是稳定的。若测定的标准溶液或标准物质结果落在给定范围之外，之前所测样品必须重新测定。

⑥ 灵敏度与电流有关，为防止空心阴极灯自吸，应尽量使用低电流。

⑦ 新购买的硝酸要做验收实验，空白值应不得对检测结果产生明显影响，否则扣除空白时会引起较大的误差。取10mL硝酸，经消化后，用去离子水定容至10.00mL，若镉浓度<0.25μg/L，硝酸试剂验收合格。

⑧ 使用微波消解法测定食品中镉时，最大称样量为0.5g，并要做好样品的预消解。预消解方法一：称取适量样品于聚四氟乙烯内罐，加6mL硝酸、2mL过氧

化氢，浸泡过夜。预消解方法二：称取适量样品于聚四氟乙烯内罐，加 6mL 硝酸、2mL 过氧化氢，打开盖子，放在赶酸器中，120℃ ± 10℃（设定温度）加热半小时。

第九节　食品中有机锡的测定

一、适用范围

本规程规定了葡萄酒及黄酒中二丁基二氯化锡、二正丙基二氯化锡、三丁基氯化锡、三环己基氯化锡、三辛基氯化锡、四丁基锡、二苯基二氯化锡、三苯基氯化锡测定的气相色谱-串联质谱法。

本规程适用于葡萄酒及黄酒中二丁基二氯化锡、二正丙基二氯化锡、三丁基氯化锡、三环己基氯化锡、三辛基氯化锡、四丁基锡、二苯基二氯化锡、三苯基氯化锡的测定。

二、方法提要

试样中有机锡经乙酸乙酯提取，四乙基硼酸钠衍生，净化除去干扰物质，浓缩后经 GC-MS-MS 测定，采用三重四极杆串联质谱的多反应监测（MRM）模式，外标法定量。

三、仪器设备和试剂

（一）仪器和设备

① 气相色谱串联三重四极杆质谱仪（Scion456-GC TQ），布鲁克公司。

② 色谱柱：BRUKER BR-5MS，30m×0.25mm（内径）×0.25μm（膜厚）。

③ 真空浓缩仪：miVac，genevac 公司。

④ 高速离心机：Brofuge primo R，Thermo 公司。

⑤ 涡旋振荡器：Multi Reax，海道夫公司。

（二）试剂和耗材

① 乙酸乙酯（色谱纯）。

② 正己烷（色谱纯）。

③ 甲醇（色谱纯）。

④ 四乙基硼酸钠（≥98%），Strem Chemicals 公司。

⑤ 乙酸钠（>99%），Sigma-Aldrich 公司。

⑥ 乙酸（99.8%），J&K 公司。

⑦ 氯化钠（优级纯）。

⑧ Dispersive SPE 小柱：2mL，安捷伦公司（CN=5982-5321，SN=6254556-04）。

⑨ 0.22μm 有机相滤膜：尼龙 66，津腾公司。

（三）标准品及标准物质

① 标准品：有机锡混合标准溶液见表 2-30。

表 2-30　标准品相关信息

序号	中文名(英文缩写)	分子式	CAS RN	规格/(mg/L)
1	二正丙基二氯化锡(DProT)	$C_6H_{14}Cl_2Sn$	867-36-7	1000
2	二丁基二氯化锡(DBT)	$C_8H_{18}Cl_2Sn$	683-18-1	1000
3	三丁基氯化锡(TBT)	$C_{12}H_{27}ClSn$	1461-22-9	1000
4	四丁基锡(TeBT)	$C_{16}H_{36}Sn$	1461-25-2	1000
5	二苯基二氯化锡(DPT)	$C_{12}H_{10}Cl_2Sn$	1135-99-5	1000
6	三苯基氯化锡(TPT)	$C_{18}H_{15}ClSn$	639-58-7	1000
7	三环己基氯化锡(TcyT)	$C_{18}H_{33}ClSn$	3091-32-5	1000
8	三辛基氯化锡(TOT)	$C_{24}H_{51}ClSn$	2587-76-0	1000

② 标准储备溶液的配制：准确吸取 1.00mL 有机锡混合标准溶液于 10mL 容量瓶中，用甲醇定容至 10mL，配制成浓度为 100mg/L 的标准储备溶液，密封并置于－18℃避光保存，有效期为 6 个月。

③ 标准使用溶液的配制：准确吸取 1.00mL 标准储备溶液于 100mL 容量瓶中，用甲醇定容至 100mL，配制成浓度为 1mg/L 标准使用溶液，密封并置于－18℃避光保存，有效期为 1 个月。

④ 标准系列的配制：分别吸取 1mg/L 标准使用溶液 0.10mL、0.30mL、0.60mL、1.00mL、2.00mL、5.00mL 于 10mL 容量瓶中，用甲醇定容至 10mL，配制成 0.01μg/mL、0.03μg/mL、0.06μg/mL、0.10μg/mL、0.20μg/mL、0.50μg/mL 的混合标准系列溶液。标准系列临用前现配。

四、样品的处理

（一）提取

准确吸取试样 10mL，加入氯化钠 2g，摇匀。向试样中加入 20mL 乙酸乙酯，在水平振荡器上振荡 30min，8000r/min 离心 5min，吸取上层乙酸乙酯层，于真空浓缩仪上浓缩至近干，加入 1mL 甲醇溶解残留物，待衍生。

（二）衍生

向上述提取溶液中加入 5mL 乙酸-乙酸钠缓冲溶液（pH＝4.5），0.5mL 四乙基硼酸钠溶液（2%），2mL 正己烷，混匀，在水平振荡器上振荡 40min，8000r/min 离心 5min，上层正己烷层待净化。

（三）净化

取上述正己烷层于 Dispersive SPE 小柱中，振摇 1min，10000r/min 离心 5min，取上层清液过 0.22μm 滤膜，供气相色谱-串联质谱仪测定。

五、试样分析

（一）仪器参考条件

① 程序升温：60℃保持 1min；10℃/min 升至 100℃，保持 1min；20℃/min 升至 300℃保持 5min。

② 载气：氦气，纯度大于 99.999%，流速：1mL/min。

③ 进样口温度：275℃。

④进样方式：不分流进样。

⑤ 进样体积：1μL。

⑥ 传输线温度：250℃。

⑦ 离子源温度：200℃。

⑧ 电离方式：EI。

⑨ 电离能量：70eV。

⑩ 质谱扫描方式：MRM，保留时间和质谱特征离子见表 2-31。

表 2-31 目标化合物的 MRM 条件

物质名称	保留时间/min	母离子(*m/z*)	子离子(*m/z*)	碰撞能量/eV
二正丙基二氯化锡(DProT)	8.45	235.1	150.8 *	10
		235.1	120.9	20
二丁基二氯化锡(DBT)	9.98	207.1	120.9 *	20
		263.2	150.9	30
三丁基氯化锡(TBT)	11.04	291.2	179.0	20
		263.2	150.9 *	20
四丁基锡(TeBT)	11.89	235.1	179.0	20
		235.1	120.9 *	20
二苯基二氯化锡(DPT)	13.30	303.0	197.0 *	20
		197.0	119.8	20
三苯基氯化锡(TPT)	15.35	351.1	197.0	50
		351.1	119.8 *	50
三环己基氯化锡(TcyT)	15.40	315.2	150.9 *	20
		315.2	233.1	20
三辛基氯化锡(TOT)	16.37	459.5	150.9 *	20
		375.3	235.1	20

* 代表定量离子。

（二）标准曲线

分别取不同浓度的标准溶液 1.00mL，加入 5mL 乙酸-乙酸钠缓冲溶液（pH=4.5），0.5mL 四乙基硼酸钠溶液（2%），2mL 正己烷，混匀，在水平振荡器上振荡 40min，8000r/min 离心 5min，取上层正己烷层，供气相色谱-串联质谱仪测定。

（三）样品测定

采用气相色谱-三重四极杆串联质谱在多反应离子监测（MRM）模式下，根据表 2-31、表 2-32 的保留时间及离子对定性，根据定量离子对进行外标法定量，回归方程和定性限、定量限见表 2-33。

① 定性：未知组分与标准的保留时间相同（±0.05min）；在相同的保留时间下提取到与标准相同的特征离子；与标准的特征离子相对丰度的允许偏差不超出表 2-32 规定的范围。

表 2-32　定性时相对离子丰度最大允许误差

相对离子丰度/%	<10	>10～20	>20～50	>50
允许相对偏差/%	±50	±30	±25	±20

满足以上条件即可进行确证。

② 定量：外标法定量。

六、质量控制

平行试验：按以上步骤对同一试样进行平行试验。

空白试验：除不称取试样外，均按上述步骤进行。每个批次最多每 10 个试样，需做 1 次方法空白试验。

精密度和准确度试验

① 准确度：按照 10%的比例对各组分做低、中、高 3 个浓度的回收率试验，结果见表 2-34、表 2-35。

② 精密度：为验证方法的精密度，在最佳检测条件下测定各组分浓度相同的 6 件样品，计算均值、标准差及相对标准差。结果见表 2-34、表 2-35。

七、结果计算

试样中有机锡含量按下式计算：

$$X=\frac{c\times V}{V_l}$$

式中　X——试样中被测组分含量，mg/L；

c——从标准曲线中得到试样溶剂中被测组分浓度，μg/mL；

V——试样溶液定容体积，mL；

V_1——液体样品的取样体积，mL。

八、技术参数

（一）方法定性限和方法定量限

以 3 倍信噪比计算定性限，以 10 倍信噪比计算方法的定量限（表 2-33）。

表 2-33 回归方程、方法定性限和方法定量限

序号	组分	回归方程式	相关系数	定性限/(μg/L)	定量限/(μg/L)
1	DProT	$Y=2.34\times10+6\ X-2.76\times10+4$	0.997	0.2	0.6
2	DBT	$Y=1.30\times10+6\ X-1.33\times10+4$	0.996	0.2	0.6
3	TBT	$Y=8.25\times10+5\ X-9294$	0.998	1.0	3.0
4	TeBT	$Y=7.76\times10+5\ X-8512$	0.996	1.0	3.0
5	DPT	$Y=2.50\times10+5\ X-3466$	0.995	2.0	6.0
6	TPT	$Y=2.63\times10+6\ X-9683$	0.999	0.2	0.6
7	TcyT	$Y=1.99\times10+6\ X-2.04\times10+4$	0.997	0.4	1.2
8	TOT	$Y=2.63\times10+5\ X-3753$	0.999	2.0	6.0

（二）准确度及精密度

表 2-34 葡萄酒的方法的准确度及精密度试验结果（$n=6$）

名称	加标浓度/(μg/kg)	回收率范围/%	平均回收率/%	RSD/%
DProT	0.050	80.5~108.6	86.3	8.1
	0.25	69.8~93.5	72.5	8.1
DBT	0.050	75.2~104.8	80.7	2.5
	0.25	65.0~92.0	70.1	7.3
TBT	0.050	76.6~94.8	80.3	6.5
	0.25	89.5~106.8	93.9	4.9
TeBT	0.050	82.4~102.0	86.0	5.9
	0.25	76.6~96.8	78.9	4.8
DPT	0.050	86.2~122.1	113.0	13.5
	0.25	82.4~110.4	107.3	11.1
TPT	0.050	80.2~98.7	90.3	7.8
	0.25	66.4~82.8	74.1	5.4
TcyT	0.050	84.5~98.0	93.3	4.4
	0.25	71.8~85.2	79.3	7.7
TOT	0.050	82.8~110.0	95.0	11.8
	0.25	65.8~81.9	72.7	13.3

表 2-35 黄酒的方法的准确度及精密度试验结果（$n=6$）

名称	加标浓度/(μg/kg)	回收率范围/%	平均回收率/%	RSD/%
DProT	0.050	82.0~110.0	89.3	9.8
	0.25	70.8~95.3	88.2	7.1
DBT	0.050	86.8~105.6	98.7	9.8
	0.25	75.0~94.5	84.6	7.3
TBT	0.050	78.5~98.5	85.7	9.4
	0.25	84.8~106.0	90.2	7.9
TeBT	0.050	82.0~108.0	97.3	11.7

续表

名称	加标浓度/(μg/kg)	回收率范围/%	平均回收率/%	RSD/%
	0.25	88.8～97.4	94.3	5.4
DPT	0.050	92.0～125.6	120.7	7.5
	0.25	90.6～120.2	113.7	9.0
TPT	0.050	80.8～102.0	95.3	9.0
	0.25	84.5～98.8	91.3	8.4
TcyT	0.050	82.5～96.0	86.7	10.0
	0.25	79.8～90.4	87.3	8.7
TOT	0.050	82.4～98.0	90.7	6.4
	0.25	74.8～88.6	80.1	8.8

九、注意事项

① 当样品检出有机锡时，必须复测，复测时重新制备标准曲线以及样品空白、加标回收。

② 样品浓缩至近干即可，严禁完全吹干，否则影响检测结果。

十、资料性附录

本规程的实验数据出自布鲁克公司 Scion456-GC TQ 气相色谱-串联质谱联用仪。

MRM 扫描模式下的 8 种有机锡的色谱图如图 2-1 所示。

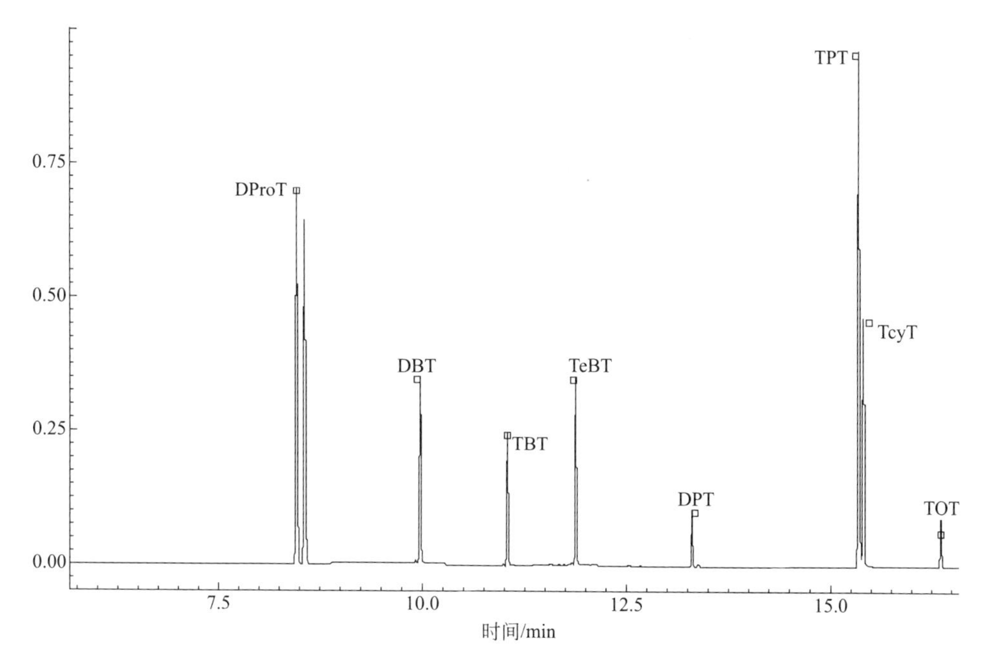

图 2-1　8 种有机锡化合物的 MRM 色谱图（0.5μg/mL）

第十节　食品中总汞的测定

一、适用范围

本规程规定了液态乳、乳粉、桂皮、豆腐、干豆（黄豆、黑豆、豌豆、蚕豆）、粮食、糕点、新鲜蔬菜、新鲜水果、肉、水产品、婴幼儿食品、饮料、食用菌（干、鲜）、果蔬罐头及茶叶中总汞含量测定的原子荧光光谱法。

本规程适用于液态乳、乳粉、桂皮、豆腐、干豆（黄豆、黑豆、豌豆、蚕豆）、粮食、糕点、新鲜蔬菜、新鲜水果、肉、水产品、婴幼儿食品、饮料、食用菌（干、鲜）、果蔬罐头及茶叶中总汞含量的测定。

二、方法提要

试样经消解后，在酸性介质中，试样中汞被硼氢化钠或硼氢化钾还原成原子态汞，由载气（氩气）带入原子化器中，在特制汞空心阴极灯照射下，基态汞原子被激发至高能态，在去活化回到基态时，发射出特征波长的荧光，其荧光强度与汞含量成正比，与标准系列比较定量。

三、仪器设备和试剂

（一）仪器和设备

本规程所用玻璃器皿及聚四氟乙烯消解内罐均需以0.1%重铬酸钾-10%硝酸溶液或硝酸溶液（1＋4）浸泡24h以上，用水反复冲洗，最后用去离子水冲洗干净。

① 原子荧光光度计（附汞空心阴极灯）。

② 微波消解仪及其配套的消化罐（管）。

③ 压力消解罐，配有聚四氟乙烯消解内罐。

④ 电热消解器（赶酸器）。

⑤ 恒温干燥箱。

⑥ 可调式电热板或电炉。

⑦ 天平：感量为1mg。

（二）试剂和耗材

本规程所用试剂除特定说明外，均为优级纯，所用纯水均符合GB/T 6682所规定一级水。

① 硝酸：65%硝酸，默克公司。

② 硼氢化钠溶液（5g/L）：称取5.0g硼氢化钠，用5.0g/L氢氧化钠或氢氧化钾溶液溶解并定容至1000mL，混匀，现配现用。

③ 硝酸溶液（5＋95）：量取5mL硝酸，缓缓加入95mL水中。

④ 重铬酸钾的硝酸溶液（0.5g/L）：称取0.05g重铬酸钾溶于100mL硝酸溶

液（5+95）中。

（三）标准品及标准物质

① 汞标准储备溶液（1000μg/mL）：可购于具有资质的单位（如：中国计量科学研究院，GBW08617），室温、洁净阴凉处保存，使用时应严格按证书要求使用。

② 汞标准使用液：准确吸取汞标准储备溶液用重铬酸钾的硝酸溶液多次稀释至 100μg/L。准确吸取 100μg/L 汞标准中间液 2.50mL 于 25mL 容量瓶中，用重铬酸钾的硝酸溶液稀释至刻度，混匀。相当于汞浓度 10μg/L。现用现配。

四、样品的处理

（一）试样的制备与保存

粮食、茶叶、桂皮、干豆类、干食用菌：样品去除杂物后，粉碎均匀，装入食品塑料袋或洁净聚乙烯瓶中，密封保存备用。

新鲜蔬菜、新鲜水果、鲜食用菌、肉、水产品：样品用水洗净，晾干，取可食部分，制成匀浆，储于聚乙烯瓶中，冷藏备用。

糕点、果蔬罐头、豆腐、婴幼儿食品：样品粉碎均匀，装入食品塑料袋或洁净聚乙烯瓶中，密封冷藏保存备用。

（二）试样消解

① 微波消解法：称取混匀试样 0.1～0.5g（精确到 0.001g）于消解罐中，加 5～8mL 硝酸，加盖放置过夜，旋紧罐盖。按微波消解仪使用说明书操作进行消化（参考表 2-36 消解仪参数）。冷却后取出，缓慢开盖排气，用少量水冲洗内盖，将消解罐放入赶酸器中，赶除液体中剩余酸和氮氧化物（80℃至消化液剩约 0.5～1mL）。将消化液全部转入 25mL 容量瓶中，用少量水多次洗涤消化罐，洗液合并于容量瓶中并定容至刻度，混匀备用。取与消化试样相同量的硝酸，按同一方法做试剂空白。

表 2-36　CEM MARS6 XPRESS 型微波消解仪参数

步骤	爬升时间/min	保持时间/min	温度/℃	功率/W
1	5	5	120	1600
2	4	10	160	1600
3	3	20	180	1600

② 压力罐消解法：称取 0.2～0.5g 左右均匀试样（精确到 0.001g）于聚四氟乙烯压力消解内罐中，加入 8mL 硝酸，盖上内盖，旋紧外罐，浸泡过夜。置于恒温干燥箱中消解，160℃消解 4～8h。消解完毕冷却后取出内罐，赶酸至剩余 0.5～1mL 溶液，将消化液转移至 25mL 容量瓶中，并用少量水多次洗涤消解内罐，合并洗涤液定容至刻度，混匀后备用，同时做 3 个试剂空白。

五、试样分析

（一）仪器参考条件

根据各自仪器性能选择最佳条件，调试使之处于最佳状态。参考条件如下：

① 光电倍增管电压：270V；
② 汞空心阴极灯电流：30mA；
③ 原子化器：温度 200℃；高度 11mm；
④ 氩气流速：900mL/min；
⑤ 载气：400mL/min；
⑥ 测量方式：荧光强度，读数方式：峰面积；
⑦ 读数延迟时间：1.5s；
⑧ 读数时间：7s；
⑨ 标液或样液加入体积：1.0mL。

（二）仪器校正

样品进行测量前，根据待测元素的性质，参照仪器使用说明书，对测定所用光电倍增管电压、灯电流、原子化器温度、氩气流量进行最佳条件选择。

（三）标准曲线

开机并设定好仪器条件后，预热稳定约 20min。进入空白值测量状态，连续用标准系列的“0”管进样，待读数稳定后，记录下空白值（即让仪器自动扣本底）即开始测量。设置标准曲线各点浓度为 0、0.20μg/L、0.40μg/L、0.60μg/L、0.80μg/L、1.00μg/L、2.00μg/L，仪器自动稀释测得各点荧光强度，测得其荧光强度并求得荧光强度与浓度关系的一元线性回归方程。

（四）样品测定

分别吸取样液和试剂空白液各 1.0mL 注入仪器，测得其荧光强度，由仪器软件计算得出样液中汞浓度。

六、质量控制

称取相同样品量的样品，加入一定浓度的汞标准溶液，然后将其与样品同时消化进行测定，进行对照试验，加标回收率必须符合质控要求。每 10 个样品测定 1 个加标回收率或每批样品测定 1 个加标回收率。

七、结果计算

试样中汞含量按下式进行计算。

$$X=\frac{(\rho-\rho_0)\times V\times 1000}{m\times 1000\times 1000}$$

式中 X——试样中汞的含量，mg/kg；
ρ——试样消化液中汞的含量，μg/L；
ρ_0——试剂空白液中汞的含量，μg/L；
V——试样消化液总体积，mL；
m——试样质量或体积，g；
1000——换算系数。

计算结果保留两位有效数字。

八、技术参数

（一）精密度

食品中不同含量汞的相对偏差参考值见表 2-37。

表 2-37　样品中总汞平行样测定的相对偏差参考值

总汞的浓度/(mg/kg)	＜0.0010	0.0010～0.010	＞0.010
平行样的相对偏差/%	＜50	＜30	＜20

（二）加标回收

分别在样品中加入高、中、低三水平汞标准溶液，计算加标回收率，不同加标量的加标回收率参考值见表 2-38。

表 2-38　乳粉等食品中总汞测定的加标回收率参考值（$n=6$）

食品种类	本底值/(mg/kg)	加标量/(mg/kg)	回收率范围/%	平均回收率/%	RSD/(%)
乳粉	＜0.0020	0.017	90.0～95.0	92.3	3.3
	＜0.0020	0.042	90.0～94.0	92.1	2.9
	＜0.0020	0.067	91.2～93.8	92.5	2.5
桂皮	0.0166	0.0083	107.2～116.9	113.9	3.5
	0.0166	0.0167	106.0～119.2	112.7	4.8
	0.0166	0.0415	96.3～106.5	102.4	3.7
豆腐	0.0033	0.0020	90.5～103.2	93.4	5.4
	0.0033	0.0040	86.9～107.8	97.8	7.5
	0.0033	0.010	90.0～104.2	95.1	5.2
黄豆	＜0.0020	0.010	95.0～100.0	96.7	3.0
	＜0.0020	0.025	96.0～102.0	98.7	3.1
	＜0.0020	0.050	97.0～101.0	99.7	2.3
黑豆	＜0.0020	0.010	85.0～109.2	93.6	9.2
	＜0.0020	0.025	85.7～107.3	92.2	8.7
	＜0.0020	0.050	88.5～103.5	94.1	5.8
豌豆	＜0.0006	0.025	85.7～116.4	89.2	8.4
	＜0.0006	0.050	89.5～115.1	91.5	7.6
	＜0.0006	0.10	90.5～109.9	102.3	9.8
蚕豆	＜0.0006	0.025	86.4～117.5	90.2	9.8
	＜0.0006	0.050	90.1～112.9	106.6	9.5
	＜0.0006	0.10	90.4～110.6	108.7	8.4

除表 2-38 所列食品外，本规程其他食品加标回收率参考值范围为 85%～120%。

（三）方法定性限及定量限

压力罐消解法：称样量为 0.500g 左右，定容体积为 25.0mL 时，方法定性限为 0.0006mg/kg，方法定量限为 0.002mg/kg。

微波消解法：称样量为 0.300g，定容体积为 25.0mL 时，方法定性限为 0.0020mg/kg；方法定量限为 0.0067mg/kg。

九、注意事项

① 样品在称量前要充分混匀，确保样品的均匀性。在采样和制备过程中，应注意不使试样污染。

② 试验用水、酸、还原剂以及整个过程中用的其他试剂必须保证不含或少含汞（汞含量小于 0.10μg/L）及干扰元素。

③ 盛放硼氢化钾或硼氢化钠还原剂的容器应为聚乙烯材质，避免使用玻璃器皿。

④ 标准曲线荧光值与浓度的相关系数应≥0.999。

⑤ 利用标准曲线计算样品浓度时，样品浓度必须落在标准曲线的浓度范围内，不得将标准曲线任意外延。样品含量超过标准曲线范围要稀释。

⑥ 标准系列测定完后应仔细清洗进样针，每测不同的试样前都应清洗进样针。

第十一节　食品中甲基汞的测定

一、适用范围

本规程规定了鱼、虾等水产品中甲基汞含量测定的液相色谱-氢化物发生原子荧光光谱法。

本规程适用于鱼、虾等水产品中甲基汞的液相色谱-氢化物发生原子荧光光谱法测定。

二、方法提要

水产品中甲基汞经 5mol/L 盐酸溶液超声提取后，使用 C18 反相色谱柱分离，色谱流出液进入在线紫外消解系统，在紫外光照射下与强氧化剂过硫酸钾反应，甲基汞转变成无机汞。酸性环境中，无机汞与硼氢化钾在线反应生成汞蒸气，由原子荧光光谱仪测定，由保留时间定性，外标法峰面积定量。

三、仪器设备和试剂

（一）仪器和设备

所用玻璃器皿均需以 20%（体积分数）硝酸浸泡过夜，用水反复冲洗，最后用去离子水冲洗干净。

① LC-AFS6500 型原子荧光形态分析仪：原子荧光光谱仪、液相色谱泵及自动进样器。

② 天平：感量为 0.1mg。

③ 组织匀浆器。

④ 高速粉碎机。

⑤ 离心机，最大转速 10000r/min。

⑥ 超声清洗器。

（二）试剂和耗材

实验用水符合 GB/T 6682 中一级水规定的要求。除特殊规定外，本规程所用试剂为分析纯。

① 乙腈：色谱纯。

② 氢氧化钠、氢氧化钾、硼氢化钾、过硫酸钾、乙酸铵、盐酸（37%）：优级纯。

③ L-半胱氨酸：纯度>99%。

④ 流动相［5.0%（体积分数）乙腈+0.06mol/L 乙酸铵+0.01mol/L L-半胱氨酸］：精确称量乙腈 50mL，乙酸铵 4.62g，L-半胱氨酸 1.21g，用纯水定容至 1000mL，经溶剂过滤器过膜抽滤，并超声 30min 以上，备用。当日配置使用。

⑤ 盐酸溶液（5mol/L）：量取 208mL 浓盐酸，溶于水并稀释至 0.5L。

⑥ 盐酸溶液［7%（体积分数）］：量取 70mL 浓盐酸，溶于水并稀释至 1.0L。

⑦ 氢氧化钠溶液（6mol/L）：称取 24g NaOH，溶于水并稀释至 100mL。

⑧ 硼氢化钾溶液（15g/L）：称取 15.0g 硼氢化钾，用 3.5g/L 氢氧化钾溶液溶解并稀释至 1.0L。

⑨ 过硫酸钾溶液（10g/L）：称取 10.0g 过硫酸钾，用 3.5g/L 氢氧化钾溶液溶解并稀释至 1.0L。

⑩ L-半胱氨酸溶液（10g/L）：称取 0.1g L-半胱氨酸，溶于 10mL 水中。现用现配。

（三）标准品及标准物质

① 甲基汞标准储备液（1μg/mL，以 Hg 计）：准确移取 1.40mL 甲基汞标准溶液［GBW08675，含量为（76.6±2.9）μg/g，溶剂为甲醇］，用 0.1%（体积分数）盐酸溶液稀释和定容至 100mL。在 4℃冰箱中避光保存。

② 乙基汞标准储备液（1μg/mL，以 Hg 计）：准确移取 1.48mL 乙基汞标准溶液［GBW081542，含量为（77.3±2.8）μg/g，溶剂为甲醇］，用 0.1%（体积分数）盐酸溶液稀释和定容至 100mL。在 4℃冰箱中避光保存。

③ 汞标准储备液（1μg/mL，以 Hg 计）：准确称取 0.1mL 汞标准溶液［GBW08617，含量为（1000±1.0）μg/g，溶剂为甲醇］，用 0.1%（体积分数）盐酸溶液稀释和定容至 100mL。在 4℃冰箱中避光保存。

④ 混合标准使用液（0.1μg/mL，以 Hg 计）：准确称取上述甲基汞、乙基汞、汞标准储备液 5mL，置于 50mL 容量瓶中，以流动相稀释至刻度，摇匀。在 4℃冰箱中避光保存。

四、样品的处理

（一）试样的制备与保存

鱼、虾等新鲜样品，取可食部分匀浆，干样取可食部分高速粉碎机粉碎，装入洁净聚乙烯瓶中，密封，于4℃冰箱冷藏备用。

（二）试样的前处理

称取干样0.2～0.5g（精确至0.001g），或湿重样品0.5～2.0g（精确至0.001g），置于15mL离心管中，加入5mol/L盐酸5mL提取，于室温下超声水浴提取2h，期间振摇数次。于4℃下以8000r/min转速离心15min。移取2mL上清液至离心管中，缓慢逐滴加入6mol/L氢氧化钠溶液约1.5mL，使样液pH值在2～7之间。加入10g/L半胱氨酸溶液0.2mL，定容至5.0mL，于4℃下以8000r/min转速离心15min，取上清液过0.45μm有机系滤膜，滤液进LC-AFS联用仪进行分析。同时做空白对照（滴加NaOH时应缓慢逐滴加入，以免酸碱中和放热来不及扩散，使温度升高，导致汞化合物挥发，造成测定值偏低）。

五、试样分析

（一）仪器参考条件

液相色谱参考条件：

① 色谱柱：C18分析柱（柱长250mm，内径4.6mm，膜厚5μm）；

② 流动相组成：5.0%（体积分数）乙腈+0.06mol/L乙酸铵+0.1% L-半胱氨酸；

③ 流速：1.0mL/min；

④ 进样体积：100μL。

原子荧光光谱仪参考条件：

① 负高压：300V；

②灯电流：30mA；

③ 原子化方式：冷原子化；

④ 载气流速：400mL/min；

⑤ 辅助气流速：600mL/min；

⑥ 载液：7%（体积分数）HCl；

⑦ 还原剂：15g/L硼氢化钾-3.5g/L氢氧化钾；

⑧ 氧化剂：1%过硫酸钾溶液。

（二）标准曲线

取5支10mL容量瓶，分别加入0.1μg/mL混合标准使用液0.10mL、0.20mL、0.50mL、1.00mL、2.00mL，用流动相稀释至刻度。此标准系列溶液的浓度分别为1.00μg/L、2.00μg/L、5.00μg/L、10.00μg/L、20.00μg/L。标准系列溶液进样量为100μL，以标准系列溶液中目标化合物的浓度为横坐标，以色谱峰面积为纵坐标，绘制标准曲线。

（三）试样的测定

吸取一定量的试样溶液注入液相色谱-原子荧光光谱联用仪中，得到色谱图，以保留时间定性，峰面积进行定量。根据标准曲线得到试样溶液中的甲基汞含量。平行测定次数不少于2次。

六、质量控制

按照被测样品数量的10%的比例对所测组分进行加标回收试验，样品量<10件的最少测1个。原则上加标量与样品中目标化合物的含量相等或相近，且样品测定值处在标准曲线范围内，回收率范围80.0%～120%。

七、结果计算

试样中甲基汞含量按下式进行计算。

$$X=\frac{5\times(c_1-c_0)\times V\times 1000}{2\times m\times 1000\times 1000}$$

式中 X——样品中甲基汞的含量，mg/kg；

c_1——测定样液中甲基汞的浓度，μg/L；

c_0——空白液中甲基汞浓度，μg/L；

V——加入提取试剂的体积，mL；

m——样品称样量，g；

1000——换算系数。

计算结果保留两位有效数字。

八、技术参数

（一）精密度

在重复性条件下获得的两次独立测定结果的绝对差值不得超过算术平均值的20%。水产品中不同含量甲基汞的加标回收率及精密度见表2-39。

表2-39 水产品中甲基汞测定的加标回收率及精密度（$n=6$）

基质	加标量/(mg/kg)	平均回收率/%	RSD/%
鱼	0.01	87.2	8.7
	0.10	93.1	9.1
	0.50	91.9	6.5
虾	0.01	85.6	8.5
	0.10	93.2	6.6
	0.50	92.1	8.7

（二）方法定性限及定量限

称样量为1.00g，定容体积为5.0mL时，原子荧光光谱法测定水产品中甲基汞的方法定性限为2.5μg/kg；定量限为8.0μg/kg。

九、注意事项

① 所有使用的器皿在使用前必须保证其洁净度。

② 为保证汞储备液稳定性，通常在溶液中加少量重铬酸钾。取0.5g重铬酸

钾，用水溶解，加 50mL 优级纯硝酸，加水至 1L。为了避免在配置汞标准使用液时玻璃对汞的吸附，最好先在容量瓶中加进部分底液，再加入汞储备液或使用塑料材质容量瓶。

③ 滴加 NaOH 时应缓慢逐滴加入，以免酸碱中和放热来不及扩散，使温度过快升高，导致汞化合物挥发，造成测定值偏低。

④ 应使样品均匀分散于提取试剂中，以防止凝结成块不利于提取。

十、资料性附录

标准溶液色谱图（海光 LC-AFS6500 原子荧光形态分析仪）如图 2-2。

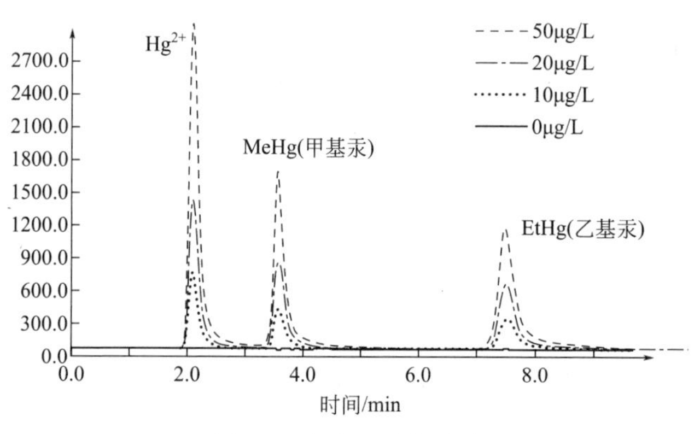

图 2-2　标准溶液色谱图

第十二节　食品中铅的测定

一、适用范围

本规程规定了肉松、鱼松、婴幼儿谷类辅助食品、面包、豆腐、干豆（黄豆、黑豆、豌豆、蚕豆）、粮食、肉、鲜冻畜肝肾、糕点、茶叶、新鲜蔬菜、新鲜水果、饮料、酒类、果蔬罐头、食用菌（干、鲜）、液态乳及乳粉中铅含量测定的石墨炉原子吸收光谱法。

本规程适用于肉松、鱼松、婴幼儿谷类辅助食品、面包、豆腐、干豆（黄豆、黑豆、豌豆、蚕豆）粮食、肉、鲜冻畜肝肾、糕点、茶叶、新鲜蔬菜、新鲜水果、饮料、酒类、果蔬罐头、食用菌（干、鲜）、液态乳及乳粉中铅含量的测定。

二、方法提要

试样经消解后，导入原子吸收分光光度计石墨炉中，原子化后吸收 283.3nm 共振线，在一定浓度范围内，其吸收值与铅含量成正比，与标准系列比较定量。

三、仪器设备和试剂

（一）仪器和设备

本规程所用玻璃器皿及聚四氟乙烯消解内罐均需以硝酸溶液（1+4）浸泡24h以上，用水反复冲洗，最后用去离子水冲洗干净。

① 原子吸收分光光度计（附石墨炉原子化器及铅空心阴极灯）。

②微波消解仪及其配套的消化罐（管）。

③ 压力消解罐，配有聚四氟乙烯消解内罐。

④ 电热消解器（赶酸器）。

⑤ 恒温干燥箱。

⑥ 可调式电热板或电炉。

⑦ 100mL高脚烧杯或锥形瓶，表面皿；或50mL消解瓶，漏斗。

⑧ 天平：感量为1mg。

（二）试剂和耗材

本规程所用试剂除特定说明，均为优级纯，所用纯水均符合GB/T 6682所规定二级水。

① 硝酸：65%硝酸，默克公司。

② 高氯酸。

③ 混合酸消解液（9+1，体积分数）：硝酸-高氯酸。取9份硝酸与1份高氯酸混合。

④ 过氧化氢（30%）：优级纯。

⑤ 硝酸溶液（0.5mol/L）：取3.2mL硝酸加入50mL水中，稀释到100mL。

⑥ 磷酸二氢铵-硝酸镁（10g/L+0.6g/L）溶液：称取1.0g磷酸二氢铵、0.06g硝酸镁，用硝酸溶液溶解后，用硝酸溶液定容至100mL，混匀。

（三）标准品及标准物质

① 铅标准储备溶液（1000μg/mL）：可购于具有资质的单位（如：中国计量科学研究院，GBW08619），室温、洁净阴凉处保存，使用时应严格按证书要求使用。

② 铅标准使用液：铅标准溶液用硝酸溶液经多次稀释成每毫升含0.5μg铅的标准使用液。在4℃冰箱中保存，可稳定1个月。

③ 标准系列：分别吸取铅标准使用液0、0.50mL、1.00mL、2.00mL、4.00mL、5.00mL于50mL容量瓶中，用硝酸溶液稀释至刻度，摇匀，配制成0、5.0μg/L、10.0μg/L、20.0μg/L、40.0μg/L、50.0μg/L铅浓度标准系列。标准系列临用前现配。

四、样品的处理

（一）试样的制备与保存

① 粮食、茶叶、干豆类、干食用菌：样品去除杂物后，粉碎均匀，装入食品塑料袋或洁净聚乙烯瓶中，密封保存备用。

② 新鲜蔬菜、新鲜水果、鲜食用菌、肉、鲜冻畜肝肾：样品用水洗净，晾干，取可食部分，制成匀浆，储于聚乙烯瓶中，冷藏备用。

③ 婴幼儿谷类辅助食品、面包、糕点、果蔬罐头、豆腐：样品粉碎均匀，装入食品塑料袋或洁净聚乙烯瓶中，密封冷藏保存备用。

（二）试样消解

1. 湿式消解法

称取1.0～5.0g均匀试样（精确至0.001g）于100mL高脚烧杯或锥形瓶（或50mL消解瓶）中，加入20mL混合酸，加表面皿或漏斗浸泡过夜。放置电热板或消解器上消解，先120℃±10℃（设定温度）消化1h，再将温度升至140℃±10℃（设定温度）消化2h，最后将温度升至180℃±10℃（设定温度）消化至完全。若出现炭化（变棕黑色）趋势，应立即从电热板或消解器中取出，再补加适量硝酸，直至冒白烟，消化液呈无色透明或略带黄色。待自然冷却至室温，加10mL去离子水继续加热，直至冒白烟，赶除液体中剩余酸和氮氧化物，赶酸至剩余1～2mL溶液。将试样消化液全部转入25mL容量瓶中，用去离子水定容，充分混匀备用。取与消化试样相同量的混合酸，按同法做3个试剂空白。

2. 微波消解法

取0.2～0.5g均匀试样（精确至0.001g）于聚四氟乙烯内罐，加入6mL硝酸，浸泡过夜。再加入过氧化氢2mL。盖好内盖，旋紧外盖，放入微波消解仪内，按仪器使用说明书操作方法进行消化（参考表2-40消解仪参数）。消化结束，冷却至室温，将聚四氟乙烯内罐移入赶酸器，170℃±10℃（设定温度）赶酸至0.5～1mL。将试样消化液全部转入10mL或25mL容量瓶中，并用少量水洗涤内罐多次，洗涤液合并于容量瓶中，用纯水定容至刻度，混匀后备用。按同法做3个试剂空白。

表2-40 CEM MARS6 XPRESS型微波消解仪参数

步骤	爬升时间/min	保持时间/min	温度/℃	功率/W
1	5	3	120	1600
2	4	5	160	1600
3	6	30	190	1600

3. 压力罐消解法

称取0.2～0.5g均匀试样（精确到0.001g）于聚四氟乙烯压力消解内罐中，加入8mL硝酸，盖上内盖，旋紧外罐，浸泡过夜。置于恒温干燥箱中消解，160℃消解4～8h。消解完毕冷却后取出内罐，赶酸至剩余0.5～1mL溶液，将消化液转移至10mL或25mL容量瓶中，并用少量水多次洗涤消解内罐，合并洗涤液定容至刻度，混匀后备用，同时做3个试剂空白。

五、试样分析

（一）仪器参考条件

根据各自仪器性能选择最佳条件，调试使之处于最佳状态。参考条件如下：

① 波长：283.3nm；
② 狭缝：0.7nm；
③ 灯电流：10mA；
④ 干燥温度：150℃，20s；250℃，10s；
⑤ 灰化温度：850℃，23s；
⑥ 原子化温度：1600℃，2s；
⑦ 洁净温度：2500℃，2s；
⑧ 背景校正：氘灯或塞曼效应。

（二）标准曲线

分别吸取铅标准系列溶液 0、5.0μg/L、10.0μg/L、20.0μg/L、40.0μg/L、50.0μg/L 各 10～20μL 及磷酸二氢铵-硝酸镁溶液 5μL 注入石墨炉，测其吸光度值，绘制标准曲线。

（三）样品测定

分别吸取试剂空白液和样品消化液各 10～20μL 及磷酸二氢铵-硝酸镁溶液 5μL（在同一方法中所有空白、标准溶液和样品溶液进样量必须保持一致）注入石墨炉，测其吸光度值，得到样液中铅的浓度。

在测定过程中，建议每测定 10～20 个样品用铅标准溶液或标准物质检查仪器的稳定性。

六、质量控制

在检测中，尽可能使用有证标准物质作为质量控制样品，也可采用加标试验进行质量控制。

（一）标准物质

选用与样品基质相同或相似的标准物质作为质量监控的标准（参见表 2-41）。标准物质与样品按相同方法同时进行消化后，测定其铅含量。测定结果应在证书给定的范围内。每批样品至少分析 1 个标准物质，并以 2～3 平行形式测定。标准物质选用参考见表 2-41。

表 2-41　铅成分标准物质选用参考表（质量分数/10^{-6}）

标准号	生物成分分析标准物质名称	标准值
GBW10018	鸡肉	0.11±0.02
GBW(E)080684a	大米粉	0.226±0.019
GBW10013	黄豆	0.07±0.02

（二）加标回收

称取相同样品量的样品，加入一定浓度的铅标准溶液，然后将其与样品同时消化进行测定，计算加标回收率。每 10 个样品测定 1 个加标回收率，若样品量少于 10 个，至少测定 1 个加标回收率。

七、结果计算

试样中铅含量按下式进行计算。

$$X=\frac{(\rho-\rho_0)\times V}{m\times 1000}$$

式中 X——试样中铅含量，mg/kg；

ρ——测定试样消化液中铅含量，μg/L；

ρ_0——空白液中铅含量，μg/L；

V——试样消化液总体积，mL；

m——试样质量，g；

1000——换算系数。

当铅含量≥1.00mg/kg时，计算结果保留三位有效数字；当铅含量＜1.00mg/kg时，计算结果保留两位有效数字。

八、技术参数

（一）精密度

本规程的精密度是指在重复条件下获得的两次独立测定结果的相对偏差，食品中不同含量铅的相对偏差参考值见表2-42。

表2-42　样品中铅平行样测定的相对偏差参考值

铅的浓度/(mg/kg)	＜0.1	0.1～1.0	＞1.0
平行样的相对偏差/%	＜25	＜15	＜10

（二）加标回收

分别在样品中加入高、中、低三水平铅标准溶液，计算加标回收率，不同加标量的加标回收率参考值见表2-43和表2-44。

表2-43　肉松等食品中铅测定的加标回收率参考值（$n=6$）

食品种类	本底值/(mg/kg)	加标量/(mg/kg)	回收率范围/%	平均回收率/%	RSD/%
肉松	0.013	0.10	91.8～106.0	101.2	5.4
	0.013	0.30	92.9～104.4	99.5	4.8
	0.013	0.45	90.1～102.2	96.1	5.1
婴幼儿有机燕麦粉	0.022	0.04	98.4～109.7	105.1	4.9
	0.022	0.10	86.1～99.2	90.9	7.9
	0.022	0.16	90.7～109.6	98.8	8.2
面包	0.0034	0.20	108.0～115.7	113.2	2.7
	0.0034	0.50	96.5～106.5	102.1	3.6
	0.0034	0.75	97.4～108.4	101.7	3.9
黄豆	0.6	0.25	91.1～101.0	95.2	5.4
	0.6	0.50	97.8～108.0	102.6	5.0
	0.6	1.0	95.0～102.0	98.0	3.7

续表

食品种类	本底值/(mg/kg)	加标量/(mg/kg)	回收率范围/%	平均回收率/%	RSD/%
黑豆	0.051	0.25	101.0～110.0	105.3	2.8
	0.051	0.50	99.0～107.0	103.2	6.4
	0.051	1.0	95.3～98.5	96.5	1.7
豌豆	0.11	0.25	89.1～110.8	95.2	6.2
	0.11	0.50	92.4～108.2	102.6	5.5
	0.11	1.0	94.3～106.7	97.1	4.8
蚕豆	0.57	0.25	91.4～108.7	93.2	5.8
	0.57	0.50	91.0～106.6	99.6	6.2
	0.57	1.0	92.3～105.1	98.7	5.1
豆腐	0.0067	0.25	92.3～107.6	101.5	5.6
	0.0067	0.50	94.6～106.9	102.2	4.9
	0.0067	1.0	96.8～105.2	99.2	5.2

表 2-44 奶粉中铅测定的加标回收率参考值（$n=6$）

食品种类	加标量/(mg/kg)	外标法回收率/%	标准加入法回收率/%
奶粉	0.05	82.0～108.0	93.3～106.0
	0.15	84.5～93.9	92.5～100.9
	0.2	85.1～101.0	90.1～103.5

除表 2-43、表 2-44 所列食品外，本规程其他食品加标回收率参考值范围为 85%～120%。

（三）方法定性限及方法定量限

将仪器各参数调至最佳工作状态，分别对空白和至少三个浓度铅标准溶液进行三次重复测定，取三次测定的平均值后，按线性回归法求出标准曲线斜率（b）。对试剂空白进行至少 20 次测定，计算试剂空白吸光度值的标准偏差（s）。根据定性限公式 $L=Ks/b$，按试剂空白吸光度值的 3 倍标准偏差和 10 倍标准偏差，再根据取样量和定容体积，分别计算出方法定性限和定量限。

微波消解法：称取 0.500g 样品，定容体积为 10.00mL，方法的定性限为 0.009mg/kg，定量限为 0.028mg/kg。

压力罐消解法：称取 0.500g 样品，定容体积为 25.00mL，方法的定性限为 0.002mg/kg，定量限为 0.007mg/kg。

湿式消解法：称取 1.000g 样品，定容体积为 25.00mL，方法的定性限为 0.051mg/kg，定量限为 0.170mg/kg。

九、注意事项

① 分析器皿应该在洗涤后放入带盖的盒内，防止被环境污染。

② 新购买的硝酸、高氯酸，要做验收实验，空白值应不得对检测结果产生明

显影响，否则扣除空白时会引起较大的误差。取（9+1）硝酸-高氯酸 10mL，经消化后，用去离子水定容至 10.00mL，若铅浓度<2.5μg/L，硝酸、高氯酸试剂验收合格。

③ 配制标准溶液时，应加入少量硝酸（一般硝酸浓度为 0.5mol/L），防止因容器壁吸附或产生氢氧化物而引起浓度变化。

④ 使用石墨炉原子吸收法测定食品中铅，为消除样品基质的影响，可采用标准加入法进行测定。

⑤ 每测定 10～20 个样品后应测定标准溶液或标准物质，若测定的标准溶液或标准物质结果落在给定范围以内，说明仪器是稳定的。若测定的标准溶液或标准物质结果落在给定范围之外，之前所测样品必须重新测定。

⑥ 灵敏度与电流有关，为防止空心阴极灯自吸，应尽量使用低电流。

第十三节　食品中多元素的测定

一、适用范围

本规程规定了小麦粉、淡水甲壳类水产品、香辛料、婴幼儿辅助食品、新鲜水果、罐头食品及干豆类食品中铅、镉、铬、镍、锡、钒、钼、总砷、总汞、硒、铁、锰、铜、锌、铝、钾、钠、钙、镁的电感耦合等离子体质谱法。

本规程适用于小麦粉、淡水甲壳类水产品、香辛料、婴幼儿辅助食品、新鲜水果、罐头食品及干豆类食品中铅、镉、铬、镍、锡、钒、钼、总砷、总汞、硒、铁、锰、铜、锌、铝、钾、钠、钙、镁的电感耦合等离子体质谱法测定。

二、方法提要

样品经过消解后，消解液以气溶胶形态引入电感耦合等离子体质谱仪中测定，根据各元素的质荷比进行分离，元素质谱信号强度与进入质谱仪的粒子数成正比，即与样品浓度成正比，通过比较样品质谱信号强度和标准校正曲线的信号强度，对试样溶液中的元素进行定量分析。

三、仪器设备和试剂

（一）仪器和设备

① 电感耦合等离子体质谱仪（ICP－MS）；

② 超纯水系统（赛多利斯 Arium © Pro，或相当的设备）；

③ 压力消解罐，配有聚四氟乙烯消解内罐（江苏滨海正红仪器公司，或相当的设备）；

④ 恒温干燥箱；

⑤ 赶酸器：可调式控温电热板（莱伯泰科，或相当的设备）。

（二）试剂和耗材

本规程所用纯水均符合 GB/T 6682 所规定的一级水，所用试剂均为优级纯或铬本底值低的试剂。

① 硝酸：GR，默克公司。

② 氩气：高纯氩气（>99.999%）。

③ 硝酸溶液（5＋95）：取硝酸 50mL，缓慢加入 950mL 水中，用水稀释至 1000mL。

④ 过氧化氢（30%）：优级纯。

（三）标准品及标准物质

① 单元素标准储备液：国家标物中心购买 GBW 或 GBW(E) 系列铅、镉、铬、镍、锡、钒、钼、总砷、总汞、硒、铁、锰、铜、锌、铝、钾、钠、钙、镁等元素的高纯度有证单标溶液。

② 标准使用液：吸取适量的单元素标准储备液，用硝酸溶液逐级稀释成混合标准使用液。

③ 标准系列溶液：取适量标准使用液，用硝酸溶液配成浓度为表 2-45～表 2-48 的标准系列溶液，实际测定中可依据样品消化液中元素质量浓度水平延长标准系列的浓度范围。ICP-MS 测定金属元素的线性范围较宽，具体见表 2-55。

表 2-45　小麦粉测定的标准系列溶液浓度　　单位：μg/L

元素名称	1	2	3	4	5	6	7
砷	0	0.5	1	2	5	10	25
铅	0	0.5	1	2	5	10	25
镉	0	0.5	1	2	5	10	25
铬	0	1	5	10	20	50	100
镍	0	1	5	10	20	50	100
铜	0	2	10	20	40	100	200

表 2-46　淡水甲壳类水产品、香辛料、婴幼儿辅助食品中待测各元素的配制浓度　单位：μg/L

元素	1	2	3	4	5
^{52}Cr	2.00	4.00	8.00	16.0	20.0
^{60}Ni	2.00	4.00	8.00	16.0	20.0
^{111}Cd	0.20	0.40	0.80	1.60	2.00
^{208}Pb	2.00	4.00	8.00	16.0	20.0

表 2-47　新鲜水果、罐头食品及干豆类食品中各元素的配制浓度

元素	浓度单位	1	2	3	4	5
^{111}Cd	μg/L	0.20	0.40	0.80	1.60	2.00
^{51}V	μg/L	2.00	4.00	8.00	16.0	20.0
^{52}Cr	μg/L	2.00	4.00	8.00	16.0	20.0

续表

元素	浓度单位	1	2	3	4	5
^{60}Ni	μg/L	2.00	4.00	8.00	16.0	20.0
^{75}As	μg/L	2.00	4.00	8.00	16.0	20.0
^{78}Se	μg/L	2.00	4.00	8.00	16.0	20.0
^{118}Sn	μg/L	2.00	4.00	8.00	16.0	20.0
^{208}Pb	μg/L	2.00	4.00	8.00	16.0	20.0
^{95}Mo	μg/L	2.00	4.00	8.00	16.0	20.0
^{55}Mn	mg/L	0.20	0.40	0.60	0.80	1.00
^{63}Cu	mg/L	0.20	0.40	0.60	0.80	1.00
^{66}Zn	mg/L	0.20	0.40	0.60	0.80	1.00
^{56}Fe	mg/L	0.20	0.40	0.60	0.80	1.00
^{27}Al	mg/L	0.20	0.40	0.60	0.80	1.00
^{43}Ca	mg/L	5.00	10.0	20.0	40.0	50.0
^{23}Na	mg/L	5.00	10.0	20.0	40.0	50.0
^{24}Mg	mg/L	5.00	10.0	20.0	40.0	50.0
^{39}K	mg/L	5.00	10.0	20.0	40.0	50.0

表 2-48　新鲜水果、罐头食品及干豆类食品中汞元素的配制浓度

元素	浓度单位	1	2	3	4	5
^{202}Hg	μg/L	0.20	0.40	0.80	1.60	2.00

④ 混合内标溶液：Bi、Ge、In、Li、Sc、Tb、Y，质量浓度为 10mg/L（PE 公司），使用前用 1%硝酸稀释为 50μg/L，通过三通 1+1 在线加入。待测元素选择的对应内标元素及其质量数见表 2-49。

表 2-49　待测元素及其选用的内标元素表

待测元素	对应内标元素	待测元素	对应内标元素	待测元素	对应内标元素
^{23}Na	^{45}Sc	^{60}Ni	^{72}Ge	^{95}Mo	^{89}Y
^{24}Mg	^{45}Sc	^{63}Cu	^{72}Ge	^{111}Cd	^{115}In
^{27}Al	^{45}Sc	^{66}Zn	^{72}Ge	^{118}Sn	^{115}In
^{39}K	^{45}Sc	^{75}As	^{72}Ge	^{202}Hg	^{209}Bi
^{43}Ca	^{45}Sc	^{78}Se	^{72}Ge	^{208}Pb	^{209}Bi
^{51}V	^{45}Sc				
^{52}Cr	^{45}Sc				
^{55}Mn	^{45}Sc				
^{56}Fe	^{45}Sc				

四、样品的处理

（一）试样的制备与保存

干样经高速粉碎机粉碎，湿样经匀浆器匀浆。

（二）试样的前处理

1. 微波消解法

0.2～0.5g 均匀试样（精确至 0.001g）于聚四氟乙烯内罐，加入 6mL 硝酸，浸泡过夜。再加入过氧化氢 2mL。盖好内盖，旋紧外盖，放入微波消解仪内，按仪器使用说明书操作方法进行消化（参考表 2-50）。消化结束，冷却至室温，将聚四氟乙烯内罐移入赶酸器，170℃左右赶酸至 0.5～1mL。如待测元素为汞元素，应 120℃赶酸至 1～2mL。将试样消化液全部转入 10mL 或 25mL 容量瓶中，并用少量纯水洗涤内罐多次，洗涤液合并于容量瓶中，用纯水定容至刻度，混匀后备用。按同法做 3 个试剂空白。

表 2-50　CEM MARS6 XPRESS 型微波消解仪参数

步骤	爬升时间/min	保持时间/min	温度/℃	功率/W
1	5	3	120	1600
2	4	5	160	1600
3	6	30	190	1600

2. 压力罐消解法

称取样品 0.3～1.0g（精确到 0.001g）于压力消解罐中，加入 8～10mL 硝酸，旋紧罐盖，所有试样，取样加硝酸后，均需进行冷消化（放置至少 1h，最好过夜）。然后按照消解仪的标准操作步骤进行消解（消解参考条件见表 2-51），冷却后取出，缓慢打开罐盖排气，将消解罐放在控温电热板，于 120℃加热赶酸 2～3h，将消化液转移至 25mL 聚丙烯容量瓶中，并用少量水多次洗涤消解内罐，合并洗涤液定容至刻度，混匀备用，同时做试剂空白试验。

表 2-51　压力罐消解条件

步骤	控制温度/℃	恒温时间/h
1	80	2
2	120	2
3	160	4

五、试样分析

（一）仪器参考条件

ICP-MS 仪器的工作参数直接影响测定灵敏度和精密度，在进行测定之前，利用仪器 Tuning 和 Optimize 功能，采用 1μg/L 的 Mg、In、Be、Ce、U 混合溶液，对仪器载气流量、冷却气流量、辅助气流量、透镜电压、ICP RF 功率等工作参数进行最佳化调整。通过试验优化得到的各仪器工作参数如表 2-52、表 2-53 所示。

表 2-52 PerkinElmer 公司 ELAN 9000 型电感耦合等离子体质谱仪操作参考条件

仪器参数	参考条件	仪器参数	参考条件
射频功率	1100W	雾化器	同心雾化器
采集模式	Dual	采样锥类型	镍锥
分析泵速	20r/min	重复次数	3

表 2-53 PerkinElmer 公司 NexION™ 300D 型 ICP-MS 仪器工作参数

参数名称(parametersname)	数值(values)
RF 功率(RF power)	1300W
冷却气流量(coolant gas flow)	15.00L/min
辅助气流量(auxiliary gas flow)	1.20L/min
载气流量(nebulizer gas flow)	0.95L/min
进样速度(sample uptake rate)	1.0mL/min
透镜电压(lens voltage)	7.5V
采样锥(sampling cone)	镍 φ1.1mm
截取锥(skimmer cone)	镍 φ0.9mm
初始灵敏度(initial sensitivity)	2×10^5(10μg/LIn)
扫描方式(scanning mode)	跳峰
重复次数(replicates)	3

注：In 为元素铟，浓度为 10μg/L。

（二）测定方法

依次将试剂空白、标准系列、样品溶液引入仪器进行测定。针对不同的目标元素，以及不同的样品基体分别建立不同的消除干扰的反应条件。

（三）标准曲线

将标准系列溶液分别注入电感耦合等离子质谱仪中，测定元素的信号响应值，以元素浓度为横坐标，以元素与所选内标元素信号响应值的比值——离子每秒计数值比（CPS ratio）为纵坐标，绘制标准曲线。

（四）试样测定

试样溶液注入电感耦合等离子体质谱仪中，得到相应的信号响应比值，根据标准曲线计算待测液中元素的浓度。

六、质量控制

（一）标准参考物质

由三通分别连接进样管和内标管，样品测定过程中在线加 50μg/L 内标，内标回收率控制在 80%～120%。标准物质：选用与样品基质相同或相似的标准参考物质作为质量控制的标准。标准参考物质与样品按相同的方法同时进行消化后，测定其含量。测定结果应在证书给定的范围内。标准参考物质一般均购于国家标物中心。表2-54是根据样品基质及待测元素含量推荐的各待测元素最佳标准参考物质。

表2-54 元素成分标准物质选用参考表

标准参考物质	标准号	推荐测定的元素
菠菜	GBW10015	铬，铜，铅，钒，镉，镍，钾，钙，钠，镁，砷
圆白菜	GBW10014	铬，钼，铅，钾，钙，钠，镁，砷，汞
绿茶	GBW10052	钒，铬，锡，铅，钾，钙，钠，镁，砷，汞
鸡肉	GBW10018	铁，锰，铜，锌，钾，钙，钠，镁，砷
扇贝	GBW10024	砷，汞，镉，铬，铜，钾，钙，钠，镁，镍
柑橘叶	GBW10020	铬，铜，锰，铅，锡，钾，钙，钠，镁
灌木枝叶	GBW07602	铅，镉，钼，铁，砷，镍，锰，铜，锌，钾，钙，钠，镁
波兰茶叶	INCT-TL-1	铝，铜，锰，镍，钒
小麦粉	GBW10011	砷，铅，镉，铬，铜，镍

（二）精密度

每个样品进行平行双样测定，测定结果的绝对差值不得超过算术平均值的10%。

（三）加标回收

原则上加标量为样品中目标化合物含量的1倍，且样品测定值落在标准曲线范围内。建议按照10%的比例对所测组分进行加标回收实验，样品量小于10件的最少1个回收检测，回收率范围85%～110%。

七、结果计算

试样中各待测元素含量按下式计算：

$$X=\frac{(c-c_0)\times V}{m\times 1000}\times f$$

式中 X——试样中待测元素的含量，mg/kg或mg/L；

c——测定样液中待测元素的浓度，ng/mL；

c_0——空白溶液中待测元素的浓度，ng/mL；

V——试样消化液总体积，mL；

m——试样质量或体积，g或mL；

f——稀释倍数。

计算结果保留三位有效数字。

八、技术参数

（一）线性范围、相关系数和定性限

20份空白消化溶液，在仪器工作条件进行测定，根据测定值标准偏差的3倍计算方法的定性限，结果见表2-55。

表 2-55 线性范围、相关系数和方法定性限

元素	线性范围	相关系数	方法定性限/(mg/kg)
^{23}Na	0～50mg/L	0.9999	0.34
^{24}Mg	0～50mg/L	0.9999	0.28
^{27}Al	0～20mg/L	0.9995	0.39
^{39}K	0～50mg/L	0.9999	0.19
^{43}Ca	0～50mg/L	0.9998	0.15
^{51}V	0～100μg/L	0.9998	0.0040
^{52}Cr	0～100μg/L	0.9998	0.0060
^{55}Mn	0～10mg/L	0.9999	0.040
^{56}Fe	0～10mg/L	0.9999	0.030
^{60}Ni	0～100μg/L	0.9997	0.0070
^{63}Cu	0～10mg/L	0.9999	0.050
^{66}Zn	0～10mg/L	0.9999	0.030
^{75}As	0～100μg/L	0.9996	0.0050
^{78}Se	0～100μg/L	0.9995	0.0070
^{95}Mo	0～100μg/L	0.9997	0.0050
^{111}Cd	0～20μg/L	0.9995	0.00020
^{118}Sn	0～100μg/L	0.9996	0.0040
^{202}Hg	0～10μg/L	0.9990	0.0020
^{208}Pb	0～100μg/L	0.9998	0.0060

（二）精密度和回收率

选择实际样品，进行精密度和加标回收试验，称取 0.5g 左右的样品 4 份，一份不加标、另三份做低、中、高三个浓度的加标，压力罐消解后定容到 25mL，分别测定 7 次，计算回收率和精密度。各类样品的加标回收率计算结果分别见表 2-56～表 2-60。

表 2-56 小麦粉样品加标回收率计算结果

元素	本底浓度/(mg/kg)	加标浓度/(mg/kg)	回收率范围/%	平均回收率/%	RSD/%
铅	0.0237	0.05	105.6～130.2	120.2	7.9
		0.2	105.9～115.7	110.7	3.1
		0.5	109.7～113.1	111.4	1.1
砷	0.0190	0.05	67.3～90.8	80.7	9.4
		0.2	97.0～114.5	107.5	7.5
		0.5	105.5～125.7	115.5	6.3
镉	0.0153	0.05	83.0～122.6	104.0	12.7
		0.2	107.5～117.1	111.0	3.9
		0.5	104.0～113.1	109.3	2.8

续表

元素	本底浓度/(mg/kg)	加标浓度/(mg/kg)	回收率范围/%	平均回收率/%	RSD/%
镍	0.0288	0.5	102.3～128.0	113.0	8.5
		1.0	110.6～115.7	113.1	1.8
		2.0	103.7～117.4	110.6	5.0
铬	0.108	0.5	106.6～128.3	117.4	6.8
		1.0	95.1～113.4	104.2	6.7
		2.0	103.6～106.0	104.8	1.1
铜	2.20	1.0	91.6～126.3	113.3	12.2
		2.0	90.4～103.6	95.4	5.6
		4.0	97.6～102.4	99.6	1.9

表 2-57 淡水甲壳类水产品、香辛料、婴幼儿辅助食品样品的精密度和回收率试验结果

元素	本底值/(μg/L)	加标量/(μg/L)	测得值/(μg/L)	平均回收率/%	RSD/%
^{52}Cr	5.82	10.0	15.1	92.8	2.19
^{60}Ni	9.16	10.0	19.3	101.4	1.24
^{111}Cd	0.626	1.00	1.59	96.4	2.55
^{208}Pb	9.29	10.0	18.8	95.1	3.21

表 2-58 干豆类样品的精密度和回收率试验结果 ($n=7$)

元素	加标量/(μg/L)	回收率范围/%	平均回收率/%	RSD/%
^{208}Pb	0.50	89.8～106.9	98.4	8.1
	1.00	93.4～108.7	101.1	7.4
	1.50	94.6～108.7	97.7	6.7
^{75}As	0.50	88.7～109.7	93.8	8.4
	1.00	89.1～110.1	96.4	6.7
	1.50	92.4～105.7	103.1	5.2
^{202}Hg	5.00	85.7～115.1	106.8	10.5
	10.0	87.7～112.0	91.9	11.3
	15.0	90.8～109.4	103.5	8.9
^{111}Cd	5.00	90.1～104.8	97.8	4.8
	10.0	90.1～107.6	95.6	5.1
	15.0	95.8～104.1	101.4	3.9

表 2-59 罐头样品的精密度和回收率试验结果 ($n=7$)

元素	加标量/(μg/L)	回收率范围/%	平均回收率/%	RSD/%
^{111}Cd	0.50	88.6～104.1	96.1	6.8
	1.00	92.1～107.9	95.4	4.5
	1.50	92.8～107.4	98.7	5.3

续表

元素	加标量/(μg/L)	回收率范围/%	平均回收率/%	RSD/%
^{202}Hg	0.50	85.7～115.5	105.8	9.5
	1.00	88.7～113.5	104.3	7.9
	1.50	91.8～108.9	98.7	8.6
^{51}V	5.00	89.2～106.2	98.1	4.5
	10.00	92.4～108.1	101.4	8.6
	15.00	94.6～108.1	98.9	4.2
^{52}Cr	5.00	88.4～109.0	93.8	7.9
	10.00	91.1～110.4	95.5	5.6
	15.00	92.3～111.1	97.1	3.4
^{60}Ni	5.00	85.1～115.4	91.1	7.1
	10.00	92.7～112.3	94.5	6.2
	15.00	91.7～109.7	96.8	4.8
^{75}As	5.00	88.9～112.7	92.4	8.0
	10.00	89.8～109.8	97.0	9.6
	15.00	90.1～111.8	96.9	5.9
^{118}Sn	5.00	86.1～111.1	102.8	9.7
	10.00	90.1～111.2	97.8	8.2
	15.00	91.5～112.2	96.4	5.7
^{208}Pb	5.00	89.7～115.7	105.1	6.9
	10.00	91.7～105.1	103.4	7.4
	15.00	92.2～105.7	98.5	5.2
^{95}Mo	5.00	84.9～108.1	94.5	5.6
	10.00	88.8～112.4	98.6	7.8
	15.00	93.4～106.1	95.1	4.1
^{55}Mn	200.00	91.1～116.6	103.4	4.4
	400.00	93.8～113.3	104.8	3.4
	800.00	91.8～109.8	98.7	2.8
^{63}Cu	200.00	92.9～108.8	98.7	3.9
	400.00	92.8～106.8	99.0	2.1
	800.00	90.1～106.5	97.6	3.4
^{27}Al	200.00	90.3～105.3	98.6	3.5
	400.00	91.6～106.1	101.2	4.7
	800.00	94.8～103.2	96.1	2.6

表 2-60 葡萄样品的精密度和回收率试验结果 ($n=7$)

元素	加标量/(μg/L)	回收率范围/%	平均回收率/%	RSD/%
^{111}Cd	0.50	89.1~105.5	95.4	5.6
	1.00	91.1~106.1	97.6	7.1
	1.50	91.6~106.5	101.1	4.8
^{202}Hg	0.50	81.8~114.2	108.9	8.6
	1.00	86.7~111.8	107.4	7.9
	1.50	90.4~107.4	103.1	8.4
^{52}Cr	5.00	85.4~107.1	101.8	7.5
	10.00	92.8~109.3	96.7	6.8
	15.00	91.5~108.2	93.4	4.4
^{75}As	5.00	86.0~111.8	106.7	8.9
	10.00	87.8~108.2	103.8	6.7
	15.00	91.2~110.7	95.7	5.1
^{78}Se	5.00	88.2~106.2	98.7	4.6
	10.00	93.4~107.9	92.0	5.1
	15.00	90.8~106.5	97.4	5.8
^{208}Pb	5.00	88.6~110.2	96.5	8.7
	10.00	92.4~106.4	96.1	4.5
	15.00	91.5~109.1	98.7	6.7
^{95}Mo	5.00	86.1~109.8	97.6	4.8
	10.00	87.9~110.3	99.1	5.7
	15.00	92.1~106.3	93.4	3.9
^{55}Mn	0.20	92.1~117.2	103.7	4.5
	0.40	92.7~115.0	99.6	3.1
	0.80	90.9~108.5	98.7	2.7
^{66}Zn	0.20	92.3~106.3	104.5	5.1
	0.40	93.6~108.9	101.2	4.2
	0.80	90.8~106.6	97.5	2.8
^{56}Fe	0.20	92.1~108.1	101.3	4.8
	0.40	90.1~108.3	98.4	2.9
	0.80	91.6~108.3	101.2	3.7
^{27}Al	0.20	92.4~108.8	106.5	3.4
	0.40	93.1~105.4	103.1	5.1
	0.80	93.8~102.7	98.7	2.7
^{43}Ca	10.00	92.1~105.4	101.0	5.1
	20.00	91.7~106.3	98.7	4.2
	40.00	91.7~105.7	96.8	2.9

续表

元素	加标量/(μg/L)	回收率范围/%	平均回收率/%	RSD/%
^{23}Na	10.00	92.9～107.7	97.9	4.8
	20.00	94.9～105.9	96.8	2.4
	40.00	94.1～105.9	95.7	3.1
^{24}Mg	10.00	91.6～106.6	101.2	4.1
	20.00	93.4～107.7	100.8	3.1
	40.00	92.9～106.5	97.8	2.9
^{39}K	10.00	93.1～102.1	102.1	5.1
	20.00	90.1～105.6	98.3	4.2
	40.00	91.5～105.6	97.6	3.4

同时采用微波消解及压力罐消解方式处理多种标准参考物质，测定了鸡肉标准物质（GBW10018）、圆白菜标准物质（GBW10014）等8种参考物质中19种元素的浓度，不同参考物质测定效果较好的元素参考表2-54（元素成分标准物质选用参考表），选取测定值较好的三种标准参考物质测定值列于表2-61。

表2-61　标准物质测定结果　　单位：mg/kg

元素	菠菜标准物质(GBW10015)		柑橘叶标准物质(GBW10020)		波兰茶叶标准物质(GBW07602)	
	标准值	测定值	标准值	测定值	标准值	测定值
^{111}Cd	0.150±0.025	0.149±0.023	0.17±0.02	0.16±0.015	—	—
^{51}V	0.87±0.23	0.85±0.21	1.16±0.3	1.14±0.25	1.97±0.37	1.95±0.34
^{52}Cr	1.4±0.2	1.3±0.1	—	—	1.99±0.22	1.95±0.20
^{60}Ni	0.92±0.12	0.89±0.12	—	—	6.12±0.52	6.10±0.34
^{75}As	—	—	1.1±0.2	1.08±0.2	0.106±0.021	0.108±0.018
^{78}Se	—	—	0.17±0.03	0.16±0.028	—	—
^{118}Sn	—	—	3.8±0.5	3.7±0.45	—	—
^{208}Pb	—	—	9.7±0.9	9.6±0.8	1.78±0.24	1.76±0.20
^{95}Mo	0.47±0.04	0.46±0.04	—	—	—	—
^{55}Mn	41±3	40±2	30.5±1.5	30.0±1.2	—	—
^{63}Cu	8.9±0.4	8.8±0.3	6.5±0.5	6.3±0.5	20.4±1.5	20.0±1.4
^{66}Zn	35.3±1.5	35.1±1.6	18±2	17±1.5	34.7±2.7	34.0±2.5
^{56}Fe	540±20	535±20	480±30	475±25	—	—
^{27}Al	—	—	—	—	2290±280	2280±200
^{43}Ca	6600±300	6500±2500	4200±400	4150±300	—	—
^{23}Na	1500±600	1450±500	130±20	125±15	—	—
^{24}Mg	5520±150	5490±130	2340±70	2300±70	2240±170	2200±150
^{39}K	2490±110	2480±100	7700±400	7600±350	—	—
^{202}Hg	—	—	0.150±0.020	0.145±0.015	—	—

九、注意事项

① 实验过程不能使用玻璃器皿，最好使用聚乙烯容器。避免使用乳胶手套，使用聚乙烯塑料薄膜手套。

② 在采样和制备过程中，应注意不要使试样污染。所用设备（绞肉机、粉碎机、匀浆机等）必须为不锈钢制品。

③ 样品含高脂肪、高蛋白、高淀粉、高纤维等难消解试样，取样加硝酸后，需进行冷消化（放置至少 1h，最好过夜）。

④ 消解液尽量减少在空气中暴露的时间。

⑤ 在开机前应取出雾化器洗涤干净，由于 ICP-MS 的雾化器有玻璃制成，所以在开机后应该观测硼的仪器空白，等待空白的数值稳定后再进行标准曲线的绘制。

⑥ 为消除待测元素的记忆效应，在测定完一个样品后应等待基线恢复后再进行下一个样品的检测。

第十四节　食品中稀土元素的测定

一、适用范围

本规程规定了茶叶、蔬菜、食用菌、大米、动植物性食品中稀土元素测定的电感耦合等离子体发射光谱法。

本规程适用于茶叶、蔬菜、食用菌、大米、动植物性食品中稀土元素的电感耦合等离子体发射光谱法测定。

二、方法提要

样品经消化后，去离子水定容，用电感耦合等离子体发射光谱仪（ICP-OES）测定，与标准系列比较定量。

三、仪器设备和试剂

（一）仪器和设备

① 电感耦合等离子体发射光谱仪；

② 高压密闭微波消解系统，配有聚四氟乙烯高压消解罐；

③ 聚丙烯容量瓶；

④ 压力消解罐，配有聚四氟乙烯消解内罐；

⑤ 恒温干燥箱；

⑥ 可调式控温电热板。

（二）试剂和耗材

实验用水为 GB/T 6682 规定的一级水。所用试剂均为优级纯或以上级别。

① 硝酸：优级纯以上；

② 硝酸溶液：取①中 50mL 硝酸，用水稀释至 1000mL。

（三）标准品及标准物质

① 标准溶液（10μg/mL）：含 Sc、Y、La、Ce、Pr、Nd、Sm、Eu、Gd、Tb、Dy、Ho、Er、Tm、Yb、Lu 的标准溶液（安捷伦、PerkinElmer 公司和北京有色金属研究院均有销售）。

② 标准曲线：吸取稀土元素标准溶液，用硝酸溶液配制成浓度为 0、0.10mg/L、0.25mg/L、0.50mg/L、0.75mg/L、1.0mg/L 的标准系列。

四、样品的处理

1. 微波消解法

精确称取 0.2～0.5g（精确到 0.001g）试样于微波消解内罐中，加入 5～8mL 硝酸，盖上内罐盖，旋紧外罐置于微波消解仪中，按照微波消解仪的消解条件进行消解（消解参考条件见表 2-62），消解完毕待冷却后取出内罐，赶酸至剩余 1～2mL 溶液，将消化液转移至 25mL 或 50mL 塑料容量瓶中，并用少量水多次洗涤消解内罐，合并洗涤液定容至刻度，混匀后备用，同时做 3 个试剂空白。

表 2-62　微波消解参考条件

消解方式	步骤	控制温度/℃	升温时间/min	恒温时间/min
微波消解	1	140	10	5
	2	170	5	10
	3	190	5	20

2. 压力罐消解法

精确称取 0.2～1g（精确到 0.001g）于聚四氟乙烯压力消解内罐中，加入 5mL 硝酸，盖上内盖，旋紧外罐置于恒温干燥箱中消解（消解参考条件见表 2-63），消解完毕待冷却后取出内罐，赶酸至剩余 1～2mL 溶液，将消化液转移至 25～50mL 容量瓶中，并用少量水多次洗涤消解内罐，合并洗涤液定容至刻度，混匀后备用，同时做 3 个试剂空白。

表 2-63　压力罐消解参考条件

消解方式	步骤	控制温度/℃	恒温时间/h
压力罐消解	1	80	2
	2	120	2
	3	160	4

五、试样分析

（一）仪器操作条件

按试验要求及仪器规定，设置仪器的最佳分析条件，并调节仪器最佳工作状态，仪器条件和推荐发射波长（表 2-64）如下：

① 发生器功率：1150W；

② 雾化器压力：32.0psi（1psi=6.895kPa）；
③ 辅助气流量：1.0L/min；
④ 样品提升量：2.22mL/min；
⑤ 分析程序中冲洗时间为：40s；
⑥ 短波积分时间为：30s；
⑦ 长波积分时间为：5s。

表 2-64　稀土测定用发射波长

元素	波长/nm	元素	波长/nm	元素	波长/nm
钪	357.2	镝	400.0	铒	349.9
钇	377.4	钬	339.9	铥	342.5
镧	408.6	镨	410.0	镱	369.4
铈	418.6	钕	394.2	镥	261.5
钆	342.2	钐	360.9		
铽	332.4	铕	381.9		

（二）标准曲线及样品测定

将试剂空白、标准系列、样品溶液依次进行测定。

六、质量控制

在检测中可采用加标试验进行质量控制。所使用的标准曲线的相关系数应≥0.999。

（一）标准物质

尽量选用与样品基质相同或相似的标准物质作为质量监控的标准。标准物质与样品按相同方法同时进行无机化后，测定稀土含量，测定结果应在证书给定的标准值±不确定度的范围内。每批样品至少测定1个标准物质。

（二）加标回收试验

称取适量样品（尽可能与被测样品的称样量相同），加入一定浓度的稀土标准溶液（应与被测样品的含量相同或相近，且不超过标准曲线的范围），然后将其与样品同时消化进行测定，计算加标回收率。每10个样品测定1个加标回收率，若样品量少于10个，则至少测定1个加标回收率。

七、结果计算

根据仪器软件给出样液中各稀土元素的测定浓度，按照下式计算：

$$X=\frac{(c-c_0)\times V\times 1000}{m\times 1000}\times K$$

式中　X——样品中稀土元素含量，mg/kg；
c——样液中稀土元素测定值，mg/L；
c_0——样品空白液中稀土元素测定值，mg/L；

V——试样定容体积，mL；

K——稀释倍数；

m——样品质量，g。

计算结果保留到两位有效数字。

八、技术参数

（一）加标回收率

将一定浓度的稀土标准溶液加至样品中，经消化，然后同时测定样品和加标样品，计算加标回收率。茶叶中稀土元素的加标回收率范围见表 2-65。

表 2-65 茶叶中稀土元素的加标回收率（$n=6$）

元素	波长/nm	加标量/(mg/L)	回收率范围/%	平均回收率/%
铈	413.3	0.2	68.8～96.4	82.6
		1.0	92.1～109.4	101.0
		1.8	92.4～108.9	102.1
	418.6	0.2	95.4～124.3	105.5
		1.0	96.1～109.0	103.1
		1.8	94.8～108.6	102.7
	446	0.2	97.6～131.3	114.4
		1.0	100.3～118.3	108.3
		1.8	98.7～115.6	107.6
镝	353.1	0.2	72.9～85.8	78.9
		1.0	90.8～100.6	96.4
		1.8	90.4～101.8	97.1
	400	0.2	93.4～187.1	141.1
		1.0	97.4～119.7	110.8
		1.8	96.6～116.6	108.0
铒	323	0.2	93.5～118.9	104.3
		1.0	97.4～106.3	103.0
		1.8	96.3～106.5	102.6
	326.4	0.2	101.2～121.4	108.0
		1.0	97.3～106.4	102.5
		1.8	95.4～106.5	101.6
	337.2	0.2	85.8～113.2	97.6
		1.0	88.2～105.2	97.5
		1.8	85.8～104.5	96.3
	349.9	0.2	92.2～111.9	102.0
		1.0	95.8～106.0	101.4
		1.8	94.6～105.9	101.0

续表

元素	波长/nm	加标量/(mg/L)	回收率范围/%	平均回收率/%
铕	371.9	0.2	80.1～115.2	95.4
		1.0	87.1～104.7	97.3
		1.8	86.3～105.3	96.9
	381.9	0.2	92.5～114.7	103.1
		1.0	94.4～107.6	101.7
		1.8	92.4～106.9	100.5
	412.9	0.2	90.7～124.0	104.6
		1.0	94.2～108.4	101.9
		1.8	92.4～107.0	100.4
	420.5	0.2	91.0～113.8	101.6
		1.0	92.5～107.5	100.2
		1.8	90.7～106.6	99.0
钆	335.0	0.2	95.1～114.6	101.2
		1.0	96.1～105.4	101.5
		1.8	95.9～105.6	101.4
	342.2	0.2	85.9～105.5	99.3
		1.0	91.5～101.6	97.5
		1.8	90.3～101.3	96.6
	364.5	0.2	73.4～108.4	93.1
		1.0	92.1～104.9	98.9
		1.8	93.2～104.2	99.1
钬	339.8	0.2	92.2～110.9	102.4
		1.0	95.7～105.0	101.3
		1.8	95.0～105.4	101.0
	345.6	0.2	93.8～114.5	103.6
		1.0	97.9～107.6	103.5
		1.8	97.7～107.4	103.7
	389.1	0.2	80.4～100.9	89.9
		1.0	90.3～105.4	98.8
		1.8	90.3～106.1	99.6
镧	394.9	0.2	41.8～99.7	70.8
		1.0	84.5～98.1	88.2
		1.8	84.2～96.4	89.2
	398.8	0.2	89.1～149.8	109.9
		1.0	90.0～110.1	100.5
		1.8	89.0～107.9	99.4
	408.6	0.2	66.0～115.0	93.6
		1.0	85.5～105.7	95.8
		1.8	84.9～104.9	94.7

续表

元素	波长/nm	加标量/(mg/L)	回收率范围/%	平均回收率/%
镥	261.5	0.2	98.0～111.0	104.3
		1.0	101.1～105.2	103.4
		1.8	100.9～103.6	102.5
	291.1	0.2	96.6～106.2	101.0
		1.0	98.4～102.7	101.1
		1.8	97.5～102.2	100.8
	307.7	0.2	93.8～113.8	101.5
		1.0	99.2～104.2	102.1
		1.8	98.0～104.4	101.9
钕	401.2	0.2	97.5～123.6	108.6
		1.0	96.7～110.5	104.7
		1.8	95.5～110.2	104.2
	430.3	0.2	96.7～111.5	104.1
		1.0	99.5～114.0	106.7
		1.8	98.3～112.7	106.9
镨	410	0.2	94.6～115.2	105.4
		1.0	100.3～112.5	106.7
		1.8	99.3～110.7	106.2
	414.3	0.2	104.0～115.3	109.7
		1.0	98.3～108.9	104.4
		1.8	96.2～109.2	103.6
钪	335.3	0.2	64.3～105.8	87.1
		1.0	85.8～101.1	93.1
		1.8	87.2～99.9	93.0
	357.2	0.2	69.4～108.4	91.2
		1.0	89.4～100.5	96.2
		1.8	90.4～101.9	95.9
	357.6	0.2	71.4～110.3	93.9
		1.0	93.9～105.5	100.3
		1.8	95.8～104.9	100.8
	361.3	0.2	72.9～113.0	97.5
		1.0	96.5～111.7	103.6
		1.8	99.0～109.9	104.3
	363	0.2	70.5～111.5	94.4
		1.0	94.7～106.6	101.0
		1.8	97.0～105.2	101.6
	364.2	0.2	72.1～112.6	95.7
		1.0	96.6～107.1	103.0
		1.8	99.3～109.3	104.3

续表

元素	波长/nm	加标量/(mg/L)	回收率范围/%	平均回收率/%
钐	359.2	0.2	82.1～107.1	96.4
		1.0	88.4～103.0	94.8
		1.8	87.0～103.3	94.3
	360.9	0.2	85.8～115.1	100.4
		1.0	94.8～108.6	102.0
		1.8	95.2～107.9	102.2
	398.7	0.2	84.4～101.2	93.0
		1.0	85.4～101.9	94.0
		1.8	83.8～101.6	93.4
铽	332.4	0.2	93.5～114.8	104.1
		1.0	102.9～113.5	107.0
		1.8	101.3～111.2	106.8
	338	0.2	98.7～107.7	103.3
		1.0	94.9～102.8	98.8
		1.8	93.3～103.0	97.9
	350.9	0.2	88.1～109.3	99.1
		1.0	95.1～105.5	100.6
		1.8	93.8～104.9	99.8
	367.6	0.2	88.6～109.5	101.7
		1.0	102.6～116.0	107.3
		1.8	102.4～114.7	108.0
铥	342.5	0.2	94.4～113.5	104.7
		1.0	96.7～109.8	103.7
		1.8	95.7～108.2	103.4
	346.2	0.2	99.2～118.7	110.5
		1.0	104.9～123.5	111.5
		1.8	104.7～123.6	112.4
	356.6	0.2	88.0～126.2	104.3
		1.0	103.0～109.3	106.0
		1.8	101.2～109.9	105.7
钇	224.3	0.2	102.3～188.7	127.1
		1.0	104.2～113.0	107.4
		1.8	96.2～106.3	103.1
	324.2	0.2	93.2～114.7	102.1
		1.0	94.6～104.6	99.9
		1.8	93.1～103.9	99.1
	332.7	0.2	92.3～116.0	101.2
		1.0	96.1～105.4	101.0
		1.8	95.4～105.2	100.6

续表

元素	波长/nm	加标量/(mg/L)	回收率范围/%	平均回收率/%
钇	360.0	0.2	96.7～118.7	105.8
		1.0	99.0～107.2	103.7
		1.8	97.3～106.3	102.6
	377.4	0.2	91.7～115.6	100.9
		1.0	93.3～105.0	99.4
		1.8	91.3～104.2	98.1
	437.4	0.2	97.1～117.9	107.3
		1.0	96.4～109.2	103.7
		1.8	93.8～108.1	102.3
	488.3	0.2	93.5～118.0	103.7
		1.0	94.0～107.0	101.4
		1.8	92.2～106.4	100.2
镱	289.1	0.2	88.4～106.0	97.6
		1.0	91.0～100.4	96.1
		1.8	89.8～99.7	95.1
	297	0.2	94.1～117.0	103.9
		1.0	96.3～105.4	101.4
		1.8	94.0～104.7	100.1
	328.9	0.2	93.4～113.2	103.3
		1.0	95.3～104.6	101.0
		1.8	93.1～103.4	99.4
	369.4	0.2	95.5～115.2	105.9
		1.0	98.2～110.6	104.7
		1.8	96.5～108.1	103.6

（二）方法定性限及定量限

将仪器各参数调至最佳工作状态，分别对空白和至少三个浓度稀土标准溶液进行三次重复测定，取三次测定的平均值后，按线性回归法求出标准曲线斜率（b）。对试剂空白进行至少20次测定，计算试剂空白吸光度值的标准偏差（s）。根据定性限公式 $L=Ks/b$，按试剂空白吸光度值的3倍标准偏差和10倍标准偏差，再根据取样量和定容体积，分别计算出方法定性限和定量限（称样量0.5g，定容体积25mL)。本规程的定性限和定量限见表2-66。

表 2-66　16种稀土元素的方法定性限和定量限　　单位：mg/kg

元素	方法定性限	方法定量限	元素	方法定性限	方法定量限
钪	0.0052	0.0174	钆	0.0133	0.0442
钇	0.0016	0.0054	铽	0.0485	0.1618

续表

元素	方法定性限	方法定量限	元素	方法定性限	方法定量限
镧	0.0481	0.1602	镝	0.0217	0.0724
铈	0.0365	0.1216	钬	0.0039	0.0129
镨	0.0200	0.0668	铒	0.0108	0.0360
钕	0.0507	0.1690	铥	0.0189	0.0629
钐	0.0174	0.0579	镱	0.0011	0.0037
铕	0.0030	0.0101	镥	0.0105	0.0352

九、注意事项

① 分析器皿应该在分析前及时洗涤，防止被环境因素污染。

② 新购买的硝酸，必须做验收实验，空白值不得对检测结果产生明显影响，以免对检测结果引起更大误差。

③ 每测定 10～20 个样品后应测定标准溶液或标准物质，若测定的标准溶液或标准物质结果落在给定范围以内，说明仪器是稳定的，样品检测结果准确可靠。若测定的标准溶液或标准物质结果落在给定范围之外，应立即中断实验，之前所测样品结果视为无效，必须重新测定。

④ 仪器测定时应保持实验室温度变化在一定范围内，温差不宜过大。

参考文献

[1] 陈建国，应晓浒，曹国洲. 微波消解 ICP-AES 法测定铝合金中高含量硅 [J]. 冶金分析，2001，21(1)：59-60.

[2] 面制食品中铝的测定：GB/T 5009.182—2003 [S].

[3] 生活饮用水标准检验方法 金属指标：GB/T 5750.6—2006 [S].

[4] 实验室质量控制规范 食品理化检测：GB/T 27404—2008 [S].

[5] 食品中铝的测定 电感耦合等离子体质谱法：GB/T 23374—2009 [S].

[6] 化学试剂 电感耦合等离子体原子发射光谱法通则：GB/T 23942—2009 [S].

[7] 食品中铝的测定方法电感耦合等离子体原子发射光谱法：DB51/T 1046—2010 [S].

[8] 食品添加剂使用标准：GB 2760—2011 [S].

[9] 食品安全国家标准 食品中铬的测定：GB 5009.123-2014 [S].

[10] 冯银凤，周日东，蔡文华，等. 微波消解-基体改进剂 GFAAS 法测定食品中铬 [J]. 中国热带医学，2008，8(12)：2243-2244.

[11] 李冰茹，杜远芳，王北洪，等. 食品中总铬和铬形态分析的前处理技术概述 [J]. 食品安全质量检测学报，2018，9(9)：2056-2062.

[12] 食品安全国家标准 食品中锰的测定：GB 5009.242—2017 [S].

[13] 王竹天. 食品卫生检验方法（理化部分）注解 [M]. 北京：中国标准出版社，2008.

[14] 董建平. 原子吸收光谱法测定白酒中锰 [J]. 理化检验-化学分册，2007，43(9)：787.

[15] 刘利娥，丁利，于斐，等. 原子吸收光谱法测定新资源食品中锰含量 [J]. 河南预防医学杂志，2007，18(1)：4.

[16] 崔振峰，王永芝. 火焰原子吸收光谱法测定山野菜刺嫩芽中钙、镁、铁、锰 [J]. 理化检验-化学分册，2006，42(5)：395.

[17] 食品安全国家标准 食品中铜的测定：GB 5009.13—2017 [S].

[18] 陶闽子，高丽华，席建议，等.火焰原子吸收光谱法测定黑色食品中微量锌、钙、铜［J］.理化检验-化学分册，2009，(45)：1271-1275.
[19] 罗惠明，陈燕勤，相大鹏，等.微波消解-原子吸收法测定各类食品中的铜［J］.检验检疫科学，2006，16(3)：3-5.
[20] 食品安全国家标准 食品中总砷及无机砷的测定：GB 5009.11—2014［S］.
[21] 刘卫，陶红霞，张家树，等.微波消解——氢化物发生原子荧光光度法测食品中总砷［J］.职业卫生与防病，2012，27(1)：28-30.
[22] 陈必琴.氢化物发生原子荧光光谱法检测食品总砷的前处理研究［J］.农产品加工，2017，(7)：21-23.
[23] 姜新，刘运明.不同前处理方法对原子荧光法测定食品中总砷结果的影响［J］.江苏预防医学，2015，26(5)：45-47.
[24] 韦昌金，等.无机砷分析方法的探讨［J］.分析测试技术和方法，2006，(6)：63-65.
[25] 闫军，高峰，张悦，等.应用 HPLC-HGAFS 联用技术测定海产品中无机砷的研究［J］.现代仪器，2007，(2)：14-17.
[26] 陈少波，余雯静，赵玉兰.食品中砷形态分析及无机砷测定［J］.农产品加工（学刊），2013，314(4)：80-86.
[27] 黄亚涛，毛雪飞，杨慧，等.高效液相色谱原子荧光联用技术测定大米中无机砷［J］.广东农业科学，2013，(12)：117-121.
[28] 食品安全国家标准 食品中镉的测定：GB 5009.15—2014［S］.
[29] 邸万山.食品中镉的检测技术［J］.理化检验-化学分册，2015，51(8)：567-572.
[30] 李丽娜，詹德江.食品中铅镉铜铬联合测定方法的构建［J］.辽宁农业科学，2016，(2)：77-79.
[31] 周建成，刘芳，陈万明，等.食品中铅镉原子吸收分析中的干扰及消除［J］.湖南农业科学，2009，(6)：99-100.
[32] 崔宗岩，周乐，赵玉强，等.乙基化衍生/顶空气相色谱法快速测定葡萄酒中 3 种甲基锡［J］.分析测试学报，2015，34(7)：840-843.
[33] 崔宗岩，王飞，刘晓茂，等.乙基化衍生-气相色谱-串联质谱法测定葡萄酒中 3 种丁基锡：液液萃取和固相微萃取的比较［J］.分析试验室，2016，35 (10)：1161-1166.
[34] 范洋波，吴坚，郑云峰，等.液液萃取-高效液相色谱-电感耦合等离子体质谱联用检测黄酒中的有机锡［J］.酿酒科技，2014，(11)：90-93.
[35] 王建华，张慧丽.四乙基硼化钠衍生-气相色谱-串联质谱法测定畜禽肉中有机锡农药残留［J］.食品科学，2016，37(6)：178-183.
[36] 肖小雨，贺根和，尹丽，等.盐酸甲醇溶液提取-气相色谱-质谱法测定水生动植物样品丁基锡［J］.分析化学，2014，42(9)：1320-1325.
[37] 崔宗岩，孙扬，葛娜，等.格氏试剂衍生-气相色谱-串联质谱法同时测定水果和蔬菜中的三环锡、三苯锡和苯丁锡残留［J］.色谱，2014，32(8)：855-860.
[38] 食品安全国家标准　食品中总汞及有机汞的测定：GB 5009.17—2014［S］.
[39] 古莉.动物源食品中总汞和甲基汞的残留测定［J］.中国畜牧兽医文献，2015，31(2)：201.
[40] 刘晔，张园.食品中总汞含量的测定［J］.内蒙古科技与经济，2012，(24)：56-57.
[41] 廖惠玲，梁志华，陈德云，等.食品中总汞测定的前处理方法探讨［J］.职业与健康，2004，20(7)：39-40.
[42] 柯华，刘巧，郑申西，等.气相色谱法测定海产食品中甲基汞的研究［J］.中国卫生检验杂志，2007，(7)：1227-1230.
[43] 赵凯，杨大进.高效液相色谱原子荧光分光光度联用法测定海产品中的甲基汞含量［J］.中国食品卫生杂志，2011，23(6)：658-661.
[44] 丁红梅，朱云，张霞，等.气相色谱法测定肉制品中甲基汞［J］.肉类研究，2013，27(5)：14-16.
[45] 王建跃，王玉超，楼江红.舟山渔场主要海产品重金属污染现况分析与评价［J］.中华流行病学杂志，2013，33(10)：1001-1004.
[46] 食品安全国家标准 食品中铅的测定：GB 5009.12—2017［S］.

[47] 胡曙光，梁春穗，蔡文华，等.食品安全风险监测中铅、镉痕量分析的质量控制［J］.中国卫生检验杂志，2013，23(1)：248-251.
[48] 翟志雷，张耀光，王谢，等.试剂空白对石墨炉原子吸收测定食品中铅含量的影响［J］.中国卫生检验杂志，2012，21(12)：2854-2856.
[49] 王小如.电感耦合等离子体质谱应用实例［M］.北京：化学工业出版社，2005.
[50] Robert T.电感耦合等离子体质谱仪实践指南［M］.李金英，姚继军，译.北京：原子能科学出版社，2007：91.
[51] 何毅，孙鹤，陈玉红，等.带八极杆碰撞反应池的电感耦合等离子体质谱（ORS-ICP/MS）法直接测定血清中的痕量硒和碘［J］.环境化学，2011，30(9)：1680-1682.
[52] 谢建滨，张慧敏，黎雪慧，等.直接进样碰撞池 ICP-MS 技术测定全血中二十种元素［J］.中国热带医学，2009，9(8)：1455-1456.
[53] 冯敏，王英锋，张兰，等.应用电感耦合等离子体质谱（ICP-MS）的八级杆碰撞/反应池（ORS）技术测定地质样品中的铂、铑、钯［J］.环境化学，2010，29(3)：555-557.
[54] 王文元，者为，段焰青，等，动态反应池——电感耦合等离子体质谱法测定甘草中微量元素［J］.理化检验（化学分册）2013，49(4)：405-407.
[55] 施燕支，王英锋，贺闰娟，等.应用普通 ICP-MS 和八极杆碰撞反应池（ORS）技术测定动植物样品中的 As 和 Se 的比较［J］.光谱学与光谱分析，2005，25(6)：955-959.
[56] 食品中稀土的测定 电感耦合等离子体质谱法：GB/T 23374—2009［S］.
[57] 食品中稀土的测定方法电感耦合等离子体原子发射光谱法：DB51/T 1046—2010［S］.

附录　本章涉及物质化学信息

元素有机物

中文名称	英文名称(含缩写)	CAS RN
二正丙基二氯化锡	di-*n*-propyltin dichloride,DProT	867-36-7
二丁基二氯化锡	dibutyltin dichloride,DBT	683-18-1
三丁基氯化锡	chlorotributyltin,TBT	1461-22-9
四丁基锡	tetra-*n*-butyltin,TeBT	1461-25-2
二苯基二氯化锡	diphenyltin dichloride,DPT	1135-99-5
三苯基氯化锡	chlorotriphenyltin,TPT	639-58-7
三环己基氯化锡	tricyclohexylchlorotin,TcyT	3091-32-5
三辛基氯化锡	trioctyltin chloride,TOT	2587-76-0
甲基汞	methyl mercury	22967-92-6
乙基汞	ethyl mercury	21687-36-5

第三章
食品中食品添加剂残留的测定

第一节　食品中二氧化硫残留量的测定

一、适用范围

本规程规定了葡萄酒中二氧化硫残留量的离子色谱测定方法。

本规程适用于葡萄酒中二氧化硫残留量的测定。

二、方法提要

以氢氧化钠和甲醛为吸收剂，IC-C18 柱净化，离子色谱柱分离和电导检测器测定，以保留时间定性，外标法定量。

三、仪器设备和试剂

（一）仪器和设备

离子色谱仪：带电导检测器。

（二）试剂和耗材

① Anpelclean™ IC-C18 柱：2.5mL。

② 0.22μm 滤膜：ProMax™ Syringe Filter 13mm 0.22μm，PTFE，DiKMA 公司。

③ 甲醛（分析纯）。

④ 氢氧化钠溶液（1mol/L）：准确称取 4.0g 氢氧化钠（分析纯），溶解，定容至 100mL。

（三）标准品及标准物质

① 亚硫酸钠标准品：CAS RN，7757-83-7，SIGMA 公司（71988，250g 包装，含量根据亚硫酸钠纯度校正，方法见资料性附录）。

② 二氧化硫标准储备液配制：准确称取 0.1969g（校正后）亚硫酸钠溶解，并吸取 2.0mL 甲醛于容量瓶中，定容至 100mL。

③ 标准使用液配制：准确吸取二氧化硫标准储备液 10.0mL，加入 2mL 甲醛，用纯水定容至 100mL。

④ 二氧化硫工作曲线配制：按表 3-1 分别准确吸取二氧化硫标准使用液至 100mL 容量瓶，加入 2mL 甲醛，纯水定容至刻度。

表 3-1　二氧化硫标准曲线

标准物质	浓度 1	浓度 2	浓度 3	浓度 4	浓度 5
标准储备液加入量/mL	0.5	2.0	5.0	8.0	10.0
标准系列浓度/(μg/mL)	0.5	2.0	5.0	8.0	10.0

四、样品的处理

准确称取 2.5g 样品至 50mL 比色管，加入 1.0mol/L 氢氧化钠溶液 1.0mL，加入甲醛 1mL，混匀，纯水定容至 50mL。涡旋混匀 1min，经 C18 柱及 0.22μm 滤膜净化，弃去前 5mL 后注入样品管。

五、试样分析

（一）仪器参考条件

① ICS2000（赛默飞世尔科技公司）或性能相当的离子色谱仪。

② 色谱柱：保护柱 IonPac AG 11-HC（50mm×4mm），分析柱 IonPac AS 11-HC（250mm×4mm），赛默飞世尔科技公司或性能相当的色谱柱。

③ 抑制器：ASRS300（4mm）或性能相当的抑制器。

④ 电导检测器：DS6 或性能相当的电导检测器。

⑤ 进样体积：25μL。

⑥ 流动相：梯度洗脱中，淋洗液组成见表 3-2。

表 3-2 梯度洗脱程序

时间程序/min	氢氧化钾浓度/(mmol/L)	流速/(mL/min)
0～16	13	1.0
16.1～26	60	1.0
26.1～31	13	1.0

（二）样品测定

标准曲线测定：参照“（一）仪器参考条件”，测定标准系列，以保留时间定性，以测得的峰面积对亚硝酸盐和硝酸盐质量绘制标准曲线。

样品测定：参照“（一）仪器参考条件”，测定样品，以保留时间定性，外标法定量。

六、质量控制

建议按照 10%的比例对所测组分进行加标回收试验，样品量<10 件的最少 1 个。

原则上加标量为样品中目标化合物含量的 1 倍且样品测定值落于标准曲线范围内，回收率范围 85%～115%。

七、结果计算

样品中二氧化硫的含量按照下式计算。

$$X=\frac{c\times V}{m}$$

式中 X——样品中二氧化硫的含量，mg/kg；

c——测定样品中亚硫酸盐浓度，μg/mL；

V——样品定容体积，mL；

m——取样量，g。

八、技术参数

方法定性限和方法定量限：以3倍噪声和10倍噪声分别计算出本规程的定性限和定量限，见表3-3。

表3-3 葡萄酒中二氧化硫的方法定性限和定量限

项目	方法定性限/(mg/g)	方法定量限/(mg/g)
葡萄酒	0.010	0.020

九、注意事项

① 样品稀释后，过0.22μm滤膜和C18柱后进样，可除去部分杂质。

② 选用IonPac AS 11-HC分析柱和IonPac AG 11-HC保护柱，可使亚硫酸盐，硫酸盐与多种干扰离子分离度$R>1$。使用IonPac AS 9-HC分析柱和IonPac AG 9-HC应可以达到更好分离度。

③ 初次使用OnGuard Ⅱ RP柱时需经5mL甲醇和10mL纯水活化，静置30min，用后可经5mL甲醇和10mL纯水洗净继续使用。

④ 抑制器工作方式：由于食品样品成分复杂，为避免污染，需连接外接水。

⑤ 固体亚硫酸钠必须经过标定后使用，从药品开封有效成分含量即开始下降。标准溶液应临用现配。

十、资料性附录

（一）亚硫酸钠纯度的测定

准确称取0.250g亚硫酸钠于盛有0.1mol/L碘溶液50mL的碘量瓶中，在室温下放置5min，加入1mL浓盐酸，摇匀，立即用0.1mol/L的硫代硫酸钠标准溶液滴定过剩的碘至淡黄色，加入0.5mL淀粉指示剂，继续滴定至无色。同时做试剂空白试验。

亚硫酸钠的含量按下式进行计算。

$$X=\frac{c\times(V_2-V_1)\times 63.02}{m}\times 100\%$$

式中 X——亚硫酸钠含量，%；

c——硫代硫酸钠标准溶液浓度，mol/L；

V_1——试剂空白消耗硫代硫酸钠标准溶液的体积，mL；

V_2——加入亚硫酸钠消耗硫代硫酸钠标准溶液的体积，mL；

m——亚硫酸钠的质量，mg；

63.02——每毫升1mol/L硫代硫酸钠相当的亚硫酸钠的毫克数。

（二）色谱图

分析谱图如图 3-1～图 3-3。

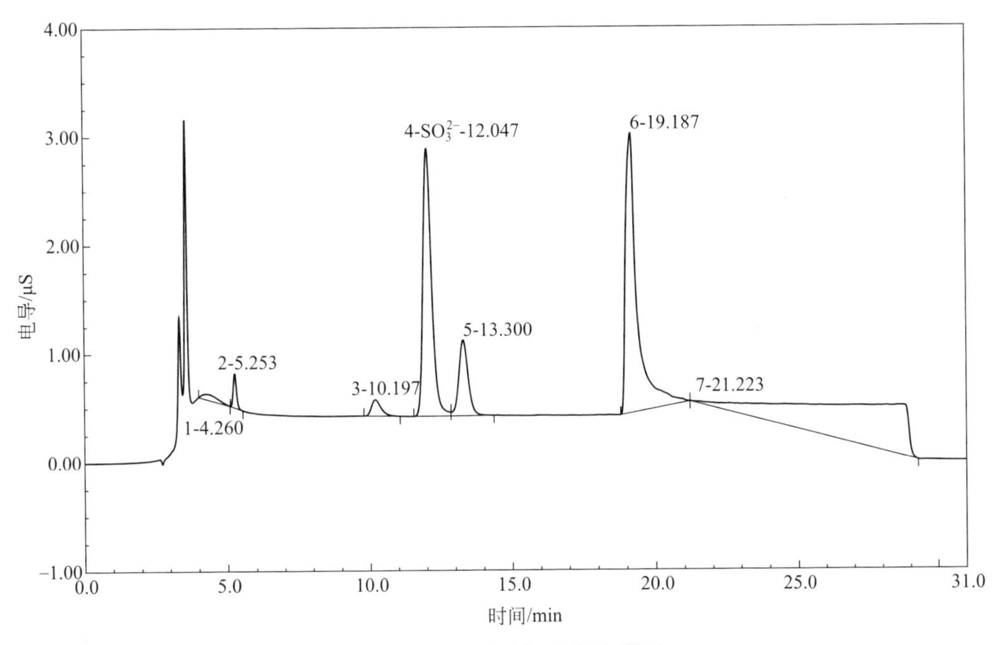

图 3-1　亚硫酸盐标准溶液谱图

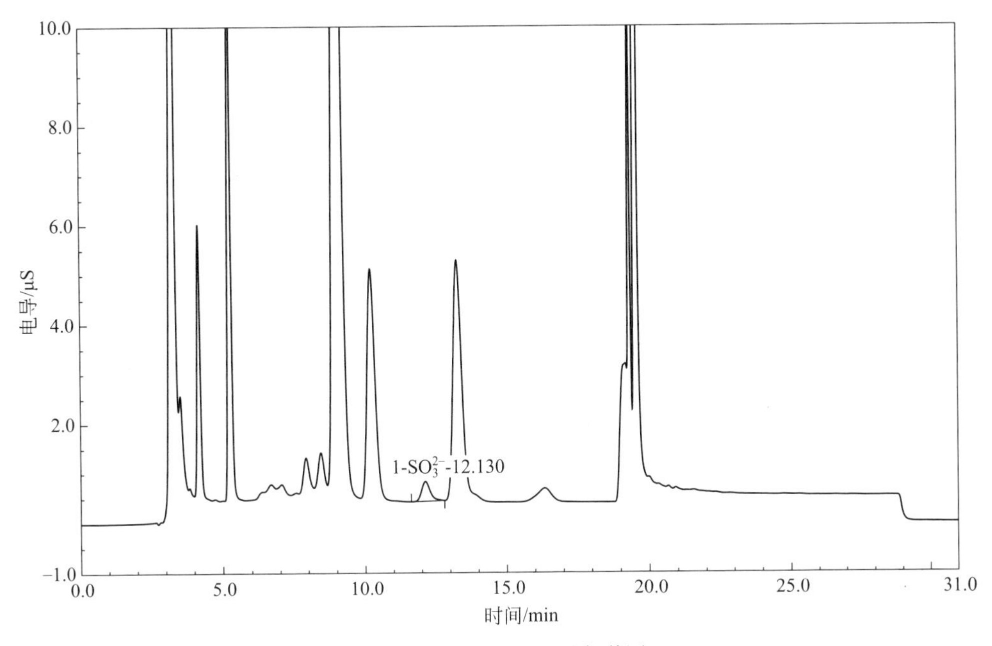

图 3-2　葡萄酒样品测定谱图

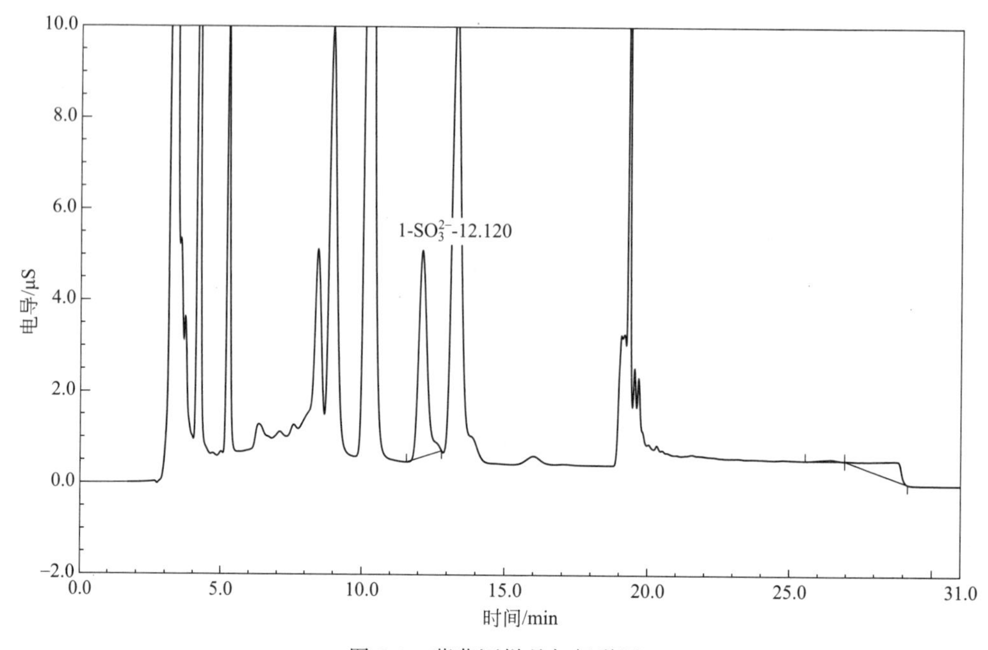

图 3-3 葡萄酒样品加标谱图

第二节 食品中环己基氨基磺酸钠（甜蜜素）的分析

测定一：饮料、红葡萄酒和凉果中甜蜜素的测定

一、适用范围

本规程适用于饮料（可口可乐、雪碧、冰红茶、冰绿茶、鲜橙多）、红葡萄酒和凉果（话梅干、杏脯、乌梅、九制陈皮、无花果、芒果干等）中甜蜜素含量的测定。

二、方法提要

在硫酸介质中甜蜜素与亚硝酸钠反应，生成环己醇亚硝酸酯，气相色谱分离，保留时间定性，外标法定量。

三、仪器设备和试剂

（一）仪器和设备

① 气相色谱仪：带氢火焰离子化检测器。

② 超声波振荡器。

③ 离心机。

（二）试剂和耗材

以下试剂除特别说明者外均为分析纯。

① 硫酸溶液（10%，体积分数）。

② 亚硝酸钠溶液（10%）：临用现配。

③ 氢氧化钠溶液（1mol/L）。

④ 正己烷。

（三）标准品及标准物质

① 甜蜜素：>99.0%，包装为2g，DiKMA公司。

② 甜蜜素标准物质：GBW(E)100066，中国计量科学研究院，纯度99.3%。包装为0.2g。

③ 甜蜜素标准溶液：GBW(E)100027，10.0mg/mL，包装为10mL，天津市卫生防病中心。

（四）标准溶液的配制

① 高浓度标准溶液：准确称取甜蜜素标准品0.5000g，纯水定容至100mL，c(甜蜜素)=5.00mg/mL。

② 低浓度标准溶液：准确称取甜蜜素标准品0.0500g用纯水定容至50mL，c(甜蜜素)=1.00mg/mL。(低浓度标准溶液于冰箱中只能保存1周。)

四、样品的处理

试样的制备与保存

① 饮料（可口可乐、雪碧、冰红茶、冰绿茶、鲜橙多等）：准确称取样品20.0g于50mL比色管，此后实验操作按下“衍生”处理。

② 红葡萄酒：准确称取10.0g样品于50mL比色管，用1mol/L氢氧化钠调至碱性，沸水浴30min，补加纯水至约20mL，此后实验操作按下“衍生”处理。

③ 固态样品：取样品可食部分切碎至1～2mm颗粒，准确称取2.0g于100mL容量瓶中，用纯水定容，浸泡过夜。测定前混匀，取20.0mL于50mL比色管，此后实验操作按下“衍生”处理。

五、试样分析

（一）标准曲线的制备

① 高浓度标准系列：适用于固体或较高浓度的样品。按下表准确吸取甜蜜素标准溶液于50mL比色管，加纯水补足20mL，此后实验操作按“衍生”处理。

管号	1	2	3	4	5	6	7
甜蜜素标准溶液/mL	0.0	0.10	0.20	0.40	1.00	2.00	4.00
甜蜜素/mg	0.0	0.50	1.0	2.0	5.0	10.0	20.0
按1取样时相当的含量/(g/kg)	0.0	0.025	0.050	0.10	0.25	0.50	1.00

续表

管号	1	2	3	4	5	6	7
按 2 取样时相当的含量/(g/kg)	0.0	0.050	0.10	0.20	0.50	1.0	2.00
按 3 取样时相当的含量/(g/kg)	0.0	1.25	2.5	5.0	12.5	25	50

② 低浓度标准系列：适用于液体或浓度较低的样品。按下表准确吸取甜蜜素标准溶液于 50mL 比色管，加纯水补足 20mL，此后实验操作按“衍生”处理。

管号	1	2	3	4	5	6
甜蜜素标准溶液/mL	0.0	0.25	0.50	1.00	2.50	5.00
所含甜蜜素质量/mg	0.0	0.25	0.50	1.00	2.50	5.00
按 1 取样时相当的含量/(g/kg)	0.0	0.012	0.025	0.050	0.120	0.250
按 2 取样时相当的含量/(g/kg)	0.0	0.025	0.050	0.100	0.250	0.500
按 3 取样时相当的含量/(g/kg)	0.0	0.62	1.2	2.50	6.25	12.5

（二）衍生

将比色管置于超声波振荡器，并冰水浴，加入 10％亚硝酸钠溶液 2.5mL 和 10％硫酸溶液 3.5mL，摇匀，加盖（注意放气），在冰水浴中超声 30min 后加入正己烷 10.00mL，振摇 100 次，正己烷层供气相色谱分析。

（三）仪器参考条件

① 色谱柱：OV-101 30m×0.32mm×0.2μm（或其他非极性二甲基聚硅氧烷高性能通用色谱柱，如 DB-1、DB5、Rtx-1、Rtx-5 等）。

② 柱温：80℃。

③ 进样口温度：150℃。

④ 检测室温度：200℃。

⑤ 载气（氮气）平均线速度：45 cm/s。

⑥ 氢气流速：30mL/min。

⑦ 空气流速：30mL/min。

⑧ 尾吹气（补充气，氮气）流速：200mL/min。

⑨ 流速：2.6mL/min。

⑩ 分流比：10∶1。

⑪ 进样体积：1.0μL。

（四）样品测定

参照仪器参考条件，将气相色谱仪调节至最佳测定状态，测定标准系列及样品，以保留时间定性，以测得的峰面积对甜蜜素质量（mg）绘制标准曲线。

六、质量控制

加标回收率的测定：于已称样的 50mL 比色管中加入一定量的标准溶液，按样品处理、测定。建议按照 10％的比例对所测组分进行加标回收试验，样品量＜10

件的最少 1 个。实验前应对所选择的溶剂进行空白试验，甜蜜素出峰处无干扰峰即可。

七、结果计算

样品中甜蜜素含量按照下式计算。

（一）液体样品

$$X=\frac{m_1\times 1000}{m\times 1000}$$

式中 X——样品中甜蜜素的含量，g/kg；

m_1——测定用试样中甜蜜素的质量，mg；

m——取样量，g；

1000——换算系数。

（二）固体样品

$$X=\frac{m_1\times V\times 1000}{m\times V_1\times 1000}$$

式中 X—— 样品中甜蜜素的含量，g/kg；

m_1——测定用试样中甜蜜素的质量，mg；

m——取样量，g；

V——定容体积，mL；

V_1——取样体积，mL；

1000——换算系数。

八、技术参数

（一）方法定性限

本规程的方法定性限和方法定量限依样品前处理的不同而有较大差异，方法定性限为 1.0mg/kg，方法定量限为 3.5mg/kg。

（二）方法线性

高浓度标准曲线（表 3-4）：线性范围 0.50～20.0mg；相关系数范围 0.996～0.9997。

表 3-4 高浓度标准曲线（表中数字为峰面积）

序号	0.50mg	1.00mg	2.00mg	5.00mg	10.00mg	20.00mg	r
1	23594	50829	99051	252117	512661	1152823	0.9980
2	22310	46056	94720	234714	477383	993681	0.9997
3	22649	43540	91138	219518	441048	1056463	0.9960
4	22261	47693	90841	239982	428358	875388	0.9995
5	19336	38017	71587	188562	443376	927625	0.9990
6	21020	45493	90731	231319	479811	1004459	0.9997
均值	21861	45271	89678	227702	463772	1001740	0.9987

低浓度标准曲线：线性范围 0.25～5.00mg；相关系数范围 0.9997～0.9999（表 3-5）。

表 3-5 低浓度标准曲线（表中数字为峰面积）

序号	0.25mg	0.50mg	1.00mg	2.50mg	5.00mg	r
1	3809	7448	14483	38213	77426	0.9999
2	3282	6462	14182	36632	72477	0.9999
3	3706	7248	14745	38387	78789	0.9999
4	3743	7635	14911	36781	70258	0.9997
5	3923	7670	14681	38486	78851	0.9998
6	3906	7787	14901	36671	71810	0.9999
均值	3728	7375	14650	37528	74935	0.9999

（三）精密度与回收率

于不同样品中分别加入不同浓度标准，于 3 天内分别进行 6 次分析，平均回收率＞93.9％，RSD 在 1.6％～6.8％之间（表 3-6～表 3-8）。

表 3-6 甜蜜素精密度和回收率（$n=6$）

添加水平/mg	均值±S/mg	RSD/％	回收率/％	平均回收率/％
0.25	0.249±0.008	3.3	95.6～105.6	99.6
1.00	1.01±0.04	4.0	94.2～105.8	101.0
2.00	1.91±0.13	6.8	85.0～103.0	95.5
5.00	5.06±0.08	1.6	98.7～103.2	101.2
10.0	9.39±0.42	4.6	89.8～100.0	93.9

表 3-7 红酒中甜蜜素精密度和回收率（$n=6$）

添加水平/mg	均值±S/mg	RSD/％	回收率/％	平均回收率/％
0.25	0.250±0.006	2.4	96.8～103.2	99.8
1.00	1.01±0.07	7.0	91.5～107.8	101.5
2.00	2.01±0.07	3.5	95.0～103.2	100.5
5.00	4.95±0.13	2.7	95.2～102.4	98.8
10.0	10.2±0.33	3.3	97.3～105.2	102.2

表 3-8 芒果干中甜蜜素精密度和回收率（$n=6$）

添加水平/mg	均值±S/mg	RSD/％	回收率/％	平均回收率/％
0.25	0.242±0.005	2.1	94.4～99.6	96.5
1.00	0.95±0.04	4.3	89.2～98.7	94.6
2.00	1.92±0.06	3.2	92.1～98.8	95.2
5.00	4.75±0.23	4.9	91.3～98.6	94.2
10.0	10.0±0.50	5.0	92.4～105.6	100.3

九、注意事项

（一）样品衍生

① 关于衍生温度：虽然重氮化反应的温度通常要求4℃左右，其原因主要在于脂肪族重氮盐的不稳定性，能迅速自发分解。但在本规程中经实验证实，衍生温度在4～15℃之间，其衍生结果并无显著差别。如果认为环己基亚硝酸酯的形成系由重氮盐的分解产物或是重氮盐迅速被羟基取代生成的醇与亚硝酸的作用结果，则可解释该现象，即本规程的衍生物可能不依赖于重氮盐的稳定存在。

② 除醇：红葡萄酒样品必须除醇，否则回收率会降低15%。除醇前必须加入1mol/L氢氧化钠，使红葡萄酒变为绿色（此时pH=8左右）。

③ 为减少沸点较低的待测物质的挥发损失，建议在尽可能低的温度下进行衍生。

④ 试剂用量：原标准方法采用100g/L硫酸，配制时较不易掌握，故改用10%（体积分数）硫酸溶液。本规程甜蜜素的衍生产物有多种，在谱图中有4个峰与甜蜜素浓度呈正相关，挑选其中最高的峰作为定性和定量的依据。为了尽可能提高并稳定该物质的产率，对硫酸和亚硝酸钠用量进行2因素4水平正交试验，结果表明：增加硫酸用量可以显著降低其余3个峰的产率，并可减轻乳化现象；10%亚硝酸钠的用量在1.5～3.0mL，对衍生无显著影响，但超过3mL后正己烷层明显变黄。因此，确定衍生试剂用量为10%硫酸溶液3.5mL，10%亚硝酸钠溶液0.5mL。

⑤ 氯化钠：氯化钠的加入与否对测定结果未见显著影响。

⑥ 乳化的处理：用正己烷提取后多数样品有乳化现象，一般静置15min即有好转，不必特殊处理。但部分样品，如红葡萄酒的取样量在1～20g之间均乳化且静置无效，对于此类样品，4000r/min离心10min即可。离心前可以将玻璃比色管中的液体振摇后迅速倒入聚乙烯离心管，用聚乙烯离心管离心，但衍生反应不能在聚乙烯离心管中进行，否则响应值会降低。对于严重乳化的样品，必须立即离心破乳，如果仅从乳化层上部吸出少量正己烷测定，回收率降低；如果离心时间延迟，将造成回收率的升高。

（二）仪器测定

① 蜜饯类和凉果类中甜蜜素的现行卫生标准限值分别为1g/kg和8g/kg，目前在此类样品中常出现含量过高的样品，超出标准曲线范围，故建议标准曲线范围选择卫生标准最高限值的0.5～5倍。文中所列的标准使用液浓度和标准曲线浓度均可根据实际情况进行修改，以满足不同样品的需要。

② 提取溶剂的选择：各种类似极性的溶剂均可使用，例如：正己烷、环己烷、正庚烷或三氯甲烷。建议使用正己烷。

③ 样品的正己烷提取液必须马上测定，并在尽量短的时间内测定完毕。随时间延长，环己醇峰逐渐提高。

④ 气相色谱载气通常用氮气，分析时间约为8min，若采用氦气，在其他色谱条件不变的情况下分析时间不超过4min，对缩短分析时间和提高定性限有利。如

果条件许可，建议采用高纯氦为载气。

⑤ 正己烷提取液黏度较大造成进样精密度较差，可以将自动进样器“黏度补偿时间（即进样针在样品溶液中的停留时间）”设置为2s左右予以补偿。手工进样时同样处理即可。

⑥ 进样针清洗溶剂：直接采用正己烷作为洗针溶剂很容易将进样针粘塞，造成其损坏，改为丙酮较好。

十、资料性附录

本规程基于GB/T 5009.97—2003方法1及若干可以查到的公开文献。通过对2所列出的不同样品的实际分析和数据积累，对国标方法分析条件进行了细化。

本规程的实验数据出自日本岛津GC-2010和安捷伦7890。

分析图谱如图3-4：

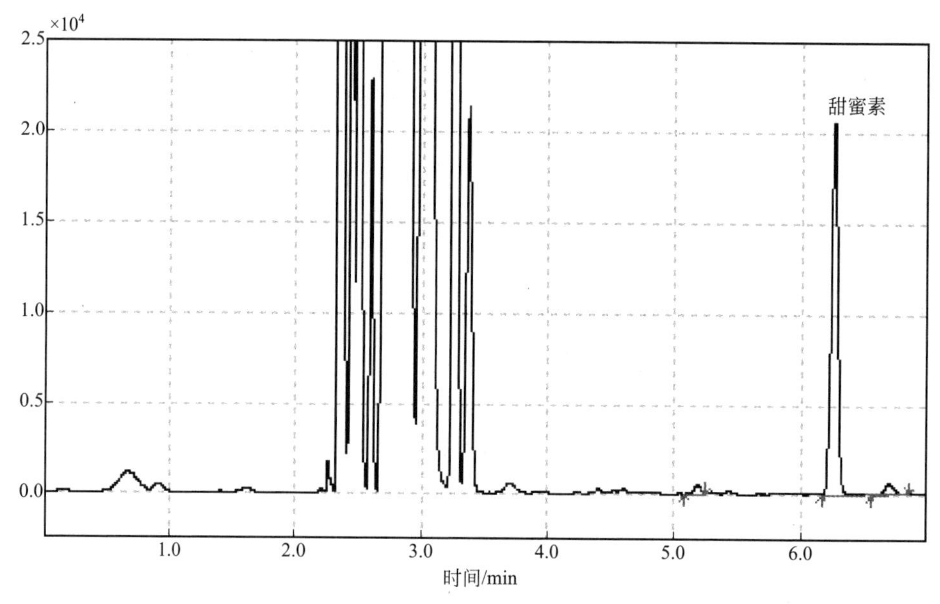

图3-4 红酒样品加标谱图

测定二：饮料、干红葡萄酒、白酒和果脯中环己基氨基磺酸钠的测定

一、适用范围

本规程适用于饮料（不含果肉饮料）、干红葡萄酒、白酒和话梅、果丹皮、杏脯、番茄干等食品中甜蜜素的测定。

二、方法提要

采用C18小柱净化，离子色谱柱分离和电导检测器测定，以保留时间定性，外标法定量。

三、仪器设备和试剂

（一）仪器和设备

离子色谱仪：带电导检测器。

C18针头型前处理柱：IC-ODS，1mL装。

（二）试剂和耗材

甜蜜素：纯度>99.0%。

甲醇（HPLC）。

（三）标准品及标准物质

标准储备液：准确称取甜蜜素（纯度>99.0%）50.0mg，纯水定容至50mL，ρ(甜蜜素)=1.00mg/mL。

标准使用液：准确吸取ρ（甜蜜素）= 1.00mg/mL的标准储备液1mL。用纯水定容至100mL，ρ（甜蜜素）=10.0μg/mL。标准使用液于冰箱中可以保存1周。

四、样品的处理

液体样品：称取混匀后的样品1g（精确至1mg）于100mL容量瓶中，用纯水定容。用注射器吸取样品，分别过0.22μm滤膜和C18针头型前处理柱，弃去初滤液3mL后，将样品装入样品瓶上机测定。

固体样品：取样品可食部分切碎至1～2mm颗粒，称取1g（精确至1mg）于100mL容量瓶中，用纯水定容，超声30min，浸泡过夜。测定前混匀，滤纸过滤后用注射器吸取样品，分别过0.22μm滤膜和C18针头型前处理柱，弃去初滤液3mL后，将样品装入样品瓶上机测定。

五、试样分析

（一）标准曲线的制备

按表3-9准确吸取甜蜜素标准使用液于10mL比色管，加纯水至刻度。

表3-9 标准曲线

管号	1	2	3	4	5
标准使用液吸取量/mL	0.25	1.00	2.50	5.00	10.0
甜蜜素浓度/(mg/L)	0.25	1.00	2.50	5.00	10.0

（二）仪器参考条件

① 离子色谱仪：ICS2000或性能相当的。

② 色谱柱：保护柱 IonPac AG 17-C（50mm×4mm），分析柱 IonPac AS 17-C（250mm×4mm），或性能相当的色谱柱。

③ 抑制器：ASRS 300（4mm）或性能相当的抑制器。

④ 电导检测器：DS6 或性能相当的电导检测器。

⑤ 进样体积：25μL。

⑥ 流动相：梯度洗脱中，淋洗液组成见表 3-10。

表 3-10 甜蜜素梯度洗脱程序

时间程序/min	KOH 浓度/(mmol/L)	流速/(mL/min)
0～12.0	5	1.0
12.1～20.0	70	
20.1～23.0	5	

（三）样品测定

标准曲线测定：参照仪器参考条件，测定标准系列，以保留时间定性，以测得的峰面积对甜蜜素质量绘制标准曲线。

样品测定：参照仪器参考条件，测定样品，以保留时间定性，外标法定量。

六、质量控制

建议按照 10%的比例对所测组分进行加标回收试验，样品量<10 件的最少 1 个。

原则上加标量为样品中目标化合物含量的 1 倍且样品测定值落于标准曲线范围内，回收率范围 90%～110%。

七、结果计算

样品中甜蜜素的含量按下式进行计算。

$$X=\frac{c\times V}{m\times 1000}$$

式中 X——样品中甜蜜素的含量，g/kg；

c——测定样品中甜蜜素的浓度，mg/L；

V——样品定容体积，mL；

m——取样量，g；

1000——换算系数。

八、技术参数

（一）方法定性限和方法定量限

本规程的方法定性限为 0.4mg/kg，方法定量限为 1.1mg/kg。

（二）方法线性

于不同时间分别进行 6 次标准曲线测定（表 3-11），取其均值，线性范围：0.25～

10μg/mL，相关系数 0.9999。

表 3-11　标准曲线（表中数字为峰面积）

次数	0.25	1.00	2.50	5.00	10.00	r
1	0.89	4.39	11.07	23.15	47.26	0.9999
2	1.17	4.70	12.75	24.89	51.04	0.9999
3	1.22	4.76	12.23	25.10	51.14	0.9999
4	1.30	5.12	13.04	26.97	55.00	0.9999
5	1.36	4.99	12.89	25.79	52.95	0.9999
6	1.24	5.04	13.88	27.55	56.71	0.9999
均值	1.20	4.83	12.64	25.58	52.35	0.9999

（三）精密度和回收率实验

于 22 件白酒样品中分别加入低、中、高 3 个浓度标准，平均回收率为 99.2%～102.8%，RSD 在 2.1%～4.3%之间（表 3-12）。

表 3-12　白酒的回收率

添加水平/(μg/mL)	测定值/($\overline{X}\pm S$,μg/mL)	回收率范围/%	平均回收率/%	RSD/%
0.25	0.257±0.006	95.5～106.0	102.8	2.1
1.00	0.99±0.03	92.3～104.0	99.2	3.2
5.00	5.08±0.22	92.8～108.1	101.6	4.3

九、注意事项

① 本规程对饮料的检测包括冰红茶、冰绿茶、鲜橙多。

② 样品稀释后，过 0.22μm 水系滤膜和 C18 柱后进样，可有效去除杂质。

③ IonPac AS 17-C 柱容量较低，上机溶液甜蜜素浓度超过 10μg/mL 后峰型拖尾，需要适当稀释。

④ 初次使用 C18 柱时需经 5mL 甲醇和 10mL 纯水活化。用后可经 5mL 甲醇和 10mL 纯水洗净继续使用。

⑤ 抑制器工作方式：由于食品样品成分复杂，为避免污染，需连接外接水。

⑥ 选用 IonPac AS 17-C 分析柱和 IonPac AG 17-C 保护柱，可使甜蜜素与多种干扰离子达到良好的分离。但需注意使用本规程应在每个分析程序，最后用 70mmol/L 的 KOH 冲洗色谱柱 8min，将样品中残留物质冲出色谱柱，全部分析在 23 min 内完成。

十、资料性附录

分析图谱如图 3-5～图 3-7。

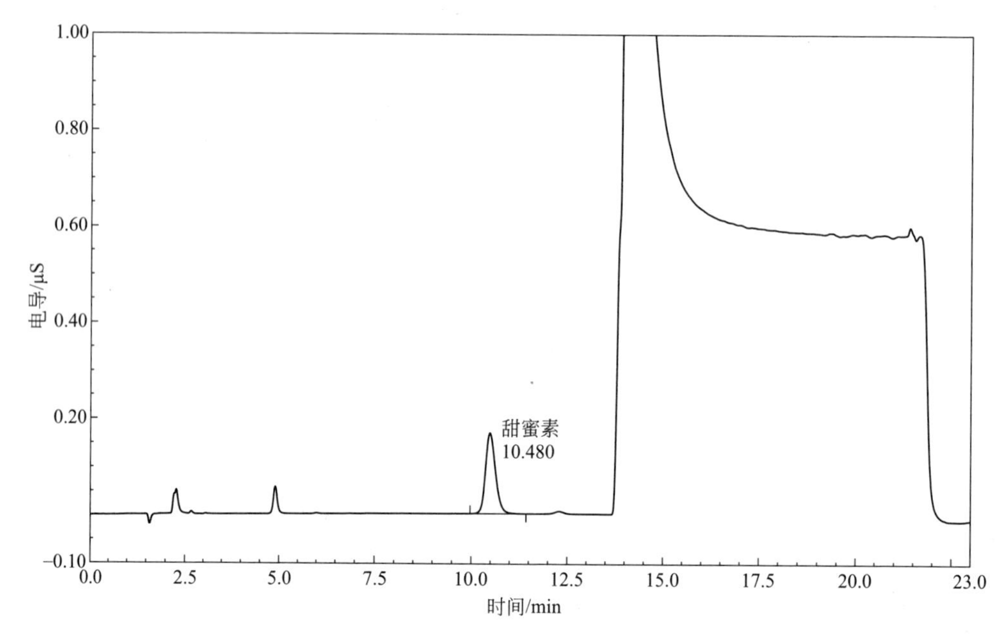

图 3-5 甜蜜素标准液（1.00μg/mL）谱图

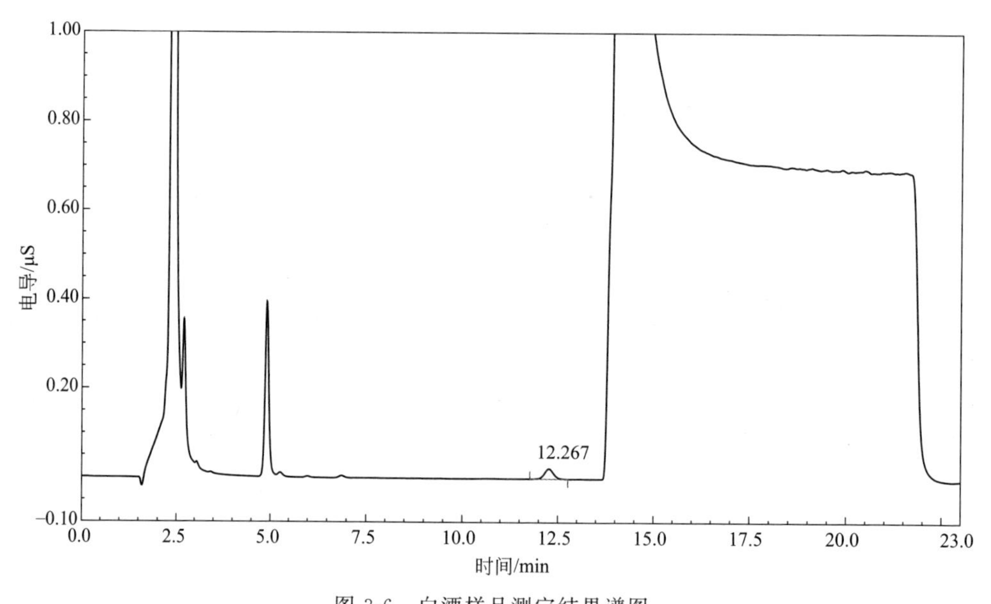

图 3-6 白酒样品测定结果谱图

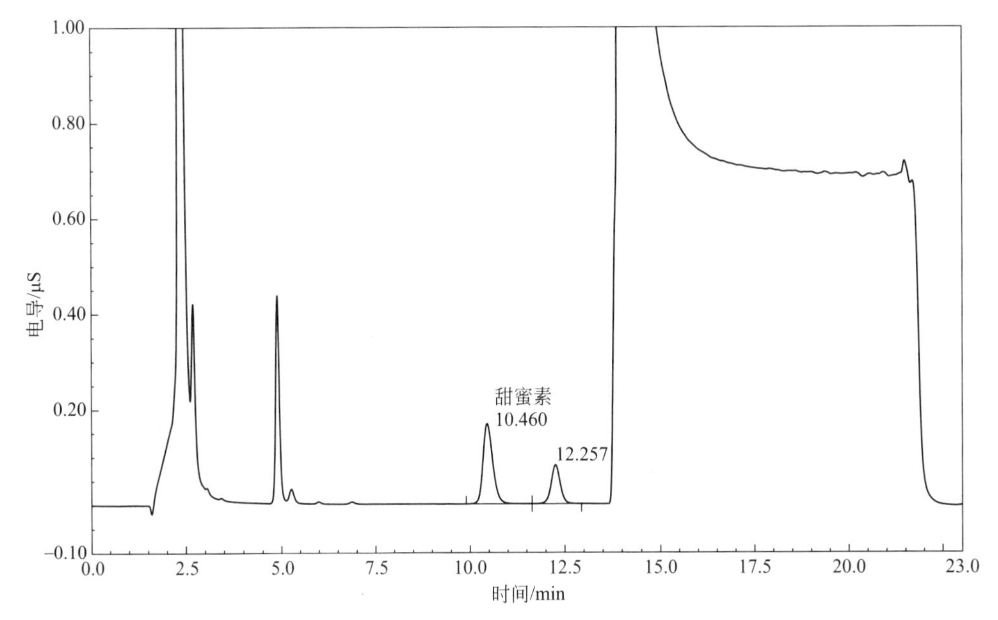

图 3-7 白酒样品加甜蜜素标准液（1.00mg/L）后测定结果谱图

第三节 食品中多种食品添加剂的分析

一、适用范围

本规程适用于饮料中安赛蜜、糖精钠、阿斯巴甜、胭脂红、苋菜红、柠檬黄、日落黄、亮蓝、山梨酸、苯甲酸、咖啡因的测定。

二、方法提要

饮料适当稀释，经 0.45μm 滤膜过滤后，液相色谱测定，以保留时间及特征光谱图定性，外标法定量。

三、仪器设备和试剂

（一）仪器和设备

① 高效液相色谱仪，配二极管阵列检测器。

② 抽滤泵及抽滤瓶，滤膜等。

（二）试剂和耗材

① 乙腈（色谱纯）。

② 乙酸铵（分析纯）。

③ 冰乙酸（优级纯）。

④ 超纯水。

⑤ 流动相：20mmol/L 乙酸铵溶液，pH=6.34；乙酸铵 1.54g，用水溶解定容至 1000mL。经 0.45μm 滤膜抽滤后，用（1%，体积分数）冰乙酸调节 pH 至 6.34。

（三）标准品及标准物质

以下均为，中国计量科学研究院或相当的标准品。

① 安赛蜜 1000g/mL。

② 糖精钠、山梨酸、苯甲酸：1.00mg/mL。

③ 阿斯巴甜、咖啡因、赤藓红、诱惑红：固体。

④ 胭脂红、苋菜红、柠檬黄、日落黄、亮蓝：0.50mg/mL。

（四）标准溶液的配制

标准储备液：分别将安赛蜜、糖精钠、阿斯巴甜、山梨酸、苯甲酸、咖啡因配制成浓度为 1.0mg/mL 的标准储备液，胭脂红、苋菜红、柠檬黄、日落黄、亮蓝、诱惑红、赤藓红配制成为 0.5mg/mL 的标准储备液浓度。固体标准品按相应浓度配制。标准储备液密闭冷藏（4℃），可保存 1 个月。

标准使用液：准确吸取安赛蜜、糖精钠、阿斯巴甜、山梨酸、苯甲酸、咖啡因标准储备液各 1.0mL 及胭脂红、苋菜红、柠檬黄、日落黄、亮蓝、诱惑红、赤藓红标准储备液各 0.5mL 置于 10mL 容量瓶中，用超纯水稀释定容至 10mL。此混合标准溶液冷藏（4℃）下可保存 2 周，各浓度见表 3-13。

表 3-13 混合标准溶液

化合物	浓度/(μg/mL)	化合物	浓度/(μg/mL)	化合物	浓度/(μg/mL)
安赛蜜	100.00	咖啡因	100.00	柠檬黄	25.00
糖精钠	100.00	胭脂红	25.00	日落黄	25.00
阿斯巴甜	100.00	苋菜红	25.00	亮蓝	25.00
山梨酸	100.00	诱惑红	25.00		
苯甲酸	100.00	赤藓红	25.00		

标准系列的配制：将标准使用液用纯水稀释配制标准系列，浓度见表 3-14。

表 3-14 标准系列

名称	浓度 1	浓度 2	浓度 3	浓度 4	浓度 5
苯甲酸	10.0	20.0	40.0	80.0	100.0
山梨酸	10.0	20.0	40.0	80.0	100.0
糖精钠	10.0	20.0	40.0	80.0	100.0
安赛蜜	10.0	20.0	40.0	80.0	100.0
咖啡因	10.0	20.0	40.0	80.0	100.0
阿斯巴甜	10.0	20.0	40.0	80.0	100.0
柠檬黄	2.5	5.0	10.0	20.0	25.0

续表

名称	浓度 1	浓度 2	浓度 3	浓度 4	浓度 5
日落黄	2.5	5.0	10.0	20.0	25.0
苋菜红	2.5	5.0	10.0	20.0	25.0
胭脂红	2.5	5.0	10.0	20.0	25.0
诱惑红	2.5	5.0	10.0	20.0	25.0
赤藓红	2.5	5.0	10.0	20.0	25.0
亮蓝	2.5	5.0	10.0	20.0	25.0

四、样品的处理

称取 1～2g（精确到 0.01g）样品于 15mL 离心管中，用水稀释定容至 10mL，混匀后经 0.45μm 滤膜过滤，上机测定。

五、试样分析

（一）色谱柱条件

1. 色谱柱：shim-pack VP-ODS（150mm×4.6mm，4.6μm）

流动相：A 为乙腈；B 为 20mmol/L 乙酸铵水溶液（pH=6.34）。梯度条件见下表。

时间/min	乙腈/%	乙酸铵水溶液/%
0	2	98
7	1	99
10	10	90
13	25	75
13.01	45	55
16	45	55
19	70	30
20	2	98

2. 色谱柱：Extend C18（250mm×4.6mm，5μm）和 Inertsil ODS-3 C18（250mm×4.6mm，5μm）

流动相：A 为乙腈；B 为 20mmol/L 乙酸铵水溶液（pH=6.28，乙酸调节）。梯度条件见下表。

时间/min	乙腈/%	乙酸铵水溶液/%
0	5	95
8	45	55
10	70	30
15	5	95
20	5	95

3. 色谱柱：CAPCELL PAK MG C18（250mm×4.6mm，5μm）

流动相：A 为乙腈；B 为 40mmol/L 乙酸铵水溶液 1000mL＋10μL 冰乙酸。梯度条件见下表。

时间/min	乙腈/%	乙酸铵水溶液/%
0	5	95
7	5	95
10	25	75
12	25	75
17	35	65
18	5	95
25	5	95

（二）其他仪器参考条件

① 检测波长：$\lambda=205$nm（阿斯巴甜、糖精钠）；$\lambda=230$nm（安赛蜜、咖啡因、山梨酸、苯甲酸）；$\lambda=450$nm（柠檬黄、日落黄）；$\lambda=512$nm（苋菜红、胭脂红、诱惑红、赤藓红）；$\lambda=610$nm（亮蓝）。

② 流速：1.0mL/min。

③柱温：40℃。

④ 进样体积：10μL。

（三）样品的测定

在仪器最佳条件下，测定标准系列及样品。定性测定：以目标化合物保留时间及特征光谱图定性。定量测定：以峰面积为响应值，标准系列外标法定量。

六、质量控制

建议按照被测样品数量 10%的比例对所测组分进行加标回收实验，样品量<10 件的最少 1 个。

原则上加标量为样品中目标化合物含量的 1 倍且样品测定值落于标准曲线范围内，回收率范围 90%～110%。

七、结果计算

试样中某食品添加剂的含量按下式进行计算。

$$X=\frac{c\times V}{m\times 1000}$$

式中 X——样品中某食品添加剂的含量，g/kg；

c——测定样品中某食品添加剂的浓度，μg/mL；

V——样品定容体积，mL；

m——试样质量，g；

1000——换算系数。

八、技术参数

方法定性限和方法定量限如表 3-15。

表 3-15 方法定性限和方法定量限 单位：10^{-3}g/kg

名称	方法定性限	方法定量限	名称	方法定性限	方法定量限
苯甲酸	0.020	0.040	柠檬黄	0.020	0.040
山梨酸	0.020	0.040	胭脂红	0.010	0.020
糖精钠	0.040	0.011	苋菜红	0.020	0.040
安赛蜜	0.010	0.030	诱惑红	0.020	0.040
咖啡因	0.040	0.090	赤藓红	0.020	0.040
阿斯巴甜	0.007	0.021	亮蓝	0.004	0.010
日落黄	0.010	0.020			

九、注意事项

① 样品开封后，应立即进行实验，否则阿斯巴甜、苯甲酸等添加剂随放置时间的延长而损失。

② 流动相的 pH 影响组分的分离，要准确调节。

③ 如发现样品中有与待测定物质同时出峰，且该物质峰形在光谱扫描图上与标准谱图有差别的，可采用改变流动相的成分或比例进行分离测定。

十、资料性附录

本规程的实验数据出自 LC-20AD，检测器 SPD-M20A（岛津公司）和 Alliance 2695-2996（沃特斯公司）。分析谱图如图 3-8～图 3-24。

（一）标准分离谱图

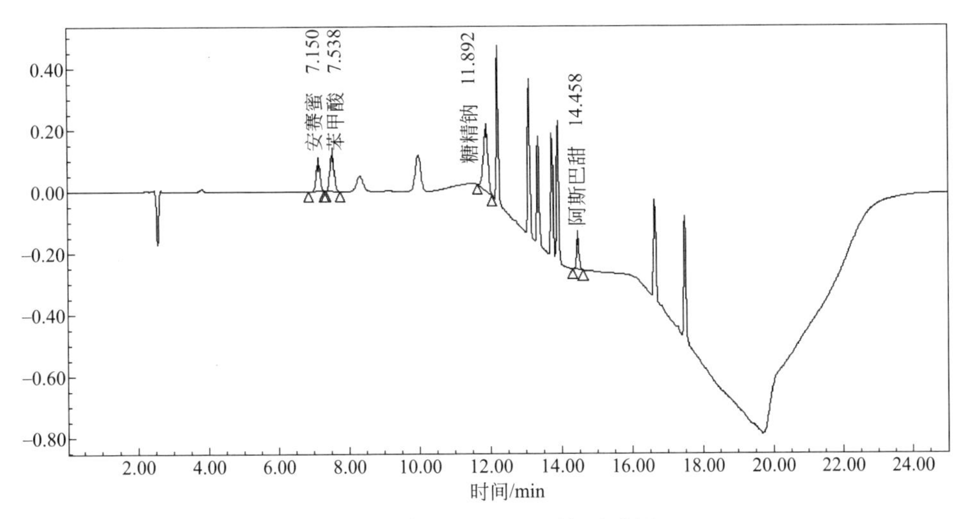

图 3-8 波长＝210nm 下标准谱图

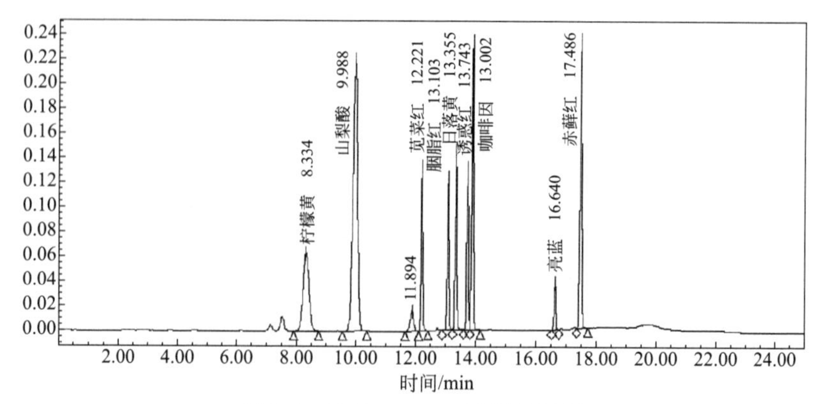

图 3-9 波长＝270nm 下标准谱图

（二）各物质标准光谱图

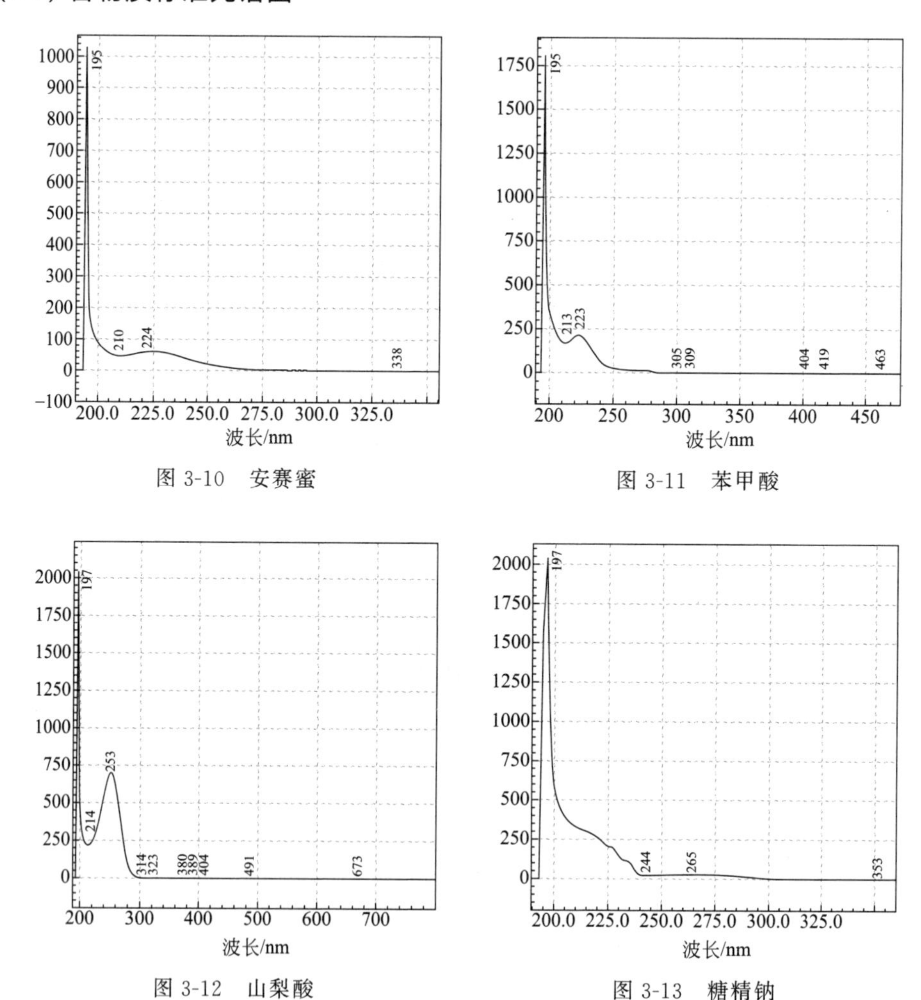

图 3-10 安赛蜜

图 3-11 苯甲酸

图 3-12 山梨酸

图 3-13 糖精钠

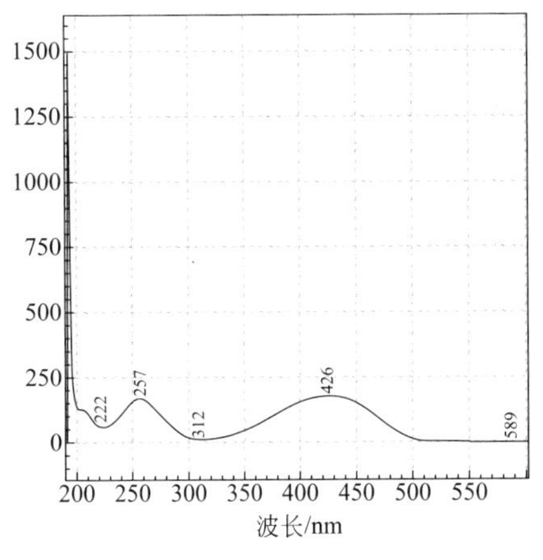

图 3-14　柠檬黄

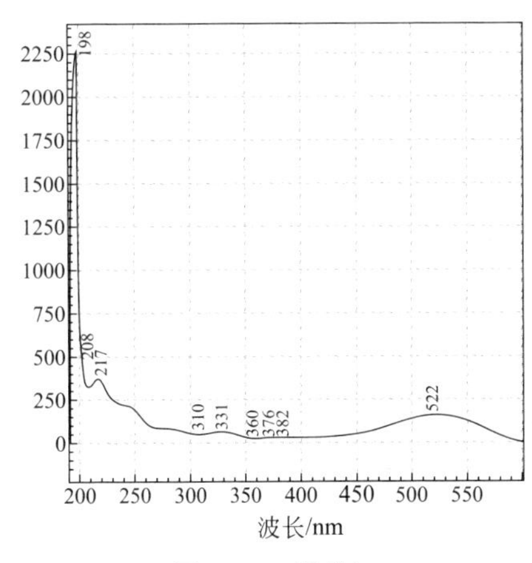

图 3-15　苋菜红

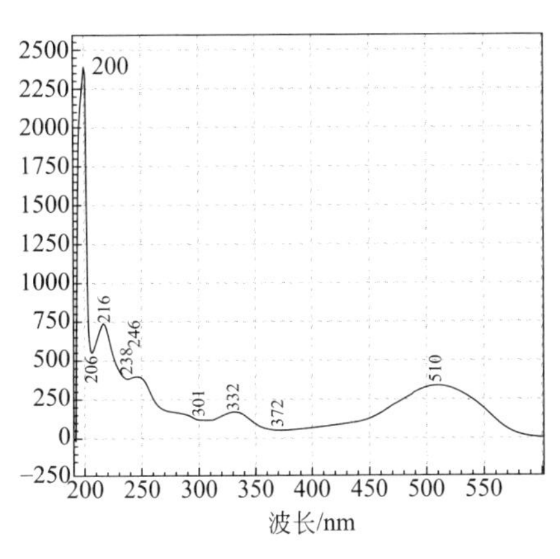

图 3-16　胭脂红

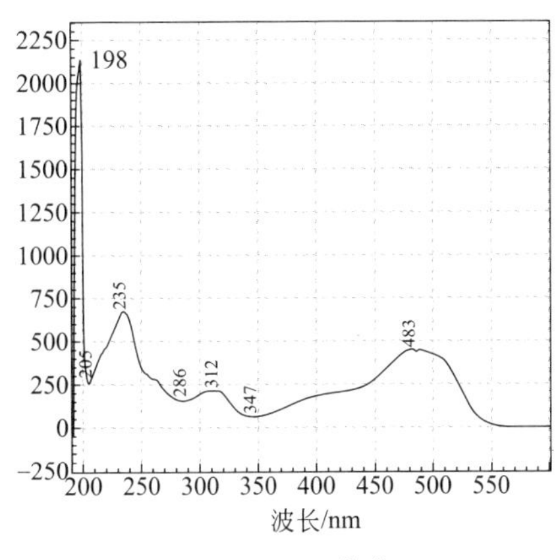

图 3-17　日落黄

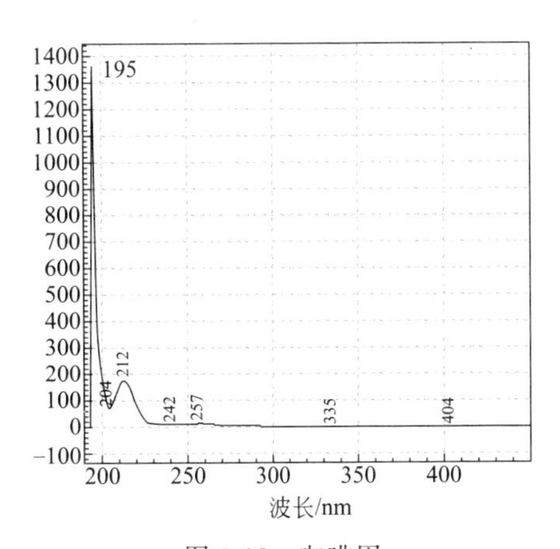

图 3-18　咖啡因

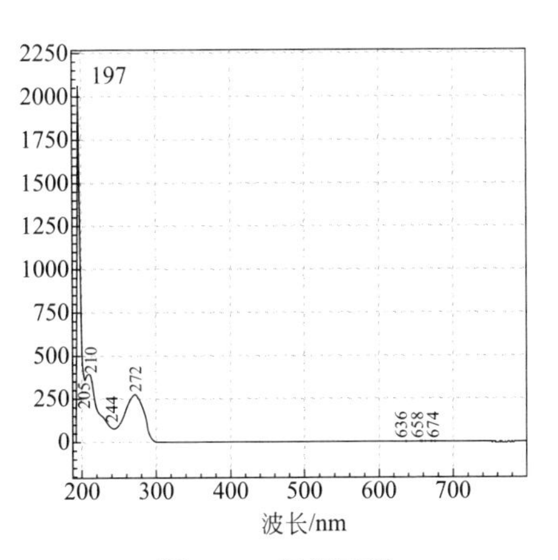

图 3-19　阿斯巴甜

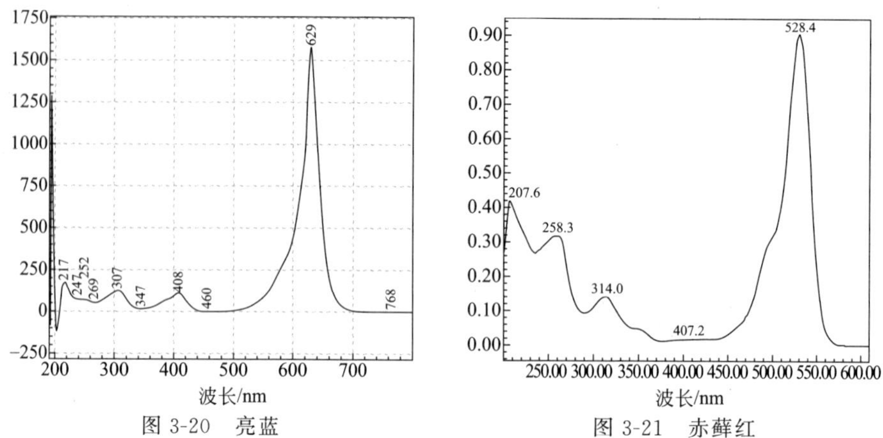

图 3-20 亮蓝

图 3-21 赤藓红

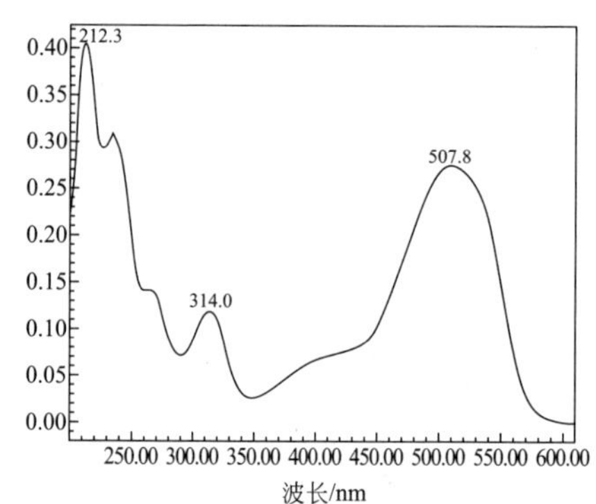

图 3-22 诱惑红

（三）样品分析谱图

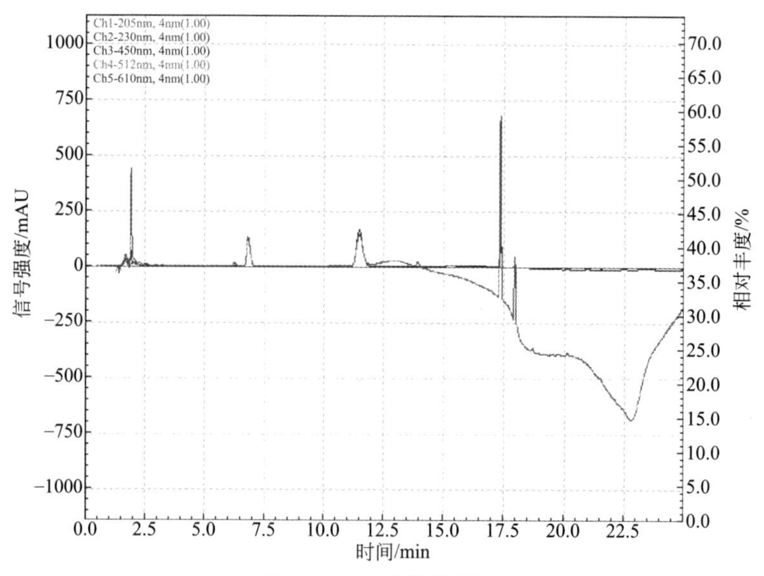

图 3-23 可乐样品谱图

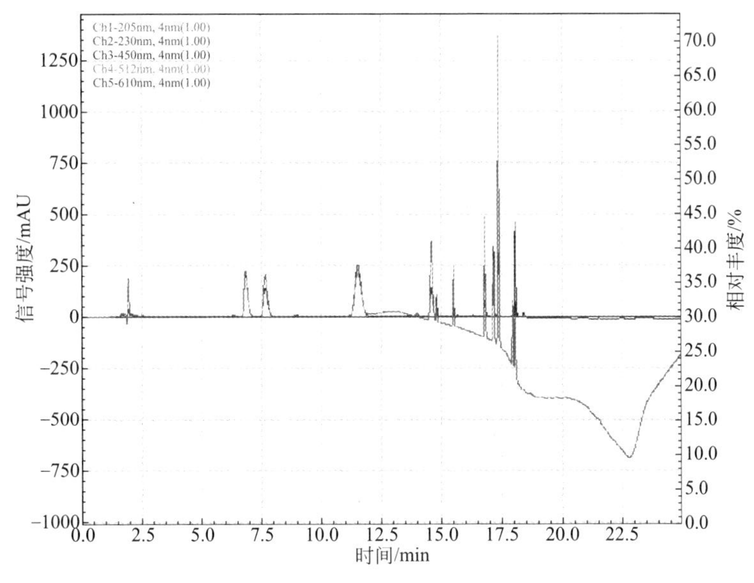

图 3-24 可乐加标色谱图

参考文献

[1] 出口食品中亚硫酸盐的检测方法 离子色谱法：SNT 2918—2011 [S].

[2] 李宁.国内外甜蜜素限量标准及使用现状分析 [J].中国食品卫生杂志，2007，19 (5)：455-457.

[3] 食品中环己基氨基磺酸钠的测定：GB/T 5009.97—2003 [S].

[4] 李锋格，窦辉，姚伟琴，等.毛细管气相色谱法测定葡萄酒中甜蜜素 [J].中国卫生检验杂志，2005，15 (6)：707-708.

[5] 余涛，叶坚.气相色谱测定甜蜜素改良方法的研究 [J].中国卫生检验杂志，2006，16(12)：1453.

[6] 食品中环己基氨基磺酸钠的测定：GB/T 5009.97—2003 [S].

[7] 陈玉波，苏建国，薛银飞，等. 气相色谱毛细管柱内标法测定白酒中甜蜜素含量 [J].淮阴工学院学报，2009，18(1)：65-68.

[8] 苏建国，陈枚，李歆，等.气相色谱内标法测定食品中甜蜜素含量 [J].监督与选择，2006，231(8)：58-60.

[9] 食品中糖精钠的测定：GB/T 5009.28-2003 [S].

[10] 食品中山梨酸、苯甲酸的测定：GB/T 5009.29—2003 [S].

[11] 食品中乙酰磺胺酸钾的测定：GB/T 5009.140—2003 [S].

[12] 食品中阿斯巴甜的测定：GB/T 22254—2008 [S].

[13] 食品中山梨酸、苯甲酸、安赛蜜、阿斯巴甜、糖精钠测定的标准操作规程：BJCDC-SP-TJJ [S].

附录　本章涉及物质化学信息

一、涉及二氧化硫残留许可使用的食品添加剂

CNS 号	中文名称	英文名称	CAS RN	INS 号
05.001	二氧化硫	sulfur dioxide	7446-09-5	220
05.002	焦亚硫酸钾	potassium metabisulphite	16731-55-8	224
05.003	焦亚硫酸钠	sodium metabisulphite	7681-57-4	223
05.004	亚硫酸钠	sodium sulfite	7757-83-7	221
05.005	亚硫酸氢钠	sodium hydrogen sulfite	7631-90-5	222
05.006	低亚硫酸钠	sodium hyposulfite	7775-14-6	—
05.007	硫黄	sulfur (sulphur)	7704-34-9;10544-50-0	—

二、各食品添加剂的物质信息

CNS 号	中文名称	英文名称	CAS RN
00.007	咖啡因	caffeine	58-08-2
17.001	苯甲酸	benzoic acid	65-85-0
17.003	山梨酸	sorbic acid	110-44-1
19.001	糖精	saccharin	81-07-2
19.001	糖精钠(二水)	saccharin sodium	6155-57-3
19.004	阿斯巴甜	aspartame	22839-47-0
19.011	乙酰磺胺酸钾	acesulfame potassium	55589-62-3
19.002	环己基氨基磺酸钠,甜蜜素	sodium cyclamate	139-05-9

CNS 号	C. I.	中文名称	英文名称	CAS RN
08.001	16185	苋菜红	amaranth	915-67-3
08.002	75470	胭脂红	cochineal、carmine	2611-82-7
08.003	45430	赤藓红	erythrosine	16423-68-0
08.005	19140	柠檬黄	tartrazine	1934-21-0
08.006	15985	日落黄	sunset yellow FCF	2783-94-0
08.007	42090	亮蓝	brilliant blue FCF	3844-45-9
08.012	16035	诱惑红	allura red AC	25956-17-6

第四章

食品接触材料中污染物迁移量的分析

第一节　食品接触材料 纸和纸板中铅、镉、砷、汞、镍、锑、铬、钡的测定

一、适用范围

本规程适用于食品接触纸和纸板中铅、镉、砷、汞、镍、锑、铬、钡含量的电感耦合等离子体质谱（ICP-MS）法测定。

二、方法提要

样品经过消解后，消解液以气溶胶形态引入电感耦合等离子体质谱仪中测定，根据各元素的质荷比进行分离，元素质谱信号强度与进入质谱仪的粒子数成正比，即与样品浓度成正比，通过比较样品质谱信号强度和标准校正曲线的信号强度，对试样溶液中的元素进行定量分析。

三、仪器设备和试剂

（一）仪器和设备

① 电感耦合等离子体质谱仪：Agilent 7700x 型（安捷伦公司）。

② 超纯水系统：Milli-Q 超纯水机（密理博公司）。

③ 微波消解仪：ETHOS ONE，配专用赶酸电热套（迈尔斯通公司）。

④ 纸张粉碎机：BD-400 匀浆机配陶瓷刀片（步琦公司）。

⑤ 电子天平，PL402-L 型，感量为 0.1mg（梅特勒托利多公司）。

（二）试剂和耗材

本规程所用试剂均为优级纯，水为 GB/T 6682 规定的一级水。

① 硝酸（HNO_3）：赛默飞世尔公司。

② 半胱氨酸（$C_3H_7NSO_2$）。

③ 氩气或液氩：高纯，纯度>99.995%。

④ 氦气（He）：高纯，纯度>99.995%。

⑤ 硝酸溶液（5＋95）：取硝酸 50mL，缓慢加入 950mL 水中，用水稀释至 1000mL。

⑥ 半胱氨酸溶液（2g/L）[汞标准稳定剂]：称取 2g 半胱氨酸，加少量硝酸溶液（5+95）溶解，并稀释至 1000mL。[注：或采用其他等效稳定剂，如取（Au，1000mg/L）单元素金 2mL 标准溶液，用硝酸溶液（5+95）稀释至 1000mL]。

（三）标准品及标准物质

① 元素标准储备液：可购买高纯度的有证单标溶液或混合标准溶液。

铅：GBW08619，1000mg/L。

镉：GBW08612，1000mg/L。

砷：GBW（E）080117，1000mg/L。

汞：GBW（E）080124，1000mg/L。

镍：GBW08618，1000mg/L。

锑：GBW（E）080545，1000mg/L。

铬：GBW（E）080257，1000mg/L。

钡：GBW（E）080243，1000mg/L。

以上购于中国计量科学研究院。

② 混合标准使用液：吸取上述适量单元素标准储备液或多元素混合标准储备液，用汞标准稳定剂逐级稀释配成浓度为表 4-1 的混合标准溶液系列，也可依据样品消化液中元素质量浓度水平而定。

表 4-1　标准系列溶液质量浓度　　单位：μg/L

元素	1	2	3	4	5	6	7
Cr	0	5.00	20.0	40.0	60.0	80.0	100
Ni	0	5.00	20.0	40.0	60.0	80.0	100
Pb	0	5.00	20.0	40.0	60.0	80.0	100
Hg	0	0.050	0.100	0.200	0.500	1.00	2.00
As	0	0.500	1.00	2.00	5.00	10.0	20.0
Cd	0	0.500	1.00	2.00	5.00	10.0	20.0
Sb	0	0.500	1.00	2.00	5.00	10.0	20.0
Ba	0	5.00	10.0	20.0	50.0	100	200

③ 内标元素储备液（1000mg/L）（铋、铼、铑、锗、铟、钪等）：采用有证标准物质单元素标准储备液或混合标准溶液。

④ 内标元素使用液：吸取适量内标元素储备液，用（5+95）硝酸溶液逐级稀释配至各为 0.50mg/L，通过三通在线加入。待测元素选择的对应内标元素及其质量数见表 4-2。

表 4-2　待测元素推荐选择的同位素和内标元素

元素	Cr	Ni	As	Cd	Sb	Ba	Hg	Pb
同位素	52 53	58 60	75	111 114	121 123	137 138	200 201 202	206 207 208
内标	^{45}Sc	^{45}Sc	^{72}Ge	^{115}In	^{115}In	^{115}In	^{185}Re	^{209}Bi

四、样品的处理

（一）试样的制备与保存

取适量样品，用带陶瓷刀片的粉碎机将样品切割或研磨成粉末，混匀。

（二）试样消解

称取 0.5g 经粉碎的试样（精确至 0.1mg），置于聚四氟乙烯消解内罐中，加入 8mL 硝酸，加盖放置 1h，将消解罐密封后置于微波消解系统中，按照微波消解仪标准操作步骤进行消解，可参照表 4-3 的消解条件进行消解。消解结束后，将消解罐移出消解仪，待消解罐完全冷却后再缓慢开启内盖，用少量水分两次冲洗内盖合并于消解罐中。将消解罐放在控温电热板上 120℃加热 30 min，或置于超声水浴箱中超声脱气 30min，将消解液全部转移至 25mL 或 50mL 容量瓶中，用汞标准稳定剂定容至刻度，混匀，待测。同时做试样空白。

表 4-3　样品微波消解参考条件

步骤	控制温度/℃	升温时间/min	恒温时间/min
1	120	5	5
2	150	5	10
3	190	5	15

五、试样分析

（一）仪器条件

ICP-MS 仪器的工作参数直接影响测定灵敏度和精密度，在进行测定之前，需自动调谐。采用内标元素使用液对仪器的其他操作条件的调试，使灵敏度、氧化物和双电荷化合物指标达到测定要求，仪器参考条件见表 4-4。

表 4-4　电感耦合等离子体质谱仪操作参考条件

项目名称	参数	项目名称	参数
RF 功率	192.8V	检测器模式	脉冲模式
载气流量	1.05L/min	积分时间	0.10s
等离子体气体	15L/min	重复次数	6
辅助气体	0.898L/min	扫描/重复次数	200
雾化室温度	2.02℃	等离子体模式	高灵敏度
冷却水温度	17.15℃	蠕动泵转速	0.1mL/min

（二）编辑测定方法

选择各待测元素同位素及所选用的内标元素，依次将试剂空白、标准系列、样品溶液引入仪器进行测定。对没有合适消除干扰模式的仪器，可采用干扰校正方程对测定结果进行校正，仪器软件一般都含有干扰校正方程，铅、镉、砷同量异位素干扰校正方程可参见表 4-5。

表 4-5　同量异位素干扰校正方程

同位素	推荐的校正方程
^{75}As	$[^{75}As]=[75]-3.132\times[77]+2.736\times[82]+2.76\times[83]$
^{111}Cd	$[^{111}Cd]=[111]-1.073\times[108]+0.763976\times[106]$
^{114}Cd	$[^{114}Cd]=[114]-0.02683\times[118]$
^{208}Pb	$[^{208}Pb]=[206]+[207]+[208]$

（三）标准曲线的制作

将标准系列工作溶液（参考浓度见表 4-1）分别注入电感耦合等离子质谱仪中，测定相应元素的信号响应值，以相应元素的浓度为横坐标，以相应元素与所选内标元素响应的比值——离子每秒计数值比为纵坐标，绘制标准曲线。

（四）试样溶液的测定

试样溶液注入电感耦合等离子体质谱仪中，得到相应的信号响应比值，根据标准曲线计算待测液中相应元素的浓度。

六、质量控制

由三通分别连接进样管和内标管，样品测定过程中在线加 0.50mg/L 内标，内标回收率控制在 80%～120%。

① 精密度：本规程的精密度是指在重复条件下获得的两次独立测定结果的相对偏差，食品接触纸质包装材料中不同含量铅（或镉、砷、汞、镍、锑、铬、钡）的相对偏差参考值见表 4-6。

表 4-6　纸质包装材料中元素平行样测定的相对偏差参考值

元素浓度/(mg/kg)	<0.1	0.1～1.0	>1.0
平行样的相对偏差/%	<25	<15	<10

② 加标回收：加标量为样品中目标化合物含量的一倍且样品测定值落在标准曲线范围内。建议按照 10%的比例对所测组分进行加标回收实验，样品量小于 10 件的最少 1 个回收检测，回收率范围 85%～110%。

七、结果计算

试样中待测元素的含量按照下式进行计算。

$$X=\frac{(c\times f-c_0)\times V}{m\times 1000}$$

式中　X——试样中待测元素含量，mg/kg；

c——试样溶液中被测元素质量浓度，μg/L；

c_0——试样空白液中被测元素质量浓度，μg/L；

V——试样消化液定容体积，mL；

f——试样稀释倍数；

m——试样质量，g。

计算结果保留三位有效数字。

八、技术参数

（一）检出限

取 11 份空白消化溶液，在仪器工作条件下进行测定，根据测定值标准偏差的 3 倍计算方法的检出限、10 倍为方法的定量限，结果见表 4-7。

表 4-7　线性范围、相关系数、方法检出限和定量限

元素	线性范围/(μg/L)	相关系数	方法检出限/(mg/kg)	方法定量限/(mg/kg)
Cr	0～100	0.9998	0.0050	0.020
Ni	0～100	0.9999	0.0050	0.020
Pb	0～100	0.9999	0.0050	0.020
Hg	0～2.00	0.9996	0.00010	0.00050
As	0～20.0	0.9996	0.0050	0.020
Cd	0～20.0	0.9999	0.0010	0.0050
Sb	0～20.0	0.9999	0.0050	0.020
Ba	0～200	1.0000	0.050	0.150

（二）精密度和回收率

选择实际样品作为本底，分别按低、中、高三个浓度水平，平行加标实验（$n=6$），实验方法如上所述，结果见表 4-8。由表 4-8 可以看出，方法的精密度在 1.41%～4.54%之间，回收率在 75.1%～114.5 之间。

表 4-8　实际样品的精密度和回收率试验结果（$n=6$）

项目	加标量/(mg/kg)	回收率范围/%	平均回收率/%	RSD/%
Cr	0.5	81.2～110.5	89.5	3.81
	2.5	89.6～107.6	91.7	3.14
	5.0	91.5～103.1	98.3	2.04
Ni	0.5	88.7～114.5	105.1	3.83
	2.5	94.2～108.4	103.2	3.47
	5.0	95.1～109.1	102.4	3.67
Pb	0.5	95.4～104.8	99.6	3.71
	2.5	96.6～105.1	97.9	3.57
	5.0	97.1～104.1	101.5	2.41
Hg	0.05	75.1～90.4	82.4	4.54
	0.10	86.5～95.6	87.1	3.49.
	0.25	86.9～97.7	88.8	3.47
As	0.05	83.2～99.7	88.9	3.86
	0.10	87.2～99.4	91.7	3.18
	0.25	86.3～101.1	94.3	2.88
Cd	0.05	87.1～97.3	91.5	3.79
	0.10	89.9～99.4	92.3	2.94
	0.25	89.1～99.5	95.4	2.45
Sb	0.05	84.3～95.6	92.2	4.05
	0.10	87.1～98.4	92.7	4.01
	0.25	87.4～98.4	93.1	3.47
Ba	2.5	89.3～104.5	94.4	1.92
	5.0	90.4～99.9	97.2	1.58
	10	92.4～101.9	98.1	1.41

九、注意事项

① 食品接触纸和纸板中镉、砷、镍、铬、锑的含量很低，属于痕量元素分析，因此，在实验中要求使用超纯试剂，硝酸中杂质的含量至少小于100μg/L，尽量避免使用玻璃器皿，无论是新购买的试剂还是容器，实验前需做试剂消化空白，计算检出限是否符合方法的要求。

② 样品需粉碎均匀，避免取样时样品不均匀导致测定结果产生误差。

③ 消解时取样量不宜过多，在0.2～0.5g之间，硝酸试剂不宜过多，且需采用基体匹配方式配制标准曲线；同时，消解试样中应控制总盐度（溶解固体总量）在0.1%以下，可采用观测在线内标元素响应值变化来判断消解液中盐含量或酸含量是否过高，即分析样品时的在线内标元素计数值比在分析标准曲线时低20%以上时，说明溶液含酸或含盐量过高，建议采取稀释消解液的方法来降低基体干扰。

④ 传统的湿式消解法及干法消解为敞开式消解，元素易受到污染或损失，消化空白较高，不适用于痕量锑、镉、砷、铬、镍等元素的测定，本规程采用微波消解法消解，减少了实验环境对测定结果的影响，同时只需使用硝酸一种试剂，减少了试剂带来的污染。

⑤ 食品接触纸和纸板种类繁多，基质十分复杂，ICP-MS需采用碰撞/反应、动能歧视（KED）等技术来消除多原子分子离子的干扰。优化仪器调节参数时，在灵敏度符合检测要求的同时，氧化物指标尽可能低，至少小于3%，低氧化性可以减少基体干扰及样品锥上盐堆积现象，确保数据的稳定性及准确性。

⑥ 内标使用液浓度：内标既可在配制标准系列工作溶液和样品溶液时手动加入，亦可由仪器在线加入。由于不同仪器采用不同的内标内径蠕动泵管，使得内标进入样品中的浓度有所不同，建议内标元素在混合后的浓度在0.025～0.05mg/L之间。

⑦ 大批量样品测定时，每个样品测试之间可采用5%硝酸溶液或汞标准稳定剂清洗管路，以达到清洗或减少记忆效应的效果。

第二节　食品接触材料 纸和纸板中二苯甲酮和4-甲基二苯甲酮迁移量的测定

一、适用范围

本规程适用于纸和纸板中二苯甲酮和4-甲基二苯甲酮迁移量的气相色谱-串联质谱法测定。

二、方法提要

按迁移条件进行迁移试验后，酒精类食品模拟液用乙酸乙酯提取二苯甲酮及4-甲基二苯甲酮，取上清提取液上机检测。异辛烷模拟物直接上机检测。待测目标物采用气相色谱进行分离，质谱检测器检测，内标法定量。

三、仪器设备和试剂

（一）仪器和设备

① 气相色谱串联三重四极杆质谱仪：Scion456-GC TQ（布鲁克公司）。

② 电热鼓风干燥箱：DHG-9140A（一恒公司）。

③ 涡旋振荡器：Multi Reax（海道夫公司）。

（二）试剂和耗材

① 乙醇：色谱纯（CNW 公司）。

② 乙酸乙酯：色谱纯（迪马公司）。

③ 异辛烷：色谱纯（Fisher 公司）。

④ 离心管 50mL（BD 公司）。

（三）标准品及标准物质

标准品：

① 二苯甲酮，CAS RN：119-61-9，纯度大于 99%（西格玛奥德里奇公司）；

② 4-甲基二苯甲酮，CAS RN：134-84-9，纯度大于 98.5%（西格玛奥德里奇公司）；

③ 内标 4-氟二苯甲酮，CAS RN：345-83-5，纯度大于 98%（百灵威公司）。

标准储备液配制：准确称取每种标准品 10mg，二氯甲烷溶解并定容至 10mL，配制成浓度为 1mg/mL 的储备液，4℃避光保存。

四、样品的处理

（一）样品迁移试验条件

接触油脂食品的迁移条件如表 4-9。

表 4-9 接触油脂食品的迁移条件

纸样类型	接触食品类型	食品模拟物	模拟温度/℃	模拟时间/h
1. 短时间接触食品的纸和纸板制品				
纸盒	油脂及其表面含油脂食品	异辛烷	40	2
纸筒	油脂及其表面含油脂食品	异辛烷	40	2
纸袋	油脂及其表面含油脂食品	异辛烷	40	2
纸碗	油脂及其表面含油脂食品	异辛烷	40	2
纸碟	油脂及其表面含油脂食品	异辛烷	40	2
包装纸	油脂及其表面含油脂食品	异辛烷	40	2
食品垫纸	油脂及其表面含油脂食品	异辛烷	40	2
蛋糕纸	油脂及其表面含油脂食品	异辛烷	40	2
蒸笼垫纸	油脂及其表面含油脂食品	异辛烷	40	2
吸油纸	油脂及其表面含油脂食品	异辛烷	40	2
烘焙纸	油脂及其表面含油脂食品	异辛烷	40	2
2. 长时间接触食品的纸和纸板制品(室温或以上温度储存大于 30 天)				
40℃、10d				

接触水性食品的迁移条件如表 4-10。

表 4-10 接触水性食品的迁移条件

纸样类型	接触食品类型	食品模拟物	模拟温度/℃	模拟时间/h
纸盒	水性食品	10%乙醇	40	2
纸盒	水性食品	4%乙酸	40	2
纸桶	水性食品	10%乙醇	40	2
纸桶	水性食品	4%乙酸	40	2
纸碗	水性食品	10%乙醇	40	2
包装纸	水性食品	10%乙醇	40	2
食品垫纸	水性食品	10%乙醇	40	2
蛋糕纸	水性食品	10%乙醇	70	2
蒸笼垫纸	水性食品	10%乙醇	70	2
烘焙纸	水性食品	10%乙醇	70	2
纸杯	水性食品	10%乙醇	40	2
纸杯	白酒	50%乙醇	40	2

（二）接触水性食品模拟物测试液制备：移取 5mL 水性食品模拟物于 50mL 聚丙烯离心管中，加入氯化钠 0.5g 和乙酸乙酯 5mL，旋涡混合，振荡 30 min，静置 5min，取上清液 1mL 待测。

（三）接触油脂食品模拟物测试液制备：取 1mL 异辛烷食品模拟物上机待测。

（四）标准曲线配制：分别配制各标准物质的中间储备液，将其稀释成浓度为 0.05μg/mL、0.1μg/mL、0.2μg/mL、0.4μg/mL、0.6μg/mL 的系列溶液，内标浓度为 0.25μg/mL。

五、试样分析

（一）仪器条件

1. 气相色谱条件

① 色谱柱：HP-5MS，30m×0.25mm（内径）×0.25μm（膜厚）。

② 升温程序：50℃保持 1min；20℃/min 至 200℃，保持 3min；20℃/min 至 300℃，保持 5min。

③ 载气：氦气，纯度大于 99.999%。

④ 流速：1mL/min。

⑤ 进样口温度：280℃。

⑥ 不分流进样。

⑦ 进样量：1μL。

⑧ 色谱-质谱接口温度：250℃。

2. 质谱条件

① 电离方式：EI。

② 电离能量：70eV。

③ 离子源温度：200℃。

④ 质谱扫描方式：多反应离子监测。

目标化合物质谱参数如表 4-11。

表 4-11　目标化合物质谱参数

物质名称	监控离子对/(m/z)	碰撞能量/eV
二苯甲酮	182.0>153.0	20.0
	182.0>105.0[①]	10.0
	182.0>77.0	30.0
4-甲基二苯甲酮	196.0>181.0	10.0
	196.0>119.0[①]	10.0
	196.0>91.0	30.0
4-氟二苯甲酮	200.0>123.0[①]	10.0
	200.0>105.0	10.0
	200.0>95.0	30.0

① 定量离子对。

（二）样品分析

样品中待测化合物的保留时间与相应标准色谱峰的保留时间一致，变化范围应在±2.5%之内。待测化合物的定性离子的重构离子色谱峰的信噪比（S/N）≥3，定量离子的重构离子色谱峰的信噪比≥10。同一检测批次，样品中的两个子离子的相对丰度比与浓度相当的标准溶液相比，允许偏差不超过表 4-12 的规定范围。

表 4-12　定性时相对离子丰度的最大允许偏差

相对离子丰度/%	>50	>20～50	>10～20	≤10
允许相对偏差/%	±20	±25	±30	±50

六、质量控制

加标回收试验。纸制品中二苯甲酮类的回收率及其精密度如表 4-13。

表 4-13　纸制品中二苯甲酮类的回收率及其精密度（n=6）

名称	加标浓度/(mg/L)	回收率范围/%	平均回收率/%	RSD/%
二苯甲酮	0.10	81.6～91.8	90.7	0.86
	0.30	88.3～93.4	91.5	1.89
	0.50	107.3～110.8	109.2	1.13
4-甲基二苯甲酮	0.10	76.7～80.8	79.5	1.87
	0.30	77.7～80.6	79.5	1.58
	0.50	104.3～106.6	105.8	0.82

七、结果计算

试样中二苯甲酮或 4-甲基二苯甲酮的迁移量按下式进行计算。

$$X=\frac{(X_i-B)\times V\times 6}{S}$$

式中 X——二苯甲酮或4-甲基二苯甲酮的迁移量，mg/kg；

X_i——食品模拟物中二苯甲酮或4-甲基二苯甲酮含量，mg/L；

B——空白试验中二苯甲酮或4-甲基二苯甲酮含量，mg/L；

V——浸泡液体积，L；

S——样品与食品模拟物的接触面积，dm^2；

6——转换系数。

计算结果保留三位有效数字。

八、技术参数

二苯甲酮及4-甲基二苯甲酮的定性限均为0.030mg/kg，定量限均为0.10mg/kg。

九、注意事项

迁移实验不应导致测试样品发生在正常使用条件下不会发生的物理性能（如变形、融化等）的改变或导致食品模拟物出现沉淀浑浊等其他改变。如在迁移实验过程中发现测试样品或食品模拟物发生上述变化，则应在不会发生此类改变的实际使用条件下或选择有科学依据的其他食品模拟物重新进行迁移实验。

取样过程中需要避免污染，特别需要避免与含有油墨的物质接触，取样后需用铝箔纸包装。如果得到的食品模拟物试液不能马上进行下一步实验，应该将食品模拟物试液放于4℃冰箱中避光保存。

第三节　食品接触材料 仿瓷餐具中甲醛迁移量的测定

仿瓷餐具中甲醛的乙酰丙酮测定（分光光度法）

一、适用范围

本规程适用于三聚氰胺-甲醛成型品（仿瓷餐具）中甲醛迁移量的测定。

二、方法提要

甲醛在乙酸铵存在的前提下与乙酰丙酮反应生成黄色的2,6-二甲基-3,5-二乙酰基-1,4-二氢吡啶，用分光光度计在410nm下测定试液的吸光度值，与标准系列比较得出食品模拟溶剂中甲醛的含量，进而得出试样中甲醛的迁移量。

$$2\,CH_3COCH_2COCH_3 + O{=}CH_2 + NH_3 \longrightarrow$$ (2,6-二甲基-3,5-二乙酰基-1,4-二氢吡啶)

三、仪器设备和试剂

（一）仪器和设备

① 紫外可见分光光度计。

② 恒温水浴锅：室温至100℃。

（二）试剂和耗材

实验用水为GB/T 6682规定的二级以上纯度的水。所有试剂均不得检出甲醛。

① 冰乙酸（CH_3COOH）：优级纯。

② 乙酰丙酮（2,4-戊二酮，$C_5H_8O_2$）：分析纯。

③ 无水乙酸铵：分析纯。

④ 浸泡模拟溶剂：4%乙酸溶液，取40mL冰乙酸溶于60℃的纯水并定容至1000mL。

⑤ 乙酰丙酮溶液：称取15.0g乙酸铵溶于适量水中，移入100mL容量瓶中，加40μL乙酰丙酮和0.5mL乙酸，用水定容至刻度，混匀。此溶液临用现配。

（三）标准品及标准物质

① 标准物质（10.1mg/mL）：水中甲醛溶液标准物质BW3450，或自行标定。

② 甲醛标准储备液：取浓度10.1mg/mL甲醛标准溶液1.0mL，用水定容至100mL，标准储备液的浓度为101mg/L。

③ 甲醛标准使用液：取10.0mL标准储备液用水定容至100mL配成标准使用液，标准使用液的浓度为10.1mg/L。

④ 标准系列的配制：吸取该标准使用液0、0.50mL、1.0mL、1.5mL、2.0mL、2.5mL、3.0mL分别用浸泡模拟溶剂补加至5mL，配成甲醛标准工作系列浓度0、1.01mg/mL、2.02mg/mL、3.03mg/mL、4.04mg/mL、5.05mg/mL、6.06mg/mL。

四、样品的处理

（一）试样的制备与保存

试样用自来水冲洗后用餐具洗涤剂（GB 9985）清洗，再用自来水反复冲洗后，用蒸馏水或去离子水冲2～3次，置烘箱中低温烘干。塑料等不宜烘烤的制品，应晾干，必要时可用洁净的滤纸将制品表面水分揩吸干净，但纸纤维不得存留器具表面。清洗过的试样应防止灰尘污染，并且清洁的表面也不应该再直接用手触摸。

根据待测样品的预期用途和使用条件，按照GB/T 5009.156规定的样品制备方法和浸泡实验条件，进行甲醛的浸泡试验，浸泡条件是用4%的乙酸作浸泡模拟溶剂在60℃水浴2h。（浸泡试验过程中至测定前，应注意采用不含甲醛的材料进行封盖，以避免甲醛的损失。）

（二）空白试验

除不与待测样品接触外，按“样品的处理”步骤进行空白试验。

五、试样分析

（一）标准工作系列制备

取 7 支 10mL 比色管，根据浸泡试验所使用的浸泡模拟溶剂种类（4%乙酸），按表 4-14 分别加入相应甲醛标准使用液，用 4%乙酸补加至 5.0mL，继续按照“显色反应”操作。

表 4-14 标准工作溶液系列配制

甲醛标准使用液加入量/mL	0	0.5	1.0	1.5	2.0	2.5	3.0
甲醛标准工作系列浓度/(mg/L)	0	1.0	2.0	3.0	4.0	5.0	6.0

（二）显色反应

分别移取 5.0mL 浸泡试液和空白溶液至 10mL 比色管中。分别加入乙酰丙酮溶液 5.0mL，盖上瓶塞后充分摇匀。将比色管在 40℃水浴中放置 30min，取出后置于冰水浴中冷却 2min 或于室温下冷却 45～60min。

（三）标准曲线

将标准工作溶液系列经显色反应后，以显色后的空白溶液为参比，10mm 比色皿，410nm 处测定标准溶液的吸光度值。以标准溶液的浓度为横坐标，以吸光度值为纵坐标，建立标准曲线。

（四）试样溶液和空白溶液的测定

将试样溶液和空白溶液经显色反应后，以显色后的空白溶液为参比，10mm 比色皿，410nm 处测定标准溶液的吸光度值，由标准曲线计算试样溶液中甲醛的浓度（mg/L）。

六、质量控制

精密度：每个样品进行平行双样测定，测定结果的绝对差值不得超过算术平均值的 10%。

加标回收：原则上加标量为样品中目标化合物含量的一倍且样品测定值落在标准曲线范围内。建议按照 10%的比例对所测组分进行加标回收实验，样品量小于 10 件的最少 1 个回收检测，回收率范围 95.0%～110%。

七、结果计算

试样中甲醛迁移量按照下式进行计算：

$$X = \frac{c \times V \times 100}{S \times 1000}$$

式中 X——试样中甲醛的迁移量，mg/dm^2；

c——由标准曲线求得的浸泡试液中甲醛的浓度，mg/L；

V——试样浸泡液总体积，mL；

S——与浸泡液接触的试样面积，cm^2。

以重复性条件下获得的两次独立测定结果的算术平均值表示，测定结果保留两位有效数字。

八、技术参数

精密度：分别配制低（0.505mg/L）、中（3.03mg/L）、高（5.454mg/L）三个浓度的标准溶液，进行 6 次重复测定，其相对标准偏差分别为 4.4%、1.6% 和 0.9%。

方法定性限及定量限：以高于空白溶液吸光度值 0.01 的吸光度所对应的浓度值为检出限，以 3 倍检出限为方法的测定低限。以每平方厘米试样表面积接触 2mL 浸泡试液、吸取 5mL 浸泡液进行比色试验计，本规程的检出限为 $0.02mg/dm^2$，定量限为 $0.06mg/dm^2$。

九、注意事项

① 最好选用新购置的乙酸铵，试剂潮解影响显色效果。

② 样品在实验前要冲洗干净，确保样品干净无灰尘。清洗样品时切忌使样品表面发生破损。在处理样品过程中，应注意清洁的表面不应用手直接接触。

③ 样品面积计算参考 GB/T 5009.156—2003 中面积的测定。

④ 用 4%乙酸浸泡时，应先将需要量的水加热至 60℃，再加入计算量的冰乙酸，使其浓度达到 4%。

⑤ 浸泡时应注意观察，必要时应适当搅动，并清除可能附于试样表面上的气泡。

⑥ 浸泡结束后，应观察溶剂是否蒸发损失，否则应加入 4%乙酸补足至原体积。

⑦ 样品含量超过标准曲线范围要稀释，稀释后浓度落在标准曲线的浓度范围内。

十、资料性附录

市售甲醛标准液列于表 4-15。

表 4-15　市售甲醛标准液的浓度及编号

名称	标准物质编号	标准值	相对不确定度
水中甲醛溶液标准物质	BW3450	10.1mg/mL	3%(k=2)
甲醛溶液	104114	100mg/L	3%(k=2)

第四节　食品接触材料 纸和纸板中七种邻苯二甲酸酯迁移量的测定

一、适用范围

本规程适用于纸和纸板中七种邻苯二甲酸酯迁移量的气相色谱-串联质谱法

测定。

二、方法提要

按迁移条件进行迁移试验后，酒精类食品模拟液用正己烷萃取目标物，取上清提取液上机检测。异辛烷模拟物正己烷定容直接上机检测。待测目标物采用气相色谱进行分离，质谱检测器检测，邻苯二甲酸二乙酯（DEP）、邻苯二甲酸二异丁酯（DIBP）、邻苯二甲酸二正丁酯（DBP）、邻苯二甲酸二正戊酯（DPP）、邻苯二甲酸苄基丁酯（BBP）外标法定量；邻苯二甲酸二（2-乙基）己酯（DEHP）、邻苯二甲酸二正辛酯（DNOP）内标法定量。

三、仪器设备和试剂

（一）仪器和设备

① 气相色谱串联三重四极杆质谱仪：Scion456-GC TQ（布鲁克公司）。

② 电热鼓风干燥箱：DHG-9140A（一恒公司）。

③ 涡旋振荡器：Multi Reax（海道夫公司）。

（二）试剂和耗材

① 乙醇：色谱纯（CNW 公司）。

② 正己烷：色谱纯（迪马公司）。

③ 异辛烷：色谱纯（Fisher 公司）。

④ 玻璃离心管 50mL。

⑤ 玻璃器皿的处理：玻璃器皿洗净后，使用超纯水淋洗 3 次，丙酮浸泡 30min，在 200℃下烘烤 2h，冷却至室温备用。

（三）标准品及标准物质

七种塑化剂混标 1000μg/mL，溶剂正己烷（迪马公司，货号 5640619）。

氘代邻苯二甲酸二（2-乙基）己酯（d_4-DEHP），100μg/mL（AccuStandard 公司）。

标准储备液配置：吸取混标 0.1mL 正己烷定容至 10mL，配置成浓度为 10μg/mL 的储备液，4℃避光保存。

四、样品的处理

（一）样品迁移试验条件

迁移条件如表 4-16、表 4-17。

表 4-16 接触油脂食品的迁移条件

纸样类型	接触食品类型	食品模拟物	模拟温度	模拟时间
1. 短时间接触食品的纸和纸板制品				
纸盒，纸筒，纸袋，纸碗，纸碟，包装纸，食品垫纸，蛋糕纸，蒸笼垫纸，吸油纸，烘焙纸	油脂及其表面含油脂食品	异辛烷	40℃	2h

续表

纸样类型	接触食品类型	食品模拟物	模拟温度	模拟时间
2. 长时间接触食品的纸和纸板制品(室温或以上温度储存大于30天)				
40℃、10d				

表 4-17 接触水性食品的迁移条件

纸样类型	接触食品类型	食品模拟物	模拟温度	模拟时间
纸盒,纸桶,纸碗,包装纸,食品垫纸,纸杯	水性食品	10%乙醇	40℃	2h
纸盒,纸桶	水性食品	4%乙酸	40℃	2h
蛋糕纸,蒸笼垫纸,烘焙纸	水性食品	10%乙醇	70℃	2h
纸杯	白酒	50%乙醇	40℃	2h

(二)接触水性食品模拟物测试液制备

移取5mL水性食品模拟物于50mL玻璃离心管中，加入0.5g氯化钠和10mL正己烷，旋涡混合，振荡30min，静置5min，取上清液1mL待测。

(三)接触油脂食品模拟物测试液制备

取0.5mL异辛烷食品模拟物，正己烷定容至1mL，上机待测。

(四)标准曲线配制

分别配制各标准物质的中间储备液，将其稀释成浓度为0.05μg/mL、0.1μg/mL、0.3μg/mL、0.5μg/mL、0.7μg/mL的系列溶液。

五、试样分析

(一)仪器条件

1. 气相色谱条件

① 色谱柱：HP-5MS，30mm×0.25mm(内径)×0.25μm(膜厚)。

② 升温程序：60℃保持1min；20℃/min至220℃，保持1min；5℃/min至280℃，10℃/min至300℃保持4min。

③ 载气：氦气，纯度大于99.999%。

④ 流速：1mL/min。

⑤ 进样口温度：280℃。

⑥ 不分流进样。

⑦ 进样量：1μL。

⑧ 色谱-质谱接口温度：250℃。

2. 质谱条件

① 电离方式：EI。

② 电离能量：70eV。

③ 离子源温度：200℃。

④ 质谱扫描方式：多反应离子监测，见表4-18。

表 4-18　目标化合物质谱参数

物质名称	监控离子对/(m/z)	碰撞能量/eV
邻苯二甲酸二乙酯(DEP)	177.0>149.0①	15
	222.0>149.0	20
	149.0>121.0	20
邻苯二甲酸二异丁酯(DIBP)	223.0>149.0①	10
	149.0>121.0	20
邻苯二甲酸二正丁酯(DBP)	223.0>149.0①	10
	149.0>121.0	20
邻苯二甲酸二正戊酯(DPP)	237.0>149.0①	10
	149.0>121.0	20
邻苯二甲酸苄基丁酯(BBP)	238.0>104.0	20
	149.0>121.0①	20
邻苯二甲酸二(2-乙基)己酯(DEHP)	279.0>167.0	10
	279.0>149.0①	15
	149.0>122.0	10
邻苯二甲酸二正辛酯(DNOP)	279.0>149.0①	10
	149.0>121.0	20
氘代邻苯二甲酸二(2-乙基)己酯(d_4-DEHP)	283.0>171.0	10
	283.0>153.0	10

① 定量离子对。

(二)样品分析

样品中待测化合物的保留时间与相应标准色谱峰的保留时间一致，变化范围应在±2.5%之内。待测化合物的定性离子的重构离子色谱峰的信噪比≥3，定量离子的重构离子色谱峰的信噪比≥10。同一检测批次，样品中的两个子离子的相对丰度比与浓度相当的标准溶液相比，允许偏差不超过表 4-19 的规定范围。

表 4-19　定性时相对离子丰度的最大允许偏差

相对离子丰度/%	>50	>20～50	>10～20	≤10
允许的相对偏差/%	± 20	± 25	± 30	± 50

六、质量控制

加标回收试验如表 4-20。

表 4-20　纸制品中邻苯二甲酸酯类的回收率及其精密度 ($n=6$)

名称	加标浓度/(μg/mL)	回收率范围/%	平均回收率/%	RSD/%
邻苯二甲酸二乙酯	0.1	65.1～84.8	72.4	10.2
	0.3	67.6～89.2	75.4	9.6
	0.6	78.0～93.7	85.4	6.3

续表

名称	加标浓度/(μg/mL)	回收率范围/%	平均回收率/%	RSD/%
邻苯二甲酸二异丁酯	0.1	77.9～82.6	79.3	2.1
	0.3	79.8～91.2	83.9	5.2
	0.6	70.3～72.8	71.6	1.2
邻苯二甲酸二正丁酯	0.1	87.6～94.4	91.0	2.4
	0.3	82.4～103.4	90.3	9.2
	0.6	77.1～80.3	78.6	1.4
邻苯二甲酸二正戊酯	0.1	81.7～85.8	83.3	1.6
	0.3	77.1～92.3	82.6	7.2
	0.6	71.4～74.0	72.9	1.4
邻苯二甲酸苄基丁酯	0.1	90.1～95.8	92.1	2.2
	0.3	77.6～96.2	84.1	8.3
	0.6	70.8～73.5	72.0	1.4
邻苯二甲酸二(2-乙基)己酯	0.1	60.3～62.0	61.1	1.0
	0.3	56.3～67.4	60.6	7.4
	0.6	60.9～62.9	61.9	1.1
邻苯二甲酸二正辛酯	0.1	57.5～63.1	60.7	3.1
	0.3	53.5～64.9	57.2	7.5
	0.6	59.9～61.4	60.5	0.9

七、结果计算

纸和纸板中邻苯二甲酸酯类物质的迁移量按下式进行计算：

$$X=\frac{(X_i-B)\times V\times 6}{S}$$

式中 X——七种邻苯二甲酸酯类物质的迁移量，mg/kg；

X_i——食品模拟物中邻苯二甲酸酯类物质的含量，mg/L；

B——空白试验中邻苯二甲酸酯类物质的含量，mg/L；

V——浸泡液体积，L；

S——样品与食品模拟物的接触面积，dm^2；

6——转换系数。

计算结果保留三位有效数字

八、技术参数

DEP、DIBP、DBP、DPP、BBP、DEHP、DNOP 迁移量的方法定性限均为 0.030mg/kg，方法定量限均为 0.10mg/kg。

九、注意事项

① 取样过程中需要避免邻苯二甲酸酯类物质的污染，取样后需用铝箔纸包装。

如果得到的食品模拟物试液不能马上进行下一步实验，应该将食品模拟物试液放于4℃冰箱中避光保存。

② 迁移实验不应导致测试样品发生在正常使用条件下不会发生的物理性能（如变形、融化等）的改变或导致食品模拟物出现沉淀浑浊等其他改变。如在迁移实验过程中发现测试样品或食品模拟物发生上述变化，则应在不会发生此类改变的实际使用条件下或选择有科学依据的其他食品模拟物重新进行迁移实验。

③ 液液萃取过程中需要保证萃取时间，振荡频率，保证目标物萃取充分。

第五节　食品接触材料 纸制品中五氯酚残留量的测定

一、适用范围

本规程适用于食品接触材料纸制品（纸盘、纸碗及纸杯）中五氯酚残留量的检测，液相色谱-串联质谱法（LC-MS/MS）测定。

二、方法提要

样品经粉碎后，采用0.5%甲酸甲醇超声提取，提取上清液浓缩后，5%氨化甲醇水复溶，经MAX固相萃取柱净化后，1∶1甲醇水复溶。负离子扫描和多反应监测模式下监测，以保留时间和特征离子对定性，内标法定量。

三、仪器设备和试剂

（一）仪器和设备

① 液相色谱仪：LC-20AD型，岛津公司。

② 质谱仪：SCIEX API 3200 LC-MS/MS系统，SCIEX公司。

③ 真空离心浓缩仪：miVac，Genevac公司。

④ 高速离心机：BIOFμGE PRIMO R型，Thermo公司。

⑤ 纯水机：Milli-Q型，Millipore公司。

⑥ 碎纸机：得力9906型，得力公司。

⑦ 电子天平：XP105型，梅特勒公司。

（二）试剂和耗材

实验用水为GB/T 6682规定的一级以上纯度的水。

① 甲醇；甲酸：色谱纯，Merck公司。

② 氨水（>28%），梯希爱（上海）化成公司（PN：A2038）。

③ 0.22μm有机相滤膜（尼龙66），津腾公司。

④ 固相萃取柱Oasis MAX柱（150mg，6mL），沃特斯公司。

（三）标准品及标准物质

① 甲醇中五氯酚（PCP，100μg/mL），GSB05-1850—2016，农业部环境保护科研监测所。

② 内标五氯酚-$^{13}C_6$（98.0%），CAS RN：85380-74-1，Dr. Ehrenstorfer 公司。

③ 标准储备液配制：准确移取五氯酚标准液 1.00mL，甲醇稀释定容至 10mL，配成浓度为 10.0μg/mL 的储备液，4℃避光保存。准确称取内标 10mg，甲醇溶解并定容至 10mL，配成浓度为 1mg/mL 的储备液，4℃避光保存。

四、样品的处理

（一）样品提取

取部分样品放入碎纸机进行粉碎，制成大小为 1mm×9mm 的均匀样品，混合均匀，称取 1.0g 样品于 50mL 离心管中，加入 10μL 内标溶液（浓度为 10μg/mL），再加入 20mL 0.5%甲酸甲醇，摇匀，超声 60min，5000r/min 离心 10min；取上清提取液 10mL，浓缩至近干。

（二）样品净化

加 6mL 5%氨水甲醇溶液（含 2%甲醇）溶解浓缩至近干的提取液制成上样液，依次用 6mL 甲醇和水活化、平衡 MAX 固相萃取柱，然后加入上样液，依次用 5%氨水 6mL 和甲醇 6mL 淋洗小柱，最后用 5%甲酸-甲醇 7mL 洗脱小柱，收集洗脱液，浓缩至近干，（1+1）甲醇水 1mL 复溶，混匀后，0.22μm 滤膜过滤上机。

（三）标准曲线配制

配制标准物质的中间储备液 10μg/mL，用甲醇水（1+1）将其稀释成浓度为 10.0μg/L、30.0μg/L、50.0μg/L、70.0μg/L、100μg/L 的系列溶液，内标浓度为 50.0μg/L。

五、试样分析

（一）仪器条件

1. 液相色谱条件

① 色谱柱：ACQUITY UPLC® HSS T3，1.8μm，2.1mm×100mm。

② 有机相：甲醇；水相：水；流动相的比例见表 4-21。

③ 柱温：35℃。

④ 流速：0.20mL/min。

⑤ 进样量：10μL。

表 4-21 梯度淋洗的流动相比例

时间/min	甲醇/%	水/%
0.5	50	50
2	50	50
4	85	15
10	100	0
12	100	0
12.1	50	50
16	50	50

2. 质谱条件

① 电离源：ESI。

② 脱溶剂温度：550℃。

③ 离子源气 1：45 psi。

④ 离子源气 2：40 psi。

⑤ 质谱扫描方式：多反应离子监测；目标化合物质谱参数见表 4-22。

表 4-22 目标化合物质谱参数

物质名称	监控离子对(m/z)	锥孔电压/V	碰撞能量/eV
五氯酚	262.7>262.7	−50.46	−14.31
	264.7>264.7①	−52.12	−15.74
	266.7>266.7	−49.87	−15.51
五氯酚-$^{13}C_6$	270.7>270.7①	−46.80	−15.09
	272.7>272.7	−48.35	−15.81
	274.7>274.7	−50.35	−14.88

① 定量离子对。

（二）样品分析

样品中待测化合物的保留时间与相应标准色谱峰的保留时间一致，变化范围应在±2.5%之内。待测化合物的定性离子的重构离子色谱峰的信噪比≥3，定量离子的重构离子色谱峰的信噪比≥10。同一检测批次，样品中的两个子离子的相对丰度比与浓度相当的标准溶液相比，允许偏差不超过表 4-23 的规定范围。

表 4-23 定性时相对离子丰度的最大允许偏差

相对离子丰度/%	>50	>20～50	>10～20	≤10
允许的相对偏差/%	±20	±25	±30	±50

六、质量控制

加标回收和精密度试验如表 4-24 所示。

表 4-24 加标回收和精密度试验（$n=6$）

名称	加标浓度/(mg/kg)	回收率范围/%	平均回收率/%	RSD/%
五氯酚(纸盘)	0.03	80.0～108	95.4	10.1
	0.06	77.0～91.7	82.5	8.4
	0.10	87.6～98.4	94.1	4.4
五氯酚(纸杯)	0.03	84.0～110	99.8	9.2
	0.06	91.3～103	96.2	5.1
	0.10	86.6～93.8	90.9	3.2

七、结果计算

样品中五氯酚残留量按照下式进行计算。

$$X = \frac{c \times V}{m}$$

式中　X——样品中五氯酚残留量，转化成五氯酚钠乘以系数 1.08，mg/kg；

c——五氯酚浓度，μg /L；

V——定容体积，L；

m——取样量，g。

八、技术参数

五氯酚的方法定性限为 0.010mg/kg，方法定量限为 0.030mg/kg。

九、注意事项

① 在样品净化过程中，若制备的上样液浑浊，容易堵塞固相萃取小柱，需要在净化前离心或过滤上样液。

② 净化过程中，要控制上样和洗脱的流速，控制流速在 2～3s/滴。

第六节　食品接触材料 纸制品中十一种荧光增白剂含量的测定

一、适用范围

本规程适用于纸质食品包装材料中十一种双三嗪氨基二苯乙烯型荧光增白剂含量 HPLC-PDA 法的测定。

二、方法提要

将粉碎好的纸张用 40％乙腈水超声提取三次，合并提取液，离心，上清液经正己烷脱脂，脱脂后的溶液在 C18 色谱柱上，用带有离子对试剂的流动相梯度洗脱分离后，采用 PDA 或 FLD 检测，外标法定量。

三、仪器设备和试剂

（一）仪器和设备

① 高效液相色谱仪：配置有二元梯度泵，PDA 或 FLD 检测器，岛津公司。

② 色谱柱：InertSustainC18 色谱柱，250nm×4.6mm，5μm ，岛津公司。

③ 匀浆机：BD-400 型，步琦公司。

④ 电子天平：感量为 0.001g 的电子天平。

⑤ pH 计：可调节 pH 范围为 1～14，精度为 0.01。

（二）试剂和耗材

① 乙腈；甲醇；正己烷：色谱纯，安谱公司。

② 四丁基溴化铵（TBA）；三乙胺；盐酸：分析纯，中国国药集团上海化学试

剂公司。

（三）标准品及标准物质

双三嗪氨基二苯乙烯型荧光增白剂（11 种）：40%乙腈-水溶液，保存方法：避光冷藏（1～5℃）（福州勤鹏生物科技有限公司）。其标准物质信息如表 4-25。

表 4-25　双三嗪氨基二苯乙烯型荧光增白剂（DSD-FWAs）类标准物质信息

类型	化合物名称	CAS RN	分子量(RMM)	浓度/(μg/mL)
二磺酸型	FWA5bm	13863-31-5	900.89	200
	C.I. 85	12224-06-5	872.84	200
	C.I. 113	12768-92-2	960.96	200
	C.I. 71	16090-02-1	924.91	200
	C.I. 134	3426-43-5	814.76	200
四磺酸型	C.I. 24	12224-02-1	1165.04	200
	C.I. 210	28950-61-0	1129.00	200
	C.I. 220	12768-91-1	1165.04	200
六磺酸型	C.I. 264	76482-78-5	1369.13	200
	C.I. 357	41098-56-0	1305.13	200
	C.I. 353	55585-28-9	1334.1	200

标准溶液的配置：在避光条件下（要求照度小于 20lx），准确吸取上述 DSD-FWAs 标准溶液 1.00mL 至 10mL 棕色容量瓶中，并用 40%乙腈水溶液稀释至刻度，制得浓度约为 20.0μg/mL 的混合标准储备，将上述混合标准储备液继续用 40%乙腈水溶液稀释，制得 1.0μg/mL 的混合标准使用液（临用现配）。

取适量体积的混合标准使用液，用 40%乙腈水溶液按表 4-26 配成体积为 1mL 的系列标准曲线。

表 4-26　标准曲线配置表

类别	标准系列	STD1	STD2	STD3	STD4	STD5
DSD-FWAs 目标物	目标物浓度/(ng/mL)	25	150	275	400	500
	混合标准使用液体积/μL	25	150	275	400	500
稀释液	40%乙腈-水/μL	975	850	725	600	500

四、样品的处理

（一）试样的制备与保存

取纸质包装材料样品展平成平板状，放入匀浆机打碎，将样品粉碎成纤维状，每次粉碎后需使用勺子将纸屑碎末搅匀。用干净的聚乙烯塑料袋盛放纤维状纸屑，外面再套上一个密实袋，并及时填写好样品的编号，样品在室温下置于黑暗处保存，备用。

（二）样品前处理

提取：称取0.5g粉碎均匀的样品至50mL聚乙烯塑料离心管中，拉紧实验室窗帘并关闭实验室日光灯，使实验环境处于避光状态（要求照度小于20lx）。加入25mL40%乙腈水，50℃水浴下超声提取35min，提取结束后，以3750r/min离心5min，转移上清液至50mL具塞刻度玻璃试管中，再于纸屑中分两次加入12.5mL 40%乙腈水，同上述提取步骤提取10min，重复两次，合并前后三次的上清液，加入40%乙腈水定容至50mL，充分涡旋混匀后，于黑暗处保存，供后续的脱脂或浓缩步骤使用。

脱脂：取2mL提取液至5mL玻璃刻度管中，加入0.5mL正己烷，充分涡旋30s以使脱脂充分。静置2min，使用1mL吸管，小心移去上层正己烷层，将下层清液转移至EP管中，以10000r/min的转速离心5min，小心将上清液转移至进样瓶中，待HPLC分析。

五、试样分析

（一）仪器参考条件

① 色谱柱：InertSustain C18色谱柱，250nm×4.6mm，5μm（岛津公司）。

② 柱温：35.0℃。

③ 进样量：20μL。

④ PDA：定量波长为350nm。

⑤ 流动相及梯度洗脱程序：

流动相A：乙腈/甲醇（2+3，体积分数）；

流动相B：准确称取TBA8.05g于1000mL容量瓶中，加入水950mL和甲醇50mL，配成含25mmolTBA的甲醇-水（5+95，体积分数）溶液。

⑥ 液相色谱梯度洗脱程序见表4-27。

表4-27　流动相的梯度洗脱程序

时间/min	流速	流动相B/%
0	1.0	50
2	1.0	40
2.01	1.0	40
12	1.0	30
17	1.0	20
19	1.0	5
23	1.0	50
25	1.0	50

（二）样品分析

样品中待测化合物的保留时间与相应标准色谱峰的保留时间一致，变化范围应在±2.5%之内。待测化合物的定性离子的重构离子色谱峰的信噪比≥3，定量离子的色谱峰的信噪比≥10。同一检测批次，样品中的两个子离子的相对丰度比与浓度相当的标准溶液相比，允许偏差不超过表4-28的规定范围。

表4-28 定性时相对离子丰度的最大允许偏差

相对离子丰度/%	>50	>20～50	>10～20	≤10
允许的相对偏差/%	±20	±25	±30	±50

六、质量控制

（一）加标回收实验

取0.5g纸质包装材料试样于塑料离心管中，再加入适量标准溶液，于黑暗处静置24h，相当于样品的加标水平为5.0～10.0mg/kg。每批样品按照10%的比例进行加标回收实验，各目标化合物的回收率范围应在80%～120%（表4-29）。

表4-29 各荧光增白剂的回收率及其精密度（$n=6$）

化合物名称	加标浓度/(ng/mL)	回收率范围/%	平均回收率/%	RSD/%
FWA5bm	50	76.3～95.3	86.5	13.6
	100	85.4～101.8	91.2	11.6
	300	89.6～105.6	95.8	8.5
C.I.85	50	81.6～91.6	86.3	17.2
	100	89.6～108.3	103.1	15.4
	300	92.6～115.2	108.6	9.3
C.I.113	50	74.6～88.5	81.6	14.6
	100	81.5～104.2	93.1	13.2
	300	84.3～96.8	91.6	9.6
C.I.71	50	78.6～95.9	89.6	18.2
	100	92.6～115.6	109.8	17.2
	300	86.5～109.3	105.3	11.6
C.I.134	50	74.9～89.6	84.5	13.5
	100	80.4～98.7	89.5	9.8
	300	86.7～105.3	95.2	6.5
C.I.24	50	81.9～101.9	98.1	14.6
	100	94.9～106.1	94.6	12.8
	300	88.6～109.3	98.3	9.6
C.I.210	50	78.6～91.6	85.7	17.6
	100	85.6～114.2	102.6	16.8
	300	81.6～105.6	98.3	13.5
C.I.220	50	81.6～96.8	89.2	13.6
	100	84.6～112.6	105.8	11.8
	300	83.9～105.3	95.6	7.9

续表

化合物名称	加标浓度/(ng/mL)	回收率范围/%	平均回收率/%	RSD/%
C. I. 264	50	72.6～89.6	82.5	18.5
	100	80.3～92.6	85.7	16.2
	300	85.3～105.3	95.3	12.5
C. I. 357	50	82.9～95.3	89.3	17.6
	100	92.9～105.6	93.6	16.3
	300	98.6～108.3	102.3	13.9
C. I. 353	50	75.3～89.3	81.3	14.2
	100	79.6～94.2	83.7	11.5
	300	83.6～102.3	95.3	8.9

（二）平行对照试验

每批样品按照100%的比例进行平行对照试验，平行间测定结果的相对偏差应小于20%。

（三）空白对照试验

取0.5mL超纯水代替待测样品，其余操作步骤同样品。

七、结果计算

进样分析后，以标准曲线溶液的峰面积为 Y 值，浓度为 X 值，进行标准曲线拟合，得出各物质标准曲线回归方程 $Y=aX+b$，样品的测定结果按下式计算：

$$W=\frac{(X-X_0)\times V}{m\times 1000}$$

式中 W——样品中某一DSD-FWAs的含量，mg/kg；

X——样品中待测物的浓度，ng/mL；

X_0——空白样品浓度，ng/mL；

V——样品提取液的体积，mL；

m——样品称样量，g。

八、技术参数

11种荧光增白剂的检出限及定量限如表4-30。

表4-30 11种荧光增白剂的检出限及定量限 单位：mg/kg

化合物名称	方法检出限	方法定量限	化合物名称	方法检出限	方法定量限
FWA5bm	1.7	5.7	C. I. 210	2.4	8.0
C. I. 85	1.9	6.3	C. I. 220	2.5	8.3
C. I. 113	2.2	7.3	C. I. 264	2.5	8.3
C. I. 71	1.5	5.0	C. I. 357	2.2	7.3
C. I. 134	1.5	5.0	C. I. 353	2.4	8.0
C. I. 24	2.6	8.7			

九、注意事项

① 样品前处理和标准溶液配制的实验室要求照度小于20lx，关闭试验区日光灯，拉上窗帘；需久置的溶液，最好用箱子包住以避光。

② 配制标准溶液的容量瓶和进样瓶均为棕色瓶。

③ 实验操作人员在进行样品前处理时要求戴手套，不要化妆，尤其是彩妆和防晒霜类。

十、资料性附录

十一种荧光增白剂的分离色谱图（图4-1）

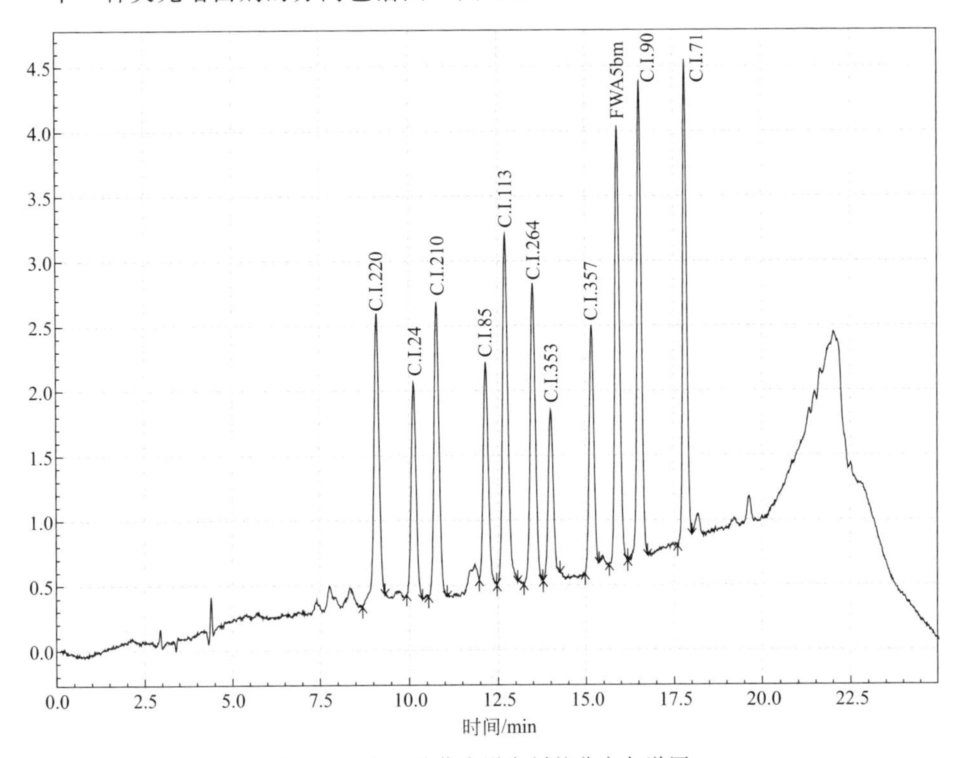

图4-1 十一种荧光增白剂的分离色谱图

参考文献

[1] 食品包装用原纸卫生标准的分析方法：GB/T 5009.78—2003 [S].

[2] 纸餐盒：GB/T 27589—2011 [S].

[3] 纸杯：GB/T 27590—2011 [S].

[4] 纸碗：GB/T 27591—2011 [S].

[5] 王欣美，夏晶，王柯，等. 直接测汞仪法测定中药中的汞 [J]. 中国卫生检验杂志，2012 (6)：1245-1247.

[6] 周兆平，彭茵，李宏岩. 火焰原子吸收光谱法测定粮食中的铜 [J]. 光谱实验室，2007，24 (2)：147-148.

[7] 林险峰，马永纯，赵晓艳．火焰原子吸收光谱法测定玉米中的钙镁铜锌 [J]．吉林师范大学学报：自然科学版，2006，27 (4)：15-16.
[8] 胡彬，邹宗富．无焰石墨炉原子吸收法测定玉米中钼 [J]．预防医学情报杂志，2001，17 (4)：299-300.
[9] 食品接触材料 纸和纸板中二苯甲酮和 4-甲基二苯甲酮测定 气相色谱-质谱法//国家食品污染物和有害因素风险监测工作手册 [M]. 2016 年.
[10] 密胺塑料餐具：QB 1999—1994 [S].
[11] 食品容器、包装材料用三聚氰胺一甲醛成型品卫生标准：GB 9690—2009 [S].
[12] 食品容器、包装材料用三聚氰胺成型品卫生标准的分析方法：GB/T 5009. 61—2003 [S].
[13] 食品容器、包装材料用添加剂使用卫生标准：GB 9685—2008 [S].
[14] 吴鑫德，刘劭钢，梁逸曾，等．乙酰丙酮法测定甲醛反应的产物 [J]．分析化学，2002，30 (12)：1463-1465.
[15] 食品接触材料 纸和纸板中邻苯二甲酸酯类迁移量的测定 气相色谱-质谱法//国家食品污染物和有害因素风险监测工作手册 [M]. 2016 年.
[16] 张聪，黄金凤，蔡玮红，等. UPLC-MS/MS 法同时测定食品接触纸包装材料中的异噻唑林酮类和氯酚类杀菌防腐剂 [J]．现代食品科技，2015，31 (6)：303-308.
[17] 食品安全国家标准 动物源性食品中五氯酚残留量的测定 液相色谱-质谱法：GB 23200. 92—2016 [S].
[18] 食品接触材料 纸和纸板中荧光增白剂含量测定的标准操作规程 高效液相色谱法//国家食品污染和有害因素风险监测工作手册 [M]. 2016 年.

附录　本章涉及物质化学信息

中文名称	英文名称(含缩写)	CAS RN	C. I.
二苯甲酮	benzophenone	119-61-9	
4-甲基二苯甲酮	4-ethylbenzophenone	134-84-9	
4-氟二苯甲酮	4-Fluorobenzophenone	345-83-5	
甲醛，福尔马林	formaldehyde	50-00-0	
邻苯二甲酸二甲酯	dimethyl phthalate，DMP	131-11-3	
邻苯二甲酸二乙酯	diethyl phthalate，DEP	84-66-2	
邻苯二甲酸二(2-甲氧基)乙酯	dimethoxyethyl phthalate，DMEP	117-82-8	
邻苯二甲酸二异丁酯	diisobutyl phthalate，DIBP	84-69-5	
邻苯二甲酸二正丁酯	di-n-butyl ortho-phthalate，DBP	84-74-2	
邻苯二甲酸二(2-乙氧基)乙酯	bis(2-ethoxyethyl)phthalate，BEEP	605-54-9	
邻苯二甲酸二正戊酯	diphenyl ortho-phthalate，DPP	131-18-0	
邻苯二甲酸苄基丁酯	benzyl-n-butyl ortho-phthalate，BBP	85-68-7	
邻苯二甲酸二(2-乙基)己酯	dioctylphthalate，HEP，DEHP	117-81-7	
邻苯二甲酸二正辛酯	di-n-octylo-phthalate，DNOP	117-84-0	
氘代邻苯二甲酸二(2-乙基)己酯	di-2-ethylhexyl phthalate-d_4(DEHP-d_4)	93951-87-2	
五氯酚	pentachlorophenol	87-86-5	
五氯酚-$^{13}C_6$	pentachlorophenol-$^{13}C_6$	85380-74-1	

续表

中文名称	英文名称(含缩写)	CAS RN	C. I.
荧光增白剂 5BM	tinopal 5BM	13863-31-5	FWA5bm
荧光增白剂 85	fluorescent brightener 85	12224-06-5	85
荧光增白剂 Linebon®BA	fluorescent brightener 113	12768-92-2	113
荧光增白剂 71	fluorescent brightener 71	16090-02-1	71
荧光增白剂 134	fluorescent brightener 134	3426-43-5	134
荧光增白剂 24	fluorescent brightener 24	12224-02-1	24
荧光增白剂 210	fluorescent brightener 210	28950-61-0	210
荧光增白剂 87	fluorescent brightener 87	12768-91-1	220
荧光增白剂 264	fluorescent brightener 264	76482-78-5	264
荧光增白剂 357	fluorescent brightener 357	41098-56-0	357
荧光增白剂 353	fluorescent brightener 353	55585-28-9	353

第五章 食品中农药残留的分析

第一节　氨基甲酸酯类农药及其代谢物残留量的测定

蔬菜中 4 种氨基甲酸酯类农药及其代谢物多残留的测定

一、适用范围

本规程规定了涕灭威、涕灭威砜、涕灭威亚砜、3-羟基克百威 4 种氨基甲酸酯类农药及其代谢物残留量的 UPLC-MS/MS 测定方法。

本规程适用于青蒜、柿子椒、大白菜、油麦菜、豇豆、洋葱、芹菜、茄子、蒜薹、生菜、黄瓜、生姜、葱、苦瓜、茴香、菜花、藕、韭菜、山药、莴笋、扁豆、西红柿、萝卜、菠菜、娃娃菜、土豆、西兰花等蔬菜中涕灭威、涕灭威砜、涕灭威亚砜、3-羟基克百威四种氨基甲酸酯类农药及其代谢物多残留测定。

二、方法提要

试样中氨基甲酸酯类农药及其代谢物用乙腈提取，分散固相萃取（QuChERS），液相色谱-串联质谱法检测。保留时间定性，特征碎片确证，外标法定量。

三、仪器设备和试剂

（一）仪器和设备

① 液相色谱-串联质谱仪：配有电喷雾离子源（ESI）；具有梯度洗脱功能（Waters XEVO TQS）。

② 匀浆机。

③ 分析天平：感量 0.1mg 和 0.01g。

④ 高速冷冻离心机，转速不低于 10000r/min。

⑤ 旋涡混合器。

⑥ 0.22μm 有机相微孔滤膜。

（二）试剂和耗材

除非另有说明，否则在分析中仅使用确认为分析纯的试剂和 GB/T 6682 规定的一级水。

① 乙腈；甲酸铵；甲酸：色谱纯。

② 0.1%甲酸。

③ 石墨化炭黑（C18 固相吸附剂）。

④ *N*-丙基乙二胺（PSA），CAS RN：111-39-7。

（三）标准品及标准物质

1. 农药标准品

农药标准品有涕灭威、涕灭威亚砜、涕灭威砜、3-羟基克百威。4 种标准品基本信息如表 5-1。

表 5-1　4 种标准品基本信息

中文名称	英文名称	CAS RN	分子简式
涕灭威	aldicarb	116-06-3	$C_7H_{14}N_2O_2S$
涕灭威亚砜	aldicarb-sulfoxide	1646-87-3	$C_7H_{14}N_2O_3S$
涕灭威砜	aldicarb-sulfone	1646-88-4	$C_7H_{14}N_2O_4S$
3-羟基克百威	3-hydroxycarbofuran	16655-82-6	$C_{12}H_{15}NO_4$

2. 农药标准溶液配制

单个农药标准溶液：准确称取一定量（精确至 0.1mg）农药标准品，用甲醇做溶剂，逐一配制成 1000mg/L 的单一农药标准储备液，贮存在－20℃以下冰箱中。吸取适量的标准储备液，用初始流动相稀释配制成所需的标准工作液。

农药混合标准溶液：逐一准确吸取一定体积的单个农药储备液分别注入同一容量瓶中，用甲醇稀释至刻度配制成农药混合标准储备溶液，使用前用初始流动相稀释成所需质量浓度的标准工作液。

四、样品的处理

（一）试样的制备与保存

将采集的样品去除泥土等杂质，取可食用部分，仔细剁碎后均浆，取均匀样品，尽快进行样品处理（当日制备的样品必须当日完成提取，以防目标化合物损失）。

（二）提取

准确称取制备好的 10g 样品（精确至 0.01g）于 50mL 具塞离心管中，加入乙腈 20.00mL，拧紧盖子，置于振荡器上振荡 2h（振荡频率为 80～100 次/min）后，加入适量氯化钠，使水相中的氯化钠处于饱和状态，再振荡 15min，取出后在冷冻高速离心机上以 10000r/min，4℃ 离心 10min，使有机相与水相分开。于－20～－16℃条件下保存，待净化。

（三）净化

QuEChERS 净化：于有机相中取 1mL 加入无水硫酸钠 0.3g 和 PSA 粉末 0.5g（对于脂肪含量较高的蔬菜品种如豆类等，再加入 C18 固相吸附剂 0.25g），涡旋后 5000r/min 离心 2min。取 0.5mL 上清液，用初始流动相稀释 10 倍后，取 0.5mL 加入 0.1%甲酸-乙腈（1＋1，体积分数）0.5mL 溶液混匀，过 0.22μm 有机相滤膜后供 UPLC®-MS/MS 分析。

五、试样分析

（一）色谱条件

① 色谱柱：Waters CORTECS UPLC® C18 柱（100mm×ID2.1mm，1.6μm）。

② 流动相 A：甲醇。

③ 流动相 B：0.1%甲酸水。

④ 流速：0.25mL/min。
⑤ 进样量：10μL。
⑥ 柱温：30℃。
梯度洗脱条件如表 5-2。

表 5-2 梯度洗脱条件

时间/min	A/%	B/%	变化曲线
0	5	95	6
3	25	75	6
4.5	95	5	6
6.5	95	5	6
7	5	95	6
10	5	95	6

（二）质谱参考条件

① 采用 ESI 正离子扫描模式。
② 毛细管电压：3.00kV。
③ 脱溶剂气流：N_2，流速 1000L/h。
④ 脱溶剂温度：450℃。
⑤ 锥孔气流：N_2，流速 150L/h。
⑥ 离子源温度：150℃。
⑦ 碰撞室压力：3.1×10^{-3}mbar（1bar=0.1MPa）。
⑧ 碰撞气体：氩气。
⑨ 四种氨基甲酸酯农药的质谱参数见表 5-3。

表 5-3 四种分析物的质谱参数（Waters Xevo TQ-S）

名称	保留时间/min	母离子	子离子	锥孔电压	碰撞能量
涕灭威亚砜	3.06	207.1	89.0	20	12
			132.0①	20	4
涕灭威	4.98	213.1	89.0	26	14
			116.1①	26	10
涕灭威砜	3.36	223.1	76.0	20	6
			148.0①	20	8
3-羟基克百威	4.71	238.1	163.1	22	14
			181.1①	22	10

① 为定量离子，数据采自 Waters Xevo TQ-S。

（三）工作曲线的制作

吸取混合标准使用液适量，分别置于 1mL 容量瓶中，用空白基质稀释至刻度，制成浓度分别为：1μg/L、5μg/L、10μg/L、20μg/L、50μg/L 的标准系列。分别将系列标准溶液和处理好的试样溶液注入液相色谱-串联质谱仪中，记录总离子流图（TIC 图）和质谱图及被测组分的峰面积。以系列标准溶液中目标化合物的浓度与相对应的峰面积绘制标准曲线，得到线性回归方程。

（四）定性分析

在相同的试验条件下，以各化合物不同的特征碎片离子丰度及保留时间进行定性分析。要求：①所检测的化合物色谱峰信噪比>3；②保留时间的偏差不大于5%；③试样中被测组分的监测离子相对丰度与浓度相当的标准溶液的相对丰度一致，其最大允许偏差不超过表5-4。

表5-4 定性时相对离子丰度的最大允许偏差

相对离子丰度/%	≤10	>10～20	>20～50	>50
允许相对偏差/%	±50	±30	±25	±20

（五）定量分析

以标准系列溶液中被测组分的定量离子峰面积与目标物的浓度作图，绘制标准曲线，或进行线性回归分析，得线性方程。图5-1为4种氨基甲酸酯标准的MRM谱图。

六、质量控制

（一）空白实验

根据样品处理步骤，做试剂空白及各种基质空白实验，每进10个样品需进一次试剂空白样品。

（二）加标回收

建议按照10%的比例对所测组分进行加标回收试验（表5-5），样品量<10件的最少1个。本规程加标方法如下。选取黄瓜为基质，配制基质加标曲线，高浓度加标：在10g样品中加入100μg/mL的标准储备液80μL，加标量为0.8mg/kg，按样品处理方法处理。测定液中含量为20μg/L，中等浓度加标：在10g样品中加入10μg/mL的标准储备液400μL，加标量为0.4mg/kg，按样品处理方法处理。测定液中含量为10μg/L，低浓度加标：在10g样品中加入10μg/mL的标准储备液40μL，加标量为0.04mg/kg，按样品处理方法处理。测定液中含量为1μg/L。

表5-5 样品加标回收率及精密度（$n=6$）

名称	加标量/(mg/kg)	回收率范围/%	平均回收率/%	RSD/%
涕灭威	0.04	86.9～103.6	92.4	7.1
	0.4	88.3～105.9	94.3	6.8
	0.8	90.7～101.3	95.8	4.9
涕灭威亚砜	0.04	75.9～109.8	82.9	10.5
	0.4	80.2～101.5	91.2	8.8
	0.8	89.1～103.5	93.4	6.2
涕灭威砜	0.04	81.9～106.2	89.1	9.2
	0.4	88.4～101.8	92.3	6.5
	0.8	91.7～103.9	94.1	5.1
3-羟基克百威	0.04	88.2～106.8	93.7	6.9
	0.4	90.6～101.7	95.1	4.2
	0.8	91.7～99.3	97.9	3.1

（三）平行样测定

每个样品应进行平行双样测定，平行测定时的相对偏差应满足实验室内变异系数要求。

七、结果计算

试样中各氨基甲酸酯类农药含量按下式计算：

$$X=\frac{c\times 1000}{m\times 1000}\times f$$

式中 X——试样中被测组分残留量，μg/kg；

c——由标准曲线得到的试样提取液中被测组分质量，ng；

m——取样量，g；

f——试样稀释倍数，本实验为 20；

1000——换算系数。

计算结果保留三位有效数字。

八、技术参数

四种氨基甲酸酯类农药的方法定性限及定量限如表 5-6。

表 5-6 四种氨基甲酸酯类农药的方法定性限及定量限 单位：μg/kg

农药名称	定性限	定量限
涕灭威	0.010	0.033
涕灭威亚砜	0.030	0.099
涕灭威砜	0.030	0.099
3-羟基克百威	0.010	0.033

九、注意事项

① 检测时限：为保证农药组分不受储存条件及环境影响，建议当日样品当日提取完毕。

② 由于农药多数吸附在试样表面，因此试样不得用水冲洗。

③ 如果出现某些目标化合物在上述参考仪器条件下可能分离度达不到要求，可更换色谱柱或适当改变系统温度。

④ 净化：在净化过程中，要根据样品的性状采用不同的 QuEChERS 萃取管，可分为高色素型、低色素型、除脂型及普通型四种。在有效净化样品的前提下尽量减少萃取次数，否则易导致农药测定结果偏低。萃取管与相应的样品种类见表 5-7。

表 5-7 萃取管类型与相应的样品

萃取管类型	适用样品
普通型	白菜、卷心菜、生菜、萝卜、梨、苹果等
低色素型	空心菜、芹菜、茴香、西红柿、西瓜等
高色素型	韭菜、油菜、香菜等
除脂型	花生、大豆等

⑤ 浓缩：浓缩步骤中，样品液严禁完全吹干，否则回收率将降低。

⑥ 由于液相色谱-质谱电离受基质干扰较为严重，应配制基质匹配标准曲线。

十、资料性附录

标准图谱如图 5-1。

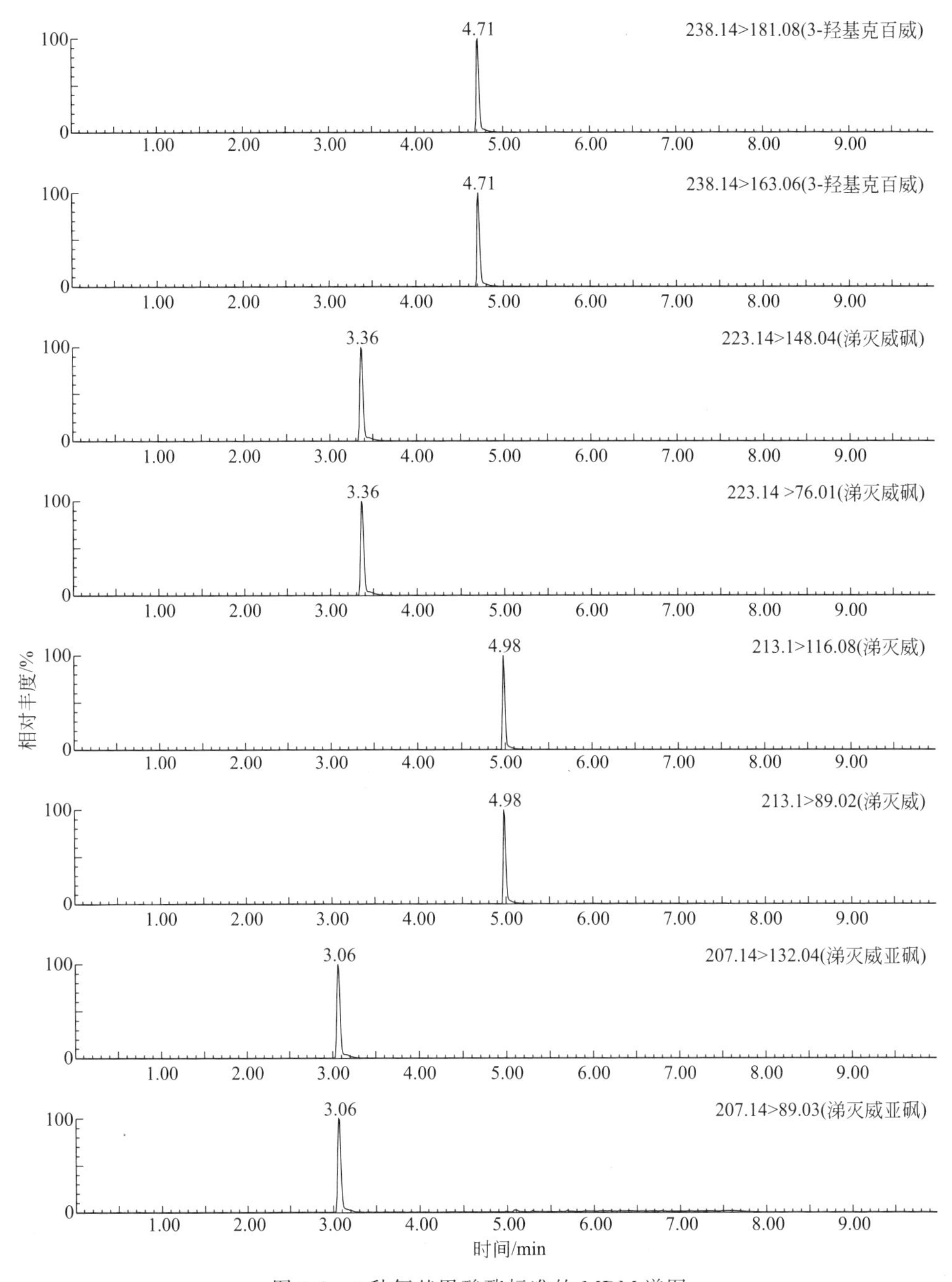

图 5-1　4 种氨基甲酸酯标准的 MRM 谱图

第二节 杀菌剂类农药残留量的测定

测定一：葡萄中三唑酮等 11 种杀菌剂残留量的测定

一、适用范围

本规程规定了水果中三唑酮等 11 种杀菌剂的液相色谱-串联质谱测定方法。

本规程适用于葡萄中苯醚甲环唑、多菌灵、甲基硫菌灵、甲霜灵、嘧霉胺、烯酰吗啉、咪鲜胺（咪酰胺）、三唑酮、腐霉利、丙环唑、戊唑醇 11 种杀菌剂的测定。

二、方法提要

样品经乙腈匀浆、饱和氯化钠盐析、无水硫酸镁脱水、离心、固相吸附剂除去脂肪酸等干扰物，超高效液相色谱-串联质谱测定，基质匹配标准曲线外标法定量。

三、仪器设备和试剂

（一）仪器和设备

① 液相色谱-串联质谱仪（Waters-SCIEX）。

② 色谱柱：ACQUITY HSS T3 色谱柱（100mm×2.1mm，粒径 1.8μm）沃特斯公司或相当。

③ 分析天平：感量分别为 0.0001g（标准品称量）和 0.01g（样品称量）。

④ 高速组织捣碎机。

⑤ 离心机：转速 10000r/min。

（二）试剂和耗材

① 乙腈：色谱纯。

② 无水硫酸镁；氯化钠：优级纯。

③ 微孔过滤膜：0.22μm。

④ ProElut™ PSA 填料（*N*-丙基乙二胺固相吸附剂），DiKMA 公司（CN.63281）。

⑤ ProELut™ QuEChERS 试剂（PSA 50mg、C18EC 50mg、石墨化炭黑 7.5mg、无水硫酸镁 150mg），DiKMA 公司（CN.64518）。

（三）标准品及标准物质

① 11 种杀菌剂标准品：甲霜灵、嘧霉胺、苯醚甲环唑、多菌灵、甲基硫菌灵、烯酰吗啉、咪鲜胺、腐霉利、三唑酮、丙环唑、戊唑醇，纯度均>98.0%。

② 标准溶液配制：分别精密称取适量①中 11 种标准品，用乙腈溶解并稀释作为标准品储备溶液（1.0mg/mL）；将上述标准储备溶液用乙腈稀释配制成为工作

液（10μg/mL）。分别取适量标准溶液或工作液的稀释液于空白样品基质中，然后按照样品前处理方法进行处理，配制标准曲线。

四、样品的处理

（一）试样的制备与保存

葡萄参照 GB/T 20769—2008 取可食部分切碎、混匀、密封，作为样品，标明标记。将试样置于 0～4℃冷藏保存。

（二）样品提取

称取上述制备好的 5.0g 样品（精确至 0.01g）置于 50mL 离心管中，加入乙腈 10mL，用高速组织捣碎机制备成匀浆振荡涡旋 1min。在提取液中加入氯化钠 1g，振荡 0.5min，待液液分层后加入无水硫酸镁 4g，迅速旋上瓶盖，振荡涡旋 1min，10000r/min 离心 5min，取上清液待净化。

（三）净化

PSA 固相吸附剂净化：取上清液 1.0mL，加 PSA 0.4g 涡旋混匀 1min，在 10000r/min 离心 3min。取上清液，过 0.22μm 滤膜，LC-MS/MS 进样分析。

QuEChERS 试剂净化：取上清液 1.0mL，加入 QuEChERS 试剂管中涡旋混匀 1min，在 10000r/min 离心 3min。取上清液，过 0.22μm 滤膜，LC-MS/MS 进样分析。

五、试样分析

（一）仪器条件（Waters TQS 质谱）

1. 液相色谱条件

① 色谱柱：Waters ACQUITY HSS T3 色谱柱。

② 流动相 A：乙腈；流动相 B：0.05%甲酸水溶液；梯度洗脱见表 5-8。

表 5-8　液相梯度洗脱程序

时间/min	流动相 A/%	流动相 B/%
初始	30	70
5	85	15
6	30	70
7.5	30	70

③ 流速：0.3mL/min。

④ 柱温：30℃。

⑤ 进样量：2μL。

⑥ 离子源：ESI 正离子。

⑦ 毛细管电压 4000V，脱溶剂气温度 400℃；锥孔气流速 11L/min。

⑧ 检测方式：MRM（多反应监测），参数见表 5-9。

表 5-9 目标化合物 MRM 参数

化合物名称	母离子(m/z)	子离子(m/z)	锥孔电压/V
多菌灵	192.0	159.9①	20
		131.8	20
甲基硫菌灵	343.3	150.9①	20
		311.2	10
甲霜灵	280.3	192.1①	20
		220.2	20
嘧霉胺	200.1	106.9①	20
		168.1	20
烯酰吗啉	388.3	301.1①	20
		165.0	20
咪鲜胺	376.2	308.3①	20
		266.2	20
三唑酮	294.2	197.0①	20
		225.2	20
苯醚甲环唑	406.2	251.2①	20
		337.3	20
腐霉利	284.6	256.1①	40
		95.1/67.1	40
丙环唑	342.1	159.0①	80
		205.0	40
戊唑醇	308.2	70.1①	40
		125.0	80

① 为定量离子对。

2. 液相色谱条件（Triple Quad™ 5500 质谱， SCIEX 公司）

① 色谱柱：Waters ACQUITY HSS T3 色谱柱。

② 流动相 A：乙腈；流动相 B：2mmol/L 乙酸铵溶液；梯度洗脱见表 5-10。

表 5-10 液相梯度洗脱程序

时间/min	流动相 A/%	流动相 B/%
初始	10	90
1.5	40	60
7.0	80	20
7.1	90	10
8.5	90	10
8.6	10	90
10.0	10	90

③ 流速：0.3mL/min。

④ 柱温：40℃。

⑤ 进样量：1μL。

⑥ 离子源：ESI 正离子。

⑦ 喷雾电压 IS：5500V。

⑧ 源温度 TEM：600℃。

⑨ 雾化气 GS1：60psi。

⑩ 辅助气：60psi。

⑪ 检测方式：MRM（多反应监测），参数见表 5-11。

表 5-11　目标化合物 MRM 参数

化合物名称	母离子(m/z)	子离子(m/z)	锥孔电压/V	碰撞电压/V
多菌灵	192.1	160.1①	22	230
		132.0	40	200
甲基硫菌灵	343.3	151.1①	24	60
		310.9	14	60
甲霜灵	280.3	192.1①	23	200
		220.1	18	200
嘧霉胺	200.1	107.0①	32	50
		183.1	31	50
烯酰吗啉	388.3	301.0①	23	100
		165.1	40	100
咪鲜胺	376.2	308.0①	13	50
		265.9	21	50
三唑酮	294.2	197.1①	29	56
		225.0	29	51
苯醚甲环唑	406.2	251.0①	32	60
		337.1	23	60
腐霉利	284.6	256.1①	40	23
		95.1/67.1	40	26
丙环唑	342.1	159.0①	33	61
		125.0	75	61
戊唑醇	308.2	70.0①	25	131
		125.0	47	131

① 为定量离子对。

（二）标准曲线制作

在仪器最佳工作条件下，对样品溶液及空白基质匹配标准工作溶液进样，以各杀菌剂目标物的色谱峰面积为纵坐标，各杀菌剂目标物的浓度为横坐标绘制标准工作曲线，外标法定量。基质曲线范围 0.5～200μg/L。

样液中待分析物的响应值均应在仪器测定的线性范围内。在上述色谱和质谱条件下，各杀菌剂目标物的标准物质色谱质谱图参见“十、资料性附录”。

（三）样品测定

样品的定性：未知组分与已知标准的保留时间相同（±0.05）；在相同的保留时间下提取到与已知标准相同的特征离子；与已知标准的特征离子相对丰度的允许偏差不超出表5-12规定的范围；满足以上条件即可进行确证。

表5-12　定性确证时相对离子丰度的最大允许偏差

相对离子丰度/%	≤10	>10～20	>20～50	>50
允许相对偏差/%	±50	±30	±25	±20

样品的定量：内标法定量。

六、质量控制

回收：按照10%的比例，向样品中加入已知量的标准溶液，在相同的条件下对各组分做低、中、高3个浓度的回收率试验。

平行：按以上步骤操作，需对同一样品进行独立两次分析测定，测定的两次结果的绝对差值不得超过算术平均值的15%。

七、结果计算

样品中各杀菌剂残留量按照下式进行计算：

$$X=\frac{(c-c_0)\times V\times 1000}{m}$$

式中　X——试样中杀菌剂残留量，mg/kg；

c——从标准曲线中得到样品试样溶剂中杀菌剂浓度，μg/L；

c_0——从标准曲线中得到过程空白杀菌剂浓度，μg/L；

V——提取溶液体积，mL；

m——称量样品质量，g。

计算结果保留三位有效数字。

八、技术参数

（一）线性范围、定性限和定量限

在仪器最佳工作条件下，对样品溶液及空白基质匹配标准工作溶液进样，以各杀菌剂目标物的色谱峰面积为纵坐标，各杀菌剂目标物的浓度为横坐标绘制标准工作曲线，外标法定量。基质匹配标准系列所采用的空白样品基质的残留量小于方法检测限的1/5。样液中待分析物的响应值均应在仪器测定的线性范围内，线性范围在0.5～200μg/L内存在良好的线性关系，相关系数在0.995以上。

按照基质加标配制系列低浓度样品进样检测，以液相色谱-串联质谱（UPLC-MS/MS）测定的信噪比>3作为定性限，信噪比>10作为定量限。参数见表5-13。

表 5-13 回归方程及线性系数与定性限和定量线参数

目标化合物	回归方程	相关系数	定性限/(mg/kg)	定量限/(mg/kg)
戊唑醇	$y=0.03349x-0.00512$	0.999	0.0010	0.0030
多菌灵	$y=0.03320x-0.00669$	0.996	0.0010	0.0030
嘧霉胺	$y=0.01124x-0.00388$	0.995	0.0010	0.0030
甲基硫菌灵	$y=0.03256x-0.01531$	0.997	0.0010	0.0030
苯醚甲环唑	$y=0.03746x-0.01065$	0.999	0.0010	0.0030
烯酰吗啉	$y=0.01721x-0.00578$	0.997	0.0010	0.0030
丙环唑	$y=0.02741x-0.00740$	0.998	0.0010	0.0030
甲霜灵	$y=0.00715x-0.00224$	0.996	0.0010	0.0030
三唑酮	$y=0.00474x-0.00122$	0.996	0.0010	0.0030
腐霉利	$y=0.003526x-0.00425$	0.998	0.0010	0.0030
咪鲜胺	$y=0.03548x-0.00889$	0.999	0.0010	0.0030

（二）准确度与精密度

本规程的精密度是指在重复条件下获得的两次独立测定结果的相对偏差，不同水果中苯醚甲环唑、多菌灵、甲基硫菌灵、甲霜灵、嘧霉胺、烯酰吗啉、咪鲜胺、三唑酮、腐霉利、丙环唑、戊唑醇回收试验的准确度和相对偏差参考值见表 5-14。

表 5-14 葡萄中准确度和精密度

化合物名称	加标/(mg/kg)	回收率范围/%	平均回收率/%	RSD/%
多菌灵	0.01	84.7～111.2	96.3	12.3
	0.1	108.1～125.3	118.2	6.48
甲基硫菌灵	0.01	79.0～108.4	97.2	14.2
	0.1	98.2～102.2	101.4	1.92
甲霜灵	0.01	83.7～104.0	92.9	9.92
	0.1	84.2～92.0	89.0	3.73
嘧霉胺	0.01	98.2～106.1	102.1	3.11
	0.1	84.1～88.0	86.0	1.80
烯酰吗啉	0.01	96.1～109.3	102.8	5.88
	0.1	85.9～88.3	56.5	1.34
咪鲜胺	0.01	104.2～118.4	111.2	5.12
	0.1	82.2～98.8	93.8	8.31
三唑酮	0.01	96.7～106.5	102.0	4.37
	0.1	76.1～80.2	78.5	2.45
苯醚甲环唑	0.01	105.1～123.2	114.3	6.42
	0.1	112.6～130.0	120.5	7.85
腐霉利	0.01	101.6～122.1	111.1	7.86
	0.1	84.0～112.2	99.0	13.3

续表

化合物名称	加标/(mg/kg)	回收率范围/%	平均回收率/%	RSD/%
丙环唑	0.01	102.4～118.8	108.2	6.69
	0.1	83.8～96.3	87.0	4.05
戊唑醇	0.01	95.6～123.1	110.2	14.0
	0.1	83.8～96.3	90.0	5.90

九、注意事项

① 空白基质制备：每批样品必须加一个空白基质，空白基质测定与样品前处理同时进行，完全按照整个样品分析过程进行，该空白基质不得含有待测目标。主要用于配置基质匹配的标准曲线的配制。

② 基质匹配标准曲线：在样本检测过程中需配制基质匹配标准曲线进行校准，否则严重的基质干扰会导致样品检测结果出现严重偏差。不同种类的水果需要制定各自的基质匹配标准曲线。

十、资料性附录

基质加标标准、样品空白及标准定量离子的 MRM 谱图如图 5-2～图 5-4。

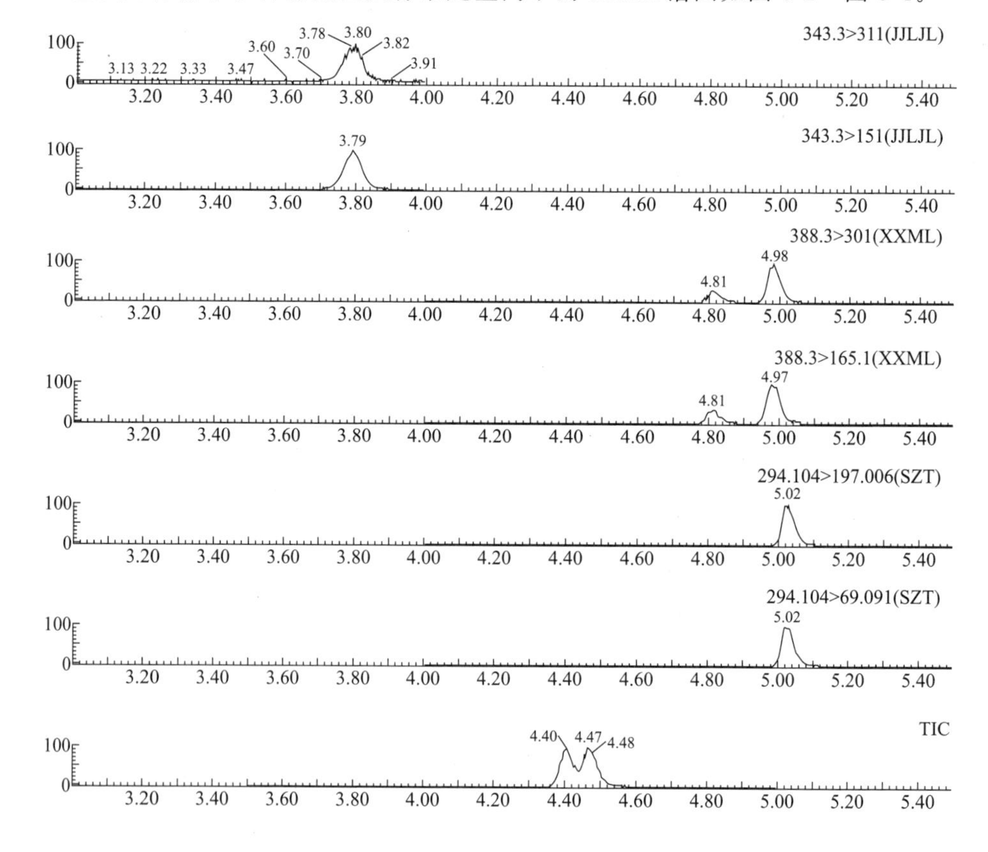

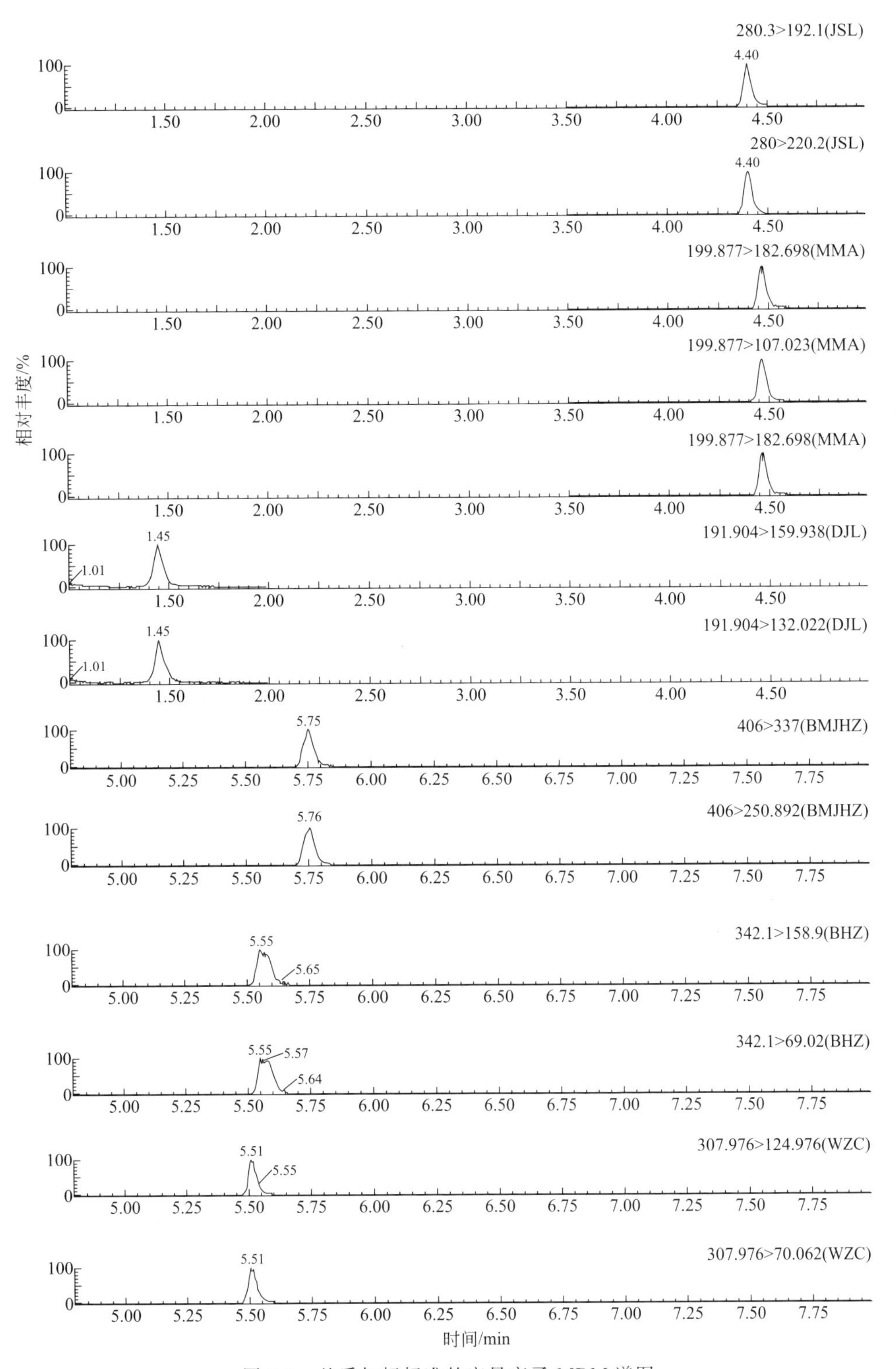

图 5-2 基质加标标准的定量离子 MRM 谱图

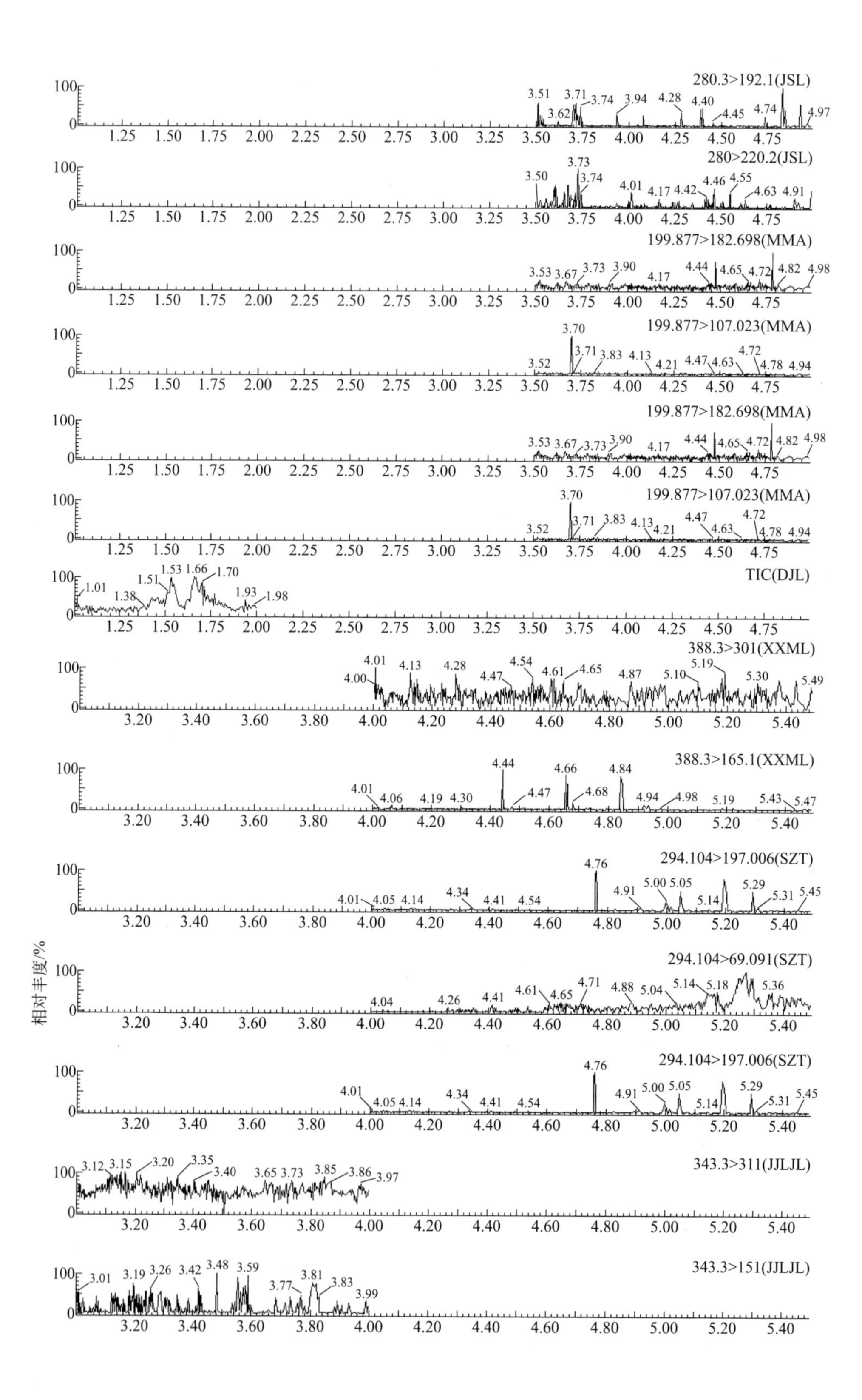
280.3>192.1(JSL)
280>220.2(JSL)
199.877>182.698(MMA)
199.877>107.023(MMA)
199.877>182.698(MMA)
199.877>107.023(MMA)
TIC(DJL)
388.3>301(XXML)
388.3>165.1(XXML)
294.104>197.006(SZT)
294.104>69.091(SZT)
294.104>197.006(SZT)
343.3>311(JJLJL)
343.3>151(JJLJL)
相对丰度/%

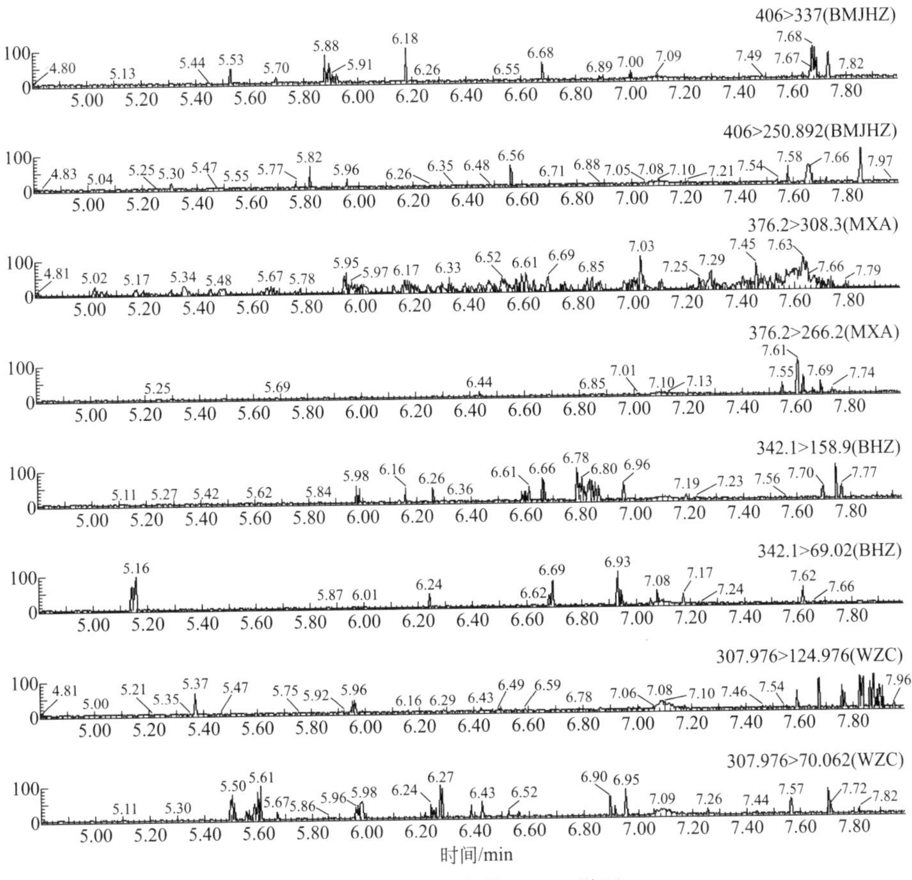

图 5-3 样品空白的 MRM 谱图

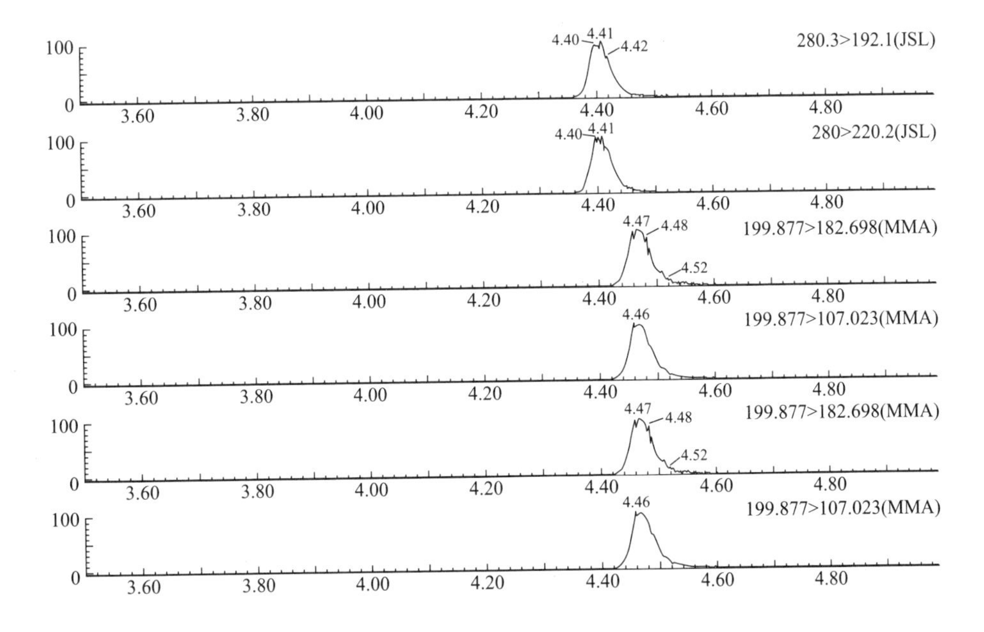

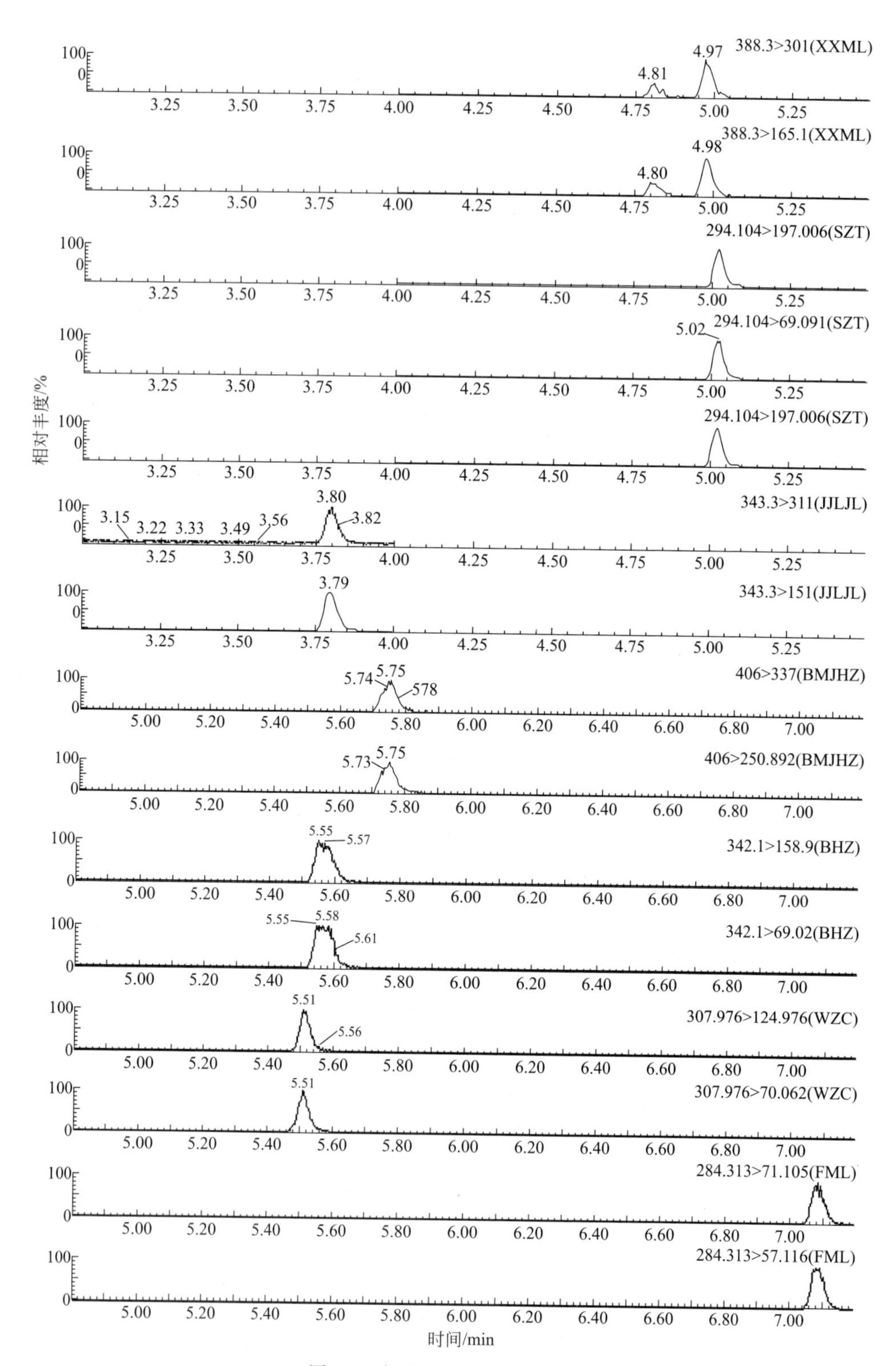

图 5-4 标准点的 MRM 谱图

图 5-2～图 5-4 中：JJLJL—甲基硫菌灵；XXML—烯酰吗啉；SZT—三唑酮；JSL—甲霜灵；MMA—嘧霉胺；DJL—多菌灵；BMJHZ—苯醚甲环唑；BHZ—丙环唑；WZC—戊唑醇；MXA—咪鲜胺；FML—腐霉利。

测定二：韭菜等蔬菜和莲藕中 11 种杀菌剂残留量的测定

一、适用范围

本规程规定了韭菜、豇豆、芹菜、萝卜、卷心菜、番茄、小白菜和莲藕中甲霜灵、嘧霉胺、苯醚甲环唑、多菌灵、甲基硫菌灵、烯酰吗啉、咪鲜胺、腐霉利、三唑酮、丙环唑及戊唑醇 11 种杀菌剂残留量检测的制样方法、LC-MS/MS 确认和测定方法。

本规程适用于韭菜、豇豆、芹菜、萝卜、卷心菜、番茄、小白菜和莲藕中甲霜灵、嘧霉胺、苯醚甲环唑、多菌灵、甲基硫菌灵、烯酰吗啉、咪鲜胺、腐霉利、三唑酮、丙环唑及戊唑醇 11 种杀菌剂残留量的定性、定量分析。

二、方法提要

样品经均质匀浆后，以乙腈为提取剂，振荡提取，加入萃取盐包，混匀离心，上清液经 QuEChERS 小管净化后，高效液相色谱质谱联用仪测定，外标法定量。

三、仪器设备和试剂

（一）仪器和设备

① 超快速液相色谱仪：DGO-30A，岛津公司。

② 质谱仪：Triple Quad™ 4500，SCIEX 公司。

（二）试剂和耗材

① 甲醇；乙腈；甲酸：色谱纯（DiKMA 公司）。

② ProElut™ QuEChERS 固相萃取专用盐包：硫酸镁 4g、氯化钠 1g、TSCD 1g、DHS 0.5g。（DiKMA，CN. 64521）

③ QuEChERS 小柱：PSA 50mg 和硫酸镁 150mg。（DiKMA，CN. 64501）

（三）标准品及标准物质

以下标准品均来自 Xstandard 公司。

① 甲霜灵：纯度＞98.0％。

② 嘧霉胺：纯度＞98.0％。

③ 苯醚甲环唑：纯度＞99.5％。

④ 多菌灵：纯度＞98.0％。

⑤ 甲基硫菌灵：纯度＞99.5％。

⑥ 烯酰吗啉：纯度＞98.0％。

⑦ 咪鲜胺：纯度＞99.5％。

⑧ 腐霉利：纯度>99.5%。

⑨ 三唑酮：纯度>99.5%。

⑩ 丙环唑：纯度>99.5%。

⑪ 戊唑醇：纯度>99.5%。

标准储备液配制置：准确称取每种标准品10mg于10mL容量瓶中，用甲醇定容至10mL，配置成浓度为1mg/mL的储备液，－20℃避光保存。

四、样品的处理

① 提取：称取样品10g（精确至0.01g），置于50mL聚丙烯离心管中，加入10mL乙腈，涡旋混合1min，振荡5min。再加入萃取盐包，振荡1min，静置5min，10000r/min离心10min（4℃）。

② 净化：取上清液1mL加入QuEChERS小柱，涡旋1min，10000r/min（4℃）离心10min。净化液过0.22μm滤膜，上机待测。

五、试样分析

（一）仪器条件

1. 液相色谱条件

① 色谱柱：Shim-pack XR-ODS III C18柱（2.0mm×50mm，1.6μm）或相当者。

② 流动相：A相，0.1%甲酸水；B相，甲醇。

③ 梯度洗脱条件见表5-15。

表5-15 梯度洗脱条件

时间/min	甲醇/%	0.1%甲酸水/%
0.01	10.0	90.0
2.0	30.0	70.0
4.0	65.0	35.0
8.5	95.0	5.0
10.5	95.0	5.0
13.0	10.0	90.0
13.0	10.0	90.0

④ 柱温：40℃。

⑤ 进样体积：5μL。

⑥ 流速：0.3mL/min。

2. 质谱条件

① 离子化方式：ESI+。

② 喷雾电压：5.5kV。

③ 离子源温度：550℃。

④ 气帘气压力：2.5×10^{5}Pa。

⑤ 雾化气压力：5.5×10^5Pa。

⑥ 辅助加热气压力：5.5×10^5Pa。

⑦ 检测方式：多反应监测（MRM）。

目标化合物的MRM条件如表5-16。

表5-16 目标化合物的MRM条件

物质名称	保留时间/min	母离子(m/z)	子离子(m/z)	驻留时间/ms	锥孔电压/V	碰撞能量/eV
多菌灵	6.44	192	160.1[①]	50	110	20
			132.0			37
甲基硫菌灵	5.62	343.1	151.0[①]	50	80	25
			257.1			20
甲霜灵	6.44	280.1	192.1[①]	50	75	23
			220.1			19
嘧霉胺	6.39	200.1	107[①]	50	100	32
			183			31
烯酰吗啉	7.00	388.1	301[①]	50	110	28
			272.6			40
腐霉利	7.28	284.0	256.0[①]	50	100	22
			95.0			27
咪鲜胺	7.49	376.0	308.0[①]	50	80	16
			265.9			22
苯醚甲环唑	7.93	406.0	251.0[①]	50	105	34
			337.0			25
三唑酮	5.04	294.2	197.0[①]	50	80	22
			225.2			20
丙环唑	5.45	342.2	159.0[①]	50	90	23
			69.1			20
戊唑醇	5.18	308.2	70.0[①]	50	100	22
			125.0			10

① 定量离子对。

（二）基质标准曲线配制

将空白样品提取液过QuEChERS小柱，得到基质净化液。用混合标准溶液和基质液配制成浓度为0、1.0ng/mL、5.0ng/mL、10.0ng/mL、20.0ng/mL、50.0ng/mL、100.0ng/mL的标准溶液。其中多菌灵浓度系列为0、2.5ng/mL、5.0ng/mL、12.5ng/mL、25.0ng/mL、50.0ng/mL。

（三）样品分析

样品中待测化合物的保留时间与相应被测组分色谱峰的保留时间一致，变化范围应在±2.5%之内。待测化合物的定性离子的重构离子色谱峰的信噪比≥3，定量离子的重构离子色谱峰的信噪比≥10。同一检测批次，样品中的两个子离子的相对丰度比与浓度相当的标准溶液相比，允许偏差不超过表 5-17 的规定范围。

表 5-17 定性时相对离子丰度的最大允许偏差

相对离子丰度/%	≤10	>10～20	>20～50	>50
允许相对偏差/%	±50	±30	±25	±20

六、质量控制

回收率和精密度。加标回收：建议按照 10%的比例对所测组分进行加标回收试验，样品量<10 件的最少 1 个。本规程加标方法如下：在 10g 样品中加入 10μg/mL 标准使用液 20μL，加标量为 50μg/kg；在 10g 样品中加入 10μg/mL 标准使用液 50μL，加标量为 50μg/kg；在 10g 样品中加入 10μg/mL 标准使用液 100μL，加标量为 100μg/kg；回收率见表 5-18。

表 5-18 回收率及精密度（$n=6$）

名称	加标浓度/(μg/kg)	回收率范围/%	平均回收率/%	RSD/%
多菌灵	20	87.2～110.2	97.7	11.3
	50	90.1～108.0	95.2	12.2
	100	92.3～110.0	97.1	10.0
甲基硫菌灵	20	85.6～106.2	88.3	9.9
	50	86.2～99.7	89.6	7.2
	100	83.5～106.5	91.3	59
甲霜灵	20	85.6～110.2	93.1	4.8
	50	91.5～107.1	95.5	6.6
	100	92.5～111.0	98.3	8.9
嘧霉胺	20	82.6～111.2	94.6	9.9
	50	88.2～109.6	102.2	6.9
	100	86.8～112.2	94.4	11.4
烯酰吗啉	20	74.5～113.9	95.2	11.6
	50	85.5～112.2	92.4	12.5
	100	86.5～111.0	95.2	11.1
腐霉利	20	83.3～112.7	90.6	12.6
	50	86.0～108.0	93.8	12.5
	100	87.6～113.0	94.5	11.0
咪鲜胺	20	83.6～110.9	92.3	12.7
	50	83.2～105.0	95.1	11.1
	100	84.7～112.1	96.3	11.2
苯醚甲环唑	20	87.6～113.2	92.5	12.2
	50	96.5～115.2	104.1	13.0
	100	91.5～96.8	94.2	13.1

续表

名称	加标浓度/(μg/kg)	回收率范围/%	平均回收率/%	RSD/%
三唑酮	20	87.6～116.2	95.5	12.2
	50	95.5～120.3	102.1	12.0
	100	94.5～99.5	97.2	9.1
丙环唑	20	84.6～114.2	93.6	11.2
	50	92.5～120.2	103.1	10.0
	100	90.5～99.8	95.2	9.1
戊唑醇	20	88.6～116.2	96.5	11.2
	50	95.5～120.2	104.1	10.0
	100	93.5～99.5	97.2	6.1

七、结果计算

样品中各杀菌剂残留量用下式计算：

$$X=\frac{c\times V\times 10}{m}$$

式中 X——试样中杀菌剂残留量，μg/kg；

c——样品测定液中杀菌剂浓度，ng/mL；

V——定容体积，mL；

m——试样质量，g；

10——稀释倍数。

八、技术参数

杀菌剂的方法定性限及方法定量限如表 5-19。

表 5-19 杀菌剂的方法定性限及方法定量限 单位：μg/kg

物质名称	多菌灵	甲基硫菌灵	甲霜灵	嘧霉胺	烯酰吗啉	腐霉利
方法定性限	1.0	0.50	0.50	0.50	0.50	10
方法定量限	2.5	1.5	1.5	1.5	1.5	25
物质名称	咪鲜胺	苯醚甲环唑	三唑酮	丙环唑	戊唑醇	
方法定性限	0.50	0.30	0.30	0.30	0.30	
方法定量限	1.5	1.0	1.0	1.0	1.0	

九、注意事项

① 为保证农药组分不受储存条件及环境影响，建议当日样品当日完成提取。

② 样品前处理时不得用清水冲洗，以免表皮上的残留农药被冲洗掉，从而无法获得实际残留浓度。

③ 在添加 ProElut^{TM} QuEChERS 固体粉末时会产生大量热量，可分成两次添加。

④ 浓缩步骤中，氮吹时样品液严禁完全吹干，否则会造成样品的损失。

十、资料性附录

色谱质谱图如图 5-5～图 5-7 所示。

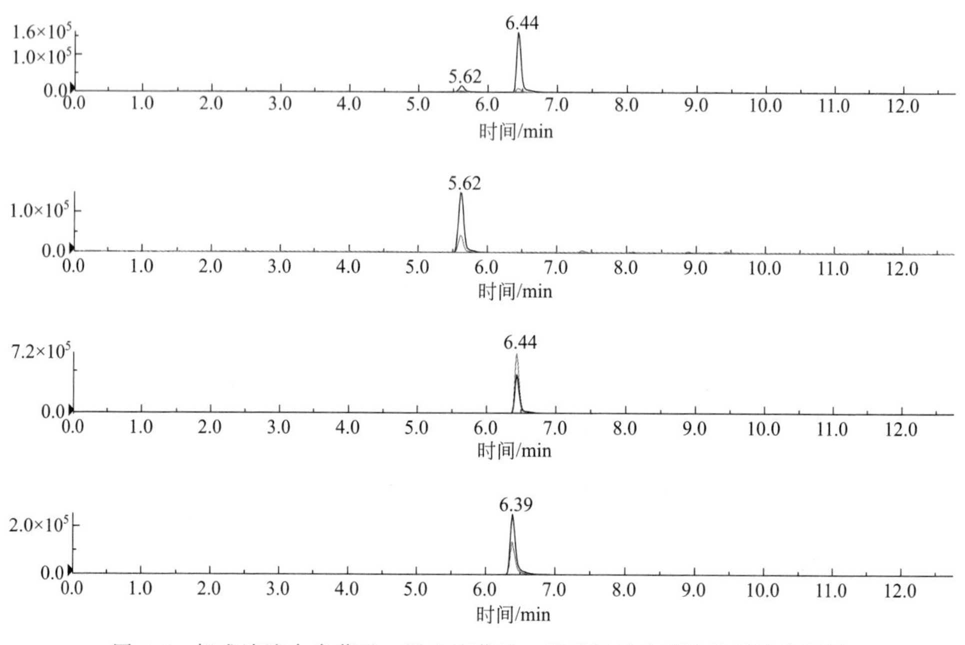

图 5-5 标准溶液中多菌灵、甲基硫菌灵、甲霜灵及嘧霉胺的质量色谱图

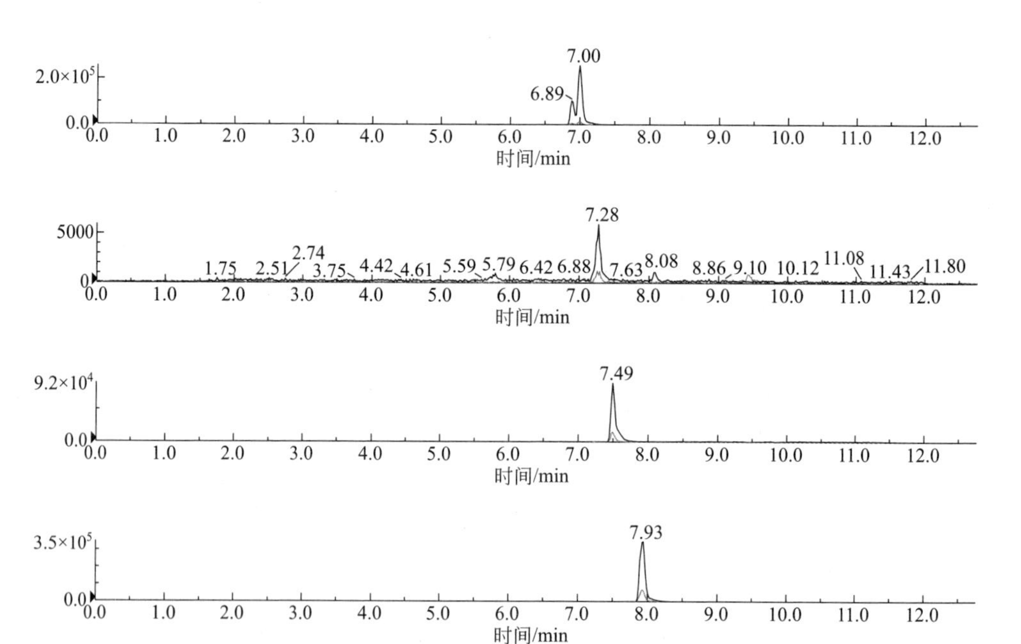

图 5-6 标准溶液中烯酰吗啉、腐霉利、咪鲜胺及苯醚甲环唑的质量色谱图

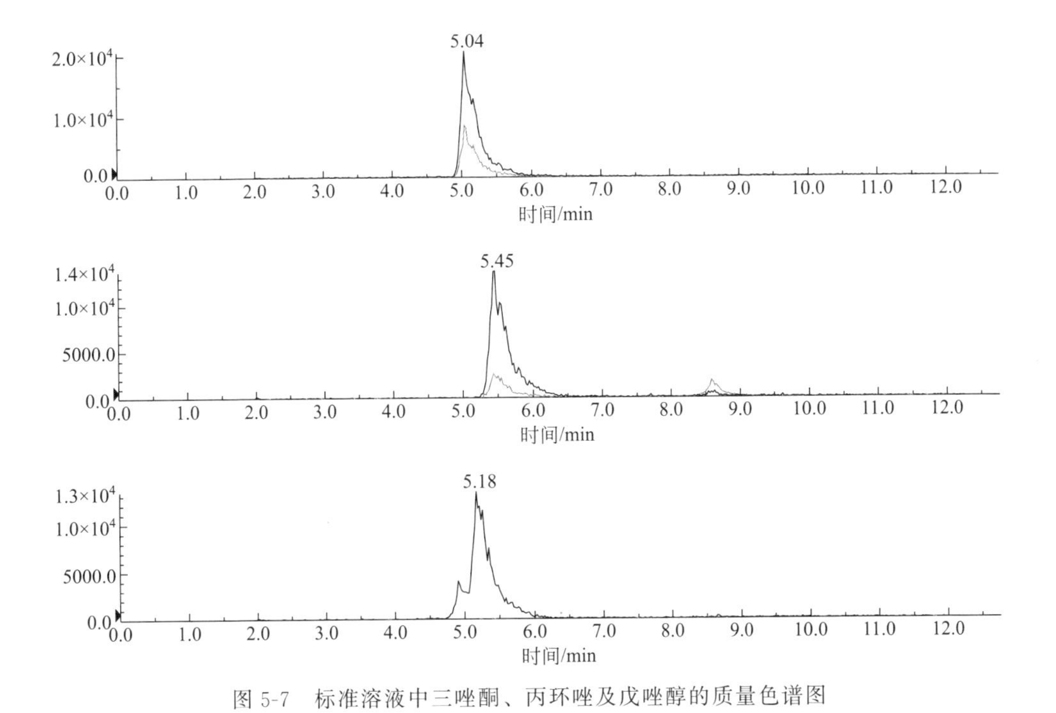

图 5-7　标准溶液中三唑酮、丙环唑及戊唑醇的质量色谱图

测定三：杨梅、蓝莓等水果中甲霜灵等 8 种杀菌剂残留量的测定

一、适用范围

本规程适用于杨梅、蓝莓等水果中甲霜灵、嘧霉胺、苯醚甲环唑、多菌灵、甲基硫菌灵、烯酰吗啉、咪鲜胺及腐霉利 8 种杀菌剂残留量检测的制样方法、LC-MS/MS 确认和测定方法。

本规程适用于杨梅、蓝莓等水果中甲霜灵、嘧霉胺、苯醚甲环唑、多菌灵、甲基硫菌灵、烯酰吗啉、咪鲜胺及腐霉利 8 种杀菌剂残留量的定性、定量分析。

二、方法提要

样品经均质匀浆后，以乙腈为提取剂，振荡提取，加入萃取盐包，混匀离心，上清液经 QuEChERS 小管净化后，高效液相色谱质谱联用仪测定，外标法定量。

三、仪器设备和试剂

（一）仪器和设备

① 超快速液相色谱仪：DGO-30A（岛津公司）。

② 质谱仪：API4500（Triple QuadTM 4500，SCIEX 公司）。

（二）试剂和耗材

① 甲醇；乙腈；甲酸：色谱纯。（DiKMA 公司）

② ProElut™ QuEChERS 萃取盐包：硫酸镁 4g、氯化钠 1g、TSCD 1g、DHS 0.5g。(DiKMA 公司，货号：64521)

(三) 标准品及标准物质

以下标准品均来自 Xstandard 公司，CAS RN 见本章附录。

① 甲霜灵：纯度>98.0%。

② 嘧霉胺：纯度>98.0%。

③ 苯醚甲环唑：纯度>99.5%。

④ 多菌灵：纯度>98.0%。

⑤ 甲基硫菌灵：纯度>99.5%。

⑥ 烯酰吗啉：纯度>98.0%。

⑦ 咪鲜胺：纯度>99.5%。

⑧ 腐霉利：纯度>99.5%。

标准储备液配制：准确称取每种标准品 10mg 于 10mL 容量瓶中，用甲醇定容至 10mL，配制成浓度为 1mg/mL 的储备液，−20℃避光保存。

四、样品的处理

① 提取：称取样品 10g (精确至 0.01g)，置于 50mL 聚丙烯离心管中，加入 10mL 乙腈，旋涡混合 1min，振荡 5min。再加入萃取盐包，振荡 1min，静置 5min，10000r/min 离心 10min (4℃)。

② 净化：取 1mL 上清液过 QuEChERS 小管，涡旋 1min，10000r/min 离心 10min (4℃)。净化液过 0.22μm 滤膜，上机待测。

③ 标准曲线配制：将空白样品提取液过 QuEChERS 小管，得到基质净化液。用混合标准溶液和基质液配制成浓度为 0，1.0ng/mL，5.0ng/mL，10.0ng/mL，20.0ng/mL，50.0ng/mL，100.0ng/mL 的标准溶液。其中多菌灵浓度系列为 0，2.5ng/mL，5.0ng/mL，12.5ng/mL，25.0ng/mL，50.0ng/mL。

五、试样分析

(一) 仪器条件

1. 液相色谱条件

① 色谱柱：Shim-pack XR-ODS III C18 柱 (2.0mm×50mm，1.6μm) 或相当者。

② 流动相：A 相，0.1%甲酸水；B 相，甲醇；梯度洗脱条件见表 5-20。

表 5-20 梯度洗脱条件

时间/min	甲醇/%	0.1%甲酸水/%
0.01	10.0	90.0
2.0	30.0	70.0
4.0	65.0	35.0
8.5	95.0	5.0
10.5	95.0	5.0

续表

时间/min	甲醇/%	0.1%甲酸水/%
13.0	10.0	90.0
13.0	10.0	90.0

③ 柱温：40℃。
④ 进样体积：5μL。
⑤ 流速：0.3mL/min。

2. 质谱条件

① 离子化方式：ESI+。
② 喷雾电压：5.5kV。
③ 离子源温度：550℃。
④ 气帘气压力：2.5×10^5Pa。
⑤ 雾化气压力：5.5×10^5Pa。
⑥ 辅助加热气压力：5.5×10^5Pa。
⑦ 检测方式：多反应监测。

目标化合物质谱参数如表5-21。

表5-21 目标化合物质谱参数

物质名称	监控离子对(m/z)	锥孔电压/V	碰撞能量/eV
多菌灵	192>132.0	110	37
	192>160.1①		20
甲基硫菌灵	343.1>257.1	80	20
	343.1>151.0①		25
甲霜灵	280.1>220.1	75	19
	280.1>192.1①		23
嘧霉胺	200.1>183	100	31
	200.1>107①		32
烯酰吗啉	388.1>272.6	110	40
	388.1>301①		28
腐霉利	284.0>95	100	27
	284.0>256.0①		22
咪鲜胺	376.0>265.9	80	22
	376.0>308.0①		16
苯醚甲环唑	406.0>337.0	105	25
	406.0>251.0①		34

① 定量离子对。

（二）样品分析

样品中待测化合物的保留时间与相应被测组分色谱峰的保留时间一致，变化范围应在±2.5%之内。待测化合物的定性离子的重构离子色谱峰的信噪比≥3，定量离子的重构离子色谱峰的信噪比≥10。同一检测批次，样品中的两个子离子的相对丰度比与浓度相当的标准溶液相比，允许偏差不超过表5-22的规定范围。

表5-22　定性时相对离子丰度的最大允许偏差

相对离子丰度/%	≤10	>10～20	>20～50	>50
允许相对偏差/%	±50	±30	±25	±20

六、质量控制

回收率和精密度示例如表5-23。

表5-23　蓝莓中各杀菌剂的回收率及其精密度（$n=6$）

名称	加标浓度/(μg/kg)	回收率范围/%	平均回收率/%	RSD/%
多菌灵	20	88.2～113.2	96.7	12.3
	50	92.1～109.0	95.8	10.2
	100	95.3～111.0	97.2	11.0
甲基硫菌灵	20	80.6～103.2	87.9	8.9
	50	85.6～89.7	86.6	5.2
	100	88.5～96.5	91.5	6.9
甲霜灵	20	88.6～112.2	93.2	9.8
	50	94.5～108.1	96.5	9.6
	100	96.5～112.0	98.5	8.7
嘧霉胺	20	92.6～110.2	91.6	8.9
	50	98.2～109.6	102.5	9.9
	100	96.8～112.2	94.7	10.4
烯酰吗啉	20	84.5～112.9	95.7	10.6
	50	88.6～110.2	96.8	10.5
	100	89.5～112.0	95.1	11.7
腐霉利	20	82.3～110.7	91.6	14.6
	50	87.0～109.0	93.3	15.5
	100	85.6～112.0	94.7	15.0
咪鲜胺	20	81.6～110.9	92.8	13.7
	50	84.2～105.0	95.0	10.1
	100	86.7～114.1	96.0	12.2
苯醚甲环唑	20	89.6～117.2	93.5	14.2
	50	94.5～120.2	105.1	11.0
	100	91.5～99.8	96.2	7.1

七、结果计算

样品中各杀菌剂残留量用下式计算：

$$X=\frac{c\times V\times 10}{m}$$

式中 X——试样中杀菌剂残留量，μg/kg；

c——样品测定液中杀菌剂浓度，ng/mL；

V——定容体积，mL；

m——试样质量，g；

10——稀释倍数。

八、技术参数

几种灭菌剂的方法定性限及方法定量限如表 5-24。

表 5-24 几种灭菌剂的方法定性限及方法定量限 单位：μg/kg

物质名称	多菌灵	甲基硫菌灵	甲霜灵	嘧霉胺
方法定性限	1.0	0.50	0.50	0.50
方法定量限	2.5	1.5	1.5	1.5
物质名称	烯酰吗啉	腐霉利	咪鲜胺	苯醚甲环唑
方法定性限	0.50	10.0	0.50	0.30
方法定量限	1.5	25	1.5	1.0

九、资料性附录

色谱质谱图如图 5-8、图 5-9。

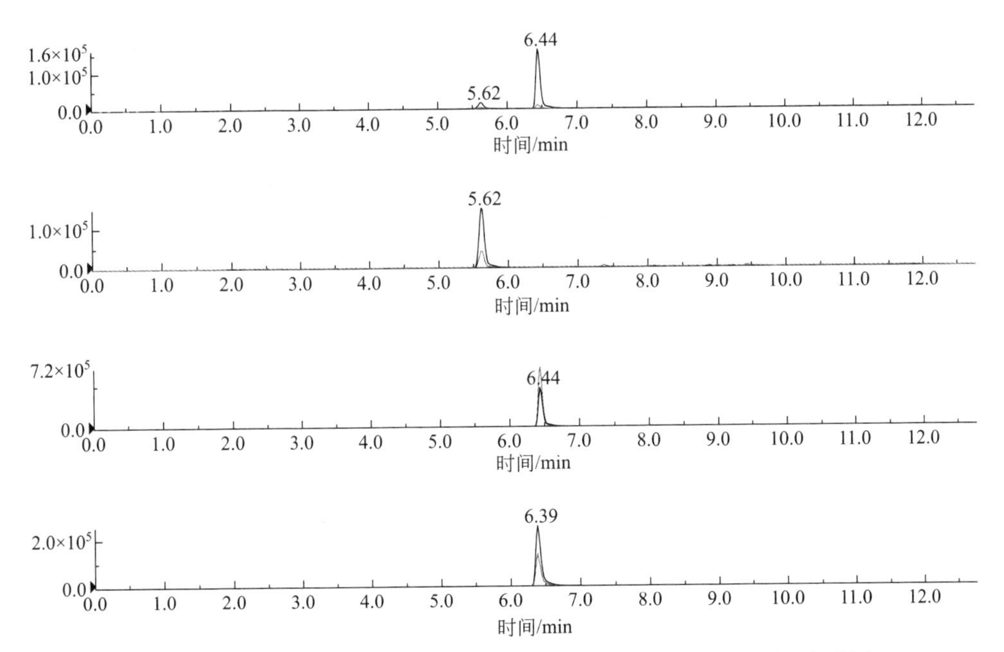

图 5-8 标准溶液中多菌灵、甲基硫菌灵、甲霜灵及嘧霉胺的质量色谱图

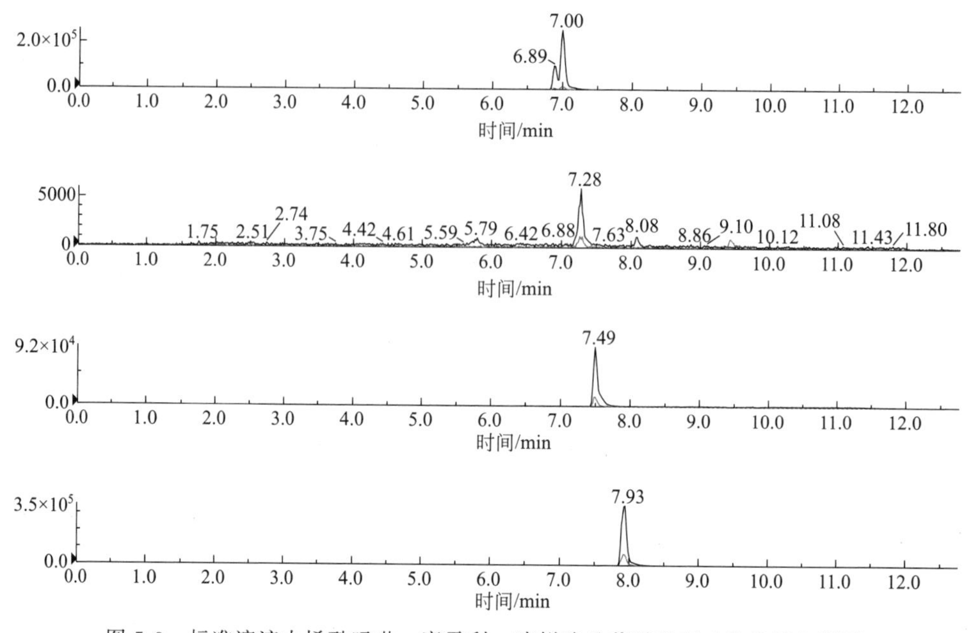

图 5-9　标准溶液中烯酰吗啉、腐霉利、咪鲜胺及苯醚甲环唑的质量色谱图

测定四：苹果、柑橘等水果中五氯硝基苯和百菌清残留量的测定

一、适用范围

本规程规定了苹果、柑橘、梨、桃等水果中五氯硝基苯、百菌清残留量的气相色谱-质谱测定方法。

本规程适用于苹果、柑橘、梨、桃等水果中五氯硝基苯、百菌清的定性、定量分析。

二、方法提要

试样中五氯硝基苯、百菌清经有机溶剂提取，固相萃取小柱净化除去干扰物质，浓缩后经 GC-MS 测定，以选择性离子监测方式监测目标化合物的特征离子进行定性、定量分析。

三、仪器设备和试剂

（一）仪器和设备

① 气相色谱-质谱联用仪：GCMS-QP2010 plus，岛津公司。

② 色谱柱：DB-35MS（30m×0.25mm ID×0.25μm）或相当者。

③ 分析天平：感量 0.00001g。

④ 高速组织捣碎机。

⑤ 旋涡混合器。

⑥ 离心机：最大转速不低于 10000r/min。

⑦ 旋转蒸发仪。

⑧ 氮气吹干仪。

（二）试剂和耗材

① 乙腈、正己烷、丙酮、甲苯：色谱纯。

② 氯化钠（优级纯）。

③ 无水硫酸钠（分析纯）：经 550℃烘烤 4h，储存于干燥器中，冷却后备用。

④ 固相萃取柱：Florisil 柱（1g，6mL）。

（三）标准品及标准物质

标准品：五氯硝基苯、百菌清，DiKMA 公司，纯度＞98.5%。标准品在－18℃且未开封条件下保质期为 12 个月。

标准储备液：分别称取上述标准品 0.001g，用正己烷洗至 10mL 容量瓶并定容，配制成 100μg/mL 标准储备液。标准储备液在－18℃、密封良好且避光保存条件下保质期为 3 个月。

标准曲线制备：准确吸取 100μg/mL 各种标准储备液 50μL、100μL、200μL、300μL、400μL、500μL 于预先加入 3mL 正己烷的 6 个 10mL 容量瓶中，用正己烷稀释至刻度，配成 0.5μg/mL、1.00μg/mL、2.00μg/mL、3.00μg/mL、4.00μg/mL、5.00μg/mL 的混合标准系列，此标准系列临用现配。实验中可根据检测样品农药种类、农药残留量、仪器条件调整标准系列范围。

四、样品的处理

① 试样的制备与保存：取待处理蔬菜样品的可食用部分 500g 左右，用均浆机磨碎。四分法取样；所取的样品平均分 2 份，一份测定，另一份置于－18℃冰箱内保存，备用。

② 提取：称取 15g 试样（精确至 0.01g）于 50mL 离心管中，加入氯化钠 5g，振摇混匀，加入乙腈 30mL，涡旋混匀 1min，超声提取 20min，加入无水硫酸钠 8g，涡旋混匀 1min，4000r/min 离心 5min，取上清液 20mL 至鸡心瓶中，于 30℃水浴中减压蒸馏浓缩至近干，待净化。

③ 净化：Florisil 柱依次用（1∶9，体积分数）5mL 丙酮-正己烷溶液和 5mL 正己烷活化，提取液经 5mL 正己烷复溶后上样并收集，采用 10mL 丙酮＋正己烷（1∶9，体积分数）溶液洗脱，收集并合并洗脱液，氮气吹至近干，用正己烷准确定容至 1mL，按上述步骤同步制备空白、平行及加标样品，待 GC-MS 分析测定。

五、试样分析

（一）仪器参考条件

① DB-35MS 柱升温程序：初始温度 40℃，保持 1min，30℃/min 速率升至 130℃，再以 5℃/min 速率升至 250℃，保持 5min；

② 载气：高纯氦气（纯度＞99.999%），流速为 1.0mL/min；

③ 进样口温度：260℃；

④ 进样方式：不分流进样；

⑤ 接口温度：220℃；

⑥ 进样体积：1μL；

⑦ 电子轰击源（EI）：70eV；

⑧ 离子源温度：200℃；

⑨ 溶剂延迟：10min；

⑩ 扫描模式：选择性离子检测（SIM）；保留时间和质谱特征离子见表 5-25。

表 5-25 保留时间和质谱特征离子表

序号	农药名称	保留时间/min	定量离子	定性离子
1	五氯硝基苯	19.788	237	214,249,295
2	百菌清	21.921	266	109,264,268

（二）定性测定

对混合标准溶液及样液按上述规定的条件进行测定时，如果样液与混合标准溶液的选择离子在相同保留时间有峰出现，则根据定性选择离子的种类及其丰度比对其进行定性。

（三）定量测定

标准曲线外标法，将标准系列与样品溶液先后进样测定，待测样品与标准系列比较定量。

六、质量控制

① 空白实验：根据样品处理步骤，做试剂空白及各种基质空白实验，每进 10 个样品需进一次试剂空白样品。

② 加标回收实验：建议按照 10%的比例对所测组分进行加标回收试验，样品量＜10 件的最少 1 个。对各组分做低、中、高 3 个浓度的回收率实验，回收率以在 65%～120%为宜。结果见表 5-26。

表 5-26 方法的准确度及精密度试验结果（$n=6$）

组分	加标量/(mg/kg)	回收率范围/%	回收率平均值/%	RSD/%
五氯硝基苯	0.2	74.2～96.3	83.6	8.3
	0.4	69.5～108	90.4	6.8
	0.8	78.2～114	91.9	4.7
百菌清	0.5	81.3～97.6	88.5	5.8
	1.0	77.3～111	92.3	7.3
	2.0	83.9～118	95.4	3.8

③ 平行样测定：每个样品应进行平行双样测定，平行测定时的相对偏差应满足实验室内变异系数要求。

七、结果计算

试样中五氯硝基苯和百菌清残留量按下式计算：

$$X = c \times \frac{V}{m} \times \frac{V_1}{V_2} \times \frac{1000}{1000}$$

式中　X——试样中被测组分残留量，mg/kg；

c——从标准曲线中得到试样溶剂中被测组分浓度，μg/mL；

V——试样溶液定容体积，mL；

V_1——加入的提取溶液体积，mL；

V_2——取出的提取溶液体积，mL；

m——样品质量，g；

1000——将 μg/g 换算成 mg/kg。

八、技术参数

方法定性限及方法定量限：按采样 15g 计算。以 3 倍信噪比计算方法定性限，以 10 倍信噪比计算方法定量限（表 5-27）。

表 5-27　方法定性限和定量限　　单位：μg/kg

组分	方法定性限	方法定量限
五氯硝基苯	0.50	1.50
百菌清	1.0	3.0

九、注意事项

① 样品浓缩时氮气吹至近干，严禁完全吹干，否则影响检测结果。

② Florisil 柱必须依次用（1+9，体积分数）丙酮-正己烷溶液 5mL 和正己烷 5mL 活化，否则影响检测结果。

十、资料性附录

五氯硝基苯和百菌清分析图谱，如图 5-10～图 5-12。

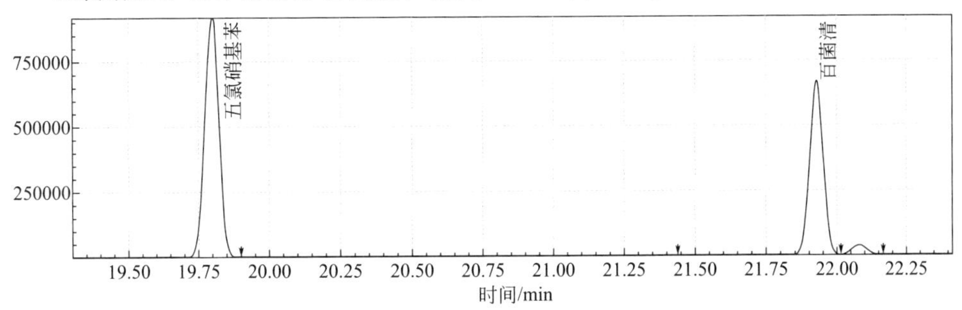

图 5-10　五氯硝基苯和百菌清 TIC 图

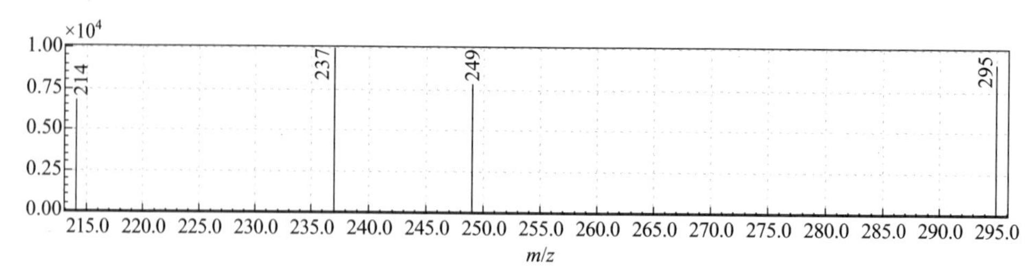

图 5-11　五氯硝基苯质谱图

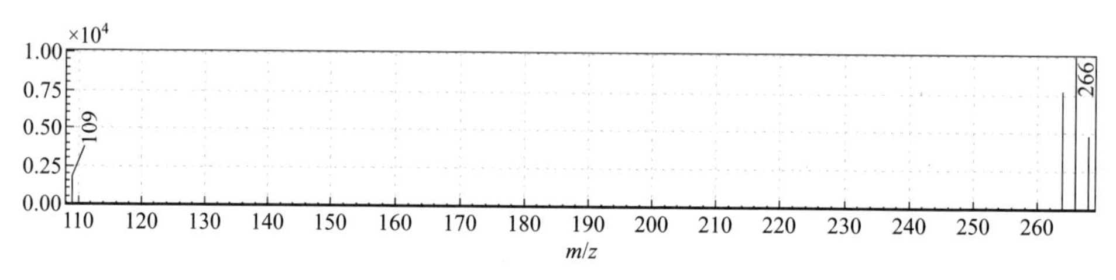

图 5-12　百菌清质谱图

测定五：杨梅、蓝莓等水果中五氯硝基苯和百菌清残留量的测定

一、适用范围

本规程规定了杨梅、蓝莓等水果中五氯硝基苯、百菌清残留量检测的制样方法、GC-MS 确认和测定方法。

本规程适用于杨梅、蓝莓等水果中五氯硝基苯、百菌清的定性、定量分析。

二、方法提要

试样中五氯硝基苯、百菌清通过乙腈提取，固相萃取小柱净化，浓缩后经 GC-MS 测定，以选择性离子监测方式监测目标化合物的特征离子进行定性、定量分析。

三、仪器设备和试剂

（一）仪器和设备

① GCMS-QP2010plus 气相色谱-质谱仪（岛津公司）。

② 分析天平：感量 0.00001g。

③ 高速组织捣碎机。

④ 旋涡混合器。

⑤ 离心机：转速 5000r/min。

⑥ 氮吹仪。

（二）试剂和耗材

① 乙腈；正己烷；丙酮：色谱纯。

② 氯化钠（优级纯）。

③ 无水硫酸钠（分析纯）：经550℃烘烤4h，储存于干燥器中，冷却后备用。

④ 固相萃取柱：Florisil柱（1g，6mL，30/pk）。

（三）标准品及标准物质

标准品：五氯硝基苯（1000μg/mL）、百菌清（1000μg/mL），DiKMA公司。

标准工作液的配制：混合上述标准品，然后倍比稀释配制成混合标准工作溶液。

四、样品的处理

（一）试样的制备与保存

取水果样品1kg左右，用均浆机磨碎。所取样品平均分为2份，1份供测定，另1份放置于－20℃冰箱中保存，备用。

（二）样品处理

提取：称取15g试样（精确至0.01g）于50mL离心管中，加入5g氯化钠，振摇混匀，加入30mL乙腈，涡旋混匀1min，超声提取20min，加入8g无水硫酸钠，涡旋混匀1min，8000r/min离心5min，取上清液20mL至鸡心瓶中，于30℃水浴中减压蒸馏浓缩至近干，待净化。

净化：Florisil柱依次用（1＋9，体积分数）丙酮＋正己烷溶液5mL和正己烷5mL活化，提取液经正己烷5mL复溶后上样并收集，采用（1＋9，体积分数）丙酮＋正己烷溶液10mL洗脱，收集并合并洗脱液，氮气吹至近干，用正己烷准确定容至1mL，待GC-MS分析测定。

五、试样分析

（一）气相-色谱参考条件

① 色谱柱：DB-5MS石英毛细管色谱柱［30m×0.25μm（I. D.）×0.25μm］或相当者。

② 升温程序：初始温度80℃，30℃/min速率升至190℃，再以5℃/min速率升至200℃，再以30℃/min速率升至250℃，保持2min。

③ 载气：高纯氦气（纯度＞99.999%），流速为1.0mL/min。

④ 进样口温度：260℃。

⑤ 进样方式：不分流进样。

⑥ 接口温度：220℃。

⑦ 进样体积：1μL。

⑧ 电子轰击源（EI）：70eV。

⑨ 离子源温度：220℃。

⑩ 溶剂延迟：4min。

⑪ 扫描模式：选择性离子检测（SIM）；保留时间和质谱特征离子见表5-28。

表 5-28 保留时间和质谱特征离子表

序号	农药名称	保留时间/min	定量离子	定性离子		
1	五氯硝基苯	6.800	237	214	249	235
2	百菌清	7.050	266	264	268	109

（二）定性测定

对混合标准溶液及样液按上述规定的条件进行测定时，如果样液与混合标准溶液的选择离子在相同保留时间有峰出现（时间窗 5%），则根据定性选择离子的种类及其丰度比（允差 30%）对其进行定性。

（三）定量测定

标准曲线外标法，五氯硝基苯 1000μg/mL、百菌清 1000μg/mL 定量混合后，倍比稀释配制成混合标准工作溶液：2.50μg/mL、5.00μg/mL、10.0μg/mL、20.0μg/mL、40.0μg/mL。待测样品与标准比较定量。

（四）空白试验

除不称取试样外，均按上述步骤进行。

六、质量控制

回收率及其精密度：为验证方法的精密度，在最佳条件下对五氯硝基苯、百菌清样品连续测定 6 次，计算均值、标准差及相对标准差。为验证方法的准确度，在最佳条件下对五氯硝基苯、百菌清做回收率试验，结果见表 5-29。

表 5-29 五氯硝基苯和百菌清的回收及其精密度（$n=6$）

名称	加标浓度/(μg/mL)	回收率范围/%	平均回收率/%	RSD/%
五氯硝基苯	8.0	95.9～99.6	97.4	1.7
	16.0	93.4～98.7	96.9	2.1
	32.0	96.3～99.6	98.5	1.8
百菌清	8.0	87.3～90.4	89.1	1.4
	16.0	86.1～91.7	88.5	1.9
	32.0	88.5～93.6	91.2	2.1

七、结果计算

试样中五氯硝基苯或百菌清残留量按下式计算：

$$X=\frac{c\times V\times V_1\times 1000}{m\times V_2\times 1000}$$

式中 X——试样中被测组分残留量，mg/kg；

c——从标准曲线中得到试样溶剂中被测组分浓度，μg/mL；

V——试样溶液定容体积，mL；

V_1——加入的提取溶液体积，mL；

V_2——取出的提取溶液体积，mL；

m——样品质量，g。

结果保留三位有效数字。

八、技术参数

定性限是指信噪比等于 3 时的检测浓度，定性量按取样 15g 计算。回归方程式、方法定性限和定量限见表 5-30。

表 5-30 回归方程、方法定性限和定量限

组分	回归方程式	相关系数	方法定性限/(mg/kg)	方法定量限/(mg/kg)
五氯硝基苯	$Y=10715.42X-15373.67$	0.999	0.00020	0.00060
百菌清	$Y=9532.466X-33579.42$	0.994	0.00015	0.00045

九、注意事项

① 在试验前对试剂进行空白试验，确定是否存在干扰。

② 固相萃取小柱要查看包装是否完整，生产批号是否清晰；不同厂家或同一厂家不同批次生产的固相萃取柱的性能不同，需要验收：随机抽取三支固相萃取柱做加标回收实验，回收率不低于 85%即可。

十、资料性附录

色谱质谱图如图 5-13～图 5-15。

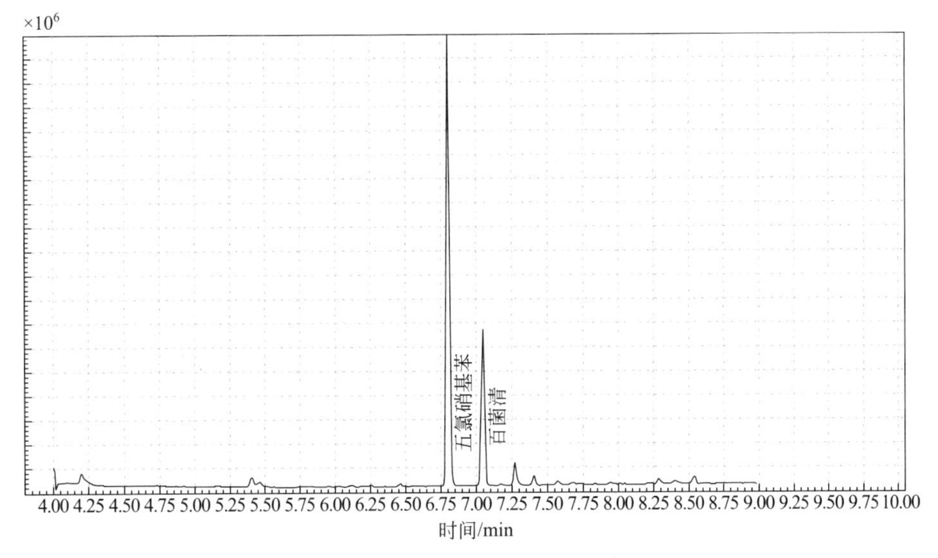

图 5-13 五氯硝基苯、百菌清 TIC 图

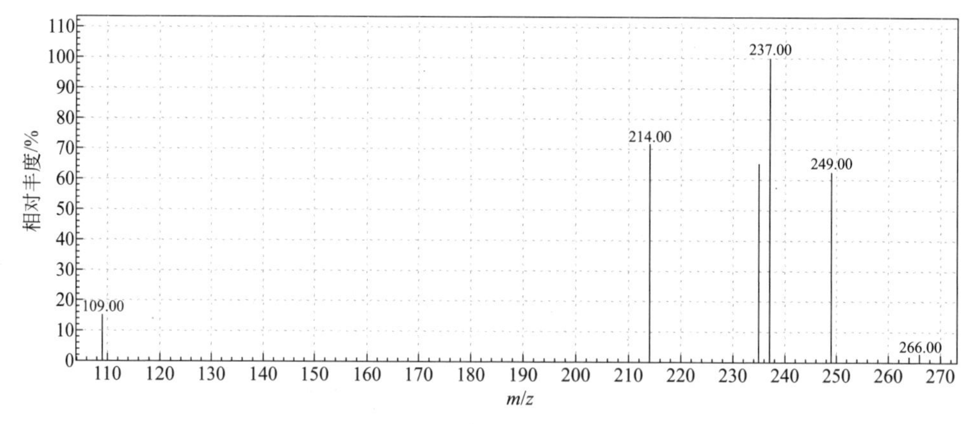

图 5-14　五氯硝基苯质谱图

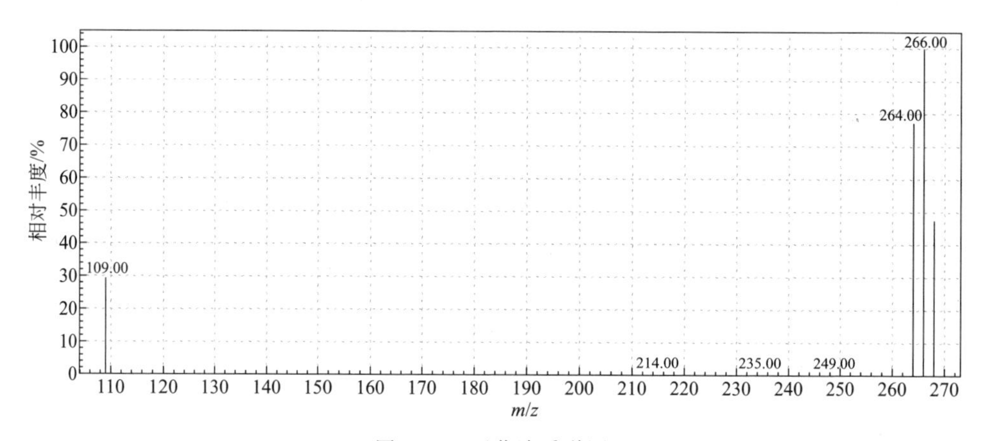

图 5-15　百菌清质谱图

测定六：樱桃等水果中苯醚甲环唑等 15 种杀菌剂残留量的测定

一、适用范围

本规程规定了苯醚甲环唑、多菌灵、甲基硫菌灵、甲霜灵、嘧霉胺、烯酰吗啉、咪鲜胺、三唑酮、腐霉利、丙环唑、戊唑醇、异菌脲、2,4-D、恶霜灵、腈菌唑的液相质谱法的测定。

本规程适用于樱桃、葡萄、苹果、蓝莓、梨、草莓、香蕉、桃、柑橘、猕猴桃、杨梅中杀菌剂的测定。

二、方法提要

样品经乙腈匀浆、饱和氯化钠盐析、无水硫酸镁脱水、离心、固相吸附剂除去脂肪酸等干扰物，超高效液相色谱-串联质谱测定，基质匹配标准曲线外标法定量。

三、仪器设备和试剂

（一）仪器和设备

① 液相色谱-串联质谱仪（配 ESI 源）。

② 分析天平：感量分别为 0.0001g（标准品称量）和 0.01g（样品称量）。

③ 高速组织捣碎机。

④ 离心机：转速 10000r/min。

（二）试剂和耗材

① 乙腈：色谱纯。

② 无水硫酸镁：优级纯。

③ 氯化钠：优级纯。

④ 微孔过滤膜：0.22μm。

⑤ QuEChERS 试剂（DiKMA，CN. 64518）。

（三）标准品及标准物质

以下标准品均购自 Xstandard 公司。甲霜灵（纯度>98.0%），嘧霉胺（纯度>98.0%），苯醚甲环唑（纯度>99.5%），多菌灵（纯度>98.0%），甲基硫菌灵（纯度>99.5%），烯酰吗啉（纯度>98.0%），咪鲜胺（纯度>99.5%），腐霉利（纯度>99.5%），三唑酮（纯度>99.5%），丙环唑（纯度>99.5%），戊唑醇（纯度>99.5%），异菌脲（纯度>99.2%），恶霜灵（纯度>99.81%），腈菌唑（纯度>95.89%），2,4-D（纯度>99.5%）。标准储备溶液（1.0mg/mL）：分别精密称取苯醚甲环唑、多菌灵、甲基硫菌灵、甲霜灵、嘧霉胺、烯酰吗啉、咪鲜胺、三唑酮、腐霉利、丙环唑、戊唑醇、异菌脲、2,4-D、恶霜灵、腈菌唑各 10mg，置 10mL 量瓶中，用乙腈溶解并稀释至刻度，摇匀，作为标准品储备溶液（1.0mg/mL）。

标准使用液（10μg/mL）：将标准储备溶液用乙腈稀释 100 倍后，配制成工作液（10μg/mL）。

基质匹配标准曲线：分别取适量标准溶液或工作液的稀释液于空白样品基质中，然后按照样品前处理方法进行处理，形成标准曲线系列标准点，过程标准曲线上各点的进样浓度水平。

四、样品的处理

（一）试样的制备与保存

将待测样品 500g 左右均质化，剩余试样放置−20℃冰箱中保存，备用。

（二）净化

称取上述制备好样品 5.0g 样品（精确至 0.01g）置于 50mL 离心管中，加入乙腈 10mL，迅速旋上瓶盖，振荡涡旋 1min，10000r/min 离心 5min，取上清液 1.0mL，加入 QuEChERS 试剂管中涡旋混匀 1min，在 10000r/min 离心 3min。取上清液，过0.22μm滤膜，LC-MS/MS进样分析。

五、试样分析

（一）仪器条件

液相色谱条件

① 色谱柱：Waters ACQUITY HSS T3色谱柱。

② 正离子模式：流动相A，乙腈；流动相B，0.05%甲酸水溶液。

③ 负离子模式：流动相A，乙腈；流动相B，纯水溶液。

④ 梯度洗脱见表5-31。

表5-31 液相梯度洗脱程序

时间/min	流动相A/%	流动相B/%
初始	30	70
5	85	15
6	30	70
7.5	30	70

⑤ 流速：0.3mL/min。

⑥ 柱温：30℃。

⑦ 进样量：2μL。

⑧ 离子源：ESI正离子，ESI负离子（仅2,4-D）。

⑨ 毛细管电压4000V，脱溶剂气温度400℃；锥孔气流速11L/min。

⑩ 检测方式：多反应监测，参数见表5-32。

表5-32 目标化合物MRM参数

化合物名称	母离子(*m*/*z*)	子离子(*m*/*z*)	锥孔电压/V
多菌灵	192.0	159.9①	20
		131.8	20
甲基硫菌灵	343.3	150.9①	20
		311.2	10
甲霜灵	280.3	192.1①	20
		220.2	20
嘧霉胺	200.1	106.9①	20
		168.1	20
烯酰吗啉	388.3	301.1①	20
		165.0	20
咪鲜胺	376.2	308.3①	20
		266.2	20
三唑酮	294.2	197.0①	20
		225.2	20

续表

化合物名称	母离子(m/z)	子离子(m/z)	锥孔电压/V
苯醚甲环唑	406.2	251.2①	20
		337.3	20
腐霉利	284.6	256.1①	40
		95.1/67.1	40
丙环唑	342.1	159.0①	80
		205.0	40
戊唑醇	308.2	70.1①	40
		125.0	80
异菌脲	330.0	287.9①	12
		246.8	14
2,4-D	218.8	124.8①	28
		160.8	14
恶霜灵	279.1	132.3①	25
		219.0	12
腈菌唑	289.1	70.20①	15
		125.1	30

① 为定量离子对。

（二）标准曲线

在仪器最佳工作条件下，对样品溶液及空白基质匹配标准工作溶液进样，以各杀菌剂目标物的色谱峰面积为纵坐标，各杀菌剂目标物的浓度为横坐标绘制标准工作曲线，外标法定量。

（三）样品测定

定性测定：样品检出的色谱峰的保留时间与标准品相一致（0.4min 窗口），样品质谱图在扣除背景后所选择的特征离子均出现，并且对应的离子丰度比与标准对照品相比，其允许最大偏差在表 5-33 范围内，则可判断样品中存在该种杀菌剂。

表 5-33 定性确证时相对离子丰度的最大允许偏差

相对离子丰度/%	≤10	>10～20	>20～50	>50
允许相对偏差/%	±50	±30	±25	±20

定量测定：按照上述操作步骤，按照基质加标配制系列低浓度样品进样检测。以液相色谱-串联质谱（UPLC-MS/MS）测定的信噪比>3 作为定性限，信噪比>10 作为定量限。

六、质量控制

① 加标回收：建议按照 10%的比例对所测组分进行加标回收试验，样品量<10 件的最少 1 个。

② 平行试验：按以上步骤操作，需对同一样品进行独立两次分析测定，测定的两次结果的绝对差值不得超过算术平均值的15%。

七、结果计算

样品中各杀菌剂残留量用下式计算：

$$X=\frac{(c-c_0)\times V}{m\times 1000}$$

式中 X——试样中杀菌剂残留量，mg/kg；

c——从标准曲线中得到样品试样溶剂中杀菌剂浓度，μg/L；

c_0——从标准曲线中得到过程空白杀菌剂浓度，μg/L；

V——提取溶液体积，mL；

m——称量样品质量，g；

1000——换算系数。

计算结果保留三位有效数字。

八、技术参数

（一）定性限和定量限

在仪器最佳工作条件下，对样品溶液及空白基质匹配标准工作溶液进样，以各杀菌剂目标物的色谱峰面积为纵坐标，各杀菌剂目标物的浓度为横坐标绘制标准工作曲线，外标法定量。基质匹配标准系列所采用的空白样品基质的残留量小于方法检测限的1/5。样液中待分析物的响应值均应在仪器测定的线性范围内，线性范围在0.5μg/L，1.0μg/L、5.0μg/L、10.0μg/L、20.0μg/L线性范围内存在良好的线性关系，相关系数在0.995以上。方法定性限和方法定量限见表5-34。

表5-34 方法定性限和方法定量限 单位：μg/kg

化合物	方法定性限	方法定量限	化合物	方法定性限	方法定量限
苯醚甲环唑	1.0	3.0	腐霉利	1.0	3.0
多菌灵	1.0	3.0	丙环唑	1.0	3.0
甲基硫菌灵	1.0	3.0	戊唑醇	1.0	3.0
甲霜灵	1.0	3.0	异菌脲	1.0	3.0
嘧霉胺	1.0	3.0	恶霜灵	1.0	3.0
烯酰吗啉	1.0	3.0	腈菌唑	1.0	3.0
咪鲜胺	1.0	3.0	2,4-D	0.1	0.3
三唑酮	1.0	3.0			

（二）准确度与精密度

本规程的精密度是指在重复条件下获得的两次独立测定结果的相对偏差，不同水果中苯醚甲环唑、多菌灵、甲基硫菌灵、甲霜灵、嘧霉胺、烯酰吗啉、咪鲜胺、三唑酮、腐霉利、丙环唑、戊唑醇、异菌脲、2,4-D、恶霜灵、腈菌唑回收试验的准确度和相对偏差参考值见表 5-35～表 5-44。

表 5-35　樱桃中准确度和精密度

化合物名称	加标/(μg/kg)	回收率范围/%	平均回收率/%	RSD/%
多菌灵	10	83.2～104.2	89.5	7.7
	100	93.3～126.5	105.1	10.4
甲基硫菌灵	10	97.6～123.8	110.7	8.2
	100	77.0～142.0	101.8	22.1
甲霜灵	10	89.6～102.0	95.5	4.0
	100	88.6～111.5	98.7	9.2
嘧霉胺	10	74.5～103.6	89.5	11.5
	100	72.0～107.2	86.0	13.1
烯酰吗啉	10	77.8～122.6	97.7	17.3
	100	95.8～141.6	118.2	12.5
咪鲜胺	10	80.2～118.6	100.2	13.6
	100	94.8～118.0	107.4	7.3
三唑酮	10	80.0～123.4	103.1	13.8
	100	88.2～136.0	115.1	12.6
苯醚甲环唑	10	86.8～131.8	115.1	13.8
	100	75.6～105.0	93.4	10.6
腐霉利	10	81.0～113.4	100.3	10.7
	100	86.0～115.4	97.3	10.5
丙环唑	10	78.4～110.4	94.7	10.8
	100	82.2～127.7	97.3	15.2
戊唑醇	10	83.5～107.0	96.0	9.0
	100	82.8～107.0	92.5	10.6
异菌脲	10	63.8～105.6	88.2	14.7
	100	63.2～89.0	82.8	11.2
恶霜灵	10	78.0～125.5	99.3	17.7
	100	87.0～126.2	105.5	13.3
腈菌唑	10	89.7～125.5	104.5	14.5
	100	87.8～133.8	103.3	17.6
2,4-D	10	84.2～135.0	99.8	17.1
	100	91.2～109.2	97.7	6.1

表 5-36　苹果中准确度和精密度

化合物名称	加标/(μg/kg)	回收率范围/%	平均回收率/%	RSD/%
多菌灵	10	83.2～104.2	95.0	4.0
	100	93.3～126.5	96.8	4.9

续表

化合物名称	加标/(μg/kg)	回收率范围/%	平均回收率/%	RSD/%
甲基硫菌灵	10	97.6～123.8	96.6	2.4
	100	77.0～117.8	95.1	5.2
甲霜灵	10	89.6～102.0	95.6	4.0
	100	88.6～111.5	95.7	4.8
嘧霉胺	10	74.5～103.6	94.7	5.9
	100	72.0～107.2	97.0	5.4
烯酰吗啉	10	77.8～122.6	100.4	4.9
	100	95.8～141.6	92.8	7.7
咪鲜胺	10	80.2～118.6	99.2	6.7
	100	94.8～118.0	99.1	4.6
三唑酮	10	80.0～123.4	94.5	6.4
	100	89.2～136.0	93.6	5.1
苯醚甲环唑	10	86.8～131.8	93.2	7.6
	100	75.6～105.0	93.1	2.3
腐霉利	10	81.0～113.4	95.8	6.9
	100	86.0～115.4	94.7	4.9
丙环唑	10	78.4～110.4	95.0	3.8
	100	82.2～127.7	94.8	5.3
戊唑醇	10	83.5～107.0	96.2	2.7
	100	82.8～107.0	97.3	7.4
异菌脲	10	63.8～105.6	101.3	5.3
	100	63.2～89.0	93.0	4.3
恶霜灵	10	78.0～125.5	94.9	5.3
	100	87.0～126.2	95.9	5.6
腈菌唑	10	89.7～125.5	97.0	6.6
	100	87.8～133.8	100.5	7.4
2,4-D	10	84.2～135.0	96.4	6.8
	100	91.2～109.2	97.7	6.1

表 5-37　蓝莓中准确度和精密度

化合物名称	加标/(μg/kg)	回收率范围/%	平均回收率/%	RSD/%
多菌灵	10	86.0～103.3	96.8	6.0
	100	98.1～104.8	99.9	2.4
甲基硫菌灵	10	91.3～104.0	97.6	4.7
	100	85.3～104.3	97.7	6.6
甲霜灵	10	85.6～105.1	95.3	7.0
	100	88.4～101.8	94.4	5.1

续表

化合物名称	加标/(μg/kg)	回收率范围/%	平均回收率/%	RSD/%
嘧霉胺	10	87.1～107.0	95.4	7.4
	100	90.7～109.6	97.3	6.5
烯酰吗啉	10	84.4～103.1	95.7	6.5
	100	92.1～102.3	98.5	3.4
咪鲜胺	10	92.0～105.7	98.9	5.3
	100	85.3～100.4	92.6	5.5
三唑酮	10	88.2～106.6	96.7	6.4
	100	84.4～98.0	89.6	5.1
苯醚甲环唑	10	84.1～100.9	92.5	6.8
	100	85.0～100.2	91.7	5.6
腐霉利	10	84.6～105.4	93.4	8.6
	100	89.3～103.4	97.6	5.3
丙环唑	10	91.0～106.6	97.7	5.7
	100	90.0～101.0	95.2	4.1
戊唑醇	10	92.7～115.2	102.3	7.9
	100	88.2～107.0	93.8	6.6
异菌脲	10	91.7～97.9	95.0	2.0
	100	82.9～102.2	92.6	6.9
恶霜灵	10	89.4～107.4	98.9	6.0
	100	88.3～107.3	97.6	6.2
腈菌唑	10	88.8～102.9	94.9	5.3
	100	92.0～104.1	97.2	4.7
2,4-D	10	86.0～102.6	95.0	6.2
	100	89.2～106.8	95.9	7.4

表 5-38　梨中准确度和精密度

化合物名称	加标/(μg/kg)	回收率范围/%	平均回收率/%	RSD/%
多菌灵	10	92.1～107.5	99.8	5.1
	100	92.6～108.4	101.6	5.5
甲基硫菌灵	10	88.1～105.9	98.2	5.6
	100	83.4～100.6	91.0	6.2
甲霜灵	10	96.7～106.2	101.1	3.1
	100	91.2～109.2	100.3	5.9
嘧霉胺	10	89.5～103.7	96.7	5.1
	100	89.2～104.1	96.4	5.8
烯酰吗啉	10	94.4～102.2	97.8	3.4
	100	81.7～103.1	93.1	7.6

续表

化合物名称	加标/(μg/kg)	回收率范围/%	平均回收率/%	RSD/%
咪鲜胺	10	86.2～101.8	93.5	5.4
	100	93.0～105.8	97.0	4.7
三唑酮	10	84.2～105.9	96.5	9.0
	100	89.9～107.1	100.7	5.7
苯醚甲环唑	10	78.2～108.9	96.9	11.5
	100	89.5～107.0	98.4	6.1
腐霉利	10	94.5～126.5	106.1	9.9
	100	89.2～123.8	102.6	13.6
丙环唑	10	84.3～117.8	98.2	10.4
	100	93.1～113.4	99.4	6.9
戊唑醇	10	95.8～115.4	102.4	7.8
	100	89.5～110.4	97.9	7.2
异菌脲	10	86.0～127.7	99.9	14.2
	100	82.8～122.6	101.2	12.2
恶霜灵	10	95.7～141.6	111.3	15.7
	100	94.7～118.6	106.7	8.0
腈菌唑	10	89.0～118.0	103.1	8.8
	100	93.0～125.5	109.2	10.8
2,4-D	10	92.8～126.2	108.6	12.2
	100	95.9～131.8	112.0	13.1

表 5-39 草莓中准确度和精密度

化合物名称	加标/(μg/kg)	回收率范围/%	平均回收率/%	RSD/%
多菌灵	10	86.0～131.1	102.5	13.8
	100	92.0～132.3	103.8	12.9
甲基硫菌灵	10	92.6～106.5	100.9	4.7
	100	79.9～107.9	98.3	9.7
甲霜灵	10	82.5～105.9	97.9	8.2
	100	91.4～104.8	97.5	4.4
嘧霉胺	10	96.2～105.6	100.1	4.2
	100	83.8～107.3	98.1	7.7
烯酰吗啉	10	88.5～110.3	99.8	7.5
	100	85.4～113.4	98.4	10.2
咪鲜胺	10	88.1～106.9	97.0	6.2
	100	94.4～104.4	99.3	3.6
三唑酮	10	90.5～108.2	100.2	6.0
	100	87.1～108.1	99.6	6.9

续表

化合物名称	加标/(μg/kg)	回收率范围/%	平均回收率/%	RSD/%
苯醚甲环唑	10	86.0～110.4	99.4	7.8
	100	86.3～109.4	99.0	7.5
腐霉利	10	93.6～105.9	99.5	4.7
	100	88.9～105.6	99.4	6.9
丙环唑	10	89.0～109.4	99.9	6.8
	100	91.0～109.4	99.2	6.3
戊唑醇	10	88.5～108.3	100.4	6.7
	100	87.5～108.9	98.3	8.0
异菌脲	10	91.0～107.4	97.3	5.2
	100	89.7～109.4	99.5	6.1
恶霜灵	10	91.3～112.4	100.6	7.3
	100	91.4～108.4	99.2	6.1
腈菌唑	10	91.7～114.4	100.5	7.5
	100	87.2～112.9	98.0	8.4
2,4-D	10	94.2～107.3	98.0	4.7
	100	86.9～105.3	96.2	6.0

表 5-40 香蕉中准确度和精密度

化合物名称	加标/(μg/kg)	回收率范围/%	平均回收率/%	RSD/%
多菌灵	10	87.6～126.6	101.3	12.3
	100	89.5～117.8	98.9	10.2
甲基硫菌灵	10	93.0～132.0	101.6	13.6
	100	88.8～127.8	100.3	13.2
甲霜灵	10	88.3～121.5	99.4	11.1
	100	89.9～121.2	99.4	11.6
嘧霉胺	10	90.8～120.8	99.6	10.6
	100	92.8～112.6	99.8	7.1
烯酰吗啉	10	87.6～122.2	97.8	11.6
	100	89.6～116.8	99.4	9.0
咪鲜胺	10	91.5～120.1	101.7	9.7
	100	91.8～118.9	101.5	8.8
三唑酮	10	90.3～114.4	100.1	7.9
	100	90.9～116.8	102.2	8.3
苯醚甲环唑	10	93.6～121.0	102.5	8.7
	100	95.3～119.4	102.0	7.9
腐霉利	10	89.3～120.4	99.8	10.1
	100	86.2～112.9	99.6	7.9

续表

化合物名称	加标/(μg/kg)	回收率范围/%	平均回收率/%	RSD/%
丙环唑	10	93.5～119.1	101.1	8.7
	100	89.1～122.3	99.0	11.1
戊唑醇	10	91.6～119.8	100.0	9.4
	100	87.1～120.1	97.9	11.1
异菌脲	10	89.7～122.4	101.1	10.0
	100	91.4～121.6	99.3	10.5
恶霜灵	10	87.8～121.5	100.8	10.8
	100	90.0～120.3	99.7	10.1
腈菌唑	10	89.8～122.2	99.1	11.2
	100	87.6～121.4	99.2	10.9
2,4-D	10	90.1～116.8	100.4	8.3
	100	89.3～119.0	98.3	10.4

表 5-41　桃中准确度和精密度

化合物名称	加标/(μg/kg)	回收率范围/%	平均回收率/%	RSD/%
多菌灵	10	82.4～108.7	95.4	9.4
	100	80.5～109.8	98.0	8.9
甲基硫菌灵	10	85.4～114.1	98.9	9.2
	100	87.3～109.6	98.1	7.6
甲霜灵	10	90.0～110.8	97.7	6.8
	100	92.2～109.0	102.1	3.8
嘧霉胺	10	85.6～104.9	98.1	6.6
	100	90.0～105.0	94.5	5.2
烯酰吗啉	10	88.1～102.7	95.7	5.8
	100	87.3～106.8	94.7	6.2
咪鲜胺	10	93.8～110.8	99.7	5.8
	100	92.2～108.6	99.7	4.5
三唑酮	10	86.0～110.0	97.2	7.6
	100	86.8～109.3	98.6	7.6
苯醚甲环唑	10	93.7～104.1	99.5	3.8
	100	86.4～104.0	98.7	5.8
腐霉利	10	85.0～107.5	97.2	7.1
	100	94.2～106.0	100.4	4.4
丙环唑	10	93.0～100.9	97.0	2.9
	100	91.6～108.8	99.3	5.4
戊唑醇	10	90.9～109.4	99.6	6.0
	100	93.5～110.1	99.7	5.3

续表

化合物名称	加标/(μg/kg)	回收率范围/%	平均回收率/%	RSD/%
异菌脲	10	88.2～108.3	97.5	7.4
	100	84.4～105.5	96.8	7.5
恶霜灵	10	85.1～105.8	98.8	7.0
	100	89.2～107.1	96.6	7.0
腈菌唑	10	86.0～109.8	99.9	7.3
	100	82.4～105.4	96.6	8.7
2,4-D	10	80.5～109.7	96.2	10.4
	100	85.4～110.8	98.6	8.0

表 5-42　柑橘中准确度和精密度

化合物名称	加标/(μg/kg)	回收率范围/%	平均回收率/%	RSD/%
多菌灵	10	90.9～109.2	98.9	6.5
	100	88.5～107.5	95.0	6.3
甲基硫菌灵	10	91.7～109.9	97.8	6.3
	100	92.0～110.6	98.5	6.3
甲霜灵	10	92.9～107.3	97.1	5.3
	100	90.2～111.4	97.7	6.8
嘧霉胺	10	86.5～109.4	95.7	8.0
	100	83.4～110.0	97.0	8.1
烯酰吗啉	10	84.8～108.3	99.1	7.1
	100	89.8～105.9	99.0	5.6
咪鲜胺	10	94.0～105.4	100.3	4.5
	100	85.3～106.5	99.9	6.8
三唑酮	10	86.7～106.9	98.3	7.1
	100	88.4～104.7	97.8	5.5
苯醚甲环唑	10	84.2～107.3	97.5	7.2
	100	85.8～105.7	98.0	8.1
腐霉利	10	94.1～104.6	99.7	3.4
	100	93.0～107.0	99.1	5.3
丙环唑	10	95.6～107.6	99.6	4.0
	100	90.6～102.3	96.9	4.7
戊唑醇	10	88.6～103.2	96.7	5.4
	100	91.3～103.1	96.4	4.6
异菌脲	10	90.0～103.1	97.1	4.4
	100	89.4～103.4	99.0	4.8
恶霜灵	10	86.7～103.1	96.4	6.7
	100	89.1～103.0	97.8	4.6

续表

化合物名称	加标/(μg/kg)	回收率范围/%	平均回收率/%	RSD/%
腈菌唑	10	89.2～102.6	95.4	5.6
	100	88.4～103.1	96.8	5.3
2,4-D	10	91.2～103.9	96.0	4.8
	100	91.1～101.7	95.5	3.8

表 5-43 猕猴桃中准确度和精密度

化合物名称	加标/(μg/kg)	回收率范围/%	平均回收率/%	RSD/%
多菌灵	10	83.2～112.4	99.3	11.0
	100	88.2～110.4	100.4	8.7
甲基硫菌灵	10	83.0～111.4	100.4	10.1
	100	88.0～112.4	100.6	9.0
甲霜灵	10	88.7～110.2	99.8	8.1
	100	84.4～113.4	99.4	9.4
嘧霉胺	10	87.8～110.4	100.6	8.6
	100	88.8～109.2	98.5	7.4
烯酰吗啉	10	87.7～107.4	99.4	7.4
	100	87.2～108.4	98.5	8.2
咪鲜胺	10	88.7～109.2	100.4	6.5
	100	89.0～108.9	97.8	8.4
三唑酮	10	87.4～111.4	100.6	8.6
	100	90.4～117.4	102.1	8.8
苯醚甲环唑	10	85.4～109.2	99.4	8.4
	100	92.3～108.4	98.9	6.7
腐霉利	10	87.3～108.2	97.0	8.8
	100	81.1～110.6	97.4	10.8
丙环唑	10	90.4～112.9	102.6	8.5
	100	90.2～110.4	101.6	8.3
戊唑醇	10	91.5～108.6	101.0	6.8
	100	88.5～113.4	100.2	9.0
异菌脲	10	86.8～111.4	99.8	9.3
	100	87.8～110.9	102.4	8.1
恶霜灵	10	88.8～109.4	101.8	7.8
	100	91.1～109.4	100.0	6.3
腈菌唑	10	90.5～110.6	99.9	6.5
	100	83.0～109.0	96.7	8.7
2,4-D	10	83.8～109.4	97.2	8.2
	100	91.4～109.6	100.3	6.4

表 5-44　杨梅中准确度和精密度

化合物名称	加标/(μg/kg)	回收率范围/%	平均回收率/%	RSD/%
多菌灵	10	91.4～104.6	99.7	4.5
	100	90.8～103.8	97.5	4.2
甲基硫菌灵	10	91.7～103.0	97.6	4.3
	100	90.1～106.9	98.4	5.5
甲霜灵	10	87.9～107.5	97.1	7.1
	100	89.8～104.0	97.7	5.4
嘧霉胺	10	90.4～110.9	102.2	7.2
	100	89.7～103.4	98.6	4.5
烯酰吗啉	10	88.9～103.1	96.0	4.9
	100	87.7～100.9	95.3	4.8
咪鲜胺	10	90.3～104.2	98.5	5.9
	100	94.5～106.0	100.0	4.1
三唑酮	10	96.8～101.2	99.3	1.6
	100	92.2～103.4	99.4	3.8
苯醚甲环唑	10	91.2～105.0	99.8	3.3
	100	87.6～101.8	96.2	4.6
腐霉利	10	87.8～103.0	96.5	6.4
	100	88.1～104.6	98.1	5.3
丙环唑	10	91.8～103.9	97.1	4.9
	100	90.1～102.1	95.4	4.7
戊唑醇	10	86.8～102.9	95.8	4.9
	100	91.7～100.7	97.1	3.4
异菌脲	10	89.3～103.0	95.5	5.6
	100	88.0～106.0	96.8	6.1
恶霜灵	10	90.4～102.6	95.0	4.6
	100	91.1～102.1	96.8	4.1
腈菌唑	10	94.0～105.8	98.2	4.1
	100	94.9～106.8	99.1	3.7
2,4-D	10	90.8～110.2	100.1	6.1
	100	90.5～109.5	98.6	7.1

九、注意事项

① 空白基质制备：每批样品必须加一个空白基质，空白基质测定与样品前处理同时进行，完全按照整个样品分析过程进行，该空白基质不得含有待测目标。主要用于配置基质匹配的标准曲线的配制。

② 基质匹配标准曲线：在样本检测过程中需配制基质匹配标准曲线进行校准，否则严重的基质干扰会导致样品检测结果出现严重偏差。不同种类的水果需要制定各自的基质匹配标准曲线。

十、资料性附录

分析图谱如图 5-16。

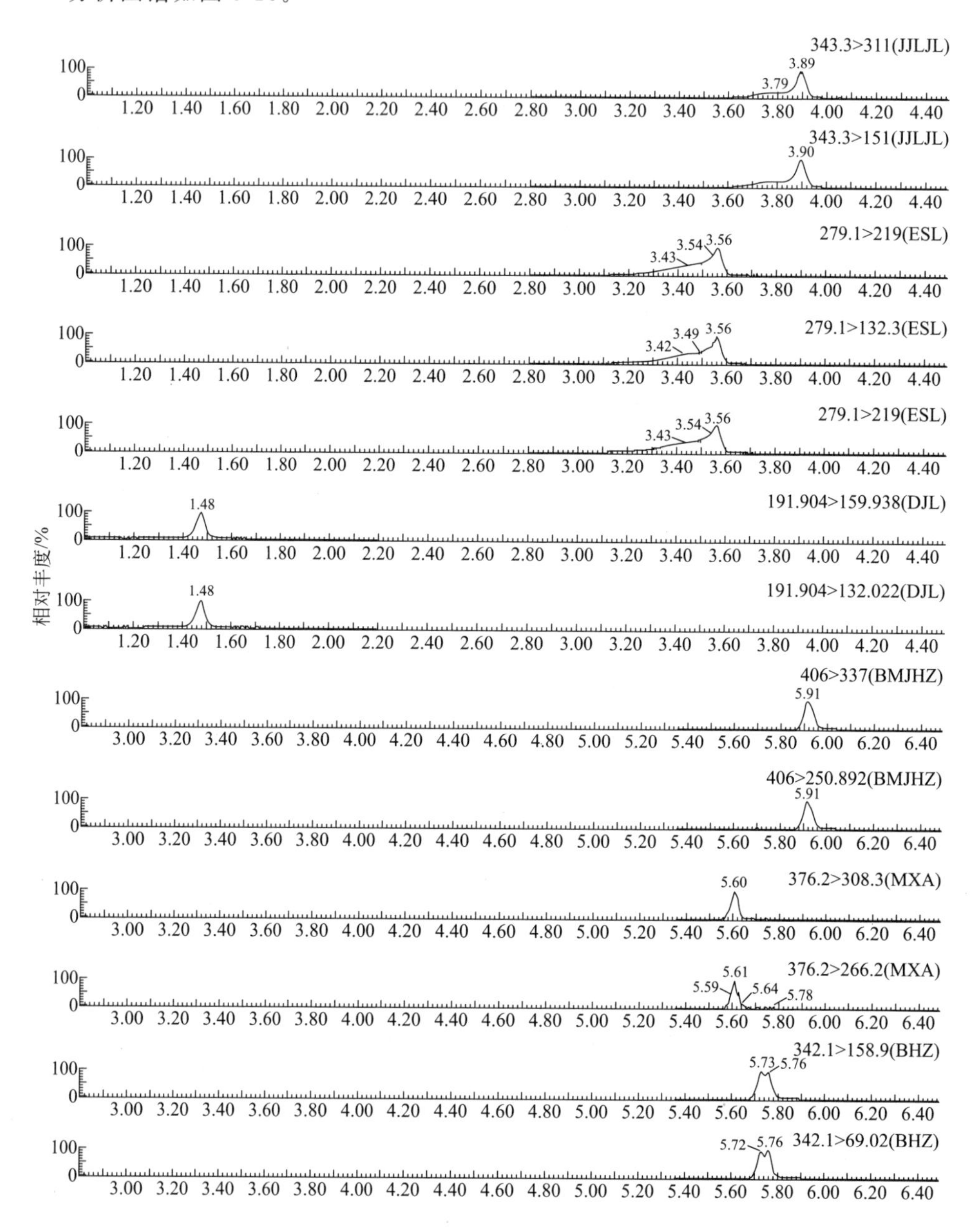

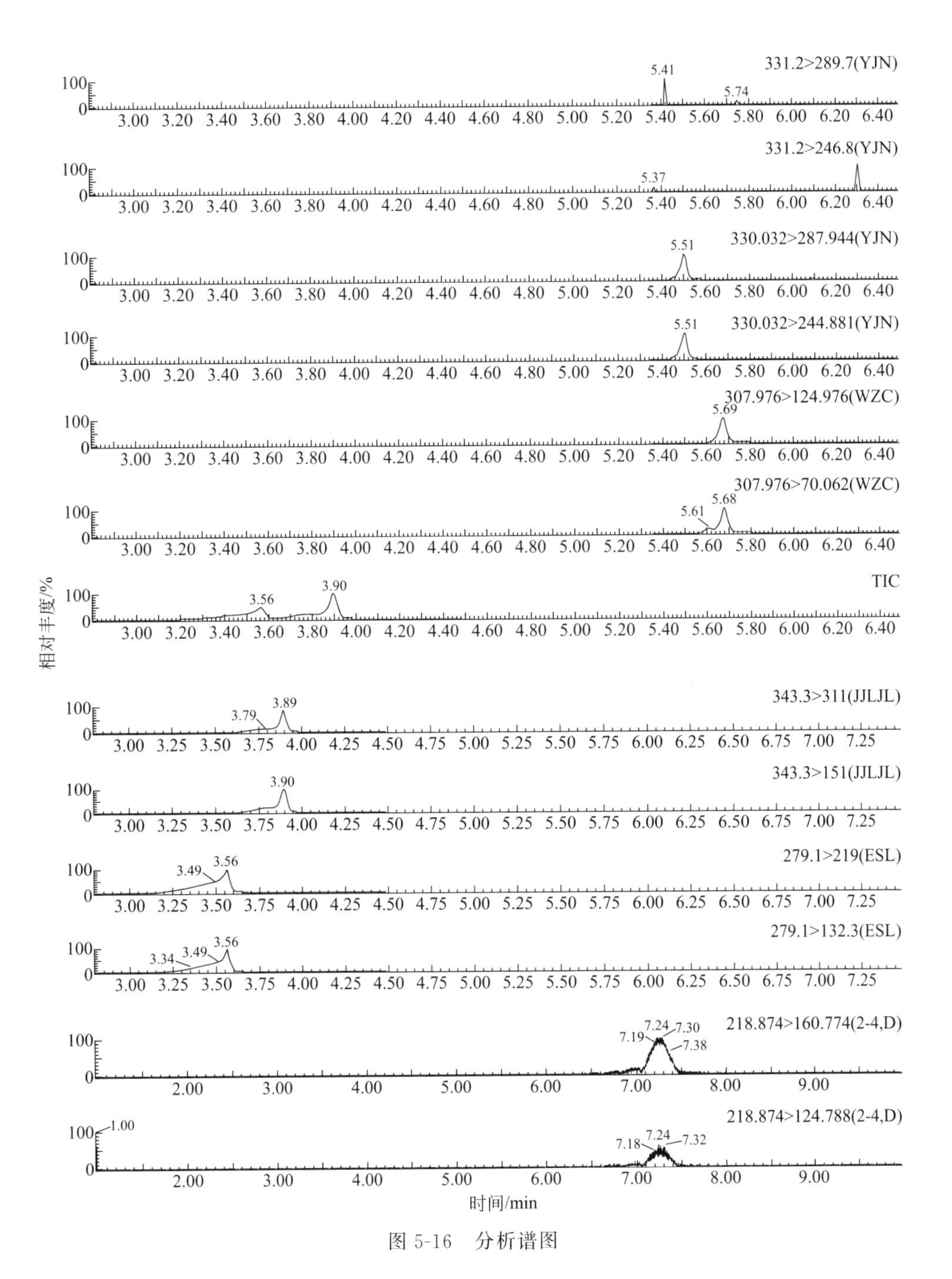

图 5-16　分析谱图

图 5-16 中，JJLJL—甲基硫菌灵，ESL—恶霜灵；DJL—多菌灵；BMJHZ—苯醚甲环唑；MXA—咪鲜胺；BHZ—丙环唑；YJN—异菌脲；WZC—戊唑醇。

加标谱图如图 5-17。

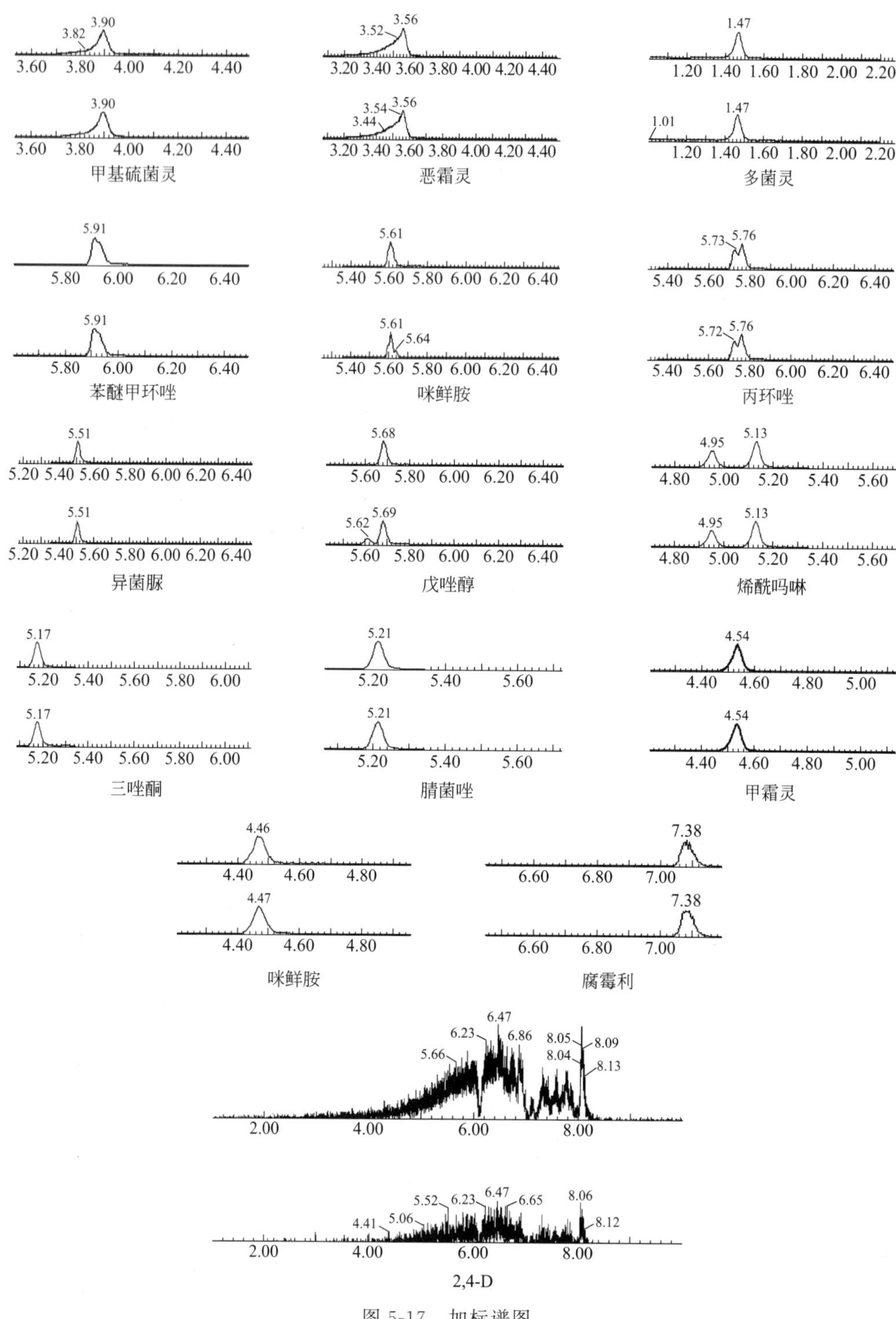

图 5-17　加标谱图

纵坐标为相对丰度/%，横坐标为时间/min

阳性样品谱图如图 5-18。

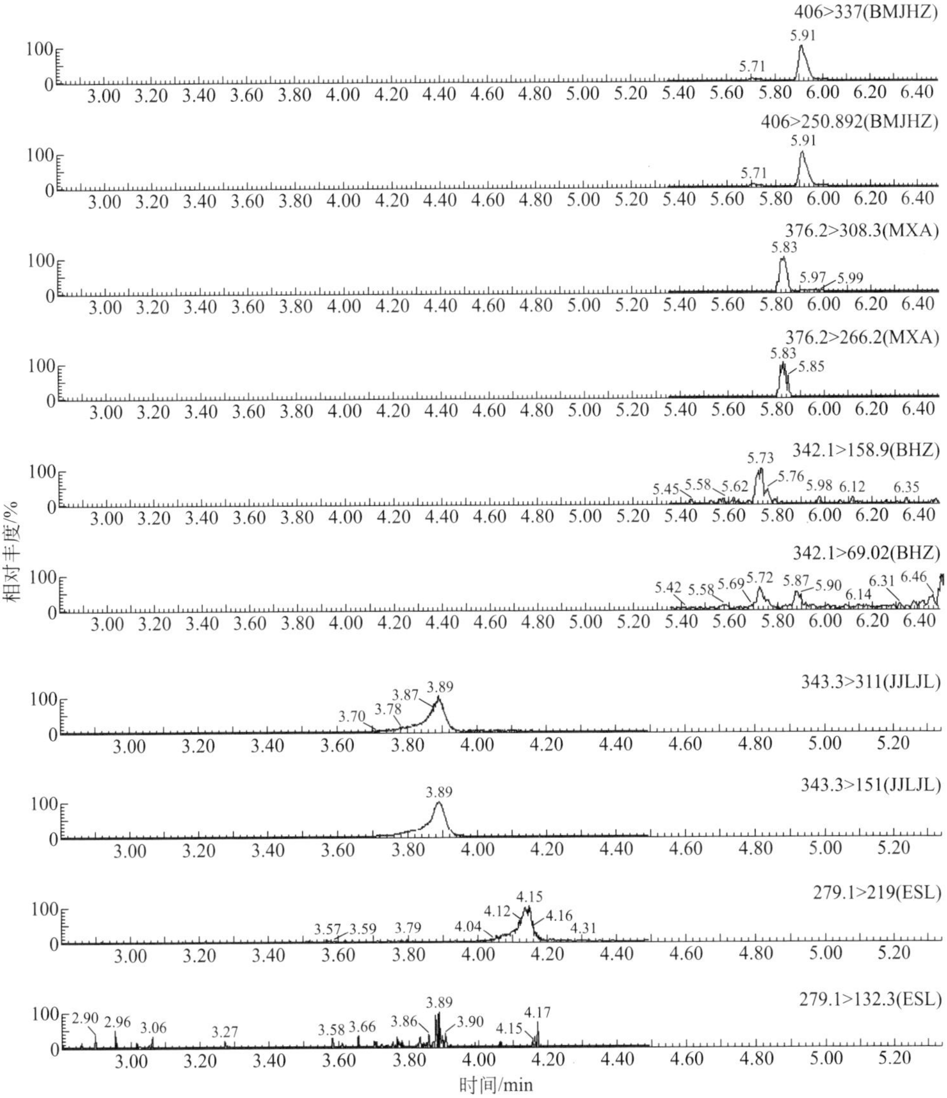

图 5-18　阳性样品谱图

第三节　杀虫剂农药残留量的测定

韭菜等蔬菜中六种杀虫剂残留量的测定

一、适用范围

本规程规定了韭菜、豇豆、芹菜、萝卜、卷心菜、番茄、小白菜和莲藕中涕灭威、涕灭威砜、涕灭威亚砜、吡虫啉、啶虫脒及氯虫苯甲酰胺6种杀虫剂残留量检测的制样方法、LC-MS/MS确认和测定方法。

本规程适用于韭菜、豇豆、芹菜、萝卜、卷心菜、番茄、小白菜和莲藕中涕灭威、涕灭威砜、涕灭威亚砜、吡虫啉、啶虫脒及氯虫苯甲酰胺6种杀虫剂残留量的定性、定量分析。

二、方法提要

样品经均质匀浆后，以乙腈为提取剂，振荡提取，加入萃取盐包，混匀离心，上清液经QuEChERS小管净化后，高效液相色谱质谱联用仪测定，外标法定量。

三、仪器设备和试剂

（一）仪器和设备

① 超快速液相色谱仪：DGO-30A，岛津公司。

② 质谱仪：Triple QuadTM 4500，SCIEX公司。

（二）试剂和耗材

① 甲醇，乙腈，甲酸：色谱纯，DiKMA公司。

② ProElutTM QuEChERS固相萃取专用盐包：硫酸镁4g、氯化钠1g、TSCD 1g、DHS 0.5g。DiKMA，CN. 64521。

③ QuEChERS小柱：PSA 50mg和硫酸镁150mg。DiKMA，CN. 64501。

（三）标准品及标准物质

标准品：均由Xstandard公司生产，具体信息见表5-45。

表5-45　标准品相关信息

序号	名称	分子简式	CAS RN	纯度/%
1	涕灭威	$C_7H_{14}N_2O_2S$	116-06-3	>98.0
2	涕灭威砜	$C_7H_{14}N_2O_4S$	1646-88-4	>95.0
3	涕灭威亚砜	$C_7H_{14}N_2O_3S$	1646-87-3	>98.0
4	吡虫啉	$C_9H_{10}ClN_5O_2$	138261-41-3	>95.0
5	啶虫脒	$C_{10}H_{11}ClN_4$	135410-20-7	>98.0
6	氯虫苯甲酰胺	$C_{18}H_{14}BrCl_2N_5O_2$	500008-45-7	>98.0

标准储备液配置：准确称取每种标准品10mg于10mL容量瓶中，用甲醇定容至10mL，配置成浓度为1mg/mL的储备液，−20℃避光保存。

四、样品的处理

提取：称取样品10g（精确至0.01g），置于50mL聚丙烯离心管中，加入10mL乙腈，旋涡混合1min，振荡5min。再加入萃取盐包，振荡1min，静置5min，10000r/min离心10min（4℃）。

净化：取 1mL 上清液过 QuEChERS 小柱，涡旋 1min，10000r/min 4℃离心 10min（4℃）。净化液过 0.22μm 滤膜，上机待测。

五、试样分析

（一）仪器条件

液相色谱条件：

① 色谱柱：Shim-pack XR-ODS Ⅲ C18 柱（2.0mm×50mm，1.6μm）或相当者。

② 流动相：A 相，0.1%甲酸水；B 相，甲醇。梯度洗脱参数见表 5-46。

表 5-46　梯度洗脱条件

时间/min	甲醇/%	0.1%甲酸水/%
0.01	10.0	90.0
2.0	30.0	70.0
4.0	65.0	35.0
8.5	95.0	5.0
10.5	95.0	5.0
13.0	10.0	90.0
13.0	10.0	90.0

③ 柱温：40℃。

④ 进样体积：5μL。

⑤ 流速：0.3mL/min。

质谱条件：

① 离子化方式：ESI（+）。

② 喷雾电压：5.5kV。

③ 离子源温度：550℃。

④ 气帘气压力：2.5×10^5Pa。

⑤ 雾化气压力：5.5×10^5Pa。

⑥ 辅助加热气压力：5.5×10^5Pa。

⑦ 检测方式：多反应监测（MRM）。

目标化合物 MRM 条件如表 5-47。

表 5-47　目标化合物 MRM 条件

物质名称	保留时间/min	母离子(m/z)	子离子(m/z)	驻留时间/ms	锥孔电压/V	碰撞能量/eV
涕灭威	3.76	213.1	89.0①	50	67	22
			132			16
涕灭威砜	2.46	223.1	76①	50	68	10
			148			12

续表

物质名称	保留时间/min	母离子(m/z)	子离子(m/z)	驻留时间/ms	锥孔电压/V	碰撞能量/eV
涕灭威亚砜	2.12	207.1	89① 132	50	60	17 10
吡虫啉	3.47	256	175.2① 209.1	50	80	20 17
啶虫脒	3.02	223	126.1① 149.1	50	100	20 20
氯虫苯甲酰胺	4.18	484.1	453.0① 286.0	50	100	20 20

① 定量离子对。

（二）基质标准曲线配制

将空白样品提取液过 QuEChERS 小柱，得到基质净化液。用混合标准溶液和基质液配制成浓度为 0、1.0ng/mL、5.0ng/mL、10.0ng/mL、20.0ng/mL、50.0ng/mL、100.0ng/mL 的标准溶液。

（三）样品分析

样品中待测化合物的保留时间与相应被测组分色谱峰的保留时间一致，变化范围应在±2.5%之内。待测化合物的定性离子的重构离子色谱峰的信噪比≥3，定量离子的重构离子色谱峰的信噪比≥10。同一检测批次，样品中的两个子离子的相对丰度比与浓度相当的标准溶液相比，允许偏差不超过表 5-48 的规定范围。

表 5-48　定性时相对离子丰度的最大允许偏差

相对离子丰度/%	≤10	>10～20	>20～50	>50
允许相对偏差/%	±50	±30	±25	±20

六、质量控制

回收率和精密度：建议按照 10%的比例对所测组分进行加标回收试验，样品量<10 件的最少 1 个。本规程加标方法如下：在 10g 样品中加入 10μg/mL 标准使用液 20μL，加标量为 50μg/kg；在 10g 样品中加入 10μg/mL 标准使用液 50μL，加标量为 50μg/kg；在 10g 样品中加入 10μg/mL 标准使用液 100μL，加标量为 100μg/kg；回收率及精密度见表 5-49。

表 5-49　回收率及精密度（$n=6$）

名称	加标浓度/(μg/kg)	回收率范围/%	平均回收率/%	RSD/%
涕灭威	20	83.2～103.2	93.7	11.3
	50	94.1～104.0	96.8	12.2
	100	94.3～106.0	98.2	10.0

续表

名称	加标浓度/(μg/kg)	回收率范围/%	平均回收率/%	RSD/%
涕灭威砜	20	87.6～113.2	87.6	9.9
	50	86.6～93.7	86.5	9.2
	100	89.5～106.5	91.9	9.9
涕灭威亚砜	20	84.6～111.2	94.7	7.8
	50	83.5～107.1	95.7	8.6
	100	88.5～115.0	97.8	7.7
吡虫啉	20	93.6～109.2	97.4	9.9
	50	94.2～105.6	101.2	10.9
	100	87.8～110.2	94.7	11.4
啶虫脒	20	88.5～113.9	96.7	11.6
	50	84.6～114.2	97.8	11.5
	100	85.5～110.2	95.5	12.7
氯虫苯甲酰胺	20	84.3～110.3	92.6	13.6
	50	86.0～108.0	93.5	12.5
	100	83.6～114.0	94.5	11.0

七、结果计算

样品中各杀虫剂残留量用下式计算：

$$X=\frac{c\times V\times 10}{m}$$

式中 X——试样中杀虫剂残留量，μg/kg；

c——样品测定液中杀虫剂浓度，ng/mL；

V——定容体积，mL；

m——试样质量，g；

10——稀释倍数。

八、技术参数

灭菌剂的方法定性限及方法定量限如表5-50。

表5-50 灭菌剂的方法定性限及方法定量限 单位：μg/kg

物质名称	涕灭威	涕灭威砜	涕灭威亚砜	吡虫啉	啶虫脒	氯虫苯甲酰胺
方法定性限	0.30	0.30	0.30	0.50	0.50	0.50
方法定量限	1.0	1.0	1.0	1.5	1.5	1.5

九、注意事项

① 样品前处理时不得用清水冲洗，以免表皮上的残留农药被冲洗掉，从而无

法获得实际残留浓度。

② 浓缩步骤中，氮吹时样品液严禁完全吹干，否则会造成样品的损失。

十、资料性附录

分析谱图如图 5-19 和图 5-20。

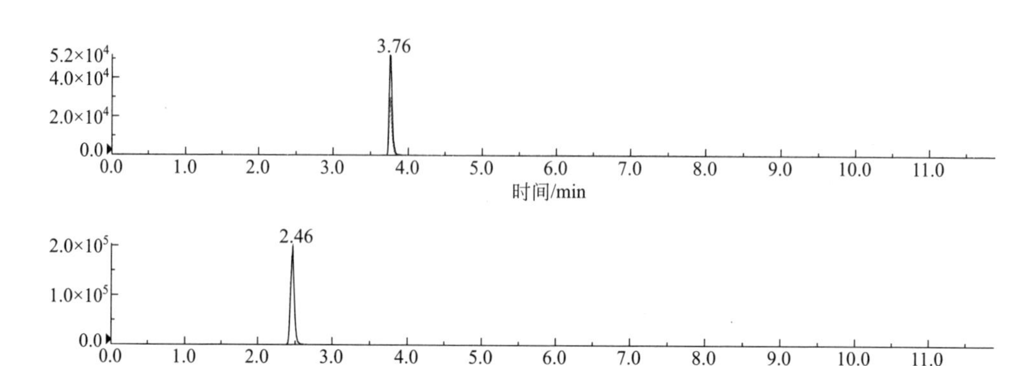

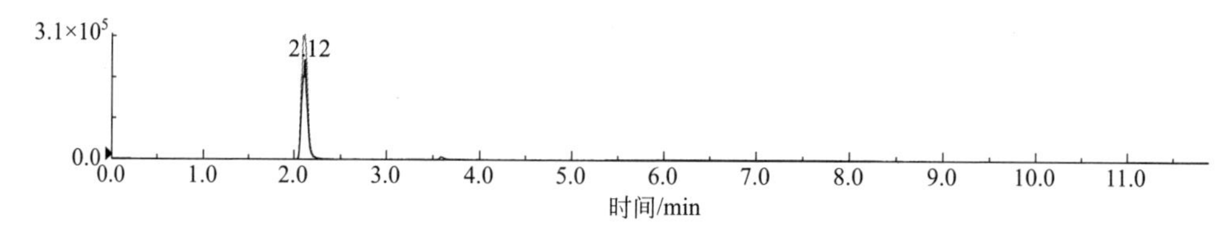

图 5-19 标准溶液中涕灭威、涕灭威砜及涕灭威亚砜的质量色谱图

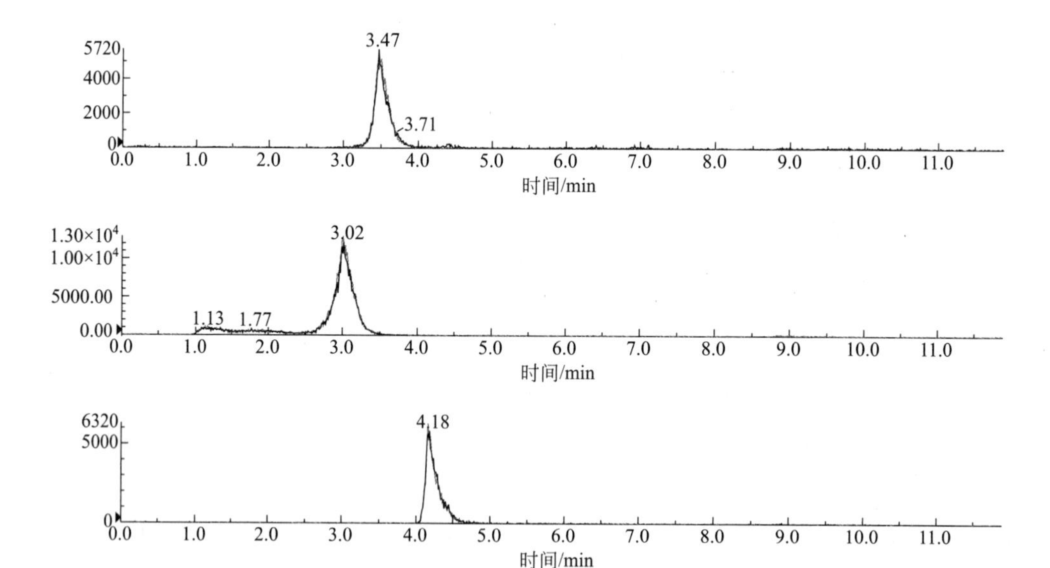

图 5-20 标准溶液中吡虫啉、啶虫脒及氯虫苯甲酰胺的质量色谱图

第四节　有机磷类农药残留量的测定

测定一：蔬菜及水果中敌敌畏等25种有机磷类农药残留量的测定

一、适用范围

本规程规定了大白菜、卷心菜、生菜、空心菜、油菜、扁豆、豇豆、黄瓜、萝卜、胡萝卜、番茄、韭菜、花生等蔬菜及苹果、梨、西瓜、葡萄、桃李等水果中多种有机磷农药残留测定的气相色谱法。

本规程适用于大白菜、卷心菜、生菜、空心菜、油菜、扁豆、豇豆、黄瓜、萝卜、胡萝卜、番茄、韭菜、花生等蔬菜及苹果、梨、西瓜、葡萄、桃李等水果中多种有机磷农药残留的测定。

二、方法提要

样品中有机磷农药经有机溶剂提取、氮吹浓缩后定容，使用QuEChERS萃取管净化后，气相色谱FPD检测器测定，保留时间双柱法定性，外标法定量。

三、仪器设备和试剂

（一）仪器和设备

① 气相色谱仪，附FPD检测器。

② 色谱柱：DB-5（30m×0.25mm×0.25μm）。

③ 天平：感量1mg。

④ 调速振荡器。

⑤ 氮吹仪。

⑥ 高速冷冻离心机（不低于10000r/min）。

⑦ 匀浆机。

（二）试剂和耗材

① 乙腈、丙酮：色谱级或农残级。

② 氯化钠：分析纯。

③ QuEChERS分散萃取管：DiKMA公司生产或同类产品。

（三）标准品及标准物质

① 标准品：甲胺磷、敌敌畏、乙酰甲胺磷、氧乐果、灭线磷、甲拌磷、乐果、乙拌磷、氯唑磷、甲基毒死蜱、甲基立枯磷、皮蝇硫磷、马拉硫磷、毒死蜱、甲基对硫磷、对硫磷、久效磷、杀扑磷、杀螟硫磷、丙溴磷、乙硫磷、三唑磷、哒嗪硫磷、亚胺硫磷、伏杀硫磷，纯度≥97.5%。

② 标准溶液的配制：分别准确称量上述 25 种有机磷农药，用丙酮配制成含量为 100μg/mL 的标准储备液，分装、密封并置于－18℃冷冻保藏，保存时限为 6 个月。

四、样品的处理

（一）试样的制备与保存

将采集的样品去除泥土等杂质，取可食用部分 500g，用干净滤纸或微湿的纱布轻轻拭去样品表面附着的脏物，用匀浆机均浆，取均匀样品，所取样品平均分为 2 份，1 份供测定，另 1 份放置于－18℃冰箱中保存，备用。

（二）提取及浓缩

准确称取制备好的 20g 样品（精确至 0.01g）于 50mL 具塞离心管中，加入 20.00mL 乙腈，拧紧盖子，置于振荡器上振荡 30min（振荡频率为 80～100 次/min）后，加入适量氯化钠，使水相中的氯化钠处于饱和状态，再振荡 15min，取出后在冷冻高速离心机上以 10000r/min，4℃离心 10min，使有机相与水相分开。取出恢复至室温后，准确吸取上层有机相 10.00mL 于具准确刻度的 15mL 离心管，用氮气吹至近干，再加丙酮至 2mL 刻度。按上述步骤同步制备空白、平行及加标样品溶液。

（三）净化

按照与样品基质匹配的 QuEChERS 萃取小管，加入上步中样品处理液 1.50mL，充分振摇不少于 80 次或置于旋涡混合器上充分混匀 1min，此过程中注意使固体成分与溶液充分混合。静置 10min，取出后在冷冻高速离心机上以 12000r/min，4℃离心 10min，取出恢复至室温后，吸取上层清液进气相色谱样品瓶，待测定。

五、试样分析

（一）气相参考条件

① 柱温：DB-5 柱，初始温度 120℃，保留 2min，以 15℃/min 的速度上升到 200℃后，保持 1min；再以 5℃/min 的速度上升到 280℃，保持 25min。

② 进样模式：不分流进样。

③ 进样量为 1μL。

④ 进样口温度：240℃。

⑤ FPD 检测器温度：300℃。

⑥ 柱流量：1.0mL/min。

（二）样品测定

定性：采用 DB-5 柱对样品中的目标化合物进行定性，可疑阳性样品须采用双柱定性法进一步确证，目标化合物与标准品的保留时间在双柱上分别一致方可定性。25 种有机磷农药在 DB-5 柱保留时间如表 5-51 所示。其分离图谱如图 5-21 所示。本规程条件下甲基对硫磷与甲基毒死蜱、对硫磷与毒死蜱在 DB-5 色谱柱不能有效分离，遇到此种情况时应严格使用双柱法对其进行定性，推荐使用 DB-1701 色谱柱。

表 5-51　25 种农药在 DB-5 柱上的保留时间

序号	有机磷类农药名称	保留时间/min	序号	有机磷类农药名称	保留时间/min
1	甲胺磷	8.215	14	皮蝇硫磷	18.689
2	敌敌畏	8.500	15	杀螟硫磷	19.096
3	乙酰甲胺磷	10.714	16	马拉硫磷	19.393
4	氧乐果	13.061	17	毒死蜱	19.891
5	灭线磷	13.684	18	对硫磷	19.891
6	久效磷	14.278	19	杀扑磷	22.068
7	甲拌磷	14.708	20	丙溴磷	23.222
8	乐果	15.273	21	乙硫磷	25.090
9	乙拌磷	16.645	22	三唑磷	25.524
10	氯唑磷	16.835	23	哒嗪硫磷	28.000
11	甲基毒死蜱	18.152	24	亚胺硫磷	28.223
12	甲基对硫磷	18.152	25	伏杀硫磷	29.625
13	甲基立枯磷	18.336			

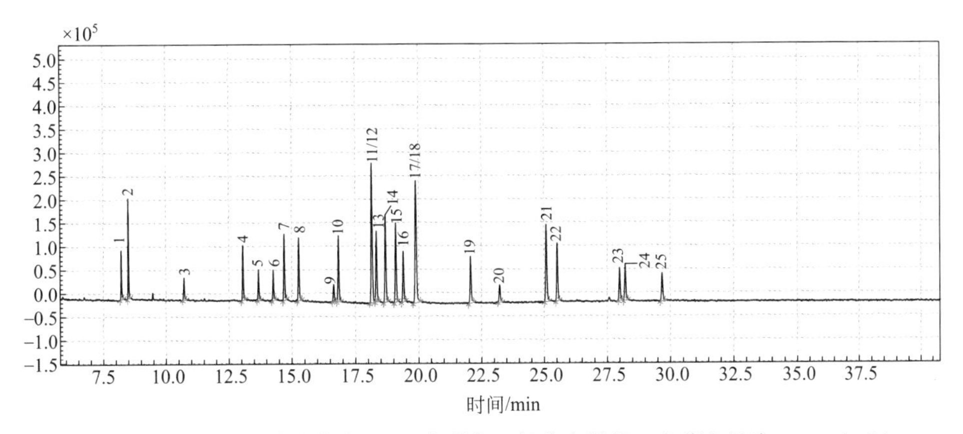

图 5-21　25 种有机磷农药在 DB-5 色谱柱上的分离谱图（农药含量为 3.0μg/mL）

定量：在定性确认的基础上，针对样品中所含有的农药成分，配制相应组分含量在 0.2～4μg/mL 间的混合标准系列并测定，制作标准曲线；测定已定性的样品液，以已定性组分峰面积为响应值，标准曲线外标法定量。

六、质量控制

① 空白实验：根据样品处理步骤，做试剂空白及各种基质空白实验，每进 10 个样品需进 1 次试剂空白样品。

② 加标回收：建议按照 10%的比例对所测组分进行加标回收试验，样品量<10 件的最少 1 个。对各组分做低、中、高 3 个浓度的回收率实验，回收率以在 60%～120%为宜。

方法的准确度、精密度试验结果如表 5-52。

表 5-52　方法的准确度、精密度试验结果

待测组分	加标值/(mg/kg)	回收率范围/%	平均回收率/%	RSD/%
甲胺磷	0.04	68.6～94.8	82.7	7.3
	0.1	83.7～115	94.3	5.6
	0.5	75.8～106	90.7	2.2
敌敌畏	0.04	64.7～105	79.3	4.7
	0.1	89.3～117	104	3.8
	0.5	85.8～104	94.2	3.1
乙酰甲胺磷	0.04	82.7～108	90.1	5.2
	0.1	69.3～116	87.4	4.2
	0.5	82.5～103	91.5	4.9
氧乐果	0.04	79.2～113	88.5	8.2
	0.1	86.4～95.2	89.3	6.3
	0.5	73.7～102	93.4	5.2
灭线磷	0.04	53.8～118	82.6	6.3
	0.1	84.2～104	91.5	4.9
	0.5	86.1～113	106	2.7
久效磷	0.04	72.6～83.7	77.5	5.4
	0.1	82.6～114	93.1	4.9
	0.5	80.5～113	94.6	3.1
甲拌磷	0.04	59.3～98.4	84.3	6.1
	0.1	83.5～116	102	3.8
	0.5	78.3～109	95.2	2.9
乐果	0.04	63.0～97.4	84.2	5.9
	0.1	69.2～106	87.9	4.3
	0.5	89.5～103	96.2	3.2
乙拌磷	0.04	78.6～108	83.9	6.1
	0.1	75.3～114	93.6	4.5
	0.5	84.2～109	93.7	2.3
氯唑磷	0.04	79.2～104	91.2	3.5
	0.1	69.3～116	87.3	4.1
	0.5	85.2～119	97.3	2.8
甲基毒死蜱	0.04	74.1～113	92.7	4.3
	0.1	82.6～109	96.4	3.8
	0.5	84.9～103	91.3	1.9
甲基对硫磷	0.04	68.5～104	79.2	3.9
	0.1	79.0～115	92.4	2.7
	0.5	88.2～104	95	2.6
甲基立枯磷	0.04	71.3～116	92.3	4.3
	0.1	84.6～105	89.2	5.6
	0.5	89.3～111	94.5	2.4

续表

待测组分	加标值/(mg/kg)	回收率范围/%	平均回收率/%	RSD/%
皮蝇硫磷	0.04	79.2～118	103	7.4
	0.1	79.3～107	91.8	5.3
	0.5	88.2～103	95.3	4.1
杀螟硫磷	0.04	76.2～114	89	4.5
	0.1	86.3～116	104	3.4
	0.5	87.5～103	92.5	2
马拉硫磷	0.04	76.2～108	88.3	5.4
	0.1	83.5～116	98.4	4.6
	0.5	92.3～118	102	1.5
毒死蜱	0.04	78.2～115	87.3	4.2
	0.1	84.5～103	94.2	4.5
	0.5	82.6～95.3	87.1	3.4
对硫磷	0.04	78.2～114	88.3	6.7
	0.1	84.6～103	92.6	3.8
	0.5	83.5～112	94.7	1.4
杀扑磷	0.04	72.9～114	95.3	4.3
	0.1	81.6～109	91.5	3.7
	0.5	93.2～117	103	1.5
丙溴磷	0.04	79.5～106	89.3	4.5
	0.1	78.5～96.8	84.2	3.4
	0.5	89.1～108	97.5	1.6
乙硫磷	0.04	74.2～113	87.2	3.8
	0.1	83.5～107	88.3	2.4
	0.5	86.2～105	94.1	1.6
三唑磷	0.04	76.1～112	91.3	5.3
	0.1	83.5～97.3	89.2	4.7
	0.5	85.2～116	95.2	2.8
哒嗪硫磷	0.04	79.2～106	92.7	6.3
	0.1	83.5～112	94.5	3.5
	0.5	79.3～98.2	90.3	3.1
亚胺硫磷	0.04	78.2～105	90.3	7.2
	0.1	84.1～113	97.6	5.3
	0.5	86.3～98.6	94.2	3.8
伏杀硫磷	0.04	73.2～90.1	83.4	4.2
	0.1	78.2～103	89.3	5.7
	0.5	82.7～116	97.5	3.4

③ 平行样测定：每个样品应进行平行双样测定，平行测定时的相对偏差应满足实验室内变异系数要求，见表 5-53。

表 5-53 实验室内变异系数要求

被测组分含量水平	实验室内变异系数/%	被测组分含量水平	实验室内变异系数/%
0.1μg/kg	43	1mg/kg	11
1μg/kg	30	10mg/kg	7.5
10μg/kg	21	100mg/kg	5.3
100μg/kg	15		

七、结果计算

样品中各农药残留量按照下式进行计算。

$$X=\frac{c\times f\times V\times 1000}{m\times 1000}$$

式中 X——所测样品中农药残留量，mg/kg；

c——样品测定液中农药浓度，μg/mL；

V——定容体积，mL；

f——稀释因子，在本规程中为 2；

m——取样质量，g；

1000——换算系数。

八、技术参数

25 种有机磷农药的方法定性限和定量限如表 5-54。

表 5-54 25 种有机磷农药的方法定性限和定量限 单位：mg/kg

农药名称	方法定性限	方法定量限	农药名称	方法定性限	方法定量限
甲胺磷	0.0050	0.015	皮蝇硫磷	0.010	0.030
敌敌畏	0.0080	0.024	杀螟硫磷	0.0050	0.015
乙酰甲胺磷	0.0050	0.015	马拉硫磷	0.0070	0.021
氧乐果	0.010	0.030	毒死蜱	0.0030	0.0090
灭线磷	0.0050	0.015	对硫磷	0.0040	0.012
久效磷	0.0080	0.024	杀扑磷	0.0060	0.018
甲拌磷	0.0050	0.015	丙溴磷	0.0080	0.024
乐果	0.0050	0.015	乙硫磷	0.010	0.030
乙拌磷	0.0050	0.015	三唑磷	0.0080	0.024
氯唑磷	0.0070	0.021`	哒嗪硫磷	0.0060	0.018
甲基毒死蜱	0.0080	0.024	亚胺硫磷	0.0050	0.015
甲基对硫磷	0.0050	0.015	伏杀硫磷	0.0080	0.024
甲基立枯磷	0.0050	0.015			

九、注意事项

① 由于部分有机磷农药不稳定，且多数吸附在试样表面，因此试样不得用水冲洗。

② 浓缩：浓缩步骤中，样品液不应完全吹干，否则回收率将降低。

③ 在净化过程中，要根据样品的基质特点选用匹配的 QuEChERS 萃取管。在有效净化样品的前提下尽量减少萃取次数，否则易导致农药测定结果偏低。

④ 如果出现某些目标化合物在上述参考仪器条件下分离度达不到要求，可更换色谱柱或适当改变系统温度。

十、资料性附录

本规程的实验数据出自岛津公司 GC-2010 气相色谱仪。

分析谱图如图 5-22 和图 5-23 所示。

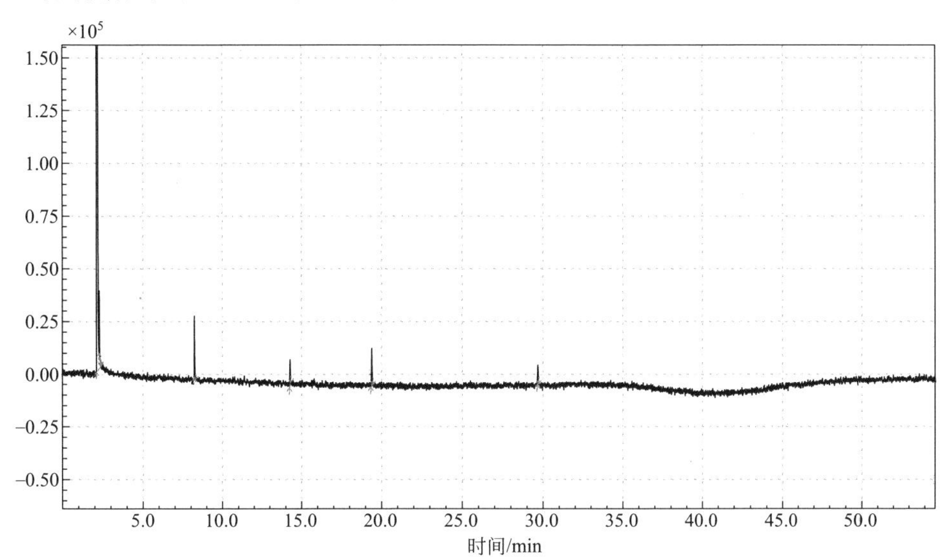

图 5-22 梨加标谱图［加标物为甲胺磷（109%）、久效磷（84.7%）、马拉硫磷（91.4%）、伏杀硫磷（87.2%），加标量为 0.20mg/kg］

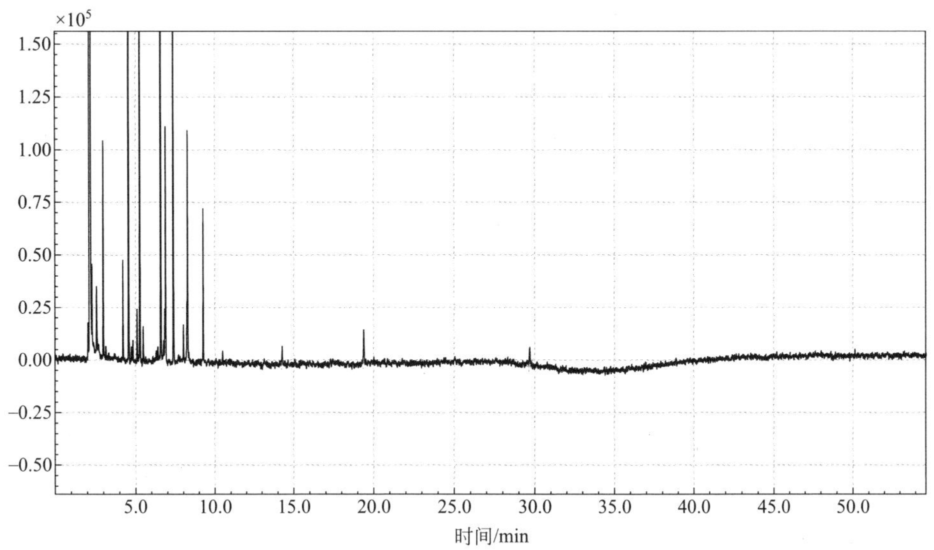

图 5-23 韭菜加标谱图［加标物为久效磷（81.3%）、马拉硫磷（85.8%）、伏杀硫磷（79.6%），加标量为 0.20mg/kg］

测定二：蔬菜及水果中嘧啶磷等25种有机磷类农药残留量的测定

一、适用范围

本规程适用于大白菜、卷心菜、生菜、空心菜、油菜、扁豆、豇豆、黄瓜、萝卜、胡萝卜等蔬菜中有机磷类农药残留量检测。

二、方法提要

样品经乙腈提取、CARB/NH_2柱净化，定容后，气相色谱FPD检测器测定，保留时间双柱法定性，外标法定量。

三、仪器设备和试剂

（一）仪器和设备

① 气相色谱仪，GC-2010，岛津公司，附FPD检测器。

② 色谱柱：HP-5（30m×0.25mm×0.25μm）和DB-1701（30m×0.32mm×0.25μm）。

③ 电子天平（感量1mg）。

④ 调速振荡器。

⑤ 氮吹仪。

⑥ 高速冷冻离心机（不低于10000r/min）。

（二）试剂和耗材

① 乙腈：色谱级或农残级。

② 丙酮：色谱级或农残级。

③ 二氯甲烷：色谱级或农残级。

④ 无水硫酸钠：分析纯，使用前500℃烘烤4h。

⑤ 氯化钠：分析纯。

⑥ CARB/NH_2固相萃取柱，500mg/6mL（DiKMA公司出品）。

（三）标准品及标准物质

标准品：甲胺磷、乙酰甲胺磷、灭线磷、甲拌磷、氧乐果、乙拌磷、氯唑磷、甲基毒死蜱、乐果、皮蝇硫磷、甲基立枯磷、甲基嘧啶磷、毒死蜱、甲基对硫磷、嘧啶磷、马拉硫磷、杀螟硫磷、对硫磷、杀扑磷、丙溴磷、乙硫磷、三唑磷、哒嗪硫磷、亚胺硫磷、伏杀硫磷，纯度≥97.5%。

标准溶液的配制：根据各种农药标准品的纯度计算称取量，使用丙酮作溶剂，在25支10mL的容量瓶中分别配制100mg/L的混合标准溶液。

四、样品的处理

（一）试样的制备与保存

将采集的样品去除杂物，取可食用部分500g左右，用干净滤纸或微湿的纱布轻轻拭去样品表面附着的脏物，用均浆机磨碎。所取样品平均分为2份，1份供测定，另1份放置于－20℃冰箱中保存，备用。（当日制备的样品须当日完成提取，以防有机磷分解。）

（二）提取

称取均浆后的样品20g（准确至0.01g）于50mL具塞离心管中，加入乙腈20.00mL，拧紧盖子，置于振荡器上振荡30min（振荡频率为80～100次/min）后，加入5g氯化钠，再振荡15min，取出后在冷冻高速离心机上以10000r/min，4℃离心10min，使乙腈与水相分开。取出恢复至室温后，准确吸取乙腈相15.00mL于50mL离心管中，加入无水硫酸钠5g（含水量大的样品需酌情增加），振荡1min脱水，将溶液转移入容积不低于25mL的浓缩瓶中，并用乙腈洗涤数次，洗液一并转入浓缩瓶中，用氮气吹至近干，加2mL丙酮溶解。

（三）净化和浓缩

取CARB/NH_2固相萃取柱，用丙酮3mL及二氯甲烷3mL先后淋洗萃取小柱。当二氯甲烷液面即将下降至吸附层表面时，立即将（二）中的样品液完全转入萃取柱中，另取一个带刻度的小浓缩瓶接收样液，待液面即将到达小柱吸附层表面时，再分别以丙酮6mL及二氯甲烷6mL先后淋洗小柱，用氮气吹至近干，加丙酮定容至2.0mL。

五、试样分析

（一）气相色谱参考条件

① 柱温：

色谱柱	柱温	流量/(mL/min)
HP-5柱	初始温度120℃，以4℃/min的速度上升到200℃后，保持8min；再以10℃/min的速度上升到280℃，保持5min	1.8
DB-1701柱	初始温度120℃，以5℃/min的速度上升到200℃，保持4min，再以15℃/min的速度上升到250℃，保持14min	2.0

② 进样模式：进样量为1μL。

③ 分流进样，分流比一般设为50∶1。

④ 进样口温度：240℃。

⑤ 检测器温度：FPD温度为300℃。

（二）定性

本实验采用双柱-保留时间定性法。首先采用HP-5柱对样品中的目标化合物进行初步定性，可疑阳性样品须采用DB-1701柱进一步确证，目标化合物与标准品的保留时间在双柱上分别一致方可定性。

本规程的条件下DB-1701柱不能有效分离杀扑磷及丙溴磷，而甲基对硫磷与甲基毒死蜱、杀螟硫磷与甲基嘧啶磷在HP-5色谱柱不能有效分离，遇到此种情况时应严格使用双柱法对其进行定性。

25种有机磷组分在HP-5色谱柱及DB-1701柱保留时间如表5-55所示；其分

离图谱如图 5-24 及图 5-25 所示。

表 5-55　25 种农药在 DB-1701 柱及 HP-5 柱上的保留时间

有机磷类农药名称	在不同色谱柱上保留时间/min	
	HP-5	DB-1701
甲胺磷	3.592	6.525
乙酰甲胺磷	6.951	11.485
氧乐果	10.960	14.541
灭线磷	12.224	11.934
甲拌磷	13.991	13.024
乐果	14.981	17.377
乙拌磷	17.579	15.551
氯唑磷	18.328	16.548
甲基对硫磷	20.136	19.929
甲基毒死蜱	20.136	17.086
甲基立枯磷	20.380	17.854
皮蝇硫磷	21.034	17.695
杀螟硫磷	21.965	21.005
甲基嘧啶磷	21.965	18.431
马拉硫磷	22.310	20.778
毒死蜱	22.908	19.166
对硫磷	23.339	21.812
嘧啶磷	25.044	20.413
杀扑磷	26.756	23.547
丙溴磷	29.110	23.547
乙硫磷	33.963	25.350
三唑磷	35.398	27.274
哒嗪硫磷	40.230	30.248
亚胺硫磷	40.508	30.990
伏杀硫磷	42.816	32.990

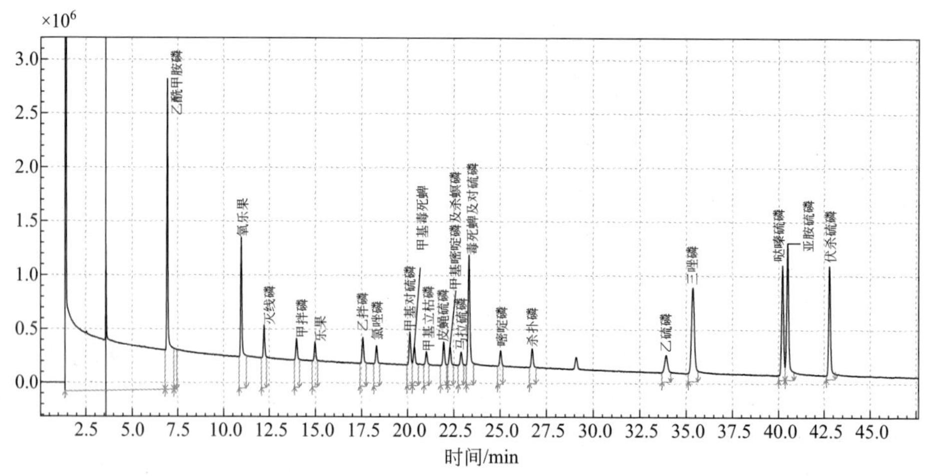

图 5-24　25 种有机磷农药在 HP-5 色谱柱上的分离谱图

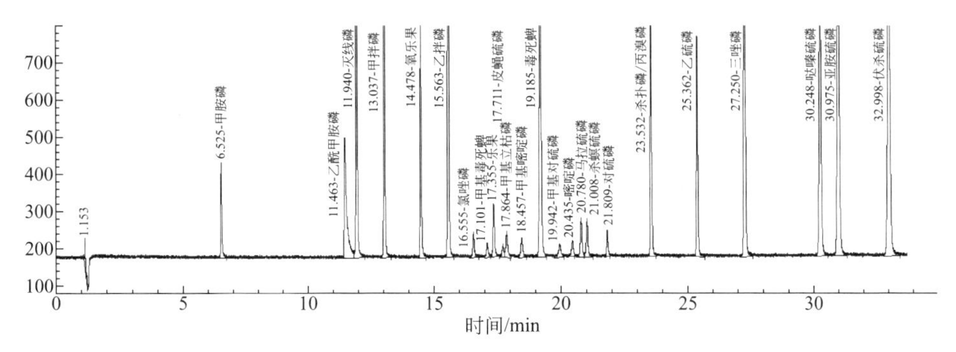

图 5-25　25 种有机磷农药在 DB-1701 色谱柱上的分离谱图

（三）定量

在定性确认的基础上，针对样品中所含有的农药成分，配制相应的混合标准系列并测定，制作标准曲线；测定已定性的样品液，以已定性组分峰面积为响应值，标准曲线外标法定量。

六、质量控制

（一）空白实验

根据样品处理步骤，做试剂空白及各种基质空白实验，每进 10 个样品需进一次试剂空白样品。

（二）加标回收

按照 10％的比例对各组分做低、中、高 3 个浓度的回收率实验。回收率以在 50％～120％为宜（表 5-56）。

表 5-56　方法的准确度及精密度试验结果（*n*＝6）

待测组分	加标值/(mg/kg)	回收率范围/%	平均回收率/%	RSD/%
甲胺磷	0.03	52.2～114	73.1	8.3
	0.1	78.1～109	86.7	7.2
	0.3	76.8～116	90.2	6.5
乙酰甲胺磷	0.03	61.8～121	81.5	9.5
	0.1	69.4～97.3	80.2	5.9
	0.3	82.5～106	89.3	4.7
氧乐果	0.03	48.1～79.4	67.2	7.2
	0.1	89.1～126	108	7.8
	0.3	83.6～104	90.4	3.9
灭线磷	0.03	57.8～109	78.5	5.9
	0.1	82.6～103	91.6	4.1
	0.3	89.2～117	108	3.2

续表

待测组分	加标值/(mg/kg)	回收率范围/%	平均回收率/%	RSD/%
甲拌磷	0.03	56.1~93.2	78.9	8.7
	0.1	79.2~101	83.7	5.3
	0.3	76.7~106	89.2	3.4
乐果	0.03	61.6~104	94.3	6.9
	0.1	66.3~114	86.5	7.6
	0.3	74.9~126	109	5.3
乙拌磷	0.03	67.8~95.7	82.3	7.3
	0.1	86.2~118	101	3.8
	0.3	68.2~97.5	85.6	4.5
氯唑磷	0.03	59.4~86.0	69.3	6.9
	0.1	75.3~103	92.5	7.1
	0.3	69.8~105	94.6	5.2
甲基对硫磷	0.03	57.2~75.6	69.3	6.1
	0.1	89.2~116	104	6.3
	0.3	64.3~96.2	84.5	4.2
甲基毒死蜱	0.03	58.4~116	96.2	7.2
	0.1	72.3~122	113	6.4
	0.3	81.3~105	94.1	5.2
甲基立枯磷	0.03	57.7~114	94.6	3.9
	0.1	68.2~121	112	4.6
	0.3	86.2~118	108	3.4
皮蝇硫磷	0.03	52.8~83.5	75.2	6.7
	0.1	73.1~102	91.3	3.8
	0.3	84.1~116	106	2.9
杀螟硫磷	0.03	62.8~107	90.5	5.2
	0.1	72.6~94.8	83.9	4.6
	0.3	91.2~111	102	1.9
甲基嘧啶磷	0.03	57.2~104	83.6	6.3
	0.1	76.3~121	105	4.2
	0.3	83.5~106	94.1	3.8
马拉硫磷	0.03	67.2~88.5	76.2	5.3
	0.1	78.4~126	98.4	4.2
	0.3	82.6~103	91.6	3.7
毒死蜱	0.03	58.2~116	85.2	6.6
	0.1	84.2~96.4	89.3	4.8
	0.3	91.6~108	102	2.1

续表

待测组分	加标值/(mg/kg)	回收率范围/%	平均回收率/%	RSD/%
对硫磷	0.03	60.4～84.9	74.7	3.6
	0.1	82.6～112	97.1	4.2
	0.3	78.2～116	94.9	2.9
嘧啶磷	0.03	67.2～96.1	82.1	5.3
	0.1	71.8～124	111	6.1
	0.3	89.3～94.2	92.2	3.9
杀扑磷	0.03	82.1～105	94.6	3.4
	0.1	79.2～103	92.6	4.2
	0.3	85.2～113	98.3	2.7
丙溴磷	0.03	68.2～121	94.7	5.1
	0.1	81.3～97.3	91.3	3.9
	0.3	81.5～104	92.8	2.7
乙硫磷	0.03	64.3～108	89.5	4.6
	0.1	75.2～93.6	89.1	2.8
	0.3	81.3～97.4	90.1	1.4
三唑磷	0.03	67.1～74.3	70.6	4.3
	0.1	79.5～92.6	84.8	6.2
	0.3	89.2～96.3	92.7	3.1
哒嗪硫磷	0.03	68.2～107	91.1	7.7
	0.1	82.4～105	95.3	4.2
	0.3	87.2～96.4	91.2	3.1
亚胺硫磷	0.03	67.1～93.2	77.8	4.3
	0.1	82.6～106	94.6	3.2
	0.3	91.7～97.2	93.6	2.7
伏杀硫磷	0.03	67.6～83.4	77.6	5.2
	0.1	87.6～95.1	92.1	6.2
	0.3	89.2～112	103	3.1

（三）平行样测定

每个样品应进行平行双样测定，平行测定时的相对偏差应满足实验室内变异系数要求。

七、结果计算

试样中农药残留量按下式进行计算。

$$X=\frac{c\times f\times V\times 1000}{m\times 1000}$$

式中　X——所测样品中农药残留量，mg/kg；

c——样品测定液中农药浓度，μg/mL；

V——定容体积，mL；

f——稀释因子（在本规程中为 2）；

m——取样质量，g；

1000——换算系数。

按照数值修约规则保留结果的有效数字。测定结果的表述：报告平行样的测定值的算术平均值。

八、技术参数

25 种有机磷农药在两种色谱条件下的方法定性限如表 5-57。

表 5-57 25 种有机磷农药在两种色谱条件下的方法定性限

有机磷类农药名称	方法定性限/(mg/kg)	
	HP-5	DB-1701
甲胺磷	0.0080	0.0090
乙酰甲胺磷	0.010	0.010
氧乐果	0.0060	0.0080
灭线磷	0.0080	0.010
甲拌磷	0.0060	0.0050
乐果	0.0050	0.0080
乙拌磷	0.010	0.0080
氯唑磷	0.0040	0.0090
甲基对硫磷	0.0060	0.0070
甲基毒死蜱	0.0060	0.0050
甲基立枯磷	0.0070	0.0080
皮蝇硫磷	0.0080	0.010
杀螟硫磷	0.0090	0.010
甲基嘧啶磷	0.0040	0.0060
马拉硫磷	0.0090	0.0070
毒死蜱	0.0080	0.010
对硫磷	0.0060	0.0080
嘧啶磷	0.0090	0.0060
杀扑磷	0.0090	0.0060
丙溴磷	0.010	0.010
乙硫磷	0.0080	0.0070
三唑磷	0.0090	0.0080
哒嗪硫磷	0.010	0.0080
亚胺硫磷	0.010	0.0090
伏杀硫磷	0.0080	0.010

九、注意事项

① 由于有机磷农药不稳定，且多数吸附在试样表面，因此试样不得用水冲洗。如果出现某些目标化合物在上述参考仪器条件下可能分离度达不到要求，可更换色谱柱或适当改变系统温度。

② 固相萃取：在净化过程中，CARB/NH_2 固相萃取柱吸附层上层表面严禁露出液面，否则将导致农药测定结果显著降低。正确的方法是当前一种液面距吸附层上表面约 1mm 时，就立即往萃取柱中加入下一种液体。

③ 浓缩：浓缩步骤中，样品液严禁完全吹干或挥干，否则回收率将大大降低。

④ 韭菜、葱、蒜、洋葱等蔬菜进行有机磷类农药残留量检测时应慎重采用本规程，因以上类别蔬菜中含有较多干扰成分，如用此方法检测葱空白样品，仪器将把葱中大量的本底干扰物定性为有机磷类农药，因而得到不准确的结果。

十、资料性附录

本规程的实验数据出自岛津公司 GC-2010 和安捷伦公司 6890，分析图谱如图 5-26～图 5-28 所示。

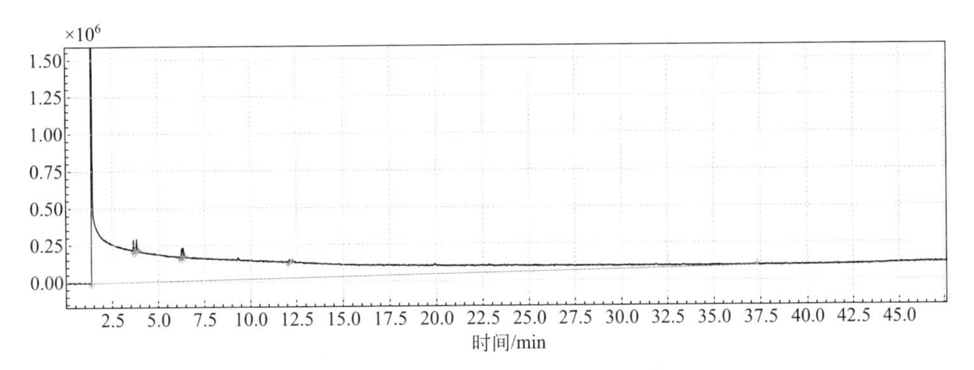

图 5-26 白菜空白样谱图（HP-5 色谱柱）

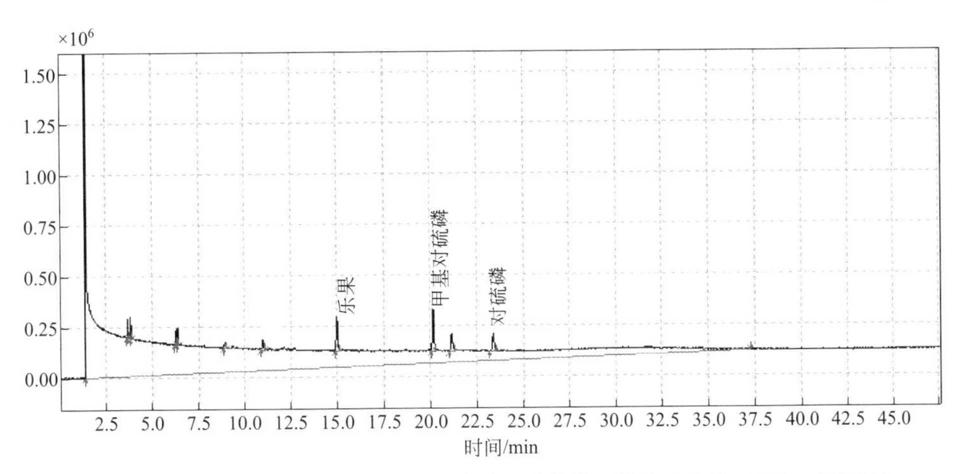

图 5-27 白菜加标样谱图，加标物为乐果、对硫磷、甲基对硫磷（HP-5 色谱柱）

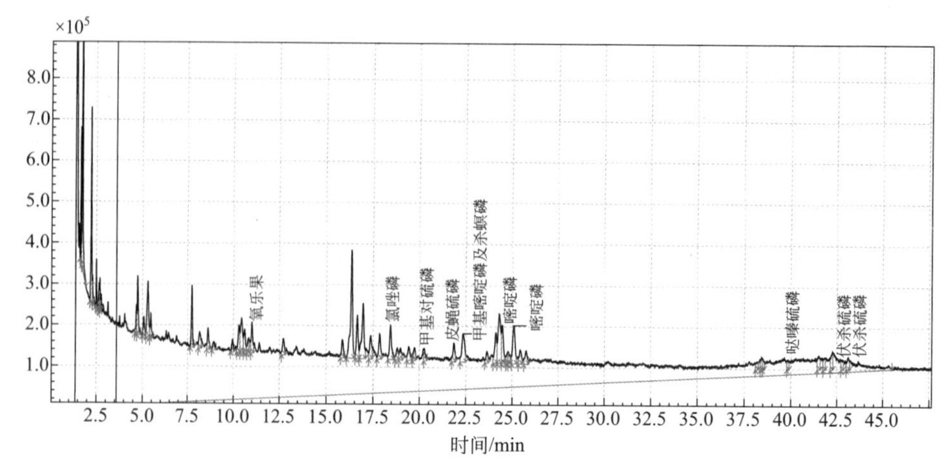

图 5-28 葱空白样谱图（HP-5 色谱柱）

测定三：水果中 18 种农药残留量的测定

一、适用范围

本规程规定了葡萄、猕猴桃、香蕉、草莓、桑葚、樱桃、金橘、芦柑、西瓜、桃、火龙果、蜜柚、哈密瓜、脐橙、苹果、梨等水果 18 种农药残留量测定的 GC-MS 法。

本规程适用于葡萄、猕猴桃、香蕉、草莓、桑葚、樱桃、金橘、芦柑、西瓜、桃、火龙果、蜜柚、哈密瓜、脐橙、苹果、梨等水果 18 种农药残留量的测定。

二、方法提要

样品经有机溶剂提取、经氮吹浓缩后定容，QuEChERS 萃取管净化后，采用气相色谱-质谱法测定，从而对目标化合物定性定量。

三、仪器设备和试剂

（一）仪器和设备

① 气相色谱-质谱联用仪：GCMS-QP2010 Plus，岛津。

② 色谱柱：DB-5MS（30m×0.25mm×0.25μm）。

③ 电子天平（0.00001g）。

④ 样品磨。

⑤ 调速振荡器。

⑥ 高速冷冻离心机（不低于 10000r/min）。

⑦ 氮吹仪。

（二）试剂和耗材

① 乙腈、正己烷：色谱级或农残级。

② 氯化钠：分析纯。

③ QuEChERS 萃取管。

（三）标准品及标准物质

18 种农药标准品：乙酰甲胺磷、氧乐果、水胺硫磷、三唑磷、灭线磷、氯唑磷、久效磷、甲基异柳磷、甲基对硫磷、甲拌磷、甲胺磷、对硫磷、毒死蜱、敌敌畏、辛硫磷、乐果、杀扑磷、氟虫腈，DiKMA 公司，纯度≥98%。

标准溶液的配制：分别称取上述标准品 0.00100g，用正己烷洗至 10mL 容量瓶并定容，配制成 100μg/mL 标准储备液。标准储备液在 −18℃、密封良好、且避光保存条件下保质期为 3 个月。

混合标准系列：准确吸取 100μg/mL 各种标准储备液 5μL、10μL、50μL、100μL、150μL、200μL 于预先加入 3mL 正己烷的 6 个 10mL 容量瓶中，用正己烷稀释至刻度，配成 0.05μg/mL、0.10μg/mL、0.50μg/mL、1.00μg/mL、2.00μg/mL、4.00μg/mL 的混合标准系列，此标准系列临用现配。实验中可根据检测样品农药种类、农药残留量、仪器条件调整标准系列范围。

四、样品的处理

（一）试样的制备与保存

将采集的样品去除泥土等杂质，用干净滤纸或微湿的纱布轻轻粘去样品表面附着的脏物，去核后取可食用部分，用样品磨制成均匀糊状。

（二）样品提取及浓缩

准确称取制备好的 10g 样品（精确至 0.01g）于 50mL 具塞离心管中，加入 10.00mL 乙腈，拧紧盖子，置于振荡器上振荡 30min（振荡频率为 80～100 次/min）后，加入适量氯化钠，使水相中的氯化钠处于饱和状态，并有固体氯化钠析出。再振荡 15min，取出后在 4℃下以 10000r/min 离心 10min，使有机相与水相分开。取出恢复至室温后，准确吸取上层有机相 5.00mL 于具备准确刻度的 15mL 具塞离心管，用氮气吹至近干，再加正己烷至 2mL 刻度并混匀。按上述步骤同步制备空白、平行及加标样品溶液。

（三）样品净化

分别选取与样品基质匹配的 QuEChERS 萃取管，吸取上步中定容的样品处理液 1.50mL 加入萃取小管，充分振摇不少于 80 次或置于旋涡混合器上充分混匀 1min，此过程中注意使固体成分与溶液充分混合。静置 10min，取出后在冷冻高速离心机内在 4℃下以 10000r/min 离心 10min，取出恢复至室温后，吸取上层清液进气相色谱样品瓶，待测定。

五、试样分析

（一）仪器参考条件

① 柱温：DB-5MS 柱：初始温度 80℃，以 10℃/min 的速度上升到 120℃后，保持 2min；再以 10℃/min 的速度上升到 280℃，保持 20min。

② 进样模式：进样量为 1μL；不分流进样。

③ 柱流量：1.00mL/min。

④ 离子源温度：220℃。

⑤ 扫描方式：用 Scan 扫描方式检测标准液，以确定各目标化合物特征碎片离子及保留时间等相关信息，在此基础上建立 Sim（选择离子扫描）定量方法。

（二）样品测定

① 组分定性：a. 待测组分与标准的保留时间一致（±5%）；b. 具有相同的特征碎片离子（表 5-58）；c. 待测组分特征离子的相对丰度与标准组分对应特征离子相对丰度的相对误差不大于 30%。

② 组分定量：采用标准曲线外标法定量（图 5-29）。

表 5-58　18 种农药在 DB-5MS 柱上的保留时间及特征离子

序号	农药名称	保留时间	定量离子	定性离子
1	辛硫磷	5.887	134	103,105
2	甲胺磷	6.380	94	95,141
3	敌敌畏	6.518	109	79,185
4	乙酰甲胺磷	8.122	136	42,94
5	氧乐果	9.732	110	156,79
6	灭线磷	10.202	158	43,97
7	久效磷	10.632	127	97,67
8	甲拌磷	10.910	75	121,97
9	乐果	11.339	87	93,125
10	氯唑磷	12.406	161	119,97
11	甲基对硫磷	13.637	109	125,263
12	氟虫腈	14.512	149	150,41
13	毒死蜱	14.845	97	197,199
14	对硫磷	15.106	109	97,291
15	水胺硫磷	15.231	136	121,120
16	甲基异柳磷	15.731	58	199,121
17	杀扑磷	16.957	145	85,93
18	三唑磷	20.225	161	162,172

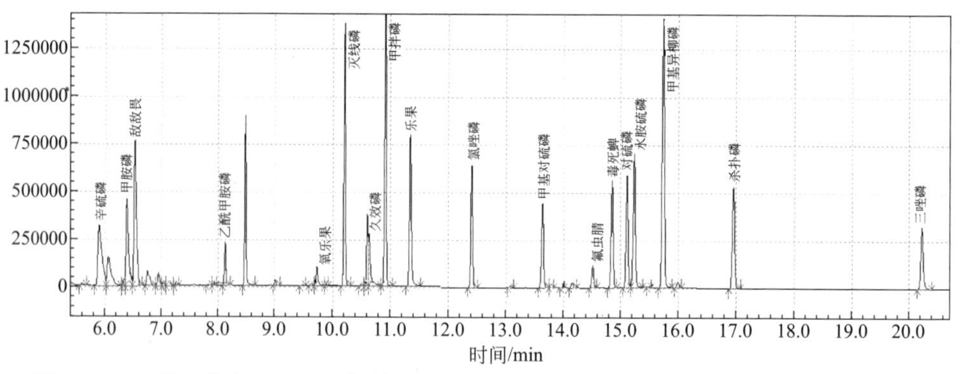

图 5-29　18 种农药在 DB-5MS 色谱柱上的 SIM 法总离子流图（农药含量为 1.0μg/mL）

六、质量控制

空白实验：根据样品处理步骤，做试剂空白及各种基质空白实验，每进 10 个样品需进一次试剂空白样品。

加标回收：建议按照 10%的比例对所测组分进行加标回收试验，样品量<10 件的最少 1 个。对各组分做低、中、高 3 个浓度的回收率实验，回收率以在 65%～120%为宜。准确度及精密度试验结果如表 5-59。

表 5-59 方法的准确度及精密度试验结果

待测组分	加标值/(mg/kg)	回收率范围/%	平均回收率/%	RSD/%
辛硫磷	0.04	73.2～107	84.7	12.1
	0.10	77.5～91.3	83.4	5.9
	0.50	84.3～114	95.2	3.4
甲胺磷	0.04	68.1～115	89.3	8.6
	0.10	87.2～113	102	5.7
	0.50	79.4～97.6	84.7	2.9
敌敌畏	0.04	70.5～83.4	76.8	7.1
	0.10	82.6～98.3	88.4	3.6
	0.50	85.2～117	98.7	1.5
乙酰甲胺磷	0.04	65.4～83.7	75.5	7.1
	0.10	81.0～103	89.6	5.3
	0.50	75.2～114	92.7	3.4
氧乐果	0.04	74.5～102	83.7	6.9
	0.10	69.8～90.3	81.3	2.4
	0.50	79.2～109	90.4	2.9
灭线磷	0.04	70.4～91.3	79.2	3.7
	0.10	78.4～112	94.7	3.3
	0.50	84.3～96.3	89.3	1.8
久效磷	0.04	66.9～102	83.6	7.2
	0.10	82.6～107	94.1	4.9
	0.50	86.1～106	96.2	2.1
甲拌磷	0.04	73.5～84.2	80.5	6.2
	0.10	77.3～96.2	86.3	3.7
	0.50	86.7～106	95.2	2.7
乐果	0.04	72.8～104	84.1	4.9
	0.10	81.5～103	92.7	2.6
	0.50	78.5～97.2	89.3	2.1
氯唑磷	0.04	65.9～84.2	74.1	12.1
	0.10	73.8～118	97.2	4.7
	0.50	71.2～114	95.8	3.2

续表

待测组分	加标值/(mg/kg)	回收率范围/%	平均回收率/%	RSD/%
甲基对硫磷	0.04	73.8～91.0	81.9	5.8
	0.10	69.2～113	93.6	3.3
	0.50	73.7～109	92.5	2.4
氟虫腈	0.04	72.6～113	89.3	6.1
	0.10	78.1～104	90.6	4.3
	0.50	81.2～118	103	3.6
毒死蜱	0.04	67.5～93.2	77.8	5.4
	0.10	71.4～101	87.2	2.6
	0.50	74.2～103	95.1	3.3
对硫磷	0.04	74.5～104	89.2	7.7
	0.10	81.4～109	93.2	6.3
	0.50	75.4～96.2	86.2	3.2
水胺硫磷	0.04	68.3～119	89.7	14.4
	0.10	83.5～106	91.4	9.8
	0.50	78.4～96.1	85.2	5.1
甲基异柳磷	0.04	73.5～92.4	86.1	8.7
	0.10	67.3～105	83.6	7.2
	0.50	79.2～108	92.4	3.8
杀扑磷	0.04	72.4～106	88.3	13.5
	0.10	80.3～93.5	88.2	7.7
	0.50	84.3～107	97.7	6.4
三唑磷	0.04	69.3～92.2	86.5	8.7
	0.10	77.6～101	89.2	6.3
	0.50	68.9～97.4	83.4	5.4

平行样测定：每个样品应进行平行双样测定，平行测定时的相对偏差应满足实验室内变异系数要求。

七、结果计算

样品中各农药残留量用下式计算：

$$X=\frac{c\times V\times f\times 1000}{m\times 1000}$$

式中 X——所测样品中农药残留量，mg/kg；

c——样品测定液中农药浓度，μg/mL；

f——稀释因子；

m——样品称样质量，g；

V——样品的定容体积，mL。

1000——单位换算系数。

八、技术参数

18 种农药的方法定性限及定量限如表 5-60。

表 5-60 18 种农药的方法定性限及定量限 单位：mg/kg

名称	方法定性限	方法定量限	名称	方法定性限	方法定量限
辛硫磷	0.0030	0.010	氯唑磷	0.0080	0.030
甲胺磷	0.0020	0.0070	甲基对硫磷	0.0010	0.0030
敌敌畏	0.0010	0.0030	氰虫腈	0.010	0.030
乙酰甲胺磷	0.0060	0.020	毒死蜱	0.0030	0.010
氧乐果	0.010	0.030	对硫磷	0.0030	0.010
灭线磷	0.0060	0.020	水胺硫磷	0.0080	0.027
久效磷	0.025	0.083	甲基异柳磷	0.0060	0.020
甲拌磷	0.0010	0.0030	杀扑磷	0.0030	0.010
乐果	0.0050	0.017	三唑磷	0.010	0.030

九、注意事项

① 为保证农药组分不受储存条件及环境影响，建议当日样品当日提取。

② 由于农药多数吸附在试样表面，因此试样不得用水冲洗。

③ 浓缩：浓缩步骤中，样品液严禁完全吹干，否则回收率将降低。

④ 净化：在净化过程中，要根据样品的性状采用不同的 QuEChERS 萃取管，可分为高色素型、低色素型、除脂型及普通型四种。在有效净化样品的前提下尽量减少萃取次数，否则易导致农药测定结果偏低。

⑤ 如果出现某些目标化合物在上述参考仪器条件下可能分离度达不到要求，可更换色谱柱或适当改变系统温度。

第五节 有机氯类农药残留量的测定

生姜中六六六等 10 种有机氯类农药残留量的测定

一、适用范围

本规程适用于生姜中六六六、滴滴涕、三氯杀螨醇、七氯等有机氯类农药残留量检测。

二、方法提要

样品经乙腈提取，经氮吹后用丙酮定容至适宜体积，使用 QuEChERS 萃取管净化后，气相色谱-质谱联用仪（GC-MS）SIM 法测定。

三、仪器设备和试剂

（一）仪器和设备

① 气相色谱-质谱联用仪（GC-MS）。

② 色谱柱：DB-1701（30m×0.32mm×0.25μm）。

③ 氮吹仪。

④ 高速冷冻离心机（不低于10000r/min）。

（二）试剂和耗材

① 乙腈，丙酮：色谱级或农残级。

② 氯化钠：分析纯。

③ QuEChERS分散萃取管：安捷伦公司或相关同类产品。

（三）标准品及标准物质

o，*p*′-DDT、*p*，*p*′-DDD、*p*，*p*′-DDT、*p*，*p*′-DDE、α-六六六、β-六六六、γ-六六六、δ-六六六、三氯杀螨醇、七氯，购自北京海岸鸿蒙标准物质技术有限责任公司，液体标准液在－18℃条件下保质期为6个月，具体见表5-61。

表5-61　10种有机氯类农药标准溶液

标准溶液名称	编号	浓度/(μg/mL)
石油醚中*o*,*p*′-DDT溶液标准物质	GBW(E)081451	100
石油醚中*p*,*p*′-DDD溶液标准物质	GBW(E)081452	100
石油醚中*p*,*p*′-DDT溶液标准物质	GBW(E)081453	100
石油醚中*p*,*p*′-DDE溶液标准物质	GBW(E)081454	100
石油醚中α-六六六溶液标准物质	GBW(E)081447	100
石油醚中β-六六六溶液标准物质	GBW(E)081448	100
石油醚中γ-六六六溶液标准物质	GBW(E)081449	100
石油醚中δ-六六六溶液标准物质	GBW(E)081450	100
石油醚中三氯杀螨醇溶液标准物质	GBW(E)081465	100
石油醚中七氯溶液标准物质	GBW(E)081455	100

标准溶液的配制：用微量注射器分别准确吸取上述10种标准液（100μg/mL）20μL、50μL、100μL、200μL、400μL于预先加入一定量丙酮的10mL容量瓶中，用丙酮定容至刻度，配制成0.20μg/mL、0.50μg/mL、1.00μg/mL、2.00μg/mL、4.00μg/mL的混合标准系列。

四、样品的处理

（一）试样的制备与保存

将生姜样品去除泥土等杂质，用干净的滤纸轻轻拭去表面附着的脏污，用匀浆机将样品打碎、混匀，待测。

（二）样品前处理

称取约10g（精确至0.001g）制备好的样品于50mL具塞离心管中，加入乙腈10.00mL，再加入适量NaCl，置于振荡器上振荡5min，将带有样品的离心管置于超声波提取器上超声提取30min，取出于高速离心机上以10000r/min，4℃离心10min，使乙腈与水相分开，吸取4.00mL上清液于氮吹仪吹至近干，用丙酮定容至1mL，依据样品特性，选择QuEChERS试剂盒中普通分散固相萃取试剂，取上述提取定容好的样液1mL，于分散固相萃取管中，旋涡振荡混匀1min，取出静止30min，于高速离心机上以10000r/min，4℃离心10min，取上清液于样品瓶中上机测定。

五、试样分析

（一）气相色谱条件

① 柱温：DB-1701毛细柱（30m×0.32mm×0.25μm）。

② 初始温度60℃，保持5.00min，以10℃/min的速度上升到170℃，保持2min，再以10℃/min的速度上升到240℃，保持20.00min。

③ 进样量：1μL；不分流进样。

④ 进样口温度：250℃。

⑤ 流速：1.5mL/min。

（二）质谱条件

① 离子源温度：230℃。

② 接口温度：280℃。

③ 溶剂切除时间：2.50min。

④ 离子化模式：EI。

⑤ 测定模式：SIM法。

（三）样品测定

定性测定：样品在指定的保留时间内提取到了定性和定量离子，而且丰度比与标准相差＜30%即可进行确证。

定量测定：以试样峰（定量离子见表5-62）的峰面积进行定量。

表5-62　10种有机氯类农药保留时间、离子表及定性限

农药名称	保留时间/min	定性离子(*m*/*z*)	定量离子(*m*/*z*)	定性限/(mg/kg)	定量限/(mg/kg)
α-六六六	18.607	183,219	181	0.006	0.021
γ-六六六	19.862	183,181	219	0.006	0.021
β-六六六	22.044	181	219	0.006	0.021
δ-六六六	22.465	183,219	181	0.006	0.021
o,*p*′-DDT	24.688	237,165	235	0.004	0.014
p,*p*′-DDD	25.405	237,165	235	0.003	0.011
p,*p*′-DDT	25.750	237,165	235	0.005	0.016

续表

农药名称	保留时间/min	定性离子(m/z)	定量离子(m/z)	定性限/(mg/kg)	定量限/(mg/kg)
p,p'-DDE	23.784	318	246	0.005	0.017
三氯杀螨醇	22.319	111	139	0.003	0.011
七氯	20.321	100,274	271.8	0.006	0.021

六、质量控制

每 10 个样品测定 1 个加标回收率，样品数少于 10 个，至少测定 1 个加标回收率。加标回收参考值见表 5-63。

表 5-63　加标回收率参考值

农药	加标量/(mg/kg)	回收率范围/%
六六六	0.5	79.3～111.0
滴滴涕	0.5	89.8～114.0
三氯杀螨醇	0.5	80.1～113.6
七氯	0.5	95.5～110.4

七、结果计算

样品中待测组分含量按下式计算：

$$X=\frac{c\times V\times 10.00\times 1000}{4.00\times m\times 1000}$$

式中　X——样品中农残含量，mg/kg；

c——上机测定浓度，μg/mL；

V——定容体积，mL；

m——取样量，g；

10.00——提取液体积，mL；

4.00——氮吹体积，mL。

八、技术参数

10 种有机氯农药的定性限（3 倍仪器噪声）及定量限见表 5-62。

九、注意事项

① 样品不能用水洗，可用微湿洁净滤纸轻轻擦去样品表面污物。

② 为了保证提取后离心，乙腈相和水相分层明显，提取时要加入足够量的氯化钠，添加量尽量保证离心管底部有未溶解的氯化钠。

③ 氮吹至近干，温度不得高于 40℃，氮吹时要随时调整氮吹器离液面的高度，不要接触到液面，氮气流速不能过大，以免液体飞溅，造成损失。

十、资料性附录

10 种有机氯的总离子流图如图 5-30。

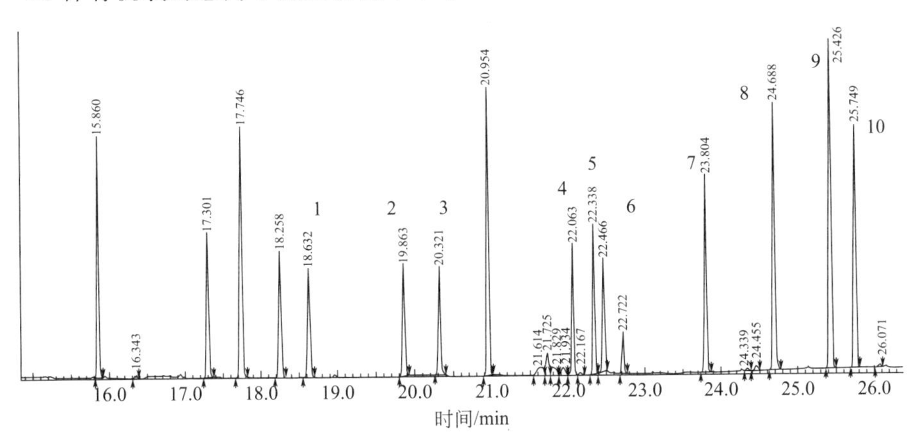

图 5-30 10 种有机氯的总离子流图

1—α-六六六；2—γ-六六六；3—七氯；4—β-六六六；5—三氯杀螨醇；6—δ-六六六；7—p，p′-DDE；8—o，p′-DDT；9—p，p′-DDD；10—p，p′-DDT

第六节 多类农药残留量的同时测定

测定一：蔬菜中乙酰甲胺磷等 31 种农药残留量的测定

一、适用范围

本规程规定了有机磷类、有机氯类、拟除虫菊酯类、氨基甲酸酯类及溴虫腈、啶虫脒、茚虫威等 31 种农药残留量的 GC-MS/MS 测定方法。

本规程适用于青蒜、柿子椒、大白菜、油麦菜、豇豆、洋葱、芹菜、茄子、蒜苔、生菜、黄瓜、生姜、葱、苦瓜、茴香、菜花、藕、韭菜、山药、莴笋、扁豆、西红柿、萝卜、油麦菜、菠菜、娃娃菜、土豆、西兰花等蔬菜中有机磷类、有机氯类、拟除虫菊酯类、氨基甲酸酯类及溴虫腈、啶虫脒、茚虫威农药残留量检测。

二、方法提要

样品经有机溶剂提取、经氮吹浓缩后定容，使用 QuEChERS 萃取管净化后，采用气相色谱串联质谱法对混标进行 Scan 扫描，MRM 方法测定目标化合物定性定量。

三、仪器设备和试剂

（一）仪器和设备

① 气相色谱串联四极杆质谱联用仪（岛津 GCMS-TQ8030）。

② 色谱柱：Rxi-5ms（30m×0.25mm×0.25μm）或相当的色谱柱。

③ 调速振荡器。

④ 氮吹仪。

⑤ 高速冷冻离心机（不低于10000r/min）。

⑥ 匀浆机。

（二）试剂和耗材

① 乙腈：色谱级或农残级。

② 氯化钠：分析纯。

③ QuEChERS分散萃取管：普通型、低色素型、高色素型、除脂型，DiKMA公司。

（三）标准品及标准物质

1. 标准品

31种标准品基本信息如表5-64所示。

表5-64 31种标准品基本信息

序号	名称	CAS RN	分子简式
1	乙酰甲胺磷	30560-19-1	$C_4H_{10}NO_3PS$
2	氧乐果	1113-02-6	$C_5H_{12}NO_4PS$
3	水胺硫磷	24353-61-5	$C_{11}H_{16}NO_4PS$
4	辛硫磷	14816-18-3	$C_{12}H_{15}N_2O_3PS$
5	三唑磷	24017-47-8	$C_{12}H_{16}N_3O_3PS$
6	灭线磷(灭克磷)	13194-48-4	$C_8H_{19}O_2PS_2$
7	氯唑磷(异丙三唑硫磷)	42509-80-8	$C_9H_{17}ClN_3O_3PS$
8	久效磷(亚索灵)	2157-98-4	$C_7H_{14}NO_5P$
9	甲基对硫磷	6219-73-4	$C_8H_{14}N_2O_4S$
10	甲拌磷	298-02-2	$C_7H_{17}O_2PS_3$
11	甲胺磷	10265-92-6	$C_2H_8NO_2PS$
12	甲基异柳磷	99675-03-3	$C_{14}H_{22}NO_4PS$
13	对硫磷	56-38-2	$C_{10}H_{14}NO_5PS$
14	毒死蜱	2921-88-2	$C_9H_{11}Cl_3NO_3PS$
15	敌敌畏	62-73-7	$C_4H_7Cl_2O_4P$
16	乐果	60-51-5	$C_5H_{12}NO_3PS_2$
17	杀扑磷	950-37-8	$C_6H_{11}N_2O_4PS_3$
18	克百威(加保扶)	1563-66-2	$C_{12}H_{15}NO_3$
19	残杀威	114-26-1	$C_{11}H_{15}NO_3$
20	甲萘威(西维因)	63-25-2	$C_{12}H_{11}NO_2$
21	氯氰菊酯	52315-07-8	$C_{22}H_{19}Cl_2NO_3$
22	联苯菊酯	82657-04-3	$C_{23}H_{22}ClF_3O_2$
23	甲氰菊酯(芬普宁)	39515-41-8	$C_{22}H_{23}NO_3$
24	氟氯氰菊酯	68359-37-5	$C_{22}H_{18}Cl_2FNO_3$

续表

序号	名称	CAS RN	分子简式
25	溴氰菊酯	52918-63-5	$C_{22}H_{19}Br_2NO_3$
26	氰戊菊酯	51630-58-1	$C_{25}H_{22}ClNO_3$
27	氯氟氰菊酯	91465-08-6	$C_{23}H_{19}ClF_3NO_3$
28	三氯杀螨醇	115-32-2	$C_{14}H_9Cl_5O$
29	虫螨腈	122453-73-0	$C_{15}H_{11}BrClF_3N_2O$
30	啶虫脒	135410-20-7	$C_{10}H_{11}ClN_4$
31	茚虫威	144171-61-9	$C_{22}H_{17}ClF_3N_3O_7$

2. 标准溶液配制

① 分别准确称量（准确至0.0001g）农药标准品10mg，用丙酮溶解定容至10.00mL，配制成浓度约为1000μg/mL的标准储备液，分装、密封并置于冰箱内冷冻保存。按农药种类分组。甲组：3种氨基甲酸酯类（残杀威、克百威、甲萘威）和7种拟除虫菊酯类（联苯菊酯、甲氰菊酯、氯氟氰菊酯、氟氯氰菊酯、氯氰菊酯、氰戊菊酯、溴氰菊酯）；乙组：17种有机磷类（辛硫磷、甲胺磷、敌敌畏、乙酰甲胺磷、氧乐果、灭线磷、久效磷、甲拌磷、乐果、氯唑磷、甲基对硫磷、毒死蜱、对硫磷、水胺硫磷、甲基异柳磷、杀扑磷、三唑磷）；丙组：其他4种（三氯杀螨醇、啶虫脒、茚虫威、虫螨腈）。按照分组将标准储备液逐级稀释为1.0μg/mL的标准中间液，并置于冰箱内冷冻保存。标准液在−18℃条件下保质期为6个月。

② 混合标准系列：分别准确吸取上述中间液10μL、50μL、100μL、200μL、300μL、400μL于1mL容量瓶中，用正己烷稀释至刻度，配成10ng/mL、50ng/mL、100ng/mL、200ng/mL、300ng/mL、400ng/mL的混合标准系列，此标准系列临用现配。实验中可根据检测样品农药种类、农药残留量、仪器条件调整标准系列。

四、样品的处理

（一）试样的制备与保存

将采集的样品去除泥土等杂质，取可食用部分，仔细剁碎后均浆，取均匀样品，尽快进行样品处理（当日制备的样品须当日完成提取，以防目标化合物损失）。

（二）样品提取及浓缩

准确称取制备好的10g样品（精确至0.01g）于50mL具塞离心管中，加入乙腈20.00mL，拧紧盖子，置于振荡器上振荡2h（振荡频率为80～100次/min）后，加入适量氯化钠，使水相中的氯化钠处于饱和状态，再振荡15min，取出后在冷冻高速离心机上以10000r/min，4℃离心10min，使有机相与水相分开。取出恢复至室温后，准确吸取上层有机相10.00mL于具备准确刻度的15mL具塞离心管，用氮气吹至近干，再以正己烷定容至2mL并混匀。按上述步骤同步制备空白、平行、加标样品及基质加标曲线溶液。

（三）样品净化

按照样品的不同特点选取QuEChERS试剂盒中适合的萃取小管，吸取上步中定容的样品处理液1.50mL加入萃取小管，充分振摇不少于80次或置于旋涡混合器上充分混匀1min，此过程中注意使固体成分与溶液充分混合。静置10min，取出后在冷冻高速离心机上以10000r/min，4℃离心10min，取出恢复至室温后，吸取上层清液进气相色谱样品瓶，待测定。

五、试样分析

（一）仪器参考条件

① Rxi-5ms柱温：初始温度80℃，保留1min，以20℃/min的速度上升到180℃后，保持2min，再以10℃/min的速度上升到220℃，最后以10℃/min的速度上升到280℃后，保持20min。

② 进样模式：进样量为1μL；不分流进样。

③ 柱流量：1.00mL/min。

④ 离子源温度：230℃。

⑤ 接口温度：280℃。

⑥ 溶剂延迟时间：4min。

⑦ 扫描方式：用Scan扫描方式检测标准液，以确定各目标化合物特征碎片离子及保留时间等相关信息，在此基础上建立MRM定量方法。

（二）样品测定

在Scan扫描选择特征碎片的基础上，选定目标化合物基峰为定量离子，再选定两个参考定性离子，确定各化合物保留时间，通过GCMSMS _ SmartDatabase _ Pesticide数据库创建MRM方法，采用MRM方法对标准系列及样品进行测定（表5-65）。

当两个参考定性离子与定量离子的丰度比，不超出标准的相同离子丰度比的70%，即可认为样品中该目标化合物呈阳性，其定量结果可信。

表5-65　31种农药在Rxi-5ms柱上的保留时间及特征离子

序号	农药名称	保留时间	定量离子	定性离子
1	辛硫磷	4.795	130.00>103.00	103.00>76.00
2	甲胺磷	5.217	141.00>95.00	141.00>79.00
3	敌敌畏	5.295	185.00>93.00	185.00>109.00
4	乙酰甲胺磷	6.719	136.00>94.00	136.00>42.00
5	氧乐果	8.335	156.00>110.00	110.00>79.00
6	残杀威	8.484	152.10>110.10	152.10>64.00
7	灭线磷	8.813	200.00>158.00	200.00>114.00
8	久效磷	9.255	127.10>109.00	127.10>95.00
9	甲拌磷	9.502	260.00>75.00	231.00>175.00
10	乐果	9.882	125.00>79.00	125.00>47.00
11	克百威	9.971	164.10>149.10	164.10>131.10

续表

序号	农药名称	保留时间	定量离子	定性离子
12	甲基对硫磷	11.772	263.00>109.00	263.00>136.00
13	甲萘威	11.904	144.10>116.10	144.10>89.00
14	毒死蜱	12.645	313.90>257.90	313.90>285.90
15	对硫磷	12.802	291.10>109.00	291.10>137.00
16	水胺硫磷	12.875	289.10>136.00	230.00>212.00
17	三氯杀螨醇分解物	12.973	250.00>139.00	250.00>215.00
18	甲基异柳磷	13.220	199.00>121.00	241.10>121.10
19	杀扑磷	13.982	145.00>85.00	145.00>58.00
20	虫螨腈	15.160	247.10>227.00	247.10>200.00
21	氯唑磷	15.825	257.00>162.00	257.00>119.00
22	三唑磷	15.825	257.00>162.00	257.00>134.00
23	啶虫脒	17.030	152.00>116.00	152.00>89.00
24	联苯菊酯(氟氯菊酯)	17.177	181.10>166.10	181.10>153.10
25	甲氰菊酯	17.372	265.10>210.10	265.10>172.10
26	氯氟氰菊酯-1	17.979	197.00>161.00	197.00>141.00
27	氯氟氰菊酯-2	18.175	197.00>161.00	197.00>141.00
28	氟氯氰菊酯-1	19.819	226.10>206.10	226.10>199.10
29	氟氯氰菊酯-2	19.955	226.10>206.10	226.10>199.10
30	氟氯氰菊酯-3	20.048	226.10>206.10	226.10>199.10
31	氟氯氰菊酯-4	20.114	226.10>206.10	226.10>199.10
32	氯氰菊酯-1	20.311	163.10>127.10	163.10>91.00
33	氯氰菊酯-2	20.467	163.10>127.10	163.10>91.00
34	氯氰菊酯-3	20.567	163.10>127.10	163.10>91.00
35	氯氰菊酯-3,4	20.693	163.10>127.10	163.10>91.00
36	氰戊菊酯-1	21.891	419.10>225.10	419.10>167.10
37	氰戊菊酯-2	22.325	419.10>225.10	419.10>167.10
38	溴氰菊酯-1	23.093	252.90>93.00	252.90>171.90
39	茚虫威	23.153	264.00>176.00	264.00>232.00
40	溴氰菊酯-2	23.547	252.90>93.00	252.90>171.90

六、质量控制

（一）空白实验

根据样品处理步骤，制作试剂空白及基质空白，每个批次进样 10 个样品，需做一次空白试验。

（二）加标回收

建议按照 10%的比例对所测组分进行加标回收试验，样品量＜10 件的最少 1 个。本实验加标方法如下：选取黄瓜为基质，配制基质加标曲线，高浓度加标：在10g样品中加入10μg/mL的标准储备液320μL，加标量为0.16mg/kg，按样品处理方法处理。中等浓度加标：在10g样品中加入10μg/mL的标准储备液160μL，加标量为0.08mg/kg，按样品处理方法处理。低浓度加标：在10g样品中加入1μg/mL的标准储备液400μL，加标量为0.02mg/kg，按样品处理方法处理。

（三）平行样测定

每个样品应进行平行双样测定，平行测定时的相对偏差应满足实验室内变异系数要求。

七、结果计算

样品中各农药残留量用下式计算：

$$X=\frac{c\times V\times 1000}{m\times 1000}\times f$$

式中 X——试样中农药残留量，mg/kg；

c——样品测定液中农药浓度，μg/mL；

V——试样定容体积，mL（本规程中为2.00mL）；

m——试样质量，g；

f——稀释因子，在本规程中为5。

八、技术参数

31种农药的方法定性限及方法定量限如表5-66。

表5-66　31种农药的方法定性限及方法定量限　　单位：μg/kg

农药名称	方法定性限	方法定量限	农药名称	方法定性限	方法定量限
辛硫磷	1.71	5.69	水胺硫磷	2.00	0.67
甲胺磷	1.94	6.42	甲基异柳磷	0.60	0.19
敌敌畏	0.36	1.20	杀扑磷	0.25	0.84
乙酰甲胺磷	3.00	10.0	三唑磷	0.39	1.29
氧乐果	3.40	11.3	联苯菊酯	0.16	0.54
残杀威	2.74	9.12	甲氰菊酯	0.18	0.60
灭线磷	0.16	0.54	氯氟氰菊酯	0.24	0.80
久效磷	0.72	2.41	氟氯氰菊酯	0.65	2.17
甲拌磷	0.24	0.81	氯氰菊酯	0.67	2.22
乐果	3.36	11.2	氰戊菊酯	0.77	2.56
克百威	1.32	4.40	溴氰菊酯	0.36	1.19
氯唑磷	0.63	2.11	三氯杀螨醇分解物	0.80	2.64
甲基对硫磷	0.80	2.65	虫螨腈	0.80	2.64
甲萘威	0.12	0.39	啶虫脒	3.50	11.6
毒死蜱	0.27	0.90	茚虫威	1.20	3.96
对硫磷	0.32	1.06			

九、注意事项

① 检测时限：为保证农药组分不受储存条件及环境影响，建议当日样品当日提取完毕。

② 由于农药多数吸附在试样表面，因此试样不得用水冲洗。

③ 如果出现某些目标化合物在上述参考仪器条件下可能分离度达不到要求，可更换色谱柱或适当改变柱温。

④ 净化：在净化过程中，要根据样品的性状采用不同的 QuEChERS 萃取管，可分为高色素型、低色素型、除脂型及普通型四种。在有效净化样品的前提下尽量减少萃取次数，否则易导致农药测定结果偏低。萃取管类型与相应的样品见表 5-67。

表 5-67 萃取管类型与相应的样品

萃取管类型	适用样品
普通型	白菜、卷心菜、生菜、萝卜、梨、苹果等
低色素型	空心菜、芹菜、茴香、西红柿、西瓜等
高色素型	韭菜、油菜、香菜等
除脂型	花生、大豆等

⑤ 浓缩：浓缩步骤中，样品液严禁完全吹干，否则回收率将降低。

十、资料性附录

本规程的实验数据出自岛津 GCMS-TQ8030 三重四极杆型气相色谱质谱联用仪。

标准及样品谱图如图 5-31、图 5-32。

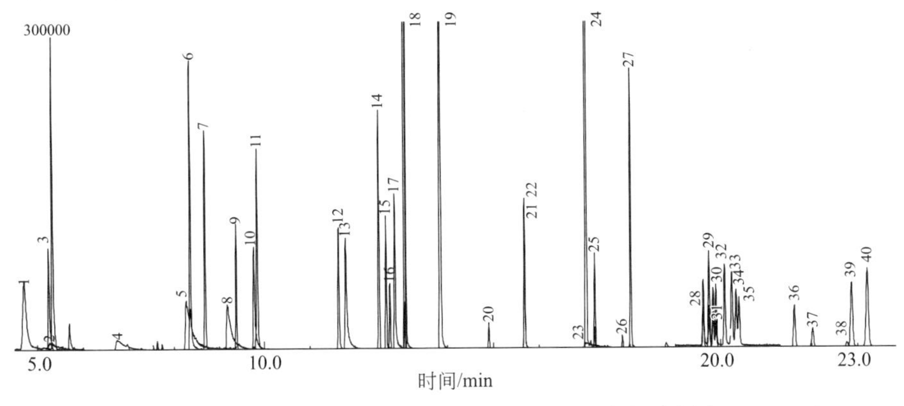

图 5-31 31 种农药在 Rxi-5m-MS 色谱柱上的 MRM 法总离子流图（0.10μg/mL）

1—辛硫磷；2—甲胺磷；3—敌敌畏；4—乙酰甲胺磷；5—氧乐果；6—残杀威；7—灭线磷；8—久效磷；9—甲拌磷；10—乐果；11—克百威；12—甲基对硫磷；13—甲萘威；14—毒死蜱；15—对硫磷；16—水胺硫磷；17—三氯杀螨醇；18—甲基异柳磷；19—杀扑磷；20—虫螨腈；21—氯唑磷；22—三唑磷；23—啶虫脒；24—联苯菊酯；25—甲氰菊酯；26、27—氯氟氰菊酯；28～31—氟氯氰菊酯；32～35—氯氰菊酯；36、37—氰戊菊酯；38—溴氰菊酯-1；39—茚虫威；40—溴氰菊酯-2

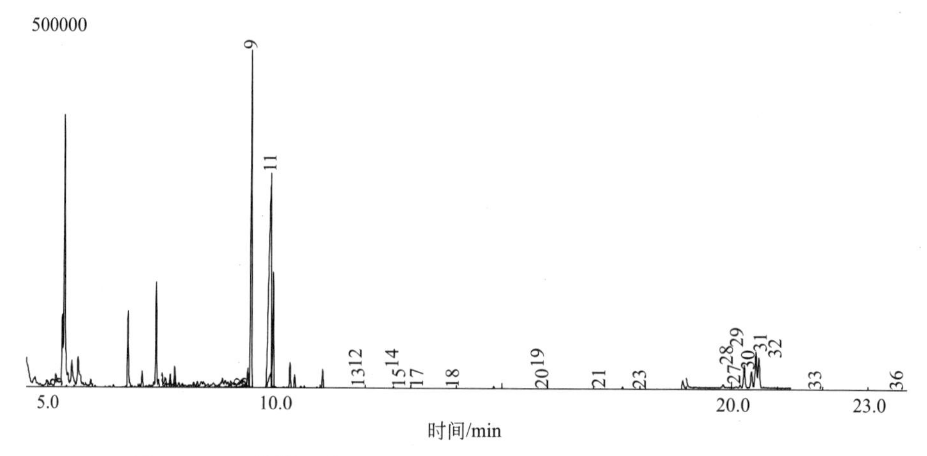

图 5-32 阳性样品在 Rxi-5m-MS 色谱柱上的 MRM 法总离子流图

测定二：苦丁茶等代用茶中敌敌畏等 14 种农药残留量的测定

一、适用范围

本规程规定了菊花茶、玫瑰花茶、大麦茶、苦丁茶中敌敌畏等 14 种农药残留量测定的 d-SPE-GC-MS/MS 法。

本规程适用于菊花茶、玫瑰花茶、大麦茶、苦丁茶中敌敌畏等 14 种农药残留量测定。

二、方法提要

菊花茶、玫瑰花茶、大麦茶、苦丁茶样品经乙腈提取、QuEchERS 净化后，气相色谱串接质谱（GC-MS/MS）测定，质谱法定性，外标法定量。

三、仪器设备和试剂

（一）仪器和设备

① 气相色谱-三重四极杆串联质谱仪。

② 色谱柱：DB-5MS（30m×0.25mm×0.25μm）或相当色谱柱。

③ 调速振荡器。

④ 氮吹仪。

⑤ 高速冷冻离心机（转数 10000r/min）。

⑥ 天平：感量 0.1mg 和 0.01g。

⑦ 高速组织捣碎机。

（二）试剂和耗材

① 乙腈、丙酮：色谱级。

② d-SPE：PSA 吸附剂：40μm 粒径。

（三）标准品及标准物质

标准品：敌敌畏、克百威、丙体六六六、乐果、甲基立枯磷、毒死蜱、杀螟硫磷、腐霉利、三唑磷、联苯菊酯、氯氟氰菊酯、氯氰菊酯、氰戊菊酯、溴氰菊酯。纯度≥97.5%。

标准溶液的配制：分别称量（精确至 0.1mg）农药标准品，用丙酮溶解并定容，配制成浓度约为 1000μg/mL 的标准储备液，密封并置于－18℃条件下保存，保质期为 6 个月。根据各农药的响应值调整混合标准液中各目标物的浓度。

混合标准溶液中各化合物的浓度如表 5-68。

表 5-68　混合标准各农药的浓度

农药名称	浓度/(mg/L)	农药名称	浓度/(mg/L)	农药名称	浓度/(mg/L)
敌敌畏	1.0	毒死蜱	1.0	氯氟氰菊酯	1.0
克百威	1.0	杀螟硫磷	2.0	氯氰菊酯	2.0
乐果	1.0	腐霉利	1.0	氰戊菊酯	2.0
丙体六六六	1.0	三唑磷	2.0	溴氰菊酯	2.0
甲基立枯磷	0.50	联苯菊酯	0.50		

四、样品的处理

（一）试样的制备与保存

取 50g 代用茶样品磨碎过 20 目筛，四分法取样；所取的样品平均分 2 份，一份测定，另一份置于－18℃冰箱内保存，备用。

（二）提取

分别称取 2 份菊花茶、苦丁茶、大麦茶、玫瑰花茶 2g（精确至 0.01g）于 50mL 具塞离心管中，加入乙腈 10.00mL，涡旋振荡提取 3min 后，低温（4℃）高速（10000r/min）离心 3min，放至室温后，准确吸取乙腈相 2.00mL 于试管中，氮吹近干。

（三）净化

准确吸取 2.00mL 丙酮复溶浓缩液残渣，加入 PSA 吸附剂 50mg，混匀后，低温（4℃）高速（10000r/min）离心 3min，取上清液供 GC-MS/MS 测定。

五、试样分析

（一）仪器参考条件

1. 气相条件

① DB-5MS 柱（30m×0.25mm×0.25μm）或相当色谱柱。

② 柱温：初始温度 60℃，保持 1min，以 10℃/min 速度上升至 280℃，保持 9min。

③ 后运行时间：2min，300℃。

④ 进样口温度：250℃。

⑤ 柱流量：1.0mL/min。

⑥ 进样模式：不分流进样。

⑦ 进样量：1μL。

⑧ 隔垫吹扫流量：3mL/min。

⑨ 载气节省：3min开始，流量为20mL/min；到分流出口吹扫流量为20mL/min，吹扫时间为0.75min。

2. 质谱条件

① 接口温度：280℃。

② 离子源温度：230℃。

③ 四极杆温度：150℃。

④ 溶剂延迟：5min。

⑤ 碰撞气流量：1.5mL/min。

⑥ 淬灭流量：4.00mL/min。

各农药的保留时间、子离子和母离子及碰撞能量如表5-69。

表5-69 各农药的保留时间、子离子和母离子及碰撞能量

农药名称	保留时间/min	母离子(*m*/*z*)	子离子(*m*/*z*)	碰撞能量/eV
敌敌畏	9.15	109	47①	15
			79	10
丙体六六六	15.61	219	183①	10
			181	10
克百威	15.32	164	131①	20
			149	10
乐果	15.18	87	46①	20
			42	10
甲基立枯磷	17.02	265	93①	30
			250	20
毒死蜱	17.89	197	97①	30
			169	15
杀螟硫磷	17.47	125	79①	10
			47	15
腐霉利	18.87	283	255①	10
			96	10
三唑磷	20.79	161	91①	20
			134	10
联苯菊酯	22.11	181	165①	30
			166	15
氯氟氰菊酯	23.09	181	152①	30
			127	30

续表

农药名称	保留时间/min	母离子(m/z)	子离子(m/z)	碰撞能量/eV
氯氰菊酯	25.05	163	91①	15
			127	5
氰戊菊酯	26.56	167	139①	10
			125	10
溴氰菊酯	28.05	181	152①	30
			127	30

① 为定量离子对。

（二）基质标准曲线制备

分别取菊花茶、苦丁茶、大麦茶、玫瑰花茶空白样品，与样品相同前处理后，以空白基质的提取液作溶剂，加入不等量的混合标准溶液，制备基质标准曲线（表 5-70）。

表 5-70　各种农药标准曲线范围　　单位：μg/L

农药名称	浓度范围	农药名称	浓度范围	农药名称	浓度范围
敌敌畏	4.0～100	毒死蜱	4.0～100	氯氟氰菊酯	4.0～100
克百威	4.0～100	杀螟硫磷	8.0～200	氯氰菊酯	8.0～200
乐果	4.0～100	腐霉利	4.0～100	氰戊菊酯	8.0～200
丙体六六六	4.0～100	三唑磷	8.0～200	溴氰菊酯	8.0～200
甲基立枯磷	2.0～50	联苯菊酯	2.0～50		

（三）样品定性

①未知组分与已知标准的保留时间相同（±0.05min）；②在相同的保留时间下提取到与已知标准相同的特征离子；③与已知标准的特征离子相对丰度的允许偏差不超出表 5-71 规定的范围。满足以上条件即可进行确证。

表 5-71　定性确证时相对离子丰度的最大允许偏差

相对离子丰度/%	≤10	>10～20	>20～50	>50
允许相对偏差/%	±50	±30	±25	±20

（四）样品定量

外标法定量。

六、质量控制

（一）空白实验

根据样品处理步骤，做试剂空白及各种基质空白实验，每进 10 个样品需进一次试剂空白样品。

（二）加标回收

按 10%的比例对所测组分进行加标回收试验，样品量<10 件的最少做 1 个加

标回收。

本规程加标方法如下：向基质空白中加入 3 个不等量的混合标准溶液（$n=6$），结果减基质空白后计算加标回收率和相对标准偏差，见表 5-72～表 5-75。

表 5-72　大麦茶中农药的回收率

农药名称	加标量/(mg/kg)	回收率范围/%	平均回收率/%	RSD/%
敌敌畏	0.020	61.8～91.1	69.8	15.4
	0.040	58.2～79.8	72.3	10.5
	0.20	61.8～83.1	67.8	13.5
克百威	0.020	84.6～111.8	98.8	10.9
	0.040	83.9～102.7	92.6	6.7
	0.20	75.2～103.2	87.8	12.5
乐果	0.020	87.0～112.4	101.9	10.5
	0.040	92.1～104.4	94.8	6.7
	0.20	76.1～98.0	86.9	10.2
丙体六六六	0.020	81.2～109.2	97.1	12.0
	0.040	88.1～108.5	97.5	6.9
	0.20	79.1～97.5	86.6	7.5
甲基立枯磷	0.010	77.3～123.7	98.9	19.2
	0.020	100.4～121.5	108.5	7.4
	0.10	80.0～95.0	88.0	7.1
毒死蜱	0.020	84.5～114.0	100.7	11.4
	0.040	90.3～106.1	99.7	5.5
	0.20	79.2～99.4	89.3	9.4
杀螟硫磷	0.040	91.0～120.5	107.6	11.0
	0.080	90.1～109.3	99.1	6.5
	0.40	76.8～98.2	86.9	9.1
腐霉利	0.020	67.9～105.3	90.8	15.7
	0.040	89.3～106.7	98.2	5.9
	0.20	82.9～99.2	90.8	6.4
三唑磷	0.040	91.5～116.7	105.9	10.6
	0.080	81.9～99.1	89.8	6.9
	0.40	77.7～101.8	90.6	9.9
联苯菊酯	0.010	89.6～113.9	106.4	10.6
	0.020	96.5～116.7	103.5	7.2
	0.10	82.5～95.1	90.7	5.7
氯氟氰菊酯	0.020	85.4～120.8	103.4	14.7
	0.040	90.0～111.7	99.2	7.4
	0.20	78.1～92.5	87.6	6.5

续表

农药名称	加标量/(mg/kg)	回收率范围/%	平均回收率/%	RSD/%
氯氰菊酯	0.040	86.6～117.9	100.7	12.8
	0.080	100.0～119.4	108.1	6.4
	0.40	81.5～96.6	90.7	7.3
氰戊菊酯	0.040	99.9～114.9	107.7	5.6
	0.080	91.7～113.7	102.8	7.1
	0.40	82.1～102.3	94.1	8.2
溴氰菊酯	0.040	99.0～120.6	109.9	9.1
	0.080	93.6～119.0	108.3	9.5
	0.40	83.2～103.0	94.0	8.0

表 5-73 苦丁茶中农药的回收率

农药名称	加标量/(mg/kg)	回收率范围/%	平均回收率/%	RSD/%
敌敌畏	0.020	61.5～85.1	73.7	11.0
	0.040	66.2～87.6	74.3	10.0
	0.20	60.7～83.5	70.4	11.5
克百威	0.020	62.0～78.7	66.9	9.5
	0.040	69.9～100.9	82.1	14.0
	0.20	73.2～79.8	75.3	3.5
乐果	0.020	66.6～85.7	72.5	9.7
	0.040	74.1～110.0	89.3	14.8
	0.20	74.6～81.6	78.5	3.1
丙体六六六	0.020	60.7～74.1	65.6	7.8
	0.040	74.7～103.4	86.4	13.4
	0.20	74.5～80.8	76.6	3.4
甲基立枯磷	0.010	62.6～83.9	68.6	11.9
	0.020	77.1～111.2	91.8	13.3
	0.10	79.8～85.7	83.3	2.4
毒死蜱	0.020	61.9～77.7	72.5	9.0
	0.040	75.8～111.1	90.5	14.5
	0.20	81.5～89.0	85.6	2.9
杀螟硫磷	0.040	88.5～107.4	95.7	7.2
	0.080	76.7～109.3	90.5	12.9
	0.40	75.5～83.0	79.3	3.2
腐霉利	0.020	62.5～83.5	69.5	11.4
	0.040	77.5～102.2	91.6	10.8
	0.20	84.2～89.5	86.6	2.5

续表

农药名称	加标量/(mg/kg)	回收率范围/%	平均回收率/%	RSD/%
三唑磷	0.040	74.1～111.4	92.8	18.0
	0.080	69.1～87.3	79.1	8.6
	0.40	73.5～83.1	76.6	4.3
联苯菊酯	0.010	65.9～96.6	81.9	13.9
	0.020	75.0～104.8	87.8	14.8
	0.10	81.0～103.0	92.9	9.8
氯氟氰菊酯	0.020	63.1～85.6	74.1	10.9
	0.040	79.3～113.9	99.8	12.2
	0.20	84.5～97.3	89.1	5.1
氯氰菊酯	0.040	64.7～103.7	87.0	16.5
	0.080	82.8～122.2	101.0	13.7
	0.40	93.2～115.9	100.7	7.8
氰戊菊酯	0.040	74.6～111.7	95.5	14.0
	0.080	92.8～121.2	106.0	9.5
	0.40	96.2～122.8	104.7	8.8
溴氰菊酯	0.040	72.8～106.2	90.9	14.0
	0.080	90.3～122.2	105.7	11.6
	0.40	101.2～111.7	106.5	3.7

表 5-74　菊花茶中农药的回收率

农药名称	加标量/(mg/kg)	回收率范围/%	平均回收率/%	RSD/%
敌敌畏	0.020	85.0～110.8	101.8	9.6
	0.040	97.1～111.7	104.9	5.4
	0.20	75.8～103.6	98.2	11.4
克百威	0.020	83.9～110.5	95.1	10.4
	0.040	88.3～100.1	92.8	5.1
	0.20	77.7～93.9	87.1	7.9
乐果	0.020	88.6～108.3	99.3	7.4
	0.040	94.3～102.2	98.7	2.8
	0.20	85.1～100.7	96.7	5.9
丙体六六六	0.020	88.8～120.2	110.5	10.6
	0.040	92.1～99.9	96.7	2.9
	0.20	85.7～97.8	89.7	5.1
甲基立枯磷	0.010	94.7～112.9	104.0	6.5
	0.020	105.8～113.9	110.3	2.9
	0.10	87.5～107.3	102.2	7.1

续表

农药名称	加标量/(mg/kg)	回收率范围/%	平均回收率/%	RSD/%
毒死蜱	0.020	84.5～107.6	97.1	9.7
	0.040	92.3～116.9	108.8	9.6
	0.20	88.6～111.7	106.1	8.4
杀螟硫磷	0.040	100.1～118.9	108.4	6.0
	0.080	90.1～97.4	94.6	2.9
	0.40	82.4～106.8	101.4	9.2
腐霉利	0.020	84.1～108.1	94.8	9.1
	0.040	93.4～99.8	96.8	2.7
	0.20	97.8～110.9	105.8	4.4
三唑磷	0.040	85.5～119.7	103.6	12.1
	0.080	87.3～95.1	90.5	3.4
	0.40	85.8～109.9	102.7	8.5
联苯菊酯	0.010	75.7～100.1	86.7	10.0
	0.020	85.1～97.1	91.2	4.9
	0.10	84.7～102.5	98.5	7.1
氯氟氰菊酯	0.020	87.3～111.6	103.9	8.5
	0.040	92.0～107.3	99.4	6.3
	0.20	95.5～117.1	108.1	9.5
氯氰菊酯	0.040	70.9～95.5	84.5	11.1
	0.080	78.3～110.9	95.1	12.9
	0.40	92.8～112.8	103.9	6.5
氰戊菊酯	0.040	73.4～106.9	86.9	16.2
	0.080	89.0～97.5	93.4	3.3
	0.40	99.0～112.4	105.2	4.6
溴氰菊酯	0.040	80.9～113.7	95.8	14.4
	0.080	87.5～92.5	89.7	2.2
	0.40	95.9～108.2	103.7	4.3

表 5-75　玫瑰花茶中农药的回收率

农药名称	加标量/(mg/kg)	回收率范围/%	平均回收率/%	RSD/%
敌敌畏	0.020	77.7～117.3	95.3	14.2
	0.040	77.6～107.4	94.6	12.2
	0.20	81.3～103.2	92.4	9.6
克百威	0.020	81.2～107.0	96.3	10.0
	0.040	97.4～109.6	101.8	4.5
	0.20	99.6～116.2	109.1	6.6

续表

农药名称	加标量/(mg/kg)	回收率范围/%	平均回收率/%	RSD/%
乐果	0.020	110.6～120.0	116.6	3.0
	0.040	99.7～105.9	103.9	2.3
	0.20	97.8～112.3	105.1	4.9
丙体六六六	0.020	89.5～106.8	100.0	6.1
	0.040	102.6～112.6	107.2	3.3
	0.20	94.9～113.7	104.7	7.6
甲基立枯磷	0.010	100.3～104.4	102.9	1.5
	0.020	91.8～110.2	102.5	7.9
	0.10	97.8～108.9	103.7	4.7
毒死蜱	0.020	101.3～107.8	104.9	3.2
	0.040	100.5～105.4	102.5	1.9
	0.20	98.7～114.6	104.5	6.4
杀螟硫磷	0.040	98.8～108.9	105.1	3.4
	0.080	95.8～101.8	99.0	2.5
	0.40	99.3～107.7	102.8	2.9
腐霉利	0.020	90.1～112.8	100.8	9.5
	0.040	103.5～108.4	106.0	1.8
	0.20	97.6～111.9	103.2	5.4
三唑磷	0.040	93.7～106.8	103.1	4.7
	0.080	103.3～108.9	107.3	2.7
	0.40	102.6～110.5	105.6	3.6
联苯菊酯	0.010	80.4～98.3	88.8	9.0
	0.020	91.9～99.1	96.0	3.4
	0.10	96.0～111.4	103.0	5.8
氯氟氰菊酯	0.020	86.8～116.9	103.1	13.3
	0.040	106.5～113.8	109.9	2.9
	0.20	100.0～111.4	105.7	3.8
氯氰菊酯	0.040	78.4～114.0	103.4	15.5
	0.080	95.2～112.6	101.5	6.1
	0.40	96.3～105.2	100.8	3.6
氰戊菊酯	0.040	81.7～88.0	84.9	2.8
	0.080	89.5～100.4	95.1	4.7
	0.40	99.9～106.9	102.6	2.6
溴氰菊酯	0.040	86.1～117.2	102.4	10.2
	0.080	94.4～105.9	99.6	5.4
	0.40	95.1～101.8	98.1	2.7

(三)平行样测定

每个样品应进行平行双样测定，平行测定时的相对偏差应满足实验室内变异系数要求。

七、结果计算

样品中各农药残留量按照下式进行计算。

$$X = \frac{c \times f \times V \times 1000}{m \times 1000 \times 1000}$$

式中 X——样品中农药残留量，mg/kg；

c——样品测定液中农药浓度，μg/L；

V——提取溶剂体积，mL；

m——取样质量，g；

f——稀释因子；

1000——换算系数。

八、技术参数

方法定性限和定量限：以 3 倍信噪比计算方法定性限（LOD），以 10 倍信噪比计算方法定量限（LOQ）；方法的定性限和定量限见表 5-76。

表 5-76 方法定性限和定量限 单位：mg/kg

农药名称	大麦茶		苦丁茶		菊花茶		玫瑰花茶	
	LOD	LOQ	LOD	LOQ	LOD	LOQ	LOD	LOQ
敌敌畏	0.0030	0.010	0.0020	0.0066	0.0070	0.024	0.0030	0.010
克百威	0.0030	0.010	0.0030	0.010	0.0070	0.024	0.0030	0.010
乐果	0.0020	0.0066	0.0020	0.0066	0.0070	0.024	0.0030	0.010
丙体六六六	0.0020	0.0066	0.0020	0.0066	0.0050	0.017	0.0020	0.0066
甲基立枯磷	0.0020	0.0066	0.0020	0.0066	0.0030	0.010	0.0020	0.0066
毒死蜱	0.0020	0.0066	0.0020	0.0066	0.0050	0.017	0.0020	0.0066
杀螟硫磷	0.0020	0.0066	0.0020	0.0066	0.0080	0.027	0.0020	0.0066
腐霉利	0.0020	0.0066	0.0020	0.0066	0.0060	0.020	0.0020	0.0066
三唑磷	0.0050	0.017	0.0020	0.0066	0.0060	0.020	0.0030	0.010
联苯菊酯	0.00050	0.0017	0.00080	0.0027	0.0010	0.0033	0.00050	0.0017
氯氟氰菊酯	0.0050	0.017	0.0020	0.0066	0.0070	0.024	0.0020	0.0066
氯氰菊酯	0.0050	0.017	0.0050	0.017	0.012	0.040	0.0080	0.027
氰戊菊酯	0.0050	0.017	0.0070	0.024	0.012	0.040	0.0080	0.027
溴氰菊酯	0.010	0.033	0.012	0.040	0.012	0.040	0.012	0.040

九、注意事项

① 不同基质的代用茶干扰不同，应采用相对应的基质匹配曲线进行定量；数据处理中采用手动积分；以保证结果准确。

② 母离子选择尽量选择 m/z 大、丰度高的碎片。碰撞能量一定要优化。

③ 进行试剂验收；如含有目标物或干扰物质需更换试剂。

④ 氮吹中加入高沸点溶剂作为保护剂，可以防止吹干造成结果偏低。

⑤ 农药残留分析结果，不需回收率进行调整。

十、资料性附录

本规程数据采集于安捷伦公司 7890B 气相色谱-7010B 质谱仪。

在图 5-33～图 5-37 中：1—敌敌畏；2—乐果；3—克百威；4—丙体六六六；5—甲基立枯磷；6—杀螟硫磷；7—毒死蜱；8—腐霉利；9—三唑磷；10—联苯菊酯；11—氯氟氰菊酯；12～15—氯氰菊酯；16、17—氰戊菊酯；18、19—溴氰菊酯

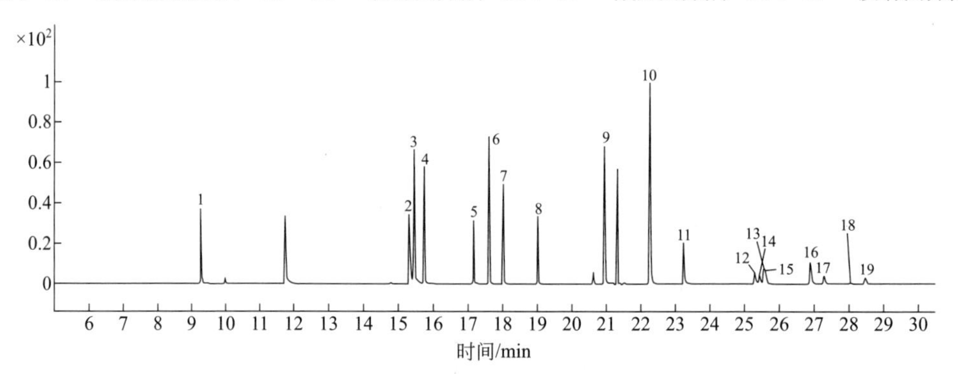

图 5-33　农药标准物质 MRM 总离子流图

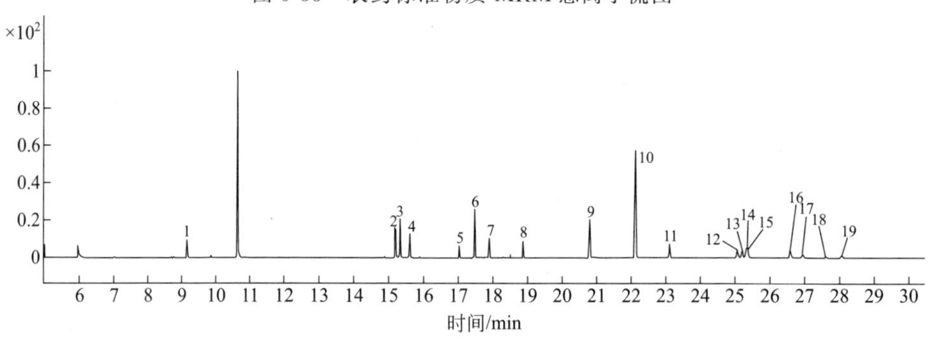

图 5-34　玫瑰花茶加标 MRM 总离子流图

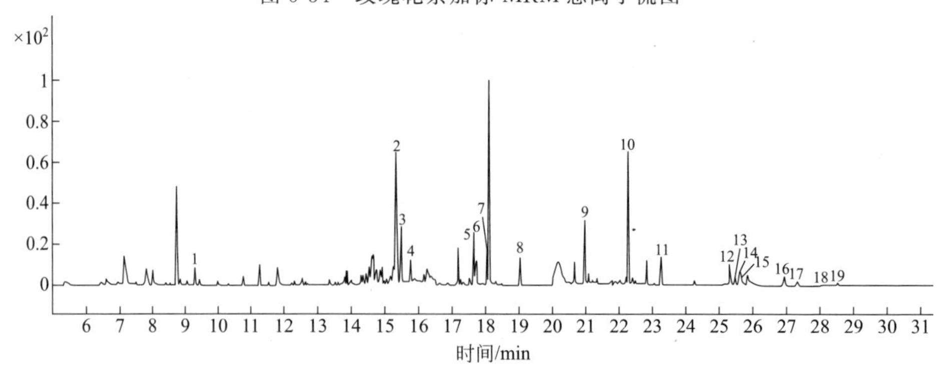

图 5-35　菊花茶加标 MRM 总离子流图

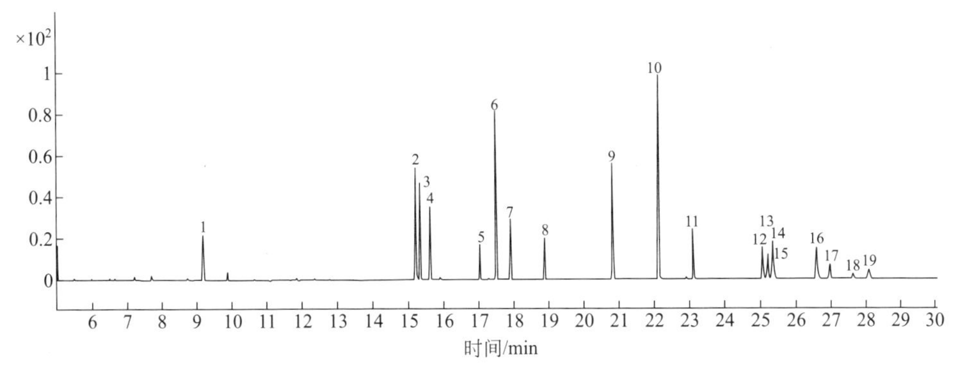

图 5-36　大麦茶加标 MRM 总离子流图

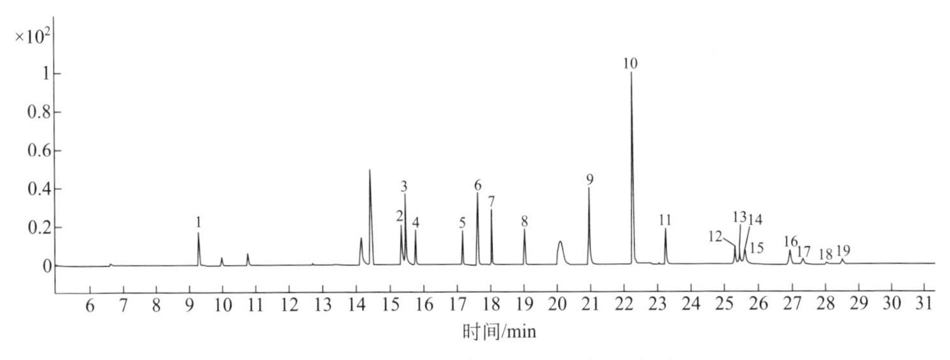

图 5-37　苦丁茶加标 MRM 总离子流图

测定三：　绿茶、白茶、红茶中三氯杀螨醇等农药残留量的测定

一、适用范围

本规程规定了绿茶、白茶、红茶中三氯杀螨醇等农药残留量测定的 SPE-GC-MS 法。

本规程适用于绿茶、白茶、红茶中三氯杀螨醇等农药残留量的测定。

二、方法提要

绿茶、白茶、红茶样品经乙腈提取、固相萃取（SPE）净化后，气相色谱-质谱（GC/MS）测定，质谱法定性，内标法定量。

三、仪器设备和试剂

（一）仪器和设备

① 气相色谱-质谱仪。

② 色谱柱：DB-17MS（30m×0.25mm×0.25μm）或相当的色谱柱。

③ 调速振荡器。

④ 氮吹仪。

⑤ 高速冷冻离心机（转数 10000r/min）。

⑥ 天平：感量 0.1mg 和 0.01g。

⑦ 高速组织捣碎机。

（二）试剂和耗材

① 乙腈、丙酮、二氯甲烷：色谱级。

② CARB/NH_2 固相萃取柱，500mg/500mg/6mL（DiKMA）。

（三）标准品及标准物质

标准品：环氧七氯、三氯杀螨醇、α-硫丹、溴虫腈、β-硫丹、联苯菊酯、甲氰菊酯、氟氯氰菊酯、氯氟氰菊酯、氯氰菊酯、氰戊菊酯、茚虫威、溴氰菊酯，纯度≥97.5%。

标准溶液的配制。

① 内标溶液：准确称取 3.5mg 环氧七氯于 100mL 容量瓶中，用甲苯定容至刻度，配制浓度为 35mg/L 的内标溶液。

② 分别称量（精确至 0.0001g）农药标准品，用甲苯＋丙酮（1＋1）溶解并定容，配制成浓度约为 1000μg/mL 的标准储备液，密封并置于－18℃条件下保存，保质期为 6 个月。根据各农药的响应值调整混合标准液中各目标物的浓度。混合标准溶液中各化合物的浓度如表 5-77。

表 5-77 混合标准溶液中各化合物的浓度

化合物名称	浓度/(mg/L)	化合物名称	浓度/(mg/L)	化合物名称	浓度/(mg/L)
三氯杀螨醇	10	联苯菊酯	2.0	氯氰菊酯	20
α-硫丹	10	甲氰菊酯	10	氰戊菊酯	20
溴虫腈	20	氟氯氰菊酯	10	茚虫威	20
β-硫丹	10	氯氟氰菊酯	10	溴氰菊酯	20

四、样品的处理

（一）试样的制备与保存

取 50g 茶叶样品磨碎过 20 目筛，四分法取样；所取的样品平均分 2 份，一份测定，另一份置于－18℃冰箱内保存，备用。

（二）提取

称取茶叶样品 2g（精确至 0.01g）于 50mL 具塞离心管中，加入 80μL 内标，加入乙腈 20.00mL，于振荡器上（3000r/min）振荡 10min 后，10000r/min（4℃）离心 5min，放至室温后，准确吸取乙腈相 10.00mL 于鸡心瓶中，氮吹至 1mL 左右，待净化。

（三）净化和浓缩

分别用丙酮 3mL 及二氯甲烷 3mL 活化固相萃取小柱，待液面至小柱吸附层表面时，加入浓缩液，再以丙酮 6mL 及二氯甲烷 6mL 淋洗小柱，收集淋洗液，氮吹至近干，丙酮定容至 1.0mL，供 GC/MS 测定。

五、试样分析

（一）仪器参考条件

1. 气相条件

① 色谱柱：DB-17MS 柱（30m×0.25mm×0.25μm）或相当色谱柱。

② 柱温：初始温度 180℃，保持 1min，以 5℃/min 速度上升至 280℃，保持 10min。

③ 柱流量：1.0mL/min。

④ 后运行时间：2min，300℃。

⑤ 进样模式：不分流进样。

⑥ 进样量：1μL。

⑦ 进样口温度：260℃。

2. 质谱条件

① 接口温度：280℃。

② 离子源温度：230℃。

③ 四极杆温度：150℃。

④ 溶剂延迟：8min。

各种农药的定量、定性离子如表 5-78。

表 5-78　各种农药的定量、定性离子

农药名称	驻留时间/min	定量离子(*m/z*)	定性离子(*m/z*)
三氯杀螨醇	10.00	139	141(35),251(75)
环氧七氯	10.00	353	355(79),351(52)
α-硫丹	12.00	237	265(71),339(46)
溴虫腈	13.00	408	406(80),363(95)
β-硫丹	15.00	237	265(55),339(34)
联苯菊酯	16.00	181	165(30),166(30)
甲氰菊酯	18.00	181	208(30),265(35)
氟氯氰菊酯	19.00	181	197(75),208(50)
氯氟氰菊酯	22.50	163	206(70),165(65)
氯氰菊酯	22.50	163	181(75),165(60)
氰戊菊酯	25.00	167	225(40),419(20)
茚虫威	27.00	218	264(40),468(10)
溴氰菊酯	28.00	181	253(80),209(30)

（二）基质标准曲线制作

取各种茶叶的空白样品，与样品相同前处理后，以空白基质的提取液作溶剂，加入不等量的混合标准溶液，制备基质标准曲线。基质标准曲线浓度范围如表 5-79。

表 5-79　基质标准曲线浓度范围　　单位：mg/L

农药名称	浓度范围	农药名称	浓度范围
三氯杀螨醇	0.050～2.0	氟氯氰菊酯	0.050～2.0
α-硫丹	0.050～2.0	氯氟氰菊酯	0.050～2.0
溴虫腈	0.10～4.0	氯氰菊酯	0.10～4.0
β-硫丹	0.050～2.0	氰戊菊酯	0.10～4.0
联苯菊酯	0.010～0.40	茚虫威	0.10～4.0
甲氰菊酯	0.050～2.0	溴氰菊酯	0.10～4.0

（三）样品定性

① 未知组分与标准的保留时间相同（±0.05min）。

② 在相同的保留时间下提取到与标准相同的特征离子。

③ 与标准的特征离子相对丰度的允许偏差不超出规定的范围（表 5-80）。

表 5-80　定性确证时相对离子丰度的最大允许偏差

相对离子丰度/%	≤10	＞10～20	＞20～50	＞50
允许相对偏差/%	±50	±30	±25	±20

满足以上条件即可进行确证。

（四）样品定量

内标法定量。

六、质量控制

（一）空白实验

根据样品处理步骤，做试剂空白及各种基质空白实验，每进 10 个样品需进一次试剂空白样品。

（二）加标回收

按照 10%的比例对所测组分进行加标回收试验，样品量＜10 件的最少做 1 个加标回收。本规程加标方法如下：向基质空白中加入 3 个不等量的混合标准溶液（$n=6$），结果减基质空白后计算加标回收率和相对标准偏差，见表 5-81～表 5-83。

表 5-81　绿茶中目标化合物回收率

农药名称	加标量/(mg/kg)	回收率范围/%	平均回收率/%	RSD/%
三氯杀螨醇	0.050	70.0～120.0	85.0	18.8
	0.25	70.0～85.0	75.0	6.7
	1.0	72.0～101.0	81.3	13.7
α-硫丹	0.050	80.0～120.0	89.2	17.8
	0.25	70.0～95.0	83.3	10.2
	1.0	78.0～98.0	87.7	9.0

续表

农药名称	加标量/(mg/kg)	回收率范围/%	平均回收率/%	RSD/%
溴虫腈	0.10	85.0～130.0	115.0	15.8
	0.50	105.0～115.0	109.6	8.5
	2.0	85.0～99.0	93.3	4.6
β-硫丹	0.050	80.0～120.0	93.3	16.0
	0.25	75.0～100.0	83.3	11.3
	1.0	72.0～102.0	83.3	11.5
联苯菊酯	0.010	80.0～120.0	106.7	14.0
	0.050	85.0～115.0	97.5	11.3
	0.20	80.0～92.0	86.0	5.6
甲氰菊酯	0.050	87.5～112.5	97.9	8.8
	0.25	85.0～115.0	102.5	8.8
	1.0	86.0～100.0	93.3	5.5
氟氯氰菊酯	0.050	90.0～120.0	107.3	11.9
	0.25	86.9～104.3	97.1	8.0
	1.0	98.0～108.0	103.3	3.3
氯氟氰菊酯	0.050	84.0～120.0	105.7	14.2
	0.25	95.0～120.0	105.0	8.7
	1.0	96.0～108.0	100.7	4.4
氯氰菊酯	0.10	90.0～120.0	100.0	11.5
	0.50	87.5～117.5	103.7	10.0
	2.0	97.0～111.0	104.0	5.1
氰戊菊酯	0.10	70.0～120.0	93.3	18.2
	0.50	95.0～117.5	107.9	6.5
	2.0	100.0～115.0	106.5	4.3
茚虫威	0.10	80.0～120.0	108.3	13.5
	0.50	95.0～112.5	101.7	5.5
	2.0	95.0～108.0	107.3	5.8
溴氰菊酯	0.10	70.0～80.0	76.7	6.1
	0.50	95.0～110.0	100.8	4.9
	2.0	89.2～101.7	96.4	4.2

表 5-82　红茶中目标化合物回收率

农药名称	加标量/(mg/kg)	回收率范围/%	平均回收率/%	RSD/%
三氯杀螨醇	0.050	80.0～100.0	90.0	9.4
	0.25	80.0～90.0	86.0	5.6
	1.0	85.0～95.0	90.4	5.0
α-硫丹	0.050	60.0～90.0	72.0	12.3
	0.25	80.0～95.0	89.0	7.6
	1.0	82.0～100.0	90.8	7.8

续表

农药名称	加标量/(mg/kg)	回收率范围/%	平均回收率/%	RSD/%
溴虫腈	0.10	90.0～120.0	98.0	13.6
	0.50	85.0～105.0	96.0	10.4
	2.0	95.0～110.0	102.4	7.8
β-硫丹	0.050	90.0～120.0	108.0	12.5
	0.25	85.0～105.0	91.0	9.2
	1.0	88.0～102.0	93.5	8.4
联苯菊酯	0.010	90.0～120.0	114.0	9.8
	0.050	95.0～105.0	98.0	4.4
	0.20	92.0～110.0	98.5	5.7
甲氰菊酯	0.050	100.0～120.0	114.0	7.8
	0.25	95.0～110.0	104.0	6.3
	1.0	100.0～110.0	105.2	4.8
氟氯氰菊酯	0.050	80.0～120.0	107.3	15.8
	0.25	85.0～110.0	103.0	10.2
	1.0	95.0～112.0	105.0	7.4
氯氟氰菊酯	0.050	90.0～120.0	114.5	12.2
	0.25	80.0～112.0	105.0	10.5
	1.0	85.0～110.0	98.4	7.3
氯氰菊酯	0.10	90.0～120.0	96.0	12.8
	0.50	87.5～107.5	98.0	9.2
	2.0	85.0～110.0	99.0	9.4
氰戊菊酯	0.10	80.0～120.0	104.0	13.5
	0.50	95.0～107.5	102.0 0.0	7.2
	2.0	90.0～105.0	100.8	7.8
茚虫威	0.10	80.0～120.0	108.0	14.8
	0.50	95.0～112.5	105.0	8.7
	2.0	95.0～110.0	102.4	4.7
溴氰菊酯	0.10	60.0～80.0	79.0	12.4
	0.50	75.0～92.5	82.0	11.6
	2.0	78.0～95.0	90.3	8.4

表 5-83 白茶中农药的回收率

农药名称	加标量/(mg/kg)	回收率范围/%	平均回收率/%	RSD/%
三氯杀螨醇	0.050	80.0～110.0	92.0	12.7
	0.25	85.0～105.0	92.0	8.7
	1.0	90.0～105.0	94.8	6.9
α-硫丹	0.050	72.4～120.0	94.2	14.7
	0.25	80.0～105.0	88.0	10.5
	1.0	90.0～105.0	97.5	5.7

续表

农药名称	加标量/(mg/kg)	回收率范围/%	平均回收率/%	RSD/%
溴虫腈	0.10	84.0～110.0	98.4	12.4
	0.50	90.0～105.0	95.0	7.7
	2.0	85.0～100.0	93.3	7.3
β-硫丹	0.050	85.0～120.0	97.1	13.4
	0.25	85.0～110.0	93.0	9.9
	1.0	84.0～104.0	92.8	8.2
联苯菊酯	0.010	83.0～110.0	91.7	12.1
	0.050	95.0～105.0	98.0	7.6
	0.20	92.0～102.0	95.0	7.4
甲氰菊酯	0.050	80.0～110.5	88.0	12.3
	0.25	90.0～105.0	96.0	7.5
	1.0	94.0～108.0	102.0	7.4
氟氯氰菊酯	0.050	80.0～110.0	84.0	12.7
	0.25	80.5～105.0	89.0	10.9
	1.0	88.0～102.0	92.6	7.9
氯氟氰菊酯	0.050	70.0～114.0	105.0	14.6
	0.25	75.0～105.0	87.0	12.2
	1.0	84.0～98.0	90.8	7.2
氯氰菊酯	0.10	80.0～120.0	114.0	14.8
	0.50	78.0～111.0	95.6	12.0
	2.0	81.0～105.0	92.2	8.9
氰戊菊酯	0.10	65.0～90.0	78.0	13.3
	0.50	75.0～90.0	82.5	10.5
	2.0	75.0～95.0	85.6	9.8
茚虫威	0.10	90.0～120.0	106.0	13.5
	0.50	90.0～110.0	97.5	12.8
	2.0	85.0～105.0	90.8	9.5
溴氰菊酯	0.10	65.0～95.0	75.0	13.7
	0.50	75.0～95.0	85.0	9.5
	2.0	78.2～98.7	86.4	8.2

（三）平行样测定

每个样品应进行平行双样测定，平行测定时的相对偏差应满足实验室内变异系数要求。

七、结果计算

样品中各农药残留量按照下式进行计算。

$$X = \frac{c \times f \times V \times 1000}{m \times 1000}$$

式中　X——样品中农药含量，mg/kg；

c——样品测定液中农药浓度，μg/mL；

V——定容体积，mL；

m——取样质量，g；

f——稀释因子，本规程中等于2；

1000——换算系数。

八、技术参数

方法定性限和定量限：以3倍信噪比计算方法定性限（LOD），以10倍信噪比计算方法定量限（LOQ），方法定性限和定量限见表5-84。

表5-84　方法定性限和定量限　　单位：mg/kg

农药名称	LOD			LOQ		
	绿茶	红茶	白茶	绿茶	红茶	白茶
三氯杀螨醇	0.0050	0.0080	0.010	0.017	0.027	0.033
α-硫丹	0.0050	0.010	0.010	0.017	0.033	0.033
溴虫腈	0.020	0.020	0.020	0.066	0.066	0.066
β-硫丹	0.0050	0.010	0.010	0.017	0.033	0.033
联苯菊酯	0.0020	0.0050	0.0050	0.0066	0.017	0.017
甲氰菊酯	0.0050	0.010	0.0050	0.017	0.033	0.017
氟氯氰菊酯	0.0050	0.010	0.0050	0.017	0.033	0.017
氯氟氰菊酯	0.0050	0.010	0.010	0.017	0.033	0.033
氯氰菊酯	0.020	0.020	0.010	0.066	0.066	0.033
氰戊菊酯	0.020	0.010	0.010	0.066	0.033	0.033
茚虫威	0.020	0.020	0.020	0.066	0.066	0.066
溴氰菊酯	0.020	0.020	0.020	0.066	0.066	0.066

九、注意事项

① 用基质匹配曲线进行定量以保证结果准确。

② 建立SIM方法时，应避开基质干扰离子碎片。

③ 进行试剂验收，如含有目标物或干扰物质需更换试剂。

④ 不同厂家、不同批次固相萃取柱的性能不同，需进行加标回收试验。

⑤ 氮吹中加入高沸点溶剂作为保护剂，可防止吹干造成结果偏低。

⑥ 农药残留分析结果，不需回收率进行调整。

十、资料性附录

本规程采集的数据来自于安捷伦公司7890A气相色谱-5975C质谱仪，数据如图5-38～图5-41。

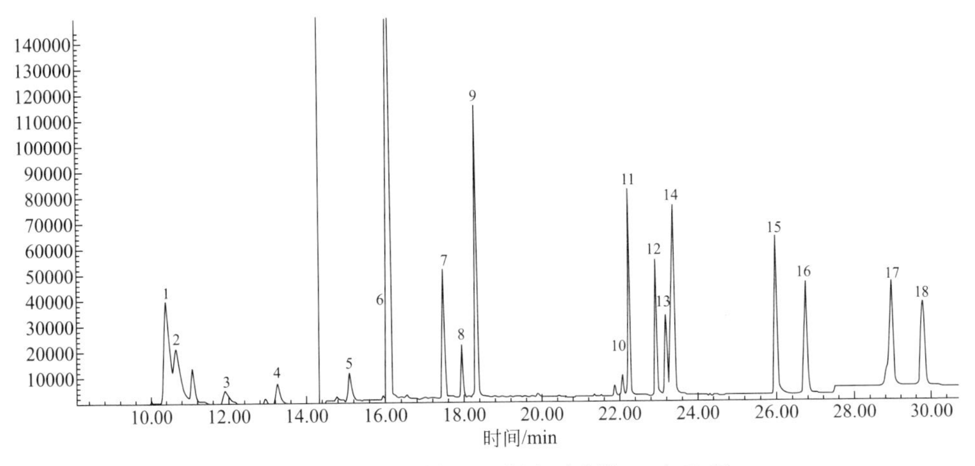

图 5-38　茶叶基质标准选择离子监测 GC/MS 图

1—三氯杀螨醇；2—α-硫丹；3—溴虫腈；4—β-硫丹；5—联苯菊酯；6—甲氰菊酯；7—氟氯氰菊酯；8～10—氯氟氰菊酯；11～13—氯氰菊酯；14，15—氰戊菊酯；16—茚虫威；17，18—溴氰菊酯

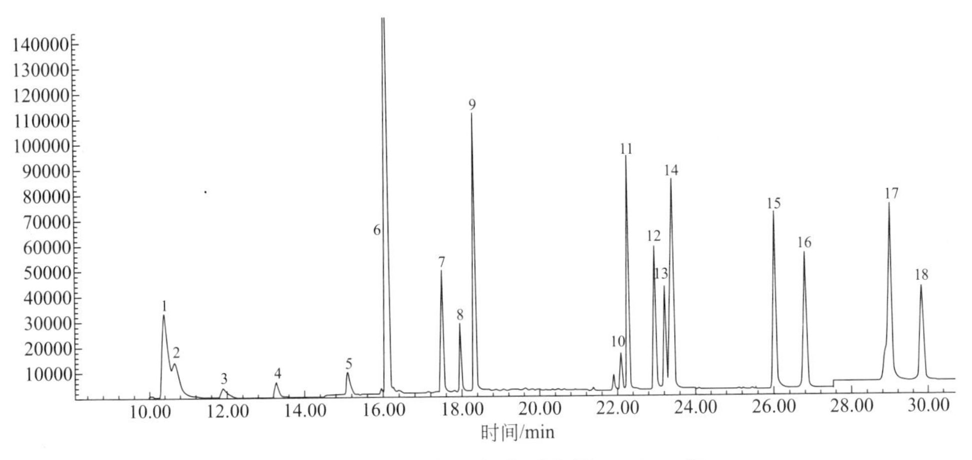

图 5-39　红茶加标选择离子监测 GC/MS 图

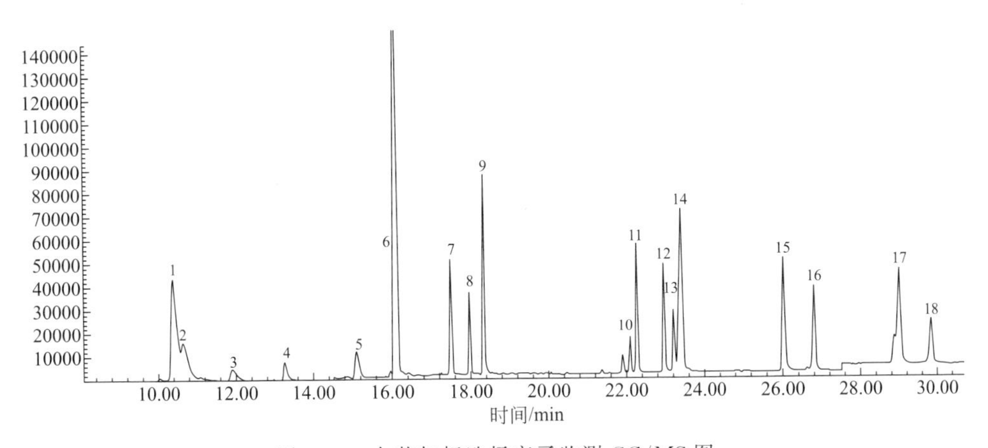

图 5-40　白茶加标选择离子监测 GC/MS 图

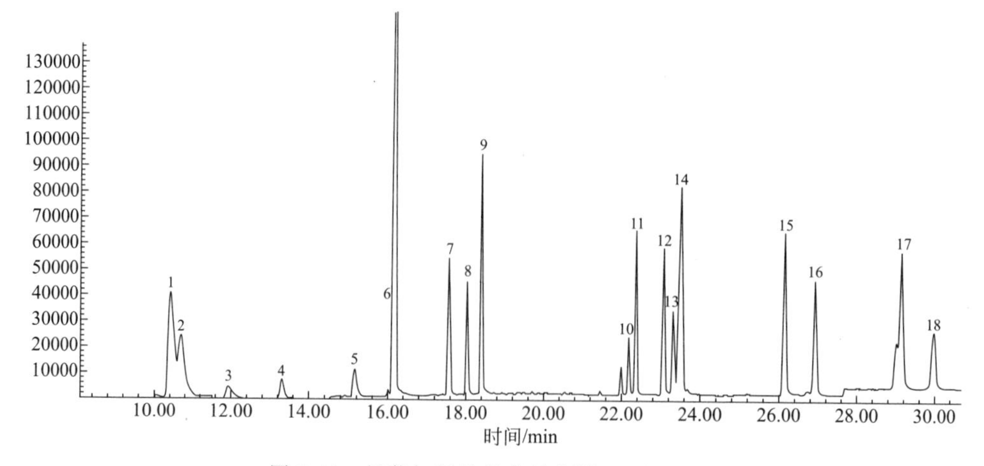

图 5-41　绿茶加标选择离子监测 GC/MS 图

图 5-39～图 5-41 图注同图 5-38。

测定四：菊花茶、大麦茶、苦丁茶中敌敌畏等 15 种农药残留量的测定

一、适用范围

本规程规定了菊花茶、大麦茶、苦丁茶中敌敌畏等 15 种农药检测的 GC-MS 法。本规程适用于菊花茶、大麦茶、苦丁茶中敌敌畏等 15 种农药残留量测定。

二、方法提要

菊花茶、大麦茶、苦丁茶样品经乙腈提取、固相萃取（SPE）净化后，气相色谱-质谱（GC-MS）测定，质谱法定性，外标法定量。

三、仪器设备和试剂

（一）仪器和设备

① 气相色谱-质谱仪。

② 色谱柱：DB-17MS（30m×0.25mm×0.25μm）或相当色谱柱。

③ 调速振荡器。

④ 氮吹仪。

⑤ 高速低温离心机（转数 10000r/min）。

⑥ 天平：感量 0.1mg 和 0.01g。

⑦ 高速组织捣碎机。

（二）试剂和耗材

① 乙腈、丙酮、二氯甲烷：色谱级。

② CARB/NH_2 固相萃取柱，500mg/500mg/6mL（DiKMA）。

（三）标准品及标准物质

标准品：敌敌畏、乙酰甲胺磷、丙体六六六、乐果、杀螟硫磷、*o,p'*滴滴涕、三氯杀螨醇、氯氰菊酯、氰戊菊酯、溴氰菊酯、莠去津、扑草净、除草醚、腐霉利、甲基立枯磷；纯度≥99.0%。

标准溶液的配制：分别称取农药标准品（精确至0.0001g），用丙酮溶解并定容，配制成浓度约为1000μg/mL的标准储备液，密封并置于－18℃条件下保存，保质期为6个月。根据各农药的响应值确定混合标准液中各农药的浓度。混合标准溶液中各农药的浓度如表5-85。

表5-85 混合标准中各农药的浓度

农药名称	浓度/(mg/L)	农药名称	浓度/(mg/L)	农药名称	浓度/(mg/L)
敌敌畏	20	扑草净	20	除草醚	20
乙酰甲胺磷	40	甲基立枯磷	10	*o,p'*-滴滴涕	20
莠去津	20	杀螟硫磷	20	氯氰菊酯	20
丙体六六六	20	三氯杀螨醇	20	氰戊菊酯	40
乐果	20	腐霉利	20	溴氰菊酯	40

四、样品的处理

（一）试样的预处理

取50g代用茶样品，四分法取样；所取的样品平均分2份，一份测定，另一份置于－18℃冰箱内保存，备用。

（二）提取

称取样品2g（精确至0.01g）（菊花茶0.5g）于50mL具塞离心管中，加入乙腈20.00mL，振荡器上（3000r/min）振荡10min后，低温（4℃）高速（10000r/min）离心5min，放至室温后，准确吸取乙腈相10.00mL于鸡心瓶中，氮吹至1mL左右，待净化。

（三）净化和浓缩

分别用丙酮3mL及二氯甲烷3mL活化固相萃取小柱，待液面至小柱吸附层表面时，加入浓缩液，再以丙酮6mL及二氯甲烷6mL淋洗小柱，收集淋洗液，氮吹至少于1mL，丙酮定容至1.0mL，供GC/MS测定。

五、试样分析

（一）仪器参考条件

1. 气相条件

① 色谱柱：DB-17MS柱（30m×0.25mm×0.25μm）或相当的色谱柱。

② 柱温：初始温度60℃，保持1min，以10℃/min速度上升至200℃，保持5min，再以5℃/min速度上升至250℃，保持10min，再以10℃/min速度上升至

280℃，保持 12min。

③ 柱流量：1.0mL/min。

④ 后运行时间：2min，300℃。

⑤ 进样模式：不分流进样。

⑥ 进样量：1μL。

⑦ 进样口温度：250℃。

2. 质谱条件

① 接口温度：280℃。

② 离子源温度：230℃。

③ 四极杆温度：150℃。

④ 溶剂延迟：8min。

农药保留时间和特征离子如表 5-86。

表 5-86 农药保留时间和特征离子

农药名称	驻留时间/min	定量离子(m/z)	定性离子(m/z)
敌敌畏	9.00	185	187(34),220(20),145(30)
乙酰甲胺磷	13.50	136	183(3),142(11)
莠去津	16.50	200	215(56),173(29)
丙体六六六		219	217(80),221(53)
乐果	18.20	87	93(99),229(7)
扑草净	19.40	241	184(82),226(60)
甲基立枯磷	19.40	265	267(36),250(10)
杀螟硫磷	21.50	277	260(56),214(17)
三氯杀螨醇		250	252(66),215(43)
腐霉利	24.00	283	285(65),255(14)
除草醚	27.50	283	285(64),287(11)
o,p'-滴滴涕		235	237(62),239(10)
氯氰菊酯	36.00	163	181(75),165(60)
氰戊菊酯	38.00	167	225(40),419(20)
溴氰菊酯	42.50	181	253(80),209(30)

（二）基质标准曲线制备

取各种基质的代用茶空白样品，与样品相同前处理后，以空白基质的提取液作溶剂，加入不等量的混合标准溶液，制备基质标准曲线（表 5-87）。

表 5-87 基质标准曲线浓度范围

农药名称	浓度范围/(mg/L)
甲基立枯磷	0.025～1.0
敌敌畏、莠去津、丙体六六六、乐果、扑草净、杀螟硫磷、三氯杀螨醇、腐霉利、除草醚、o,p'-滴滴涕、氯氰菊酯	0.050～2.0
乙酰甲胺磷、氰戊菊酯、溴氰菊酯	0.10～4.0

（三）样品定性

① 未知组分与已知标准的保留时间相同（±0.05min）。

② 在相同的保留时间下提取到与已知标准相同的特征离子。

③ 与已知标准的特征离子相对丰度的允许偏差不超出规定的范围（表 5-88）。

表 5-88 定性时相对离子丰度的最大允许误差

相对离子丰度/%	≤10	>10～20	>20～50	>50
允许相对偏差/%	±50	±30	±25	±20

满足以上条件即可进行确证。

（四）样品定量

外标法定量。

六、质量控制

空白实验：根据样品处理步骤，做试剂空白及各种基质空白实验，每进 10 个样品需进一次试剂空白样品。

加标回收：按 10%的比例对所测组分进行加标回收试验，样品量<10 件的最少做 1 个加标回收。

本规程加标方法：向基质空白中加入 3 个不等量的混合标准溶液（$n=6$），结果减基质空白后计算加标回收率和相对标准偏差，见表 5-89～表 5-91。

表 5-89 大麦茶中各种农药的回收率和精密度（$n=6$）

农药名称	加标量/(mg/kg)	回收率范围/%	平均回收率/%	RSD/%
敌敌畏	0.050	50.2～65.5	60.5	16.4
	0.25	55.4～78.1	65.6	17.9
	1.0	54.8～74.7	65.8	15.7
乙酰甲胺磷	0.10	60.3～83.1	70.1	15.6
	0.50	63.2～94.4	74.2	16.5
	2.0	62.1～94.7	81.9	15.5
莠去津	0.050	70.2～109.7	86.7	13.9
	0.25	72.2～106.2	87.3	12.6
	1.0	79.4～108.1	95.7	10.5
丙体六六六	0.050	70.0～110.2	82.2	14.0
	0.25	75.2～103.7	86.7	12.0
	1.0	74.2～103.4	94.3	12.3
乐果	0.050	59.6～90.2	68.7	17.1
	0.25	64.2～98.0	84.0	14.1
	1.0	71.4～106.6	88.3	15.4

续表

农药名称	加标量/(mg/kg)	回收率范围/%	平均回收率/%	RSD/%
扑草净	0.050	80.3～109.7	86.7	13.9
	0.25	80.4～107.7	87.7	13.4
	1.0	80.2～104.8	97.3	12.1
甲基立枯磷	0.025	70.5～100.2	83.3	13.0
	0.125	72.4～104.2	85.3	12.6
	0.50	76.2～100.0	95.3	10.6
杀螟硫磷	0.050	75.2～109.6	87.2	10.7
	0.25	75.0～106.2	91.7	10.0
	1.0	77.1～105.2	95.7	10.5
三氯杀螨醇	0.050	70.2～109.5	86.3	15.5
	0.25	74.0～109.6	88.3	12.5
	1.0	82.4～109.5	98.7	10.9
腐霉利	0.050	80.2～111.9	88.3	15.2
	0.25	74.5～107.6	88.3	13.1
	1.0	78.2～108.1	99.0	11.5
除草醚	0.050	70.2～105.4	84.2	11.1
	0.25	85.2～105.6	90.0	10.5
	1.0	74.0～105.6	88.7	12.7
o,*p*′-滴滴涕	0.050	80.2～119.6	110.0	16.0
	0.25	94.1～115.5	105.0	11.9
	1.0	85.2～105.0	91.5	10.8
氯氰菊酯	0.050	56.4～113.0	74.6	22.4
	0.25	70.1～120.0	87.5	18.2
	1.0	70.2～114.8	100.0	17.8
氰戊菊酯	0.10	75.0～114.6	89.0	16.0
	0.50	76.4～110.0	92.7	15.2
	2.0	78.2～110.4	101.0	12.7
溴氰菊酯	0.10	77.0～108.2	85.7	15.8
	0.50	76.8～104.6	88.0	12.4
	2.0	83.2～100.0	96.7	8.1

表 5-90　苦丁茶中各种农药的回收率和精密度（$n=6$）

农药名称	加标量/(mg/kg)	回收率范围/%	平均回收率/%	RSD/%
敌敌畏	0.050	54.8～65.2	60.3	11.4
	0.25	55.4～68.1	62.0	12.0
	1.0	60.4～80.2	75.4	14.5

续表

农药名称	加标量/(mg/kg)	回收率范围/%	平均回收率/%	RSD/%
乙酰甲胺磷	0.10	59.7～81.8	71.7	16.8
	0.50	60.3～84.9	68.1	14.9
	2.0	60.4～105.1	83.7	20.2
莠去津	0.050	72.1～119.5	110.0	17.0
	0.25	75.4～115.2	90.3	15.6
	1.0	84.2～114.1	101.0	13.2
丙体六六六	0.050	75.4～114.6	95.0	14.6
	0.25	70.4～103.8	85.6	12.9
	1.0	79.2～102.3	92.5	11.2
乐果	0.050	60.2～90.5	68.5	15.8
	0.25	70.2～104.4	80.7	15.5
	1.0	83.0～98.4	88.7	8.1
扑草净	0.050	90.2～119.5	110.0	14.5
	0.25	78.2～109.6	90.7	13.7
	1.0	83.0～109.6	97.8	12.5
甲基立枯磷	0.025	79.5～109.6	93.2	13.1
	0.125	76.0～108.4	87.3	14.2
	0.50	80.5～106.0	95.3	12.6
杀螟硫磷	0.050	80.4～110.0	105.0	11.7
	0.25	82.0～106.4	85.3	10.7
	1.0	83.2～110.0	92.6	10.6
三氯杀螨醇	0.050	65.2～114.7	80.7	21.0
	0.25	70.2～108.0	86.2	18.3
	1.0	76.0～112.8	90.0	18.5
腐霉利	0.050	79.8～109.6	92.6	14.1
	0.25	80.2～104.4	91.0	12.5
	1.0	83.1～111.6	98.3	13.0
除草醚	0.050	75.2～119.6	91.5	14.3
	0.25	70.0～104.4	84.5	12.6
	1.0	77.1～108.2	98.7	12.8
o,*p*'-滴滴涕	0.050	85.0～119.5	98.5	13.2
	0.25	82.2～106.4	87.6	12.8
	1.0	88.4～110.2	103.0	10.3

续表

农药名称	加标量/(mg/kg)	回收率范围/%	平均回收率/%	RSD/%
氯氰菊酯	0.050	60.5~115.3	80.4	23.7
	0.25	73.2~105.4	92.5	15.7
	1.0	76.0~107.9	96.3	14.5
氰戊菊酯	0.10	80.0~119.5	110.0	20.1
	0.50	79.8~113.8	93.8	13.3
	2.0	82.5~107.5	100.0	12.3
溴氰菊酯	0.10	75.2~110.4	88.6	13.6
	0.50	78.1~110.3	94.2	12.8
	2.0	86.4~110.3	99.6	8.6

表 5-91 菊花茶中各种农药的回收率和精密度 ($n=6$)

农药名称	加标量/(mg/kg)	回收率范围/%	平均回收率/%	RSD/%
敌敌畏	0.050	50.5~70.4	61.7	16.6
	0.25	52.2~69.6	63.6	16.5
	1.0	66.8~80.2	75.3	14.1
乙酰甲胺磷	0.10	80.2~119.5	106.0	18.9
	0.50	72.2~105.1	84.1	16.3
	2.0	82.2~106.4	91.2	12.0
莠去津	0.050	70.2~110.4	88.3	15.0
	0.25	85.4~107.5	101.0	10.6
	1.0	91.4~112.8	107.0	11.2
丙体六六六	0.050	70.2~109.8	108.0	13.1
	0.25	80.3~109.6	85.7	12.4
	1.0	84.4~103.0	91.2	7.9
乐果	0.050	80.0~109.5	111.0	16.2
	0.25	84.2~110.3	102.0	8.3
	1.0	88.4~107.8	99.3	8.2
扑草净	0.050	80.4~119.6	108.0	15.2
	0.25	90.0~109.8	102.0	8.0
	1.0	90.0~110.4	97.8	10.2
甲基立枯磷	0.025	90.2~110.4	110.0	7.5
	0.125	90.1~109.8	110.0	6.3
	0.50	94.3~106.4	108.0	5.6
杀螟硫磷	0.050	80.3~110.3	110.0	13.4
	0.25	80.2~110.2	93.7	12.8
	1.0	85.2~110.0	100.0	10.6

续表

农药名称	加标量/(mg/kg)	回收率范围/%	平均回收率/%	RSD/%
三氯杀螨醇	0.050	80.0～110.2	115.0	13.4
	0.25	80.4～109.8	108.0	12.7
	1.0	84.0～110.3	93.6	11.0
腐霉利	0.050	70.0～110.4	81.7	16.3
	0.25	80.0～108.4	88.0	10.7
	1.0	88.0～110.1	105.0	11.3
除草醚	0.050	80.0～110.4	90.0	12.1
	0.25	80.2～105.7	91.7	11.1
	1.0	80.2～105.0	100.0	11.4
o,p'-滴滴涕	0.050	85.2～120.2	93.7	14.5
	0.25	80.1～110.0	95.0	13.0
	1.0	80.2～110.3	102.0	12.2
氯氰菊酯	0.050	80.2～120.0	114.0	15.5
	0.25	80.2～110.0	100.0	12.5
	1.0	85.4～110.2	98.5	11.9
氰戊菊酯	0.10	85.2～120.4	92.1	15.5
	0.50	85.2～115.0	96.6	11.3
	2.0	85.4～110.0	105.0	10.4
溴氰菊酯	0.10	75.2～110.1	88.3	14.5
	0.50	80.0～110.4	93.8	11.6
	2.0	90.0～110.5	105.0	5.7

平行样测定：每个样品应进行平行双样测定，平行测定时的相对偏差应满足实验室内变异系数要求。

七、结果计算

样品中各农药残留量按照下式进行计算。

$$X=\frac{c\times f\times V\times 1000}{m\times 1000}$$

式中　X——样品中农药含量，mg/kg；

c——样品测定液中农药浓度，μg/mL；

V——定容体积，mL；

m——取样质量，g；

f——稀释因子；

1000——换算系数。

八、技术参数

方法定性限和定量限：以 3 倍信噪比计算方法定性限（LOD），以 10 倍信噪比计算方法定量限（LOQ），方法的定性限和定量限见表 5-92。

表 5-92　各种农药的方法定性限和定量限　　单位：mg/kg

农药名称	大麦茶		苦丁茶		菊花茶	
	LOD	LOQ	LOD	LOQ	LOD	LOQ
敌敌畏	0.0040	0.014	0.0050	0.017	0.020	0.066
乙酰甲胺磷	0.010	0.033	0.010	0.033	0.050	0.17
莠去津	0.0040	0.014	0.0040	0.014	0.020	0.066
丙体六六六	0.0040	0.014	0.0040	0.014	0.020	0.066
乐果	0.0040	0.014	0.0050	0.017	0.020	0.066
扑草净	0.0020	0.0066	0.0020	0.0066	0.010	0.033
甲基立枯磷	0.0020	0.0066	0.0020	0.0066	0.010	0.033
杀螟硫磷	0.0040	0.014	0.0040	0.014	0.020	0.066
三氯杀螨醇	0.0040	0.014	0.0040	0.014	0.020	0.066
腐霉利	0.0040	0.014	0.0040	0.014	0.020	0.066
除草醚	0.0040	0.014	0.0040	0.014	0.020	0.066
o,*p*′-滴滴涕	0.0040	0.014	0.0040	0.014	0.020	0.066
氯氰菊酯	0.0040	0.014	0.0080	0.027	0.020	0.066
氰戊菊酯	0.010	0.033	0.0080	0.027	0.030	0.10
溴氰菊酯	0.010	0.033	0.010	0.033	0.030	0.10

九、注意事项

① 进行试剂验收；如含有干扰物质需更换试剂。

② 不同厂家、不同批次的固相萃取柱的性能不同，需进行加标回收试验。

③ 氮吹中加入高沸点溶剂作为保护剂，可防止吹干造成结果偏低。

④ 不同基质的代用茶干扰不同，应采用相对应的基质匹配曲线进行定量。

⑤ 定期进行标准测定；当敌敌畏、乙酰甲胺磷等响应值明显降低时，应及时进行仪器维护。

十、资料性附录

本规程采集的数据来自于安捷伦公司 7890A 气相色谱-5975C 质谱仪。相关数据如图 5-42～图 5-45。

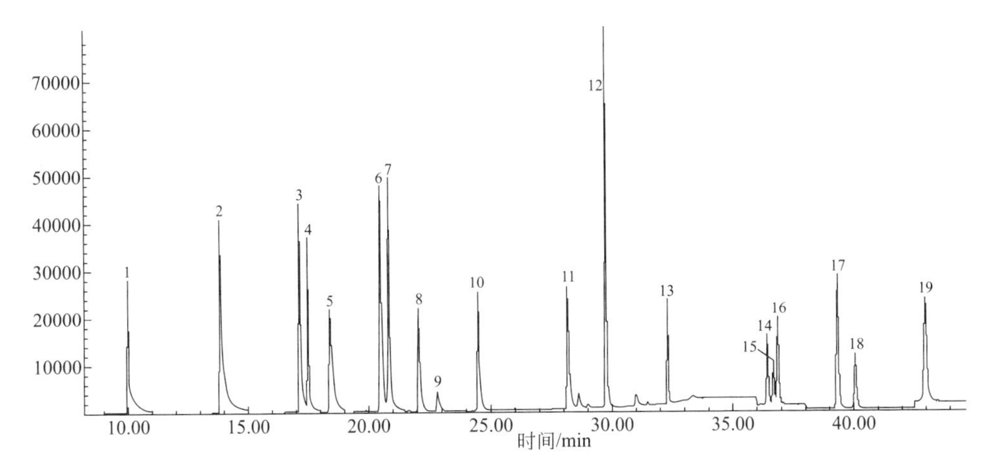

图 5-42　农药标准选择离子监测 GC/MS 图

1—敌敌畏；2—乙酰甲胺磷；3—莠去津；4—丙体六六六；5—乐果；6—扑草净；7—甲基立枯磷；8—杀螟硫磷；9,13—三氯杀螨醇；10—腐霉利；11—除草醚；12—o,p'-滴滴涕；14～16—氯氰菊酯；17,18—氰戊菊酯；19—溴氰菊酯

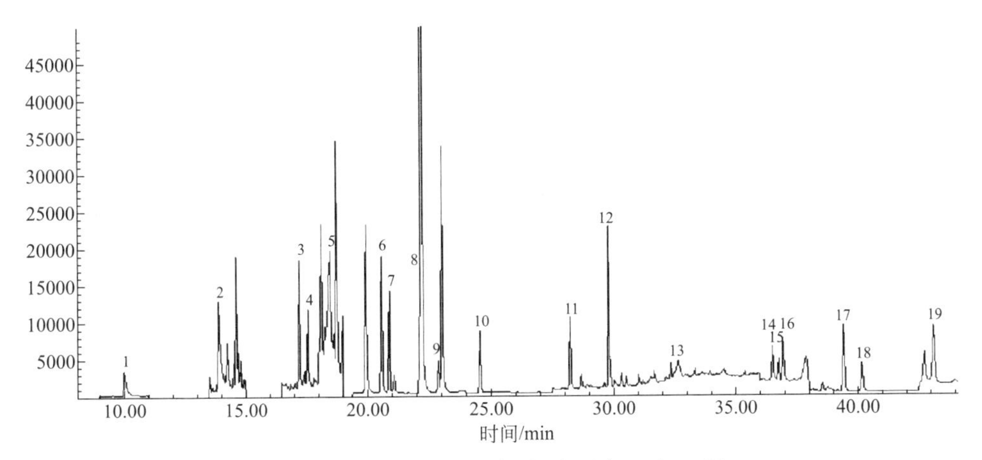

图 5-43　菊花加标准选择离子监测 GC/MS 图

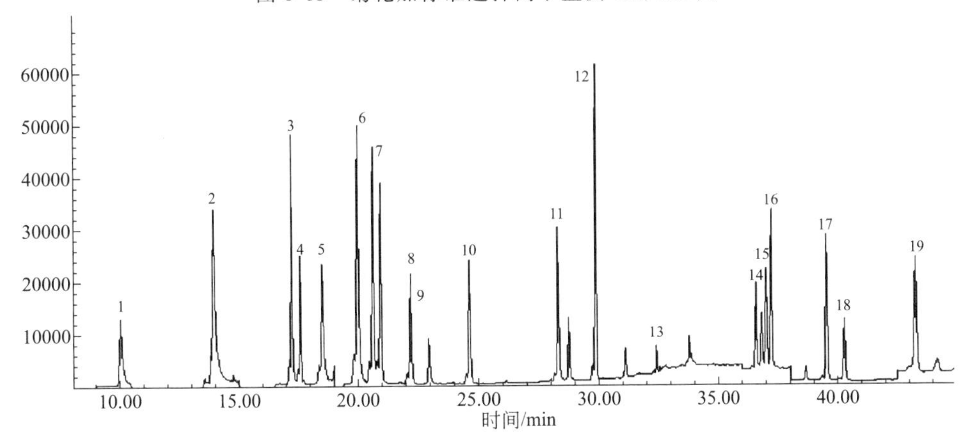

图 5-44　苦丁茶加标准选择离子监测 GC/MS 图

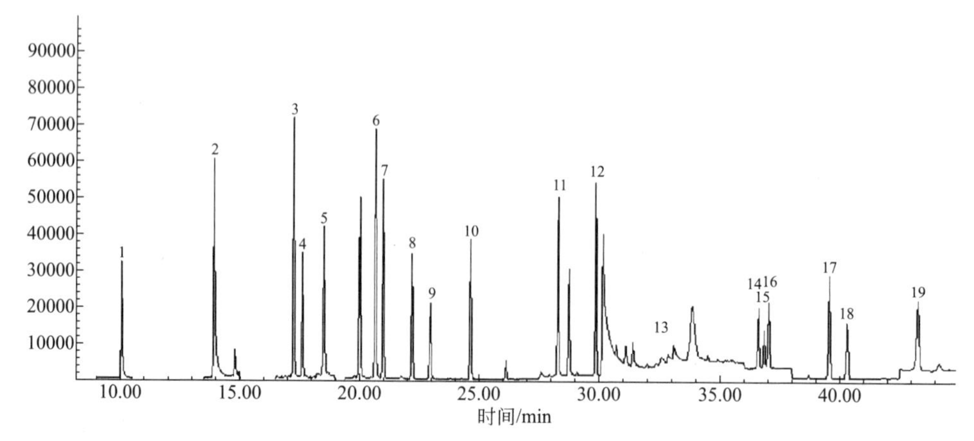

图 5-45 大麦茶加标准选择离子监测 GC/MS 图

测定五：菊花等代用茶中甲基毒死蜱等 13 种农药残留量的测定

一、适用范围

本规程规定了菊花茶、玫瑰花茶、大麦茶、苦丁茶中甲基毒死蜱等 13 种农药残留量测定的 GC-MS/MS 法。

本规程适用于菊花茶、玫瑰花茶、大麦茶、苦丁茶中甲基毒死蜱等 13 种农药残留量测定。

二、方法提要

代用茶样品经乙腈提取、QuEchERS 净化后，气相色谱-串联质谱（GC-MS/MS）测定，质谱法定性，外标法定量。

三、仪器设备和试剂

（一）仪器和设备

① 气相色谱-三重四极杆串联质谱仪。

② 色谱柱：DB-5MS（30m×0.25mm×0.25μm）或相当色谱柱。

③ 调速振荡器。

④ 氮吹仪。

⑤ 高速冷冻离心机（10000r/min）。

⑥ 天平：感量 0.1mg 和 0.01g。

⑦ 高速组织捣碎机。

（二）试剂和耗材

① 乙腈、丙酮：色谱级。

② d-SPE：PSA 吸附剂，40μm 粒径（安捷伦公司）。

（三）标准品及标准物质

标准品：甲基毒死蜱、扑草净、马拉氧磷、马拉硫磷、三氯杀螨醇、杀扑磷、烯丙菊酯、溴虫腈、噻嗪酮、哒嗪硫磷、甲氰菊酯、哒螨灵、醚菊酯。纯度≥97.5%。

标准溶液的配制：分别称量（精确至0.0001g）农药标准品，用丙酮溶解并定容，配制成浓度约为1000μg/mL的标准储备液，密封并置于－18℃保存，保质期为6个月；根据各农药的响应值调整混合标准中各农药的浓度。混合标准溶液中各农药的浓度如表5-93。

表 5-93　混合标准溶液中各农药的浓度

农药名称	浓度/(mg/L)	农药名称	浓度/(mg/L)
甲基毒死蜱	1.0	溴虫腈	4.0
扑草净	4.0	噻嗪酮	1.0
马拉氧磷	1.0	哒嗪硫磷	4.0
马拉硫磷	1.0	甲氰菊酯	4.0
三氯杀螨醇	1.0	哒螨灵	1.0
杀扑磷	1.0	醚菊酯	1.0
烯丙菊酯	1.0		

四、样品的处理

（一）试样的制备与保存

取50g代用茶样品磨碎过20目筛，四分法取样；所取的样品平均分2份，一份测定，另一份置于－18℃冰箱内保存，备用。

（二）提取

称取2g菊花茶、苦丁茶、大麦茶、玫瑰花茶（精确至0.01g）于50mL具塞离心管中，加入乙腈10.00mL，拧紧盖子，涡旋振荡提取3min后，低温（4℃）高速（10000r/min）离心3min，放至室温后，准确吸取乙腈相2.00mL于试管中，氮吹近干。

（三）净化

准确吸取2.00mL丙酮复溶残渣，加入PSA吸附剂50mg，混匀后，低温（4℃）高速（10000r/min）离心3min，取上清液供GC-MS/MS测定。

五、试样分析

（一）仪器参考条件

1. 气相条件

① DB-5MS柱（30m×0.25mm×0.25μm）或相当色谱柱。

② 柱温：初始温度60℃，保持1min，以10℃/min速度上升至280℃，保

持 9min。

③ 后运行时间：2min，300℃。

④ 进样口温度：250℃。

⑤ 柱流量：1.0mL/min。

⑥ 进样模式：不分流进样。

⑦ 进样量：1μL。

⑧ 隔垫吹扫流量：3mL/min；

⑨ 载气节省：3min 开始，流量为：20mL/min；到分流出口吹扫流量：20mL/min，吹扫时间：0.75min。

2. 质谱条件

① 接口温度：280℃。

② 离子源温度：230℃。

③ 四极杆温度：150℃。

④ 溶剂延迟：5min。

⑤ 碰撞气流量：1.5mL/min。

⑥ 淬灭流量：4.00mL/min。

各农药的保留时间、子离子和母离子及碰撞能量如表 5-94。

表 5-94 各农药的保留时间、子离子和母离子及碰撞能量

农药名称	保留时间/min	母离子(*m*/*z*)	子离子(*m*/*z*)	碰撞能量/eV
甲基毒死蜱	18.54	286	93[①]	30
			271	20
马拉氧磷	18.69	127	109[①]	15
			99	10
扑草净	19.06	241	226[①]	15
			199	10
马拉硫磷	20.07	173	99[①]	20
			127	5
三氯杀螨醇	20.46	139	75[①]	30
			111	20
烯丙菊酯	22.05	123	95[①]	10
			81	10
杀扑磷	22.56	145	58[①]	20
			85	10
噻嗪酮	24.28	105	77[①]	30
			104	10
溴虫腈	24.91	247	200[①]	30
			227	20
哒嗪硫磷	28.42	340	188[①]	20
			199	10

续表

农药名称	保留时间/min	母离子(m/z)	子离子(m/z)	碰撞能量/eV
甲氰菊酯	28.97	265	172①	20
			210	15
哒螨灵	32.27	147	117①	30
			132	15
醚菊酯	34.39	163	107①	30
			135	15

① 定量离子对。

（二）基质标准曲线制备

分别取菊花茶、苦丁茶、大麦茶、玫瑰花茶空白样品，与样品相同前处理后，以空白基质的提取液作溶剂，加入不等量的混合标准溶液，制备基质标准曲线（表5-95）。

表5-95　各农药标准曲线范围　　单位：μg/L

农药名称	浓度范围	农药名称	浓度范围	农药名称	浓度范围
甲基毒死蜱	4.0～100	噻嗪酮	4.0～100	烯丙菊酯	4.0～100
马拉氧磷	4.0～100	溴虫腈	16～400	杀扑磷	4.0～100
扑草净	16～400	哒嗪硫磷	16～400	醚菊酯	4.0～100
马拉硫磷	4.0～100	甲氰菊酯	16～400		
三氯杀螨醇	4.0～100	哒螨灵	4.0～100		

（三）样品定性

未知组分与标准的保留时间相同（±0.05min）；在相同的保留时间下提取到与标准相同的特征离子；与标准的特征离子相对丰度的允许偏差不超出表5-96规定的范围。满足以上条件即可进行确证。

表5-96　定性时相对离子丰度最大允许误差

相对离子丰度/%	≤10	>10～20	>20～50	>50
允许相对偏差/%	±50	±30	±25	±20

（四）样品定量

外标法定量。

六、质量控制

空白实验：根据样品处理步骤，做试剂空白及各种基质空白实验，每进10个样品需进一次试剂空白样品。

加标回收：按10%的比例对所测组分进行加标回收试验，样品量<10件的最少做1个加标回收。

本规程加标方法：向基质空白中加入3个不等量的混合标准溶液（$n=6$），结果减基质空白后计算加标回收率和相对标准偏差，见表5-97～表5-100。

表 5-97　大麦茶中各农药的回收率

农药名称	加标量/(mg/kg)	回收率范围/%	平均回收率/%	RSD/%
甲基毒死蜱	0.020	68.9～97.8	80.4	12.8
	0.050	93.3～105.0	100.1	5.2
	0.10	96.4～110.7	105.4	4.6
马拉氧磷	0.020	92.5～116.8	102.7	9.5
	0.050	92.3～117.1	103.0	8.0
	0.10	85.4～111.4	98.5	9.6
扑草净	0.080	93.3～120.5	108.9	10.1
	0.20	90.4～121.9	106.0	10.6
	0.40	90.2～111.6	105.8	8.3
马拉硫磷	0.020	85.3～102.6	91.7	7.4
	0.050	85.1～106.7	93.8	7.8
	0.10	77.9～100.6	90.5	8.6
三氯杀螨醇	0.020	85.5～97.5	92.7	4.9
	0.050	94.2～117.4	106.0	9.2
	0.10	91.2～113.6	106.9	7.7
烯丙菊酯	0.020	82.1～122.0	110.7	13.4
	0.050	90.8～124.7	112.9	11.7
	0.10	91.0～114.2	99.4	8.0
杀扑磷	0.020	94.9～114.4	103.1	7.2
	0.050	97.6～125.0	109.7	8.5
	0.10	89.4～117.5	105.2	9.3
噻嗪酮	0.020	84.4～127.2	108.6	15.6
	0.050	82.0～107.7	98.4	10.6
	0.10	95.3～108.3	102.5	6.2
溴虫腈	0.080	84.8～104.3	92.6	8.2
	0.20	99.6～116.0	106.0	5.8
	0.40	87.8～110.0	104.3	7.9
哒嗪硫磷	0.080	91.0～104.7	97.9	4.7
	0.20	90.6～112.3	102.4	7.5
	0.40	88.8～104.8	96.0	7.8
甲氰菊酯	0.080	95.4～111.6	103.7	5.8
	0.20	94.2～110.2	103.8	5.5
	0.40	88.5～106.9	99.3	6.5
哒螨灵	0.020	87.8～107.4	97.9	7.8
	0.050	100.6～108.3	104.9	2.8
	0.10	91.3～110.5	103.8	6.9
醚菊酯	0.020	92.5～98.3	95.8	2.1
	0.050	87.0～103.1	95.4	5.7
	0.10	91.7～111.4	104.5	7.1

表 5-98 苦丁茶中各农药的回收率

农药名称	加标量/(mg/kg)	回收率范围/%	平均回收率/%	RSD/%
甲基毒死蜱	0.020	94.1～110.4	99.3	6.0
	0.050	94.4～109.7	104.4	5.1
	0.10	98.4～108.4	103.5	4.1
马拉氧磷	0.020	87.1～98.0	89.7	4.6
	0.050	89.7～96.6	93.2	3.5
	0.10	91.7～97.6	94.2	2.7
扑草净	0.080	87.5～100.9	93.8	4.9
	0.20	88.1～107.4	102.2	7.0
	0.40	91.8～101.4	98.6	3.6
马拉硫磷	0.020	82.5～100.2	91.1	7.9
	0.050	85.1～95.1	92.4	4.1
	0.10	89.1～96.3	93.3	3.3
三氯杀螨醇	0.020	81.5～89.3	86.3	5.2
	0.050	85.6～95.3	92.2	3.8
	0.10	93.7～101.7	98.3	3.3
烯丙菊酯	0.020	77.2～90.9	85.0	9.0
	0.050	80.0～98.7	88.2	9.2
	0.10	85.4～111.8	103.2	8.9
杀扑磷	0.020	84.2～99.5	89.4	6.6
	0.050	91.1～102.9	99.3	4.3
	0.10	88.9～95.7	93.1	3.1
噻嗪酮	0.020	84.5～106.7	94.1	8.0
	0.050	85.1～108.5	95.1	11.1
	0.10	94.7～114.9	101.9	7.2
溴虫腈	0.080	94.8～114.4	102.8	7.1
	0.20	97.4～104.7	101.2	3.0
	0.40	92.5～95.6	94.6	1.6
哒嗪硫磷	0.080	92.4～112.8	101.6	8.4
	0.20	94.0～116.4	101.1	9.3
	0.40	90.4～104.5	97.3	5.2
甲氰菊酯	0.080	88.4～110.2	100.1	9.7
	0.20	91.8～111.0	97.5	8.3
	0.40	94.6～100.7	97.5	3.6
哒螨灵	0.020	91.3～110.2	99.4	7.7
	0.050	97.4～106.7	101.1	3.6
	0.10	92.5～99.1	93.9	2.7
醚菊酯	0.020	80.6～97.5	90.3	7.8
	0.050	93.1～97.5	95.4	1.5
	0.10	94.2～113.9	101.4	6.9

表 5-99　菊花茶中各农药的回收率

农药名称	加标量/(mg/kg)	回收率范围/%	平均回收率/%	RSD/%
甲基毒死蜱	0.020	60.0～99.3	85.2	16.6
	0.050	63.0～89.9	77.6	14.2
	0.10	72.0～109.4	90.6	15.1
马拉氧磷	0.020	86.8～107.1	96.3	7.6
	0.050	85.5～118.9	99.0	12.6
	0.10	78.4～103.6	89.9	10.5
扑草净	0.080	72.8～91.0	84.9	8.0
	0.20	71.1～106.1	87.8	15.1
	0.40	80.4～107.2	94.5	9.7
马拉硫磷	0.020	79.1～100.5	92.3	9.1
	0.050	80.0～110.0	94.6	12.8
	0.10	80.6～111.7	96.8	12.0
三氯杀螨醇	0.020	67.1～77.6	73.3	6.9
	0.050	70.9～91.7	83.4	12.9
	0.10	88.8～109.0	97.2	7.7
烯丙菊酯	0.020	70.4～102.5	87.6	13.4
	0.050	73.0～100.4	83.7	12.3
	0.10	77.4～98.5	84.4	9.8
杀扑磷	0.020	83.3～109.6	102.3	11.2
	0.050	76.4～103.2	80.1	9.9
	0.10	87.0～101.3	95.6	6.5
噻嗪酮	0.020	70.0～96.5	82.3	11.6
	0.050	80.0～105.2	93.0	11.1
	0.10	82.0～99.1	90.7	7.2
溴虫腈	0.080	83.6～105.8	101.0	10.5
	0.20	81.2～107.1	94.4	10.2
	0.40	85.8～110.9	98.0	8.5
哒嗪硫磷	0.080	83.4～93.8	90.2	4.8
	0.20	83.4～106.0	92.0	9.0
	0.40	89.9～107.6	99.8	6.9
甲氰菊酯	0.080	85.0～111.0	101.4	10.0
	0.20	88.4～108.8	100.3	9.2
	0.40	90.0～112.4	101.7	8.2
哒螨灵	0.020	77.0～107.1	92.7	12.2
	0.050	81.8～106.6	94.7	9.7
	0.10	90.9～113.2	103.3	8.6
醚菊酯	0.020	78.7～99.2	89.4	9.1
	0.050	78.6～93.5	86.1	6.6
	0.10	91.0～110.2	101.9	7.1

表 5-100　玫瑰花茶中各农药的回收率

农药名称	加标量/(mg/kg)	回收率范围/%	平均回收率/%	RSD/%
甲基毒死蜱	0.020	69.4～79.6	77.9	5.6
	0.050	76.0～85.6	81.7	4.9
	0.10	87.6～97.4	91.2	4.3
马拉氧磷	0.020	70.8～84.0	78.0	5.7
	0.050	70.9～80.0	75.4	4.9
	0.10	84.0～91.0	87.2	3.1
扑草净	0.080	82.3～96.4	89.6	6.3
	0.20	86.5～94.6	90.5	3.1
	0.40	93.2～102.2	96.2	3.8
马拉硫磷	0.020	76.0～90.5	83.5	6.6
	0.050	75.1～92.7	84.5	7.9
	0.10	78.8～95.6	87.4	7.5
三氯杀螨醇	0.020	70.2～83.9	77.3	7.5
	0.050	74.8～93.9	85.2	8.2
	0.10	79.4～95.2	89.4	6.4
烯丙菊酯	0.020	69.8～84.3	77.5	6.1
	0.050	80.2～90.8	84.0	4.5
	0.10	73.2～91.6	83.3	9.2
杀扑磷	0.020	69.1～82.0	76.6	6.4
	0.050	77.5～89.5	84.5	5.6
	0.10	83.3～98.4	92.3	6.6
噻嗪酮	0.020	64.4～84.0	72.0	11.3
	0.050	78.9～93.8	83.6	6.9
	0.10	80.4～98.5	89.9	8.1
溴虫腈	0.080	85.0～103.5	90.9	7.7
	0.20	83.7～100.2	90.4	6.7
	0.40	84.7～97.9	90.8	6.0
哒嗪硫磷	0.080	77.6～98.5	86.2	9.4
	0.20	81.1～96.5	86.9	6.3
	0.40	90.4～101.4	96.5	4.4
甲氰菊酯	0.080	77.1～94.2	83.9	8.3
	0.20	79.3～95.7	89.2	7.5
	0.40	87.8～104.9	97.0	6.5
哒螨灵	0.020	76.0～96.4	83.8	10.3
	0.050	82.5～103.2	89.4	8.8
	0.10	88.7～107.0	98.4	7.2
醚菊酯	0.020	77.4～88.9	82.2	5.4
	0.050	75.5～90.3	82.3	7.3
	0.10	81.4～97.0	89.1	6.0

平行样测定：每个样品应进行平行双样测定，平行测定时的相对偏差应满足实验室内变异系数要求。

七、结果计算

样品中各农药残留量按照下式进行计算。

$$X=\frac{c\times f\times V\times 1000}{m\times 1000\times 1000}$$

式中 X——样品中农药含量，mg/kg；

c——样品测定液中农药浓度，μg/L；

V——提取溶剂体积，mL；

m——取样质量，g；

f——稀释因子；

1000——换算系数。

八、技术参数

方法定性限和定量限：以 3 倍信噪比计算方法定性限（LOD），以 10 倍信噪比计算方法定量限（LOQ），方法定性限和定量限见表 5-101。

表 5-101 方法定性限和定量限 单位：mg/kg

农药名称	大麦茶		苦丁茶		菊花茶		玫瑰花茶	
	LOD	LOQ	LOD	LOQ	LOD	LOQ	LOD	LOQ
甲基毒死蜱	0.0020	0.0066	0.0050	0.017	0.0050	0.017	0.0050	0.017
马拉氧磷	0.0020	0.0066	0.0050	0.017	0.0050	0.017	0.0020	0.0066
扑草净	0.0050	0.017	0.0050	0.017	0.010	0.033	0.0080	0.027
马拉硫磷	0.0010	0.0033	0.0020	0.0066	0.0050	0.017	0.0050	0.017
三氯杀螨醇	0.0010	0.0033	0.0010	0.0033	0.0010	0.0033	0.0010	0.0033
烯丙菊酯	0.010	0.033	0.010	0.033	0.020	0.066	0.010	0.033
杀扑磷	0.0010	0.0033	0.0020	0.0066	0.0050	0.017	0.0020	0.0066
噻嗪酮	0.0050	0.017	0.0050	0.017	0.0050	0.017	0.0020	0.0066
溴虫腈	0.0050	0.017	0.010	0.033	0.010	0.033	0.010	0.033
哒嗪硫磷	0.0050	0.017	0.010	0.033	0.010	0.033	0.010	0.033
甲氰菊酯	0.0020	0.0066	0.0050	0.017	0.0050	0.017	0.0030	0.010
哒螨灵	0.0010	0.0033	0.0010	0.0033	0.0020	0.0066	0.0010	0.0033
醚菊酯	0.0010	0.0033	0.0020	0.0066	0.0020	0.0066	0.0010	0.0033

九、注意事项

① 不同基质代用茶干扰不同，应采用对应的基质曲线进行定量；保证结果准确。

② 母离子尽量选择 m/z 大、丰度高的碎片。碰撞能量一定要优化。

③ 定期进行标准测定；当灵敏度明显降低时，应及时进行仪器维护。

④ 进行试剂验收；如含有干扰物质需更换试剂。

⑤ 氮吹中加入高沸点溶剂作为保护剂，可以防止吹干造成结果偏低。

⑥ 农药残留分析结果，不需回收率进行调整。

十、资料性附录

本规程数据采集于安捷伦公司 7890B 气相色谱-7010B 质谱仪。相关数据如图 5-46～图 5-50。

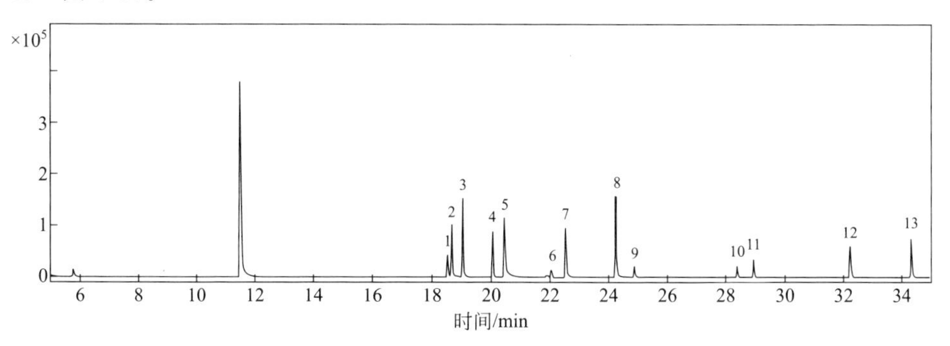

图 5-46　农药标准物质 MRM 总离子流图

1—甲基毒死蜱；2—马拉氧磷；3—扑草净；4—马拉硫磷；5—三氯杀螨醇；6—烯丙菊酯；7—杀扑磷；8—噻嗪酮；9—溴虫腈；10—哒嗪硫磷；11—甲氰菊酯；12—哒螨灵；13—醚菊酯

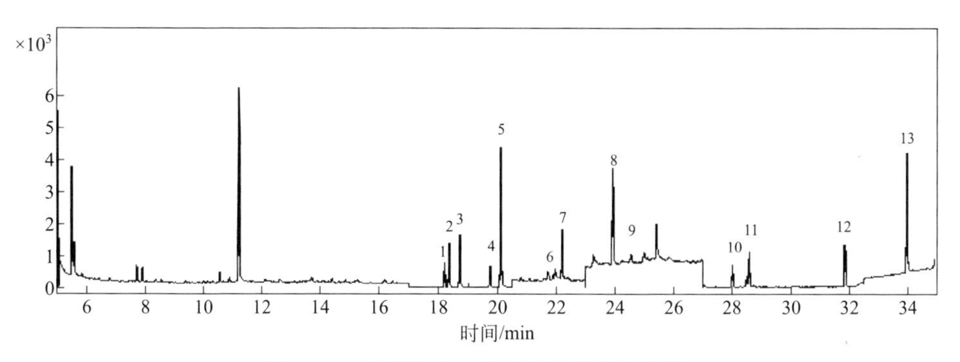

图 5-47　玫瑰花茶加标 MRM 总离子流图

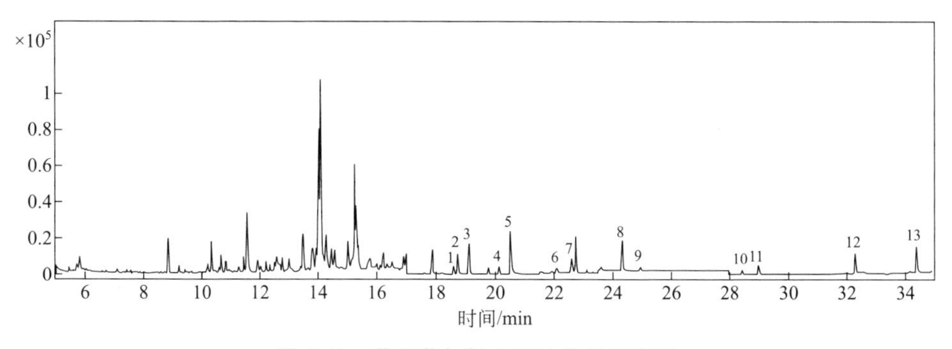

图 5-48　菊花茶加标 MRM 总离子流图

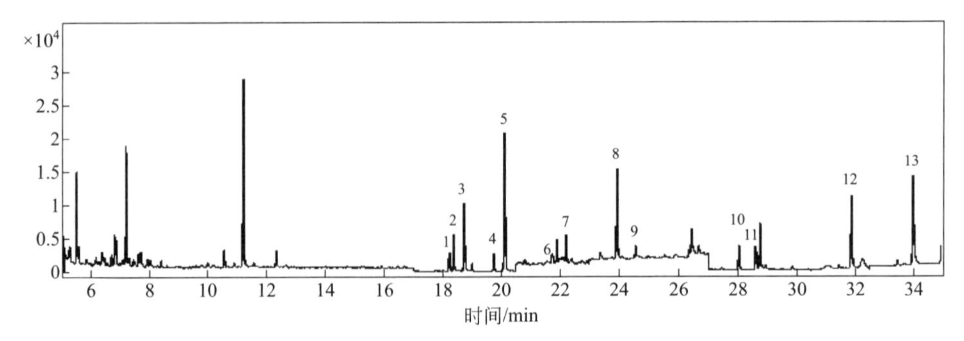

图 5-49　大麦茶加标 MRM 总离子流图

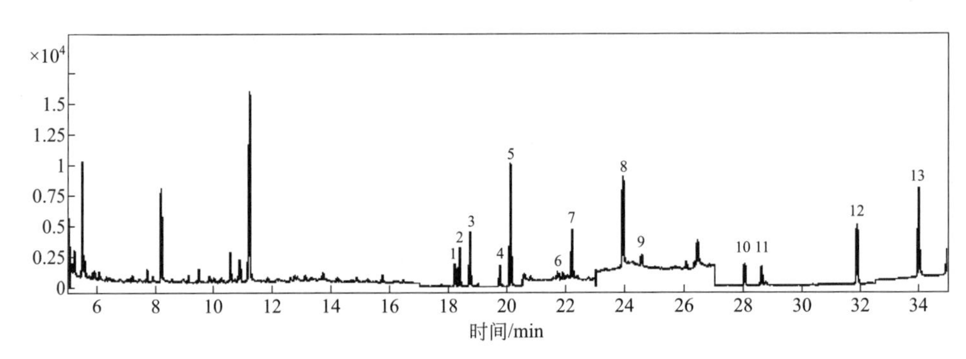

图 5-50　苦丁茶加标 MRM 总离子流图

测定六：大白菜等蔬菜中 15 种拟除虫菊酯类及氨基甲酸酯类农药残留量的测定

一、适用范围

本规程规定了大白菜、卷心菜、生菜、空心菜、油菜、扁豆、豇豆、黄瓜、萝卜、葱、蒜、辣椒、韭菜、苦菊、芹菜、茴香、香菜、西红柿、茄子及苹果、梨、西瓜、葡萄、桃等蔬菜及水果中拟除虫菊酯及氨基甲酸酯农药残留测定的 GC-MS 法。

本规程适用于大白菜、卷心菜、生菜、空心菜、油菜、扁豆、豇豆、黄瓜、萝卜、葱、蒜、辣椒、韭菜、苦菊、芹菜、茴香、香菜、西红柿、茄子及苹果、梨、西瓜、葡萄、桃等蔬菜及水果中 7 种拟除虫菊酯及 8 种氨基甲酸酯农药残留测定。

二、方法提要

样品经有机溶剂提取、经氮吹浓缩后定容，使用 QuEChERS 萃取管净化后，采用气相色谱-质谱法进行定性定量检测。

三、仪器设备和试剂

（一）仪器和设备

① 气相色谱-质谱联用仪（GCMS-QP2010 Plus）。

② 色谱柱：DB-5MS（30m×0.25mm×0.25μm）。

③ 天平：感量 1mg。

④ 匀浆机。

⑤ 调速振荡器。

⑥ 高速冷冻离心机（不低于 10000r/min）。

⑦ 氮吹仪。

（二）试剂和耗材

① 乙腈、丙酮：色谱级或农残级。

② 氯化钠：分析纯。

③ QuEChERS 分散萃取管：DiKMA 公司。

（三）标准品及标准物质

标准品：速灭威、异丙威、灭多威、仲丁威、残杀威、克百威、抗蚜威、甲萘威、联苯菊酯、甲氰菊酯、氯氟氰菊酯、氯菊酯、高效氟氯氰菊酯、氯氰菊酯、氰戊菊酯，纯度≥98%。

标准溶液的配制：分别准确称量上述 15 种有机磷农药，用丙酮配制成含量为 100μg/mL 的标准储备液，分装、密封并置于－18℃冷冻保藏，保存时限为 6 个月。

混合标准系列：准确吸取上述 15 种标准储备液（100μg/mL）10μL、50μL、100μL、200μL、400μL 于预先加入 5mL 丙酮的 5 个 10mL 容量瓶中，用丙酮稀释至刻度，配成 0.10μg/mL、0.50μg/mL、1.00μg/mL、2.00μg/mL、4.00μg/mL 的混合标准系列。（实验中可根据检测样品农药种类、农药含量、仪器条件调整标准系列。）

四、样品的处理

（一）试样的制备与保存

将采集的样品去除泥土等杂质，取 500g 可食用部分，用干净滤纸或微湿的纱布轻轻拭去样品表面附着的脏物，用匀浆机均浆处理。

（二）样品提取及浓缩

准确称取制备好的 10g 样品（精确至 0.01g）于 50mL 具塞离心管中，加入 10.00mL 乙腈，拧紧盖子，置于振荡器上振荡 30min（振荡频率为 80～100 次/min）后，加入适量氯化钠，使水相中的氯化钠处于饱和状态，再振荡 15min，取出后在冷冻高速离心机上以 10000r/min，4℃离心 10min，使有机相与水相分开。取出恢复至室温后，准确吸取上层有机相 5.00mL 于具备准确刻度的 15mL 具塞离心管，用氮气吹至近干，再加丙酮至 1mL 刻度并混匀。按上述步骤同步制备空白、平行及加标样品溶液。

（三）样品净化

选取与样品基质特点匹配的 QuEChERS 萃取管，将上一次“加丙酮至 1mL 刻度并混合后”制备的样品液全部转入，充分振摇不少于 80 次，或置于旋涡混合器上充分混匀 1min，使固体成分与溶液充分混合。静置 10min，在冷冻高速离心机上以 12000r/min，4℃离心 10min，取出恢复至室温后，吸取上层清液进气相色谱样品瓶，待测定。

五、试样分析

（一）仪器参考条件

① 柱温：DB-5MS 柱：初始温度 80℃，以 5℃/min 的速度上升到 120℃后，保持 5min；再以 5℃/min 的速度上升到 280℃，保持 20min。

② 进样模式：不分流进样。

③ 进样量为：1μL。

④ 载气流速：1.20mL/min。

⑤ 离子源温度：200℃。

⑥ 接口温度：240℃。

⑦ 溶剂延迟时间：17min。

⑧ 扫描方式：用 Scan 扫描方式检测标准液，以确定各目标化合物特征碎片离子及保留时间等相关信息，在此基础上建立 SIM 定量方法。

（二）样品测定

定性：①待测组分与标准的保留时间一致（±5%）；②具有相同的特征碎片离子（表 5-102）；③待测组分特征离子的相对丰度与标准组分对应特征离子相对丰度的相对误差不大于 30%。

定量：采用标准曲线外标法定量（图 5-51）。

表 5-102　15 种农药在 DB-5MS 柱上的保留时间及特征离子

序号	农药名称	保留时间/min	定量离子	定性离子
1	速灭威	17.392	108	107,79
2	异丙威	19.975	121	136,91
3	灭多威	20.780	41	58,105
4	仲丁威	22.075	121	150,77
5	残杀威	22.150	110	152,81
6	克百威	25.625	164	149,131
7	抗蚜威	27.992	166	72,238
8	甲萘威	29.358	144	145,116
9	联苯菊酯	40.167	181	166,165
10	甲氰菊酯	40.525	97	55,181
11	氯氟氰菊酯	42.217	181	197,129

续表

序号	农药名称	保留时间/min	定量离子	定性离子
12	氯菊酯	43.825	183	165,129
		44.092	183	165,129
13	高效氟氯氰菊酯	45.275	163	206,165
		45.375	163	206,165
14	氯氰菊酯	45.625	181	163,206
		45.875	181	163,206
		45.983	181	163,206
		46.083	181	163,206
15	氰戊菊酯	47.817	125	167,225
		48.400	125	167,225

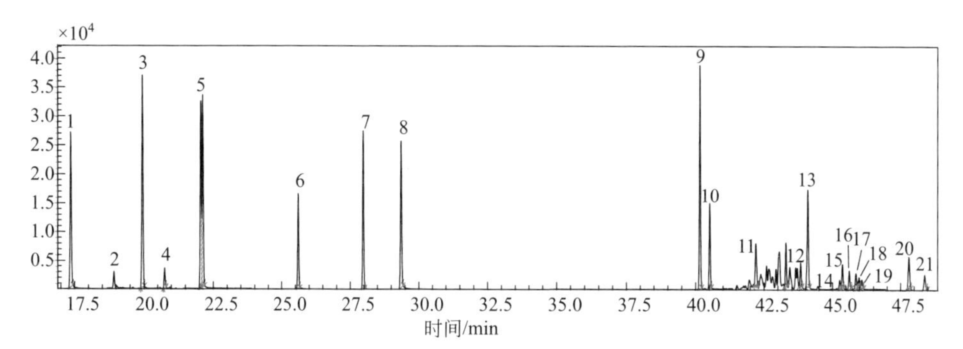

图 5-51 15 种农药在 DB-5 MS 色谱柱上的 SIM 法总离子流图（含量 1.0μg/mL）

1—速灭威；2—异丙威；3—灭多威；4—仲丁威；5—残杀威；6—克百威；7—抗蚜威；8—甲萘威；9—联苯菊酯；10—甲氰菊酯；11—氯氟氰菊酯；12,13—氯菊酯；14,15—高效氟氯氰菊酯；16～19—氯氰菊酯；20,21—氰戊菊酯

六、质量控制

空白实验：根据样品处理步骤，做试剂空白及各种基质空白实验，每进 10 个样品需进一次试剂空白样品。

加标回收：建议按照 10%的比例对所测组分进行加标回收试验，样品量<10 件的最少 1 个。对各组分做低、中、高 3 个浓度的回收率实验，回收率以 70%～120%为宜（表 5-103）。

表 5-103 方法的准确度精密度试验结果

组分	加标值/(mg/kg)	回收率范围/%	平均回收率/%	平行测定误差 r/%
速灭威	0.05	75.2～90.8	84.1	6.1
	0.10	86.7～112	98.2	4.3
	0.50	84.9～107	95.6	1.8

续表

组分	加标值/(mg/kg)	回收率范围/%	平均回收率/%	平行测定误差 r/%
异丙威	0.05	81.4～117	99.3	5.9
	0.10	83.6～103	104	3.2
	0.50	89.4～102	94.2	2.2
灭多威	0.05	72.8～113	90.1	7.1
	0.10	83.9～105	93.4	4.0
	0.50	85.2～96.4	90.5	2.5
仲丁威	0.05	71.3～106	91.5	4.2
	0.10	78.6～93.8	87.3	3.6
	0.50	84.9～104	93.4	2.9
残杀威	0.05	75.8～87.3	82.6	5.4
	0.10	79.8～107	91.5	3.6
	0.50	89.2～105	94.2	2.1
克百威	0.05	80.4～97.3	87.5	8.4
	0.10	76.3～116	94.9	3.1
	0.50	83.6～102	92.8	1.3
抗蚜威	0.05	74.2～95.7	84.6	4.2
	0.10	82.9～106	92.3	5.3
	0.50	79.5～118	95.7	2.6
甲萘威	0.05	70.8～93.7	82.8	3.4
	0.10	82.6～95.9	88.6	1.5
	0.50	72.4～111	95.8	2.7
联苯菊酯	0.05	71.8～93.6	84.2	4.7
	0.10	81.9～105	92.7	5.1
	0.50	83.6～114	97.2	0.8
甲氰菊酯	0.05	82.6～93.4	86.5	3.9
	0.10	78.5～97.4	86.3	1.2
	0.50	82.7～108	98.3	1.7
氯氟氰菊酯	0.05	79.5～103	93.5	4.3
	0.10	82.8～115	97.2	2.5
	0.50	74.2～97.3	88.0	2.9
氯菊酯	0.05	79.1～93.7	85.2	4.8
	0.10	82.6～105	93.1	5.2
	0.50	89.3～102	95.2	4.3
高效氟氯氰菊酯	0.05	71.3～104	82.6	3.7
	0.10	70.5～108	87.3	2.9
	0.50	87.2～114	102	3.2

续表

组分	加标值/(mg/kg)	回收率范围/%	平均回收率/%	平行测定误差 r/%
氯氰菊酯	0.05	75.1～105	87.2	6.3
	0.10	83.9～112	94.5	5.9
	0.50	79.3～108	94.1	2.6
氰戊菊酯	0.05	72.5～97.3	83.8	3.9
	0.10	83.1～98.2	92.6	2.2
	0.50	73.5～118	104	2.8

平行样测定：每个样品应进行平行双样测定，平行测定时的相对偏差应满足实验室内变异系数要求。

七、结果计算

试样中各农药残留量按下式计算：

$$X=\frac{c\times V\times f\times 1000}{m\times 1000}$$

式中 X——所测样品中农药含量，mg/kg；

c——样品测定液中农药浓度，μg/mL；

f——稀释因子；

m——样品称样质量，g；

V——样品的定容体积，mL；

1000——单位换算系数。

八、技术参数

15种有机磷类农药的方法定性限和定量限如表5-104。

表5-104　15种有机磷类农药的方法定性限和定量限　单位：mg/kg

农药名称	方法定性限	方法定量限	农药名称	方法定性限	方法定量限
速灭威	0.003	0.010	联苯菊酯	0.0006	0.0020
异丙威	0.0008	0.0027	甲氰菊酯	0.007	0.023
灭多威	0.008	0.027	氯氟氰菊酯	0.002	0.0067
仲丁威	0.0009	0.0030	氯菊酯	0.005	0.017
残杀威	0.004	0.013	高效氟氯氰菊酯	0.003	0.010
克百威	0.006	0.020	氯氰菊酯	0.004	0.013
抗蚜威	0.0008	0.0027	氰戊菊酯	0.005	0.015
甲萘威	0.005	0.017			

九、注意事项

① 为保证农药组分不受储存条件及环境影响，建议当日样品当日处理完全。

② 由于农药多数吸附在试样表面，因此试样不得用水冲洗。

③ 净化过程中要根据样品的特点采用不同的 QuEChERS 萃取管，在有效净化样品的前提下尽量减少萃取次数，否则易导致农药测定结果偏低。

④ 浓缩：浓缩步骤中，样品液严禁完全吹干，否则回收率将降低。

十、资料性附录

本规程的实验数据出自 GCMS-QP2010PLUS（岛津公司）。相关数据如图 5-52～图 5-67。

加标谱图峰号对应：1—异丙威；2—抗蚜威；3—联苯菊酯；4,5—氰戊菊酯。

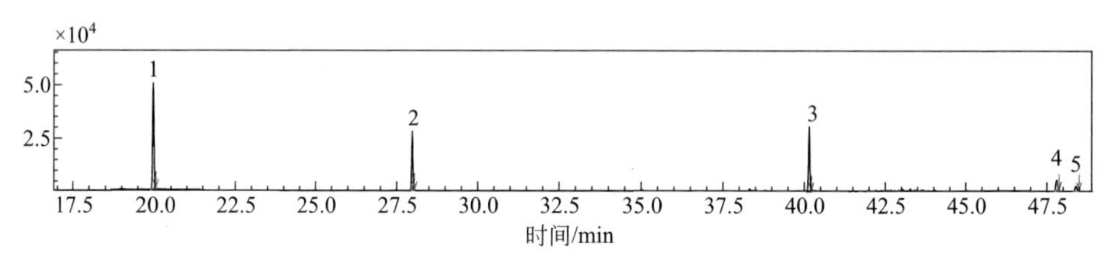

图 5-52 黄瓜加标图谱

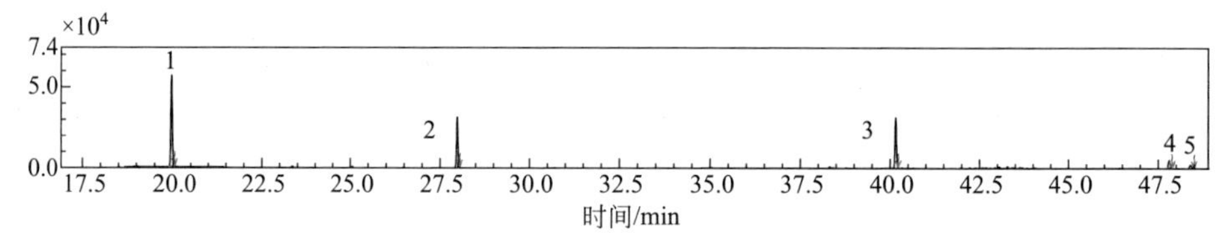

图 5-53 芹菜加标样图谱

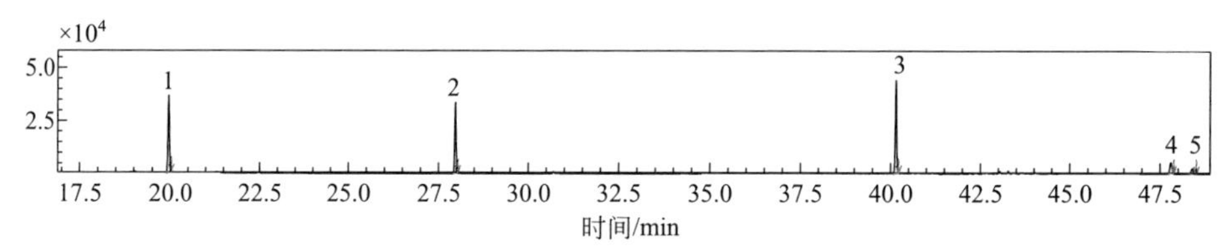

图 5-54 茴香加标样图谱

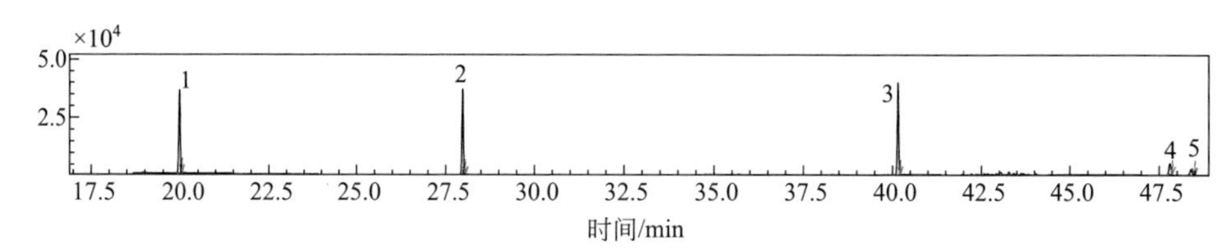

图 5-55 萝卜加标图谱

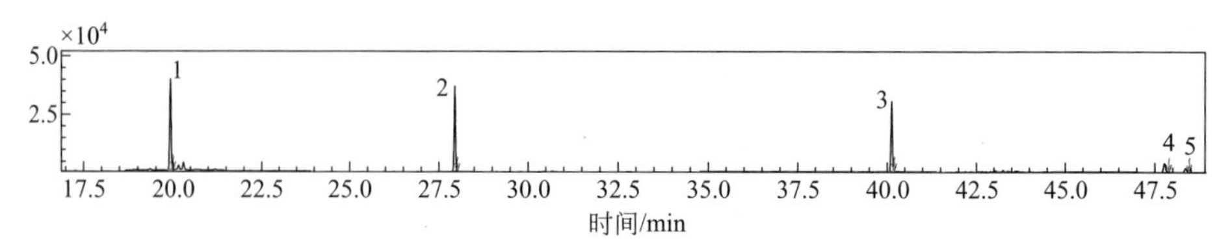

图 5-56 蒜加标图谱

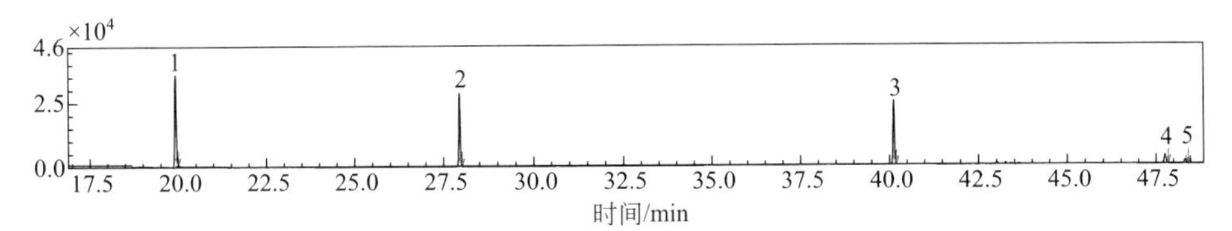

图 5-57　豆角加标图谱

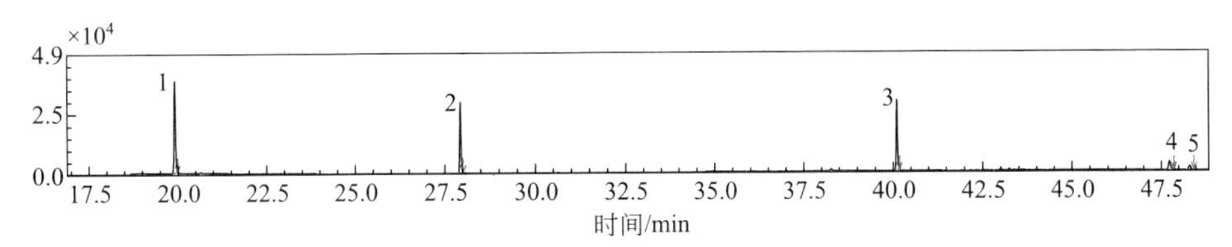

图 5-58　辣椒加标图谱

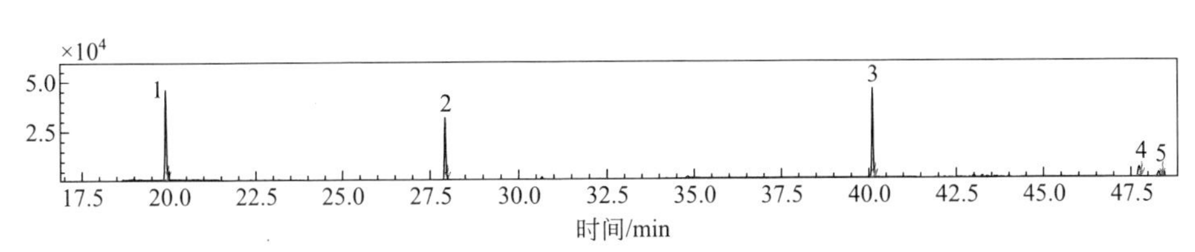

图 5-59　韭菜加标图谱

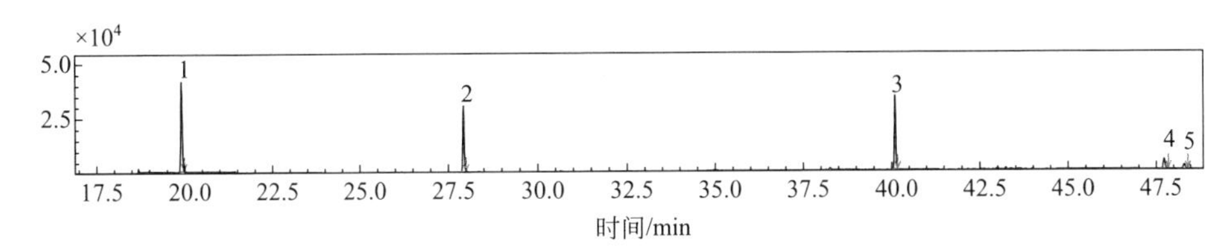

图 5-60　葱加标图谱

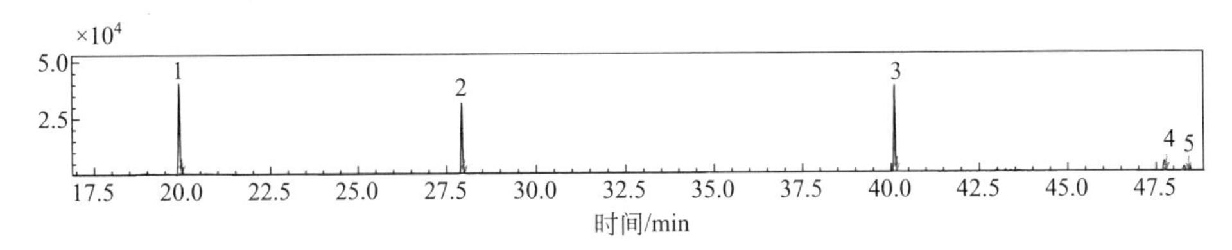

图 5-61　油菜加标图谱

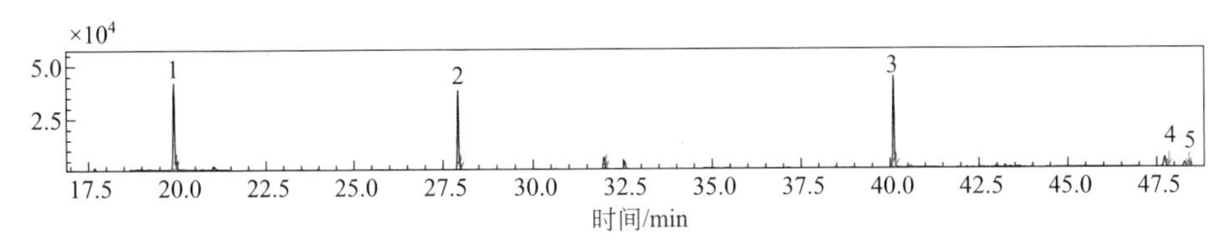

图 5-62　白菜加标图谱

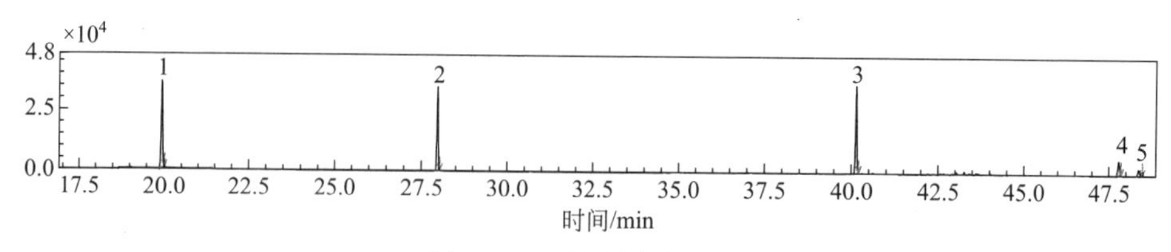

图 5-63　西红柿加标图谱

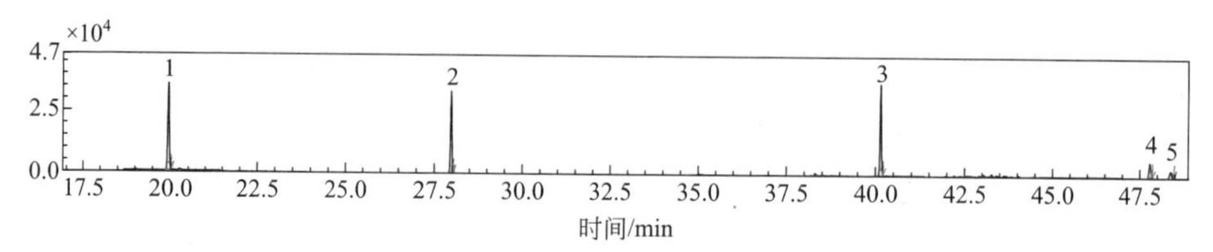

图 5-64　西瓜加标图谱

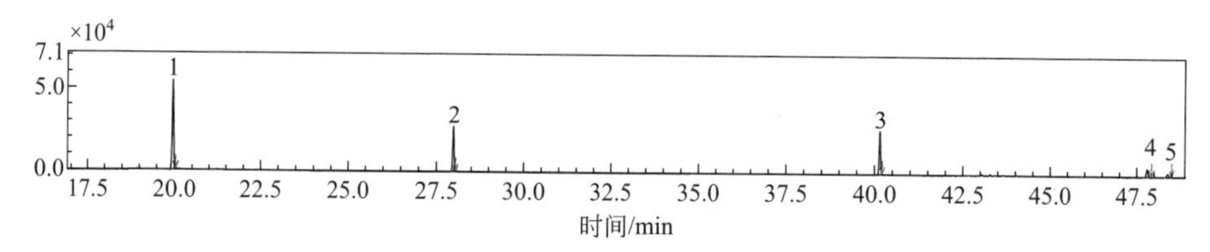

图 5-65　桃加标图谱

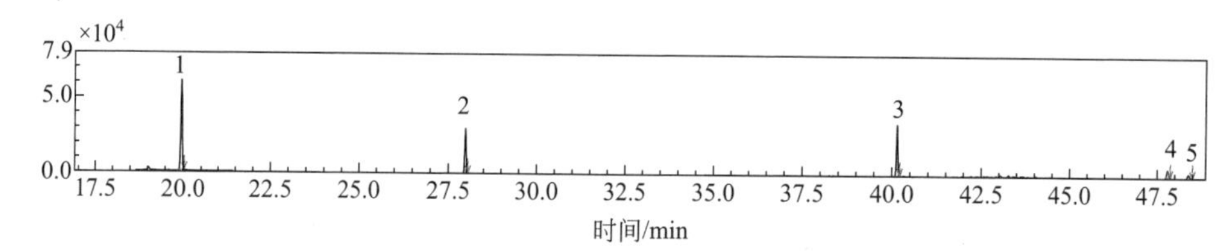

图 5-66　苹果加标图谱

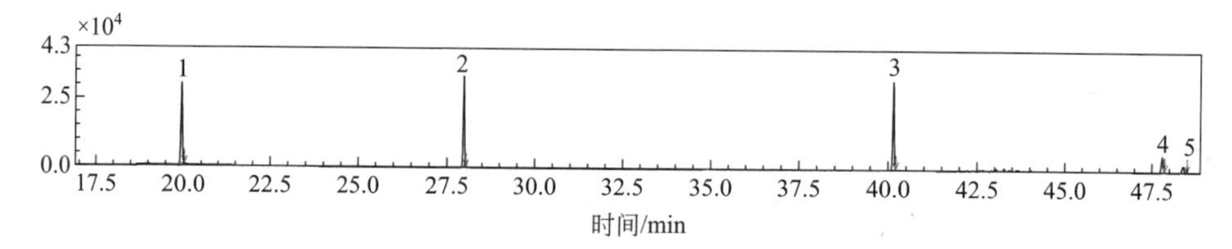

图 5-67　梨加标图谱

测定七：韭菜等蔬菜中 15 种农药残留量的测定

一、适用范围

本规程规定了韭菜、卷心菜、小白菜、香菜、番茄、豇豆、芹菜、萝卜、茭白、莲藕等蔬菜中五氯硝基苯、百菌清、甲胺磷、氯唑磷、氧乐果、甲基对硫磷、甲拌磷、甲拌磷砜、甲拌磷亚砜、三唑磷、对硫磷、甲基异柳磷、水胺硫磷、*α*-硫丹、*β*-硫丹等农药残留量的气相色谱-质谱测定方法。

本规程适用于韭菜、卷心菜、小白菜、香菜、番茄、豇豆、芹菜、萝卜、茭白、莲藕等蔬菜中五氯硝基苯、百菌清等15种农药的定性、定量测定。

二、方法提要

试样中五氯硝基苯、百菌清等15种农药经有机溶剂提取，固相萃取小柱净化除去干扰物质，浓缩后经GC-MS测定，以选择离子监测方式监测目标化合物的特征离子进行定性、定量分析。

三、仪器设备和试剂

（一）仪器和设备

① 气相色谱-质谱联用仪：GCMS-QP2010 plus，岛津公司。
② 色谱柱：DB-5MS（30m×0.25mm ID×0.25μm）或相当。
③ 分析天平：感量0.00001g，感量0.001g。
④ 高速组织捣碎机。
⑤ 调速振荡器。
⑥ 旋涡混合器。
⑦ 冷冻离心机：转速10000r/min。
⑧ 氮吹仪。

（二）试剂和耗材

① 乙腈、正己烷、丙酮：色谱纯或农残级。
② 氯化钠（优级纯）。
③ 无水硫酸钠（分析纯）：经550℃烘烤4h，储存于干燥器中，冷却后备用。
④ 固相萃取柱：Florisil柱（1g，6mL）。

（三）标准品及标准物质

标准品：甲胺磷、氯唑磷、氧乐果、甲基对硫磷、甲拌磷、甲拌磷砜、甲拌磷亚砜、三唑磷、对硫磷、甲基异柳磷、水胺硫磷、五氯硝基苯、百菌清、α-硫丹、β-硫丹，由Chem SERVICE INC公司生产，纯度≥97.5%。

标准溶液的配制：根据各种农药标准品的纯度计算称取量，使用丙酮作溶剂，在15支10mL的容量瓶中分别配制100mg/L的混合标准溶液。

混合标准系列：准确吸取100μg/mL各种标准储备液10μL、50μL、100μL、150μL、200μL于预先加入1mL正己烷的6个10mL容量瓶中，用正己烷稀释至刻度，配成0.10μg/mL、0.50μg/mL、1.00μg/mL、1.50μg/mL、2.00μg/mL的混合标准系列，此标准系列临用现配。实验中可根据检测样品农药种类、农药含量、仪器条件调整标准系列范围。

四、样品的处理

（一）试样的制备与保存

取待处理蔬菜样品500g左右，用高速组织捣碎机磨碎。所取样品平均分为2

份，1份供测定，另1份放置于−20℃冰箱中保存，备用。

（二）提取

称取20g试样（精确至0.01g）于50mL离心管中，加入氯化钠5g，振摇混匀，加入乙腈10mL，涡旋混匀1min，超声提取20min，加入无水硫酸钠8g，涡旋混匀1min，在离心机内温度低于10℃时10000r/min离心10min，取上清液5mL至浓缩瓶中，于30℃水浴中氮吹浓缩至近干，待净化。

（三）净化

用（9+1，体积分数）丙酮-正己烷溶液5mL活化Florisil柱，提取液加入丙酮-正己烷溶液2mL后上柱并收集，再用丙酮-正己烷溶液3mL洗涤浓缩瓶，洗液上柱。采用丙酮-正己烷溶液8mL洗涤净化柱，收集合并洗脱液，氮吹至近干，用正己烷准确定容至1mL，按上述步骤同步制备空白、平行及加标样品，待GC-MS分析测定。

五、试样分析

（一）气相色谱-质谱参考条件

① 柱温程序：初始温度80℃，保持2min，以20℃/min速率升至180℃，再以5℃/min速率升至280℃，保持2min。

② 载气：高纯氦气（纯度>99.999%），流速为1.0mL/min。

③ 进样口温度：240℃。

④ 进样方式：分流进样；分流比：1∶2。

⑤ 接口温度：240℃。

⑥ 进样体积：1μL。

⑦ 电子轰击源（EI）：70eV。

⑧ 离子源温度：200℃。

⑨ 溶剂延迟：10min。

⑩ 扫描模式：用Scan扫描方式检测标准液，以确定各目标化合物特征碎片离子及保留时间等相关信息，在此基础上建立Sim（选择离子扫描）定量方法。

（二）样品测定

定性：①待测组分与标准的保留时间一致（±5%）；②具有相同的特征碎片离子（表5-105）；③待测组分特征离子的相对丰度与标准组分对应特征离子相对丰度的相对误差不大于30%。

定量：采用标准曲线外标法定量（图5-68）。

表5-105 目标化合物保留时间和质谱特征离子表

序号	农药名称	英文名	保留时间/min	定量离子	定性离子		
1	甲胺磷	methamidophos	6.339	94	95	141	64
2	氧乐果	omethoate	9.711	156	110	79	109
3	甲拌磷	phorate	10.875	75	121	97	93
4	五氯硝基苯	pentachloronitro benzene	11.753	237	295	249	214

续表

序号	农药名称	英文名	保留时间/min	定量离子	定性离子		
5	百菌清	chlorothalonil	12.279	266	264	268	109
6	氯唑磷	isazofos	12.361	161	119	97	162
7	甲基对硫磷	parathion-methyl	13.593	109	125	263	79
8	甲拌磷亚砜	phorat-sulfoxide	14.649	75	97	125	153
9	甲拌磷砜	phorat sulfone	14.841	97	125	153	199
10	对硫磷	parathion	15.060	109	97	291	137
11	水胺硫磷	isocarbophos	15.188	136	121	120	94
12	甲基异柳磷	isofenphos-methyl	15.686	58	199	121	241
13	α-硫丹	endosulfan	17.483	195	241	159	160
14	β-硫丹	endosulfan	19.512	195	241	159	160
15	三唑磷	triazophos	20.184	161	162	172	77

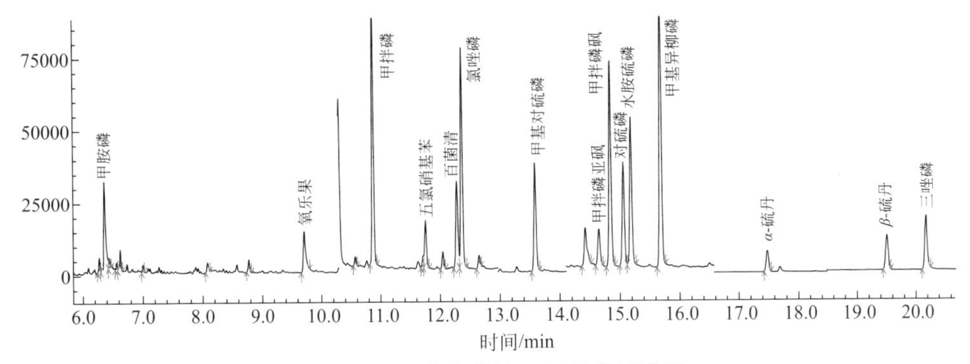

图 5-68 15 种农药的 SIM 法离子流图

六、质量控制

空白实验：根据样品处理步骤，做试剂空白及各种基质空白实验，每进 10 个样品需进一次试剂空白样品。

加标回收：建议按照 10%的比例对所测组分进行加标回收试验，样品量<10 件的最少 1 个。对各组分做低、中、高 3 个浓度的回收率实验，回收率以在 50%～125%为宜。其准确度及精密度试验结果如表 5-106～表 5-108 所示。

表 5-106 卷心菜方法的准确度及精密度试验结果（$n=6$）

组分	加标值/(mg/kg)	回收率范围/%	平均回收率/%	RSD/%
甲胺磷	0.03	58.2～97.0	78.6	14.3
	0.10	107～129	118	8.2
	0.50	76.8～99.1	87.9	6.7
氧乐果	0.03	54.2～68.2	61.2	9.6
	0.10	73.1～81.7	77.4	6.2
	0.50	87.6～93.8	90.7	7.3

续表

组分	加标值/(mg/kg)	回收率范围/%	平均回收率/%	RSD/%
甲拌磷	0.03	76.9～90.5	83.7	11.9
	0.10	81.6～96.8	109	9.4
	0.50	83.4～91.8	87.6	5.8
五氯硝基苯	0.03	69.8～77.4	73.6	6.9
	0.10	76.3～84.5	80.4	7.6
	0.50	86.1～97.7	77.9	5.3
百菌清	0.03	75.2～95.0	85.1	8.2
	0.10	86.3～92.1	89.2	7.8
	0.50	87.6～99.2	93.4	4.9
氯唑磷	0.03	58.4～76.0	67.2	4.9
	0.10	79.3～93.7	86.5	5.6
	0.50	103～121	112	3.1
甲基对硫磷	0.03	75.2～88.6	81.9	7.3
	0.10	81.3～90.9	92.6	5.2
	0.50	86.5～98.7	86.1	4.0
甲拌磷亚砜	0.03	73.8～82.8	78.3	6.9
	0.10	88.5～99.9	94.2	4.2
	0.50	92.4～116	104	2.7
甲拌磷砜	0.03	77.2～85.8	91.5	5.0
	0.10	91.2～101	96.3	5.2
	0.50	92.6～115	107	2.3
对硫磷	0.03	62.6～73.8	68.2	4.7
	0.10	78.2～94.4	116	3.8
	0.50	83.7～97.5	86.3	2.9
水胺硫磷	0.03	54.3～69.3	128	9.8
	0.10	74.9～84.3	105	6.4
	0.50	83.5～101	113	1.9
甲基异柳磷	0.03	72.8～84.0	78.4	3.6
	0.10	81.5～91.1	86.3	3.2
	0.50	92.7～109	117	4.4
α-硫丹	0.03	67.3～78.5	72.9	7.6
	0.10	82.4～94.2	88.3	4.8
	0.50	89.5～99.7	94.6	2.3
β-硫丹	0.03	57.3～75.5	96.4	5.2
	0.10	76.3～92.9	84.6	3.8
	0.50	78.5～93.7	86.1	1.7
三唑磷	0.03	70.2～82.4	76.3	6.9
	0.10	83.6～95.4	89.5	2.5
	0.50	87.3～96.3	91.8	3.1

表 5-107　小白菜方法的准确度及精密度试验结果（$n=6$）

组分	加标值/(mg/kg)	回收率范围/%	平均回收率/%	RSD/%
甲胺磷	0.03	60.5～89.4	78.3	12.9
	0.10	107～133	120	6.7
	0.50	76.8～99.6	88.2	7.5
氧乐果	0.03	54.2～72.8	63.5	8.9
	0.10	73.1～83.9	78.5	6.9
	0.50	87.6～93.4	90.5	7.2
甲拌磷	0.03	76.9～92.1	84.5	10.8
	0.10	106～118	112	8.7
	0.50	83.4～93.6	88.5	6.3
五氯硝基苯	0.03	69.5～77.5	73.5	5.9
	0.10	74.6～88.0	81.3	7.6
	0.50	73.1～83.9	78.5	5.5
百菌清	0.03	72.8～97.6	85.2	8.8
	0.10	86.7～91.9	89.3	7.5
	0.50	89.2～99.2	94.2	4.3
氯唑磷	0.03	57.6～75.4	66.5	5.4
	0.10	76.9～91.7	84.3	6.2
	0.50	100～116	108	3.7
甲基对硫磷	0.03	72.3～92.3	82.3	7.7
	0.10	87.6～95.0	91.3	5.6
	0.50	84.2～90.4	87.3	4.7
甲拌磷亚砜	0.03	73.1～83.1	78.1	7.3
	0.10	89.1～97.3	93.2	5.1
	0.50	100～112	106	2.9
甲拌磷砜	0.03	90.0～100.6	95.3	4.9
	0.10	88.6～106.4	97.5	5.5
	0.50	89.1～112.9	101	3.6
对硫磷	0.03	57.6～83.0	70.3	5.4
	0.10	100～130	115	3.7
	0.50	73.1～99.5	86.3	3.9
水胺硫磷	0.03	72.4～112	89.1	8.9
	0.10	90.2～111.8	101	6.6
	0.50	90.1～123.9	107	3.2
甲基异柳磷	0.03	72.6～82.6	77.6	4.3
	0.10	73.1～107.3	90.2	2.9
	0.50	100～118	109	4.5
α-硫丹	0.03	73.1～78.3	75.7	7.9
	0.10	72.1～106.1	89.1	3.9
	0.50	70.8～112.6	91.7	3.4

续表

组分	加标值/(mg/kg)	回收率范围/%	平均回收率/%	RSD/%
β-硫丹	0.03	75.6～116.2	95.9	5.7
	0.10	88.5～102.9	85.7	4.3
	0.50	82.0～87.8	84.9	2.9
三唑磷	0.03	72.6～82.6	77.6	7.2
	0.10	73.3～104.9	89.1	3.1
	0.50	88.4～97.4	92.9	3.5

表 5-108 番茄方法的准确度及精密度试验结果 (*n*=6)

组分	加标值/(mg/kg)	回收率范围/%	平均回收率/%	RSD/%
甲胺磷	0.03	56.5～64.9	59.7	13.3
	0.10	102～124	115	8.1
	0.50	76.8～94.6	85.7	6.3
氧乐果	0.03	55.3～69.5	62.4	9.7
	0.10	66.8～84.0	75.4	6.1
	0.50	82.6～99.8	91.2	7.7
甲拌磷	0.03	75.5～91.5	83.5	12.3
	0.10	95.8～118	107	8.9
	0.50	75.1～99.7	87.4	5.7
五氯硝基苯	0.03	67.2～84.0	75.6	7.3
	0.10	75.8～86.6	81.2	6.9
	0.50	67.5～88.7	78.1	5.7
百菌清	0.03	72.9～96.5	84.7	8.2
	0.10	75.8～103	89.3	7.9
	0.50	71.3～93.7	82.5	5.3
氯唑磷	0.03	56.8～78.0	67.4	4.3
	0.10	75.8～101	88.4	5.9
	0.50	101～125	113	3.6
甲基对硫磷	0.03	71.1～93.1	82.1	7.5
	0.10	83.5～101	92.4	5.3
	0.50	74.4～100	87.2	4.5
甲拌磷亚砜	0.03	66.5～89.3	77.9	7.9
	0.10	82.6～106	94.3	3.6
	0.50	95.8～114	105	3.5
甲拌磷砜	0.03	80.8～102	91.4	5.5
	0.10	88.5～105	96.8	5.5
	0.50	97.3～121	109	3.1
对硫磷	0.03	56.2～80.4	68.3	4.5
	0.10	102～128	115	4.3
	0.50	77.3～96.1	86.7	3.6

续表

组分	加标值/(mg/kg)	回收率范围/%	平均回收率/%	RSD/%
水胺硫磷	0.03	77.3～124	102	9.5
	0.10	95.6～118	107	6.2
	0.50	98.6～125	112	2.3
甲基异柳磷	0.03	67.8～89.2	78.5	3.5
	0.10	74.8～98.2	86.5	3.1
	0.50	104～124	113	4.5
α-硫丹	0.03	61.8～82.4	72.1	6.9
	0.10	78.1～98.9	88.5	4.7
	0.50	84.3～106	95.1	2.5
β-硫丹	0.03	84.5～109	96.7	5.3
	0.10	73.8～95.4	84.6	3.3
	0.50	75.0～94.8	84.9	2.3
三唑磷	0.03	68.1～86.3	77.2	6.5
	0.10	76.8～102	89.3	2.4
	0.50	81.8～103	92.5	3.5

平行样测定：每个样品应进行平行双样测定，平行测定时的相对偏差应满足实验室内变异系数要求。

七、结果计算

试样中杀菌剂残留量按下式计算：

$$X=\frac{c\times V\times V_1\times 1000}{m\times V_2\times 1000}$$

式中 X——试样中被测组分含量，mg/kg；

c——从标准曲线中得到试样溶剂中被测组分浓度，μg/mL；

V——试样溶液定容体积，mL；

V_1——加入的提取溶液体积，mL；

V_2——取出的提取溶液体积，mL；

m——样品质量，g。

八、技术参数

11种农药的回归方程、定性限和定量限如表5-109所示。

表5-109　11种农药的回归方程、定性限和定量限

序号	组分	回归方程式	r值	定性限/(mg/kg)	定量限/(mg/kg)
1	甲胺磷	$Y=3990X+1962$	0.996	0.004	0.012
2	氧乐果	$Y=5906X-892$	0.999	0.005	0.015
3	甲拌磷	$Y=42708X+21406$	0.998	0.007	0.02
4	五氯硝基苯	$Y=31405X+38404$	0.999	0.002	0.006

续表

序号	组分	回归方程式	r 值	定性限/(mg/kg)	定量限/(mg/kg)
5	百菌清	$Y=167492X+138$	0.999	0.001	0.003
6	氯唑磷	$Y=158570X-80463$	0.997	0.006	0.018
7	甲基对硫磷	$Y=137108X-38971$	0.996	0.004	0.012
8	甲拌磷亚砜	$Y=31405X+38404$	0.999	0.006	0.018
9	甲拌磷砜	$Y=31405X+38404$	0.999	0.007	0.02
10	对硫磷	$Y=113746X-61342$	0.999	0.006	0.018
11	水胺硫磷	$Y=85614X-6947$	0.996	0.006	0.018
12	甲基异柳磷	$Y=145026X-83199$	0.995	0.005	0.015
13	α-硫丹	$Y=83440X-3294$	0.999	0.008	0.024
14	β-硫丹	$Y=79521X-6805$	0.999	0.008	0.024
15	三唑磷	$Y=32199X-16732$	0.998	0.007	0.02

九、注意事项

① 样品浓缩时氮吹至近干，严禁完全吹干，否则影响检测结果。

② Florisil 柱须用（9+1，体积分数）丙酮-正己烷溶液 5mL 活化，否则影响检测结果。

③ 当检测样品超标时，必须复测，复测时重新制备标准曲线以及样品空白、加标回收。

十、资料性附录

本规程的实验数据出自岛津 GCMS-QP2010 气相色谱-质谱联用仪。

测定八：香菇、木耳等食品中 17 种有机磷和拟除虫菊酯类农药残留量的测定

一、适用范围

本规程规定了香菇、木耳、黄花菜、燕麦片中部分有机磷、拟除虫菊酯农药残留的气相色谱-质谱测定法。

本规程适用于香菇、木耳、黄花菜、燕麦片中部分有机磷、拟除虫菊酯农药残留的测定。

二、方法提要

样品经加水溶胀，有机溶剂提取、氮吹浓缩后定容，QuEChERS 萃取管净化后，采用气相色谱-质谱法对目标化合物定性定量测定。

三、仪器设备和试剂

（一）仪器和设备

① 气相色谱-质谱联用仪（附 EI 源）。

② 色谱柱：DB-5MS（30m×0.25mm×0.25μm）或 Rtx-5ms（30m×0.25mm×0.25μm）。

③ 电子天平（精确至 0.001g）。

④ 样品磨。

⑤ 调速振荡器。

⑥ 氮吹仪。

⑦ 高速冷冻离心机（不低于 10000r/min）。

（二）试剂和耗材

① 乙腈、正己烷：色谱级或农残级。

② 氯化钠：分析纯。

③ QuEChERS 分散萃取管。

（三）标准品及标准物质

农药标准品：马拉硫磷、久效磷、甲基毒死蜱、三唑磷、毒死蜱、杀螟硫磷、伏杀硫磷、氧乐果、亚胺硫磷、联苯菊酯、甲氰菊酯、氯菊酯、氯氰菊酯、氰戊菊酯，纯度≥97.5%。

标准溶液的配制：分别准确称量上述农药标准品，用正己烷配制成含量为 100μg/mL 的标准储备液，分装、密封并置于−18℃冷冻保藏，保存时限为 6 个月。

标准系列的配制：用微量注射器分别准确吸取相应各种标准储备液（100μg/mL）10μL、50μL、100μL、150μL、200μL 于预先加入 2mL 正己烷的 5 个 10mL 容量瓶中，用正己烷稀释至刻度，配成 0.10μg/mL、0.50μg/mL、1.00μg/mL、1.50μg/mL、2.00μg/mL 的混合标准系列。实验中可根据检测样品农药种类、农药含量、仪器条件调整标准系列。

四、样品的处理

（一）试样的制备与保存

将样品去除泥土等杂质，取可食用部分，在样品磨中打碎。准确称取制备好的 10g 样品（精确至 0.01g）于 50mL 具塞离心管中，加入适当体积的纯水，使样品充分润湿并放置 1h。

（二）提取及浓缩

在加水润湿后的样品中加入 10.00mL 正己烷，拧紧盖子，置于振荡器上振荡 30min（振荡频率为 80～100 次/min）后，加入适量氯化钠，使水相中的氯化钠处于饱和状态，再振荡 15min，取出后在冷冻高速离心机上以 10000r/min，4℃离心 10min，使有机相与水相分开。取出恢复至室温后，准确吸取上层有机相 5.00mL 于具备准确刻度的 15mL 具塞离心管，用氮气吹至近干，再以正己烷定容至 2mL 并混匀。按上述步骤同步制备空白、平行及加标样品溶液。

（三）样品净化

选取与样品基质匹配的 QuEChERS 萃取小管，吸取上步中定容的样品处理液

1.50mL加入萃取小管，充分振摇不少于80次或置于旋涡混合器上充分混匀1min，此过程中注意使固体成分与溶液充分混合。静置10min，取出后在冷冻高速离心机上以10000r/min，4℃离心10min，取出恢复至室温后，吸取上层清液进气相色谱样品瓶，待测定。

五、试样分析

（一）仪器参考条件

① 柱温：DB-5MS柱：初始温度80℃，以10℃/min的速度上升到120℃后，保持2min；再以10℃/min的速度上升到280℃，保持20min。

② 进样模式：进样量为1μL；不分流进样。

③ 柱流量：1.00mL/min。

④ 离子源温度：200℃；接口温度：240℃；溶剂延迟时间：5min。

⑤ 扫描方式：用Scan扫描方式检测标准液，以确定各目标化合物特征碎片离子及保留时间等相关信息，在此基础上建立SIM定量方法。

（二）样品测定

定性：①待测组分与标准的保留时间一致（±5%）；②具有相同的特征碎片离子（表5-110）；③待测组分特征离子的相对丰度与标准组分对应特征离子相对丰度的相对误差不大于30%。

定量：采用标准曲线外标法定量（图5-69）。

表5-110　14种农药在DB-5MS柱上的保留时间及特征离子

序号	农药名称	保留时间/min	定量离子(m/z)	定性离子(m/z)
1	氧乐果	9.725	108	79,91
2	久效磷	10.633	121	136,91
3	甲基毒死蜱	13.450	121	150,91
4	杀螟硫磷	14.375	164	149,57
5	马拉硫磷	14.608	119	161,97
6	毒死蜱	20.250	166	72,44
7	三唑磷	22.733	109	125,79
8	亚胺硫磷	22.808	144	115,57
9	联苯菊酯	23.183	109	97,139
10	甲氰菊酯	24.075	120	121,136
11	伏杀硫磷	26.400	139	111,75
12	氯菊酯	26.667	159	170,85
13	氯氰菊酯	28.250	159	207,85
14	氯氰菊酯	28.508	159	207,85
15	氯氰菊酯	28.742	159	207,85
16	氰戊菊酯	30.575	181	166,165
17	氰戊菊酯	31.208	181	166,165

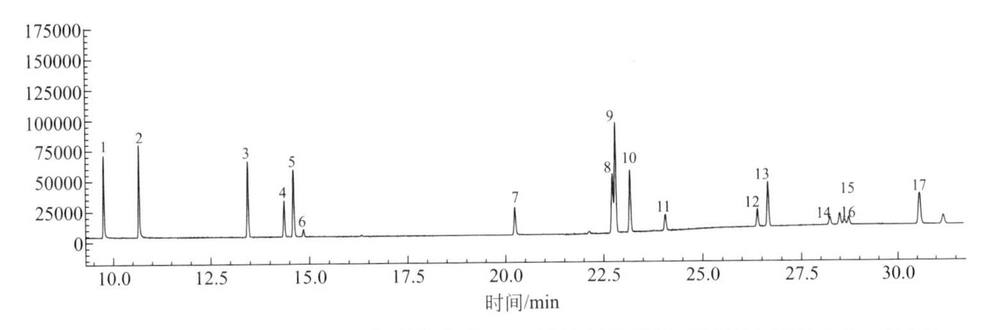

图 5-69 14 种农药在 DB-5MS 色谱柱上的 SIM 法总离子流图（农药含量为 1.0μg/mL）
1—氧乐果；2—久效磷；3—甲基毒死蜱；4—杀螟硫磷；5—马拉硫磷；6—毒死蜱；
7—三唑磷；8—亚胺硫磷；9—联苯菊酯；10—甲氰菊酯；11—伏杀硫磷；12—氯氰菊酯；
13～15—氯氰菊酯；16、17—氰戊菊酯（下同）

六、质量控制

（一）空白实验

根据样品处理步骤，做试剂空白及各种基质空白实验，每进 10 个样品需进一次试剂空白样品。

（二）加标回收

建议按照 10%的比例对所测组分进行加标回收试验，样品量<10 件的最少 1 个。对各组分做低、中、高 3 个浓度的回收率实验，回收率在 70%～110%为宜（表 5-111）。

表 5-111 方法的准确度精密度试验结果（$n=6$）

组分	加标值/(mg/kg)	回收率范围/%	平均回收率/%	平行测定误差 r/%
氧乐果	0.05	77.3～95.2	86.2	4.6
	0.10	81.9～103	90.5	2.9
	0.50	88.6～98.5	93.4	1.7
久效磷	0.05	80.6～103	87.2	3.7
	0.10	86.2～110	93.7	4.2
	0.50	84.5～106	94.1	1.5
甲基毒死蜱	0.05	71.9～90.4	82.3	5.0
	0.10	82.1～108	92.6	3.4
	0.50	87.5～102	93.1	2.7
杀螟硫磷	0.05	77.2～91.3	84.9	6.3
	0.10	74.5～107	91.3	1.8
	0.50	89.3～97.5	93.2	2.4
马拉硫磷	0.05	77.4～91.8	83.5	4.5
	0.10	86.9～103	92.8	2.7
	0.50	83.7～108	94.9	3.2

续表

组分	加标值/(mg/kg)	回收率范围/%	平均回收率/%	平行测定误差 r/%
毒死蜱	0.05	79.2～93.6	87.4	5.2
	0.10	86.5～102	93.8	2.8
	0.50	88.4～105	94.1	2.4
三唑磷	0.05	89.1～102	93.6	3.9
	0.10	85.7～109	94.7	4.2
	0.50	79.5～98.2	90.3	3.4
亚胺硫磷	0.05	80.8～97.7	88.5	4.1
	0.10	86.4～101	90.7	2.5
	0.50	78.3～108	93.4	1.8
联苯菊酯	0.05	72.4～87.3	78.6	3.8
	0.10	83.7～106	93.7	3.1
	0.50	85.9～104	96.3	2.4
甲氰菊酯	0.05	72.2～90.5	84.2	2.5
	0.10	82.7～99.1	90.4	3.6
	0.50	91.1～107	101	1.4
伏杀硫磷	0.05	83.6～106	94.2	5.4
	0.10	79.4～103	86.7	3.7
	0.50	87.5～98.6	92.3	1.4
氯菊酯	0.05	82.4～95.2	88.6	3.9
	0.10	77.8～106	92.5	2.9
	0.50	88.4～102	94.8	1.4
氯氰菊酯	0.05	78.2～104	88.3	3.8
	0.10	81.3～106	95.2	2.5
	0.50	84.2～103	92.4	1.5
氰戊菊酯	0.05	71.1～90.1	80.5	4.4
	0.10	83.6～105	93.2	1.9
	0.50	82.8～108	94.3	3.4

（三）平行样测定

每个样品应进行平行双样测定，平行测定时的相对偏差应满足实验室内变异系数要求。

七、结果计算

试样中各农药残留量按下式计算：

$$X=\frac{c\times V\times 1000}{m\times 1000}\times f$$

式中 X——所测样品中农药含量，mg/kg；

c——样品测定液中农药浓度，μg/mL；

V——试样定容体积，mL；

m——试样质量，g；

f——稀释倍数，在本规程中为 2。

八、技术参数

14 种农药的方法定性限和定量限如表 5-112。

表 5-112　14 种农药的方法定性限和定量限　　单位：mg/kg

名称	方法定性限	方法定量限	名称	方法定性限	方法定量限
氧乐果	0.0080	0.030	亚胺硫磷	0.020	0.070
久效磷	0.010	0.035	联苯菊酯	0.0080	0.030
甲基毒死蜱	0.0080	0.030	甲氰菊酯	0.030	0.100
杀螟硫磷	0.0040	0.015	伏杀硫磷	0.020	0.070
马拉硫磷	0.0070	0.025	氯菊酯	0.0080	0.030
毒死蜱	0.010	0.035	氯氰菊酯	0.020	0.070
三唑磷	0.010	0.035	氰戊菊酯	0.010	0.040

九、注意事项

① 对干基样品，应加适量水使之溶胀，以便于有机试剂渗透并提取检测成分。

② 浓缩：浓缩步骤中，样品液严禁完全吹干，否则回收率将降低。

③ 如果出现某些目标化合物在上述参考仪器条件下可能分离度达不到要求，可更换色谱柱或适当改变系统温度。

十、资料性附录

加标谱图（加标量为 0.1mg/kg）如图 5-70～图 5-77。

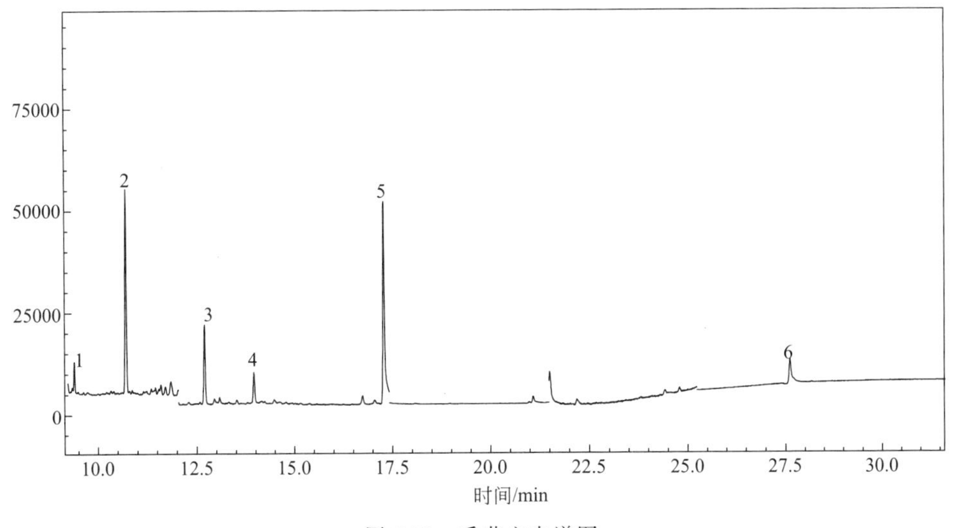

图 5-70　香菇空白谱图

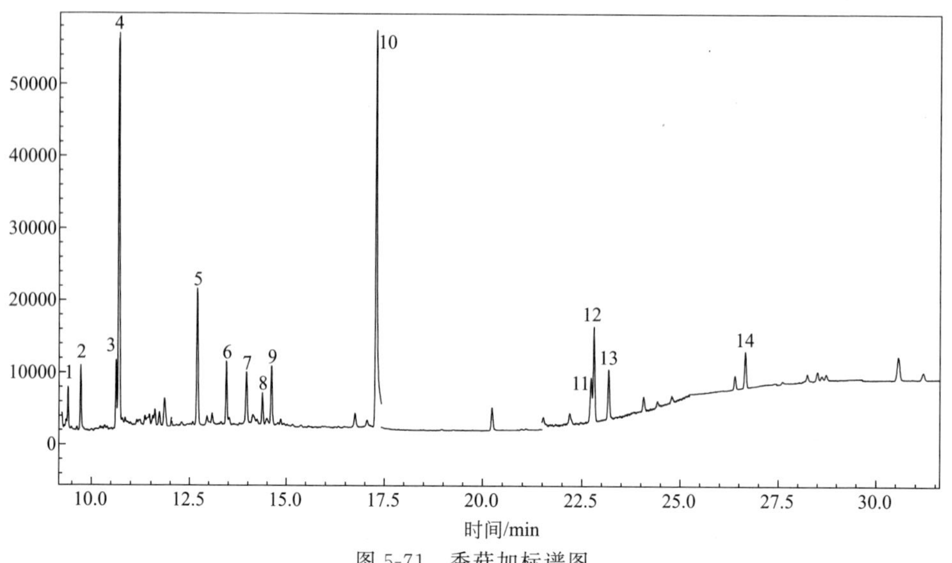

图 5-71　香菇加标谱图

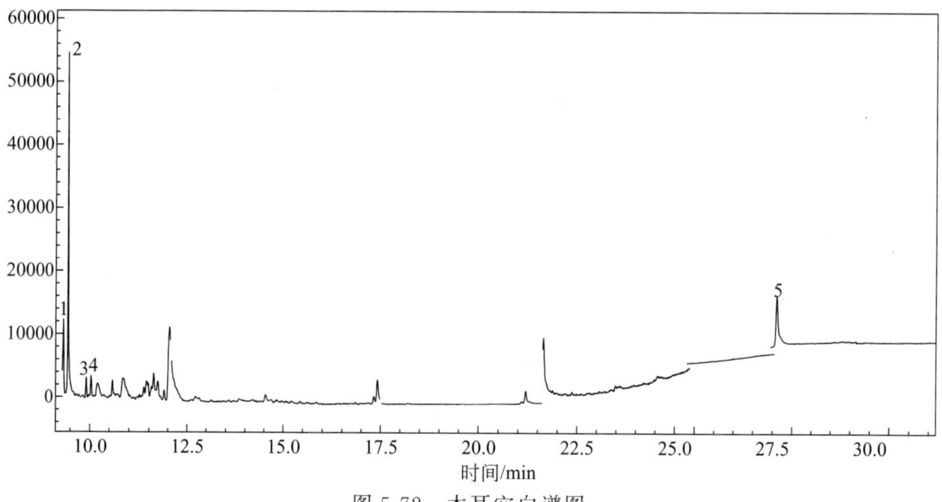

图 5-72　木耳空白谱图

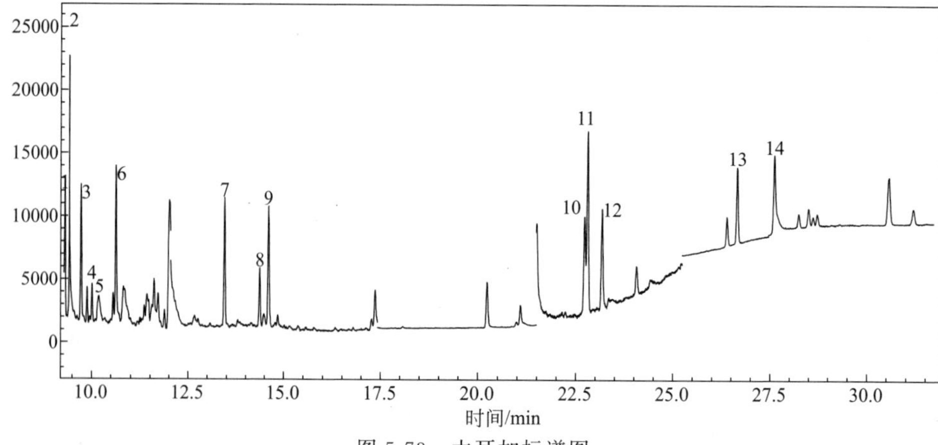

图 5-73　木耳加标谱图

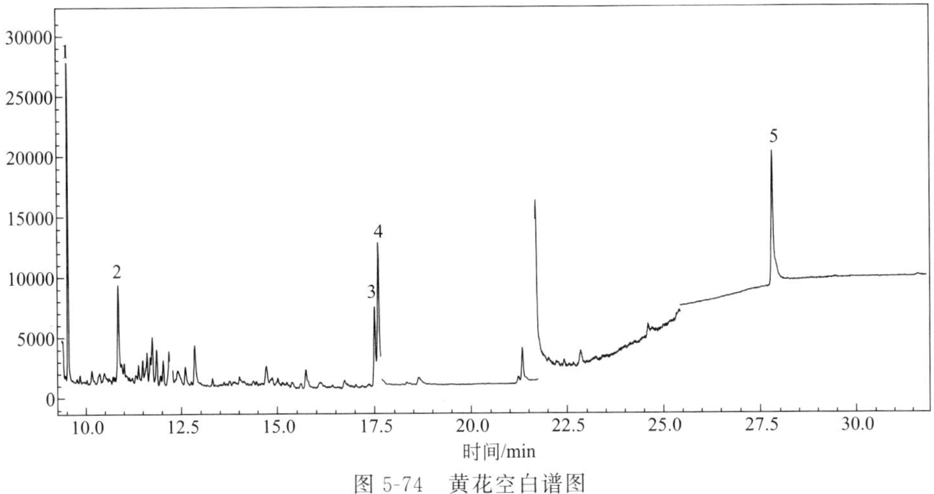

图 5-74 黄花空白谱图

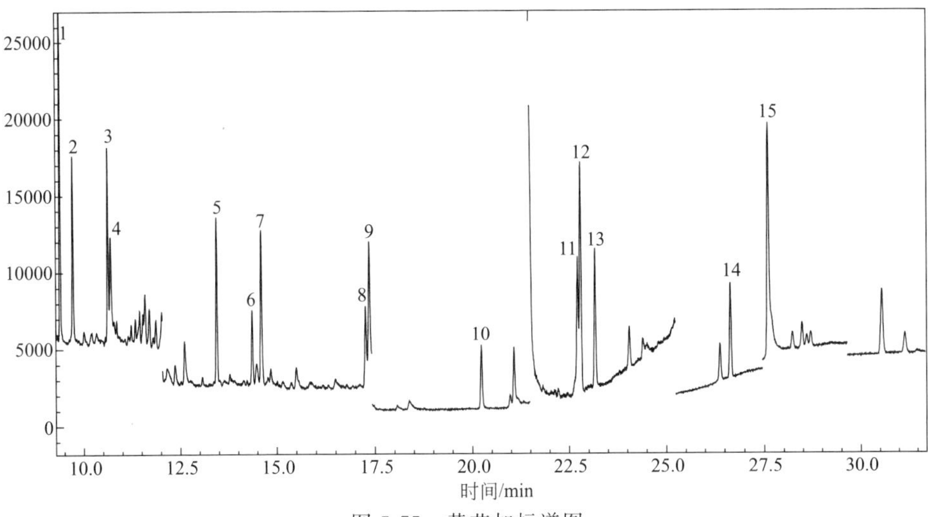

图 5-75 黄花加标谱图

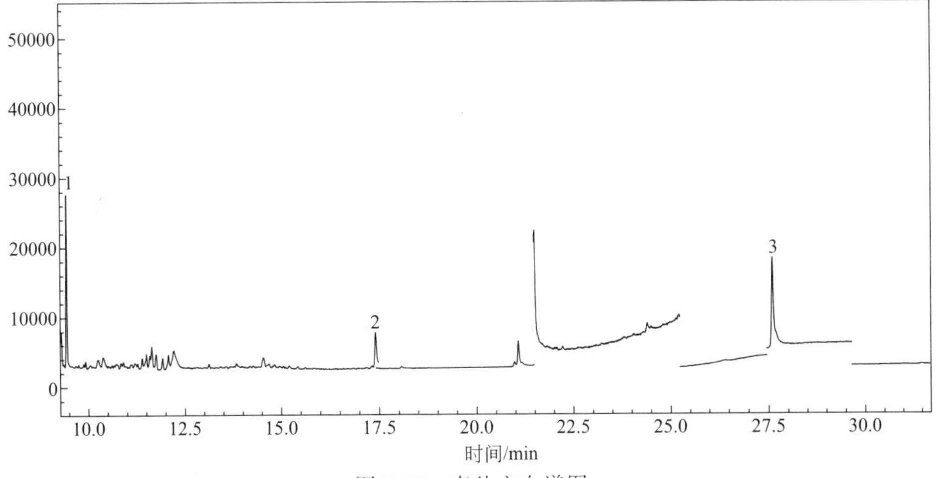

图 5-76 麦片空白谱图

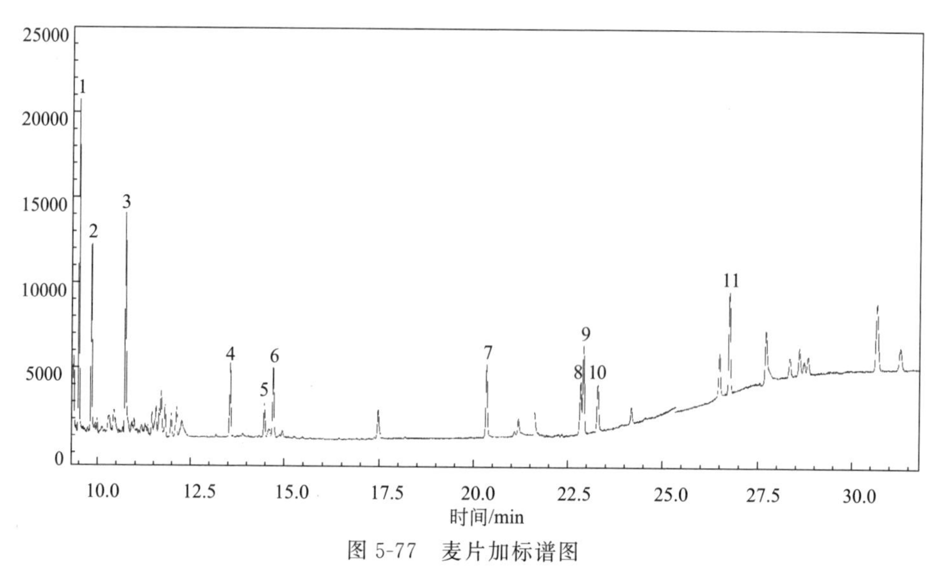

图 5-77　麦片加标谱图

测定九：茶叶中溴虫腈等 11 种农药残留量的测定

一、适用范围

本规程规定了茶叶中溴虫腈等 11 种农药残留量测定的 SPE-GC-MS 法。

本规程适用于茶叶中溴虫腈等 11 种农药残留量测定。

二、方法提要

茶叶样品经乙腈提取、固相萃取净化后，气相色谱-质谱联用测定，质谱定性，外标法定量。

三、仪器设备和试剂

（一）仪器和设备

① 气相色谱质谱联用仪。

② 色谱柱：DB-17MS（30m×0.25mm×0.25μm）或相当的色谱柱。

③ 调速振荡器。

④ 氮吹仪。

⑤ 天平：感量 0.1mg 和 0.01g。

⑥ 高速低温离心机：转数 10000r/min。

⑦ 高速组织捣碎机。

（二）试剂和耗材

① 乙腈、丙酮、二氯甲烷：色谱级。

② CARB/NH_2 固相萃取柱，500mg/500mg/6mL（DiKMA）。

（三）标准品及标准物质

标准品：溴虫腈、啶虫脒、茚虫威、三氯杀螨醇、联苯菊酯、甲氰菊酯、氟氯氰菊酯、氯氟氰菊酯、氯氰菊酯、氰戊菊酯、溴氰菊酯，标准品的纯度≥98.0%。

标准溶液的配制：分别准确称量（准确至0.0001g）标准品，用丙酮溶解并定容，配制成浓度约为1000μg/mL的标准储备液，密封并置于－18℃条件下保存；保质期为6个月。根据响应值调整混合标准液中各目标物的浓度。混合标准溶液中各化合物的浓度如表5-113。

表5-113　混合标准溶液中各农药的浓度　　单位：mg/L

农药名称	浓度	农药名称	浓度	农药名称	浓度
溴虫腈	20	氟氯氰菊酯	10	氯氟氰菊酯	10
联苯菊酯	2.0	三氯杀螨醇	10	氯氰菊酯	20
甲氰菊酯	10	啶虫脒	20	氰戊菊酯	20
茚虫威	20	溴氰菊酯	20		

四、样品的处理

（一）试样的制备与保存

取50g茶叶样品磨碎过20目筛，四分法取样；所取的样品平均分2份，一份测定，另一份置于－18℃冰箱内保存，备用。

（二）提取

称取样品2g（准确至0.01g）于50mL具塞离心管中，加入乙腈20.00mL，于振荡器上（3000r/min）振荡10min后，低温（4℃）高速（10000r/min）离心5min，放至室温后，准确吸取乙腈相10.00mL于鸡心瓶中，氮吹至1mL左右，待净化。

（三）净化和浓缩

分别用丙酮3mL及二氯甲烷3mL活化固相萃取小柱，待液面至小柱吸附层表面时，加入提取液，再以丙酮6mL及二氯甲烷6mL淋洗小柱，收集淋洗液，氮吹至小于1mL，再用丙酮定容至1.0mL，供GC/MS测定。

五、试样分析

（一）仪器参考条件

1. 气相条件

① 色谱柱：DB-17MS柱（30m×0.25mm×0.25μm）或相当色谱柱。

② 柱温：初始温度50℃（保持1min），10℃/min升至200℃（保持3min），5℃/min升至260℃（保持4min），5℃/min升至290℃（保持15min）。

③ 柱流量：1.0mL/min。

④ 后运行时间：2min，300℃。

⑤ 不分流进样；进样量：1μL。

⑥ 进样口温度：250℃。

2. 质谱条件

① 接口温度：280℃。

② 离子源温度：230℃。

③ 四极杆温度：150℃。

④ 溶剂延迟：6min。

各种农药的驻留时间、定量和定性离子如表 5-114。

表 5-114　各种农药的驻留时间、定量和定性离子

农药名称	驻留时间/min	定量离子(*m/z*)	定性离子(*m/z*)
溴虫腈	35.00	408	406(80)、363(95)、350(70)
联苯菊酯	38.50	181	165(30)、166(30)
三氯杀螨醇	39.50	139	141(35)、251(75)、253(50)
甲氰菊酯	40.20	181	208(30)、265(35)
氟氯氰菊酯	41.60	181	197(75)、208(50)
啶虫脒	45.00	152	126(80)166(45)221(30)
氯氟氰菊酯	46.00	163	206(70)、165(65)、226(40)
氯氰菊酯	47.00	163	181(75)、165(60)、209(20)
氰戊菊酯	49.40	167	225(40)、419(20)
茚虫威	51.00	218	264(40)468(10)
溴氰菊酯	51.00	181	253(80)、209(30)

（二）基质标准曲线制作

取茶叶基质空白，与样品相同前处理后，以基质空白的提取液作溶剂，加入不同浓度的混合标准，制备基质标准曲线（表 5-115）。

表 5-115　标准曲线浓度范围　　单位：mg/L

农药名称	浓度范围	农药名称	浓度范围
溴虫腈	0.10～4.0	氯氟氰菊酯	0.050～2.0
联苯菊酯	0.010～0.40	氯氰菊酯	0.10～4.0
甲氰菊酯	0.050～2.0	氰戊菊酯	0.10～4.0
三氯杀螨醇	0.050～2.0	茚虫威	0.10～4.0
氟氯氰菊酯	0.050～2.0	溴氰菊酯	0.10～4.0
啶虫脒	0.10～4.0		

（三）样品定性

① 未知组分与已知标准的保留时间相同（±0.05min）。

② 在相同的保留时间下提取到与标准相同的特征离子。

③ 与标准的特征离子相对丰度的允许偏差不超出表 5-116 规定的范围。

表 5-116　特征离子相对丰度的允许偏差

相对离子丰度/%	≤10	>10～20	>20～50	>50
允许相对偏差/%	±50	±30	±25	±20

满足以上条件即可进行确证。

(四)样品定量

外标法定量。

六、质量控制

空白实验：根据样品处理步骤，做试剂空白及基质空白实验，每进 10 个样品需进一次试剂空白样品。

加标回收：按照 10%的比例对所测组分进行加标回收试验，样品量<10 件的最少做 1 个加标回收。

本规程加标方法如下：向基质空白中加入 3 个不等量的混合标准溶液（$n=6$），结果减基质空白后计算加标回收率和相对标准偏差，见表 5-117。

表 5-117 加标回收率及精密度（$n=6$）

农药名称	加标量/(mg/kg)	回收率范围/%	平均回收率/%	RSD/%
溴虫腈	0.10	60.5～85.8	70.3	13.8
	0.50	66.0～82.2	74.5	7.8
	2.0	70.6～97.2	82.7	10.6
联苯菊酯	0.010	68.5～90.3	75.6	11.8
	0.050	70.6～98.9	73.5	12.9
	0.20	72.8～96.5	82.0	10.0
甲氰菊酯	0.050	63.6～88.3	70.2	14.3
	0.25	68.8～80.0	72.3	10.5
	1.0	70.2～97.9	82.5	13.2
三氯杀螨醇	0.050	65.8～108.8	88.6	15.3
	0.25	70.5～115.0	85.0	13.5
	1.0	82.6～110.2	92.2	11.2
氟氯氰菊酯	0.050	62.5～88.8	75.6	14.2
	0.25	60.3～90.0	77.2	15.7
	1.0	73.2～99.0	84.2	10.7
啶虫脒	0.10	65.8～112.5	90.5	17.6
	0.50	71.5～118.2	100.0	16.7
	2.0	77.0～105.2	90.2	11.8
氯氟氰菊酯	0.050	63.3～93.8	80.5	13.5
	0.25	60.2～100.0	82.2	16.3
	1.0	73.5～99.6	85.5	11.1
氯氰菊酯	0.10	65.0～78.3	70.8	11.4
	0.50	60.5～85.2	75.5	12.8
	2.0	71.2～101.6	85.8	10.7

续表

农药名称	加标量/(mg/kg)	回收率范围/%	平均回收率/%	RSD/%
氰戊菊酯	0.10	62.8~87.7	75.4	11.8
	0.50	65.2~90.0	79.5	10.3
	2.0	70.5~96.8	83.7	11.6
茚虫威	0.10	90.8~125.8	112.5	15.8
	0.50	94.2~126.0	114.2	14.3
	2.0	99.0~117.0	109.5	13.6
溴氰菊酯	0.10	70.0~101.9	83.6	12.8
	0.50	70.7~105.1	88.2	13.1
	2.0	73.4~102.5	86.5	11.3

平行样测定：每个样品应进行平行双样测定，平行测定时的相对偏差应满足实验室内变异系数要求。

七、结果计算

样品中各农药残留量按下式进行计算：

$$X=\frac{c\times V\times 1000}{m\times 1000}\times f$$

式中 X——样品中农药残留量，mg/kg；

c——样品测定液中农药浓度，μg/mL；

V——定容体积，mL；

m——取样质量，g；

f——稀释因子，本法等于 2；

1000——换算系数。

八、技术参数

方法定性限和定量限：以 3 倍信噪比计算方法的定性限（LOD），以 10 倍信噪比计算方法的定量限（LOQ），方法的定性限和定量限见表 5-118。

表 5-118 方法定性限和定量限 单位：mg/kg

农药名称	LOD	LOQ	农药名称	LOD	LOQ
溴虫腈	0.020	0.066	氯氟氰菊酯	0.0050	0.017
联苯菊酯	0.0020	0.0066	氯氰菊酯	0.010	0.033
甲氰菊酯	0.0050	0.017	氰戊菊酯	0.010	0.033
三氯杀螨醇	0.0050	0.017	茚虫威	0.020	0.066
氟氯氰菊酯	0.0050	0.017	溴氰菊酯	0.020	0.066
啶虫脒	0.020	0.066			

九、注意事项

① 进行试剂验收，如试剂中含有目标化合物或干扰物质，需更换试剂。

② 不同厂家生产的固相萃取柱的性能不同，需要预先进行加标回收实验。

③ 氮吹中加入高沸点溶剂作为保护剂，可以防止吹干造成结果偏低。

④ 茶叶基质复杂，数据处理中采用手动积分以保证结果准确。

⑤ 残留分析结果，不需回收率进行调整。

十、资料性附录

本规程数据采自于安捷伦公司 7890A 气相色谱-7975C 质谱仪。11 种农药标准总离子流图如图 5-78 所示。

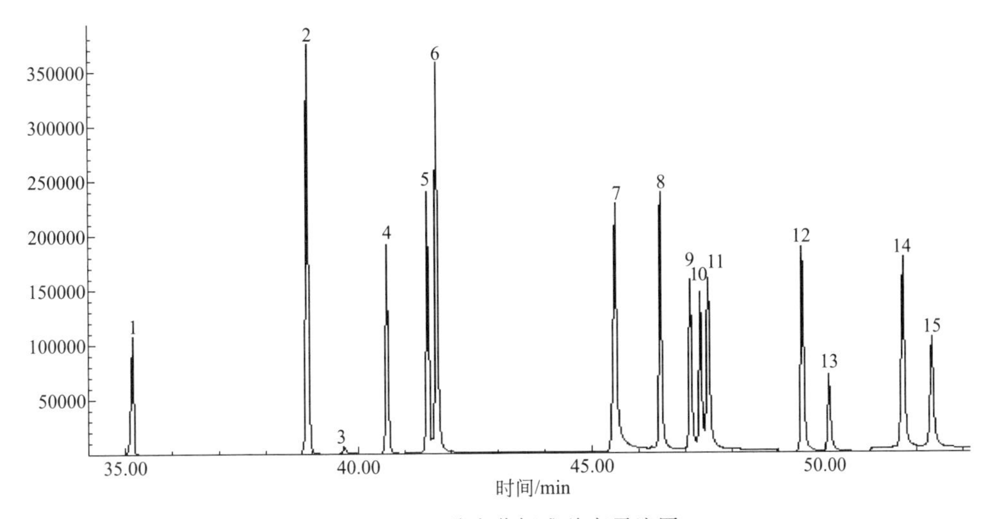

图 5-78　11 种农药标准总离子流图

1—溴虫腈；2—联苯菊酯；3—杂峰；4—甲氰菊酯；5—三氯杀螨醇；6—氟氯氰菊酯；7—啶虫脒；8—氯氟氰菊酯；9～11—氯氰菊酯；12、13—氰戊菊酯；14—茚虫威；15—溴氰菊酯

参考文献

[1] 王连珠，周昱，黄小燕，等. 基于 QuEChERS 提取方法优化的液相色谱-串联质谱法测定蔬菜中 51 种氨基甲酸酯类农药残留 [J]. 色谱，2013，31(12)：1167-1175.

[2] 陈笑梅，胡贝贞，刘海山，等. 高效液相色谱-串联质谱法测定粮谷中 9 种氨基甲酸酯类农药残留 [J]. 分析化学，2007，35(1)：106-110.

[3] 水果和蔬菜中 450 种农药及相关化学品残留量的测定 液相色谱-串联质谱法：GB/T 20769—2008 [S].

[4] 食品安全国家标准 食品中农药最大残留量：GB 2763—2016 [S].

[5] 水果、蔬菜中多菌灵残留的测定 高效液相色谱法：GB 23380—2009 [S].

[6] 蔬菜及水果中多菌灵等 16 种农药残留测定 液相色谱-质谱-质谱用法：NY/T 1453—2007 [S].

[7] 吴淑春，虞淼. 超高效液相色谱-串联质谱法同时测定草莓和杨梅中 35 种杀菌剂残留 [J]. 中国卫生检验杂志，2015，25(09)：1301-1306.

[8] 程盛华，杨春亮，曾绍东，等. 分散固相萃取-超高效液相色谱-串质谱法测定豆芽中 10 种植物生长剂和杀菌剂 [J]. 食品工业科技，2016，37(12)：53-59.

[9] 吴岩，姜冰，徐义刚，等. QuEChERS-液相色谱-串联质谱法同时测定果蔬中六种农药残留 [J]. 色谱，2015，33(3)：228-234.
[10] 崔霞，辛爽英，李健潇，等. 超高效液相色谱-串联质谱测定酵素中 14 种常见杀菌剂残留 [J]. 食品安全质量检测学报，2019，10(9)：265-2-2659.
[11] 吴云钊，黎娟，高晓明，等. QuEChERS 高效液相色谱-串联质谱测定水果中 8 种杀菌剂的残留量 [J]. 中国卫生检验杂志，2017，27(12)：1696-1699.
[12] 陈军，樊继鹏，谢鑫陟. 液质联用法测定葡萄酒中多菌灵、甲霜灵的残留 [J]. 食品研究与开发，2015，(13)：95-98.
[13] 丁立平，刘微，李华，等. 高效液相色谱串联双检测器法测定干性蔬菜中的多菌灵残留量 [J]. 分析科学学报，2013，(4)：565-568.
[14] 食品中有机磷农药残留量的测定：GB/T 5009.20—2003 [S].
[15] 植物性食品中有机磷和氨基甲酸酯类农药多种残留的测定：GB/T 5009.145—2003 [S].
[16] 陈红平，刘新，汪庆华，等. 气相色谱-质谱法同时测定茶叶中 72 种农药残留量 [J]. 食品科学，2011，(6)：159-164.
[17] 王玲玲，侯玉泽，职爱民，等. 食品中百菌清残留检测方法研究进展 [J]. 食品科学，2013(7)：326-329.
[18] 赵丽，董玉英，荣国琼，等. 气相色谱-质谱法同时测定水果中五氯硝基苯・百菌清残留量 [J]. 安徽农业科学，2017，(9)：94-95.
[19] 蔬菜和水果中有机磷、有机氯、拟除虫菊酯和氨基甲酸酯类农药多残留的测定：NY/T 761—2008 [S].
[20] 植物性食品中有机氯和拟除虫菊酯类农药多种残留量的测定：GB/T 5009.146—2008 [S].
[21] 食品中有机氯农药多组分残留量的测定：GB/T 5009.19—2008 [S].
[22] 吴平谷，谭莹，张晶，等. 分级净化结合气相色谱-质谱联用法测定豆芽中 10 种植物生长调节剂 [J]. 分析化学，2014，42(6)：866-871.
[23] 牟艳莉，郭德华，丁卓平. 高效液相色谱-串联质谱法检测瓜果中的 4 种植物生长调节剂的残留量 [J]. 色谱，2013，31(10)：1016-1020.
[24] 牟艳莉，郭德华，丁卓平. 固相萃取/液相色谱-串联质谱对瓜果中 7 种植物生长调节剂残留的测定 [J]. 分析测试学报，2013，32(8)：935-940.
[25] 牟艳莉，郭德华，丁卓平，等. 高效液相色谱-串联质谱法测定瓜果中 11 种植物生长调节剂的残留量 [J]. 分析化学，2013，41(11)：1640-1646.
[26] 周鸿艳，黄方取，刘洋，等. QuEChERS 高效液相色谱-串联质谱法测定多种水果中的 6 种植物生长调节剂的残留量 [J]. 中国卫生检验杂志，2016(13)：1847-1851.
[27] 黄何何，张缙，徐敦明，等. QuEChERS-高效液相色谱-串联质谱法同时测定水果中 21 种植物生长调节剂的残留量 [J]. 色谱，2014，32(7)：707-716.
[28] 刘思洁，方赤光，崔勇，等. 植物生长调节剂在植物源性食品中残留量检测技术的研究进展 [J]. 食品安全质量检测学报，2016(1)：8-13.
[29] 姜楠，刘思洁，崔勇，等. 2015 年吉林省市售水果中植物生长调节剂残留量监测结果分析 [J]. 食品安全质量检测学报，2016(1)：33-38.
[30] 郝杰，冯楠，姜洁，等. 水果蔬菜中常见植物生长调节剂分析检测方法研究进展 [J]. 食品科学，2015(21)：303-309.
[31] 水果和蔬菜中 500 种农药及相关化学品残留的测定 气相色谱-质谱法：GB/T 19648—2006 [S].
[32] 绿色食品 代用茶：NY/T 2140—2015 [S].
[33] 茶叶中 519 种农药及相关化学品残留量的测定气相色谱/质谱法：GB/T 23204—2008 [S].
[34] 王竹天，杨大进. 食品中化学污染物及有害因素监测技术手册 [M]. 北京：中国标准出版社，2011.
[35] 食品安全国家标准 桑枝、金银花、枸杞子和荷叶中 488 种农药及相关化学品残留量的测定 气相色谱-质谱法：GB 23200.10—2016 [S].
[36] 食品安全国家标准 水果和蔬菜中 500 种农药及相关化学品残留量的测定 气相色谱-质谱法：GB 23200.8—2016 [S].
[37] 进出口食品中茚虫威残留量的检测方法-气相色谱法及液相色谱质谱/质谱法：SN/T 1971—2007 [S].

附录　本章涉及物质化学信息

编码[①]	中文名称	英文名称	CAS RN
4.1	2,4-二氯苯氧乙酸(2,4-滴)	2,4-dichlorophenoxyacetic acid	94-75-7
4.2	2,4-滴丁酯	butyl 2,4-dichlorophenoxyacetate	94-80-4
4.12	百菌清	chlorothalonil	1897-45-6
4.17	甲基异柳磷	lsofenphos-methyl	99675-03-3
4.21	苯醚甲环唑	difenoconazole	119446-68-3
4.23	马拉氧磷	malaoxone	1634-78-2
4.23	马拉硫磷	malathion	121-75-5
4.27	赛苯隆	thidiazuron	51707-55-2
4.28	噻嗪酮	buprofezin	69327-76-0
4.31	吡虫啉	imidacloprid	138261-41-3 105827-78-9
4.40	丙环唑	propiconazole	60207-90-1
4.47	丙溴磷	profenofos	41198-08-7
4.51	虫螨腈(溴虫腈)	chlorfenapyr	122453-73-0
4.56	哒螨灵	pyridaben	96489-71-3
4.71	敌敌畏	dichlorvos,DDVP	62-73-7
4.85	啶虫脒	acetamiprid	135410-20-7
4.90	毒死蜱	chlorpyrifos	2921-88-2
4.91	对硫磷(1605)	parathion	56-38-2
4.93	多菌灵	carbendazim	10605-21-7
4.96	多效唑	paclobutrazol	76738-62-0
4.100	恶霜灵	oxadixyl	77732-09-3
4.112	伏杀磷	phosalone	2310-17-0
4.121	氟虫腈	fipronil	120068-37-3
4.121	氟甲腈	fipronil desulfinyl	205650-65-3
4.121	氟虫腈砜	fipronil sulfone	120068-36-2
4.121	氟虫腈亚砜	fipronil sulfide	120067-83-6
4.133	氟氯氰菊酯	cyfluthrin,baythroid	68359-37-5
4.133	高效氟氯氰菊酯	beta-cyfluthrin	91465-08-6 1820573-27-0
4.142	腐霉利	procymidone	32809-16-8
4.156	甲胺磷	methamidophos	10265-92-6
4.157	甲拌磷	phorate	298-02-2
4.157	甲拌磷砜	phorate sulfone	2588-04-7
4.157	甲拌磷亚砜	phorate sulfoxide	2588-05-8

续表

编码[①]	中文名称	英文名称	CAS RN
4.163	甲基毒死蜱	methyl chlorpyrifos	5598-13-0
4.164	甲基对硫磷	methyl parathion	298-00-0
4.166	甲基立枯磷	tolclofos-methyl	57018-04-9
4.168	甲基硫菌灵	thiophanate-methyl	23564-05-8
4.169	甲基嘧啶磷	pirimiphos-methyl	29232-93-7
4.173	甲萘威(西维因)	carbaryl	63-25-2
4.175	甲氰菊酯	fenpropathrin	39515-41-8
4.176	甲霜灵	metalaxyl	57837-19-1
4.181	腈菌唑	myclobutanil	88671-89-0
4.185	久效磷	monocrotophos	2157-98-4
4.187	抗蚜威	pirimicarb	23103-98-2
4.188	3-羟基克百威	3-hydroxycarbofuran	16655-82-6
4.188	克百威	carbofuran	1563-66-2
4.196	乐果	dimethoate	60-51-5
4.198	联苯菊酯	bifenthrin	82657-04-3
4.205	α-硫丹	α-endosulfan	959-98-8
4.205	β-硫丹	β-endosulfan	33213-65-9
4.205	硫丹硫酸酯	endosulfan sulfate	1031-07-8
4.217	氯吡脲,吡效隆	forchlorfenuron	68157-60-8
4.218	氯虫苯甲酰胺	chlorantraniliprole	500008-45-7
4.221	氯氟氰菊酯	cyhalothrin	91465-08-6
4.224	氯菊酯	permethrin	52645-53-1
4.226	氯氰菊酯,高效氯氰菊酯	cypermethrin	52315-07-8
4.229	氯唑磷	lsazofos	42509-80-8
4.232	咪鲜胺	prochloraz	67747-09-5
4.237	醚菊酯	ethofenprox	80844-07-1
4.243	嘧霉胺	pyrimethanil	53112-28-0
4.245	灭多威	methomyl	16752-77-5
4.248	灭线磷	ethoprophos,mocap	13194-48-4
4.252	1-萘乙酸	1-naphthaleneacetic acid	86-87-3
4.256	扑草净	prometryn	7287-19-6
4.264	氰戊菊酯	fenvalerate	51630-58-1
4.289	三氯杀螨醇	p,p'-dicofol o,p'-dicofol	115-32-2 10606-46-9
4.293	三唑磷	triazophos	24017-47-8
4.294	三唑酮	triadimefon	43121-43-3
4.304	杀螟硫磷	fenitrothion	122-14-5
4.305	杀扑磷	methidathion	950-37-8

续表

编码[①]	中文名称	英文名称	CAS RN
4.316	水胺硫磷	isocarbophos	24353-61-5
4.323	涕灭威	aldicarb	116-06-3
4.323	涕灭威亚砜	aldicarb-sulfoxide	1646-87-3
4.323	涕灭威砜	aldicarb-sulfoxide	1646-88-4
4.331	五氯硝基苯	quintozine	82-68-8
4.333	戊唑醇	tebuconazole	107534-96-3
4.342	烯酰吗啉	dimethomorph	110488-70-5
4.348	辛硫磷	phoxim	14816-18-3
4.355	溴氰菊酯	deltamethrin	52918-63-5
4.357	亚胺硫磷	phosmet	732-11-6
4.362	氧乐果	omethoate	1113-02-6
4.369	乙硫磷	ethion	563-12-2
4.377	乙酰甲胺磷	acephate	30560-19-1
4.384	异丙威	isoprocarb	2631-40-5
4.387	异菌脲	iprodione	36734-19-7
4.391	茚虫威	indoxacarb	144171-61-9
4.394	莠去津	atrazine	1912-24-9
4.399	仲丁威	fenobucarb	3766-81-2
4.409	*p*,*p*′-滴滴涕	*p*,*p*′-DDT	50-29-3
4.409	*o*,*p*′-滴滴涕	*o*,*p*′-DDT	789-02-6
4.409	*p*,*p*′-滴滴伊	*p*,*p*′-DDE	72-55-9
4.409	*p*,*p*′-滴滴滴	*p*,*p*′-DDD	72-54-8
4.413	α-六氯环己烷(α-六六六)	α-BHC	319-84-6
4.413	β-六氯环己烷(β-六六六)	β-BHC	319-85-7
4.413	δ-六六六	δ-BHC	319-86-8
4.413	丙体六六六(γ-六六六)	γ-BHC,lindane	58-89-9
4.416	七氯	heptachlor	76-44-8
4.416	环氧七氯	heptachlor epoxide	内:28044-83-9 外:1024-57-3 (+)-顺:66429-34-3 (−)-顺:145213-11-2 (+)-反:145213-12-3 (−)-反:76986-14-6
—	2,4-滴乙酯	ethyl 2,4-dichlorophenoxy acetate	533-23-3
—	4-氯苯氧乙酸	4-chlorophenoxy acetic acid	122-88-3
—	6-苄基腺嘌呤	6-benzylaminopurine	1214-39-7
—	乙拌磷	disulfoton	298-04-4
—	皮蝇硫磷	fenchlorphos	299-84-3
—	赤霉素(GA3)	gibberellic acid	77-06-5

续表

编码[①]	中文名称	英文名称	CAS RN
—	吲哚乙酸	indole-3-acetic acid	87-51-4
—	吲哚丁酸	1h-indole-3-butanoic acid	133-32-4
—	残杀威	propoxur	114-26-1
—	哒嗪硫磷	pyridaphenthione	119-12-0
—	除草醚	nitrofen	1836-75-5
—	(右旋)烯丙菊酯	allethrin	584-79-2
—	嘧啶磷	pirimiphos-ethyl	23505-41-1

① 编码来自 GB 2763—2018。

第六章

食品中兽药及其代谢产物残留量的分析

第一节　磺胺类

牛奶中磺胺嘧啶等 4 种兽药残留量的测定

一、适用范围

本标准操作规程规定了牛奶中磺胺嘧啶、氧氟沙星、恩诺沙星、磺胺间二甲基嘧啶四种兽药残留的 LC-MS/MS 检测方法。

二、方法提要

用乙酸乙腈作提取液对样品进行提取。QuEchERS 离心管净化。提取液经 C18 柱梯度洗脱，流动相为甲醇和 0.1%的甲酸水溶液。采用多反应监测（MRM）模式进行检测，4 种化合物均为正离子模式。

三、仪器设备和试剂

（一）仪器和设备

① 超快速液相色谱仪：DGO-20A，岛津公司。

② 质谱仪：API 3200，SCIEX 公司。

③ 高速冷冻离心机：Brofuge primo R，Thermo 公司。

④ 超声仪：宁波新芝生物科技有限公司。

⑤ 色谱柱：ACQUITY UPLC® BEH C18（100mm×2.1mm，1.7μm），沃特世公司。

⑥ 微孔滤膜：0.22μm。

（二）试剂和耗材

甲醇，乙腈，甲酸，乙酸（色谱纯），Fisher 公司。

（三）标准品及标准物质

磺胺嘧啶，氧氟沙星，恩诺沙星，磺胺间二甲基嘧啶：纯度＞99.0%，DiKMA 公司。

标准储备液：分别称取 10.0mg 的标准品，用甲醇溶解于 10mL 容量瓶中，制成 1.0mg/mL 标准储备液。

四、样品的处理

提取：准确称取 5.00g 牛乳于 50mL 聚四氟乙烯离心管中，加入 1mg/L 内标溶液 40μL。并依此加入 5.00g 无水硫酸钠，2%（体积分数）乙酸乙腈溶液 10mL。涡旋混匀 2min，超声 10min，以 6000r/min 离心 5min，将上清液转移至 25mL 容量瓶中，重复提取一次，合并两次上清液，用 2%乙酸乙腈定容至刻度，供净化。

净化：准确称取提取液 2.00mL 于商品化的 QuEchERS 离心管中，涡旋混匀 2min，以 10000r/min 离心 10min，取上清液 1mL 于 40℃水浴上，氮气吹至近干，加初始流动相 0.2mL，过孔径 0.22μm 有机滤膜，供上机测定。

五、试样分析

（一）仪器条件

1. 液相色谱条件

① 进样体积 10μL。

② 流动相：0.1%甲酸水溶液+甲醇，梯度见表 6-1。

表 6-1　液相色谱梯度淋洗参数

时间/min	流速/(mL/min)	0.1%甲酸水/%	甲醇/%
0.00	0.25	90	10
3.50	0.25	65	35
7.00	0.25	0	100
8.50	0.25	0	100
9.00	0.25	90	10
12.00	0.25	90	10

2. 质谱条件

① 正离子模式。

② 毛细管电压：4500V。

③ 脱溶剂温度：550℃。

④ 离子源气 1：50psi。

⑤ 离子源气 2：50psi。

⑥ 碰撞气：6psi。

⑦ 化合物定性离子和定量离子质谱测定参数见表 6-2。

表 6-2　定性离子和定量离子质谱测定参数

化合物	保留时间/min	母离子(m/z)	子离子(m/z)	碰撞能/eV
磺胺嘧啶	3.39	251	156	15.67
			108	31.88
氧氟沙星	5.23	362	261	36.74
			318	25.65
恩诺沙星	5.76	360	342	28.69
			245	35.30
磺胺间二甲基嘧啶	7.26	311	108	39.05
			156	26.73
恩诺沙星-d_5	5.83	365	321	24.42
			245	35.38
氧氟沙星-d_3	5.56	365	321	24.42
			261	35.15

（二）标准曲线

用目标化合物的标准储备液配制混合标准溶液浓度为 1ng/mL、2ng/mL、5ng/mL、10ng/mL、20ng/mL、50ng/mL。

六、质量控制

（一）线性范围、方法定性限和定量限

线性范围四种物质目标物为 1～50ng/mL。线性回归方程的相关系数 R 均大于 0.9990。

在使用上述型号设备检测磺胺嘧啶、氧氟沙星、恩诺沙星、磺胺间二甲基嘧啶的 LOD=0.3μg/kg，LOQ=1.0μg/kg。

（二）准确度与精密度

取基质与实际样品相似的空白样品，分别加入标准溶液。将制备好的加标样品按上述方法进行分析，空白样品添加 2μg/kg、10μg/kg、50μg/kg 水平，各目标化合物的回收率应在 75%～125%范围内，相对标准偏差（RSD）<20%。回收率及精密度如表 6-3。

表 6-3 回收率及精密度（$n=6$）

化合物	加标/(μg/kg)	回收率范围/%	平均回收率/%	RSD/%
磺胺嘧啶	2	75～88	82.2	8.9
	10	77～90	81.3	7.8
	50	81～93	88.1	6.5
氧氟沙星	2	74～89	84.3	6.9
	10	73～92	86.2	6.6
	50	74～91	87.4	9.8
恩诺沙星	2	84～92	83.7	7.4
	10	82～95	85.3	8.3
	50	83～99	91.1	7.9
磺胺间二甲基嘧啶	2	79～92	85.3	6.9
	10	76～91	84.3	7.1
	50	80～92	86.2	6.6

七、结果计算

样品中磺胺嘧啶、氧氟沙星、恩诺沙星、磺胺间二甲基嘧啶的残留量按下式计算。

$$X=\frac{c\times V\times 25\times 1000}{1\times M\times 1000}$$

式中 X——试样中待测物质含量，μg/kg；

c——样液中待测物质浓度，ng/mL；

V——样液定容体积，mL；

M——试样质量，g；

25——提取液体积，mL；

1——浓缩提取液体积，mL。

注：计算结果需扣除空白值，测定结果用平行测定的算术平均值表示，保留三位有效数字，平行样品间相对标准偏差小于等于20%。

八、注意事项

① 在样品净化过程中，若制备的上样液浑浊，容易堵塞固相萃取小柱，需要在净化前再次离心或过滤上样液。

② 净化过程中，要控制上样和洗脱的流速，控制流速在2～3s/滴。

九、资料性附录

磺胺嘧啶、二甲基嘧啶、氧氟沙星、恩诺沙星谱图如图6-1所示。

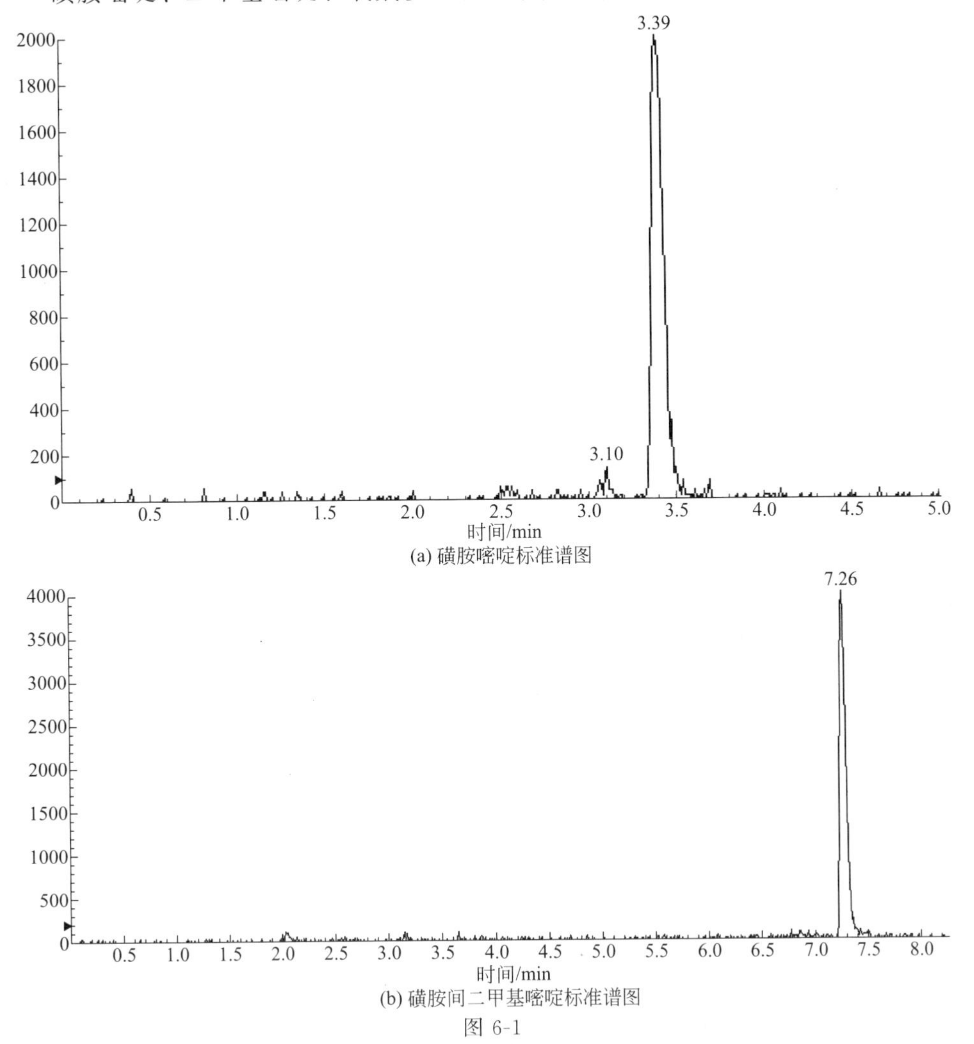

(a) 磺胺嘧啶标准谱图

(b) 磺胺间二甲基嘧啶标准谱图

图 6-1

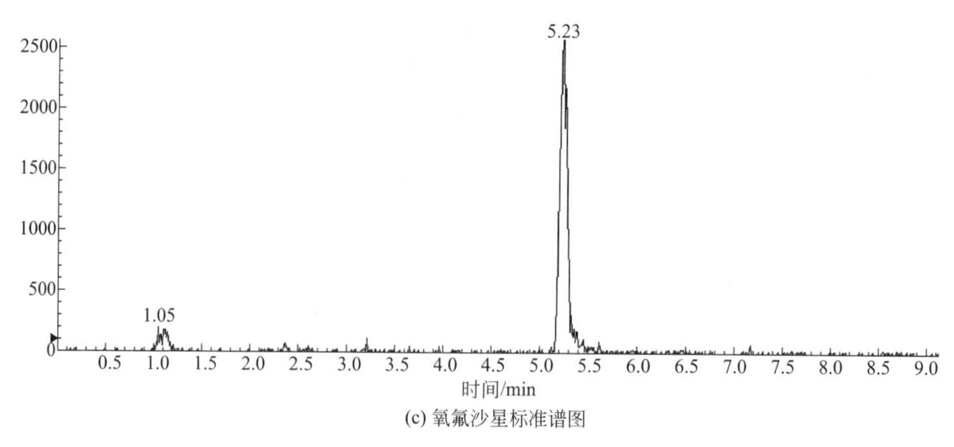

(c) 氧氟沙星标准谱图

1500
1400
1200
1000
800
600
400
200
0
5.76
5.93
0.82
0.5 1.0 1.5 2.0 2.5 3.0 3.5 4.0 4.5 5.0 5.5 6.0 6.5 7.0
时间/min

(d) 恩诺沙星标准谱图

图 6-1　磺胺嘧啶、二甲基嘧啶、氧氟沙星、恩诺沙星谱图

第二节　喹诺酮类的测定

测定一：鸡肉与鸡蛋中 11 种喹诺酮残留量的测定

一、适用范围

本规程规定了多种喹诺酮类药物残留检测的制样方法、液相色谱/质谱确证及测定方法。

本规程适用于鸡肉与鸡蛋中氧氟沙星、培氟沙星、诺氟沙星、洛美沙星、环丙沙星、达氟沙星、二氟沙星、恩诺沙星、氟甲喹、噁喹酸、沙拉沙星含量的制样方法、液相色谱/质谱确证及测定方法。

二、方法提要

鸡肉与鸡蛋样品中加入同位素内标经匀质，使用 0.1mol/L EDTA-Mcllvaine 缓冲液（pH=4.0）提取样品中的待测物质，经正己烷净化，过 HLB 固相萃取柱，高效液相色谱-质谱测定，使用工作曲线外标法定量。

三、仪器设备和试剂

（一）仪器和设备

① Xevo™ TQ MS 液相色谱-串联四极杆质谱仪：配有电喷雾离子源，沃特世公司。

② 电子天平：感量 0.001g 和 0.0001g。

③ 超声清洗仪。

④ 旋涡混合器。

⑤ 冷冻离心机：15000r/min。

⑥ pH 计。

⑦ 氮吹仪。

⑧ 微量移液器。

⑨ HLB 固相萃取柱（200mg，6mL）或其他等效柱，使用前用 6mL 甲醇、6mL 水活化。

（二）试剂和耗材

实验用水，符合 GB/T 6682 规定的一级水。

① 甲醇，正己烷，乙腈：色谱纯。

② 柠檬酸，磷酸氢二钠，氢氧化钠，乙二胺四乙酸二钠：分析纯。

③ 甲酸：99%，分析纯。

④ 磷酸氢二钠溶液：0.2mol/L。称取 71.63g 磷酸氢二钠，用水溶解，定容至 1000mL。

⑤ 柠檬酸溶液：0.1mol/L。称取 21.01g 柠檬酸，用水溶解，定容至 1000mL。

⑥ Mcllvaine 缓冲溶液：将 1000mL 0.1mol/L 柠檬酸溶液与 625mL 0.2mol/L 磷酸氢二钠溶液混合，必要时用盐酸或氢氧化钠调节 pH 至 4.0±0.05。

⑦ EDTA-Mcllvaine 缓冲溶液：0.1mol/L。称取 60.5g 乙二胺四乙酸二钠放入 1625mL Mcllvaine 缓冲溶液中，振摇使其溶解。

⑧ 甲醇水溶液：5%（体积分数）。

⑨ 甲酸水溶液：0.2%（体积分数）。

（三）标准品及标准物质

标准物质：恩诺沙星（纯度 98.5%），氧氟沙星（纯度 99.0%），培氟沙星（纯度 99.0%），诺氟沙星（纯度 99.1%），洛美沙星（纯度 99%），环丙沙星（纯度 94.0%），达氟沙星（纯度 94.0%），二氟沙星（纯度 98.0%），氟甲喹（纯度 98.3%），噁喹酸（纯度 98.0%），沙拉沙星（纯度 95.0%），恩诺沙星-d_5（纯度

98.3%），以上均为 Dr. Ehrenstorfer 公司。

标准储备液：精确称取标准物质 10.0mg，用甲醇定容至 10mL 容量瓶，制成 1000mg/L 标准储备液，−18℃以下保存，可以稳定 3 个月。

标准工作液：取标准储备液 100μL 用甲醇定容至 10mL 容量瓶，制成 10mg/L 标准使用液，4℃保存，可以稳定 3 个月。

四、样品的处理

（一）试样的制备与保存

取鸡肉 500g 去除鸡皮和筋膜等后均质，取足够量样品于−18℃保存。

取鸡蛋 500g 去壳用匀质机匀质，取足够量样品于−18℃保存。

（二）提取

称取 5.00g 样品（精确至 0.01g）于 50mL 具塞聚丙烯塑料离心管中，加入 0.1mol/L EDTA-Mcllvaine 缓冲溶液 12mL、1000r/min 旋涡混匀，超声提取 10min，0～4℃ 15000r/min 离心 10min。

将提取液移至另一 50mL 离心管中，重复一次上述提取过程，合并提取溶液。在提取液中加入正己烷 5mL，1000r/min 旋涡混匀，0～4℃ 15000r/min 离心 10min。

（三）净化

取提取液 6mL 以 2～3mL/min 速度过 HLB 固相萃取柱，滤液弃去，用 5%甲醇水溶液 3mL 淋洗，弃去淋洗液，将小柱减压抽干，再用甲醇 6mL 洗脱并收集洗脱液。洗脱液用氮气吹干，用 5%甲酸水溶液 1.0mL 溶解，1000r/min 旋涡混匀，过 0.22μm 滤膜后，供仪器测定。

五、试样分析

（一）仪器参考条件

1. 液相色谱条件

① 色谱柱：ACQUITY UPLC® RPC18 柱，2.1mm（内径）×100mm，1.7μm 或相当者。

② 流动相：A，乙腈；B，0.1%甲酸水。

③ 梯度洗脱程序见表 6-4。

表 6-4　梯度洗脱程序

时间/min	A/%	B/%
0	10	90
6.0	30	70
7.0	100	0
8.0	100	0
8.1	10	90
10.0	10	90

④ 流速：0.25mL/min。

⑤ 柱温：35℃。

⑥ 进样量：5μL。

2. 质谱条件

① 电离源：电喷雾正离子模式。

② 毛细管电压：0.5kV。

③ 源温度：110℃。

④ 脱溶剂气温度：350℃。

⑤ 脱溶剂气流量：600L/h。

⑥ 特征离子见表 6-5。

表 6-5 各目标化合物特征离子

化合物	保留时间/min	母离子(m/z)	锥孔电压/V	子离子(m/z)	碰撞能量/eV
恩诺沙星	4.10	360	44 44	203 245	34 20
氟甲喹	7.55	262	22 22	202 244	34 20
诺氟沙星	3.45	320	6 6	231 302	40 22
环丙沙星	3.62	332	4 4	231 314	38 22
培氟沙星	3.55	334	8 8	290 316	18 24
洛美沙星	3.88	352	2 2	265 334	24 22
达氟沙星	4.11	358	4 4	82 340	44 24
氧氟沙星	3.48	362	52 52	261 318	26 18
沙拉沙星	4.82	386	6 6	342 368	20 24
二氟沙星	4.92	400	4 4	356 382	20 24
噁喹酸	6.58	262	18 18	216 244	32 18
恩诺沙星-d_5	4.10	365	20 20	321 347	22 22

（二）标准曲线

空白基质溶液的制备：称取与试样机制相应的隐性样品 5.0g，与试样同时进行提取，净化和复溶得到。准确吸取 1mg/L 的混合标准使用液，用初始流动相比溶液复溶的空白基质溶液制成 1μg/L、2μg/L、5μg/L、10μg/L、20μg/L、50μg/L、100μg/L 的标准系列溶液。以系列标准溶液中分析物的浓度（μg/L）与对应的氘代同位素内标的峰面积比值绘制校正曲线，按内标法计算试样中各药物的含量。

（三）样品测定

样品的定性：条件①未知组分与已知标准的保留时间相同（±2.5%之内）；

②在相同保留时间下提取到与已知标准相同的特征离子；③与已知标准的特征离子相对丰度的允许偏差不超出表 6-6 规定的范围。满足以上条件即可进行确证。

表 6-6　定性离子相对离子丰度的最大允许偏差

相对离子丰度/%	>50	>20～50	>10～20	≤10
允许相对偏差/%	±20	±25	±30	±50

样品的定量：内标法定量。

六、质量控制

定性与定量测定：试样中目标化合物色谱峰的保留时间与相应标准色谱峰的保留时间一致，变化范围应在±2.5%之内。待测化合物的定性离子的重构离子色谱峰的信噪比应≥3($S/N \geq 3$)，定量离子的重构离子色谱峰的信噪比应≥10($S/N \geq 10$)。每种化合物的质谱定性离子必须出现，至少应包括一个母离子和一个子离子，而且同一检测批次，对同一化合物样品中目标化合物的两个离子的相对丰度比与浓度相当的标准溶液相比，其允许偏差不超过表 6-7 规定的范围。

平行实验：按以上步骤操作，需对统一样品进行独立两次分析测定，测定的两次结果的绝对差值不得超过算术平均值的 15%。

保留时间窗口：每 100 次进样后进行窗口确定标准溶液的分析，确定保留时间窗口的正确。当更换色谱柱或改变色谱参数后均必须使用窗口确定标准溶液对保留时间窗口进行校准。

质谱仪的质量数校正：定期用校正液进行一次质谱仪的质量校正，确保监测离子的质量数不发生改变。

七、结果计算

样品中待测物的残留量按下式计算：

$$X = \frac{c \times V \times 4}{m}$$

式中　X——试样中待测物质含量，μg/kg；

c——样液中待测物质浓度，μg/L；

V——样液定容体积，mL；

m——试样质量，g；

4——计算系数。

注：计算结果需扣除空白值，测定结果用平行测定的算术平均值表示，保留三位有效数字，平行样品间相对标准偏差≤20%。

八、技术参数

（一）检出限和定量限

按能够准确确认的目标化合物浓度来估计各目标化合物在不同样品基质的检

出限，样品基质、取样量、进样量、色谱分离状况、电噪声水平以及仪器灵敏度均可能对样品检出限造成影响，因此噪声水平必须从实际样品谱图中获取。因此，不规定各个化合物的检出限和定量限。原则上以各个单位仪器中 MRM 模式下，定性离子通道中信噪比为 3 时设定样品溶液中各待测组分的浓度检出限，以定量离子通道中信噪比为 10 时设定样品溶液中各待测组分的浓度为定量限。各目标化合物的方法的检出限，方法的定量限均在 2.4μg/kg 以下（表 6-7）。

表 6-7　方法检出限、定量限　　单位：μg/kg

化合物	方法检出限	方法定量限	化合物	方法检出限	方法定量限
恩诺沙星	0.8	2.4	二氟沙星	0.8	2.4
环丙沙星	0.8	2.4	噁喹酸	0.8	2.4
沙拉沙星	0.8	2.4	氟甲喹	0.8	2.4
达氟沙星	0.8	2.4	培氟沙星	0.8	2.4
诺氟沙星	0.8	2.4	洛美沙星	0.8	2.4
氧氟沙星	0.8	2.4			

（二）精密度和准确度试验

在分析实际样品前，实验室必须达到可接受的精密度和准确度水平。通过对加标样品的分析，验证分析方法的可靠性。即取不少于 3 份基质与实际样品相似的空白样品，分别加入标准溶液。将制备好的加标样品按上述方法进行分析，各目标化合物的回收率应在 75%～125%范围内，相对标准偏差（RSD）＜20%。在进行实际试样分析之前，必须达到上述标准。当试样的提取、净化方法进行了修改以及更换分析操作人员后，必须重复上述试验并直至达到上述标准。如果可以获得与试样具有相似基质的标准参考物，则可以用标准参考物代替加标试样进行精密度和准确度试验。

正式进行分析试样时，为了保证分析结果的准确性，要求在分析每批样品时，需要分析 10%的平行样，平行样间结果的相对标准偏差≤20%；每个批次均需做一次方法空白试验；同时每批样品按照不同样品分类分别进行加标回收试验，回收率见表 6-8 和表 6-9。

表 6-8　鸡肉中喹诺酮类测定加标回收率参考值（$n=6$）

待测物	添加水平/(μg/kg)	回收率范围/%	平均值/%	RSD/%
氧氟沙星	1.6	60.0～100.0	88.4	7.5
	16.0	90.0～95.0	92.2	2.2
培氟沙星	8.0	80.0～95.0	88.7	3.7
	20.0	100.0～120.0	111.7	4.3
诺氟沙星	1.6	60.0～85.0	72.5	7.1
	8.0	70.0～80.0	77.6	5.4
洛美沙星	1.6	75.0～80.0	78.2	3.5
	8.0	65.0～85.0	79.8	8.4

续表

待测物	添加水平/(μg/kg)	回收率范围/%	平均值/%	RSD/%
环丙沙星	16.0	70.0～100.0	86.4	10.6
	40.0	80.0～99.0	91.3	8.9
达氟沙星	1.6	90.0～120.0	108.7	10.4
	80.0	65.0～70.0	68.6	3.8
恩诺沙星	12.0	60.0～80.0	72.8	7.1
	40.0	95.0～100.0	98.7	2.2
沙拉沙星	1.6	100～130.0	118.6	6.4
	8.0	100～120.0	109.8	5.2
二氟沙星	1.6	100～120.0	107.9	7.6
	40.0	65.0～85.0	78.1	6.9
噁喹酸	1.6	75.0～95.0	88.4	8.8
	8.0	90.0～105.0	101.2	6.4
氟甲喹	8.0	102～118.0	109.1	5.7
	24.0	103～116.0	107.4	5.2

表 6-9　鸡蛋中喹诺酮类的回收率及其精密度（*n*=6）

待测物	添加水平/(μg/kg)	回收率范围/%	平均值/%	RSD/%
氧氟沙星	10	84.5～100	94.6	5.7
	20	82.5～98	95.3	6.1
培氟沙星	5	75～85	79.2	5.5
	10	75～88	78.9	5.7
诺氟沙星	5	75～120	102.7	9.9
	10	75～115	99.8	10.6
洛美沙星	10	99～110	102.6	4.8
	20	95～110	105.3	4.7
环丙沙星	5	83～114	105.2	9.7
	10	81～115	99.6	10.5
达氟沙星	5	75～120	97.3	11.4
	10	75～115	98.4	10.8
恩诺沙星	2.5	75～105	89.9	10.6
	5	78～95	91.3	8.2
沙拉沙星	2.5	75～88	80.7	4.5
	5	75～86	81.6	4.7
二氟沙星	5	75～87	83.5	3.9
	10	75～91	87.8	4.9
噁喹酸	10	76～101	94.3	8.8
	20	75～96	89.4	7.4

续表

待测物	添加水平/(μg/kg)	回收率范围/%	平均值/%	RSD/%
氟甲喹	5	75～88	83.5	4.7
	10	75～95	88.9	5.1

九、注意事项

样品使用 15000r/min 离心时，应注意控制好离心时的温度。

十、资料性附录

分析图谱如图 6-2。

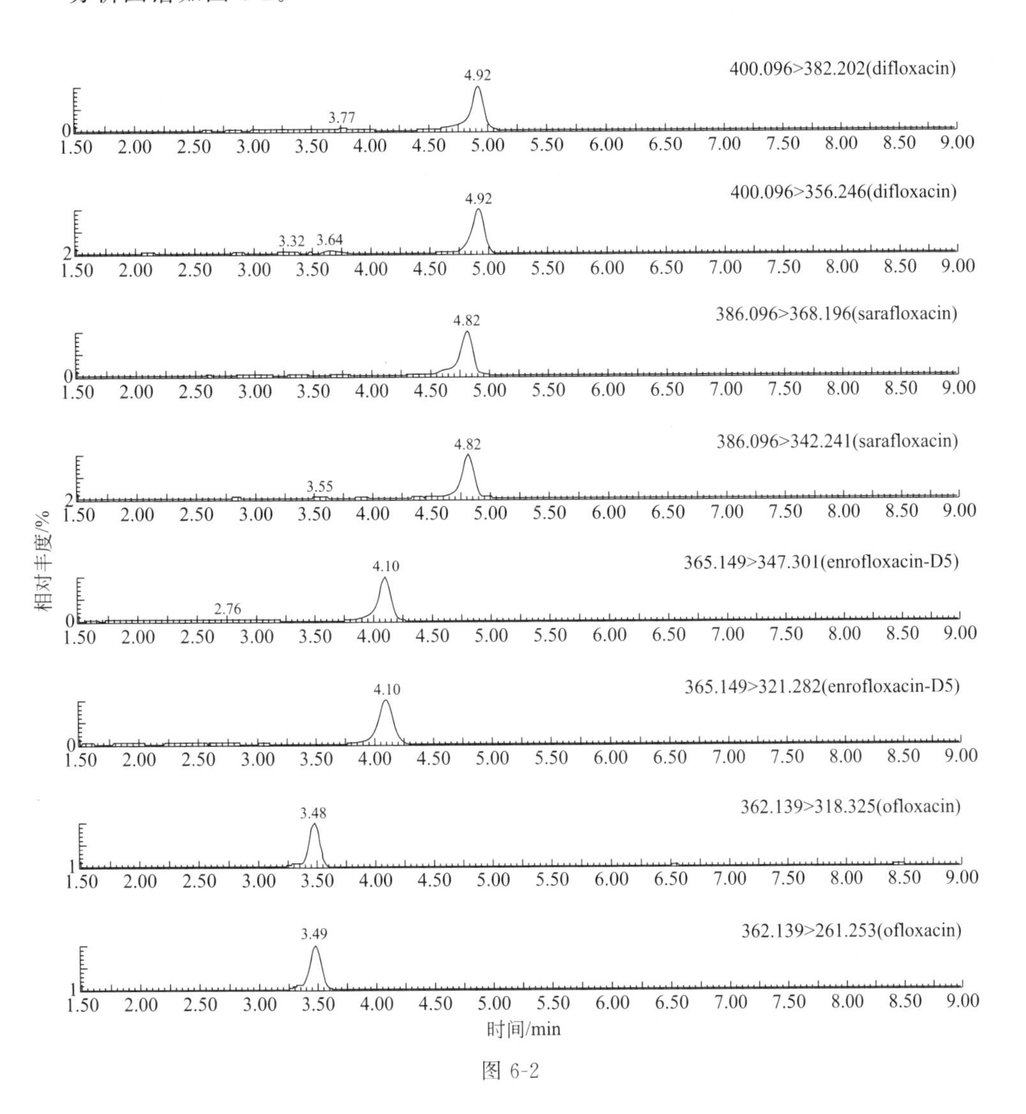

图 6-2

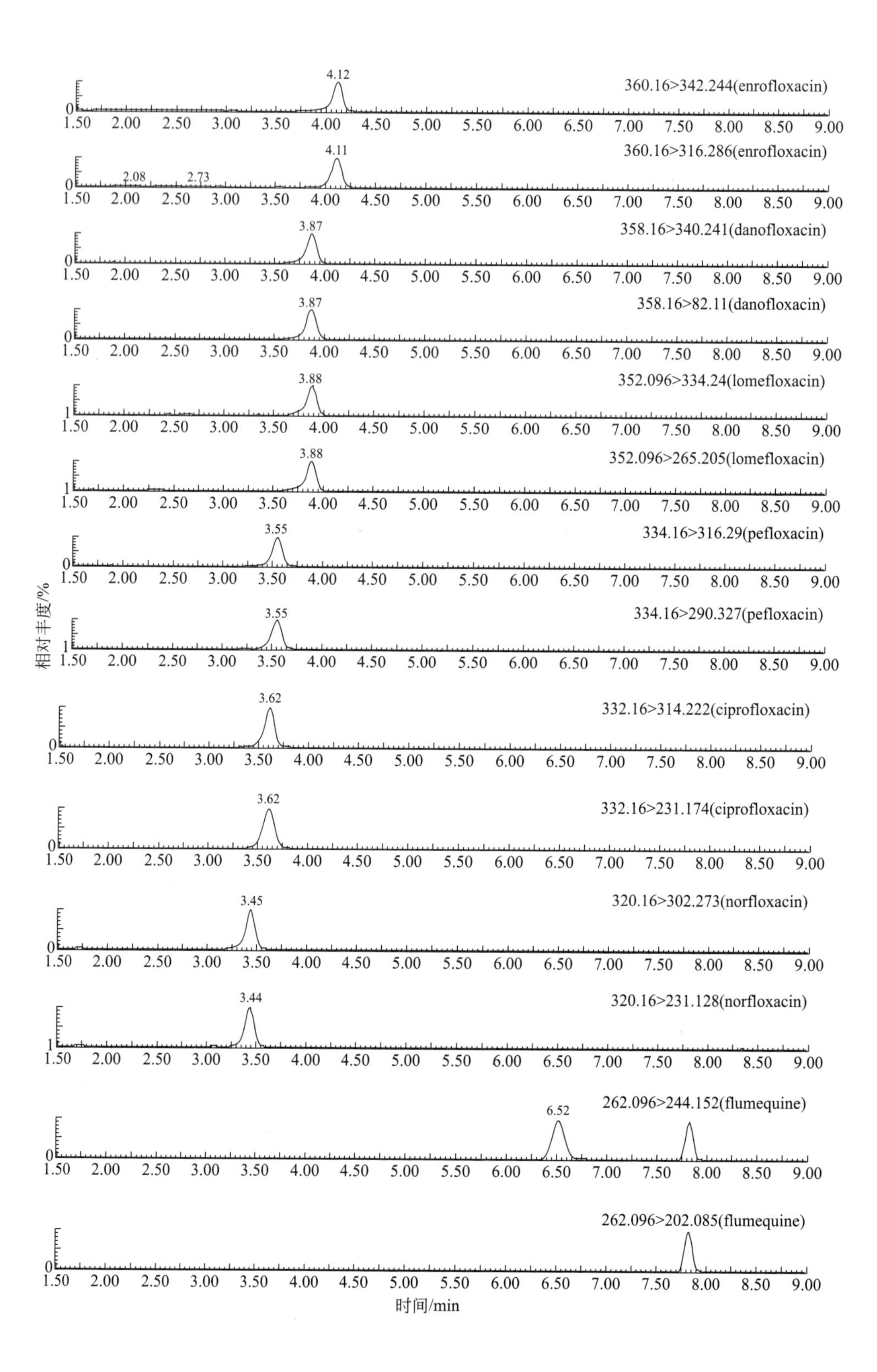
4.12
360.16>342.244(enrofloxacin)
4.11
2.08
2.73
360.16>316.286(enrofloxacin)
3.87
358.16>340.241(danofloxacin)
3.87
358.16>82.11(danofloxacin)
3.88
352.096>334.24(lomefloxacin)
3.88
352.096>265.205(lomefloxacin)
3.55
334.16>316.29(pefloxacin)
3.55
334.16>290.327(pefloxacin)
3.62
332.16>314.222(ciprofloxacin)
3.62
332.16>231.174(ciprofloxacin)
3.45
320.16>302.273(norfloxacin)
3.44
320.16>231.128(norfloxacin)
6.52
262.096>244.152(flumequine)
262.096>202.085(flumequine)
相对丰度/%
1.50 2.00 2.50 3.00 3.50 4.00 4.50 5.00 5.50 6.00 6.50 7.00 7.50 8.00 8.50 9.00
时间/min

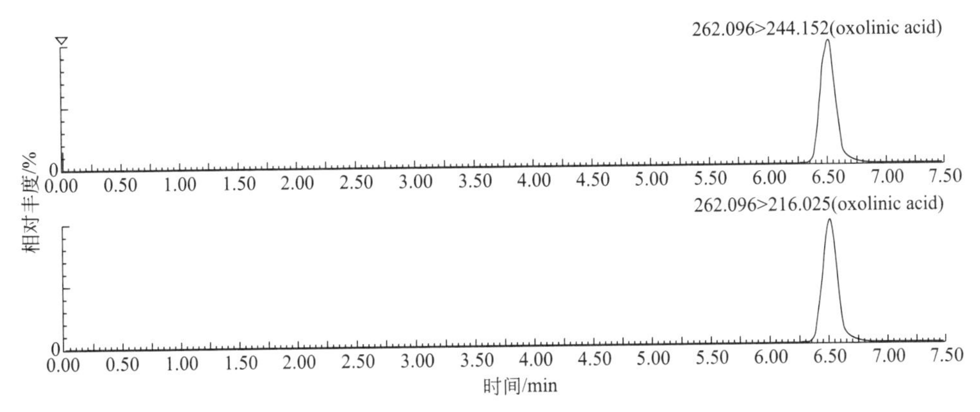

图 6-2 喹诺酮类加标离子流图

测定二：牛奶和鸡蛋中 6 种喹诺酮类和替米考星残留量的测定

一、适用范围

本操作程序适用于牛奶和鸡蛋中恩诺沙星、沙拉沙星、氟甲喹、双氟沙星、噁喹酸、达氟沙星六种喹诺酮类药物和替米考星残留量的检测。

二、方法提要

牛奶样品用 EDTA-Mcllvaine 缓冲液提取喹诺酮类药物，鸡蛋样品用乙腈-三氯乙酸提取，经过离心和过滤后，上清液经 HLB 固相萃取柱净化浓缩，高效液相色谱-质谱/质谱仪测定，阴性样品基质加标，外标法定量。

三、仪器设备和试剂

（一）仪器和设备

① 超快速液相色谱仪：DGO-20A，岛津公司。

② 质谱仪：API 3200，SCIEX 公司。

③ 高速冷冻离心机：Brofuge primo R，赛默飞世尔公司。

④ 超声仪：宁波新芝公司。

⑤ 真空离心浓缩仪：Genevac 公司。

（二）试剂和耗材

① 甲醇，乙腈：色谱纯，Merck 公司。

② 甲酸（色谱纯），DiKMA 公司。

③ 三氯乙酸，柠檬酸，磷酸氢二钠，氢氧化钠，乙二胺四乙酸二钠，均为分析纯。

④ Mcllvaine 缓冲溶液：称取 27.5g 磷酸氢二钠，12.9g 柠檬酸于 1000mL 容量瓶中，超纯水定容至 1000mL。必要时用盐酸或氢氧化钠调节至 pH 至 4.0±0.05。

⑤ EDTA-Mcllvaine 缓冲溶液：称取 37.2g 乙二胺四乙酸二钠放入 1000mL Mcllvaine 缓冲溶液中，使其溶解。

⑥ 10%三氯乙酸溶液：称取 50g 三氯乙酸。用水溶解，定容至 500mL。

⑦ 乙腈-10%三氯乙酸溶液：(1+9)(体积分数)。

⑧ HLB 固相萃取柱（200mg/6mL），沃特世公司。

⑨ 玻璃纤维滤纸（直径 11cm），沃特曼公司。

（三）标准品及标准物质

标准物质：恩诺沙星（纯度>98.0%），沙拉沙星（纯度>99.6%），氟甲喹（纯度>98.0%），双氟沙星（纯度>99.0%），噁喹酸（纯度>99.5%），达氟沙星（纯度>98.0%），替米考星（纯度>98.0%），以上均为 Dr. Ehrenstorfer 公司。

标准储备液配置：准确称取每种标准品 10mg 于 10mL 容量瓶中，先用 50μL 甲酸溶解，后用甲醇定容至 10mL，配置成浓度为 1mg/mL 的储备液，－20 度避光保存。噁喹酸较难溶解，必要时定容至 100mL。

四、样品的处理

（一）牛奶样品提取

称取样品 5.0g（精确至 0.01g），置于 50mL 聚丙烯离心管中，加入 40mL 0.1mol/L EDTA-Mcllvaine 缓冲液，旋涡混合 1min，超声提取 20min，8000r/min 离心 10min（4℃），上清液用玻璃纤维滤纸过滤后，待净化。

（二）鸡蛋样品制备及提取

取适量新鲜的样品，去壳后混合均匀，称取 2.0g 样品（精确至 0.01g）于 15mL 聚丙烯离心管中，加入乙腈-10%三氯乙酸溶液 10mL，1000r/min 涡旋混匀，超声提取 5min，于 4℃下 9500r/min 离心 10min。从上步离心管中取上清液转移至另一离心管中，经玻璃纤维滤纸过滤，滤液收集待净化。

（三）净化

依次用 6mL 甲醇、6mL 水洗涤活化 HLB 固相萃取柱，提取液以 2～3mL/min 的速度过柱，2mL5%的甲醇水溶液淋洗小柱，将小柱抽至近干，再用 6mL 甲醇洗脱并收集洗脱液。洗脱液放入真空离心浓缩仪浓缩或氮气吹干。再用 1mL 初始流动相溶解，涡旋混合 1min，过 0.22μm 滤膜，上机待测。

五、试样分析

（一）仪器条件

1. 液相色谱条件

① 色谱柱：沃特世公司，ACQUITY BEH C18（100mm×2.1mm），粒径 1.7μm。

② 流动相：A 相，甲醇乙腈溶液（4+6）；B 相，0.2%甲酸水。
③ 柱温：40℃。
④ 进样体积：10μL。
⑤ 流速：0.20mL/min。
梯度洗脱条件如表 6-10。

表 6-10 梯度洗脱条件

时间/min	甲醇-乙腈/%	0.2%甲酸水/%
2.00	10.0	90.0
3.00	60.0	40.0
10.0	90.0	10.0
11.0	10.0	90.0
15.0	10.0	90.0

2. 质谱条件

① 电离源：ESI+。
② 脱溶剂温度：400℃。
③ 离子源气 1：50psi；离子源气 2：60psi。
④ 质谱扫描方式：多反应监测（MRM）。
质谱参数如表 6-11。

表 6-11 目标化合物质谱参数

物质名称	保留时间/min	母离子(m/z)	子离子(m/z)	碰撞能量/eV
达氟沙星	6.00	358.1	82.0	65.23
			340.0①	29.25
恩诺沙星	6.04	360.1	316.1	25.06
			342.0①	28.26
沙拉沙星	6.11	386.1	368.0	27.81
			299.0①	35.23
双氟沙星	6.11	400.1	356.1	26.35
			299.2①	37.70
替米考星	6.25	869.5	696.3	56.79
			174.2①	59.18
噁喹酸	6.54	262.1	216.0	35.49
			244.0①	19.72
氟甲喹	7.06	262.0	202.1	41.18
			244.1①	21.25

① 定量离子对。

（二）标准曲线制备

5.0g 空白样品 8 个，按样品处理及净化过程得到约 8mL 基质液。用混合标准溶液和基质液配制成浓度为 0、1.0ng/mL、2.0ng/mL、5.0ng/mL、10.0ng/mL、

20.0ng/mL 的标准溶液。空白试验：除不加样品外，采用完全相同的测定步骤进行操作。

六、质量控制

定性：样品中待测物色谱峰的保留时间与相应标准色谱峰的保留时间一致，变化范围应在±2.5%之内。待测化合物的定性离子的重构离子色谱峰的信噪比≥3，定量离子的重构离子色谱峰的信噪比≥10。同一检测批次，样品中的两个子离子的相对丰度比与浓度相当的标准溶液相比，各离子对的相对丰度应与校正溶液的相对丰度一致，误差不超过表 6-12 中规定的范围。

表 6-12　定性时相对离子丰度的最大允许偏差

相对离子丰度/%	≤10	>10～20	>20～50	>50
允许相对偏差/%	±50	±30	±25	±20

定量：按照上述操作步骤，按照基质加标配制系列低浓度样品进样检测，以液相色谱-串联质谱（LC-MS/MS）测定的信噪比>3 作为检测限，信噪比>10 作为定量限。

平行试验：按以上步骤操作，需对同一样品进行独立两次分析测定，测定的两次结果的绝对差值不得超过算术平均值的 15%。

七、结果计算

样品中待测物的残留量按下式计算：

$$X=\frac{c\times V}{m}$$

式中　X——样品中待测组分的含量，μg/kg；

c——测定液中待测组分的浓度，ng/mL；

V——定容体积，mL；

m——样品称样量，g。

计算结果需扣除空白值，测定结果用平行测定的算术平均值表示，保留三位有效数字，平行样品间相对标准偏差小于等于 20%。

八、技术参数

（一）检出限、定量限和线性范围

按能够准确确认的目标化合物浓度来估计各目标化合物在不同样品基质的检出限，样品基质、取样量、进样量、色谱分离状况、电噪声水平以及仪器灵敏度均可能对样品检出限造成影响，因此噪声水平必须从实际样品谱图中获取。因此，在此不规定各个化合物的检测限与定量限。原则上以各单位仪器中 MRM 模式下，定性离子通道中信噪比为 3 时设定样品溶液中各待测组分的浓度为检出限，以定量离子通道中信噪比为 10 时设定样品溶液中各待测组分的浓度为定量限。各目标化合物的方法的检出限，方法定量限均在 0.5μg/kg 以下，详细数据见表 6-13。

表 6-13　喹诺酮药物检出限及定量限

物质名称	达氟沙星	恩诺沙星	沙拉沙星	双氟沙星	替米考星	噁喹酸	氟甲喹
定性限/(μg/kg)	0.20	0.10	0.10	0.10	0.20	0.10	0.10
定量限/(μg/kg)	0.60	0.30	0.30	0.30	0.60	0.30	0.30

（二）精密度和准确度试验

在分析实际试样前，实验室必须达到可接受的精密度和准确度水平。通过对加标试样的分析，验证分析方法的可靠性。即取不少于 3 份基质与实际试样相似的空白样品，分别加入标准溶液。将制备好的加标试样按上述方法进行分析，各目标化合物的回收率应在 75%～125%范围内，RSD 小于 20%。在进行实际试样分析之前，必须达到上述标准。当试样的提取、净化方法进行了修改以及更换分析操作人员后，必须重复上述试验并直至达到上述标准。如果可以获得与试样具有相似基质的标准参考物，则可以用标准参考物代替加标试样进行精密度和准确度试验。

正式进行分析试样时，为了保证分析结果的准确性，要求在分析每批样品时，需要分析 10%的平行样，平行样间结果的相对标准偏差小于等于 20%；每个批次均需做一次方法空白试验；同时每批样品按照不同样品分类分别进行加标回收试验。具体回收率参数见表 6-14 和表 6-15。

表 6-14　牛奶样品精密度和加标回收试验（$n=6$）

名称	添加水平/(μg/kg)	回收率范围/%	平均回收率/%	RSD/%
达氟沙星	0.4	64.0～99.0	85.5	17.6
	1.0	54.0～78.0	63.8	17.0
	2.0	64.0～85.0	72.2	11.4
恩诺沙星	0.4	92.4～110.0	105.0	7.9
	1.0	75.0～110.2	87.6	17.6
	2.0	102～124	110.0	9.4
沙拉沙星	0.4	73.5～8.5	77.5	5.2
	1.0	62.4～73.2	68.8	6.9
	2.0	52.8～80.5	64.9	17.7
双氟沙星	0.4	90.0～104	95.5	6.8
	1.0	72.8～97.4	78.8	15.7
	2.0	74.6～103	90.5	13.2
替米考星	0.4	89.0～110.0	99.2	8.5
	1.0	80.0～91.5	87.4	4.7
	2.0	70.0～91.5	80.5	10.5
噁喹酸	0.4	62.0～81.0	71.0	13.0
	1.0	48.0～60.0	52.5	9.9
	2.0	90.0～104	97.2	5.0

续表

名称	添加水平/(μg/kg)	回收率范围/%	平均回收率/%	RSD/%
氟甲喹	0.4	87.0～99.0	93.7	5.5
	1.0	74.8～95.8	84.8	13.3
	2.0	71.3～96.7	81.6	14.2

表 6-15　鸡蛋样品精密度和加标回收试验（$n=6$）

名称	添加水平/(μg/kg)	回收率范围/%	平均回收率/%	RSD/%
达氟沙星	1.0	65.3～90.9	77.8	15.1
	2.0	80.2～89.1	83.7	13.6
	5.0	94.5～110.4	108.1	14.7
恩诺沙星	1.0	71.9～94.7	83.1	11.8
	2.0	83.7～102.1	90.6	13.1
	5.0	92.1～105.6	103.5	9.4
沙拉沙星	1.0	70.2～78.3	70.6	14.5
	2.0	87.3～110.2	106.4	9.7
	5.0	85.3～115.3	110.2	12.6
双氟沙星	1.0	80.7～97.5	87.8	16.8
	2.0	77.4～84.7	89.6	12.2
	5.0	82.8～117.7	109.3	10.5
替米考星	1.0	86.1～107.2	93.9	12.8
	2.0	78.9～94.1	85.6	13.2
	5.0	82.8～99.7	90.7	10.4
噁喹酸	1.0	70.7～77.5	75.1	13.4
	2.0	78.2～94.6	85.2	11.8
	5.0	82.8～109.7	103.4	12.5
氟甲喹	1.0	76.3～85.7	80.2	13.6
	2.0	77.1～98.9	92.4	11.5
	5.0	90.7～112.4	105.3	11.9

九、注意事项

① 配置 EDTA-Mcllvaine 缓冲溶液时，EDTA 溶解时间较长，需要提前配置。

② 玻璃纤维滤纸过滤时，先用提取液润湿。

③ 洗脱前将固相萃取小柱抽至近干。

第三节　金刚烷胺类的测定

鸡肉中金刚烷胺、金刚乙胺、二甲金刚胺残留量的测定

一、适用范围

本标准操作规程规定了鸡肉中金刚烷胺、金刚乙胺、二甲金刚胺的液相色谱

串联质谱测定方法。

本标准操作规程适用于鸡肉中金刚烷胺、金刚乙胺、二甲金刚胺含量的液相色谱串联质谱法测定。

二、方法提要

试样加入同位素内标经匀质、酸化乙腈提取、浓缩净化、液相色谱串联四极杆质谱正离子模式测定金刚烷胺、金刚乙胺、二甲金刚胺。各组分以保留时间、不同监测离子的峰面积比定性，各组分定量采用多反应监测（MRM）模式。

三、仪器设备和试剂

（一）仪器和设备

① 液相色谱-串联四极杆质谱仪。

② 氮吹仪。

③ 固相萃取仪。

④ 电子天平：感量 0.001g 和 0.0001g。

⑤ 组织匀浆机。

⑥ 旋涡混合器。

⑦ 离心机。

⑧ 取液器（量程 10～50μL，20～100μL，200～1000μL）。

⑨ ProElut™ QuEChERS 净化管（内含 PSA 100mg；C18 100mg；$MgSO_4$ 150mg；DiKMA 公司）。

（二）试剂和耗材

除特殊注明外，本法所用试剂均为色谱纯，水为超纯水（电阻率：18.3Ω·cm）。

① 甲醇，乙腈，甲酸。

② 氯化钠，GR。

③（1+9）甲醇-水。

④ 2.5%酸化乙腈溶液：甲酸 2.5mL+乙腈 97.5mL。

（三）标准品及标准物质

标准品：金刚烷胺（纯度>98.0%），金刚乙胺（纯度>98.0%），二甲金刚胺（纯度>98.0%）：均为 Xstandard 公司。

标准储备液：分别准确称取 10.0mg 的标准品，用乙腈溶解于 10mL 容量瓶中，制成 1.0mg/mL 标准储备液，−20℃冰箱中保存。使用时配制成标准使用液。

四、样品的处理

试样的制备与保存：取鸡肉样品约 200g，切碎后用匀浆机匀浆，制得试样，备用。

样品提取：称取 2.0g 均质试样，准确加入（100ng/mL）内标溶液 200μL，加入氯化钠 2.0g 搅拌混匀后，加入 2.5%酸化乙腈溶液 10mL，涡旋混匀 30 s，超声 30min。4℃下 12000r/min 离心 10min。

样品净化：取1.5mL上清液，转入QuEChERS萃取小管涡旋振荡30s，4℃下12000r/min离心10min。收集上清液，1mL采用氮气吹干，残渣用（1+9）甲醇+水1mL溶解，供上机测定。

五、试样分析

（一）仪器条件

1. 高效液相色谱条件

① 色谱柱：BEH C18（2.1mm×50mm，1.7μm）。

② 流动相A：含0.1%甲酸的水溶液；流动相B：乙腈，梯度洗脱程序见表6-16。

表6-16 液相色谱参考条件

时间/min	流速/(mL/min)	A:乙腈/%	B:0.1%甲酸水/%
0.0	0.2	10	90
6.0	0.2	30	70
7.0	0.2	100	0
8.0	0.2	100	0
8.1	0.2	10	90
10.0	0.2	10	90

2. 质谱条件

① 采用ESI正离子扫描模式。

② 毛细管电压：3.0kV。

③ 源温度：150℃。

④ 脱溶剂气温度：450℃。

⑤ 脱溶剂气流量：1000L/h。

⑥ 电子倍增电压：650V。

⑦ 喷撞室压力：3.1×10^{-3} mbar。

具体的质谱条件如表6-17。

表6-17 参考质谱条件

化合物	母离子(m/z)	锥孔电压/V	子离子(m/z)	碰撞能量/V
金刚烷胺	152.2	12.0	93.1	24.0
			135.1	16.0
金刚烷胺-d_6	158.2	20.0	141.2	18.0
			113.1	26.0
金刚乙胺	180.2	22.0	163.1	22.0
			81.1	26.0
金刚乙胺-d_4	184.2	23.0	167.1	24.0
			85.1	32.0
二甲基金刚胺	180.2	22.0	163.1	22.0
			107.1	30.0
二甲基金刚胺-d_6	186.2	24.0	169.2	24.0
			113.1	30.0

（二）标准曲线

取标准储备液稀释，用流动相稀释成 0.5μg/L、2μg/L、5μg/L、10μg/L、20μg/L、40μg/L 的标准工作液，工作液中含各种内标浓度为 10μg/L，将标准系列溶液，样品和试剂空白进入液相色谱-质谱-质谱测定，以各目标化合物对内标的相对响应比与浓度绘制标准工作曲线，计算它们的线性方程及回归系数，并计算样品中药物的浓度。

六、质量控制

（一）定性测定

在相同的实验条件下进行标准品和样品测定分析，如果①样品检出的色谱峰的保留时间与标准品相一致（0.4min 窗口），②样品质谱图在扣除背景后所选择的特征离子均出现，并且对应的离子丰度比与标准对照品相比，其允许最大偏差在表 6-18 范围内，则可判断本样品存在该种物质。

表 6-18　定性确证时相对离子丰度的最大允许偏差

相对离子丰度/%	≤10	>10～20	>20～50	>50
允许相对偏差/%	±50	±30	±25	±20

（二）定量测定

按照上述操作步骤，按照基质加标配制系列低浓度样品进样检测，以液相色谱-串联质谱（LC-MS/MS）测定的信噪比>3 作为检测限，信噪比>10 作为定量限。

（三）平行试验

按以上步骤操作，需对同一样品进行独立两次分析测定，测定的两次结果的绝对差值不得超过算术平均值的 15%。

七、结果计算

样品中待测物的含量按照下式计算。

$$X=\frac{c\times V}{m}$$

式中　X——试样中各待测物的含量，μg/kg；

c——从标准曲线中读出的供试品溶液中各待测物的浓度，μg/L；

V——样液最终定容体积，mL；

m——试样溶液所代表的质量，g。

计算结果需扣除空白值，测定结果用平行测定的算术平均值表示，保留三位有效数字，平行样品间相对标准偏差小于等于 20%。

八、技术参数

（一）线性范围、方法定性限和定量限

本方法采用基质匹配标准曲线进行定量。以阴性空白样本制备空白基质溶液，加入与上机溶液中同样浓度的内标，配置基质匹配的系列标准系列溶液 0.1μg/L、0.2μg/L、0.5μg/L、1.0μg/L、2.0μg/L、5.0μg/L、10.0μg/L 并注入液质联用仪进行分析，记录各化合物的色谱峰面积（A）和内标的色谱峰面积（A_i），以 A 和 A_i 的比值（氘代同位素内标除对应各自的化合物外，其他化合物按色谱保留时间顺序以相近的氘代同位素化合物为内标）对相应的标准溶液中化合物的浓度进行线性回归计算，得出线性方程、线性范围和相关系数（R），3 种目标物的线性回归方程的相关系数（R）均大于 0.9990，表明各种目标物在 0.1～10.0mg/L 浓度范围内呈良好的线性关系。

同时采用空白基质溶液，分别在添加低浓度水平的标准溶液，将信噪比为 3 的含量定为方法的定性限（LOD），将信噪比为 10 的含量定为方法的定量限（LOQ），3 种目标化合物的定性限在 0.1～0.2μg/kg 之间，定量限在 0.2～0.5μg/kg 之间。

（二）准确度与精密度

本操作规程的精密度是指在重复条件下获得的多次独立测定结果的相对偏差，本方法在 1～4μg/kg 添加浓度范围内，三类化合物的回收率为 80%～100%之间。详细结果见表 6-19。

表 6-19　回收率及精密度（$n=6$）

化合物	加标/(μg/kg)	回收率范围/%	平均回收率/%	RSD/%
金刚烷胺	1	72～89	82.2	8.9
	2	73～90	81.3	7.8
	4	80～92	84.7	6.5
金刚乙胺	1	75～89	84.3	11.1
	2	73～92	86.2	9.1
	4	74～91	87.4	11.3
二甲基金刚胺	1	80～92	83.7	7.4
	2	80～95	86.3	8.3
	4	80～99	91.1	7.7

九、注意事项

① 样品加入提取液前务必加入氯化钠固体搅拌均匀，以免分层不彻底。

② 在分析实际试样前实验室必须达到可接受的精密度和准确度水平。通过对加标样品的分析，验证分析方法的可靠性。取不少于 3 份基质与实际样品相似的空白样品，分别加入精密度准确度实验标准溶液，再分别加入定量内标标准溶液。将制备好的加标试样按与实际试样相同的方法进行分析，计算目标化合物的回收

率应达到50%~120%。

③ 在进行实际试样分析之前，必须达到上述标准。当试样的提取、净化方法进行修改后以及更换分析操作人员后，必须重复上述试验并直至达到上述标准。实验室每6个月应进行上述试验并直至达到上述标准。如果可以获得与试样具有相似基质的标准参考物，则可以用标准参考物代替加标试样进行精密度准确度试验。

④ 严格做好过程空白和质控样。每个批次最多15个试样，需做一次方法空白试验。每个批次最多15个试样，需带一个质控样。质控样可以是标准参考物也可以是已知浓度的加标样。样品处理过程中必须加入内标，以同位素稀释技术进行计算，目标化合物的测定值应在标准值的75%~125%范围之内。

十、资料性附录

分析图谱如图6-3。

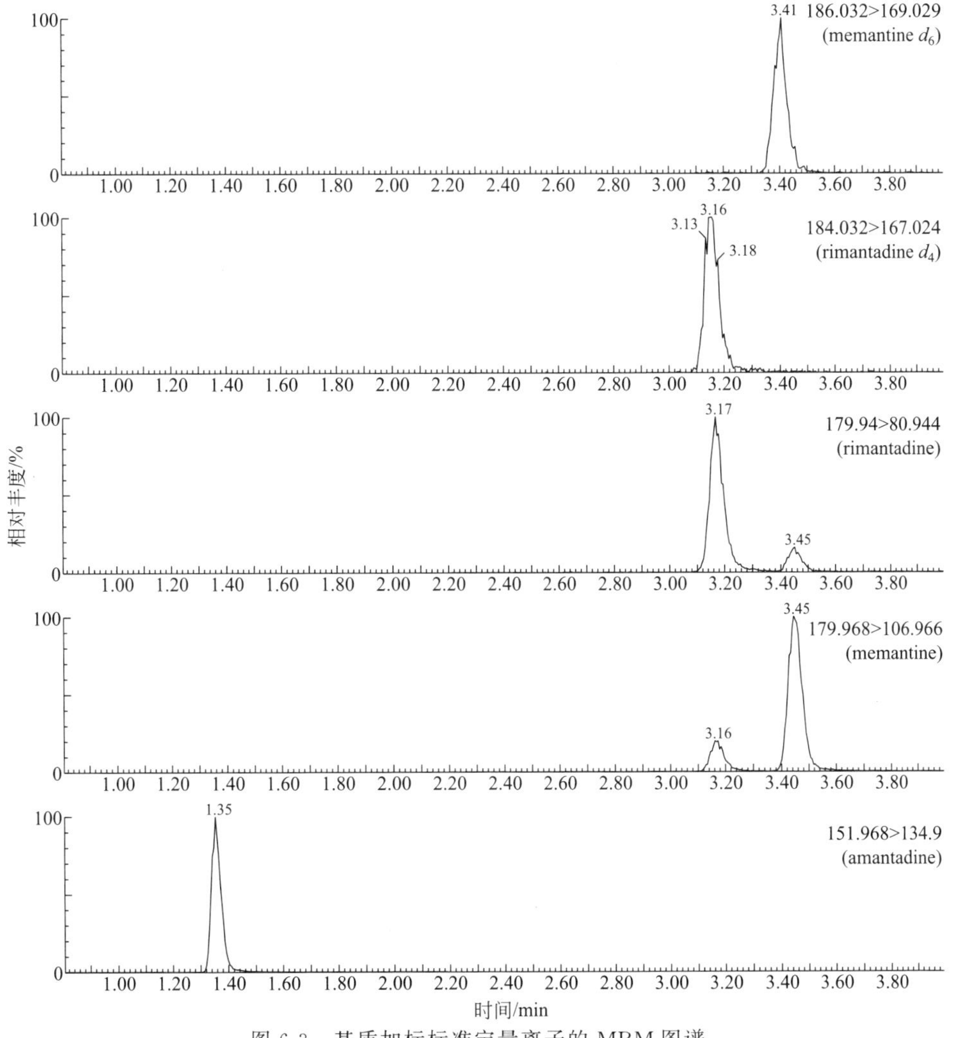

图6-3 基质加标标准定量离子的MRM图谱

第四节 四环素类的测定

鸡蛋中二甲胺四环素等10种四环素类残留量的测定

一、适用范围

本规程规定了多种四环素类药物残留检测的制样方法、液相色谱/质谱确证及测定方法。

本方法适用于鸡蛋中二甲胺四环素、四环素、土霉素、金霉素、甲烯土霉素、去甲金霉素、强力霉素、差向四环素、差向金霉素、差向土霉素10种四环素类药物含量的制样方法、液相色谱/质谱确证及测定方法。

二、方法提要

试样中四环素类药物用EDTA-Mcllvaine缓冲液提取，经离心后上清液用HLB固相萃取柱净化，液相色谱-质谱/质谱测定，基质加标外曲线法定量。

三、仪器设备和试剂

（一）仪器和设备

① 沃特世公司Xevo™ TQ MS液相色谱-串联四极杆质谱仪：配有电喷雾离子源。

② 电子天平：感量0.001g和0.0001g。

③ 超声清洗仪。

④ 旋涡混合器。

⑤ 冷冻离心机：15000r/min。

⑥ pH计。

⑦ 氮吹仪。

⑧ 微量移液器。

⑨ HLB固相萃取柱（200mg，6mL）或其他等效柱，使用前用6mL甲醇、6mL水活化。

（二）试剂和耗材

实验用水，符合GB/T 6682规定的一级。

① 柠檬酸，十二水合磷酸氢二钠（或磷酸氢二钠），甲醇，甲酸（99%），氢氧化钠，乙二胺四乙酸二钠：分析纯。

② 磷酸氢二钠溶液：0.2mol/L。称取71.63g十二水合磷酸氢二钠（或28.41g磷酸氢二钠），用水溶解，定容至1000mL。

③ 柠檬酸溶液：0.1mol/L。称取21.01g柠檬酸，用水溶解，定容

至1000mL。

④ Mcllvaine缓冲溶液：将1000mL 0.1mol/L柠檬酸溶液与625mL 0.2mol/L磷酸氢二钠溶液混合，必要时用盐酸或氢氧化钠调节pH至4.0±0.05。

⑤ EDTA-Mcllvaine缓冲溶液：0.1mol/L。称取60.5g乙二胺四乙酸二钠放入1625mL Mcllvaine缓冲溶液中，振摇使其溶解。

⑥ 甲醇水溶液：5%（体积分数）。

⑦ 含10%（体积分数）甲醇和0.1%（体积分数）甲酸的水溶液：0.1%。

（三）标准品及标准物质

标准品：二甲胺四环素（纯度98%），土霉素（纯度99%），四环素（纯度99%），去甲基金霉素（纯度98%），金霉素（纯度98%），甲烯土霉素（纯度98%），强力霉素（纯度99%），差向四环素（纯度98%），差向土霉素（纯度99%），差向金霉素（纯度99%），以上均来自Dr. Ehrenstorfer公司。

标准储备液：精确称取标准品10.0mg，用甲醇定容至10mL容量瓶，制成1000mg/L标准储备液，−18℃以下保存，可以稳定3个月。

标准工作液：取标准储备液100μL用甲醇定容至10mL容量瓶，制成10mg/L标准使用液，4℃保存，可以稳定3个月。

四、样品的处理

试样的制备与保存：取鸡肉500g去除鸡皮和筋膜等后均质，取足够量样品于−18℃保存。取鸡蛋500g去壳用匀质机匀质，取足够量样品于−18℃保存。

提取：称取均质试样5.0g（精确到0.01g），置于50mL聚丙烯离心管中，用40mL0.1mol/L EDTA-Mcllvaine缓冲溶液溶解，1000r/min旋涡混合1min，超声提取10min，10000r/min离心10min（温度低于5℃），取上清液。用快速滤纸过滤，待净化。

净化：HLB固相萃取柱（200mg，6mL），使用前用6mL甲醇洗涤、6mL水活化。将上述提取液以2～3mL/min的速度过柱，弃去滤液，用3mL 5%甲醇水溶液淋洗，弃去淋洗液，再用6mL甲醇洗脱并收集洗脱液。洗脱液用氮气吹干，用1mL含10%（体积分数）甲醇和0.1%（体积分数）甲酸的水溶液溶解，1000r/min旋涡混合1min，用于LC-MS/MS测定。

五、试样分析

（一）仪器参考条件

1. 液相色谱条件

① 色谱柱：ACQUITY UPLC® BEH C18柱（100mm×2.1mm，1.7μm）或其他等效柱。

② 流动相：甲醇-0.1%甲酸水梯度淋洗，梯度列表见表6-20。

表 6-20 梯度条件

时间/min	0.1%甲酸水/%	甲醇/%
0	90	10
4.5	60	30
7.0	10	90
7.1	1	99
9.0	1	99
9.1	90	10

③ 流速：300μL/min。

④ 柱温：40℃。

⑤ 进样量：10μL。

2. 质谱参考条件

① 离子化模式：电喷雾电离正离子模式（ESI+）；质谱扫描方式：多反应监测。

② 毛细管电压：2.8kV。

③ 源温度：100℃。

④ 脱溶剂气温度：350℃。

⑤ 脱溶剂气流量：600L/h。

⑥ 电子倍增电压：650V。

⑦ 碰撞室压力：3.1×10^{-3}mbar。

⑧ 其他质谱参数见表 6-21。

表 6-21 主要参考质谱参数

化合物	母离子(*m/z*)	子离子(*m/z*)	碰撞能量/eV	锥孔电压/V
土霉素	461.0	426.0①	18	40
		443.0	10	
差向土霉素	461.0	426.0①	18	40
		444.0	10	
金霉素	479.2	444.2①	20	35
		154.0	25	
差向金霉素	479.2	444.2①	20	35
		154.0	25	
四环素	445.0	410.0①	25	35
		427.0	15	
差向四环素	445.0	410.0①	25	35
		427.0	15	

续表

化合物	母离子(m/z)	子离子(m/z)	碰撞能量/eV	锥孔电压/V
二甲胺四环素	458.0	441.0①	20	35
		352.1	27	
强力霉素	445.0	428.0①	14	30
		153.9	20	
甲烯土霉素	443.1	426.2①	20	30
		153.9	15	
去甲金霉素	465.1	430.0①	20	35
		448.0	15	

① 为定量离子；对不同质谱仪器，仪器参数可能存在差异，测定前应将质谱参数优化到最佳。

（二）标准曲线

将混合标准工作液用初始流动相逐级稀释成10～500.0μg/L的标准系列溶液。称取与试样基质相应的阴性样品5.0g，加入标准系列溶液1.0mL，按照试样同时进行提取和净化。内标法定量。

六、质量控制

（一）定性与定量测定

试样中目标化合物色谱峰的保留时间与相应标准色谱峰的保留时间一致，变化范围应在±2.5%之内。待测化合物的定性离子的重构离子色谱峰的信噪比应≥3，定量离子的重构离子色谱峰的信噪比应≥10。每种化合物的质谱定性离子必须出现，至少应包括一个母离子和一个子离子，而且同一检测批次，对同一化合物样品中目标化合物的两个离子的相对丰度比与浓度相当的标准溶液相比，其允许偏差不超过表6-22规定的范围。

表6-22 定性离子相对离子丰度的最大允许偏差

相对离子丰度/%	>50	>20～50	>10～20	≤10
允许相对偏差/%	±20	±25	±30	±50

（二）平行实验

按以上步骤操作，需对统一样品进行独立两次分析测定，测定的两次结果的绝对差值不得超过算术平均值的15%。

（三）保留时间窗口

每100次进样后进行窗口确定标准溶液的分析，确定保留时间窗口的正确。当更换色谱柱或改变色谱参数后均必须使用窗口确定标准溶液对保留时间窗口进行校准。

（四）质谱仪的质量数校正

定期用校正液进行一次质谱仪的质量校正，确保监测离子的质量数不发生改变。

七、结果计算

按下式计算残留量（μg/kg）：

$$X=\frac{c\times V}{m}$$

式中 X——样品中待测组分的含量，μg/kg；

c——测定液中待测组分的浓度，ng/mL；

V——定容体积，mL；

m——样品称样量，g。

计算结果需扣除空白值，测定结果用平行测定的算术平均值表示，保留三位有效数字，平行样品间相对标准偏差≤20％。

八、技术参数

（一）检出限和定量限

按能够准确确认的目标化合物浓度来估计各目标化合物在不同样品基质的检出限，样品基质、取样量、进样量、色谱分离状况、电噪声水平以及仪器灵敏度均可能对样品检出限造成影响，因此噪声水平必须从实际样品谱图中获取。因此，在不规定各个化合物的检出限和定量限。原则上以各个单位仪器中MRM模式下，定性离子通道中信噪比为3时设定样品溶液中个待测组分的浓度检出限，以定量离子通道中信噪比为10时设定样品溶液中各待测组分的浓度为定量限。各目标化合物的方法的检出限，方法的定量限均为2μg/kg。

（二）精密度和准确度试验

在分析实际样品前，实验室必须达到可接受的精密度和准确度水平。通过对加标样品的分析，验证分析方法的可靠性。即取不少于3份基质与实际样品相似的空白样品，分别加入标准溶液。将制备好的加标样品按上述方法进行分析，各目标化合物的回收率应在65％～100％范围内，相对标准偏差（RSD）＜20％。在进行实际试样分析之前，必须达到上述标准。当试样的提取、净化方法进行了修改以及更换分析操作人员后，必须重复上述试验并直至达到上述标准。如果可以获得与试样具有相似基质的标准参考物，则可以用标准参考物代替加标试样进行精密度和准确度试验。

正式进行分析试样时，为了保证分析结果的准确性，要求在分析每批样品时，需要分析10％的平行样，平行样间结果的相对标准偏差小于等于20％；每个批次均需做一次方法空白试验；同时每批样品按照不同样品分类分别进行加标回收试验，回收率见表6-23。

表 6-23　鸡蛋中四环素等待测物回收率

待测物	添加水平/(μg/kg)	回收率范围/%	平均值/%	RSD/%
四环素	2.0 20.0 80.0	63.8～70.5 69.2～80.3 88.5～96.5	68.5 76.3 93.2	6.8 5.4 4.7
土霉素	2.0 20.0 80.0	65.1～72.9 71.3～85.6 90.2～100.4	70.1 83.3 96.8	7.3 5.8 5.1
金霉素	2.0 20.0 80.0	70.7～75.6 73.2～84.4 86.5～98.7	73.4 81.6 94.7	6.8 6.0 5.3
强力霉素	2.0 20.0 80.0	66.3～75.1 74.4～83.1 88.2～97.8	73.3 80.1 95.6	6.7 6.1 5.9
二甲胺四环素	2.0 20.0 80.0	67.6～76.7 74.3～83.2 87.4～96.2	72.7 80.5 94.0	6.6 6.3 6.0
去甲基金霉素	2.0 20.0 80.0	70.4～76.9 79.8～86.3 87.8～99.5	74.3 84.4 95.7	7.0 6.4 5.7
甲烯土霉素	2.0 20.0 80.0	68.6～78.3 76.4～88.5 85.3～98.2	76.1 85.0 94.9	6.8 5.7 5.1
差向四环素	2.0 20.0 80.0	70.2～78.8 80.1～90.0 92.2～99.6	76.2 86.8 96.6	6.3 5.5 5.0
差向土霉素	2.0 20.0 80.0	69.0～77.6 78.3～86.1 88.7～97.3	75.3 84.1 94.1	6.7 6.4 5.6
差向金霉素	2.0 20.0 80.0	68.2～77.4 76.3～85.1 89.1～98.7	74.5 82.8 94.6	6.3 6.1 5.8

九、注意事项

① 由于四环素类物质容易与金属离子螯合形成沉淀，所以样品提取液为EDTA-Mcllvaine缓冲溶液，掩蔽金属离子，提供相应的pH条件。

② 采用EDTA-Mcllvaine缓冲溶液提取试样后，上清液中可能会有脂肪等悬浮物，用快速滤纸过滤去除其中的悬浮杂质，以免固相萃取操作是堵塞小柱。

③ 样品定容溶液中甲醇（有机相）的比例不能高于10%，否则会造成待测组分的色谱峰展宽，降低灵敏度。

十、资料性附录

分析图谱如图 6-4 所示。

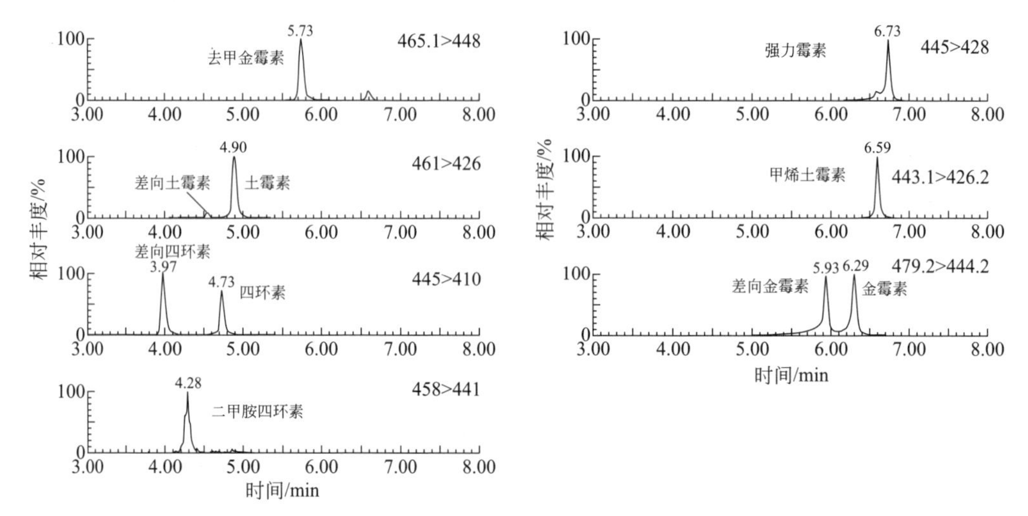

图 6-4 四环素类加标离子流图

第五节 食品中 β_2-受体激动剂的测定

新鲜或冷冻的畜肉等及其肝肾脏中 16 种 β_2-受体激动剂残留量的测定

一、适用范围

本规程规定了 β_2-受体激动剂类兽药残留检测的制样方法、液相色谱串联质谱确证方法。本规程适用于新鲜或冷冻的猪肉、牛肉、羊肉以及相关动物的肝脏和肾脏中 16 种 β_2-受体激动剂的测定。

二、方法提要

动物性食品样品经酸解提取后，经 MCX 固相萃取柱净化、浓缩，初始流动相溶解后经液相色谱/串联质谱仪测定，结合内标法峰面积定量。

三、仪器设备和试剂

（一）仪器和设备

① 超高效液相色谱-串联质谱仪（ESI），沃特世公司 Quattro Premier XE 型。

② 天平：感量 0.0001g。

③ 冷冻高速离心机（10000r/min）。

④ 振荡器。

⑤ 旋涡混合器。

⑥ 组织匀浆机。

⑦ 氮吹仪。

⑧ 超声波清洗器。

⑨ 固相萃取装置。

⑩ 固相萃取柱：Oasis MCX 弱阳离子交换柱（150mg，6mL）或与其相当的固相萃取柱。

⑪ pH 计。

（二）试剂和耗材

① 甲醇，乙酸乙酯：色谱纯，DiKMA 公司。

② 高氯酸，氨水：优级纯。

③ 乙酸，乙酸钠：分析纯。

④ 超纯水。

⑤ 乙酸-乙酸钠缓冲溶液（pH=5.2）：称取乙酸钠 43.0g 和乙酸 25.2g，加水溶解并定容至 100mL。

⑥ 0.1mol/L 高氯酸溶液。

⑦ 酶解液：β-葡糖醛酸苷肽酶/芳基磺酸酯酶溶液（β-glucuronidase/Arylsulfatase），Merck 公司或 Roche 公司。

（三）标准品及标准物质

16 种 β_2-受体激动剂标准物质：异丙喘宁（纯度>98.0%），塞曼特罗（纯度>98.0%），特布他林（纯度>98.0%），沙丁胺醇（纯度>98.0%），塞布特罗（纯度>99.0%），沙美特罗（纯度>98.0%），克伦普罗（纯度>97.0%），克伦特罗（纯度>98.0%），莱克多巴胺（纯度>98.0%），福莫特罗（纯度>99.0%），溴布特罗（纯度>99.0%），马布特罗（纯度>99.0%），克伦磅特罗（纯度>98.0%），班布特罗（纯度>98.0%），马喷特罗（纯度>99.0%），克伦异磅特罗（纯度>98.0%），以上均来自 Dr. Ehrenstorfer 公司。

16 种氘代 β_2-受体激动剂同位素内标标准物质：西马特罗-d_7，沙丁胺醇-d_6，塞曼特罗-d_9，克伦普罗-d_7，莱克多巴胺-d_5，克伦特罗-d_6，马布特罗-d_9，特布他林-d_9，沙美特罗-d_3，以上均是 100mg/L，1mL，纯度 99%。以上同位素内标均来自 Dr. Ehrenstorfer 公司。

标准储备溶液：精确称取标准品各 0.0100g，分别用甲醇溶解并定容至 10mL，浓度为 1000mg/L，−18℃ 冰箱中保存，有效期 24 个月。对于同位素标准品，直接用 1mL 甲醇溶解，制成 10mg/L 的标准溶液，有效期 24 个月。

中间标准工作液：根据需要，用甲醇将标准储备溶液配制为适当浓度的标准工作液。标准工作液应使用前配制。

四、样品的处理

试样的制备与保存：取肉样品约 200g，切碎后用匀浆机匀浆，制得试样，备用。

提取：称取匀浆后的动物组织 5.0g，加入浓度为 1mg/mL 的同位素标准溶液 20μL，加入 pH=5.2 的乙酸-乙酸钠缓冲溶液 10mL，加入酶解液 100μL，37℃水解过夜，取出后超声提取 30min，以 10000r/min 4℃下离心 10min。沉淀用 pH=5.2 醋酸-醋酸钠缓冲溶液 10mL 重复提取一次，以 10000r/min 0℃离心 10min。合并提取液，待过 MCX 净化。

MCX 柱净化：MCX 柱（6 cc，150mg），先用 6mL 甲醇、6mL 水活化，将提取液直接过 MCX 柱，依次用水 6mL、甲醇 6mL、0.1%甲醇氨（体积分数）3mL 淋洗，用（95+5）甲醇-氨溶液 6mL 洗脱，氮气吹干，用初始流动相复溶后过 0.22μm 的有机滤膜，待测。

基质匹配的标准工作曲线的制备。空白基质溶液的制备：称取与试样基质相应的阴性样品 5.0g，与试样同时进行提取、净化和复溶得到。准确吸取 1mg/L 的混合标准使用液，用初始流动相配比溶液复溶的空白基质溶液制成 0.5μg/L、1μg/L、10μg/L、20μg/L、50μg/L、100μg/L 的标准系列溶液。以系列标准溶液中分析物的浓度（μg/L）与对应的氘代同位素内标的峰面积比值绘制校正曲线，按内标法计算试样中 β-激动剂的含量。

五、样品测定

（一）液相色谱参考条件

① 色谱柱：ACQUITY UPLC® BEH C18（100mm×2.1mm，1.7μm）。

② 流动相：A 相：0.1%甲酸水溶液；B 相：甲醇。

③ 梯度洗脱程序见表 6-24。

表 6-24 液相色谱参考梯度条件

时间/min	流速/(mL/min)	流动相 A/%	流动相 B/%
0.0	0.25	80	20
1.0	0.25	80	20
2.0	0.25	50	50
3.5	0.25	50	50
5.0	0.25	5	95
8.0	0.25	5	95
9.0	0.25	80	20

④ 进样量：5μL。

⑤ 柱温：35℃。

⑥ 流速：0.3mL/min。

（二）质谱参考条件

① 离子化方式：ESI（+）。

② 扫描方式：多反应监测 MRM。

③ 毛细管电压：3.5kV。

④ 源温度：150℃。

⑤ 脱溶剂气温度：400℃。

⑥ 脱溶剂气流量：650L/h。

⑦ 质谱分析优化参数见表 6-25。

表 6-25　16 种 β_2-受体激动剂类药物的主要参考质谱参数

化合物	母离子(*m*/*z*)	锥孔电压/V	子离子(*m*/*z*)	碰撞能量/V
异丙喘宁	212.4	27	194①	12
			153	17
西马特罗-d_7	227.4	21	209①	8
			161	16
塞曼特罗	220.8	21	202①	9
			160	17
特布他林-d_3	229.4	25	155①	15
			173	11
特布他林	226.2	31	152①	14
			125	23
沙丁胺醇	240.4	27	222①	10
			166	15
沙丁胺醇-d_9	243.5	23	161①	14
			225	8
塞布特罗	234.3	25	160①	15
			143	23
莱克多巴胺-d_6	308.5	29	168①	16
			290	11
莱克多巴胺	302.6	23	164①	14
			284	11
克伦普罗-d_7	270.6	25	252①	10
			204	16
克伦普罗	263.3	23	245①	10
			203	19
福莫特罗	345.6	30	149①	18
			121	27
克伦特罗-d_9	268.4	25	204①	14
			268	10

续表

化合物	母离子(m/z)	锥孔电压/V	子离子(m/z)	碰撞能量/V
克伦特罗	277.6	26	203[①]	15
			259	10
班布特罗	367.2	26	293[①]	21
			349	18
溴布特罗-d_9	237.4	28	155[①]	16
			173	10
马布特罗-d_9	320.4	27	238[①]	14
			302	10
马布特罗	311.4	28	237[①]	15
			293	10
班布特罗	368.4	32	72[①]	28
			294	17
克伦磅特罗	291.4	26	203[①]	14
			273	9
克伦异磅特罗	291.4	23	273[①]	9
			188	20
马喷特罗	325.5	30	237[①]	14
			217	25
沙美特罗-d_3	419.6	31	401[①]	14
			383	20
沙美特罗	416.5	31	398[①]	14
			380	20

① 为定量离子。

六、质量控制

定性：试样中目标化合物色谱峰的保留时间与相应标准色谱峰的保留时间一致，变化范围应在±2.5%之内。待测化合物的定性离子的重构离子色谱峰的信噪比应≥3，定量离子的重构离子色谱峰的信噪比应≥10。每种化合物的质谱定性离子必须出现，至少应包括一个母离子和一个子离子，而且同一检测批次，对同一化合物，样品中目标化合物的两个子离子的相对丰度比与浓度相当的标准溶液相比，其允许偏差不超过表 6-26 规定的范围。

表 6-26　定性时相对离子丰度的最大允许偏差

相对离子丰度/%	>50	>20～50	>10～20	≤10
允许相对偏差/%	±20	±25	±30	±50

保留时间窗口：每 50 次进样后进行窗口确定标准溶液的分析，确定保留时间窗口的正确。当更换色谱柱或改变色谱参数后均必须使用窗口确定标准溶液对保

留时间窗口进行校准。

质谱仪的质量数校正：定期用校正液进行一次质谱仪的质量校正，确保监测离子的质量数不发生改变。

七、结果计算

按下式计算样品各 β_2-受体激动剂中残留量：

$$X=\frac{c\times V\times 1000}{m\times 1000}$$

式中 X——样品中待测组分的含量，μg/kg；

c——测定液中待测组分的浓度，ng/mL；

V——定容体积，mL；

m——样品称样量，g；

1000——换算系数。

计算结果需扣除空白值，测定结果用平行测定的算术平均值表示，保留三位有效数字，平行样品间相对标准偏差小于等于 20%。

八、技术参数

（一）方法检出限、定量限

按能够准确确认的目标化合物浓度来估计各目标化合物在不同样品基质的检出限，样品基质、取样量、进样量、色谱分离状况、电噪声水平以及仪器灵敏度均可能对样品检出限造成影响，因此噪声水平必须从实际样品谱图中获取。因此，在此不规定各个化合物的检测限与定量限。原则上以各单位仪器中 MRM 模式下，定性离子通道中信噪比为 3 时设定样品溶液中各待测组分的浓度为检出限，以定量离子通道中信噪比为 10 时设定样品溶液中各待测组分的浓度为定量限。各目标化合物的方法的检出限，方法定量限均在 0.5μg/kg 以下，详细数据见表 6-27。

表 6-27　方法检出限、定量限　　单位：μg/kg

化合物	方法检出限	方法定量限
异丙喘宁	0.040	0.12
西马特罗	0.040	0.12
特布他林	0.10	0.30
沙丁胺醇	0.040	0.12
塞布特罗	0.020	0.070
莱克多巴胺	0.020	0.070
克伦普罗	0.040	0.13
福莫特罗	0.10	0.30
克伦特罗	0.020	0.070
溴布特罗	0.040	0.13
马布特罗	0.10	0.30

续表

化合物	方法检出限	方法定量限
班布特罗	0.10	0.30
克伦磅特罗	0.10	0.30
克伦异磅特罗	0.040	0.13
马喷特罗	0.10	0.30
沙美特罗	0.040	0.12

(二)精密度和准确度试验

在分析实际试样前，实验室必须达到可接受的精密度和准确度水平。通过对加标试样的分析，验证分析方法的可靠性。即取不少于3份基质与实际试样相似的空白样品，分别加入标准溶液。将制备好的加标试样按上述方法进行分析，各目标化合物的回收率应在75%～125%范围内，相对标准偏差（RSD）小于20%。在进行实际试样分析之前，必须达到上述标准。当试样的提取、净化方法进行了修改以及更换分析操作人员后，必须重复上述试验并直至达到上述标准。如果可以获得与试样具有相似基质的标准参考物，则可以用标准参考物代替加标试样进行精密度和准确度试验。

正式进行分析试样时，为了保证分析结果的准确性，要求在分析每批样品时，需要分析10%的平行样，平行样间结果的相对标准偏差小于等于20%；每个批次均需做一次方法空白试验；同时每批样品按照不同样品分类分别进行加标回收试验，具体方法如下：高浓度加标，在5.0g样品中加入100μg/L标准储备液200μL，加标量为4.0μg/kg，测定液中含量为20.0μg/L；低浓度加标，在5.0g样品中加入100μg/L的标准储备液50μL，加标量为1μg/kg，测定液中含量为5.0μg/L。具体回收率参数见表6-28。

表6-28 样品加标回收率（$n=6$）

化合物	加标/(μg/kg)	回收率范围/%	平均回收率/%	RSD/%
异丙喘宁	2	63.3～68.8	64.3	14.9
	5	75.4～86.0	78.8	14.3
	10	78.1～93.1	82.4	12.1
西马特罗	2	63.8～81.6	75.8	13.9
	5	77.7～89.2	82.8	13.1
	10	79.3～88.2	82.6	16.7
特布他林	2	65.2～86.6	71.1	18.7
	5	78.2～96.4	86.3	14.6
	10	91.9～99.2	96.1	17.4
沙丁胺醇	2	68.5～88.7	79.3	14.3
	5	82.3～95.9	89.5	15.6
	10	81.2～90.3	86.1	15.4
塞布特罗	2	84.3～102.1	92.4	19.1
	5	65.6～82.3	90.8	19.2
	10	94.3～102.4	98.2	14.1

续表

化合物	加标/(μg/kg)	回收率范围/%	平均回收率/%	RSD/%
莱克多巴胺	2	63.6～72.4	67.2	16.6
	5	66.2～82.7	73.6	15.6
	10	80.1～102.7	96.4	16.3
克伦普罗	2	88.3～100.1	96.7	17.1
	5	87.6～96.5	90.7	12.4
	10	80.2～102.4	93.5	17.6
福莫特罗	2	69.8～85.6	77.9	18.4
	5	74.7～92.0	84.5	17.4
	10	88.3～101.2	95.7	20.7
克伦特罗	2	77.2～85.6	81.7	12.9
	5	79.2～86.4	81.3	9.6
	10	80.9～90.2	84.7	7.2
溴布特罗	2	89.5～99.7	94.4	9.6
	5	91.3～99.9	95.4	5.7
	10	90.2～99.3	94.3	12.1
马布特罗	2	66.3～85.1	77.5	15.3
	5	69.6～85.3	87.1	17.9
	10	84.3～102.4	96.2	15.3
班布特罗	2	75.8～92.6	84	20.3
	5	86.7～99.0	96.4	19.9
	10	89.3～101.2	96.9	9.2
克伦磅特罗	2	66.2～85.6	73.6	20.3
	5	85.2～104.4	97.2	17.1
	10	89.9～101.2	96.9	16.8
克伦异磅特罗	2	79.5～99.7	87.4	13.2
	5	82.3～97.4	92	14.9
	10	81.2～102.3	93.5	13.0
马喷特罗	2	74.3～89.1	83.3	14.4
	5	75.6～86.3	80.1	15.9
	10	84.3～102.4	93.9	11.9
沙美特罗	2	78.6～92.4	88.2	15.9
	5	79.2～101.7	92.3	15.5
	10	80.3～98.7	91.1	14.7

九、注意事项

① 样品低温离心后静置过夜，样品净化效果更好。

② 氨水用新开瓶的，否则浓度达不到要求。

③ 氮吹复溶后必须过 0.22μm 的有机滤膜。

④ 注意酶解液的放置条件与活性单位，应在有效期内使用，使用后用封口膜封好隔绝空气后按照放置条件置于冰箱内保存。

⑤ 注意采用基质匹配的标准曲线进行定量检测。

十、资料性附录

分析图谱如图 6-5 所示。

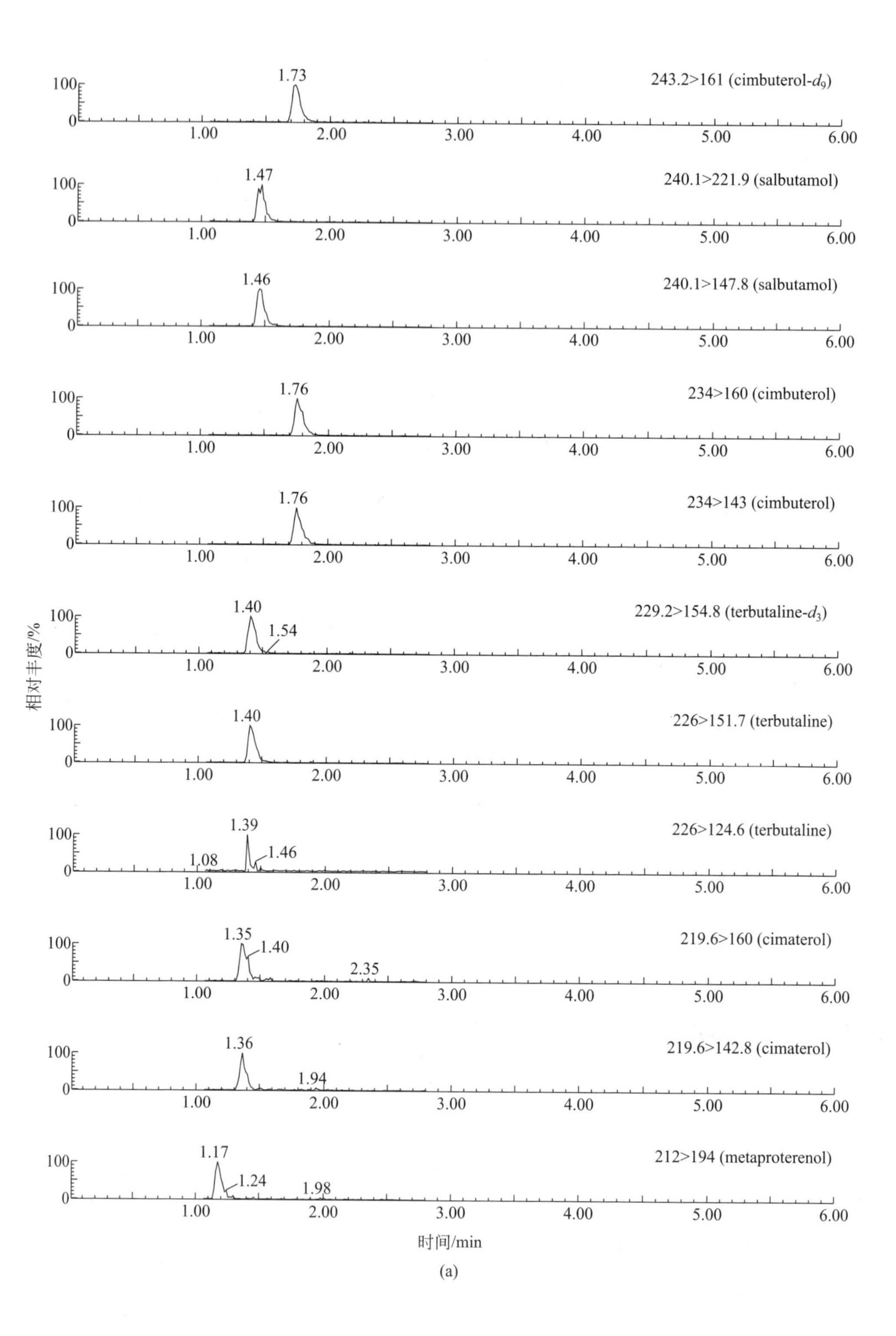

1.73
243.2>161 (cimbuterol-d_9)
1.47
240.1>221.9 (salbutamol)
1.46
240.1>147.8 (salbutamol)
1.76
234>160 (cimbuterol)
1.76
234>143 (cimbuterol)
1.40
1.54
229.2>154.8 (terbutaline-d_3)
1.40
226>151.7 (terbutaline)
1.39
1.08
1.46
226>124.6 (terbutaline)
1.35
1.40
2.35
219.6>160 (cimaterol)
1.36
1.94
219.6>142.8 (cimaterol)
1.17
1.24
1.98
212>194 (metaproterenol)
100
0
1.00
2.00
3.00
4.00
5.00
6.00
相对丰度/%
时间/min

(a)

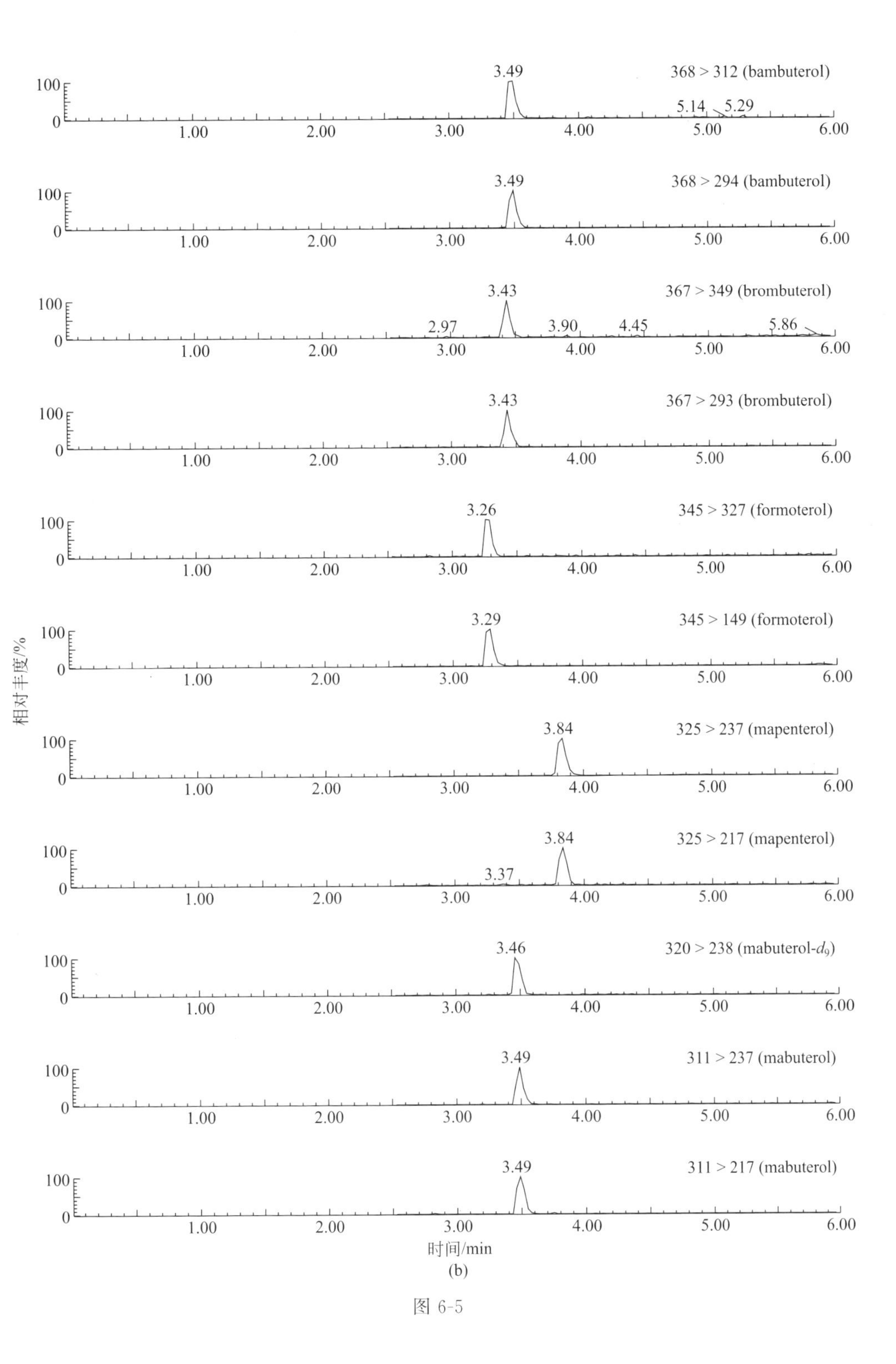

3.49
368 > 312 (bambuterol)
5.14
5.29
3.49
368 > 294 (bambuterol)
3.43
367 > 349 (brombuterol)
2.97
3.90
4.45
5.86
3.43
367 > 293 (brombuterol)
3.26
345 > 327 (formoterol)
3.29
345 > 149 (formoterol)
3.84
325 > 237 (mapenterol)
3.84
325 > 217 (mapenterol)
3.37
3.46
320 > 238 (mabuterol-d_9)
3.49
311 > 237 (mabuterol)
3.49
311 > 217 (mabuterol)
相对丰度/%
100
0
1.00
2.00
3.00
4.00
5.00
6.00
时间/min

(b)

图 6-5

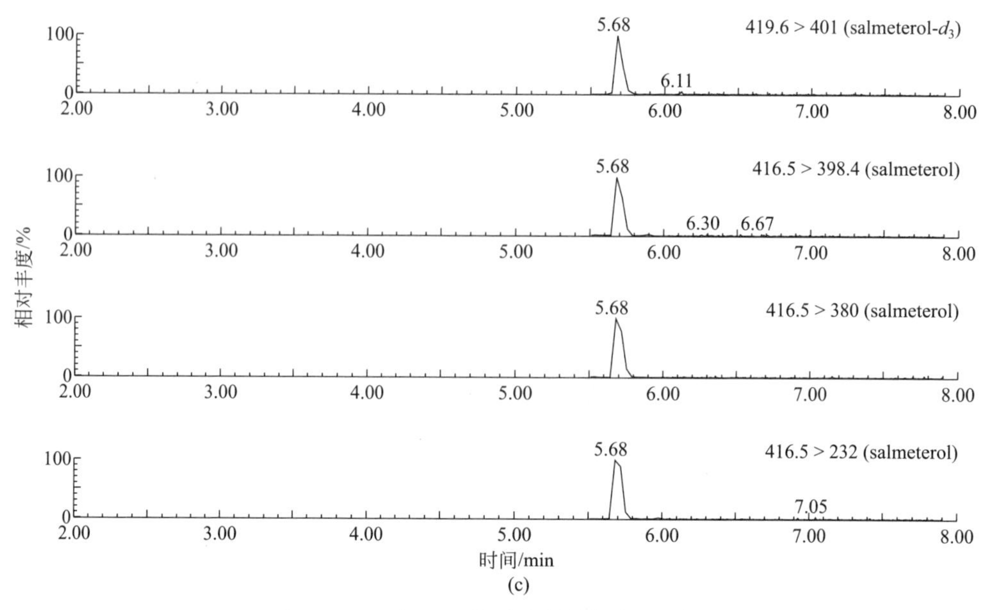

(c)

图 6-5　16 种 $β_2$-受体激动剂的标准色谱图

第六节　氟虫腈及其代谢物的测定

鸡蛋、鸡肉等动物源性食品中氟虫腈及其代谢物的测定

一、适用范围

本标准操作程序规定了鸡蛋、鸡肉等动物源性食品中氟虫腈及其代谢物的超高效液相色谱-轨道阱高分辨质谱或超高效液相色谱-串联质谱的测定方法。

本标准操作程序适用于鸡蛋、鸡肉等动物源性食品中氟虫腈及其代谢物的测定。

二、方法提要

用乙腈超声提取试样中的氟虫腈及其代谢物（氟甲腈、氟虫腈砜和氟虫腈亚砜），提取液冷冻处理及分散固相萃取净化，用超高效液相色谱-轨道阱高分辨质谱仪或超高效液相色谱-串联质谱仪测定，外标法定量。

三、仪器设备和试剂

（一）仪器和设备

① 超高效液相色谱-轨道阱高分辨质谱仪或超高效液相色谱-串联质谱仪：配电喷雾离子源。

② C18 液相色谱柱，100mm × 2.1mm，1.7μm，或性能相当者。

③ 分析天平：感量 0.01g 和 0.00001g。

④ 组织匀浆机。

⑤ 超声波清洗器：功率 35 kW。

⑥ 旋涡混合器。

⑦ 冷冻离心机：转速≥9500r/min。

⑧ 超低温冰箱：冷冻温度≤−20℃。

（二）试剂和耗材

① 乙腈，乙酸：色谱纯。

② 氯化钠，无水硫酸钠，*N*-丙基乙二胺（PSA）。

③ C18 粉。

④ 有机微孔滤膜：0.22μm。

（三）标准品及标准物质

标准品：氟虫腈，氟甲腈，氟虫腈砜，氟虫腈亚砜，纯度＞99.0%，以上均为 Dr. Ehrenstorfer 公司。

氟虫腈及其代谢物标准储备液（1000mg/L）：分别准确称取氟虫腈及其代谢物标准品 0.01g（精确至 0.0001g）于不同的 10mL 容量瓶中，分别用乙腈溶解并定容。转移至密闭容器中，于−20℃储存，有效期为 3 个月。

氟虫腈及其代谢物标准混合中间液（10mg/L）：分别准确吸取 0.1mL 各氟虫腈及其代谢物标准储备液（1000mg/L）于同一个 10mL 棕色容量瓶中，用乙腈定容。转移至密闭容器中，于−20℃储存，保存期为 1 个月。

氟虫腈及其代谢物标准混合使用液（100μg/L）：准确吸取 0.1mL 氟虫腈及其代谢物标准混合中间液（10mg/L）于 10mL 棕色容量瓶中，用乙腈定容。转移至密闭容器中，于−20℃储存，保存期为 1 个月。

四、样品的处理

（一）试样的制备与保存

取代表性动物源性样品，用组织匀浆机充分搅碎打匀，取其中 200g 分装入洁净容器中，密封，于−20℃保存（建议禽蛋类样品至少取 10 枚鸡蛋试样制备）。

（二）试样前处理

1. 提取

液体和半液体试样：准确称取样品 5g（精确至 0.001g），置于 50mL 离心管中，涡旋混合 30s，加入 10mL 乙腈，超声提取 15min，加入氯化钠 2g 和无水硫酸钠 6g，涡旋混合 30s，以 9500r/min，于 4℃离心 10min，转移上清液于 15mL 离心管中，置−20℃超低温冰箱中冷冻处理 2h 后，待净化。

固体试样：准确称取样品 2g（精确至 0.001g），置于 50mL 离心管中，加水 3mL，涡旋混合 30s，加入乙腈 10mL，超声提取 15min，加入氯化钠 2g 和无水硫酸钠 6g，涡旋混合 30s，以 9500r/min，于 4℃离心 10min，转移上清液于 15mL

离心管中，置−20℃超低温冰箱中冷冻处理 2h 后，待净化。

空白基质提取液：按照上述将试样提取净化，制备空白基质提取液，要求对空白基质提取液进行分析，确定其不含有痕量目标化合物。

2. 净化

准确吸取提取液 1mL 于 2mL 聚丙烯离心管中，加入 PSA 粉末 50mg、C18 粉末 50mg 和无水硫酸钠 250mg，涡旋混合 30s，取上清液 0.5mL，加水定容至 1mL，过有机微孔滤膜后，待测定。

五、试样分析

（一）仪器参考条件

1. 色谱参考条件

① 色谱柱：C18 液相色谱柱，100mm × 2.1mm，1.7μm，或性能相当者。

② 流动相 A 为 0.1%乙酸溶液（3.2.1）；流动相 B 为乙腈，梯度洗脱，流速 0.3mL/min。

③ 梯度洗脱程序：55% B→70% B(0 ～ 6min)；70% B→100% B(6～ 7min)；100% B(7～ 8min)；100% B→55% B(8～ 8.5min)；55% B(8.5～ 11min)。

④ 柱温：40℃。

⑤ 进样体积：5μL。

2. 四极杆串联质谱仪参考条件

① 电离模式：电喷雾电离负离子模式（ESI−）。

② 质谱扫描方式：选择离子监测，氟虫腈及其代谢物定性/定量离子对详见表 6-29。

表 6-29　氟虫腈及其代谢物的三重四极杆串联质谱分析参数

化合物	保留时间/min	母离子(m/z)	子离子(m/z)	碰撞能量/V
氟虫腈	3.65	434.7	330.1① 250.1	−22 −38
氟甲腈	4.03	386.6	350.9① 281.9	−19 −44
氟虫腈砜	4.63	450.7	414.9① 282.0	−21 −38
氟虫腈亚砜	4.64	418.8	382.8① 261.9	−17 −37

① 为定量离子对。

③ 吹扫气（sweep gas）：1。

④ 碰撞气（collision gas）：1.5mTorr（1mTorr=0.133Pa）。

⑤ 喷雾电压（spray voltage）：−3000V。

⑥ 雾化温度（vaporizer temperature）：450℃。

⑦ 鞘气（sheath gas）：50。

⑧ 辅助气（auxiliary gas）：10。

⑨ 源内裂解电压（source fragmentation）：0V。

⑩ 碰撞能量（CE）见表 6-30。

（二）标准曲线

准确吸取氟虫腈及其代谢物标准混合使用液（100μg/L）0.01mL、0.02mL、0.05mL、0.1mL、0.2mL、0.5mL 和 1mL 于 10mL 容量瓶中，用空白基质提取液定容。此浓度即 0.1μg/L、0.2μg/L、0.5μg/L、1μg/L、2μg/L、5μg/L 和 10μg/L 的标准工作液，临用现配。

将氟虫腈及其代谢物系列标准工作溶液 5μL，按浓度由低到高依次注入超高效液相色谱-串联质谱仪，测得相应化合物的峰面积，以氟虫腈及其代谢物系列标准工作液的浓度为横坐标，以目标化合物的峰面积为纵坐标，绘制标准曲线。

（三）样品测定

样品的定性：①未知组分与已知标准的保留时间相同（±2.5%之内）；②在相同的保留时间下提取到与已知标准相同的特征离子；③与已知标准的特征离子相对丰度的允许偏差不超出规定的范围；满足以上条件即可进行确证。

样品的定量：外标法定量。

六、质量控制

（一）定性测定

在相同的实验条件下进行标准品和样品测定分析，如果①样品检出的色谱峰的保留时间与标准品相一致（0.4min 窗口），②样品质谱图在扣除背景后所选择的特征离子均出现，并且对应的离子丰度比与标准对照品相比，其允许最大偏差在表 6-30 范围内，则可判断本样品存在该种杀菌剂。

表 6-30　定性确证时相对离子丰度的最大允许偏差

相对离子丰度/%	≤10	>10～20	>20～50	>50
允许相对偏差/%	±50	±30	±25	±20

（二）定量测定

按照上述操作步骤，按照基质加标配制系列低浓度样品进样检测，以液相色谱-串联质谱（LC-MS/MS）测定的信噪比>3 作为检测限，信噪比>10 作为定量限。

（三）平行试验

按以上步骤操作，需对同一样品进行独立两次分析测定，测定的两次结果的绝对差值不得超过算术平均值的 15%。

（四）保留时间窗口

每 50 次进样后进行窗口确定标准溶液的分析，确定保留时间窗口的正确。当更换色谱柱或改变色谱参数后均必须使用窗口确定标准溶液对保留时间窗口进行校准。

（五）质谱仪的质量数校正

定期用校正液进行一次质谱仪的质量校正，确保监测离子的质量数不发生改变。

七、结果计算

试样中氟虫腈及其代谢物含量按下式计算：

$$X_i = \frac{c_i \times V \times f \times 1000}{m \times 1000}$$

式中 X_i——试样中各氟虫腈及其代谢物的含量，μg/kg；

c_i——待测定试样溶液中各氟虫腈及其代谢物的浓度，μg/L；

V——待测定试样溶液的最终稀释体积，mL；

m——试样的称样质量，g；

f——稀释倍数；

1000——换算系数。

以重复条件下获得的两次独立测定结果的算术平均值表示，结果保留三位有效数字。

八、技术参数

（一）检出限和定量限

液体和半液体试样：以样品取样量5g，确定方法的检出限为0.2μg/kg，定量限为0.5μg/kg。

固体试样：以样品取样量2g，确定方法的检出限为0.5μg/kg，定量限为1.0μg/kg。

（二）精密度和准确度试验

在分析实际试样前，实验室必须达到可接受的精密度和准确度水平。通过对加标试样的分析，验证分析方法的可靠性。即取不少于3份基质与实际试样相似的空白样品，分别加入标准溶液。将制备好的加标试样按上述方法进行分析，各目标化合物的回收率应在75%～125%范围内，RSD小于20%。在进行实际试样分析之前，必须达到上述标准。当试样的提取、净化方法进行了修改以及更换分析操作人员后，必须重复上述试验并直至达到上述标准。如果可以获得与试样具有相似基质的标准参考物，则可以用标准参考物代替加标试样进行精密度和准确度试验（表6-31）。

表6-31 回收率及精密度（$n=6$）

化合物	加标/(μg/kg)	回收率范围/%	平均回收率/%	RSD/%
氟虫腈	2	88.3～98.8	94.2	8.2
	5	85.4～97.0	91.3	7.5
	10	90.1～99.1	94.7	6.3
氟甲腈	2	85.8～92.6	88.3	6.7
	5	86.7～99.0	92.2	7.2
	10	87.3～99.2	95.4	5.4

续表

化合物	加标/(μg/kg)	回收率范围/%	平均回收率/%	RSD/%
氟虫腈砜	2	87.2～99.6	93.7	7.7
	5	85.2～96.4	92.3	9.2
	10	90.9～100.2	95.1	7.3
氟虫腈亚砜	2	85.3～96.2	90.2	7.3
	5	87.3～96.4	91.3	5.9
	10	89.1～102.1	95.7	7.4

九、注意事项

① 进行试剂验收；如含有目标物或干扰物质需更换试剂。

② 氮吹中加入高沸点溶剂作为保护剂，可以防止吹干造成结果偏低。

③ 应采用相对应的基质匹配曲线进行定量；数据处理中采用自动积分；以保证结果准确。

④ 母离子选择尽量选择 m/z 大、丰度高的碎片。碰撞能量一定要优化。

⑤ 定期进行标准测定；当灵敏度明显降低时，应及时进行仪器维护。

十、资料性附录

分析图谱如图 6-6 所示。

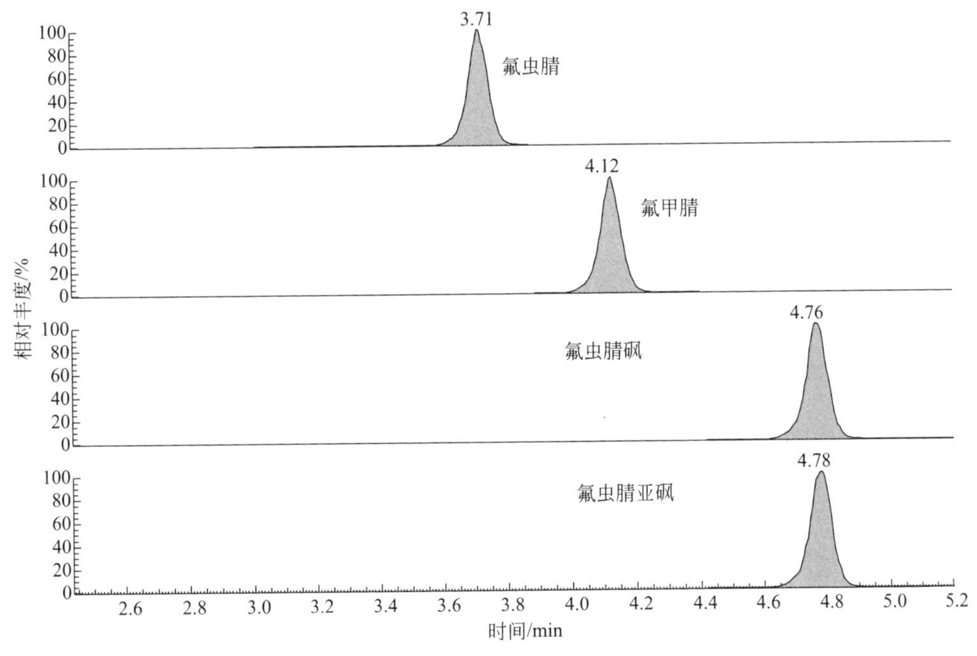

图 6-6 氟虫腈及其代谢物加标样品的提取离子色谱图

第七节　氟苯尼考类残留量的测定

灭菌乳中氟苯尼考、氟苯尼考胺残留量的测定

一、适用范围

本标准操作规程规定了灭菌乳中氟苯尼考、氟苯尼考胺残留量测定的高效液相色谱-串联质谱法。

二、方法提要

灭菌乳样品经氯化钠盐析-乙腈提取、氮气吹干，初始流动相定容，正己烷净化后，高效液相色谱-串联质谱（LC/MS/MS）测定，质谱法定性，阴性样品基质加标外标法定量。

三、仪器设备和试剂

（一）仪器和设备

① 高效液相色谱-三重四极杆串联质谱仪（QTRAP® 5500 LC-MS/MS 系统，SCIEX 公司）。

② 色谱柱：ACQUITY UPLC® BEH C18（1.7μm，2.1mm×100mm）或相同性能的色谱柱。

③ 涡旋振荡器。

④ 氮吹仪。

⑤ 高速冷冻离心机。

⑥ 天平：感量 0.1mg 和 0.01g。

（二）试剂和耗材

① 乙腈，正己烷，甲醇，甲酸：色谱纯。

② 氯化钠：分析纯。

③ 0.1% 甲酸溶液：1mL 甲酸加水定容至 1 L。

④ 初始流动相溶液：甲醇-0.1%甲酸溶液（10+90，体积分数）。

⑤ 聚丙烯离心管：50mL 和 10mL。

⑥ 0.22μm 聚四氟乙烯（PTFE）微孔滤膜。

（三）标准品及标准物质

标准品：氟苯尼考胺（$C_{10}H_{14}FNO_3S$），氟苯尼考（$C_{12}H_{14}FNO_4Cl_2S$），纯度≥98%。

标准储备液的配制：分别称量（精确至 0.1mg）氟苯尼考、氟苯尼考胺盐酸盐标准品（氟苯尼考胺盐酸盐需折算成氟苯尼考胺质量），用甲醇溶解并定容，配

制成浓度约为1000mg/L的标准储备液，−20℃以下避光贮存，保存期为12个月。

混合标准中间液的配制：分别准确吸取一定量的氟苯尼考、氟苯尼考胺标准储备液，用甲醇溶解并定容，配制成浓度为1mg/L的混合标准中间液，−20℃以下避光贮存，保存期为2个月。

混合标准使用液的配制：用乙腈将混合标准中间液稀释成浓度为0.02mg/L的混合标准使用液，4℃贮存，保存期为7天。

四、样品的处理

（一）试样的制备与保存

将现场采集的灭菌乳样品运输至实验室，按照外包装注明的保存条件贮存，保质期内尽快测定。

（二）试样的前处理

提取：分别称取4g灭菌乳（精确至0.01g）于50mL聚丙烯离心管中，加入2.0g氯化钠，充分振摇20～30次，再加入10mL乙腈，涡旋振荡提取3min后，低温（4℃）高速（9000r/min）离心10min，吸取乙腈相5mL于10mL聚丙烯离心管中，氮吹干。

净化：准确吸取初始流动相溶液1mL复溶残渣，加入1mL正己烷，充分振摇20～30次，5000r/min离心3min，弃去上层正己烷相，再次加入1mL正己烷，重复上述操作，弃去上层正己烷相，取下层水相过0.22μm聚四氟乙烯微孔滤膜，用于LC/MS/MS测定。

五、试样分析

（一）仪器参考条件

1. 液相参考条件

① 色谱柱：ACQUITY UPLC® BEH C18（1.7μm，2.1mm×100mm）。

② 流动相：A相为0.1%甲酸溶液；B相为甲醇。

③ 柱温：40℃。

④ 进样量：5μL。

⑤ 流速：0.3mL/min；梯度洗脱见表6-32。

表6-32 梯度洗脱条件

时间/min	A相/%	B相/%
0	90	10
2.0	75	25
3.0	0	100
7.5	0	100
7.6	90	10
10.0	90	10

2. 质谱条件

① 电喷雾离子源（ESI）。

② 离子源温度：600℃。

③ 气帘气（CUR）：30psi。

④ 喷雾气（GS1）：60psi。

⑤ 辅助加热气（GS2）：60psi。

⑥ 碰撞气（CAD）：高。

⑦ 离子化电压（IS）：正离子扫描5500V，负离子扫描－4500V。

⑧ 扫描模式：多离子反应监测模式（MRM）。目标化合物保留时间及其他质谱参数见表6-33。

表6-33 氟苯尼考胺、氟苯尼考保留时间及质谱参数

名称	保留时间/min	电离模式	定量、定性离子对	碰撞电压/V	去簇电压/DP
氟苯尼考胺	1.08	ESI+	248.1/230.1	16	65
			248.1/130.1	26	65
氟苯尼考	3.83	ESI−	356.1/336.0	−12	−155
			356.1/184.9	−25	−155

（二）标准曲线

将混合标准使用液用乙腈逐级稀释成0.4～10.0μg/L的标准系列溶液。称取4g灭菌乳阴性样品和2g氯化钠（精确值0.01g），加入标准系列溶液2.00mL，再加入8.00mL乙腈按照试样同时进行提取、净化。

（三）样品测定

样品的定性：①未知组分与已知标准的保留时间相同（±0.05min）；②在相同的保留时间下提取到与已知标准相同的特征离子；③与已知标准的特征离子相对丰度的允许偏差不超出表6-34规定的范围；满足以上条件即可进行定性。

表6-34 定性时相对离子丰度最大允许误差

相对离子丰度/%	<10	10～20	20～50	>50
允许相对偏差/%	±50	±30	±25	±20

样品的定量：外标法定量。

六、质量控制

线性范围：0.4～10.0μg/L。

回收率和精密度：向样品中加入已知量的标准溶液，测定后，计算加标回收率和精密度（见表6-35）。

表 6-35 灭菌乳加标浓度及回收率、相对标准偏差实验数据（$n=6$）

名称	添加量/(μg/kg)	回收率范围/%	平均回收率/%	RSD/%
氟苯尼考胺	0.2	100.0～115.0	105.0	5.5
	0.4	98.8～115.0	107.5	5.9
	2.0	102.0～107.2	105.5	2.0
氟苯尼考	0.2	97.5～107.5	103.8	3.7
	0.4	98.8～107.5	103.3	4.4
	2.0	100.2～103.8	102.0	1.6

七、结果计算

按下式计算样品中氟苯尼考或氟苯尼考胺的含量。

$$X=\frac{c\times V\times f\times 1000}{m\times 1000}$$

式中　X——试样中待测物的含量，μg/kg；

c——由标准曲线得到的待测液中待测物的质量浓度，μg/L；

V——待测液的最终定容体积，mL；

m——试样的量，g；

f——稀释倍数；

1000——换算系数。

计算结果保留三位有效数字。

八、技术参数

以3倍信噪比计算方法定性限，氟苯尼考胺、氟苯尼考定性限分别为0.060μg/kg、0.020μg/kg；以10倍信噪比计算方法定量限，氟苯尼考胺、氟苯尼考定性限分别为0.20μg/kg、0.050μg/kg。

九、注意事项

① 氟苯尼考胺在质谱端针泵进样确定质谱条件时，使用甲醇作为溶剂配制标准溶液，不可使用乙腈，否则目标化合物离子化效率过低，无法测定。

② 流动相使用甲醇-0.1%甲酸溶液体系，可大大提高氟苯尼考胺定性限，并可改善峰型。乙腈-水体系干扰氟苯尼考胺离子化，定性限将大大提高。

③ 混合标准使用液用样品提取溶剂乙腈配制，将标准溶液与提取溶液总体积调整为10mL可改善加标样品精密度、回收率，且能够保证基质曲线优良线性。

④ 氮气吹干样品提取液时，不可有液体残留，复溶残渣时使用初始流动相溶液或0.1%甲酸溶液，不可直接使用甲醇或乙腈复溶，否则上机测定时氟苯尼考胺目标峰将发生严重拖尾或分叉。

⑤ 制作基质曲线时务必将标准系列溶液加至阴性样品中，然后完全按照样品提取、净化、测定步骤完成，不可先将阴性样品基质液提取后，以此配制基质曲线，再按照氮吹、复溶、净化的步骤处理，如此操作回收率将低于60%。

⑥ 复溶样品及基质曲线残渣时，统一使用一根大肚移液管，以此保证测定结果精密度、回收率及基质曲线优良线性。

⑦ 正己烷净化除脂需进行 2 次，否则无法彻底净化样品。

⑧ 母离子尽量选择 m/z 大、丰度高的碎片。碰撞电压、去簇须优化。

⑨ 定期进行标准测定；当灵敏度明显降低时，应及时进行仪器维护。

⑩ 进行试剂验收；如含有目标物或干扰物质需更换试剂。

⑪ 兽药残留分析结果，不需回收率进行调整。

十、资料性附录

分析图谱如图 6-7～图 6-9 所示。

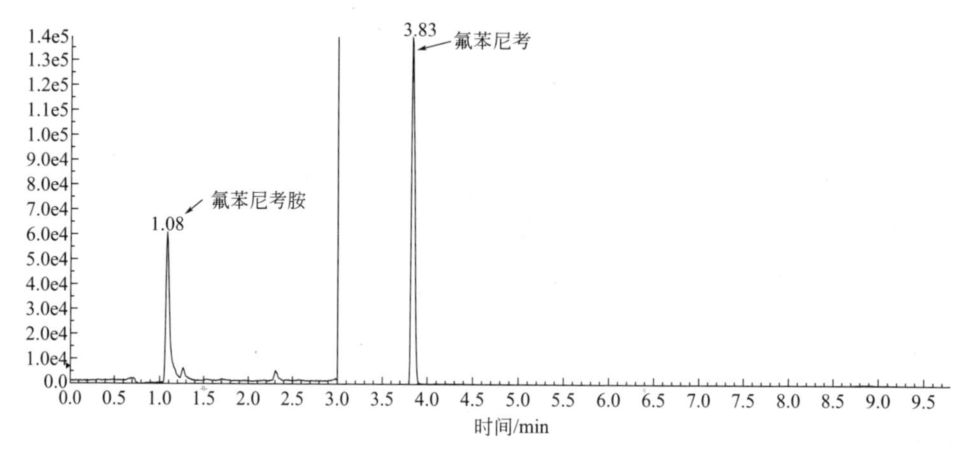

图 6-7　氟苯尼考胺、氟苯尼考 MRM 总离子流图

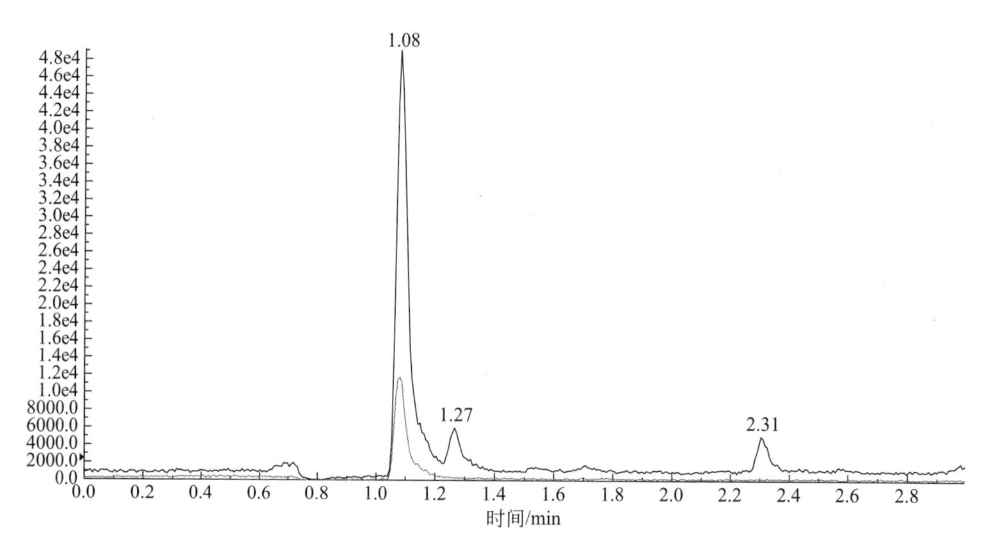

图 6-8　氟苯尼考胺定量、定性离子对提取离子流图

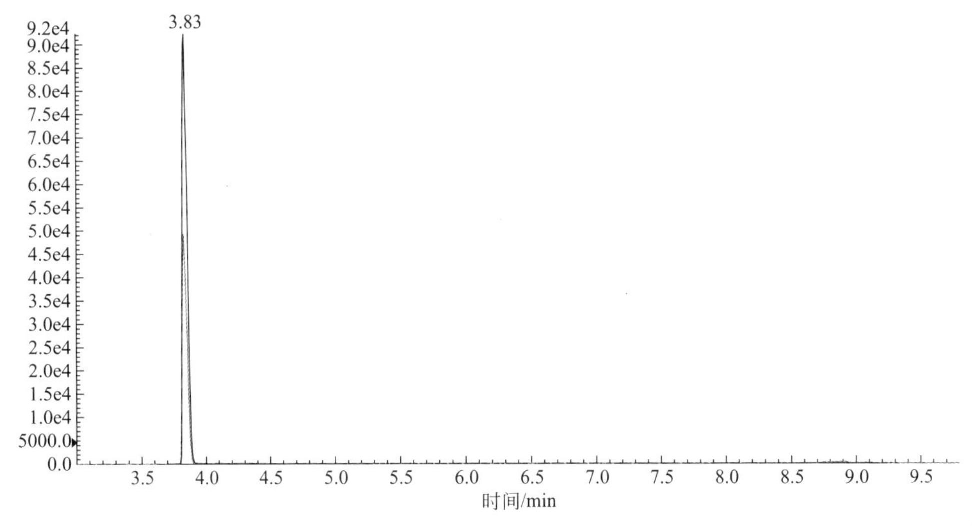

图 6-9　氟苯尼考定量、定性离子对提取离子流图

第八节　多种兽药残留同时测定

鸡蛋中甲硝唑、11 种喹诺酮和 4 种四环素残留量的测定

一、适用范围

本标准操作规程规定了鸡蛋中甲硝唑残留量检测的制样方法、液相色谱-串联质谱确认和测定方法，适用于鸡蛋中甲硝唑、11 种喹诺酮和 4 种四环素残留量的液相色谱-串联质谱测定。

二、方法提要

样品均质后经兽残专用提取包提取（QuEChERS Extract for Vet Drugs In Food）和兽残专用净化管净化（QuEChERS Dispersive Tubes for Vet Drugs In Food）后，高效液相色谱串联质谱系统分析甲硝唑、11 种喹诺酮和 4 种四环素，用内标法定量。

三、仪器设备和试剂

（一）仪器和设备

① 1290-6460-QQQ 超高效液相色谱-质谱-质谱联用仪：配有电喷雾离子源，安捷伦公司。

② 电子天平：感量 0.001g 和 0.0001g。

③ 冷冻离心机：转速 8000r/min。

④ 组织匀浆机。

⑤ 旋涡混合器。

⑥ 氮吹仪。

⑦ 超声仪。

（二）试剂和耗材

实验用水符合 GB/T 6682 规定的一级水。

① QuEChERS Extract for Vet Drugs In Food 兽残专用提取包：岛津技迩公司（PN：5010-050123）。

② QuEChERS Dispersive Tubes for Vet Drugs In Food 兽残专用净化管：岛津技迩公司（PN：5010-015204）。

③ 50mL 离心管，岛津技迩公司（PN：5010-050123）。

④ 甲醇，甲酸：色谱纯。

⑤ 乙酸铵：分析纯。

⑥ 0.1% 甲酸水溶液+2mmol/L 乙酸铵：称取 0.15g 乙酸铵，用纯水定容至 10mL，浓度为 2000mmol/L 乙酸铵水溶液，然后量取 2000mmol/L 乙酸铵水溶液和甲酸各 1000μL，用纯水定容至 1000mL。

⑦ 5%甲酸-乙腈溶液（体积分数）：量取 50mL 甲酸，加入到 950mL 乙腈中。

⑧ 10%甲醇水溶液（体积分数）：量取 10mL 甲醇，加入到 90mL 水中。

（三）标准品及标准物质

标准品：

① 噁喹酸（纯度 99.5%）：以上 DiKMA 公司。

② 甲硝唑（纯度 99.8%），氧氟沙星（纯度 99.8%），甲磺酸-培氟沙星（纯度 92.1%），诺氟沙星（纯度 97.2%），盐酸洛美沙星（纯度 99.4%），盐酸环丙沙星（纯度 92.3%），甲磺酸达氟沙星（纯度 94.2%），盐酸二氟沙星（纯度 96.1%），恩诺沙星（纯度 99.9%），氟甲喹（纯度 99.6%），盐酸沙拉沙星（纯度 91.2%），盐酸强力霉素（纯度 98.7%），盐酸金霉素（纯度 99.5%），四环素（纯度 94.2%），甲硝唑-d_4（纯度 98.5%），恩诺沙星-d_5（纯度 99.0%）：以上来自 Dr. Ehrenstorfer 公司。

③ 盐酸土霉素（纯度 95.1%）：来自 xStandard 公司。

④ 氟甲喹-$^{13}C_3$（纯度 99.5%），噁喹酸-d_5（纯度 99.5%）：以上来自曼哈格公司。

标准溶液标准储备液：1mg/mL。分别称取 0.0100g 标准品置于 100mL 棕色容量瓶中，用甲醇溶解并定容至刻度，标准储备液浓度 1mg/mL，−20℃冰箱中保存，有效期 12 个月。

混合标准储备液：10μg/mL。准确吸取以上各标准储备液 1mL 置于 100mL 棕色容量瓶中，用甲醇定容至 100mL，配成混合标准溶液，浓度为 10μg/mL，此标准工作液 4℃冰箱中保存，有效期 3 个月。

标准工作液：100μg/L。准确吸取混合标准储备液1mL置于100mL棕色容量瓶中，用甲醇定容至100mL，浓度为100μg/L，此标准工作液于4℃保存，有效期为1个月。

同位素内标储备液：1mg/mL。分别取0.0100g甲硝唑-d_4、恩诺沙星-d_5、氟甲喹-$^{13}C_3$和噁喹酸-d_5标准品置于10mL棕色容量瓶中，用甲醇溶解并定容至刻度，标准储备液浓度1mg/mL，−20℃冰箱中保存，有效期12个月。

同位素内标中间工作液：10μg/mL。准确吸取各同位素内标储备液100μL置于10mL棕色容量瓶中，用甲醇定容至10mL，配成混合标准溶液，浓度为10μg/mL，此标准工作液于4℃保存，有效期为3个月。

同位素内标工作液：100μg/L。准确吸取同位素内标中间工作液100μL置于10mL棕色容量瓶中，用甲醇定容至10mL，浓度为100μg/L，此标准工作液于4℃保存，有效期为1个月。

四、样品的处理

（一）试样的制备与保存

从所取全部样品中取出有代表性样品约500g，去壳后用组织捣碎机充分搅拌均匀，装入洁净容器中，密封，并标明标记，于−18℃以下冷冻存放。

（二）提取

称取均质样品5g（精确至0.02g）于50mL具塞聚丙烯塑料离心管中，加入5%甲酸乙腈溶液5mL，涡旋混合30s，加入QuEChERS兽残专用提取包，涡旋混合30s，8000r/min离心5min。

（三）净化

取上清液2mL于QuEChERS兽残专用净化管中，涡旋混合30s，8000r/min离心5min。取上清液1mL，加200μL水涡旋混匀，室温下氮吹至近干。加10%甲醇水溶液定容至1mL，超声溶解，过0.22μm微孔滤膜，待LC-MS/MS分析。

五、试样分析

（一）液相色谱条件

安捷伦1290超高效液相色谱-6460三重串联四极杆质谱联用仪。

① 色谱柱：ACQUITY UPLC® BEH C18柱，2.1mm（内径）×100mm，1.7μm或相当者。

② 流动相：A，0.1%甲酸水溶液+2mmol/L乙酸铵；B，甲醇。

③ 梯度洗脱程序见表6-36。

④ 流速：0.3mL/min。

⑤ 柱温：40℃。

⑥ 进样体积：5μL。

表 6-36　液相梯度洗脱程序

时间/min	A/%	B/%
0.00	90	10
0.50	90	10
3.00	70	30
8.00	30	70
10.00	0	100
13.00	0	100
13.01	90	10
16.00	90	10

（二）质谱条件

① 电离源：电喷雾正离子模式 ESI（+）。

② 毛细管电压：3500V。

③ 干燥气温度：350℃。

④ 干燥气流量：11L/min。

⑤ 雾化器压力：40psi。

⑥ 质谱扫描方式：多反应监测，锥孔电压、碰撞能量、分析物母离子及子离子等质谱多反应监测实验条件见表 6-37。

表 6-37　质谱部分仪器参数

化合物名称	母离子(*m*/*z*)	子离子(*m*/*z*)	锥孔电压/V	碰撞能量/eV
甲硝唑	172.1	128① 82	90	12 26
氧氟沙星	362	318.1① 261.1	140	14 26
培氟沙星	334.1	316.2① 290.2	130	20 16
诺氟沙星	320	302.1① 276.1	130	20 15
洛美沙星	352.1	308.1① 265.1	130	10 20
环丙沙星	332.1	314.1① 231	135	20 42
达氟沙星	358.2	340.2① 255.1	138	20 40
二氟沙星	400.2	382.1① 356.2	138	20 16
恩诺沙星	360.2	342.2① 316.3	123	20 16
氟甲喹	262	244.1① 202	94	16 36
噁喹酸	262	244.1① 216	83	18 28
沙拉沙星	386.1	368.1① 299.1	128	15 24

续表

化合物名称	母离子(m/z)	子离子(m/z)	锥孔电压/V	碰撞能量/eV
强力霉素	445.1	428.1[①] 153.9	114	13 29
土霉素	461.1	443.1[①] 426.1	119	5 13
金霉素	479.1	462.1[①] 443.9	114	9 17
四环素	445.1	427.11 410.1	114	5 13
噁喹酸-d_5	267	249	100	15
氟甲喹-$^{13}C_3$	265	246.9	100	20
甲硝唑-d_4	176.2	128.1[①]	90	14
恩诺沙星-d_5	365	346.8	120	18

① 定量离子。

（三）标准曲线制备

本实验采用同位素标记内标法定量。

用标准工作液配置 1.0μg/L，2.0μg/L，5.0μg/L，10μg/L，20μg/L，50μg/L、100μg/L 浓度的标准系列溶液，并加入内标工作液，使内标浓度均为 20μg/L。以标准溶液浓度为横坐标，待测组分与内标物的峰面积之比为纵坐标绘制内标工作曲线，按内标法计算样品中甲硝唑、喹诺酮和四环素的含量。

（四）空白试验

除不加样品外，采用完全相同的测定步骤进行操作。

（五）样品测定

样品中待测物色谱峰的保留时间与相应标准色谱峰的保留时间一致，变化范围应在±2.5%之内。待测化合物的定性离子的重构离子色谱峰的信噪比≥3，定量离子的重构离子色谱峰的信噪比≥10。同一检测批次，样品中的两个子离子的相对丰度比与浓度相当的标准溶液相比，各离子对的相对丰度应与校正溶液的相对丰度一致，误差不超过表 6-38 中规定的范围。

表 6-38 定性时相对离子丰度的最大允许偏差

相对离子丰度/%	≤10	>10～20	>20～50	>50
允许相对偏差/%	±50	±30	±25	±20

六、质量控制

① 定性：在相同的实验条件下进行标准品和样品测定分析，如果①样品检出的色谱峰的保留时间与标准品相一致（0.4min 窗口），②样品质谱图在扣除背景后所选择的特征离子均出现，并且对应的离子丰度比与标准对照品相比，其允许最大偏差在表 6-39 范围内，则可判断本样品存在该种目标化合物。

② 定量：按照上述操作步骤，按照基质加标配制系列低浓度样品进样检测，以液相色谱-串联质谱（LC-MS/MS）测定的信噪比>3 作为检测限，信噪比>10 作为定量限。

③ 平行试验：按以上步骤操作，需对同一样品进行独立两次分析测定，测定的两次结果的绝对差值不得超过算术平均值的 15%。

七、结果计算

按下式计算样品中待测物的含量。

$$X = \frac{c \times V}{m} \times f$$

式中 X——试样中待测物的含量，μg/kg；

c——样液中待测物的浓度，μg/L；

V——样液定容体积，mL；

f——稀释倍数（本标准操作规程为 $f=2$）；

m——试样质量，g。

计算结果需扣除空白值，测定结果用平行测定的算术平均值表示，保留三位有效数字，平行样品间相对标准偏差小于等于 15%。

八、技术参数

（一）检出限、定量限和线性范围

在试样取样量为 5g，最终定容体积为 1mL 时，按 3 倍信噪比测得检出限 LOD 和以 10 倍信噪比测得的定量限 LOQ（见表 6-39）。甲硝唑、喹诺酮和四环素在 1～100μg/L 范围内线性良好，相关系数 $r>0.995$。

表 6-39 鸡肉的方法检出限及定量限 单位：μg/kg

物质名称	甲硝唑	氧氟沙星	培氟沙星	诺氟沙星	洛美沙星	环丙沙星	达氟沙星	恩诺沙星
方法检出限	0.50	0.50	1.50	1.50	0.50	5.0	1.50	5.0
方法定量限	2.0	2.0	5.0	5.0	2.0	15.0	5.0	15.0
物质名称	沙拉沙星	二氟沙星	噁喹酸	强力霉素	土霉素	四环素	金霉素	氟甲喹
方法检出限	0.50	5.0	1.5	2.50	2.50	2.50	2.5	1.5
方法定量限	2.0	15.0	5.0	7.0	7.0	7.0	7.0	5.0

（二）回收率和精密度

回收率实验采用三个加标浓度 2.0μg/kg、5.0μg/kg、16μg/kg，每个添加水平平行测定 6 次，回收率和精密度见表 6-40。

表 6-40 鸡蛋加标回收率及精密度

物质名称	加标量/(μg/kg)	回收率范围/%	平均回收率/%	RSD/%
甲硝唑	2.0	70.0～88.7	78.1	9.0
	5.0	95.6～120	108	7.8
	16	84.3～102	90.0	6.8

续表

物质名称	加标量/(μg/kg)	回收率范围/%	平均回收率/%	RSD/%
氧氟沙星	2.0	88.2～109	98.8	8.9
	5.0	96.4～128	112	9.8
	16	93.2～124	105	9.8
培氟沙星	2.0	88.9～106	96.7	7.0
	5.0	96.0～117	102	8.2
	16	84.2～108	99.9	8.2
诺氟沙星	2.0	53.8～71.4	60.9	9.6
	5.0	61.0～79.7	68.9	9.0
	16	59.0～79.4	67.9	9.8
洛美沙星	2.0	79.0～102	87.2	9.6
	5.0	79.0～100	98.7	9.8
	16	95.3～115	106	7.0
环丙沙星	2.0	55.9～71.9	62.3	9.1
	5.0	66.6～82.5	73.9	9.6
	16	59.4～73.8	69.9	7.5
达氟沙星	2.0	76.4～99.5	89.3	9.4
	5.0	81.0～100	88.9	7.4
	16	77.9～96.8	89.8	7.3
二氟沙星	2.0	84.0～103	93.1	7.3
	5.0	112～138	123	7.1
	16	128～161	144	9.7
恩诺沙星	2.0	85.7～103	93.1	8.9
	5.0	104～130	114	9.1
	16	96.6～130	115	9.5
氟甲喹	2.0	103～110	106	2.5
	5.0	106～136	120	8.0
	16	106～135	122	9.6
噁喹酸	2.0	85.7～96.2	90.2	4.6
	5.0	89.8～116	100	9.8
	16	99.5～121	109	9.5
沙拉沙星	2.0	86.0～110	92.3	9.7
	5.0	102.5～130	114	9.8
	16	100～125	116	7.6
强力霉素	2.0	78.0～98.0	83.8	8.7
	5.0	60.5～73.8	65.2	8.0
	16	46.9～58.8	54.0	7.2
土霉素	2.0	74.6～92.0	82.1	8.8
	5.0	59.5～73.9	66.1	9.6
	16	39.3～51.4	46.0	9.9
金霉素	2.0	73.9～94.8	83.6	9.7
	5.0	60.3～76.4	65.1	9.5
	16	55.0～70.5	64.2	8.5

续表

物质名称	加标量/(μg/kg)	回收率范围/%	平均回收率/%	RSD/%
四环素	2.0	74.9～91.9	81.9	8.7
	5.0	53.7～68.5	62.4	9.6
	16	45.6～56.1	51.0	7.8

九、注意事项

上机检测的溶剂与流动相保持一致可以消除溶剂效应影响。

十、资料性附录

分析图谱如图 6-10。

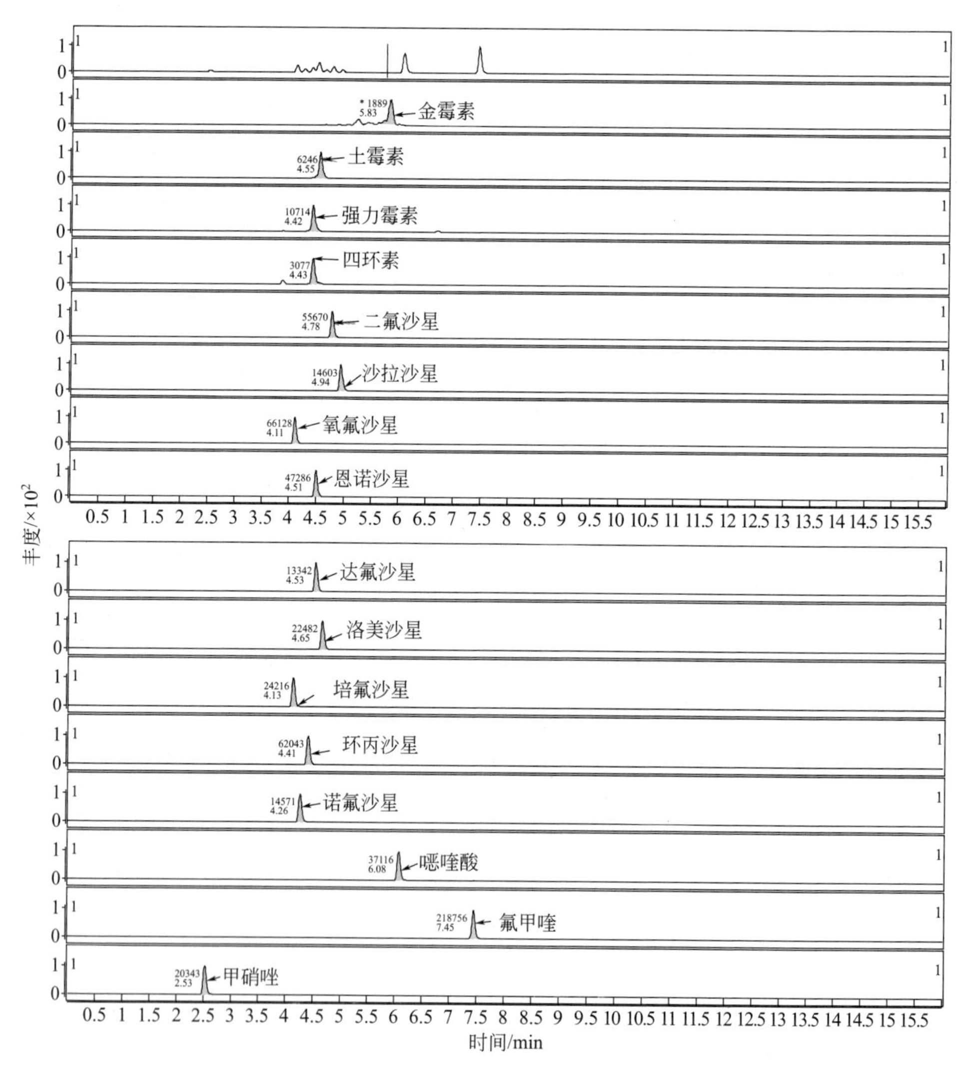

图 6-10 甲硝唑、11 种喹诺酮和 4 种四环素的定性离子流图

参考文献

[1] 动物源性食品中 14 种喹诺酮药物残留检测方法 液相色谱-质谱-质谱法：GB/T 21312—2007 [S].

[2] 动物源产品中喹诺酮类残留量的测定液相色谱-串联质谱法：GB/T 20366—2006 [S].

[3] 牛奶和奶粉中 16 种磺胺类药物残留量的测定 液相色谱-串联质谱法：GB/T 22966—2008 [S].

[4] 牛奶和奶粉中恩诺沙星、达氟沙星、环丙沙星、沙拉沙星、奥比沙星、二氟沙星和麻保沙星残留量的测定 液相色谱-串联质谱法：GB/T 22985—2008 [S].

[5] 动物源性食品中 16 种喹诺酮类药物残留量检测方法 液相色谱-质谱/质谱法：SN/T 1751. 2—2007 [S].

[6] 农业部 781 号公告-6-2006. 鸡蛋中氟喹诺酮类药物残留量的测定高效液相色谱法.

[7] 包晓丽，任一平，张虹. 超高效液相色谱-电喷雾串联四级杆质谱法检测牛奶中 22 种喹诺酮类抗菌素 [J]. 分析化学，2009，37（3）：389-394.

[8] 国家食品安全风险评估中心. 禽类食品中金刚烷胺和利巴韦林及其代谢物总残留量测定的标准操作程序 液相色谱-质谱/质谱法//2017 年国家食品污染和有害因素风险监测工作手册 [M]. 2016.

[9] 蜂蜜中土霉素、四环素、金霉素、强力霉素残留量的测定方法动液相色谱串联质谱法：GB/T 18932. 23—2003 [S].

[10] 农业部 1025 号公告-12-2008. 鸡肉、猪肉中四环素类药物残留检测液相色谱-串联质谱法 [EB].

[11] 动物源性食品中四环素类兽药残留量检测方法 液相色谱-质谱/质谱法与高效液相色谱法：GB/T 21317—2007 [S].

[12] 蜂王浆中土霉素、四环素、金霉素、强力霉素残留量的测定 液相色谱-质谱/质谱法：GB/T 23409—2009 [S].

[13] 动物源性食品中多种 β-受体激动剂残留量的测定 液相色谱串联质谱法：GB/T 22286—2008 [S].

[14] 动物源性食品中 β-受体激动剂残留检测方法 液相色谱-质谱/质谱法：GB 21313—2007 [S].

[15] 李晓东，赵颖，徐宜宏，等. QuEChERs 试剂盒-超高效液相色谱串联质谱法同时检测畜禽肉种 18 种喹诺酮类兽药残留研究 [J]. 畜牧与饲料科学，2016，37（12）：12-16.

[16] 吴健，朱峰，吉文亮，等. 高效液相色谱-质谱联用法同时检测水体中 14 种喹诺酮类药物残留 [J]. 食品安全质量检测学报，2015，6（12）：4966-4974.

[17] 王军淋，胡争艳，蔡增轩，等. 固相萃取-超高效液相色谱-串联质谱法同时检测消毒产品中的 4 种抗生素 [J]. 中国卫生检验杂志，2015，25（23）：4015-4018.

[18] 权伍英，栾燕，谷晶，等. 鸡蛋中甲硝唑残留的液相色谱-串联质谱检测方法研究 [J]. 中国卫生检验杂志，2007（02）：231-232+295.

附录　本章涉及物质化学信息

中文名称	英文名称	CAS RN
4-差向土霉素	4-epioxytetracycline	14206-58-7
4-差向金霉素	4-epichlortetracycline	14297-93-9 101342-45-4(盐酸盐)
沙美特罗-d_3	salmeterol-d_3	497063-94-2
莱克多巴胺-d_5	ractopamine-d_5	
克伦特罗-d_6	clenbuterol-d_6	1346601-00-0

续表

中文名称	英文名称	CAS RN
莱克多巴胺-d_6 盐酸盐	ractopamine-d_6 hydrochloride	1276197-17-1
克伦异磅特罗-d_7 盐酸盐	clenisopenterol-d_7 hydrochloride	1794752-28-5
克伦普罗-d_7，克伦丙罗-d_7	clenproperol-d_7	1173021-09-4
马布特罗-d_9，氘代马布特罗	mabuterol-d_9 hydrochloride	1246819-58-8
克伦特罗-d_9	clenbuterol-d_9	129138-58-5
特布他林-d_9，氘代特布他林	terbutaline-d_9	1189658-09-0
二甲胺四环素(米诺环素)	minocycline	10118-90-8
二甲胺四环素盐酸盐	minocycline hydrochloride	13614-98-7
二甲基金刚胺盐酸盐	memantine hydrochloride	19982-08-2
土霉素	oxytetracycline	79-57-2
土霉素盐酸盐	oxytetracycline hydrochloride	2058-46-0
马布特罗	mabuterol	56341-08-3
马布特罗盐酸盐	mabuterol hydrochloride	54240-36-7
马喷特罗	mapenterol	95656-68-1
马喷特罗盐酸盐	mapenterol hydrochloride	54238-51-6
双氟沙星(二氟沙星)	difloxacin	98106-17-3
双氟沙星盐酸盐	difluoxacin hydrochloride	91296-86-5
去甲金霉素(地美环素)	demeclocycline	127-33-3
去甲金霉素盐酸盐	demeclocycline hydrochloride	64-73-3
甲烯土霉素(美他环素)	methacycline	914-00-1
甲硝唑	metronidazole，MNZ	443-48-1
甲硝唑-d_4	metronidazole-d_4，MNZ-d_4	1261392-47-5
四环素	tetracycline	60-54-8
四环素盐酸盐	tetracycline hydrochloride	64-75-5
西马特罗-d_7，氘代西马特罗	cimaterol-d_7	1228182-44-2
西马特罗，塞曼特罗	cimaterol	54239-37-1
西布特罗-d_9	cimbuterol-d_9	1246819-04-4
达氟沙星，达诺沙星	danofloxacin	112398-08-0
达氟沙星甲磺酸盐	danofloxain mesylate	119478-55-6
异丙喘宁，奥西那林	metaproterenol	586-06-1
异丙喘宁硫酸盐	orciprenaline sulfate	5874-97-5
克伦异磅特罗	clenisopenterol	157664-68-1

续表

中文名称	英文名称	CAS RN
克伦异磅特罗盐酸盐	clenisopenterol hydrochloride	1435935-00-4
克伦特罗盐酸盐	clenbuterol hydrochloride	21898-19-1
克伦普罗，克伦丙罗	clenproperol	38339-11-6
克伦磅特罗，克伦潘特	clenpenterol	38339-21-8
沙丁胺醇	salbutamol	18559-94-9
沙丁胺醇-d_6	salbutamol-d_6	1655498-05-7
沙丁胺醇-d_9	salbutamol-d_9	
沙拉沙星	sarafloxacin	98105-99-8
沙拉沙星盐酸盐	sarafloxacin hydrochloride	91296-87-6
沙美特罗	salmeterol	89365-50-4
环丙沙星	ciprofloxacin	85721-33-1
环丙沙星盐酸盐	ciprofloxacin hydrochloride	93107-08-5 86483-48-9(一水)
金刚乙胺盐酸盐	rimantadine hydrochloride	1501-84-4
金刚烷胺	amantadine	768-94-5
金霉素	chlortetracycline	57-62-5
金霉素盐酸盐	chlortetracycline hydrochloride	64-72-2
氟甲喹	flumequin	42835-25-6
氟甲喹-$^{13}C_3$	flumequin-$^{13}C_3$	1185049-09-5
氟甲腈	fipronil desulfinyl	205650-65-3
氟虫腈	fipronil	120068-37-3
氟虫腈亚砜	fipronil sulfide	120067-83-6
氟虫腈砜	fipronil sulfone	120068-36-2
氟苯尼考(氟洛芬)	florfenicol	73231-34-2
氟苯尼考胺(氟甲砜霉素胺)	florfenicol amine	76639-93-5
差向四环素	4-epi-tetracycline	79-85-6
差向四环素盐酸盐	4-epi-tetracycline hydrochloride	23313-80-6
洛美沙星	lomefloxacin	98079-51-7
洛美沙星盐酸盐	lomefloxacin hydrochloride	98079-52-8
班布特罗	bambuterol	81732-65-2
班布特罗盐酸盐	bambuterol hydrochloride	81732-46-9
莱克多巴胺	ractopamine	97825-25-7

续表

中文名称	英文名称	CAS RN
莱克多巴胺盐酸盐	ractopamine hydrochloride	90274-24-1
噁喹酸(奥索利酸)	oxolinic acid	14698-29-4
噁喹酸-d_5	oxolinic acid-d_5	1189890-98-9
恩诺沙星	enrofloxacin	93106-60-6
恩诺沙星-d_5	enrofloxacin-d_5	1173021-92-5
氧氟沙星(菲宁达)	ofloxacin	82419-36-1
特布他林	terbutaline	23031-25-6
特布他林硫酸盐	terbutaline sulfate	23031-32-5
诺氟沙星	norfloxacin	70458-96-7
培氟沙星	pefloxacin	70458-92-3
培氟沙星甲磺酸盐	levofloxacin methylate	70458-95-6
强力霉素	doxycycline	564-25-0
强力霉素盐酸盐	doxycycline hydrochloride	10592-13-9
溴布特罗	brombuterol	41937-02-4
溴布特罗盐酸盐	brombuterol hydrochloride	21912-49-2
塞布特罗,西布特罗	cimbuterol	54239-39-3
福莫特罗	formoterol	73573-87-2
福莫特罗富马酸盐	formoterol fumarate	43229-80-7
磺胺间二甲基嘧啶	sulfamethazine	57-68-1
磺胺嘧啶	sulfadiazine	68-35-9

第七章
食品中生物毒素的测定

第一节　食品中黄曲霉毒素的测定

花生、大米、花椒等食品中黄曲霉毒素 B_1、黄曲霉毒素 B_2、黄曲霉毒素 G_1、黄曲霉毒素 G_2 的测定

一、适用范围

本规程规定了黄曲霉毒素 B_1、黄曲霉毒素 B_2、黄曲霉毒素 G_1、黄曲霉毒素 G_2 检测的制样方法、免疫亲和层析光化学柱后衍生液相色谱荧光检测方法。

本规程适用于花生、大米、花椒、辣椒、酿造酱、酿造酱油、啤酒中黄曲霉毒素 B_1、黄曲霉毒素 B_2、黄曲霉毒素 G_1、黄曲霉毒素 G_2 的测定。

二、方法提要

样品经过甲醇-水溶液提取，过黄曲霉毒素免疫亲和层析柱净化，柱后光化学衍生后，高效液相色谱分离，荧光检测器测定黄曲霉毒素 B_1、黄曲霉毒素 B_2、黄曲霉毒素 G_1、黄曲霉毒素 G_2 的含量。

三、仪器设备和试剂

（一）仪器和设备

① 高效液相色谱仪，LC-10Atvp 型，配荧光检测器，岛津公司。

② 光化学衍生器，AURA 公司。

③ 高速均质器：达到 18000 ～22000r/min。

④ 黄曲霉毒素总量免疫亲和柱，华安麦科生物技术公司（P/N：HCM0125）。

⑤ 玻璃微纤维滤纸，维康公司。

⑥ 泵流操作架，华安麦科生物技术公司。

⑦ 色谱柱：C18 柱，4.6mm（内径）×150mm×5μm，CLOVER 公司。

⑧ 离心机：9500r/min，SIGMA 公司。

（二）试剂和耗材

除另有规定外，所用试剂均为分析纯，实验用水符合 GB/T 6682 所规定的一级水要求。

① 甲醇：色谱纯。

② 甲醇＋水（7＋3）：取甲醇 700mL，加 300mL 水。

③ 乙腈＋水（8＋2）：取乙腈 800mL，加 200mL 水。

④ 甲醇＋水（8＋2）：取甲醇 800mL，加 200mL 水。

⑤ 氯化钠：分析纯。

⑥ 吐温-20 溶液：1%，取 1mL 吐温-20，加水定容至 100mL。

（三）标准品及标准物质

标准物质：黄曲霉毒素 B_1、黄曲霉毒素 B_2、黄曲霉毒素 G_1、黄曲霉毒素 G_2 混合标准物质（B_1：250ng/mL，B_2：251ng/mL，G_1：257ng/mL，G_2：256ng/mL）：Romer Labs®公司（CN：002022），－18～－22℃避光保存。

四、试样的处理

（一）试样的预处理

液体样品（酱油、啤酒等）：将所有液体样品在一个容器中用匀浆机混匀后，取其中任意的100g试样，储存于样品瓶中，密封4℃保存，供检测用。

固体样品（花生、大米、花椒和辣椒等）：样品用高速粉碎机将其粉碎，过筛，使其粒径小于2mm孔径试验筛，混合均匀后缩分至100g，储存于样品瓶中密封4℃保存，供检测用。

半流体（黄豆酱、甜面酱等）：用组织捣碎机捣碎混匀后，储存于样品瓶中，密封4℃保存，供检测用。

（二）提取

花生、大米：粉碎过筛后准确称取4.00g于50mL刻度离心管中，加入0.8g氯化钠，加甲醇＋水（7＋3）20.0mL，以均质器高速搅拌提取2min，9000r/min，4℃离心10min，取7mL上清液，加入14mL水稀释。提取液经玻璃纤维滤纸，准确移取15.0mL滤液，备用。

啤酒：试样倒入烧杯中超声30min除尽二氧化碳，准确称取试样5.00g于15mL刻度离心管中，加入10.0mL水稀释备用。

酿造酱油：称取试样10.00g于50mL刻度离心管中，加入氯化钠0.5g，加入甲醇＋水（8＋2）10.0mL，以均质器高速搅拌提取1min。9000r/min低温4℃离心10min。取上清液7mL，加水28mL稀释。提取液经玻璃微纤维滤纸过滤，准确移取滤液10.0mL，备用。

花椒、花椒粉、干辣椒、辣椒粉、黄豆酱、甜面酱等酿造酱：称取试样4.00g于50mL刻度离心管中，加入乙腈＋水（8＋2）20.0mL，以均质器高速搅拌提取1min，6000r/min低温4℃离心5min。取上清液7mL，加水28mL稀释。提取液经玻璃微纤维滤纸过滤，准确移取滤液25.0mL，备用。

（三）净化

将免疫亲和柱连接于10.0mL注射器下。

将准确移取好的样品提取滤液注入玻璃注射器中，将空气泵与玻璃注射器连接，调节压力使溶液以约2mL/min（1滴/s）流速缓慢通过免疫亲和柱，直至2～3mL空气通过柱体。酱油、花椒、辣椒等颜色深的样品，上样后加入2～3mL的1%吐温-20，有助于脱色。

以2～3mL/min（1～2滴/s）流速用10.0mL水淋洗柱子2次，弃去全部流出液，并使2～3mL空气通过柱体。

准确加入1.0mL甲醇洗脱，流速为1～2mL/min（1滴/s），收集全部洗脱液于玻璃试管中，待进行仪器测定。

五、试样分析

（一）高效液相色谱条件

① 荧光检测器：激发波长 360nm，发射波长 420nm。

② 流动相：甲醇＋水＝45＋55（体积比）。

③ 流速：0.8mL/min。

④ 柱温：40℃。

⑤ 进样体积：10μL。

（二）标准曲线的制作

用黄曲霉毒素 B_1、黄曲霉毒素 B_2、黄曲霉毒素 G_1、黄曲霉毒素 G_2 混合标准物质配制 0.5μg/L，1μg/L，2μg/L，5μg/L，10μg/L，20μg/L 浓度的标准系列溶液。以标准物质浓度为横坐标，待测组分峰面积为纵坐标，绘制工作曲线。

（三）空白试验

除不加样品外，采用完全相同的测定步骤进行操作。

（四）样品测定

样品中待测物色谱峰的保留时间与相应标准色谱峰的保留时间一致，变化范围应在±2.5%之内，按外标法计算样品中黄曲霉毒素的含量。

六、质量控制

（一）线性范围

黄曲霉毒素 B_1、黄曲霉毒素 B_2、黄曲霉毒素 G_1、黄曲霉毒素 G_2 在 0.5～20μg/L 范围内线性良好，相关系数 $\gamma>0.995$。

（二）回收率和精密度

回收率实验采用三个加标浓度，0.5μg/kg、5.0μg/kg、10.0μg/kg，在 $n=6$ 时，不同样品中黄曲霉毒素回收率和精密度见表 7-1～表 7-7。

表 7-1　花生回收率及精密度测定结果（$n=6$）

名称	添加浓度/(μg/kg)	回收率范围/%	平均回收率/%	RSD/%
黄曲霉毒素 B_1	0.5	84.7～108.5	96.6	5.2
	5.0	77.3～101.2	85.7	6.5
	10.0	75.1～96.6	86.5	4.5
黄曲霉毒素 B_2	0.5	90.5～115.3	106.1	6.1
	5.0	70.1～88.4	80.2	6.4
	10.0	73.4～92.5	84.7	3.6
黄曲霉毒素 G_1	0.5	75.2～106.5	86.2	4.7
	5.0	65.4～84.6	71.1	7.8
	10.0	76.2～102.3	82.3	10.7

续表

名称	添加浓度/(μg/kg)	回收率范围/%	平均回收率/%	RSD/%
黄曲霉毒素 G_2	0.5	78.3～107.5	83.6	10.4
	5.0	69.1～79.3	75.2	7.9
	10.0	77.5～96.3	85.4	7.8

表 7-2 大米回收率及精密度测定结果（$n=6$）

名称	添加浓度/(μg/kg)	回收率范围/%	平均回收率/%	RSD/%
黄曲霉毒素 B_1	0.5	74.7～108.5	85.5	5.3
	5.0	72.3～91.2	79.2	7.9
	10.0	75.1～106.6	82.8	6.4
黄曲霉毒素 B_2	0.5	71.5～115.3	84.2	7.5
	5.0	70.1～108.4	82.7	6.8
	10.0	73.4～112.5	80.9	6.7
黄曲霉毒素 G_1	0.5	72.2～109.5	82.5	6.9
	5.0	75.4～114.6	80.2	9.8
	10.0	76.2～112.3	77.2	9.1
黄曲霉毒素 G_2	0.5	78.3～107.5	81.2	5.2
	5.0	69.1～109.3	78.1	10.1
	10.0	75.5～110.3	75.1	11.4

表 7-3 干辣椒回收率及精密度测定结果（$n=6$）

名称	添加浓度/(μg/kg)	回收率范围/%	平均回收率/%	RSD/%
黄曲霉毒素 B_1	0.5	74.7～108.5	81.6	14.1
	5.0	72.3～88.2	78.2	5.4
	10.0	75.1～96.6	88.3	5.9
黄曲霉毒素 B_2	0.5	71.5～115.3	83.4	6.7
	5.0	70.1～78.4	75.8	3.4
	10.0	73.4～82.5	78.7	3.6
黄曲霉毒素 G_1	0.5	82.2～109.5	104.5	5.8
	5.0	70.4～84.6	77.9	2.3
	10.0	76.2～112.3	90.7	4.4
黄曲霉毒素 G_2	0.5	78.3～108.5	83.3	8.2
	5.0	69.1～89.3	73.4	5.1
	10.0	75.5～90.3	83.2	3.7

表 7-4 花椒回收率及精密度测定结果（$n=6$）

名称	添加浓度/(μg/kg)	回收率范围/%	平均回收率/%	RSD/%
黄曲霉毒素 B_1	0.5	74.7～106.5	87.2	9.7
	5.0	77.3～101.2	89.2	11.3
	10.0	75.1～106.6	81.4	9.2

续表

名称	添加浓度/(μg/kg)	回收率范围/%	平均回收率/%	RSD/%
黄曲霉毒素 B_2	0.5	91.5～110.4	105.3	9.2
	5.0	70.1～88.4	78.7	10.8
	10.0	73.4～92.5	76.2	10.1
黄曲霉毒素 G_1	0.5	82.2～119.5	108.1	9.4
	5.0	77.4～94.6	85.6	5.8
	10.0	75.2～92.3	82.3	8.0
黄曲霉毒素 G_2	0.5	88.3～107.5	101.1	6.8
	5.0	79.1～89.3	85.6	5.9
	10.0	75.5～93.2	84.2	7.1

表 7-5　酱回收率及精密度测定结果（$n=6$）

名称	添加浓度/(μg/kg)	回收率范围/%	平均回收率/%	RSD/%
黄曲霉毒素 B_1	0.5	94.7～108.5	100.4	5.1
	5.0	77.3～91.2	83.9	5.2
	10.0	75.1～96.6	87.7	7.1
黄曲霉毒素 B_2	0.5	101.5～115.3	106.3	2.3
	5.0	70.1～95.4	81.2	7.0
	10.0	73.4～92.5	85.1	9.4
黄曲霉毒素 G_1	0.5	82.2～109.5	97.2	5.3
	5.0	69.4～84.6	75.4	4.7
	10.0	78.2～92.3	84.4	7.7
黄曲霉毒素 G_2	0.5	98.3～117.5	112.3	2.7
	5.0	79.1～89.3	81.9	2.6
	10.0	72.5～90.3	82.4	3.8

表 7-6　酱油回收率及精密度测定结果（$n=6$）

名称	添加浓度/(μg/kg)	回收率范围/%	平均回收率/%	RSD/%
黄曲霉毒素 B_1	0.5	110.8～120.5	116.9	4.0
	5.0	87.7～97.0	91.5	4.7
	10.0	87.0～95.6	92.4	4.4
黄曲霉毒素 B_2	0.5	118.2～130.8	124.9	4.0
	5.0	95.1～104.9	99.4	4.2
	10.0	90.9～101.0	97.4	4.7
黄曲霉毒素 G_1	0.5	121.4～139.8	131.5	6.4
	5.0	96.3～106.7	100.7	4.4
	10.0	95.9～105.6	100.9	4.4

续表

名称	添加浓度/(μg/kg)	回收率范围/%	平均回收率/%	RSD/%
黄曲霉毒素 G_2	0.5	107.8～122.9	113.5	6.0
	5.0	84.3～95.4	89.4	5.4
	10.0	83.3～93.4	89.5	5.5

表 7-7　啤酒回收率及精密度测定结果（$n=6$）

名称	添加浓度/(μg/kg)	回收率范围/%	平均回收率/%	RSD/%
黄曲霉毒素 B_1	0.5	105.3～110.9	107.8	2.1
	5.0	89.2～98.1	93.3	3.6
	10.0	94.5～96.4	95.1	0.7
黄曲霉毒素 B_2	0.5	111.9～114.7	113.1	0.8
	5.0	93.7～102.1	97.1	3.0
	10.0	102.1～105.6	103.7	1.4
黄曲霉毒素 G_1	0.5	102.2～105.6	103.6	1.5
	5.0	91.1～95.2	93.4	1.7
	10.0	96.3～102.3	99.2	2.0
黄曲霉毒素 G_2	0.5	100.7～107.2	103.9	2.8
	5.0	88.2～94.1	90.6	2.2
	10.0	92.8～99.7	96.7	2.5

七、结果计算

试样中黄曲霉毒素检测结果按下式计算：

$$X=\frac{c\times V\times 1000}{m\times 1000}\times f$$

式中　X——试样中黄曲霉毒素 B_1、黄曲霉毒素 B_2、黄曲霉毒素 G_1 或黄曲霉毒素 G_2 的含量，μg/kg；

c——试样中黄曲霉毒素 B_1、黄曲霉毒素 B_2、黄曲霉毒素 G_1 或黄曲霉毒素 G_2 的含量，μg/L；

V——最终甲醇洗脱液体积，mL；

m——试样称取量，g；

f——稀释倍数。本规程中花生、大米、辣椒、花椒、酱 $f=4$；酱油 $f=10$；啤酒 $f=1$。

计算结果保留三位有效数字。

八、技术参数

方法定性限和定量限：以 3 倍信噪比测得方法定性限（LOD），以 10 倍信噪比测得方法定量限（LOQ）。不同样品中黄曲霉毒素的方法定性限和方法定量限见表 7-8。

表 7-8 方法定性限和方法定量限 单位：μg/kg

样品名称	取样量/g	方法定性限				方法定量限			
		B_1	B_2	G_1	G_2	B_1	B_2	G_1	G_2
花生	4.00	0.30	0.30	0.60	0.30	1.0	1.0	2.0	1.0
大米	4.00	0.30	0.30	0.60	0.30	1.0	1.0	2.0	1.0
花椒(粉)	4.00	0.30	0.30	0.60	0.30	1.0	1.0	2.0	1.0
辣椒(粉)	4.00	0.30	0.30	0.60	0.30	1.0	1.0	2.0	1.0
黄豆酱	4.00	0.30	0.30	0.60	0.30	1.0	1.0	2.0	1.0
甜面酱	4.00	0.30	0.30	0.60	0.30	1.0	1.0	2.0	1.0
酱油	10.00	0.30	0.30	0.60	0.30	1.0	1.0	2.0	1.0
啤酒	5.00	0.030	0.010	0.030	0.010	0.10	0.030	0.10	0.030

第二节 食品中脱氧雪腐镰刀烯醇及其衍生物的测定

大米、小米等食品中脱氧雪腐镰刀烯醇及其衍生物的测定

一、适用范围

本规程规定了大米、小米、婴幼儿食品（米粉）、啤酒、馒头、饺子皮、馄饨皮和挂面中脱氧雪腐镰刀烯醇、3-乙酰脱氧雪腐镰刀菌烯醇和15-乙酰脱氧雪腐镰刀菌烯醇高效液相色谱串联质谱法测定方法。

本规程适用于大米、小米、婴幼儿食品（米粉）、啤酒、馒头、饺子皮、馄饨皮和挂面中脱氧雪腐镰刀烯醇、3-乙酰脱氧雪腐镰刀菌烯醇和15-乙酰脱氧雪腐镰刀菌烯醇的测定。

二、方法提要

样品经乙腈-水溶液均质提取、离心、过滤后，上清液经多功能净化柱净化，浓缩定容后进液相色谱串联质谱系统分析，同位素内标法定量。

三、仪器设备和试剂

（一）仪器和设备

① 液相色谱串接质谱仪：配有电喷雾离子源（ESI）。

② 电子天平：感量 0.01g。

③ 涡旋搅拌器。

④ 均质机。

⑤ 氮吹仪。

⑥ 高速冷冻离心机：转速不低于 10000r/min。

⑦ 移液器：量程 10～500μL 和 100～1000μL。

⑧ 多功能净化柱：MycoSep® 226 多功能净化柱，Romer Labs®公司。

⑨ 微孔滤膜：0.22μm，混合型。

⑩ 聚丙烯刻度离心管：50mL。

⑪ 聚丙烯刻度离心管：2mL。

⑫ 具塞玻璃比色管：25mL。

（二）试剂和耗材

除另有说明外，所用试剂均为分析纯以上，水为超纯水。

① 甲醇：高效液相色谱纯。

② 乙腈：高效液相色谱纯。

③ 乙酸铵：色谱纯。

④ 甲酸：色谱纯。

⑤ 氨水（$NH_3 \cdot H_2O$）：优级纯。

⑥ 乙腈-水溶液＝84＋16（体积分数）：量取 160mL 水加入到 840mL 乙腈中，混匀。

⑦ 乙酸铵溶液（10mmol/L）：称取 0.771g 乙酸铵，用水溶解并定容至 1000mL，混匀。

⑧ 乙腈＋乙酸铵溶液（10mmol/L）＝20＋80（体积分数）：量取 20mL 乙腈加入到 80mL 乙酸铵溶液中，混匀。

⑨ 0.2%氨水溶液：移取 1000μL 氨水加入到 500mL 水中，混匀。

（三）标准品及标准物质

所有标准品溶液应在 4℃下避光保存。

① 脱氧雪腐镰刀菌烯醇（DON）、3-乙酰脱氧雪腐镰刀菌烯醇（3-AcDON）和 15-乙酰脱氧雪腐镰刀菌烯醇（15-AcDON）混合液体标准品，浓度分别为 DON：101.6μg/mL，3-AcDON：100.5μg/mL，15-AcDON：100.6μg/mL（同时含有雪腐镰刀菌烯醇 NIV：100.6μg/mL）。

② 脱氧雪腐镰刀烯醇-$^{13}C_{15}$（DON-$^{13}C_{15}$）液体同位素标准溶液（25.5μg/mL）、3-乙酰脱氧雪腐镰刀菌烯醇-$^{13}C_{17}$（3-AcDON-$^{13}C_{17}$）液体同位素标准溶液（25.1μg/mL）。均来自 Romer Labs®公司。

③ 混合标准应用液（10μg/mL）：吸取混合标准溶液 100μL，用乙腈＋（10mmol/L）乙酸铵溶液（20＋80）定容至 1mL，涡旋混匀。

④ 混合同位素内标应用液（0.25μg/mL）：分别吸取 DON-$^{13}C_{15}$ 液体同位素标准溶液（25.5μg/mL）和 3-AcDON-$^{13}C_{17}$ 液体同位素标准溶液（25.1μg/mL）各 100μL，用乙腈＋（10mmol/L）乙酸铵溶液（20＋80）定容至 10mL，混匀。

⑤ 混合标准系列：准确移取适量混合标准应用液和混合同位素内标应用液，用乙腈＋（10mmol/L）乙酸铵溶液（20＋80）配制成 2.0μg/L、5.0μg/L、10μg/L、20μg/L、50μg/L、100μg/L、200μg/L、500μg/L 和 1000μg/L 的混合标准系列，

每份溶液含 25μg/L 的混合同位素内标。

四、样品的处理

（一）试样的制备与保存

固体样品（已成粉状样品除外）：将样品用谷物粉碎机研磨至粉末状（粒径小于 1mm），装入密封袋中密封好，置于－20℃低温冰箱中保存。

粉状固体样品：密封袋中密封好，置于－20℃低温冰箱中保存。

啤酒样品：密封避光保存于冷藏冰箱中。

（二）提取与净化

固体样品：称取 50g（精确至 0.01g）样品于均质机配套 100mL 萃取杯中，加入 100mL 乙腈－水溶液，均质 3min，5000r/min 离心 15min，取上清液过滤。准确吸取 9.8mL 滤液至 25mL 比色管中，加入 200μL 混合同位素内标应用液，盖塞，涡旋 30s 混匀，将其全部倒入 MycoSep® 226 多功能净化柱的玻璃管内，将多功能净化柱的填料管插入玻璃管中并缓慢推动填料管至净化液析出，取 5.0mL 净化液 50℃下氮气吹干，加入 1.0mL 乙腈＋（10mmol/L）乙酸铵溶液（20＋80）溶解残留物，旋涡混匀 30s，15000r/min，20℃离心 10min，吸取适量上清液微孔滤膜过滤至进样瓶中，待进样。

啤酒类样品：称取 5g（精确至 0.001g）样品于 15mL 刻度离心管中，超声 15min，加入 200μL 混合同位素内标应用液，用乙腈定容至 10mL，盖塞，涡旋 30s 混匀，5000r/min，离心 10min，收集上清液至 MycoSep® 226 多功能净化柱的玻璃管内，将多功能净化柱的填料管插入玻璃管中并缓慢推动填料管至净化液析出，取 5.0mL 净化液 50℃下氮气吹干，加入 1.0mL 乙腈-乙酸铵溶液溶解残留物，旋涡混匀 30s，15000r/min，20℃离心 10min，吸取适量上清液微孔滤膜过滤至进样瓶中，待进样。

空白试验：25mL 比色管中，加入 200μL 混合同位素内标应用液，乙腈-水溶液补齐至 10mL，盖塞，涡旋 30s 混匀，将其全部倒入 MycoSep® 226 多功能净化柱的玻璃管内，将多功能净化柱的填料管插入玻璃管中并缓慢推动填料管至净化液析出，取 5.0mL 净化液 50℃下氮气吹干，加入 1.0mL 乙腈-乙酸铵溶液溶解残留物，旋涡混匀 30s，15000r/min，20℃离心 10min，吸取适量上清液微孔滤膜过滤至进样瓶中，待进样。

五、试样分析

（一）液相色谱参考条件

① 色谱柱：C18 柱，长 50mm，内径 2.1mm，粒径 1.7μm（沃特世公司 ACQUITY UPLC® BEH）。

② 流动相：A，0.2%氨水溶液；B，乙腈。

③ 流动相梯度洗脱程序：见表 7-9。

④ 流速：0.3mL/min。

⑤ 柱温：40℃。

⑥ 样品室温度：10℃。

⑦ 进样量：5μL。

表 7-9　液相色谱梯度洗脱程序

时间/min	A：0.2%氨水溶液/%	B：乙腈/%
0	95	5
1.5	40	60
6.0	5	95
11	5	95
14	95	5
18	95	5

（二）质谱参考条件

① 电离源：电喷雾离子源，ESI－。

② 毛细管电压：2.5kV。

③ 离子源温度：150℃。

④ 脱溶剂气温度：500℃。

⑤ 脱溶剂气流量：800L/h。

⑥ 锥孔反吹气流量：50L/h。

⑦ 检测方式：多离子反应监测 MRM。

⑧ 各种真菌毒素及其内标物的分析参数见表 7-10。

表 7-10　目标物保留时间、定性、定量离子对、锥孔电压和碰撞能量

序号	目标化合物	保留时间/min	离子迁移(m/z)	锥孔电压/V	碰撞能量/eV
1	DON	2.22	295.1>265.1① 295.1>138.1	28	12
2	DON-$^{13}C_{15}$	2.23	310.1>279.1①	28	12
3	3-AcDON-$^{13}C_{17}$	3.55	354>323①	80	0
4	15-AcDON	3.55	337.1>150① 337.1>219	80	4 0
5	3-AcDON	3.57	337.0>307① 337.0>173	80	0

① 定量离子。

（三）空白试验

除不称取试样外，均按上述步骤进行。

六、质量控制

本操作规程的室内回收实验，分别以大米、小米、米粉、啤酒、馒头、饺子皮、馄饨皮和挂面为样品基质，进行三个浓度水平的添加回收试验，三个浓度包括了定量限，每个浓度水平进行 6 次重复实验。结果见表 7-11～表 7-18。

表 7-11　大米回收率结果

名称	添加浓度/(ng/g)	回收率范围/%	平均回收率/%	RSD/%
DON	41	103.8～106.3	105.2	0.8
	205	101.0～101.8	101.2	0.3
	820	104.0～104.3	104.1	0.3
15-AcDON	41	118.2～125.7	120.7	2.3
	205	110.7～113.0	111.1	1.6
	820	100.0～101.3	100.6	0.5
3-AcDON	41	100.5～101.8	100.9	0.5
	205	101.8～104.9	103.5	1.2
	820	98.6～99.3	98.9	0.3

表 7-12　小米回收率结果

名称	添加浓度/(ng/g)	回收率范围/%	平均回收率/%	RSD/%
DON	41	111.3～114.8	113.2	1.1
	205	110.1～111.7	110.8	0.6
	820	103.1～104.0	103.7	0.3
15-AcDON	41	117.1～120.9	118.7	1.2
	205	109.6～118.3	114.0	3.1
	820	102.0～102.6	102.4	0.2
3-AcDON	41	95.3～98.6	96.5	1.3
	205	99.8～101.5	101.0	0.7
	820	104.6～105.1	104.8	0.2

表 7-13　米粉回收率结果

名称	添加浓度/(ng/g)	回收率范围/%	平均回收率/%	RSD/%
DON	41	104.4～107.3	106.0	1.0
	205	100.5～101.5	101.0	0.4
	820	103.3～104.7	104.0	0.6
15-AcDON	41	118.3～120.1	118.9	0.6
	205	108.1～111.4	111.4	1.1
	820	99.3～100.9	100.3	0.6
3-AcDON	41	100.3～101.2	100.7	0.3
	205	102.4～104.6	103.5	0.8
	820	98.0～99.0	98.4	0.4

表 7-14　啤酒回收率结果

名称	添加浓度/(ng/g)	回收率范围/%	平均回收率/%	RSD/%
DON	41	112.5～114.5	113.4	0.7
	205	109.5～111.4	110.6	0.6
	820	104.3～106.6	105.5	0.9

续表

名称	添加浓度/(ng/g)	回收率范围/%	平均回收率/%	RSD/%
15-AcDON	41	115.1～118.7	116.8	1.1
	205	114.8～119.7	117.1	1.6
	820	102.3～103.4	102.8	0.5
3-AcDON	41	95.4～97.9	96.5	1.1
	205	100.4～101.8	101.4	0.6
	820	101.3～103.5	102.3	0.9

表 7-15 馄饨皮中 DON 的回收率及其精密度（$n=6$）

名称	添加浓度/(ng/g)	回收率范围/%	平均回收率/%	RSD/%
DON	20	74.0～87.2	81.0	0.7
	100	72.9～88.1	81.0	0.5
	400	77.2～86.5	83.3	0.4
15-AcDON	20	75.0～88.6	79.4	3.1
	100	84.2～93.8	88.1	2.8
	400	83.4～91.2	86.6	1.4
3-AcDON	20	88.4～90.8	89.2	3.5
	100	79.6～88.4	83.8	1.2
	400	88.6～100.1	95.6	0.5

表 7-16 饺子皮中 DON 的回收率及其精密度（$n=6$）

名称	添加浓度/(ng/g)	回收率范围/%	平均回收率/%	RSD/%
DON	20	74.4～80.1	78.0	1.5
	100	79.0～92.5	85.0	2.8
	400	74.0～95.5	81.8	1.7
15-AcDON	20	75.4～88.1	80.6	0.6
	100	83.9～92.5	87.3	2.8
	400	80.6～92.7	85.5	1.5
3-AcDON	20	85.4～94.3	90.5	1.3
	100	77.8～87.9	84.6	2.7
	400	87.5～96.9	92.8	3.5

表 7-17 馒头中 DON 的回收率及其精密度（$n=6$）

名称	添加浓度/(ng/g)	回收率范围/%	平均回收率/%	RSD/%
DON	20	76.4～85.4	80.0	3.6
	100	80.2～89.1	84.7	2.4
	400	77.0～86.8	83.8	1.5
15-AcDON	20	75.1～86.3	80.7	0.3
	100	80.7～94.6	87.3	4.3
	400	80.6～90.4	85.4	3.7

续表

名称	添加浓度/(ng/g)	回收率范围/%	平均回收率/%	RSD/%
3-AcDON	20	81.5～96.8	89.2	1.2
	100	80.6～90.0	84.0	0.4
	400	91.7～102.8	96.3	2.4

表 7-18　挂面中 DON 的回收率及其精密度（$n=6$）

名称	添加浓度/(ng/g)	回收率范围/%	平均回收率/%	RSD/%
DON	20	75.5～83.7	78.5	0.4
	100	83.4～89.0	86.1	2.6
	400	81.7～90.5	85.3	1.9
15-AcDON	20	73.8～82.0	79.7	1.4
	100	84.6～94.5	89.0	3.6
	400	81.4～90.7	86.3	2.5
3-AcDON	20	84.4～96.6	90.7	1.6
	100	79.5～91.4	86.1	3.1
	400	86.4～98.5	91.8	0.9

七、结果计算

（一）固体试样中真菌毒素含量按下列公式进行计算:

$$X=\frac{c\times V\times 1000}{\frac{m}{100}\times\frac{9.8}{10}\times 5\times 1000}\approx\frac{c\times V\times 20.408}{m}$$

式中　X——试样中真菌毒素的含量，μg/kg；

c——由标准曲线计算得到的试样溶液中真菌毒素的浓度，μg/L；

V——试样的最终定容体积，mL；

m——试样质量，g。

（二）啤酒中真菌毒素含量按下列公式进行计算。

$$X=\frac{c\times V\times 1000}{\frac{m}{10}\times 5\times 1000}=\frac{c\times V\times 2}{m}$$

式中　X——试样中真菌毒素的含量，μg/kg；

c——由标准曲线计算得到的试样溶液中真菌毒素的浓度，μg/L；

V——试样的最终定容体积，mL；

m——试样质量，g。

八、技术参数

（一）定性限

本规程中大米、小米、米粉和啤酒的定性限 DON、15-AcDON、3-AcDON 均为 0.2μg/kg；馒头、饺子皮、馄饨皮和挂面的方法定性限 DON、15-AcDON、3-AcDON 均为 0.8μg/kg。

（二）定量限

本规程中大米、小米、米粉和啤酒的定量限 DON、15-AcDON、3-AcDON 均为 0.7μg/kg；馒头、饺子皮、馄饨皮和挂面的方法定量限 DON、15-AcDON、3-AcDON 均为 2.7μg/kg。

（三）定性

试样中目标化合物色谱峰的保留时间与相应标准色谱峰的保留时间一致，变化范围应在±2.5%之内。待测化合物的定性离子的重构离子色谱峰的信噪比应≥3，定量离子的重构离子色谱峰的信噪比应≥10。每种化合物的质谱定性离子必须出现，至少应包括一个母离子和一个子离子，而且同一检测批次，对同一化合物，样品中目标化合物的两个子离子的相对丰度比与浓度相当的标准溶液相比，其允许偏差不超过表 7-19 规定的范围。

表 7-19　定性时相对离子丰度的最大允许偏差

相对离子丰度	≤10	>10～20	>20～50	>50
允许相对偏差	±50	±30	±25	±20

九、注意事项

① 样品采集和收到后应用纸袋或布袋储存，4℃下避光保存，以避免微生物或霉菌的生长。

② 由于试样中的真菌毒素存在着不均匀性，因此应在抽样中注意抽样量至少 2kg。样品称取之前一定要混合均匀。

十、资料性附录

三种毒素的谱图如图 7-1 所示。

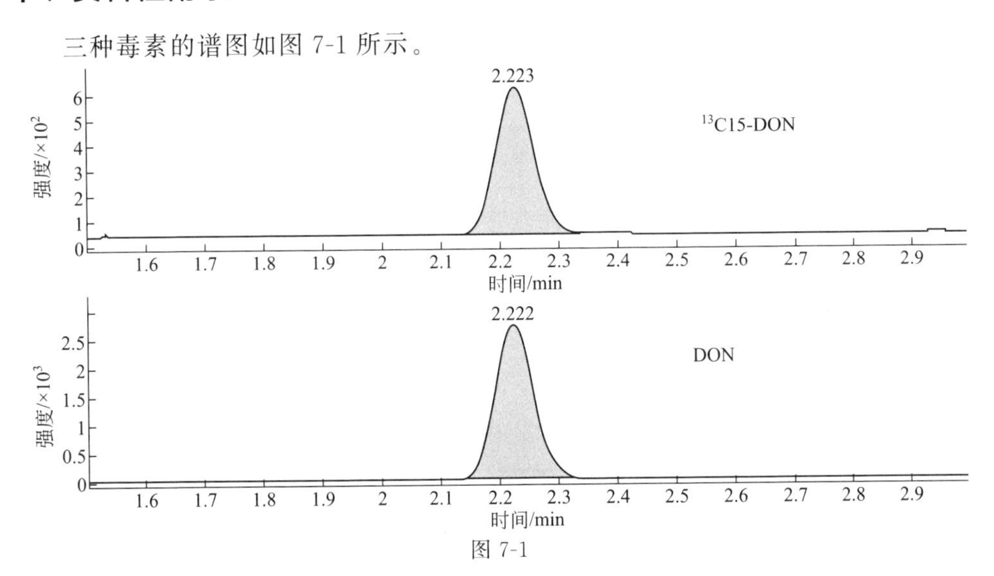

图 7-1

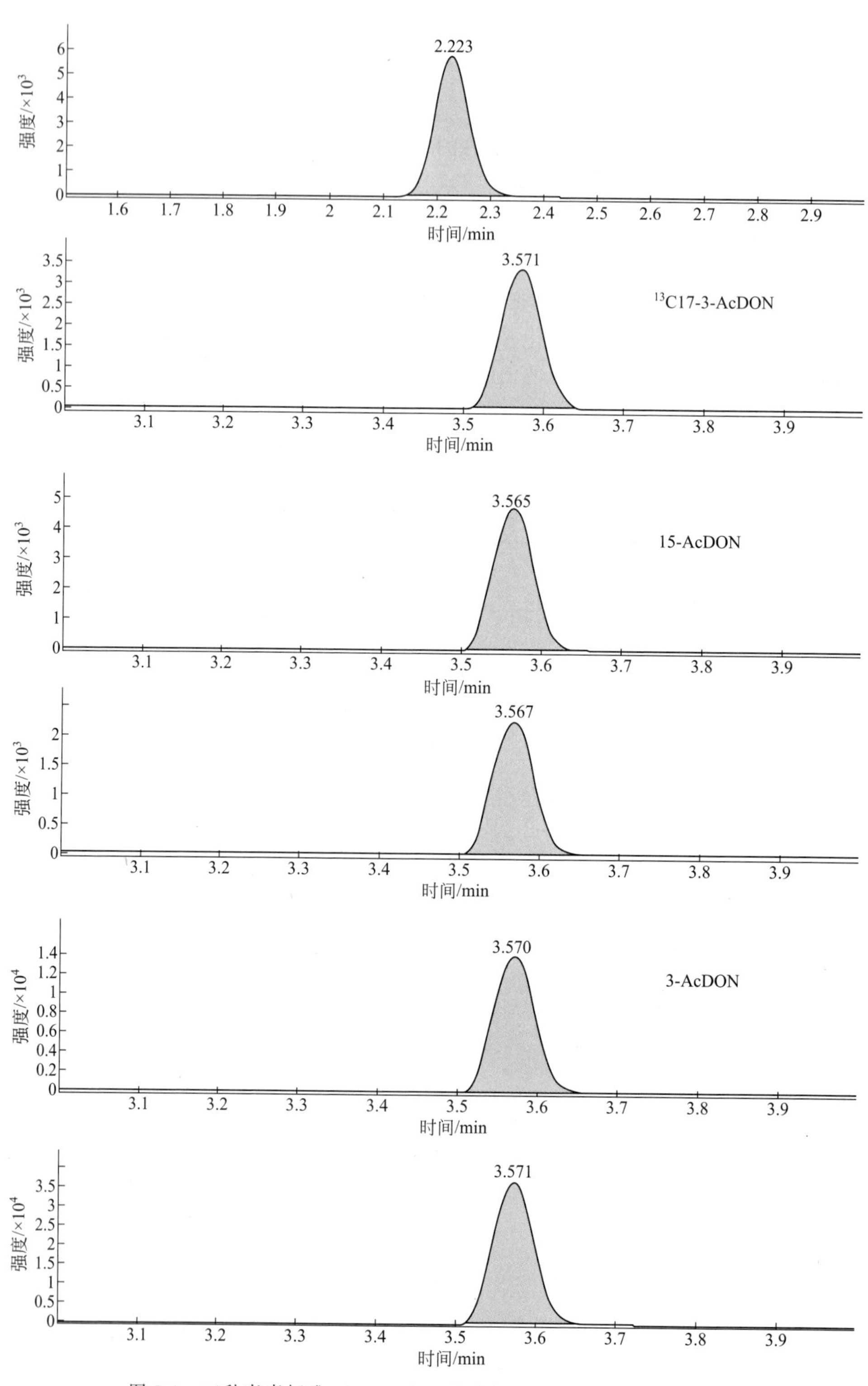

图 7-1 三种毒素标准（200μg/L）和内标（25μg/L）色谱质谱图

第三节　食品中伏马毒素的测定

测定一：啤酒中伏马毒素 B_1、伏马毒素 B_2、伏马毒素 B_3 的测定

一、适用范围

本规程规定了啤酒中伏马毒素 B_1、伏马毒素 B_2、伏马毒素 B_3 的液相色谱串接质谱检测方法。

本规程适用于啤酒中伏马毒素 B_1、伏马毒素 B_2、伏马毒素 B_3 的测定。

二、方法提要

样品静置后，超声波提取，加入乙腈涡旋振荡后，进行液相色谱串联质谱分析，基质匹配外标法定量。

三、仪器设备和试剂

（一）仪器和设备

① 液相色谱串接质谱仪：配有电喷雾离子源（ESI）。

② 超声波清洗机。

③ 涡旋搅拌器。

（二）试剂和耗材

除另有说明外，所用试剂均为分析纯以上。实验用水符合 GB/T 6682 所规定的一级水要求。

① 甲醇：液相色谱纯。

② 乙腈：液相色谱纯。

③ 乙酸铵：色谱纯。

④ 甲酸：色谱纯。

⑤ 0.1%（体积分数）甲酸/水溶液：移取 500μL 甲酸加入到 500mL 水中，超声混匀。

⑥（2mmol/L）乙酸铵-乙腈溶液：称取 0.077g 乙酸铵，用适量水溶解后，用乙腈定容至 500mL，超声混匀。

（三）标准品及标准物质

所有标准品溶液应在 4℃下避光保存。

① 伏马菌素 B_1（FB_1）、伏马菌素 B_2（FB_2）、伏马菌素 B_3（FB_3）的液体标准溶液，浓度均为 50.1μg/mL，Romer Labs® 公司。

② 标准使用液（10μg/mL）：准确移取适量标准溶液，用乙腈定容至 10mL，

配制成 10μg/mL 标准使用液。

③ 混合标准系列：准确移取适量混合标准使用液，用含有基质的提取液配制成 5μg/L、10μg/L、20μg/L、50μg/L、100μg/L 和 200μg/L 的混合标准系列。

四、样品的处理

提取：量取 10mL 样品，静置 1h，敞口超声 20min 后，称取 5g（精确至 0.001g）于 50mL 聚丙烯刻度离心管中，用乙腈定容至 10mL。旋涡混匀 1min，在振荡器上振荡 10min，取 2mL 放入进样瓶中，待测定。

五、试样分析

（一）液相色谱参考条件

① AB SCIEX 3200 QTRAP® 质谱仪。

② 色谱柱：C18 柱，长 100mm，内径 2.1mm，粒径 1.7μm（沃特世公司 ACQUITY UPLC® BEH）。

③ 流动相：A，0.1%甲酸水溶液；B，2mmol/L 乙酸铵/乙腈溶液。梯度洗脱程序见表 7-20。

表 7-20 液相色谱梯度洗脱程序

时间/min	A/%	B/%
0	90	10
1.5	90	10
6.0	50	50
11	5	95
14	5	95
14.1	90	10
18	90	10

④ 流速：0.30mL/min。

⑤ 进样量：10μL。

⑥ 柱温：40℃。

（二）质谱条件

① 离子化模式：电喷雾电离正离子模式（ESI+）。

② 质谱扫描方式：多反应监测。

③ 喷雾电压：5500V。

④ 雾化温度：600℃。

⑤ 雾化器压力：50psi。

⑥ 碰撞气：中等。

⑦ 其他参考质谱条件，见表 7-21。

（三）液相色谱串接质谱测定

表 7-21　质谱仪器参考条件

目标化合物	保留时间/min	离子迁移（m/z）	去簇电压 DP/V	碰撞能量 CE/eV	出口电压 CXP/V	入口电压 CEP/V
伏马毒素 B_1	5.50	722.4>352.4①	76	45	6.00	30.0
		722.4>334.4		45	6.00	30.0
伏马毒素 B_2	6.40	706.3>336.3①	81	41	6.00	28.0
		706.3>318.3		43	6.00	28.0
伏马毒素 B_3	6.00	706.3>336.3①	81	41	6.00	23.8
		706.3>318.3		43	6.00	23.8

① 定量离子。

（四）空白试验

除不称取试样外，均按上述步骤进行。

六、质量控制

本操作规程的室内回收实验，以啤酒为样品基质，进行三个浓度水平的添加回收试验，三个浓度包括了定量限，每个浓度水平进行 6 次重复实验。结果见表 7-22。

表 7-22　回收率结果

名称	添加浓度/(ng/g)	回收率范围/%	平均回收率/%	RSD/%
伏马毒素 B_1	10	90.6～108.5	92.6	3.4
	100	89.6～113.5	100.6	2.1
	400	92.8～110.7	100.7	1.9
伏马毒素 B_2	10	93.7～115.3	94.5	2.7
	100	90.6～106.7	96.5	5.0
	400	87.3～99.5	90.4	0.9
伏马毒素 B_3	10	90.0～106.4	96.2	2.7
	100	88.7～110.9	98.9	1.6
	400	91.4～107.8	96.9	3.0

七、结果计算

试样中各真菌毒素待测含量按下式计算：

$$X=\frac{A\times V\times 1000}{m\times 1000}$$

式中　X——样品中真菌毒素含量，μg/kg；

A——样液中真菌毒素仪器测得值，ng/mL；

V——样液最终定容体积，mL；

m——最终样液所代表的试样量，g；

1000——换算系数。

八、技术参数

方法定性限：本规程的方法定性限伏马毒素 B_1、伏马毒素 B_2、伏马毒素 B_3 为 3.3μg/kg。

定量限：本规程的方法定量限伏马毒素 B_1、伏马毒素 B_2、伏马毒素 B_3 为 10μg/kg。

定性：试样中目标化合物色谱峰的保留时间与相应标准色谱峰的保留时间一致，变化范围应在±2.5%之内。待测化合物的定性离子的重构离子色谱峰的信噪比应≥3，定量离子重构离子色谱峰的信噪比应≥10。每种化合物的质谱定性离子必须出现，至少应包括一个母离子和一个子离子，而且同一检测批次，对同一化合物，样品中目标化合物的两个子离子的相对丰度比与浓度相当的标准溶液相比，其允许偏差不超过表 7-23 规定的范围。

表 7-23　定性时相对离子丰度的最大允许偏差

相对离子丰度/%	≤10	＞10～20	＞20～50	＞50
允许相对偏差/%	±50	±30	±25	±20

九、注意事项

① 样品采集和收到后应用纸袋或布袋储存，4℃下避光保存，以避免微生物或霉菌的生长。

② 样品在处理之前一定要敞口静置，已达到排除 CO_2的作用。

十、资料性附录

三种伏马毒素色谱质谱图如图 7-2。阳性样品色谱质谱图如图 7-3。

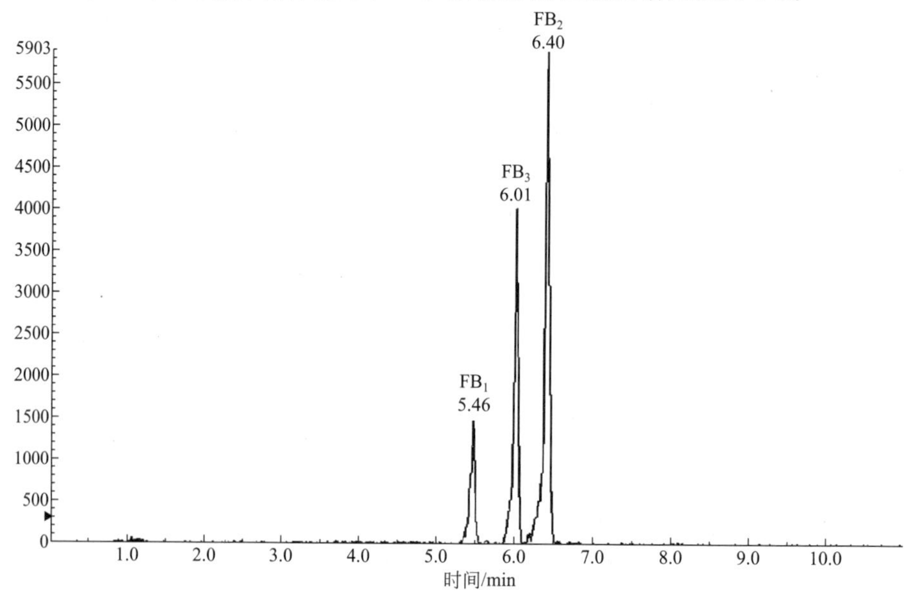

图 7-2　三种伏马毒素标准色谱质谱图

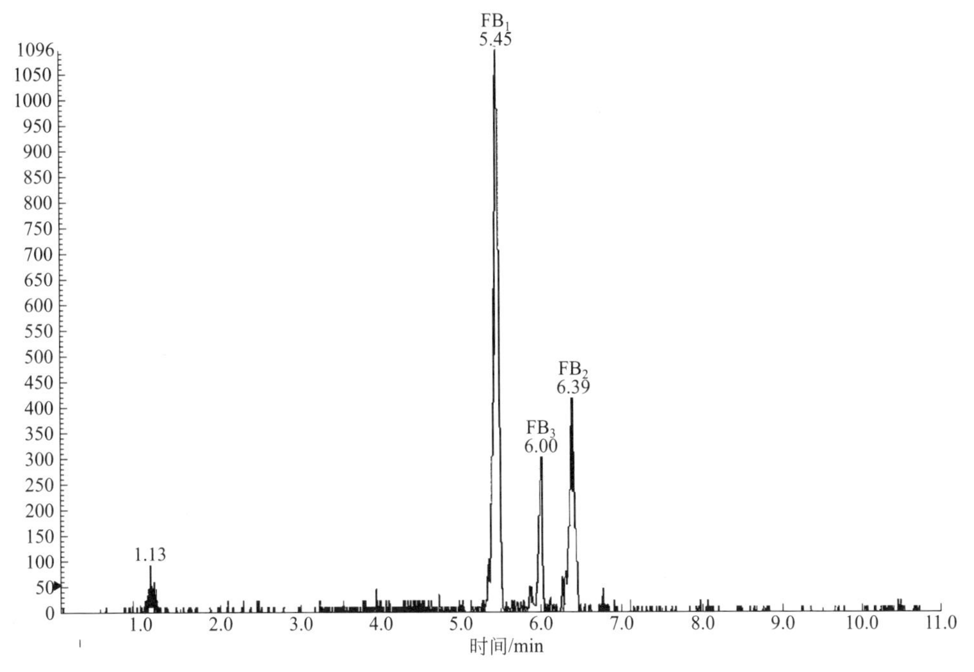

图 7-3　阳性样品色谱质谱图

测定二：　婴儿米粉、小米和大米中伏马毒素 B_1、伏马毒素 B_2、伏马毒素 B_3 的测定

一、适用范围

本规程规定了婴儿米粉、小米和大米中伏马毒素 B_1、伏马毒素 B_2、伏马毒素 B_3 的测定-液相色谱串接质谱检测方法。

本规程适用于婴儿米粉、小米和大米中伏马毒素 B_1、伏马毒素 B_2、伏马毒素 B_3 的测定。

二、方法提要

样品经乙腈-水溶液提取，提取液经稀释、过滤后，用免疫亲和柱净化，通过淋洗去除免疫亲和柱上的杂质，接着用洗脱液过柱，收集后氮气吹干定容，以液相色谱串接质谱测定，外标法定量。

三、仪器设备和试剂

（一）仪器和设备

① 液相色谱串接质谱仪：配有电喷雾离子源（ESI）。

② 氮吹装置。

③ 涡旋搅拌器。

④ 冷冻离心机。

⑤ 高速万能粉碎机。

⑥ 振荡摇床。

（二）试剂和耗材

除另有说明外，所用试剂均为分析纯或以上，实验用水符合 GB/T 6682 所规定的一级水要求。

① 甲醇、乙腈：高效液相色谱纯。

② 甲酸。

③ 乙酸铵。

④ 磷酸氢二钠（$Na_2HPO_4 \cdot 12H_2O$），CAS RN：10039-32-4。

⑤ 氯化钾。

⑥ 磷酸二氢钾（KH_2PO_4），CAS RN：7778-77-0。

⑦ 氯化钠。

⑧ 浓盐酸。

⑨ 0.1mol/L 盐酸溶液：量取 9mL 浓盐酸至 1000mL 容量瓶中，用水稀释至刻度线。

⑩ 1mol/L 氢氧化钠溶液：称取 40.0g 固体氢氧化钠，溶于 1000mL 水中。

⑪ PBS 缓冲溶液（pH＝7.4）：称取氯化钾 0.20g、磷酸二氢钾 0.20g、磷酸氢二钠 2.92g 和氯化钠 8.00g 用 900mL 水溶解，然后用 0.1mol/L 盐酸溶液或 1mol/L 氢氧化钠溶液调节 pH 值到 7.4。

⑫ 0.1%mL 吐温-20/PBS 溶液（PBST 溶液）：量取 0.1mL 吐温-20，加入 PBS 溶液并定容至 100mL。

⑬ 2%乙酸甲醇溶液：量取 2mL 乙酸，加入甲醇定容至 100mL。

⑭ 0.1%甲酸水溶液：量取 1mL 甲酸至 1000mL 容量瓶中，用水稀释至刻度线。

⑮ 2mmol/L 乙酸铵乙腈溶液：称取乙酸铵 0.154g 至 1000mL 容量瓶中，用乙腈稀释至刻度线。

⑯ 50%乙腈水溶液：量取 50mL 乙腈和 50mL 水，混合均匀。

⑰ 免疫亲和柱：伏马毒素（FB_1、FB_2、FB_3）总量免疫亲和柱（伏马毒素 B_1、伏马毒素 B_2、伏马毒素 B_3，HCM0815，3mL，华安麦科），配玻璃微纤维滤纸和玻璃注射器。

⑱ 滤膜：0.22μm 有机滤膜。

（三）标准品及标准物质

所有标准品溶液应在 －20℃下避光保存。

① 伏马毒素 B_1，50μg/mL，Romer Labs® 公司。

② 伏马毒素 B_2，50μg/mL，Romer Labs® 公司。

③ 伏马毒素 B_3，50μg/mL，Romer Labs® 公司。

混合标准工作溶液：根据实验目的分别准确移取一定体积的每种标准溶液，混合后 50℃氮吹至干后，用空白基质溶液重新溶解制成混合标准工作液，4℃下避光保存，可使用一周。

四、样品的处理

（一）试样的制备与保存

固体样品均匀、粉碎，并过2mm分样筛，为试样。

（二）提取

称取试样5g（精确到0.001g）置于50mL具塞塑料离心管中，加入50%乙腈水溶液40mL，摇床振荡30min后10000r/min离心5min，取上清液4mL于50mL具塞离心管中，加入PBST溶液36mL，混合均匀，即为上样溶液。

（三）净化

将免疫亲和柱连接于10mL玻璃针筒下，将上样溶液过免疫亲和柱，以每秒1～2滴的流速全部通过亲和柱，直至空气流经亲和柱；将PBS溶液10mL以每秒1～2滴的流速通过亲和柱，直至空气流经亲和柱；将超纯水10mL以每秒1～2滴的流速通过亲和柱，直至空气流经亲和柱，弃去全部流出液，将2%乙酸甲醇1.5mL溶液以1滴/s的流速洗脱亲和柱，将洗脱液收集于玻璃试管中，当甲醇大部分过柱后，不要完全过柱，停止加压，静置5min，再将2%乙酸-甲醇1.5mL以1滴/s的流速洗脱亲和柱，将全部洗脱液收集于同一玻璃试管中。

（四）定容

将上述收集于玻璃试管中的洗脱液（相当于0.5g样品）在50℃下氮气吹干，加入50%乙腈水溶液0.5mL，充分涡旋混合后，过0.22μm有机滤膜，用高效液相色谱串接质谱联用仪测定。

五、试样分析

（一）液相色谱条件

① 沃特世公司UPLC®-SCIEX 3200 QTRAP®液质联用仪。

② 色谱柱：C18柱，长100mm，内径2.1mm，粒径1.7μm（沃特世公司ACQUITY UPLC® BEH）。

③ 流动相：A相，0.1%甲酸水溶液；B相，2mmol/L乙酸铵-乙腈溶液。流动相梯度洗脱条件见表7-24。

表7-24 液相色谱流动相梯度洗脱条件

时间/min	A相/%	B相/%
0	90	10
1.5	90	10
6	50	50
11	5	95
14	5	95
14.1	90	10
18	90	10

④ 流速：0.3mL/min。

⑤ 进样量：10μL。

⑥ 柱温：40℃。

（二）质谱条件

① 离子化模式：电喷雾电离正离子模式（ESI+）。

② 质谱扫描方式：多反应监测。

③ 质谱其他条件，见表 7-25。

（三）液相色谱串接质谱测定

在上述色谱条件下，参考保留时间分别为 FB_1 5.30min；FB_2 6.26min；FB_3 5.84min。

表 7-25 质谱仪器参考条件

名称	监测离子对（m/z）	DP/V	EP/V	CE/V
FB_1	722.4/352.4①	76	9	45
	722.4/334.4	76	9	45
FB_2	706.4/336.3①	81	5	41
	706.4/318.3	81	5	43
	706.4/354.3	81	5	37
FB_3	706.4/336.3①	81	5	41
	706.4/318.3	81	5	43
	706.4/354.3	81	5	37

① 为定量离子。

（四）空白试验

空白样品：除不称取试样外，按上述处理步骤得到。空白基质液：称取阴性样品，按上述处理步骤得到。

六、质量控制

本操作规程的室内回收实验，分别以婴儿米粉、小米和大米为样品基质，进行三个浓度水平的添加回收试验，每个浓度水平进行 6 次重复实验。结果见表 7-26～表 7-28。

表 7-26 小米基质回收率及精密度（$n=6$）

名称	添加浓度/(ng/g)	回收率范围/%	平均回收率/%	RSD/%
FB_1	10	85.9～105.6	95.2	8.7
	50	101.8～111.3	107.2	3.0
	100	91.5～111.8	101.8	7.0
FB_2	10	88.9～105.6	101.1	5.6
	50	82.7～110.3	98.0	9.9
	100	80.1～105.6	93.3	9.7

续表

名称	添加浓度/(ng/g)	回收率范围/%	平均回收率/%	RSD/%
FB_3	20	77.2～93.2	85.7	7.9
	50	76.3～96.3	86.1	7.7
	100	81.2～108.1	98.1	9.6

表 7-27　大米基质回收率及精密度（$n=6$）

名称	添加浓度/(ng/g)	回收率范围/%	平均回收率/%	RSD/%
FB_1	10	89.6～110.4	98.6	8.9
	50	88.8～112.3	102.7	7.6
	100	78.4～112.6	103.0	10.2
FB_2	10	76.5～102.3	95.8	9.4
	50	83.1～109.2	94.4	9.2
	100	78.8～110.2	102.8	10.7
FB_3	20	106.4～120.8	112.4	4.2
	50	72.9～99.3	89.5	9.2
	100	77.2～110.0	101.4	8.3

表 7-28　婴儿米粉基质回收率及精密度（$n=6$）

名称	添加浓度/(ng/g)	回收率范围/%	平均回收率/%	RSD/%
FB_1	10	74.7～106.5	89.6	12.5
	50	75.2～102.4	89.9	10.8
	100	76.5～113.6	91.2	10.6
FB_2	10	72.3～101.4	89.8	9.9
	50	79.5～115.1	93.3	11.6
	100	80.2～109.1	92.4	9.5
FB_3	20	73.5～112.7	96.8	11.6
	50	77.7～98.3	90.2	7.2
	100	81.5～116.3	100.1	11.8

七、结果计算

试样中伏马毒素含量按下式计算：

$$X=\frac{A\times V\times 1000}{m\times 1000}$$

式中　X——样品中伏马毒素含量，μg/kg；

A——样液中伏马毒素仪器测得值，ng/mL；

V——样液最终定容体积，mL；

m——最终样液所代表的试样量，g；

1000——换算系数。

八、技术参数

定性限：方法定性限为 FB_1 为 2μg/kg；FB_2 为 2μg/kg；FB_3 为 5μg/kg。

定量限：方法定量限为 FB_1 为 10μg/kg；FB_2 为 10μg/kg；FB_3 为 15μg/kg。

九、注意事项

① 样品采集和收到后应用纸袋或布袋储存，4℃下避光保存，以避免微生物或霉菌的生长。

② 由于试样中的真菌毒素存在着不均匀性，因此应在抽样中注意抽样量至少2kg。样品称取之前一定要混合均匀。

③ 亲和柱有一定的柱容量，在使用亲和柱之前，要向厂家了解亲和柱的柱容量，然后根据样品中待测目标物含量，调整上柱的样液体积，上柱的样液中待测目标物含量一定不要超过柱容量，否则测试结果偏低。

④ 用甲醇洗脱之前一定要用滤纸将亲和柱下出口的水吸干净，并将柱子里的水吹干净，否则在后续的吹干浓缩的时候不容易吹干。

⑤ 因为乙腈浓度过高会对亲和柱上的抗体产生不利影响。过亲和柱之前，样液中乙腈的比例不要高于5%。

第四节　食品中赭曲霉毒素A的测定

谷物、大豆、发酵酒等食品中赭曲霉毒素A的测定

一、适用范围

本操作规程规定了免疫亲和层析净化-高效液相色谱-荧光法测定食品中赭曲霉毒素A（OTA）的条件和详细分析步骤，适用于谷物、大豆、发酵酒（啤酒、红酒、黄酒）、葡萄干、无花果和咖啡中赭曲霉毒素A含量的测定。

二、方法提要

试样经过甲醇-水提取，提取液经过滤、稀释后，滤液经过含有赭曲霉毒素A特异抗体的免疫亲和层析净化，此抗体对赭曲霉毒素A具有专一性，赭曲霉毒素A交联在层析介质中的抗体上。用水或吐温/PBS将免疫亲和柱上杂质除去，以甲醇通过免疫亲和层析柱洗脱，洗脱液通过带荧光检测器的高效液相色谱仪测定赭曲霉毒素A的含量。

三、仪器设备和试剂

（一）仪器和设备

① 高效液相色谱仪：D-2000型，配荧光检测器（日立公司）。

② 电子天平：感量 0.001g 和 0.0001g。

③ 高速万能粉碎机。

④ 分样筛：1mm 孔径。

⑤ 离心机：转速 4000r/min。

⑥ 涡旋搅拌器。

⑦ 泵流操作架，北京中检维康技术公司。

⑧ 空气泵。

⑨ 注射器：10mL/20mL。

⑩ 高速均质器或摇床：均质器转速≥11000r/min，摇床转速≥200/min。

⑪ 超声波发生器：功率大于 180W。

（二）试剂和耗材

除另有规定外，所用试剂均为分析纯，实验用水符合 GB/T 6682 所规定的一级水要求。

① 甲醇、乙腈、乙酸、色谱纯，默克公司或迪马公司。

② 氯化钠：分析纯。

③ 提取液 1：甲醇-水（80＋20）。

④ 提取液 2：称取 150g 氯化钠、20g 碳酸氢钠溶于约 950mL 水中，加水定容至 1L。

⑤ 冲洗液：称取 25g 氯化钠、5g 碳酸氢钠溶于约 950mL 水中，加水定容至 1L。

⑥ 真菌毒素清洗缓冲液：称取 25.0g 氯化钠、5.0g 碳酸氢钠溶于水中，加入 0.1mL 吐温-20，用水稀释至 1L。

⑦ 氯化钠、碳酸氢钠、吐温-20：分析纯，北京化学试剂公司。

⑧ 冰乙酸（CH_3COOH）：色谱纯，北京化学试剂公司。

⑨ 乙酸-甲醇溶液：2%（体积分数）。

⑩ 赭曲霉毒素免疫亲和柱（100ng，3mL）：北京华安麦科公司。

⑪ 玻璃纤维滤纸：直径 11cm，孔径 1.5μm，无荧光特性。

（三）标准品及标准物质

① 标准品：赭曲霉毒素 A 标准品（纯度≥98.0%）。

② 赭曲霉毒素 A 标准储备液：准确称取一定量的赭曲霉毒素 A 标准品，用甲醇-乙腈（1＋1）溶解，配成 0.1mg/mL 的标准储备液，在－20℃保存，可使用 3 个月。

③ 赭曲霉毒素 A 标准工作液：根据使用需要，准确吸取一定量的赭曲霉毒素 A 储备液，用甲醇稀释，分别配成相当于 1ng/mL、5ng/mL、10ng/mL、20ng/mL、50ng/mL 的标准工作液，4℃保存，可使用 7d。

四、样品的处理

（一）提取

谷物及其制品类：将样品研磨，硬质的谷物等用高速万能粉碎机磨细并通过试验筛，不要磨成粉末。称取 20g（精确到 0.01g）磨碎的试样于 100mL 容量瓶中，加入 5g 氯化钠，用提取液 1 定容至刻度，混匀，转移至均质杯中，高速搅拌提取 2min。定量滤纸过滤，移取 10.0mL 滤液于 50mL 容量瓶中，加水定容至刻度，混匀，用玻璃纤维滤纸过滤至滤液澄清，收集滤液于干净的容器中。

酒类：取脱气酒类试样（含二氧化碳的酒类样品使用前先置于 4℃冰箱冷藏 30min，过滤或超声脱气）或其他不含二氧化碳的酒类试样 20g（精确到 0.01g），置于 25mL 容量瓶中，加提取液定容至刻度，混匀，用玻璃纤维滤纸过滤至滤液澄清，收集滤液于干净的容器中。

发酵调味品：称取 25g（精确到 0.01g）混匀的试样，用提取液 1 定容至 50.0mL，超声提取 5min。定量滤纸过滤，移取 10.0mL 滤液于 50mL 容量瓶中，加水定容至刻度，混匀，用玻璃纤维滤纸过滤至滤液澄清，收集滤液于干净的容器中。

咖啡豆及其制品：称取 20g±0.01g 样品，加入 5g 氯化钠于三角瓶中，加入 100mL 的提取液 1。高速均质（≥10000r/min）1min（或用摇床 200～300r/min 剧烈振荡 20min）。用快速定性滤纸过滤，收集滤液；取 10mL 滤液加入 40mL 去离子水稀释，混匀；用微纤维滤纸过滤，并收集滤液于干净的容器中。

（二）净化

将免疫亲和柱连接于玻璃注射器下，准确移取滤液 10.0mL，注入玻璃注射器中。将空气压力泵与玻璃注射器相连接，调节压力，使溶液以约 1 滴/s 的流速通过免疫亲和柱，直至空气进入到亲和柱中。

谷物、咖啡豆及其制品类和发酵调味品：依次用 10mL 真菌毒素清洗缓冲液、10mL 水淋洗免疫亲和柱，流速为约 1～2 滴/s，弃去全部流出液，抽干小柱。

酒类：依次用 10mL 冲洗液、10mL 水淋洗免疫亲和柱，流速为约 1～2 滴/s，弃去全部流出液，抽干小柱。

（三）洗脱

待液体排干，免疫亲和柱内加入 2%乙酸-甲醇溶液 2mL，洗脱流速 1 滴/s，用试管收集洗脱液。混匀，过 0.22μm 滤膜后，用于 HPLC 分析。

五、试样分析

液相色谱参考条件：

① 色谱柱：C18（250mm×4.6mm），填料粒径 5μm（沃特世公司）；

② 流动相：乙腈＋水＋乙酸（99＋99＋2）；

③ 流速：1.0mL/min；

④ 柱温：35℃；

⑤ 进样量：20μL；

⑥ 荧光检测器：激发波长 333nm，发射波长 477nm。

分别取相同体积样液和标准工作液注入高效液相色谱仪，在上述色谱条件下测定试样的响应值（峰高或峰面积），以标准品浓度为横坐标，峰面积为纵坐标做标准曲线，将未知样本中赭曲霉毒素 A 的峰面积带入标准曲线，得到试样中赭曲霉毒素 A 的浓度。

六、质量控制

线性范围：赭曲霉毒素 A 在 1～50.0ng/mL 范围内线性良好，相关系数 $\gamma \geqslant 0.999$。其回收率和精密度见表 7-29。

表 7-29　赭曲霉毒素 A 的回收率及精密度测定结果（$n=6$）

食品	加标量/(μg/kg)	平均回收率/%	RSD/%
干辣椒	0.5	87.2	12.2
	1.0	78.2	15
	5.0	76.5	15.2
花生油	0.5	93	5.8
	1.0	85	6.6
	5.0	88.8	9.3
酱油	0.5	82.5	9.5
	1.0	81	13.2
	5.0	74.6	11
咖啡	0.5	92.5	5.8
	1.0	94.6	5.4
	5.0	96.1	4.2
开心果	0.5	92.2	9.6
	1.0	77.8	10
	5.0	84.8	8.6
啤酒	0.5	98.2	3.1
	1.0	90	5
	5.0	89.2	6.7
葡萄干	0.5	81.7	8.3
	1.0	84.7	12.9
	5.0	77	4.6
食醋	0.5	91.1	3.5
	1.0	89.3	5.8
	5.0	83.8	7.8
无花果	0.5	76.3	9.7
	1.0	91.2	11.3
	5.0	96	5.7
小麦	0.5	87.5	4.6
	1.0	90.2	8.2
	5.0	84.2	5.8
玉米	0.5	79.6	8.9
	1.0	88.2	13.2
	5.0	81.6	12.1

七、结果计算

按下式计算样品中赭曲霉毒素 A 的含量。

$$X=\frac{c\times V\times f}{m}$$

式中 X——试样中赭曲霉毒素 A 的含量，μg/kg；

c——样液中赭曲霉毒素 A 的浓度，ng/mL；

V——样液定容体积，mL；

m——试样质量，g；

f——稀释倍数。

结果保留三位有效数字。

八、技术参数

以 3 倍信噪比测得赭曲霉毒素 A 的方法定性限（LOD）为 0.3μg/kg，以 10 倍信噪比测得 OTA 的方法定量限为 1.0μg/kg。

九、注意事项

① 免疫亲和柱 2～8℃储存，不得冻存。

② 免疫亲和柱的柱容量是 100ng，当样本中待测毒素的含量除以稀释倍数高于柱容量时，需要适当降低上样液体积，重新检测。

③ 免疫亲和柱要求的上样溶液需在 pH＝6～8 之间，若偏离此范围需要用盐酸或氢氧化钠调节 pH 值。

④ 上机检测的溶剂与流动相保持一致可以消除溶剂效应影响。

十、资料性附录

赭曲霉毒素 A 标准图谱如图 7-4。

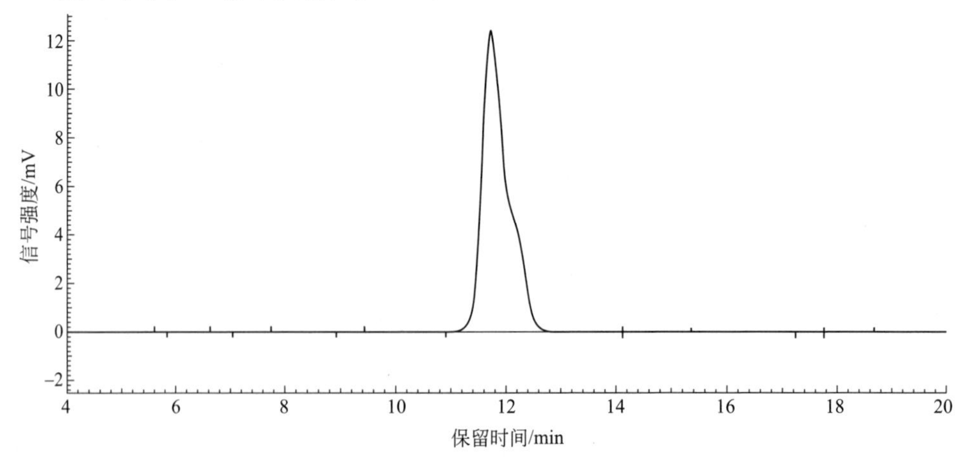

图 7-4 赭曲霉毒素 A 标准品图谱

第五节　食品中展青霉素测定

果汁饮料中展青霉素的测定

一、适用范围

本规程规定了果汁饮料中展青霉素检测的液相色谱串联质谱测定方法。本规程适用于果汁饮料中展青霉素的测定。

二、方法提要

样品经固相萃取净化，液相色谱串接质谱法测定，外标法定量。

三、仪器设备和试剂

（一）仪器和设备

① 液相色谱串联四极杆质谱仪：Quattro Premier XE 型，配电喷雾离子源（ESI），沃特世公司。

② 电子天平：感量 0.1mg，感量 0.01g。

③ 涡旋搅拌器。

④ 冷冻高速离心机（10000r/min）。

⑤ 真空离心浓缩仪。

⑥ AFFINIMIP® SPE Patulin 柱。（使用前活化：依次用乙腈 2mL、水 1mL 以每秒 2 滴流速通过固相萃取柱。）

（二）试剂和耗材

除另有说明外，所用试剂均为分析纯，试验用水为 GB/T 6682 规定的一级水。

① 乙腈（色谱纯）。

② 乙醚（分析纯）。

③ 冰乙酸（纯度为 99%）。

④（1.0%）乙酸：量取冰乙酸 1mL 以水定容于 100mL 容量瓶。

⑤（0.1%）乙酸：量取冰乙酸 1mL 以水定容于 1000mL 容量瓶。

（三）标准品及标准物质

标准品：展青霉素标准品，CAS RN 为 149-29-1，纯度大于 99.0%。

标准储备溶液：准确称取展青霉素标准品 10mg，用乙酸乙酯溶解并定容至 100mL，浓度相当于 100μg/mL，储备液贮存于−18℃以下，稳定 6 个月。

标准中间溶液：准确量取 1.0mL 标准储备溶液，用氮气吹干后溶于 0.1%乙酸中，定容至 100mL，浓度相当于 1.0μg/mL，储备液贮存于 0～4℃，稳定 3 个月。

四、样品的处理

（一）样品提取

提取和净化：取5g试样（精确到0.01g）通过净化柱（流速1滴/2s），然后依次用1.0%乙酸4mL，水4mL淋洗（流速1滴/s），抽真空10s，用乙醚0.5mL淋洗（流速1滴/s）。

洗脱和浓缩：加入乙腈4mL洗脱，收集洗脱液加入1滴冰乙酸，于氮吹浓缩至干，用1.0mL0.1%乙酸溶解残渣，经0.22μm滤膜过滤，混匀备用。

（二）基质匹配的标准工作曲线的制备

称取5.0g（精确至0.01g）空白基质样品，每份样品按上述提取和净化过程进行处理。得到的基质提取液用于配制基质匹配工作曲线及高浓度样品溶液稀释。以相应的空白样品为基质，加入相应浓度的标准中间液，配制成10.0μg/L、50.0μg/L、100μg/L、200μg/L、500μg/L标准溶液，同样品一同进行前处理及上机检测，并绘制标准曲线。

五、试样分析

（一）液相色谱参考条件

① 色谱柱：ACQUITY UPLC® RP C18柱，ID：2.1mm×50mm，粒径1.7μm。

② 流动相：（1+9，体积分数）乙腈-水。

③ 流动相梯度：等度进样。

④ 流速：0.2mL/min。

⑤ 柱温：30℃。

⑥ 进样量：10μL。

（二）质谱条件

① 离子化模式：电喷雾电离为负离子模式（ESI－）。

② 质谱扫描方式：多反应监测。

③ 毛细管电压：0.5kV。

④ 源温度：150℃。

⑤ 脱溶剂气温度：500℃。

⑥ 脱溶剂气流量：1000L/h。

⑦ 展青霉素的特征离子见表7-30。

表7-30　展青霉素的主要质谱参数

化合物	保留时间/min	母离子(m/z)	子离子(m/z)	锥孔电压/V	碰撞能量/eV
展青霉素	1.41	153.06	109.03 135.01	18	10

六、质量控制

（一）精密度和准确度实验

在分析实际试样前，实验室必须达到可接受的精密度和准确度水平。通过对加标试样的分析，验证分析方法的可靠性。即取不少于 3 份基质与实际试样相似的空白样品，分别加入标准溶液。将制备好的加标试样按上述方法进行分析，各目标化合物的回收率应在 75%～125%范围内，相对标准偏差（RSD）小于 20%。在进行实际试样分析之前，必须达到上述标准。当试样的提取、净化方法进行了修改以及更换分析操作人员后，必须重复上述试验并直至达到上述标准。如果可以获得与试样具有相似基质的标准参考物，则可以用标准参考物代替加标试样进行精密度和准确度试验。

正式进行分析试样时，为了保证分析结果的准确性，要求在分析每批样品时，需要分析 100%的平行样，平行样间结果的相对标准偏差小于等于 20%；每个批次均需做一次方法空白试验；同时每批样品按照不同样品分类分别进行加标回收试验。具体回收率参数见表 7-31。

表 7-31　样品加标回收率（$n=6$）

化合物	加标/(μg/kg)	回收率/%	平均回收率/%	RSD/%
展青霉素	5.0	72.2～82.6	79.3	8.3
	25.0	90.0～98.6	92.7	6.5
	50.0	85.3～98.8	90.6	5.2

（二）保留时间窗口

每 20 次进样后对标准溶液进行分析，校准保留时间。当更换色谱柱或改变色谱参数后均必须使用窗口确定标准溶液对保留时间窗口进行校准。

七、结果计算

样品中展青霉素的量按下式计算：

$$X=\frac{c\times V\times 1000}{m\times 1000}$$

式中　X——样品中待测组分的含量，μg/kg；

c——测定液中待测组分的浓度，ng/mL；

V——定容体积，mL；

m——样品称样量，g；

1000——换算系数。

注：计算结果需扣除空白值，测定结果用平行测定的算术平均值表示，保留两位有效数字。

八、技术参数

（一）定性

试样中目标化合物色谱峰的保留时间与相应标准色谱峰的保留时间一致，时间窗口应在±5%之内。待测化合物的定性离子的重构离子色谱峰的信噪比应≥3，定量离子的重构离子色谱峰的信噪比应≥10。样品中目标化合物的两个子离子的相对丰度比，其允许偏差不超过表7-32规定的范围。

表7-32 定性时相对离子丰度的最大允许偏差

相对离子丰度/%	≤10	>10~20	>20~50	>50
允许相对偏差/%	±50	±30	±25	±20

（二）方法定性限、定量限

按能够准确确认的目标化合物浓度来估计各目标化合物在不同样品基质的方法定性限，样品基质、取样量、进样量、色谱分离状况、电噪声水平以及仪器灵敏度均可能对样品定性限造成影响，因此噪声水平必须从实际样品谱图中获取。以MRM模式下，定性离子通道中信噪比 $S/N=3$ 时设定样品溶液中各待测组分的浓度为定性限，以定量离子通道中信噪比 $S/N=10$ 时设定样品溶液中各待测组分的浓度为定量限。目标化合物的方法定性限在 $2\mu g/kg$，方法定量限在 $5\mu g/kg$。

九、注意事项

① AFFINIMIP® SPE Patulin净化柱流速不能过高，且不能干柱。

② 液体蒸干后应立即复溶。

十、资料性附录

展青霉素化合物标准色谱图如图7-5。

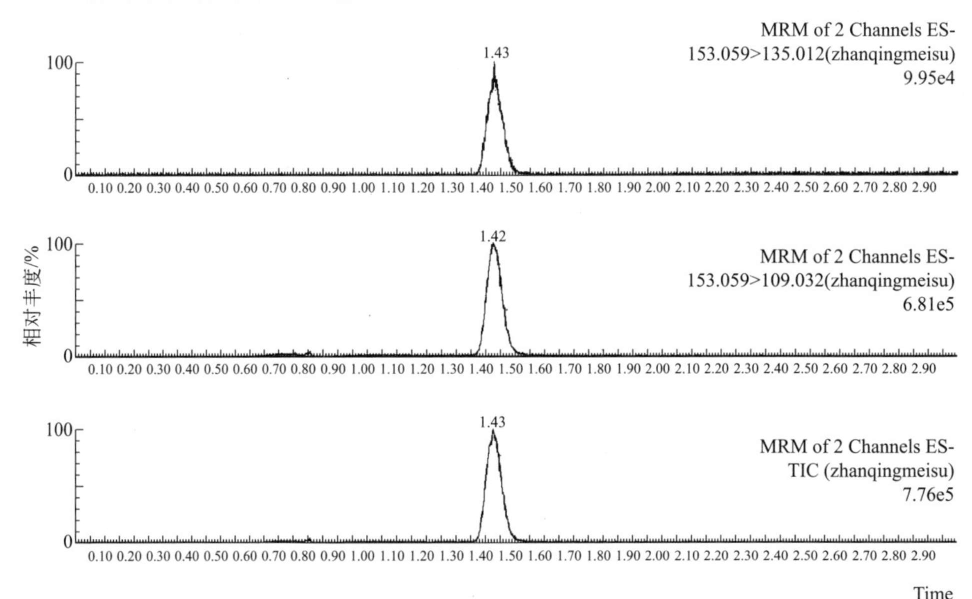

图7-5 展青霉素化合物标准色谱图

第六节　食品中交链孢霉菌素的测定

测定一：小麦粉中交链孢霉菌素的测定

一、适用范围

本规程适用于小麦粉中交链孢霉菌素的测定。

二、方法提要

样品经过丙酮提取后，经过 QuEChERS 净化柱净化后，氮吹至尽干，用甲醇复溶并定容，用配有 ESI 电离源的液相色谱-三重四极杆质谱仪（LC-MS-MS）进行测定。

三、仪器设备和试剂

（一）仪器和设备

① 液相色谱-三重四极杆质谱仪（岛津公司 LCMS-8050）。

② 水平摇床。

③ 4℃冷冻离心机，10000r/min 以上。

④ 氮吹仪。

（二）试剂和耗材

除另有规定外，所用试剂均为分析纯，水为一级水。

① 甲醇、丙酮、甲酸：HPLC 级。

② 碳酸氢铵（CAS RN：1066-33-7）：优级纯。

③ 1.5mmol/L 碳酸氢铵：准确称取 0.12g 碳酸氢铵，加水定容至 1000mL，混匀。

④ QuEChERS 净化柱，安捷伦公司。

（三）标准品及标准物质

1. 标准储备液

交链孢菌酮酸（TeA），CAS RN：610-88-8；浓度：100.1μg/mL，Romer Labs® 公司。

交链孢酚(AOH)，CAS RN：641-38-3；浓度：100.0μg/mL，Romer Labs® 公司。

腾毒素(TEN)，CAS RN：28540-82-1；浓度：100.0μg/mL，Romer Labs® 公司。

交链孢酚单甲醚（AME），CAS RN：26894-49-5；浓度：102.3μg/mL，Romer Labs® 公司。

标准储备液可以用甲醇配制，标准使用液和标准曲线点用甲醇定容。

交链孢菌酮酸-$^{13}C_2$（TeA-$^{13}C_2$）：浓度：50.0μg/mL，Sigma 公司，货号：32244。

2. 混合标准使用液（TeA 和 AOH：1.0μg/mL，TEN 和 AME：0.1μg/mL）

分别准确移取 100μL TeA 标准储备液、100μL AOH 标准储备液、10μL TEN

标准储备液和 10μL AME 标准储备液于 10.00mL 容量瓶中，用甲醇溶液定容至刻度，混匀。−20℃保存。

3. 同位素内标使用液（TeA-$^{13}C_2$：1.0μg/mL）

准确移取 200μL TeA-$^{13}C_2$ 标准储备液于 10.00mL 容量瓶中，用甲醇溶液定容至刻度，混匀。−20℃保存。

4. 标准曲线配制

采用空白基质处理后配制标准工作曲线，配制方法见五（一）。

四、样品的处理

（一）试样的制备与保存

小麦粉样品直接取样称量。

（二）提取

称取 2.000g 左右小麦粉试样，置于 5mL 具塞离心管中，加入 100μL 同位素内标使用液，加入丙酮 10mL，再加入 100μL 甲酸和 2g 左右固体 NaCl，混匀后，置于水平摇床（200～300r/min）中振荡提取 20min。

（三）净化

将提取后的离心管于 4℃冷冻离心机 10000r/min 离心 10min，取 1.5mL 上清液于 QuEChERS 净化柱中，振荡 1min，再 4℃冷冻离心机 10000r/min 离心 10min，准确移取 1.0mL 上清液于 15mL 离心管中，氮吹至尽干，用 1mL 甲醇复溶，充分振荡溶解后，上机测定。

五、试样分析

（一）基质加标工作曲线的绘制

称取 5 份空白样品，按 5 样品的处理步骤提取及净化，氮吹至尽干，按表 7-33 所示，加入混合标准使用液和同位素内标使用液，用甲醇配置成的基质加标工作曲线，每个浓度点含 10μg/L 的 TeA-$^{13}C_2$ 同位素内标。TeA 用内标法定量，AOH、TEN 和 AME 采用外标法定量。

表 7-33　基质加标工作曲线配制

序号	S1	S2	S3	S4	S5
TeA,AOH 浓度/(μg/L)	5	10	20	30	50
TEN,AME 浓度/(μg/L)	0.5	1.0	2.0	3.0	5.0
混合标准使用液/μL	5	10	20	30	50
TeA-$^{13}C_2$/μL	10	10	10	10	10
甲醇/μL	85	80	70	60	40
各管统一加入甲醇量/μL	900				
定容体积/mL	1.0				

（二）液相色谱条件

① 色谱柱：Endeavorsil（C18 2.1mm×100mm，1.8μm）。

② 流动相：A，甲醇；B，1.5mmol/L 碳酸氢铵，梯度洗脱程序见表 7-34。

表 7-34　梯度洗脱程序

时间/min	A/%	B/%
2.00	5	95
3.00	75	25
4.00	90	10
8.00	90	10
9.00	5	95
11.00	5	95

③ 流速：0.2mL/min。

④ 进样量：10μL。

⑤ 柱温：40℃。

（三）质谱条件

① 离子化模式：电喷雾电离负离子模式（ESI－）。

② 质谱扫描方式：多反应监测（MRM）。

③ 接口温度：300℃。

④ 脱溶剂管温度：200℃。

⑤ 加热模块温度：500℃。

⑥ 干燥气流速：10.00 L/min。

⑦ 加热气流速：10.00 L/min。

⑧ 雾化气流速：3.00 L/min。

⑨ 其他条件见表 7-35。

表 7-35　质谱仪器条件及各目标毒素保留时间

毒素名称	保留时间/min	母离子(m/z)	子离子(m/z)	Q1 偏转电压/V	CE/eV	Q3 偏转电压/V
TeA	5.428	196.00	139.05	10.0	18.0	22.0
		196.00	112.05	10.0	28.0	17.0
TeA-$^{13}C_2$	5.428	198.05	141.05	10.0	19.0	23.0
		198.05	114.05	10.0	24.0	19.0
AOH	6.093	257.00	146.95	13.0	33.0	24.0
		257.00	212.05	10.0	28.0	20.0
TEN	6.387	413.20	140.90	12.0	17.0	12.0
		413.20	271.15	12.0	19.0	16.0
AME	6.850	271.10	256.10	10.0	22.0	25.0
		271.10	228.00	14.0	31.0	22.0

六、质量控制

加标回收：以小麦粉为基质，分别测定高、中、低三个浓度加标回收率，结果见表 7-36。

表 7-36 4 种样品加标回收率及精密度 ($n=6$)

毒素名称	加标量/(μg/kg)	回收率范围/%	平均回收率/%	RSD/%
TeA	5	93.6～108.9	103.2	7.1
	10	86.5～104.8	96.0	7.3
	20	87.8～98.8	93.4	4.9
AOH	5	90.2～113.6	104.3	8.0
	10	88.0～102.9	95.3	5.8
	20	86.6～98.4	94.1	4.9
TEN	0.5	83.2～104.7	92.1	7.8
	1	92.9～102.2	98.2	4.0
	2	83.0～88.4	85.4	2.3
AME	0.5	85.0～104.4	93.5	8.7
	1	81.9～101.6	93.0	9.8
	2	80.7～102.3	85.8	9.6

七、结果计算

试样中 TeA、AOH、TEN 和 AME 的含量计算见下式。

$$X=\frac{c\times V\times 1000}{m\times 1000}\times f$$

式中 X——试样中 TeA、AOH、TEN 和 AME 的含量，μg/kg；

c——样液中 TeA、AOH、TEN 和 AME 的浓度，μg/L；

V——样液最终定容体积，mL；

m——最终样液所代表的试样量，g；

f——稀释倍数。

八、技术参数

（一）精密度

在重复性条件下获得的两次独立测定结果的绝对差值不得超过算术平均值的 10%。

（二）定性限及定量限

取样量按 2g 计算，以 3 倍信噪比下的浓度为方法定性限，10 倍信噪比下的浓度为方法定量限。4 种目标毒素的方法定性限和方法定量限见表 7-37。

表 7-37 4 种目标毒素的方法定性限和方法定量限

毒素名称	方法定性限/(μg/kg)	方法定量限/(μg/kg)
TeA	0.50	1.70
AOH	0.11	0.38
TEN	0.13	0.43
AME	0.06	0.21

九、注意事项

① TeA、AOH、TEN 和 AME 有毒性，实验操作过程中要戴手套，做好防护。

② 样品溶液对 4 种目标毒素均存在基质效应，所以必须采用基质加标工作曲线进行定性和定量。

③ TeA 必须要采用内标法进行定量。

④ 在测量过程中，建议每测定 10～20 个样品用同一份标准溶液检查仪器的稳定性。

十、资料性附录

1. 标准物质色谱图

标准物质色谱图如图 7-6。

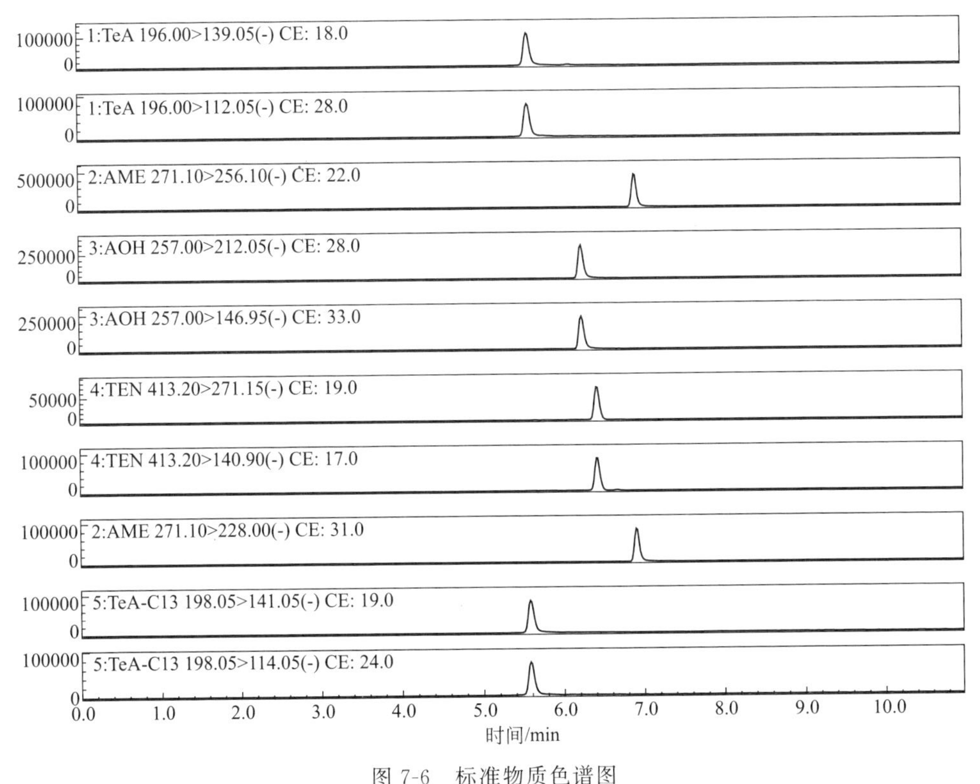

图 7-6 标准物质色谱图

2. 空白基质样品的色谱图

空白基质样品色谱图如图 7-7。

3. 加标样品色谱图

加标样品色谱图如图 7-8。

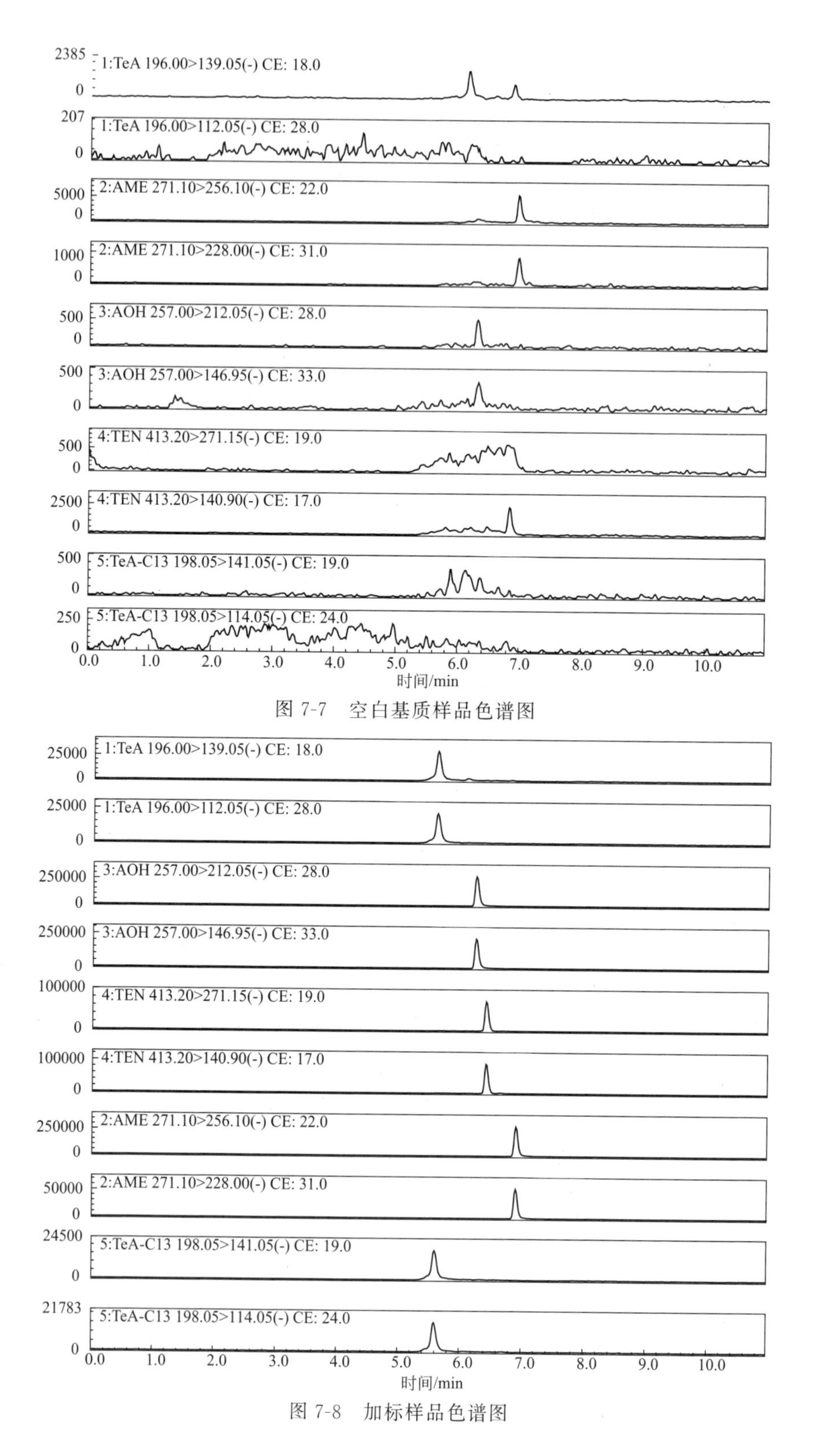

图 7-7 空白基质样品色谱图

图 7-8 加标样品色谱图

测定二：小麦制品中交链孢霉毒素类的测定

一、适用范围

本操作程序规定了小麦制品（挂面、馒头、面包和饼干）中4种交链孢霉毒素的液相色谱串联质谱测定方法。

本操作程序适用于挂面、馒头、面包和饼干中交链孢菌酮酸、交链孢酚、腾毒素和交链孢酚单甲醚的测定。

二、方法提要

样品经乙腈-甲醇-水溶液振荡提取，低温高速离心，上清液过HLB固相萃取柱净化，液相色谱串联质谱测定，基质匹配工作曲线的外标法定量。

三、仪器设备和试剂

（一）仪器和设备

① 超高效液相色谱串联质谱仪：配有电喷雾离子源（ESI）。

② 电子天平：感量0.001g和0.0001g。

③ 均质机。

④ 旋涡混合器。

⑤ 振荡器。

⑥ 氮吹仪

⑦ 高速冷冻离心机：转速不低于12000r/min，温度范围：－10～＋40℃。

⑧ 移液器：量程10～100μL和100～1000μL。

（二）试剂和耗材

除特别注明外，本实验所用试剂均为分析纯，水为符合GB/T 6682规定的一级水。

① 乙腈：色谱纯。

② 甲醇：色谱纯。

③ 无水磷酸二氢钠（CAS RN：7558-80-7）：≥99.0%。

④ 磷酸：≥85.0%。

⑤ 碳酸氢铵。

⑥ 0.05mol/L磷酸二氢钠溶液（pH＝3.0）：称取6.0g无水磷酸二氢钠，溶液于950mL水中，用磷酸调节pH＝3.0，用水定容至1000mL，混匀。

⑦ 样品提取液：取450mL乙腈和100mL甲醇，加到450mL 0.05mol/L磷酸二氢钠溶液（pH＝3.0）中，混匀。

⑧ 20%甲醇溶液：取20mL甲醇，加水定容至100mL，混匀。

⑨ 碳酸氢铵溶液（0.15mmol/L）：准确称取0.012g碳酸氢铵，加水定容至1000mL，混匀。

（三）标准品及标准物质

所有标准品溶液应在4℃下避光保存。

① 标准物质：见表 7-38。均来自 Romer Labs®公司。

表 7-38　4 种标准物质名称、缩写、CAS RN 和浓度

名称	缩写	CAS RN	浓度/(μg/mL)
交链孢菌酮酸	TeA	610-88-8	100.9±1.4
交链孢酚	AOH	641-38-3	100.3±2.2
腾毒素	TEN	28540-82-1	100.5±1.6
交链孢酚单甲醚	AME	26894-49-5	100.3±1.6

② 混合标准工作液（TeA 和 AOH：1.0μg/mL，TEN 和 AME：0.2μg/mL）的制备：分别准确移取 100μL TeA 标准物质、100μL AOH 标准物质、20μL TEN 标准物质和 20μL AME 标准物质至 10mL 容量瓶中，用乙腈定容至刻度，混匀。避光保存于 4℃冰箱内。

四、样品的处理

（一）试样的制备与保存

挂面、馒头、面包和饼干：用均质器粉碎样品，过 60 目筛，四分法缩分至 500g 作为试样，置于−20℃以下避光保存。

（二）提取

称取 2g 试样（精确至 0.001g）于 50mL 刻度离心管中，加入 10mL 样品提取液，盖紧盖子，旋涡混 30s，振荡提取 60min，于 4℃，10000r/min 离心 10min，上清液转移至 50mL 刻度离心管中，用水定容至 20mL，混匀。准确移取 5.0mL 提取液，加入 0.05mol/L（pH=3.0）磷酸二氢钠溶液 15mL，混匀，待净化。

（三）净化

HLB 柱依次用 5mL 甲醇和 5mL 水活化。将稀释后的样品提取液全部过柱，再用 5mL 20%甲醇溶液淋洗，于负压状态下抽干柱子 5min。依次用 5mL 甲醇和 5mL 乙腈洗脱，抽干柱子，合并洗脱液于小试管中，45℃水浴氮吹近干，残渣先用 200μL 甲醇复溶，涡旋混匀 30s，再加水 1.8mL，涡旋混匀 30s，于 4℃，12000r/min 离心 10min，上清液供 LC-MS/MS 分析。

五、试样分析

（一）液相色谱参考条件

① 色谱柱：沃特世公司 UPLC® BEH C18 柱（2.1mm×100mm，1.7μm）。

② 流动相：A，碳酸氢铵溶液（0.15mmol/L）；B，甲醇。

③ 流动相梯度洗脱程序：见表 7-39。

④ 流速：0.3mL/min。

⑤ 柱温：40℃。

⑥ 样品室温度：10℃。

⑦ 进样量：5μL。

表 7-39 液相色谱梯度洗脱程序

时间/min	流速/(mL/min)	A/%	B/%
0.0	0.30	95	5
2.0	0.30	95	5
3.0	0.30	25	75
4.0	0.30	10	90
6.0	0.30	10	90
7.0	0.30	95	5
9.0	0.30	95	5

（二）质谱参考条件

① 离子源：电喷雾离子源。

② 电离方式：ESI－。

③ 毛细管电压：2.4kV。

④ 离子源温度：150℃。

⑤ 脱溶剂气温度：500℃。

⑥ 脱溶剂气流量：800L/h。

⑦ 锥孔反吹气流量：50L/h。

⑧ 碰撞气流量：0.15mL/min。

⑨ 检测方式：多离子反应监测。

⑩ 各目标化合物及其内标物的保留时间、定性定量离子对及锥孔电压、碰撞能量见表 7-40。

表 7-40 4 种交链孢霉毒素的质谱参数

目标化合物	保留时间/min	母离子(m/z)	子离子(m/z)	锥孔电压/V	碰撞能量/eV
交链孢菌酮酸	3.30	196.1	139.0①	−25	−22
			112.1		−23
交链孢酚	4.17	257.0	213.0①	−28	−23
			147.0		−28
腾毒素	4.32	413.2	271.0①	−40	−20
			141.0		−20
交链孢酚单甲醚	4.73	271.1	256.0①	−20	−26
			228.1		−30

① 表示定量离子。

（三）空白试验

除不称取试样外，均按上述步骤进行。

（四）测定

基质匹配工作曲线的绘制：称取 7 份空白试样，每份 2.0g（精确至 0.001g），按样品提取和净化步骤处理，洗脱液氮吹至近干，准确加入适量混合标准工作液，用甲醇和水配制成基质匹配工作曲线，其中 TeA 和 AOH 浓度为：1.0ng/mL、

2.0ng/mL、5.0ng/mL、10ng/mL、20ng/mL、50ng/mL 和 100ng/mL；TEN 和 AME 浓度为：0.2ng/mL、0.4ng/mL、1.0ng/mL、2.0ng/mL、5.0ng/mL、10ng/mL 和 20ng/mL（注：基质匹配工作曲线系列溶液每份的甲醇含量均为 10%；不同基质类型的样品需要做不同基质类型的基质匹配工作曲线）。见表 7-41。将基质匹配工作曲线系列溶液注入超高效液相色谱串联质谱仪，得 4 种交链孢霉毒素的色谱图和峰面积。分别以 TeA、AOH、TEN 和 AME 的浓度为横坐标，以 TeA、AOH、TEN 和 AME 的峰面积为纵坐标，绘制 TeA、AOH、TEN 和 AME 基质匹配工作曲线。

表 7-41　4 种交链孢霉毒素空白基质加标工作曲线

名称	系列 1	系列 2	系列 3	系列 4	系列 5	系列 6	系列 7
TeA 和 AOH/(ng/mL)	1.0	2.0	5.0	10	20	50	100
TEN 和 AME/(ng/mL)	0.2	0.4	1.0	2.0	4.0	10	20
混标工作液/μL	2	4	10	20	40	100	200
甲醇/μL	198	196	190	180	160	100	—
水/μL	1800	1800	1800	1800	1800	1800	1800

试样溶液的测定：将试样溶液注入超高效液相色谱串联质谱仪，得到 4 种交链孢霉毒素的色谱图和峰面积。

六、质量控制

本操作规程的加标回收实验，分别以面包、挂面和方便面为样品基质，进行三个浓度水平的加标回收试验，每个浓度水平进行 6 次重复实验。结果见表 7-42～表 7-45。

表 7-42　挂面回收率

名称	添加浓度/(μg/kg)	回收率范围/%	平均回收率/%	RSD/%
TeA	2.0	85.6～92.1	87.1	1.8
	10	86.7～93.8	89.5	2.0
	100	88.4～94.6	90.0	2.4
AOH	2.0	84.6～90.3	86.8	3.1
	10	90.1～95.6	92.4	1.2
	100	89.9～96.1	92.6	4.1
TEN	0.4	86.7～92.5	89.7	3.5
	2.0	88.4～95.1	91.4	2.7
	20	89.1～97.7	92.3	3.4
AME	0.4	91.3～94.4	92.5	2.2
	2.0	90.0～94.1	92.0	1.9
	20	89.8～93.6	90.1	0.8

表 7-43　馒头回收率

名称	添加浓度/(μg/kg)	回收率范围/%	平均回收率/%	RSD/%
TeA	2.0	88.7～91.1	89.7	2.1
	10	89.1～94.4	91.5	2.6
	100	87.5～93.0	89.6	3.7

续表

名称	添加浓度/(μg/kg)	回收率范围/%	平均回收率/%	RSD/%
AOH	2.0	86.4～92.8	89.3	2.8
	10	88.3～92.5	90.7	1.9
	100	89.9～96.0	95.1	3.1
TEN	0.4	89.6～95.5	92.2	3.3
	2.0	90.0～94.6	92.6	1.8
	20	91.1～95.7	93.4	2.7
AME	0.4	91.6～98.7	94.9	3.8
	2.0	91.6～94.4	92.0	1.9
	20	92.0～95.7	93.8	2.4

表 7-44　面包回收率

名称	添加浓度/(μg/kg)	回收率范围/%	平均回收率/%	RSD/%
TeA	2.0	90.1～94.0	92.0	2.6
	10	90.3～95.5	93.7	3.1
	100	89.7～93.1	90.1	4.2
AOH	2.0	85.6～90.0	87.6	3.8
	10	87.9～91.2	89.4	2.6
	100	89.9～92.3	90.3	1.9
TEN	0.4	90.0～92.1	90.2	0.6
	2.0	90.1～94.4	92.6	1.1
	20	89.6～94.5	91.7	2.7
AME	0.4	88.2～91.3	90.6	1.5
	2.0	90.0～95.7	92.4	2.0
	20	91.2～94.6	92.3	2.6

表 7-45　饼干回收率

名称	添加浓度/(μg/kg)	回收率范围/%	平均回收率/%	RSD/%
TeA	2.0	88.4～94.1	90.5	2.1
	10	87.6～90.0	89.1	1.9
	100	90.0～93.3	91.4	2.0
AOH	2.0	87.1～92.4	89.8	3.1
	10	89.6～92.3	90.0	1.7
	100	90.4～93.3	91.5	1.6
TEN	0.4	91.2～94.5	92.3	1.1
	2.0	92.0～96.7	94.7	3.9
	20	90.3～93.6	91.6	2.4
AME	0.4	91.2～95.0	93.4	1.8
	2.0	91.3～94.4	92.0	2.0
	20	92.0～96.8	94.4	3.1

七、结果计算

试样中 TeA、AOH、TEN 和 AME 含量按下式进行计算：

$$X = \frac{c_x \times V \times f}{m}$$

式中 X——试样中 TeA、AOH、TEN 和 AME 的含量，μg/kg；

c_x——由工作曲线计算得到的试样溶液中 TeA、AOH、ALT、TEN 或 AME 的浓度，ng/mL；

V——进样溶液的定容体积，mL；

m——试样质量，g；

f——试样稀释倍数。

以重复性条件下获得的两次独立测定结果的算术平均值表示，结果保留三位有效数字。

八、技术参数

① 方法定性限：本规程的方法定性限 TeA 和 AOH 为 1.0μg/kg；TEN 和 AME 为 0.1μg/kg。

② 方法定量限：本规程的方法定量限 TeA 和 AOH 为 3.0μg/kg；TEN 和 AME 为 0.3μg/kg。

③ 定性：试样中目标化合物色谱峰的保留时间与相应标准色谱峰的保留时间一致，变化范围应在±2.5%之内。待测化合物的定性离子的重构离子色谱峰的信噪比应≥3，定量离子的重构离子色谱峰的信噪比应≥10。每种化合物的质谱定性离子必须出现，至少应包括一个母离子和一个子离子，而且同一检测批次，对同一化合物，样品中目标化合物的两个子离子的相对丰度比与浓度相当的标准溶液相比，其允许偏差不超过表 7-46 规定的范围。

表 7-46 定性时相对离子丰度的最大允许偏差

相对离子丰度	>50%	20%～50%	10%～20%	≤10%
允许的相对偏差	±20%	±25%	±30%	±50%

④ 精密度：在重复性条件下获得的两次独立测定结果的绝对差值不得超过算术平均值的 10%。

九、注意事项

① 样品提取时，尤其是提取粉末状固体试样时，要保证一定的振荡强度和时间，低速振荡器（振荡幅度 20mm，振荡频率 300r/min）的提取时间不少于 60min，高速振荡器（振荡幅度 3mm，振荡频率 2000r/min）的提取时间不少于 15min。提取液使用低温高速离心，以确保离心的效果。

② 最终的样品定容溶液应在 4℃，12000r/min 离心 10min，上清液供检测。不可用 NYL、RC 和 PTFE 等滤膜过滤样品溶液，因为各类滤膜都会严重吸附 AOH 和 AME，导致测定结果严重偏低。

③ 由于不同基质的样品溶液对 4 种交链孢霉毒素均存在明显不同的基质效应，因此分析不同基质类型的样品时，需要做不同基质类型的空白样品基质匹配工作

曲线来进行定量检测。

④ 由于 4 种交链孢霉毒素的同位素标准品较难获得，本操作程序使用不同基质类型的基质匹配工作曲线来进行定量检测。

⑤ 在检测中，尽可能使用有证标准物质作为质量控制样品，或采用加标回收试验进行质量控制。

⑥ 本方法定性限和定量限制定原则：以定性离子通道中信噪比为 3 时样品溶液中目标化合物的浓度为定性限；以定量离子通道信噪比为 10 时样品溶液中目标化合物的浓度为定量限。

十、资料性附录

4 种交链孢霉毒素的色谱图如图 7-9。

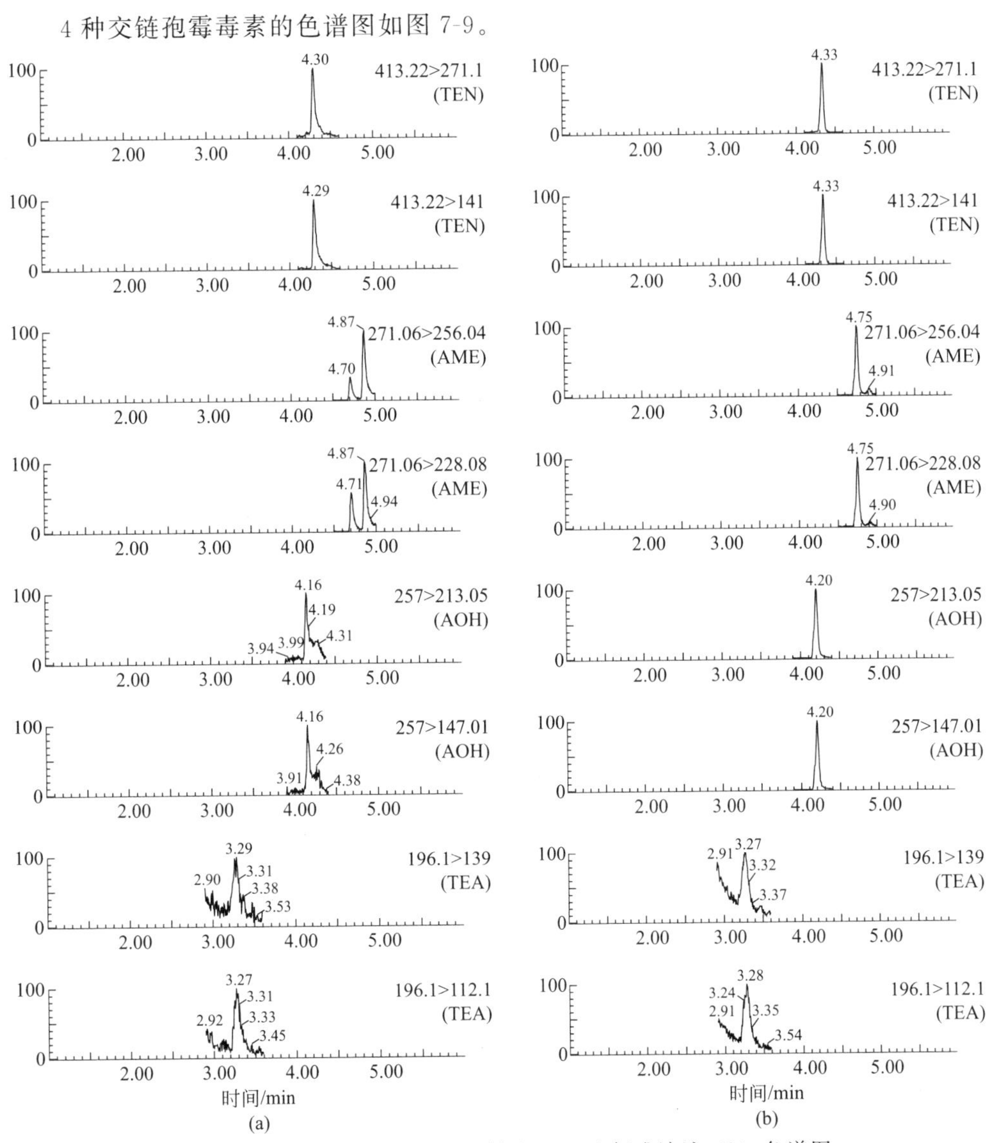

图 7-9 4 种交链孢霉毒素实际样品（a）和标准溶液（b）色谱图

测定三：水果中交链孢霉毒素类的测定

一、适用范围

本操作程序规定了水果（番茄和樱桃）中 4 种交链孢霉毒素的液相色谱串联质谱测定方法。

本操作程序适用于番茄和樱桃中交链孢菌酮酸、交链孢酚、腾毒素和交链孢酚单甲醚的测定。

二、方法提要

样品经乙腈溶液匀浆提取，经 ProElut QuEChERS 固体粉末提取，离心后，上清液经 C18 再净化、离心后进行 UPLC-MS/MS 分析，外标法定量。

三、仪器设备和试剂

（一）仪器和设备

① 液相色谱-串联质谱仪（SCIEX 公司）。

② 色谱柱：Acquity UPLC® BEH C18 色谱柱，100mm×2.1mm，粒径 1.7μm。

③ 分析天平：感量分别为 0.0001g（标准品称量）和 0.01g（样品称量）。

④ 高速组织捣碎机。

⑤ 离心机：转速 10000r/min。

（二）试剂和耗材

① 乙腈：色谱纯。

② 微孔过滤膜：0.22μm。

③ ProELut™ QuEChERS 萃取试剂（氯化钠 1g、TSCD 1g、DHS 0.5g、无水硫酸镁 4g）（DiKMA，CN. 64520S）。

④ ProELut™ QuEChERS 净化管（50mg C18）（DiKMA，CN. 64533）。

（三）标准品及标准物质

4 种真菌毒素标准溶液：交链孢酚、细交链孢菌酮酸、交链孢酚单甲醚、腾毒素，浓度为 100.0μg/mL。

标准溶液配制：分别精密吸取适量 4 种标准溶液，用乙腈稀释作为标准品储备溶液（1.0mg/mL）；将上述标准储备溶液用乙腈稀释配制成为工作液（1.0μg/mL）。分别取适量标准溶液或工作液的稀释液于空白样品基质中，然后按照样品前处理方法进行处理，配制标准曲线。

四、样品的处理

（一）试样的制备与保存

番茄、樱桃参照 GB/T 20769—2008 取可食部分切碎、混匀、密封，作为样品，标明标记。将试样置于 0～4℃冷藏保存。

（二）样品提取

称取上述制备好的5g样品（精确至0.01g）置于50mL离心管中，加入乙腈10mL，用高速组织捣碎机制备成匀浆振荡涡旋1min。在提取液中加入QuEChERS萃取试剂迅速旋上瓶盖，振荡涡旋1min，10000r/min离心5min，取上清液待净化。

（三）净化

取上清液1.0mL，加入QuEChERS净化管中涡旋混匀1min，在10000r/min离心3min。取上清液，过0.22μm滤膜，LC-MS/MS进样分析。

五、试样分析

（一）仪器条件

① 色谱柱：Acquity UPLC® BEH C18色谱柱。

② 流动相A：乙腈；流动相B：0.01%氨水溶液；梯度洗脱见表7-47。

表7-47 液相梯度洗脱程序

时间/min	流动相A	流动相B
初始	5	95
3.0	75	25
4.0	90	10
6.0	90	10
7.0	5	95
9.0	5	95

③ 流速：0.3mL/min。

④ 柱温：40℃。

⑤ 进样量：1μL。

⑥ 离子源：ESI负离子。

⑦ 毛细管电压5500V。

⑧ 脱溶剂气温度400℃。

⑨ 锥孔气流速12L/min。

⑩ 检测方式：MRM（多反应监测），参数见表7-48。

表7-48 目标化合物MRM参数

化合物名称	保留时间	母离子	子离子(m/z)	锥孔电压/V	碰撞电压/V
细交链孢菌酮酸	1.25	196.1	138.8①	−26	−140
			112.1	−33	−140
交链孢酚	3.72	256.9	146.8①	−44	−150
			212.0	−38	−150

续表

化合物名称	保留时间	母离子	子离子(m/z)	锥孔电压/V	碰撞电压/V
腾毒素	4.06	413.0	141.1①	−28	−160
			214.1	−37	−160
交链孢酚单甲醚	4.36	270.9	255.8①	−32	−120
			227.9	−40	−120

① 为定量离子对。

（二）标准曲线制作

在仪器最佳工作条件下，对样品溶液及空白基质匹配标准工作溶液进样，以各真菌毒素目标物的色谱峰面积为纵坐标，各真菌毒素目标物的浓度为横坐标绘制标准工作曲线，外标法定量。基质曲线范围 0.5～200μg/L。

样液中待分析物的响应值均应在仪器测定的线性范围内。在上述色谱和质谱条件下，各真菌毒素目标物的标准物质色谱质谱图参见“十、资料性附录”。

（三）样品测定

样品的定性：未知组分与已知标准的保留时间相同（±0.05min）；在相同的保留时间下提取到与已知标准相同的特征离子；与已知标准的特征离子相对丰度的允许偏差不超出表 7-49 规定的范围；满足以上条件即可进行确证。

表 7-49　定性确证时相对离子丰度的最大允许偏差

相对离子丰度/%	≤10	>10～20	>20～50	>50
允许相对偏差/%	±50	±30	±25	±20

样品的定量：内标法定量。

六、质量控制

加标回收：按照 10%的比例，向样品中加入已知量的标准溶液，在相同的条件下对各组分做低、中、高 3 个浓度的回收率试验。

平行试验：按以上步骤操作，需对同一样品进行独立两次分析测定，测定的两次结果的绝对差值不得超过算术平均值的 15%。

空白实验：每批样品按照 10%的比例加一个试剂空白及空白基质，完全按照整个样品分析过程进行，试剂空白和空白基质均不得含有待测目标。空白基质主要用于配置基质匹配的标准曲线。

七、结果计算

样品中各真菌毒素含量用下式计算：

$$X=\frac{(c-c_0)\times V}{m\times 1000}$$

式中　X——试样中真菌毒素含量，mg/kg；

c——从标准曲线中得到样品试样溶剂中真菌毒素浓度，μg/L；

c_0——从标准曲线中得到过程空白真菌毒素浓度，μg/L；

V——提取溶液体积，mL；

m——称量样品质量，g；

计算结果保留三位有效数字。

八、技术参数

（一）线性范围、定性限和定量限

在仪器最佳工作条件下，对样品溶液及空白基质匹配标准工作溶液进样，以各真菌毒素目标物的色谱峰面积为纵坐标，各真菌毒素目标物的浓度为横坐标绘制标准工作曲线，外标法定量。基质匹配标准系列所采用的空白样品基质的残留量小于方法检测限的1/5。样液中待分析物的响应值均应在仪器测定的线性范围内，线性范围在0.5～200μg/L内存在良好的线性关系，相关系数$\gamma \geqslant 0.995$。

按照基质加标配制系列低浓度样品进样检测，以液相色谱-串联质谱（UPLC-MS/MS）测定的信噪比>3作为方法定性限，信噪比>10作为定量限。交链孢酚单甲醚、腾毒素定性限0.00050mg/kg，定量限0.0015mg/kg；交链孢酚、细交链孢菌酮酸方法定性限0.0010mg/kg，定量限0.0030mg/kg。

（二）准确度与精密度

本操作规程的精密度是指在重复条件下获得的两次独立测定结果的相对偏差，不同水果中交链孢酚、细交链孢菌酮酸、交链孢酚单甲醚、腾毒素回收试验的准确度和精密度参考值见表7-50。

表7-50 番茄、樱桃中准确度和精密度

化合物名称	加标/(mg/kg)	回收率范围/%	平均回收率/%	RSD/%
交链孢酚	0.1	100.1～127.4	113.8	1.25
	0.2	92.0～114.5	103.2	1.54
交链孢酚单甲醚	0.1	66.0～85.0	75.5	1.22
	0.2	57.8～126.3	92.0	2.08
细交链孢菌酮酸	0.05	62.4～70.4	66.4	1.56
	0.1	60.0～70.8	65.4	1.39
腾毒素	0.05	84.4～106.7	95.6	1.80
	0.1	71.2～100.3	85.8	2.13

九、注意事项

① 空白基质制备：每批样品必须加一个空白基质，空白基质测定与样品前处理同时进行，完全按照整个样品分析过程进行，该空白基质不得含有待测目标。主要用于配置基质匹配的标准曲线的配制。

② 基质匹配标准曲线：在样本检测过程中需配制基质匹配标准曲线进行校准，否则严重的基质干扰会导致样品检测结果出现严重偏差。不同种类的水果需要制

定各自的基质匹配标准曲线。

十、资料性附录

溶液中四种毒素混合标准如图 7-10。样品中四种毒素混合标准如图 7-11。

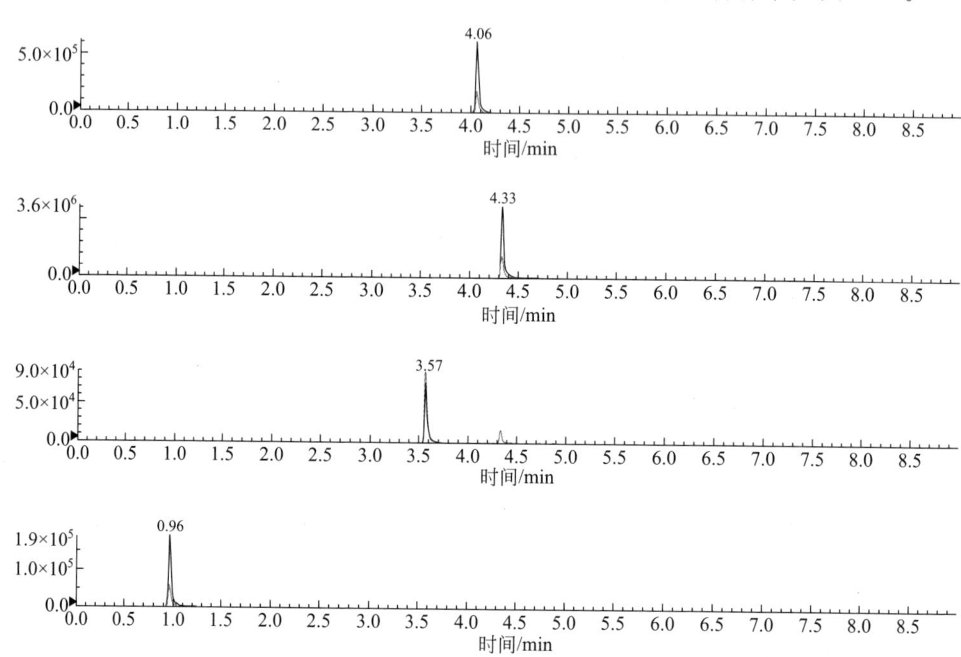

图 7-10 溶液中四种毒素混合标准

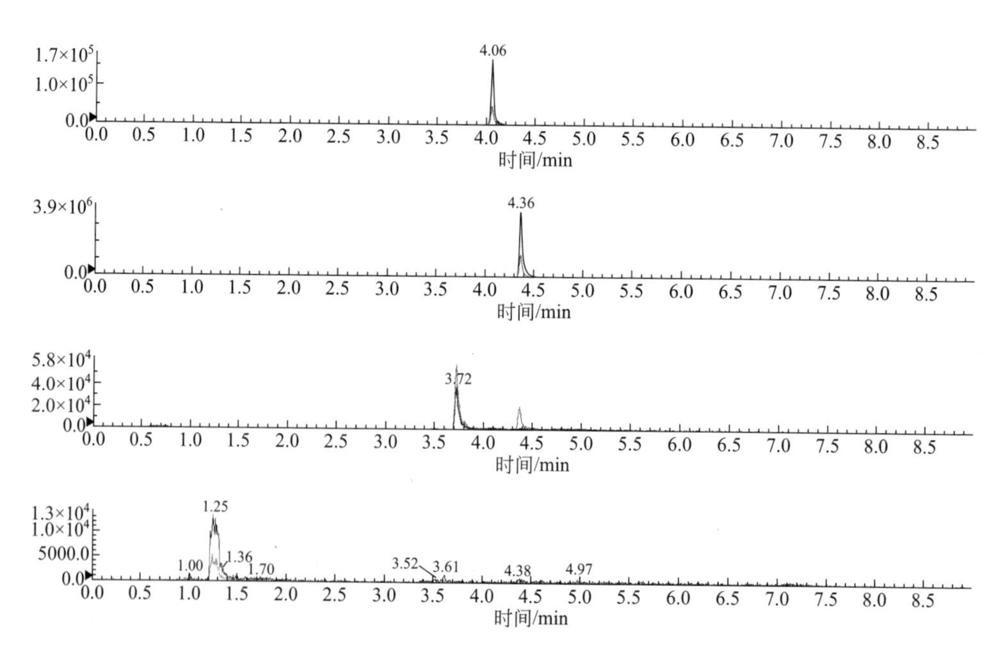

图 7-11 样品中四种毒素混合标准

第七节　食品中玉米赤霉烯酮的测定

测定一：　啤酒、婴幼儿谷类辅助食品等食品中玉米赤霉烯酮的测定

一、适用范围

本规程适用于啤酒、婴幼儿谷类辅助食品、大米、小米等中玉米赤霉烯酮的测定。

二、方法提要

样品经过提取、过滤后，缓慢的通过玉米赤霉烯酮免疫亲和柱，在免疫亲和柱内毒素与抗体结合，之后洗涤免疫亲和柱除去没有被结合的其他无关物质。用甲醇洗脱玉米赤霉烯酮，然后注入到配有荧光检测器的液相色谱仪中进行测定。

三、仪器设备和试剂

（一）仪器和设备

液相色谱仪（岛津 LC-20AD），荧光检测器（岛津 RF-20Axs）。

（二）试剂和耗材

除另有规定外，所用试剂均为分析纯，水为一级水。

① 甲醇、乙腈：HPLC 级。

② (8+2) 乙腈-水：取 80mL 乙腈加 20mL 水。

③ (0.01mol/L) PBST 溶液：氯化钠 8g，氯化钾 0.2g，磷酸二氢钾 0.2g，十二水合磷酸氢二钠 1.16g，2mL 吐温-20，定容至 1000mL。

④ 玉米赤霉烯酮免疫亲和柱，北京华安麦科生物技术公司。

⑤ 微纤维滤纸，Whatman934-AH。

（三）标准品及标准物质

玉米赤霉烯酮标准溶液：浓度 50μg/mL，SUPELCO 公司。标准储备液可以用甲醇或乙腈配制，标准使用液和标准曲线点用甲醇定容。

标准使用液：准确吸取上述标准溶液 0.20mL，于 10.00mL 容量瓶中，用甲醇溶液定容至刻度，此标准使用液浓度为 1μg/mL。

标准曲线配制：用上述玉米赤霉烯酮标准使用液配制成 10μg/L、25μg/L、50μg/L、100μg/L、200μg/L 标准系列。

四、样品的处理

（一）试样的制备与保存

婴幼儿谷类辅助食品、大米、小米等固体样品用粉碎机粉碎，液体样品直接

取样称量。

（二）提取

称取20.000g左右固体粉碎试样或液体试样，置于250mL具塞锥形瓶（或用普通锥形瓶，用封口膜封口）中加入（8＋2）乙腈-水100mL，摇床（200～300r/min）振荡或超声提取20min，经快速定性滤纸过滤，移取10.0mL滤液并加入0.01mol/L PBST溶液40mL稀释，再经微纤维滤纸过滤，取25mL滤液过免疫亲和柱净化。

（三）净化

取出免疫亲和柱，将上方塞子取出剪断，再插回亲和柱上。将柱子与气控操作架上的10mL或20mL注射器连接固定，取提取后的溶液上样。去掉亲和柱下方堵头，调节开关，使液体以1～2滴/s速度流出。待液体排干后，用10mL去离子水洗涤2次，流速2～3滴/s。待液体排干后，上样1mL甲醇，流速1滴/s，收集洗脱液并定容至1mL（大约补50μL）。洗脱液用0.45μm微孔滤器过滤后转移至样品瓶用于HPLC分析。

五、试样分析

液相色谱条件

① 色谱柱：Inertsil ODS-SP C18，ID4.6mm×250mm，5μm。

② 流动相：乙腈＋水＝55＋45。

③ 流速：1.0mL/min。

④ 检测波长：激发波长274 nm，发射波长440 nm。

⑤ 进样量：20μL。

⑥ 柱温：40℃。

六、质量控制

啤酒、婴幼儿谷类辅助食品、大米、小米4种样品分别测定加标回收率，结果见表7-51。

表7-51　4种样品加标回收率及精密度（$n=6$）

名称	加标量/(μg/L)	回收率范围/%	平均回收率/%	RSD/%
啤酒	5	80.1～98.8	88.3	7.6
	25	82.6～99.1	90.7	6.6
	50	85.7～99.0	92.4	4.6
婴幼儿谷类辅助食品	5	86.5～98.9	92.6	5.3
	25	95.6～105.6	98.8	3.6
	50	89.2～102.8	95.4	4.7

续表

名称	加标量/(μg/L)	回收率范围/%	平均回收率/%	RSD/%
大米	5	89.0～109.4	95.9	9.5
	25	100.7～105.3	102.9	1.6
	50	88.2～105.9	99.3	5.9
小米	5	83.9～111.2	96.3	9.8
	25	93.4～101.7	97.5	4.0
	50	90.1～108.2	98.6	5.8

七、结果计算

按外标法计算试样中玉米赤霉烯酮的含量见下式。

$$X=\frac{(c-c_0)\times V\times 1000}{m\times 1000}\times f$$

式中　X——试样中玉米赤霉烯酮的含量，μg/kg；

c——样液中玉米赤霉烯酮的浓度，μg/L；

c_0——空白样液中玉米赤霉烯酮的浓度，μg/L；

V——样液最终定容体积，mL；

m——最终样液所代表的试样量，g；

f——稀释倍数。

八、技术参数

① 精密度：在重复性条件下获得的两次独立测定结果的绝对差值不得超过算术平均值的10%。

② 方法定性限及定量限：取样量按20g计算，以3倍信噪比下的浓度为方法定性限，10倍信噪比下的浓度为方法定量限。方法定性限为1.0μg/kg，方法定量限为3.3μg/kg。

九、注意事项

① 免疫亲和柱2～8℃储存，不得冻存。使用前，免疫亲和柱需回至室温(22～25℃)。

② 对于玉米赤霉烯酮含量较高的样品，可将提取滤液进行适当稀释，以保证玉米赤霉烯酮的含量不超过免疫亲和柱的最大毒素负荷量，需向厂商了解亲和柱容量。

③ 用水洗涤亲和柱后，要用洗耳球将残存在柱子中的水尽可能排净。甲醇洗脱时，当甲醇全部流出后，仍要用洗耳球将残存在柱子中的甲醇尽可能都吹到收集瓶中。

④ 使用过的容器及标准品溶液最好用次氯酸钠溶液（5%，体积分数）浸泡过夜。

十、资料性附录

分析图谱如图 7-12。

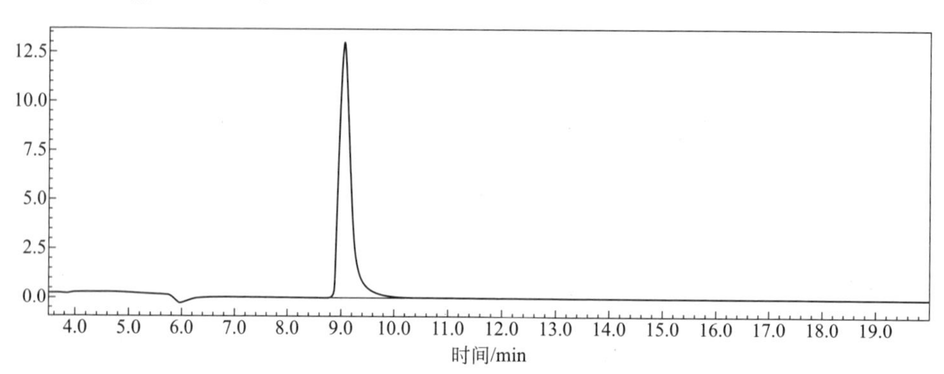

图 7-12 玉米赤霉烯酮色谱图

测定二：生面制品和馒头中玉米赤霉烯酮的测定

一、适用范围

本规程规定了馒头、饺子皮、馄饨皮和挂面中玉米赤霉烯酮的测定——高效液相色谱法测定。

本规程适用于馒头、饺子皮、馄饨皮和挂面中玉米赤霉烯酮的测定。

二、方法提要

样品经过乙腈-水提取，提取液经过滤、稀释后，滤液经过含有玉米赤霉烯酮特异抗体的免疫亲和柱净化、浓缩后，用配有荧光检测器的液相色谱仪进行测定，外标法定量。

三、仪器设备和试剂

（一）仪器和设备

① 液相色谱仪：配有荧光检测器。

② 电子天平（感量 0.01g）。

③ 均质机。

④ 旋涡混合器。

（二）试剂和耗材

除特别注明外，本实验所用试剂均为分析纯，水为符合 GB/T 6682 规定的一级水。

① 乙腈、甲醇：色谱纯。

② 乙腈-水溶液（84+16，体积分数）：量取水 160mL 加入到乙腈 840mL 中，

混匀。

③ 乙腈-水溶液（36+64，体积分数）：量取水 640mL 加入到乙腈 360mL 中，混匀。

④ PBS 缓冲液：Romer Labs® 公司。

⑤ 0.1%吐温-20 溶液：移取 100μL 吐温-20 加入到 100mL 水中，混匀。

⑥ 玉米赤霉烯酮免疫亲和柱（ZearaStar R）。

（三）标准品及标准物质

所有标准品溶液应在 4℃下避光保存。

玉米赤霉烯酮标准液品：100.4μg/mL。Romer Labs® 公司。

标准应用液(10.04μg/mL)：吸取标准品 150μL，用乙腈定容至 1mL，涡旋混匀。

标准系列：分别准确移取适量标准应用液 1μL、5μL、10μL、20μL 和 50μL，用乙腈-水溶液配制成 0.01μg/mL、0.05μg/mL、0.10μg/mL、0.20μg/mL 和 0.50μg/mL 标准系列。

四、样品的处理

（一）试样的制备与保存

固体样品（已成粉状样品除外）：将样品干燥后，用谷物粉碎机研磨至粉末状（粒径小于 1mm），装入密封袋中密封好，置于−20℃低温冰箱中保存。

（二）提取与净化

称取 25g（精确至 0.01g）样品于均质机配套 100mL 萃取杯中，加入乙腈-水溶液 100mL，均质 3min，过滤。准确吸取 3.0mL 滤液和 25mL PBS 至预先活化的免疫亲和柱上，用 0.1%吐温-20 溶液 10mL 淋洗，再用 10mL 去离子水淋洗免疫亲和柱。用 0.5mL 甲醇洗脱 3 次，洗脱液经 60℃水浴氮气吹干后，用 1000μL 乙腈-水溶液（体积分数，36/64）溶解复溶，过 0.45μm 滤膜后供 HPLC 测定用。

五、试样分析

① 色谱柱：Hypersil ODS 柱，长 100mm，内径 2.1mm，粒径 5.0μm。

② 流动相：A，水；B，乙腈。

③ 流动相梯度洗脱程序：见表 7-52。

表 7-52　液相色谱梯度洗脱程序

时间/min	A/%	B/%
0	64	36
9	64	36
10	55	45
11	55	45
13	64	36
15	64	36

④ 流速：0.5mL/min。
⑤ 柱温：30℃。
⑥ 荧光检测器（FLD）：激发波长 274nm，发射波长 440nm。
⑦ 进样量：50μL。

六、质量控制

本操作规程的室内回收实验，分别以馒头、挂面、饺子皮和馄饨皮为样品基质，进行三个浓度水平的加标回收试验，每个浓度水平进行 6 次重复实验。结果见表 7-53。

表 7-53 面制品中玉米赤霉烯酮回收率及其精密度（n=6）

名称	添加浓度/(μg/kg)	回收率范围/%	平均回收率/%	RSD/%
馒头	27	97.5～114	105	5.5
	67	88.3～107	100	6.7
	107	98.3～103	100	1.4
挂面	27	91.3～118	104	8.6
	67	96.6～106	101	3.6
	107	91.5～103	98.0	4.6
饺子皮	27	96.3～109	104	5.3
	67	94.1～104	98.9	4.1
	107	93.3～98.4	96.2	2.3
馄饨皮	27	96.4～116	103	6.3
	67	99.8～110	102	3.6
	107	90.8～98.9	95.4	2.8

七、结果计算

试样中玉米赤霉烯酮含量按下列公式进行计算：

$$X=\frac{(c-c_0)\times V\times 1000}{m\times 1000}\times f$$

式中 X——试样中赤霉烯酮的含量，μg/kg；
c——由标准曲线计算得到的上机试样溶液中赤霉烯酮的浓度，ng/mL；
c_0——由标准曲线计算得到的上机空白实验中赤霉烯酮的浓度，ng/mL；
V——试样的最终定容体积，mL；
m——试样质量，g；
f——稀释倍数。

八、技术参数

① 方法定性限和定量限：本规程的方法定性限为 4μg/kg。定量限为 15μg/kg。

② 精密度：在重复性条件下获得的两次独立测定结果的绝对差值不得超过算术平均值的10%。

九、注意事项

① 样品采集和收到后应用纸袋或布袋储存，4℃下避光保存，以避免微生物或霉菌的生长。

② 由于试样中的真菌毒素存在着不均匀性，因此应在抽样中注意抽样量至少2kg。样品称取之前一定要混合均匀。

③ 免疫亲和柱 2～8℃储存，不得冻存。使用前，免疫亲和柱需回到室温(22～25℃)。不要使用过有效期的免疫亲和柱。

④ 对于玉米赤霉烯酮含量较高的样品，可将提取液进行适当稀释，以保证玉米赤霉烯酮的含量不超过免疫亲和柱的最大毒素负荷量，需向厂商了解亲和柱容量。

⑤ 用水洗涤亲和柱后，要用洗耳球将残存在柱子中的水尽可能排净。甲醇洗脱时，当甲醇全部流出后，仍要用洗耳球将残存在柱子中的甲醇尽可能都吹到收集瓶中。

十、资料性附录

玉米赤霉烯酮标准图谱如图7-13。

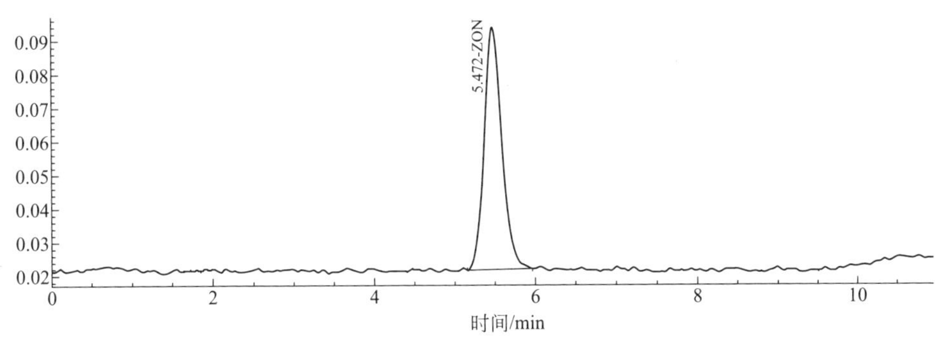

图7-13 玉米赤霉烯酮标准图谱

第八节 食品中多种真菌毒素的测定

面包、干挂面等食品中15种真菌毒素的测定

一、适用范围

本规程规定了食品中黄曲霉毒素等15种真菌毒素的同位素稀释液相色谱-串联质谱测定方法。

本规程适用于面包、干挂面和方便面面饼中黄曲霉毒素 $B_1/B_2/G_1/G_2$、脱氧雪腐镰刀菌烯醇、雪腐镰刀菌烯醇、3-乙酰基脱氧雪腐镰刀菌烯醇、15-乙酰基脱氧雪腐镰刀菌烯醇、玉米赤霉烯酮、赭曲霉毒素 A、伏马毒素 $B_1/B_2/B_3$、T-2/HT-2 毒素等 15 种真菌毒素的测定。

二、方法提要

试样中的 15 种真菌毒素用乙腈-水-甲酸溶液提取，提取液经稀释、离心、过滤后，取上清液加入一定浓度 ^{13}C 标记的真菌毒素同位素标准溶液，液相色谱-串联质谱仪多反应监测模式测定，采用稳定同位素稀释内标法定量。

三、仪器设备和试剂

（一）仪器和设备

① 液相色谱串联质谱仪：配有电喷雾离子源（ESI）。

② 电子天平（感量 0.01g）。

③ 高速粉碎机：转速 10000r/min。

④ 旋涡混合器。

⑤ 样品筛：0.5～1mm 孔径。

⑥ 高速冷冻离心机（转速不低于 10000r/min）。

⑦ 移液器（量程 1～20μL、10～200μL 和 100～1000μL）。

⑧ 分液器（量程 0～10mL）。

⑨ 微孔滤膜（0.22μm，混合型）。

⑩ 聚丙烯刻度离心管（50mL 型）。

⑪ 聚丙烯刻度离心管（2mL 型）。

（二）试剂和耗材

除特别注明外，本实验所用试剂均为分析纯，水为符合 GB/T 6682 规定的一级水。

① 乙腈、甲醇、甲酸：色谱纯。

② 乙腈-水-甲酸溶液（70＋29＋1，体积分数）：量取 700mL 乙腈加入到 290mL 水中，加入 10mL 甲酸，混匀。

③ 0.1%甲酸-甲醇溶液：吸取 1mL 甲酸，用甲醇稀释至 1L，混匀。

④ 0.1%甲酸水溶液：吸取 1mL 甲酸，用超纯水稀释至 1L，混匀。

（三）标准品及标准物质

所有标准品溶液应在 4℃下避光保存。

① 标准物质：见表 7-54，来自 Romer Labs® 公司。

表 7-54　十五种标准物质名称、缩写和浓度

名称	缩写	浓度/(μg/mL)
赭曲霉毒素 A	OTA	10.00

续表

名称	缩写	浓度/(μg/mL)
伏马菌素 B_1	FB_1	50.0
伏马菌素 B_2	FB_2	50.6
伏马菌素 B_3	FB_3	50.3
黄曲霉毒素 B_1	AFT B_1	2.00
黄曲霉毒素 B_2	AFT B_2	0.502
黄曲霉毒素 G_1	AFT G_1	2.04
黄曲霉毒素 G_2	AFT G_2	0.500
玉米赤霉烯酮	ZEA	100
玉米赤霉烯醇	NIV	100.6
脱氧雪腐镰刀菌烯醇	DON	101.6
3-乙酰脱氧雪腐镰刀菌烯醇	3-AcDON	100.5
15-乙酰脱氧雪腐镰刀菌烯醇	15-AcDON	100.6
HT-2 毒素	HT-2	101.2
T-2 毒素	T-2	10.0

② 内标物质：14 种内标物质均来自 Romer Labs® 公司，见表 7-55。

表 7-55 十四种氘代内标的名称、缩写和浓度

真菌毒素	英文缩写	浓度/(μg/mL)
[$^{13}C_{20}$]-赭曲霉毒素 A	[$^{13}C_{20}$]-OTA	10.00
[$^{13}C_{34}$]-伏马菌素 B_1	[$^{13}C_{34}$]-FB_1	5.04
[$^{13}C_{34}$]-伏马菌素 B_2	[$^{13}C_{34}$]-FB_2	5.05
[$^{13}C_{34}$]-伏马菌素 B_3	[$^{13}C_{34}$]-FB_3	10.02
[$^{13}C_{17}$]-黄曲霉毒素 B_1	[$^{13}C_{17}$]-AFT B_1	0.500
[$^{13}C_{17}$]-黄曲霉毒素 B_2	[$^{13}C_{17}$]-AFT B_2	0.500
[$^{13}C_{17}$]-黄曲霉毒素 G_1	[$^{13}C_{17}$]-AFT G_1	0.502
[$^{13}C_{17}$]-黄曲霉毒素 G_2	[$^{13}C_{17}$]-AFT G_2	0.502
[$^{13}C_{18}$]-玉米赤霉烯酮	[$^{13}C_{18}$]-ZEA	25.2
[$^{13}C_{15}$]-玉米赤霉烯醇	[$^{13}C_{15}$]-NIV	25.30
[$^{13}C_{15}$]-脱氧雪腐镰刀菌烯醇	[$^{13}C_{15}$]-DON	10.0
[$^{13}C_{17}$]-3-乙酰脱氧雪腐镰刀菌烯醇	[$^{13}C_{17}$]-3-AcDON	25.3
[$^{13}C_{22}$]-HT-2 毒素	[$^{13}C_{22}$]-HT-2	10.1
[$^{13}C_{22}$]-T-2 毒素	[$^{13}C_{22}$]-T-2	1.02

③ 混合标准储备液：吸取一定量的标准溶液，用甲醇定容至 10mL，涡旋混匀。在－20℃保存，见表 7-56。

表 7-56　15 种真菌毒素混合标准储备液浓度　　　单位：μg/mL

名称	浓度	名称	浓度	名称	浓度	名称	浓度
AFT B_1	0.5	NIV	50	ZEN	5	OTA	0.5
AFT B_2	0.5	DON	50	T-2	5	FB_1	10
AFT G_1	0.5	3-AcDON	50	HT-2	10	FB_2	10
AFT G_2	0.5	15-AcDON	50	ST	0.5	FB_3	10

④ 混合同位素内标标准储备液：分别移取一定体积的 15 种各真菌毒素同位素标准溶液于 5mL 容量瓶中，用乙腈稀释定容至刻度，充分混匀后于－20℃避光保存。15 种同位素内标浓度详见表 7-57（注：使用前要恢复至室温并用旋涡混合器充分混匀）。

表 7-57　14 种真菌毒素稳定同位素混合溶液浓度　　　单位：μg/mL

名称	浓度	名称	浓度	名称	浓度	名称	浓度
[^{13}C]-AFT B_1	0.01	[^{13}C]-NIV	1.25	[^{13}C]-OTA	0.02	[^{13}C]-FB_1	0.5
[^{13}C]-AFT B_2	0.01	[^{13}C]-DON	1.25	[^{13}C]-T-2	0.05	[^{13}C]-FB_2	0.5
[^{13}C]-AFT G_1	0.01	[^{13}C]-3-AcDON	1.25	[^{13}C]-HT-2	0.5		
[^{13}C]-AFT G_2	0.01	[^{13}C]-ZEN	1.25	[^{13}C]-FB_3	0.5		

⑤ 标准曲线的配制：准确移取混合标准储备液适量，用超纯水逐级稀释，配制成不同浓度点的溶液混合标准曲线系列，各标准点的含量见表 7-58。

分别准确移取 10μL 同位素内标混合溶液于各内插管中，加入 190μL 对应的溶液混合标准曲线浓度点，于旋涡混合器上混合均匀，配制成溶液混合标准曲线系列。

表 7-58　标准系列浓度　　　单位：ng/mL

名称	1	2	3	4	5	6
AFT B_1	0.1	0.1	0.2	0.5	1.0	2.0
AFT B_2	0.1	0.1	0.2	0.5	1.0	2.0
AFT G_1	0.1	0.1	0.2	0.5	1.0	2.0
AFT G_2	0.1	0.1	0.2	0.5	1.0	2.0
NIV	5.0	10.0	20.0	50.0	100	200
DON	5.0	10.0	20.0	50.0	100	200
3-AcDON	5.0	10.0	20.0	50.0	100	200
15-AcDON	5.0	10.0	20.0	50.0	100	200
ZEN	0.5	1.0	2.0	5.0	10.0	20.0
T-2	0.5	1.0	2.0	5.0	10.0	20.0
HT-2	1.0	2.0	4.0	10.0	20.0	40.0

续表

名称	1	2	3	4	5	6
OTA	0.1	0.1	0.2	0.5	1.0	2.0
FB_1	1.0	2.0	4.0	10.0	20.0	40.0
FB_2	1.0	2.0	4.0	10.0	20.0	40.0
FB_3	1.0	2.0	4.0	10.0	20.0	40.0

四、样品的处理

（一）试样的制备与保存

固体样品（已成粉状样品除外）：用高速粉碎机将其粉碎，过筛，使其粒径小于0.5～1mm孔径试验筛，混合均匀后储存于样品瓶中，密封保存，置于－20℃低温冰箱中保存，供检测用。

（二）提取与净化

准确称取5g（精确到0.01g）试样于50mL离心管中，加入20mL乙腈-水-甲酸（70＋29＋1，体积分数）溶液，并用旋涡混合器混匀1min，置于旋转摇床上振荡提取30min，然后以8000r/min离心5min。准确转移0.5mL上清液于1.5mL离心管中，加入1.0mL水，旋涡混匀后，在4℃ 10000r/min的转速离心10min，吸取上清液过0.22μm滤膜。吸取190μL处理好的样品滤液于300μL内插管中，加入10μL稳定同位素混合溶液，混匀，待上机检测。

五、试样分析

（一）液相色谱参考条件

① 色谱柱：Cortecs UPLC® C18柱（柱长150mm，柱内径2.1mm；填料粒径1.6μm）。

② 流动相：A，0.1％甲酸水溶液；B，0.1％甲酸甲醇。

③ 流动相梯度洗脱程序：见表7-59。

④ 流速：0.3mL/min。

⑤ 柱温：40℃。

⑥ 样品室温度：10℃。

⑦ 进样量：5μL。

表7-59　液相色谱梯度洗脱程序

时间/min	流速/(mL/min)	A/％	B/％
0.0	0.30	95	5
1.0	0.30	95	5
10.0	0.30	60	40
16.0	0.30	30	70
18.0	0.30	0	100

续表

时间/min	流速/(mL/min)	A/%	B/%
23.0	0.30	0	100
23.1	0.30	95	5
28.0	0.30	95	5

(二)质谱参考条件

① 离子源:电喷雾离子源,正离子模式。

② 质谱扫描方式:多重反应监测模式。

③ 锥孔电压:3.0kV。

④ 加热气温度:400℃。

⑤ 离子源温度:150℃。

⑥ 脱溶剂气:800L/h。

⑦ 各目标化合物及其内标物的保留时间、定性定量离子对及锥孔电压、碰撞能量见表7-60。

表7-60 15种目标化合物和14种内标物质的质谱参数

序号	目标化合物	保留时间/min	离子迁移(*m*/*z*)	锥孔电压/V	碰撞能量/eV
1	NIV	4.08	313.2>124.9 313.2>177.0	15	15
2	[$^{13}C_{15}$]-NIV	4.08	328.0>175.4	25	15
3	DON	5.62	297.2>203.1 297.2>249.2	30	14 12
4	[$^{13}C_{15}$]-DON	5.62	312.3>263.2	30	20
5	3-AcDON	9.54	339.2>213.1 339.2>231.1	30	10
6	[$^{13}C_{17}$]-3-AcDON	9.54	356.2>245.1	30	10
7	15-AcDON	9.69	339.2>136.9 339.2>261.1	25	10
8	AFT G_2	10.98	331.1>245.1 331.1>313.1	20	30 25
9	[$^{13}C_{17}$]-AFT G_2	10.98	348.3>330.2	25	25
10	AFTG_1	11.59	329.1>243.1 329.1>311.1	25	25 20
11	[$^{13}C_{17}$]-AFT G_1	11.59	346.4>257.1	25	25
12	AFTB_2	12.18	315.2>259.1 315.2>287.2	64	28 26
13	[$^{13}C_{17}$]-AFT B_2	12.18	332.3>303.2	25	30
14	AFTB_1	12.71	313.2>241.1 313.2>285.0	20	35 24
15	[$^{13}C_{17}$]-AFT B_1	12.71	330.4>301.2	25	20

续表

序号	目标化合物	保留时间/min	离子迁移(*m*/*z*)	锥孔电压/V	碰撞能量/eV
16	HT-2	14.76	425.3>245.1 425.3>263.2	15	15 10
17	$[^{13}C_{22}]$-HT-2	14.76	447.4>278.2	30	10
18	FB_1	15.23	722.7>334.5 722.7>352.5	72	36 38
19	$[^{13}C_{34}]$-FB_1	15.23	756.6>356.5	25	38
20	T-2	15.90	484.4>185.0 484.4>305.2	25	20 10
21	$[^{13}C_{22}]$-T-2	15.90	508.5>322.3	30	15
22	FB_3	16.18	706.6>318.3 706.6>336.4	46	38 34
23	$[^{13}C_{34}]$-FB_3	16.18	740.7>358.4	35	35
24	ZEA	16.60	319.3>283.2 319.3>301.2	30	15
25	$[^{13}C_{18}]$-ZEA	16.60	337.2>301.2	40	10
26	OTA	16.79	404.3>239.0 404.3>358.3	35	25 15
27	$[^{13}C_{20}]$-OTA	16.79	424.3>250.1	20	25
28	FB_2	16.92	706.6>318.4 706.6>336.4	90	34
29	$[^{13}C_{34}]$-FB_2	16.92	740.7>358.4	65	40

注：“-” 表示定量子离子。

（三）空白试验

除不称取试样外，均按上述步骤进行。

六、质量控制

本操作规程的加标回收实验，分别以面包、挂面和方便面为样品基质，进行三个浓度水平的加标回收试验，每个浓度水平进行6次重复实验。结果见表7-61～表7-63。

表7-61　面包回收率结果

名称	添加浓度/(μg/kg)	回收率范围/%	平均回收率/%	RSD/%
NIV	1.33	78.8～89.4	81.2	3.2
DON	66.7	72.3～90.4	79.5	1.4
3-AcDON	66.7	73.5～88.7	82.5	3.7
15-AcDON	66.7	70.1～85.6	76.4	4.1
AFT G_2	1.33	84.3～92.1	89.0	1.1
AFT G_1	1.33	85.3～92.7	88.1	4.6

续表

名称	添加浓度/(μg/kg)	回收率范围/%	平均回收率/%	RSD/%
AFT B_2	1.33	83.9～94.3	90.2	1.3
AFT B_1	1.33	80.3～95.6	87.4	2.7
HT-2	13.3	75.3～86.8	80.1	4.7
FB_1	13.3	71.1～89.0	82.4	4.2
T-2	6.67	70.3～88.4	82.6	5.1
FB_3	13.3	73.3～90.6	86.4	1.2
ZEA	6.67	75.6～92.3	83.1	2.2
OTA	1.33	84.2～96.0	88.6	1.6
FB_2	13.3	86.4～99.7	91.4	4.7

表 7-62 挂面回收率结果

名称	添加浓度/(μg/kg)	回收率范围/%	平均回收率/%	RSD/%
NIV	1.33	80.1～97.3	90.5	5.0
DON	66.7	81.1～90.0	84.3	4.1
3-AcDON	66.7	79.9～92.6	87.1	3.7
15-AcDON	66.7	80.0～91.8	88.2	3.4
AFT G_2	1.33	85.2～94.7	90.6	3.9
AFT G_1	1.33	82.1～92.8	84.1	4.6
AFT B_2	1.33	86.6～97.7	91.4	4.5
AFT B_1	1.33	90.0～97.1	92.5	2.6
HT-2	13.3	91.3～101.6	95.7	2.4
FB_1	13.3	90.3～105.4	96.1	4.0
T-2	6.67	89.5～99.4	93.2	4.8
FB_3	13.3	84.9～110.4	91.3	1.5
ZEA	6.67	81.3～97.6	94.5	4.9
OTA	1.33	80.3～110.4	100.1	5.0
FB_2	13.3	90.0～106.4	97.5	5.4

表 7-63 方便面回收率结果

名称	添加浓度/(μg/kg)	回收率范围/%	平均回收率/%	RSD/%
NIV	1.33	76.9～90.0	88.4	6.0
DON	66.7	86.6～104.3	91.2	4.3
3-AcDON	66.7	85.5～98.9	90.5	3.1
15-AcDON	66.7	90.0～101.2	95.2	1.5
AFT G_2	1.33	88.6～94.3	90.1	4.3
AFT G_1	1.33	80.5～92.3	84.9	6.0
AFT B_2	1.33	86.7～101.3	91.7	2.3
AFT B_1	1.33	90.0～110.0	96.2	4.0

续表

名称	添加浓度/(μg/kg)	回收率范围/%	平均回收率/%	RSD/%
HT-2	13.3	95.3～96.7	95.2	4.6
FB_1	13.3	86.9～94.7	93.1	5.0
T-2	6.67	90.0～99.8	93.5	7.1
FB_3	13.3	91.2～104.6	96.1	6.8
ZEA	6.67	90.5～101.6	95.8	3.0
OTA	1.33	86.7～92.3	89.3	5.0
FB_2	13.3	89.9～92.4	90.1	3.7

七、结果计算

试样中真菌毒素含量按下列公式进行计算：

$$X=\frac{c\times V\times f}{m}$$

式中　X——试样中待测毒素的含量，μg/kg；

c——试样中待测毒素按照内标法（或外标法）在标准曲线中对应的浓度，ng/mL；

V——试样提取液的体积，mL；

m——试样称样量，单位为克，g；

f——提取液稀释因子，$f=2$。

计算结果保留小数点后两位。

八、技术参数

（一）方法定性限和方法定量检测限

本规程的方法定性限和方法定量检测限见表 7-64。

表 7-64　十五种化合物方法定性限和定量检测限　　单位：μg/kg

名称	方法定性限	定量检测限	名称	方法定性限	定量检测限
NIV	23	70	HT-2	17	50
DON	3.3	10	FB_1	6.7	20
3-AcDON	4.3	13	T-2	1.3	4.0
15-AcDON	5.0	15	FB_3	33	100
AFT G_2	0.7	2.0	ZEA	3.3	10
AFT G_1	0.17	0.4	OTA	0.33	1.0
AFT B_2	0.070	0.2	FB_2	6.7	20
AFT B_1	0.070	0.2			

（二）定性

试样中目标化合物色谱峰的保留时间与相应标准色谱峰的保留时间一致，变化范围应在±2.5%之内。待测化合物的定性离子的重构离子色谱峰的信噪比应≥3，定量离子的重构离子色谱峰的信噪比应≥10。每种化合物的质谱定性离子必须出现，至少应包括一个母离子和一个子离子，而且同一检测批次，对同一化合物，样品中目标化合物的两个子离子的相对丰度比与浓度相当的标准溶液相比，其允许偏差不超过表 7-65 规定的范围。

表 7-65　定性确证时相对离子丰度的最大允许偏差

相对离子丰度/%	≤10	>10～20	>20～50	>50
允许相对偏差/%	±50	±30	±25	±20

九、注意事项

① 样品采集和收到后应用纸袋或布袋储存，4℃下避光保存，以避免微生物或霉菌的生长。

② 由于试样中的真菌毒素存在着不均匀性，因此应在抽样中注意抽样量至少2kg。样品称取之前一定要混合均匀。

第九节　食品中河豚毒素的测定

鱼类干制品中河豚毒素的测定

一、适用范围

本规程规定了鱼类干制品中河豚毒素检测的制样方法、LC-MS-MS 确认和测定方法，本规程适用于鱼类干制品中河豚毒素的测定。

二、方法提要

样品经乙酸-甲醇溶液提取，通过磷酸盐缓冲液稀释，经免疫亲和柱富集和净化后，液相色谱-质谱-质谱联用仪测定，结合外标法定量。

三、仪器设备和试剂

（一）仪器和设备

① 液相色谱-质谱-质谱联用仪：配有电喷雾离子源。

② 电子天平：感量 0.01g 和 0.1mg。

③ 高速粉碎机。

④ 冷冻离心机：转速 9500r/min。

⑤ 旋涡混合器。

⑥ 气控操作架。

⑦ 空气泵。

⑧ 氮吹仪。

（二）试剂和耗材

实验用水符合 GB/T 6682 规定的一级水。

① 甲醇、乙腈、甲酸、乙酸：色谱纯。

② 氯化钠、乙酸铵：分析纯。

③ 十二水合磷酸氢二钠（$Na_2HPO_4 \cdot 12H_2O$），CAS RN：10039-32-4，分析纯。

④ 二水合磷酸二氢钠（$NaH_2PO_4 \cdot 2H_2O$），CAS RN：13472-35-0，分析纯。

⑤ 0.1%甲酸水溶液：量取 500μL 甲酸，用纯水定容至 500mL。

⑥ 0.1%甲酸水-乙腈溶液（1+1）：0.1%甲酸水溶液与乙腈等体积混合均匀。

⑦ 乙酸-甲醇溶液（1+99）：移取 5mL 乙酸，用甲醇稀释并定容至 500mL。

⑧ 乙酸-甲醇溶液（2+98）：移取 10mL 乙酸，用甲醇稀释并定容至 500mL。

⑨ PBS 溶液（0.05mol/L，pH=7.3）：称取磷酸氢二钠 6.45g，二水合磷酸二氢钠 1.09g，氯化钠 4.25g，用水溶解，定容至 500mL。

⑩ 氢氧化钠溶液：1mol/L。准确称取 20.0g 氢氧化钠，用纯水溶解并定容至 500mL。

⑪ 河豚毒素免疫亲和柱（1000ng，3mL）：江苏美正生物科技公司。

（三）标准品及标准物质

① 标准品：河豚毒素（TTX，CAS RN：4368-28-9），纯度≥98.0%。

② 标准溶液

a. 标准储备液：100mg/L。准确称取河豚毒素 0.0010g，先用少量 0.1%甲酸水溶液溶解，再用甲醇定容至 10mL，−18℃以下避光保存。

b. 标准中间液：1mg/L。准确吸取标准储备液 100μL 置于 10mL 容量瓶中，用 0.1%甲酸水-乙腈溶液稀释并定容，配成 1mg/L 的标准中间液，−18℃以下避光保存。

四、样品的处理

（一）试样的制备与保存

干样经高速粉碎机粉碎均匀，转入洁净容器中，密封，并标明标记，−18℃以下冷冻存放。

（二）提取

称取 2g 均匀样品（精确至 0.01g）于 50mL 具塞聚丙烯塑料离心管中，加入乙酸-甲醇溶液至 10mL，旋涡混匀 3min，于 40℃水浴超声提取 15min，冷却至室温后，8000r/min 离心 5min。

从上步离心管中取 5mL 上清液转移另一个 50mL 具塞聚丙烯塑料离心管中，

加入 20mLPBS 溶液稀释，用 1mol/L 氢氧化钠溶液调至 pH＝7～8，用微纤维滤纸过滤，取 10mL 滤液待净化。

（三）净化

取出免疫亲和柱，放置室温，放出柱内保存液。加入 10mL 滤液，使液体以 1 滴/s 的速度流出。待液体排干，用 10mL 纯水洗涤 1 次，流速 2～3 滴/s。待液体排干，免疫亲和柱内分 2 次加入乙酸-甲醇溶液共 4mL，洗脱流速 1 滴/s，用试管收集洗脱液。将洗脱液在 40℃下氮气吹至尽干，先加入 0.1%甲酸水溶液 500μL 溶解残渣，超声 1min，再加入 0.1%甲酸水-乙腈溶液 500μL，混匀过 0.22μm 滤膜后，供仪器测定。

五、试样分析

（一）仪器参考条件（安捷伦公司 1290 超高效液相色谱/6460 三重串联四极杆液质联用仪）

1. 液相色谱条件

① 色谱柱：ACQUITY UPLC® BEH Amide 柱，2.1mm(内径)×100mm，1.7μm。

② 流动相：A，含 0.1%甲酸的 5mmol/L 乙酸铵溶液；B，乙腈。

③ 梯度洗脱程序见表 7-66。

表 7-66 液相梯度洗脱程序

时间/min	A/%	B/%
0.00	5	95
1.50	80	20
3.00	80	20
3.50	5	95
5.00	5	95

④ 流速：0.3mL/min。

⑤ 柱温：40℃。

⑥ 进样体积：5μL。

2. 质谱条件

① 电离源：电喷雾正离子模式 ESI（＋）。

② 毛细管电压：3.5kV。

③ 干燥气温度：350℃。

④ 干燥气流量：11L/min。

⑤ 雾化器压力：40psi。

⑥ 质谱扫描方式：多反应监测离子，锥孔电压、碰撞能量、分析物母离子及子离子等质谱多反应监测实验条件见表 7-67。

表 7-67 质谱部分仪器参数

化合物名称	母离子(m/z)	锥孔电压/V	子离子(m/z)	碰撞能量/eV
TTX	320.0	150	302.0① 161.7	30 40

① 定量离子。

(二)标准曲线制作

用标准中间液配制河豚毒素浓度为 0.5μg/L、2.5μg/L、5μg/L、10μg/L、25μg/L、50μg/L 浓度的标准系列溶液，以标准溶液中分析物的峰面积与分析物浓度(μg/L)绘制校正曲线，计算样品中河豚毒素的含量。

空白试验：除不加样品外，采用完全相同的测定步骤进行操作。

(三)样品测定

样品中待测物色谱峰的保留时间与相应标准色谱峰的保留时间一致，变化范围应在±2.5%之内。待测化合物的定性离子的重构离子色谱峰的信噪比≥3，定量离子的重构离子色谱峰的信噪比≥10。同一检测批次，样品中的两个子离子的相对丰度比与浓度相当的标准溶液相比，各离子对的相对丰度应与校正溶液的相对丰度一致，误差不超过表 7-68 中规定的范围。

表 7-68 定性时相对离子丰度的最大允许偏差

相对离子丰度/%	≤10	>10~20	>20~50	>50
允许相对偏差/%	±50	±30	±25	±20

六、质量控制

线性范围：河豚毒素在 0.5~50μg/L 范围内线性良好，相关系数 $\gamma \geq 0.995$。

回收率和精密度：回收率实验采用三个加标浓度 3.0μg/kg、6.0μg/kg、15.0μg/kg，$n=6$ 时每个添加水平回收率和精密度见表 7-69。

表 7-69 鱼类干制品回收率和精密度

化合物名称	添加水平/(μg/kg)	回收率范围/%	平均回收率/%	相对标准偏差/%
河豚毒素	3.0	62.1~70.5	73.3	6.1
	6.0	61.8~74.3	72.9	6.7
	15.0	70.2~76.1	74.0	5.2

七、结果计算

按下式计算样品中河豚毒素的含量。

$$X = \frac{c \times V}{f \times m}$$

式中 X——试样中河豚毒素的含量，μg/kg；

c——样液中河豚毒素的浓度，μg/L；

V——样液定容体积，mL；

f——提取液分取体积分数，本规程中 $f=0.2$；

m——试样质量，g。

结果保留三位有效数字。

八、技术参数

在试样取样量为 2g，定容体积为 1mL 时，按 3 倍信噪比测得河豚毒素的方法定性限为 1.0μg/kg，以 10 倍信噪比测得河豚毒素的方法定量限为 3.0μg/kg。

九、注意事项

① 免疫亲和柱 2～8℃储存，不得冻存，使用前需放至室温（22～25℃）。

② 免疫亲和柱的柱容量是 1000ng，当样本中待测毒素的含量除以稀释倍数高于柱容量时，需要适当降低上样液体积，重新检测。

③ 免疫亲和柱要求的上样溶液需在 pH＝7～8 之间，若偏离此范围需要用盐酸或氢氧化钠调节 pH 值。

十、资料性附录

TTX 的分析图谱如图 7-14～图 7-16。

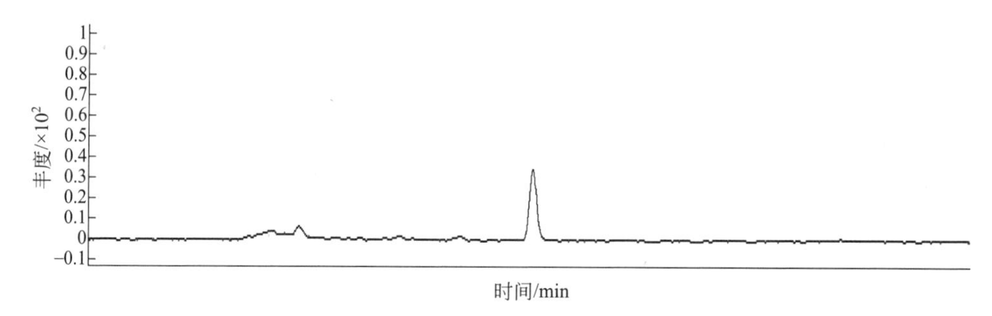

图 7-14　样品 TTX 总离子流图

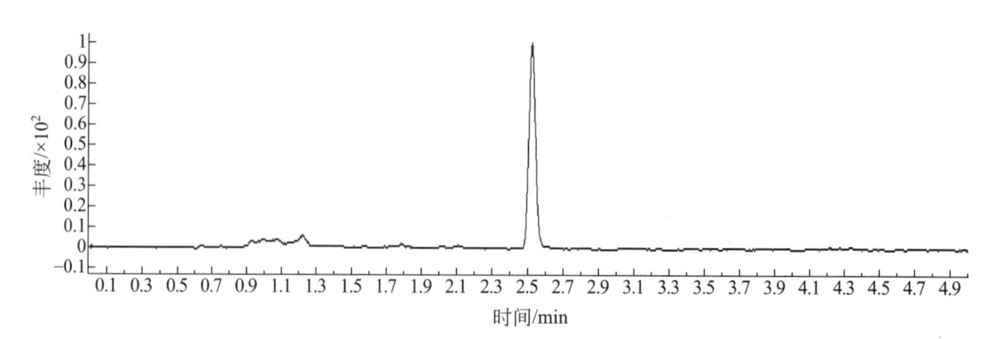

图 7-15　样品 TTX 加标总离子流图

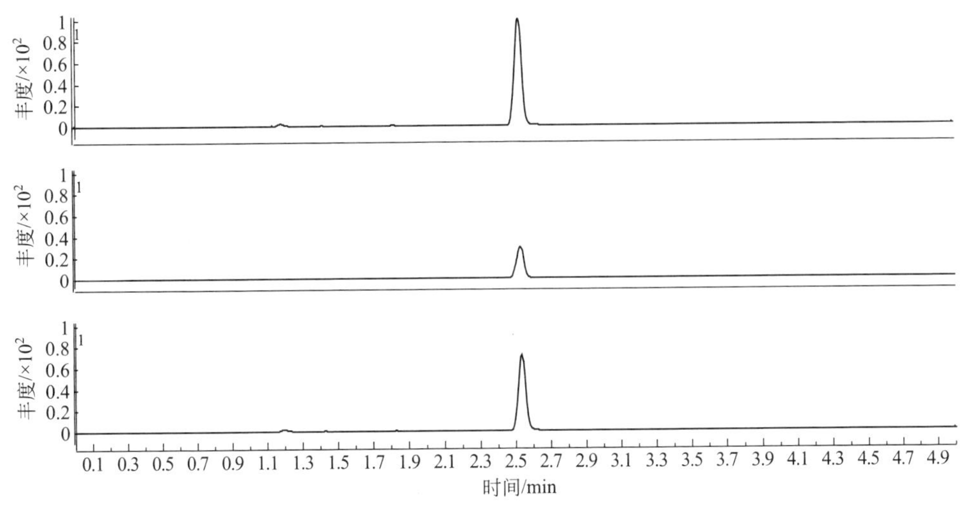

图 7-16 TTX 色谱质谱图

参考文献

[1] 食品安全国家标准 食品中黄曲霉毒素 B 族和 G 族的测定：GB 5009.22—2016 [S].

[2] AOAC Official Method. Aflatoxin B_1 in baby food [Z]. Immunoaffinity Column HPLC，2000.

[3] AOAC Official Method. Analysis of aflatoxins [Z]. Liquid Chromatography with Post-Column Photochemical Derivitazation. 2005.

[4] 食品中霉菌毒素检验方法—多重毒素之检验（MOHWT0010.02）[Z]. 中国台湾，卫授食字第 1061901708 号公告修正.

[5] Vaclavikova M，Mcmahon S. Application of single immunoaffinity clean-up for simultaneous determination of regulated mycotoxins in cereals and nuts [J]. Talanta，2013；117：345-351.

[6] Lattanzio VMT，Ciasca B . Improved method for the simultaneous determination of aflatoxins，ochratoxin A and Fusarium toxins in cer eals and derived products by liquid chromatography-tandem mass spectrometry after multi-toxin immunoaffinityclean up [J]. Journal of Chromatography A，2014，1354：139-143.

[7] 食品中赭曲霉毒素 A 的测定免疫亲和层析净化高效液相色谱法：GB/T 23502—2009 [S].

[8] 粮油检验 粮食中赭曲霉毒素 A 的测定高效液相色谱法和荧光光度法：GB/T 25220—2010：[S].

[9] AOAC Official Method . Ochratoxin A in barley [Z]. Immunoaffinity Column HPLC，2000.

[10] AOAC Official Method . Ochratoxin A in roasted coffee [Z]. Immunoaffinity Column HPLC，2000.

[11] AOAC Official Method . Ochratoxin A in wine and beere [Z]. Immunoaffinity Column Cleanup / Liquid Chromatographic Analysis，2001.

[12] 张辉珍，马爱国，李惠颖，等. 免疫亲和层析净化高效液相色谱测定赭曲霉毒素 A 的方法研究 [J]. 食品科学，2008，29（12）：552-554.

[13] 潘迎芬，郑育莉，方成俊. 免疫亲和层析净化-高效液相色谱法同时检测几种食品中黄曲霉毒素和赭曲霉毒素 A [J]. 福建分析测试，2013，22（4）：12-16.

[14] 食品安全国家标准 食品中展青霉素的测定：GB 5009.185—2016 [S].

[15] Lohery L，Marschik S，Cramer B，et al. Large-scale synthesis of isotopically labeled $^{13}C_2$-tenuazonic acid and development of a rapid HPLC-MS/MS method for the analysis of tenuazonic acid in tomato and pepper products [J]. Journal of Agricultural and Food Chemistry，2013，61：114-120.

[16] Theresa Z, Horst K, Keith R, et al. Development of a high performance liquid chromatography tandem mass spectrometry based analysis for the simultaneous quantification of various Alternaria toxins in wine, vegetable juices and fruit juices [J]. Journal of Chromatography A, 2016, 1455: 74-85.

[17] Michelangelo A, Steven J L. Fast and easy multiresidue method employing acetonitrile extraction/partition and "dispersive solid-phase extraction" for the determination of pesticide residues in produce [J]. Journal of AOAC International, 2003, 86 (2): 412-431.

[18] Pratheeba Y, Poucke Cvan, de Meulenaer B, et al. Development and validation of a QuEChERS based liquid chromatography tandem mass spectrometry method for the determination of multiple mycotoxins in spices [J]. Journal of Chromatography A, 2013, 1297: 1-11.

[19] 陈蓓，朱峰，李放，等. 超高效液相色谱-串联质谱法测定麦芯粉中四种交链孢毒素 [J]. 现代食品科技，2017，33 (11)：251-256.

[20] 蒋黎艳，赵其阳，龚蕾，等. 超高效液相色谱串联质谱法快速检测柑橘中的 5 种链格孢霉毒素 [J]. 分析化学，2015，43 (12)：1851-1858.

[21] 杨万颖，郑彦婕，李碧芳，等. 液相色谱串联质谱法同时测定小麦粉中 10 种真菌毒素 [J]. 广东化工，2008 (09)：123-128.

[22] 食品安全国家标准 食品中玉米赤霉烯酮的测定：GB 5009. 209—2016 [S].

[23] 食品安全国家标准 水产品中河豚毒素的测定：GB 5009. 206—2016 [S].

[24] 方国锋，王锡昌，陶宁萍，等. 河豚毒素的样品前处理与快速检测技术研究进展 [J]. 分析测试学报，2014，33 (12)：1447-1452.

[25] 阮丽萍，蔡梅，刘华良，等. 高效液相色谱-串联质谱法测定烤鱼片中的河豚毒素 [J]. 分析化学，2014，25 (2)：8-9.

[26] 严忠雍，张小军，李奇富，等. 免疫亲和柱净化-液相色谱-串联质谱法测定海洋生物中河豚毒素 [J]. 分析化学研究报告，2015，43：277-281.

[27] Kawatsu K, Hamano Y, Yoda T, et al. Rapid and highly sensi-tive enzyme immunoassay for quantitative determination of tetrodotoxin [J]. Japanese Journal of Medical Science and Biology, 1997, 50 (3): 133-150.

附录　本章涉及物质化学信息

（一）真菌毒素及其代谢物

中文名称	英文名称(含缩写)	CAS RN
黄曲霉毒素 B_1	aflatoxin B_1, AFT B_1	1162-65-8
黄曲霉毒素 B_2	aflatoxin B_2, AFT B_2	7220-81-7
黄曲霉毒素 G_1	aflatoxin G_1, AFT G_1	1165-39-5
黄曲霉毒素 G_2	aflatoxin G_2, AFT G_2	7241-98-7
脱氧雪腐镰刀菌烯醇	deoxynivalenol, DON	51481-10-8
3-乙酰脱氧雪腐镰刀菌烯醇	3-acetyldeoxynivalenol, 3-AcDON	50722-38-8
15-乙酰脱氧雪腐镰刀菌烯醇	15-acetyldeoxynivalenol, 15-AcDON	88337-96-6
伏马毒素 B_1	fumonisin B_1, FB_1	116355-83-0
伏马毒素 B_2	fumonisin B_2, FB_2	116355-84-1
伏马毒素 B_3	fumonisin B_3, FB_3	136379-59-4

续表

中文名称	英文名称(含缩写)	CAS RN
赭曲霉毒素 A	ochratoxin A,OTA	303-47-9
赭曲霉毒素 B	ochratoxin B,OTB	4825-86-9
展青霉素(棒曲霉素)	patulin,PAT	149-29-1
交链孢酚	alternariol,AOH	641-38-3
腾毒素	tentoxin,TEN	28540-82-1
交链孢酚单甲醚	alternariol methyl ether,AME	26894-49-5
细交链孢菌酮酸	tenuazonic acid,TeA	610-88-8
玉米赤霉烯酮	zearalenone,ZEA	17924-92-4
玉米赤霉烯醇	zearaleno,ZEN	36455-72-8
HT-2 毒素	HT-2 toxin,HT-2	26934-87-2
T-2 毒素	T-2 toxin,T-2	21259-20-1
河豚毒素	tetrodotoxin,TTX	4368-28-9

(二)同位素标记的真菌毒素

真菌毒素	英文缩写	CAS RN
[$^{13}C_{20}$]-赭曲霉毒素 A	[$^{13}C_{20}$]-OTA	911392-42-2
[$^{13}C_{34}$]-伏马菌素 B_1	[$^{13}C_{34}$]-FB_1	1217458-62-2
[$^{13}C_{34}$]-伏马菌素 B_2	[$^{13}C_{34}$]-FB_2	1217481-36-1
[$^{13}C_{34}$]-伏马菌素 B_3	[$^{13}C_{34}$]-FB_3	136379-59-4
[$^{13}C_{17}$]-黄曲霉毒素 B_1	[$^{13}C_{17}$]-AFT B_1	1217449-45-0
[$^{13}C_{17}$]-黄曲霉毒素 B_2	[$^{13}C_{17}$]-AFT B_2	1217470-98-8
[$^{13}C_{17}$]-黄曲霉毒素 G_1	[$^{13}C_{17}$]-AFT G_1	1217444-07-9
[$^{13}C_{17}$]-黄曲霉毒素 G_2	[$^{13}C_{17}$]-AFT G_2	1217462-49-1
[^{13}C]-展青霉素	[^{13}C]-PAT	1353867-99-8
[$^{13}C_{18}$]-玉米赤霉烯酮	[$^{13}C_{18}$]-ZEA	17924-92-4
[$^{13}C_{15}$]-玉米赤霉烯醇	[$^{13}C_{15}$]-NIV	
[$^{13}C_{15}$]-脱氧雪腐镰刀菌烯醇	[$^{13}C_{15}$]-DON	911392-36-4
[$^{13}C_{17}$]-3-乙酰脱氧雪腐镰刀菌烯醇	[$^{13}C_{17}$]-3-AcDON	1217476-81-7
[$^{13}C_{22}$]-HT-2 毒素	[$^{13}C_{22}$]-HT-2	1486469-92-4
[$^{13}C_{22}$]-T-2 毒素	[$^{13}C_{22}$]-T-2	21259-20-1

第八章
其他化合物的检验

第一节　面粉及面粉制品中氨基脲的测定

一、适用范围

本标准操作规程规定了面粉及面制品中氨基脲测定的超高效液相色谱三重四极杆串联质谱法。

本标准操作规程适用于面粉及面制品中氨基脲的测定。

二、方法提要

试样在酸性条件下，氨基脲与衍生剂邻硝基苯甲醛反应。衍生产物在中性条件下经 HLB 柱纯化，乙酸乙酯洗脱，洗脱液浓缩的残渣复溶后，以 C18 柱分离，串联质谱法检测。以保留时间与质谱离子对定性，内标法定量。

三、仪器设备和试剂

（一）仪器和设备

① 液相色谱串接质谱仪：配有电喷雾离子源（ESI）。

② 分析天平：感量 0.0001g。

③ 恒温箱。

④ 高速冷冻离心机。

⑤ 氮吹仪。

⑥ 旋涡混合器（振荡器）。

（二）试剂和耗材

除另有说明外，所用试剂均为分析纯，水为 18MΩ・cm 超纯水。

① 乙腈、乙酸乙酯、甲酸：色谱纯。

② 浓盐酸：优级纯。

③ 盐酸溶液（0.2mol/L）：准确量取浓盐酸 17mL，加水稀释至 1L。

④ 氢氧化钠溶液（2.0mol/L）：准确称取氢氧化钠 20g，加水稀释至 250mL。

⑤ 甲酸溶液（0.1%）：准确量取甲酸 1mL，加水稀释至 1L。

⑥ 邻硝基苯甲醛溶液（0.1mol/L）：准确称取 1.5g 邻硝基苯甲醛，加甲醇溶解并稀释至 100mL。于 4℃下避光保存，一周内使用。

⑦ SPE 固相萃取柱：HLB 或 PLS，3mL。（使用前活化：顺序加入甲醇 3mL 与水 3mL。）

⑧ 滤膜：PVDF 滤膜 0.22μm。

（三）标准品及标准物质

① 氨基脲盐酸盐标准品：CAS RN®，563-41-7，纯度≥95.0%。

氨基脲标准储备溶液（100μg/mL）称取氨基脲盐酸盐 14.9mg（准确至

0.1mg），加水 50mL 溶解后，加甲醇稀释至 100mL。于 4℃下避光保存。

氨基脲标准中间液（1.0μg/mL）：量取氨基脲标准储备液 1.0mL，加甲醇稀释至 100mL。于 4℃下避光保存。

氨基脲标准应用溶液（0.020μg/mL）：量取氨基脲标准中间液 1.0mL，加甲醇稀释至 50mL。于 4℃下避光保存。

② 氨基脲盐酸盐同位素内标：纯度>95%。

氨基脲同位素内标储备溶液（100μg/mL）：称取氨基脲同位素内标盐酸盐 14.5mg（准确至 0.1mg），加水 50mL 溶解后，加甲醇稀释至 100mL。于 4℃下避光保存。

氨基脲同位素内标中间液（1.0μg/mL）：量取氨基脲同位素内标储备液 1.0mL，加甲醇稀释至 100mL，于 4℃下避光保存。

氨基脲同位素内标应用液（0.10μg/mL）：量取氨基脲同位素内标中间液 1.0mL，加甲醇稀释至 10mL，于 4℃下避光保存。

四、样品的处理

（一）样品水解与衍生化

称取混匀的试样 2.0g，加入 0.1μg/L 氨基脲同位素内标溶液 50μL 和 0.2mol/L 盐酸 10mL，在旋涡混合器上混合均匀后，加 0.1mol/L 邻硝基苯甲醛溶液 100μL，在旋涡混合器上混合均匀后，置于超声波仪中避光超声（30min，37℃）。

（二）样品的提取

将衍生化后的试样冷却至室温，加 2.0mol/L NaOH 溶液调节 pH≈7（约消耗 1.1mL），于 4℃下，10000r/min 离心 10min，取上清液。HLB 小柱依次使用甲醇 3mL 与水 3mL 活化后，取上清液 10mL 上样，以水 6mL 淋洗。淋洗后吹干，加乙酸乙酯 3mL 洗脱。洗脱液在 40℃下氮吹至干，残渣以（0.1%）甲酸溶液 1mL 溶解，过 0.2μm 滤膜后，以串联质谱法检测。

（三）基质匹配标准溶液与空白溶液的制备

称取阴性试样 2.0g 于 50mL 塑料离心管中，加盐酸（0.2mol/L）10mL，在旋涡混合器上混合均匀。分别加 0.020μg/mL 氨基脲标准溶液 0、25μL、50μL、100μL、250μL、500μL、1000μL，并分别加 0.10μg/mL 氨基脲同位素内标溶液 50μL。按照样品进行水解、衍生化及提取操作。

五、试样分析

（一）液相色谱参考条件

① 岛津公司 LC-30A 液相色谱仪串联 SCIEX 公司 QTRAP 4500 四极杆质谱仪。

② 色谱柱：Shim-pack XR-ODS III C18 柱（ID2.0mm×150mm，1.6μm）。

③ 进样量：5μL。

④ 柱温：40℃。

⑤ 梯度洗脱程序见表 8-1。

表 8-1 氨基脲梯度洗脱程序

时间/min	流速/(mL/min)	0.1%甲酸水/%	甲醇/%
1	0.3	95	5
3	0.3	80	20
7	0.3	70	30
9	0.3	40	60
9.1	0.3	95	5
12.1	0.3	95	5

（二）质谱参考条件

① 离子化方式：电喷雾离子源，ESI（+）。
② 喷雾电压：5500V。
③ 离子源温度：550℃。
④ 气帘气压力：2.5×10^5 Pa。
⑤ 雾化气压力：5.5×10^5 Pa。
⑥ 辅助加热气压力：5.5×10^5 Pa。
⑦ 检测方式：多离子反应监测。
⑧ 质谱分析优化参数见表 8-2。

表 8-2 质谱参考条件

目标物	母离子(m/z)	子离子(m/z)	碰撞能量/eV	锥孔电压/V
SEM	209	166①/192	13/13	60
SEM-[1,2-$^{15}N_2$ ^{13}C]	212	168	16	60

① 定性离子。

（三）定性测定

按照上述条件测定试样与基质匹配标准溶液，如果试样的质量色谱峰与基质匹配标准溶液一致，同时试样中定性离子对丰度与其同浓度下基质匹配标准溶液的相对丰度比一致，相对丰度比偏差不超过表 8-3 规定，则可判断试样中存在相应的被测物。

表 8-3 定性时相对离子丰度的最大允许偏差

相对离子丰度/%	≤10	>10～20	>20～50	>50
允许相对偏差/%	±50	±30	±25	±20

（四）定量测定

采用内标法进行定量计算。以基质匹配的标准溶液中氨基脲的定量离子响应峰面积与氨基脲同位素内标的定量离子响应峰面积之比作为纵坐标，基质匹配的标准溶液制备过程中加入的氨基脲质量为横坐标进行线性拟合。利用线性方程计算样品中的氨基脲浓度。

六、质量控制

样品加标测定率应≥10%。样品数小于10个时，至少测1个。

七、结果计算

样品中的氨基脲以下式计算：

$$X=\frac{m-m_0}{M}$$

式中 X——样品中氨基脲的含量，μg/kg；

m——试样中氨基脲的质量，ng；

m_0——空白基质中氨基脲的质量，ng；

M——取样量，g。

注：以重复条件下获得的两次独立测定结果的算术平均值表示，结果保留两位有效数字。

八、技术参数

（一）线性范围、方法定性限和定量限

本方法采用基质匹配标准曲线进行定量。取实际加标样品溶液，用0.1%（体积分数）甲酸水倍比稀释后测定，以信噪比为3时所测定实际加标样品溶液中氨基脲的浓度为定性限，而以信噪比为10时氨基脲的浓度为定量限。以目标组分定量离子的相对峰面积比值（y）相对应的质量浓度（x）绘制标准曲线，线性回归采用$1/x^2$权重（校正低浓度端准确度），氨基脲的质量浓度在0.5～20.0μg/mL范围内线性关系良好，$y=2.27x+0.00398$（$r=0.996$）。当取样量为2g时，本研究中氨基脲的定性限为0.20μg/kg，定量限为0.40μg/kg。

（二）准确度与精密度

本操作规程的标准品添加回收实验，以面粉为样品基质，进行三个浓度水平的 添加回收检测，每个浓度水平进行6次平行实验，计算其平均回收率。结果见表8-4。

表8-4 面粉中氨基脲的回收率及精密度（$n=6$）

样品基质	添加浓度/(μg/kg)	回收率范围/%	平均回收率/%	RSD/%
面粉	0.5	95.6～109.6	103.8	5.2
	2.0	101.3～108.8	104.5	3.7
	10	97.9～102.3	100.4	1.4

九、注意事项

① 实验所用试剂应避光保存，其中衍生剂邻硝基苯甲醛溶液应在配制后一周

内使用。

② 将衍生化后的试样冷却至室温后调节 pH 值约为 7 时，应该对每个试样进行分别调节 pH 值，而不能认为加入相同体积的酸或碱即可在不同试样间得到相同的 pH 值。

③ 样品过柱时，尽量让其在自然重力条件下过柱，避免加压，以保证目标检测物被柱中填充剂充分吸收；而洗脱固相萃取柱时，可适当加压，以完成洗脱步骤。

④ 所收集的洗脱液在氮吹时，尽量用小气流吹，至近干即可；避免气流过大而将样品吹干，造成样品损失。

十、资料性附录

色谱质谱图如图 8-1。

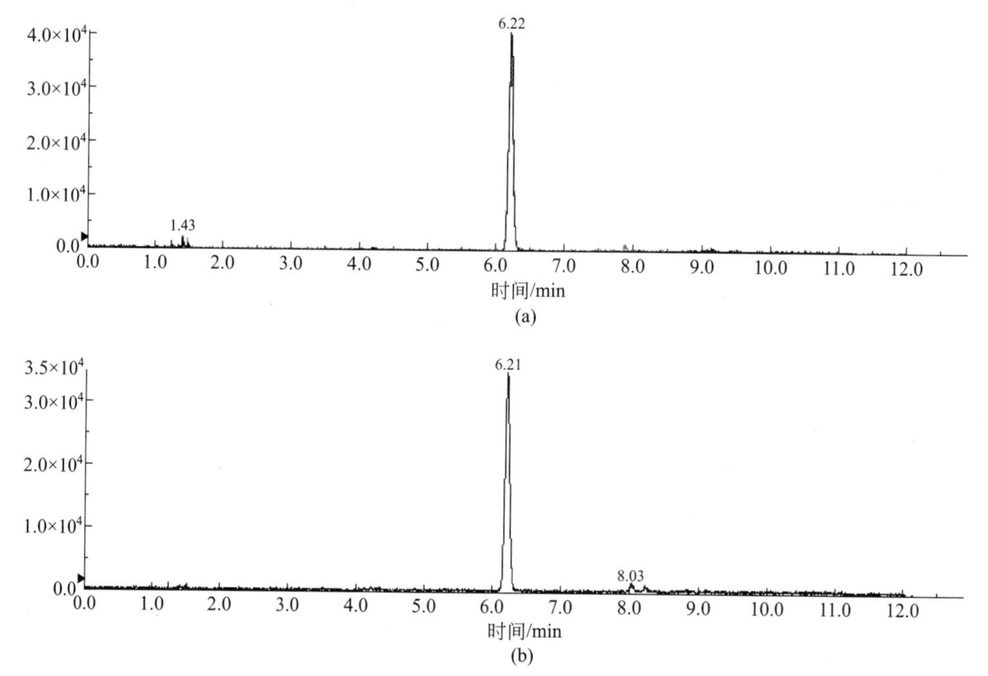

图 8-1 基质匹配标准溶液中氨基脲（a）与氨基脲同位素内标（b）的质量色谱图（均为 1μg/kg）

第二节 鲜乳和乳粉中硫氰酸钠的测定

一、适用范围

本标准操作规程规定了鲜乳和乳粉中硫氰酸钠含量测定的离子色谱法。

本标准操作规程适用于鲜乳和乳粉中硫氰酸钠含量的测定。

二、方法提要

样品用乙腈沉淀蛋白，采用 RP 柱净化，离子色谱柱分离和电导检测器测定，以保留时间定性，外标法定量。

三、仪器设备和试剂

本规程所用试剂为色谱纯或分析纯，实验用水应符合 GB/T 6682 中三级水要求，色谱用水符合 GB/T 6682 中一级水规定的要求。

（一）仪器和设备

① 离子色谱仪，配电导检测器。

② 天平，感量 0.01g 和 0.1mg。

③ 氮吹仪。

④ 离心机（5000r/min）。

⑤ OnGuard II RP 固相萃取小柱：2.5mL。

⑥ 0.22μm 针式过滤器（有机系）。

（二）试剂和耗材

① 甲醇、乙腈：色谱纯。

② 硫氰酸钠：纯度≥99.99%，CAS RN，540-72-7。

③ 淋洗液浓度：KOH 浓度 45mmol/L。

（三）标准品及标准物质

① 硫氰酸钠标准储备液：硫氰酸钠标准品 80℃烘干 2h。准确称取干燥后的硫氰酸钠 0.2793g 于 200mL 容量瓶中，用超纯水溶解，定容，混匀。即得 1000mg/L 硫氰酸根标准储备液。于 4℃冰箱保存，可保存 1 个月。

② 硫氰酸钠标准使用液：准确吸取标准储备液 1.00mL 置于 100mL 容量瓶中，用超纯水定容至刻度，配制成浓度为 10.0mg/L 硫氰酸根标准使用液。于 4℃冰箱保存，可保存 1 周。

③ 标准系列的配制：准确吸取硫氰酸根标准使用液于 100mL 容量瓶中，超纯水定容至刻度。见表 8-5。

表 8-5　标准曲线的制备

管号	1	2	3	4	5	6
标准使用液吸取量/mL	0.20	0.50	1.0	2.0	5.0	10.0
硫氰酸根浓度/(mg/L)	0.020	0.050	0.10	0.20	0.50	1.0

四、样品的处理

称取混匀样品（牛奶 4g 或奶粉 1g 加水溶解定容至 4mL，精确至 0.01g)，加 5.0mL 乙腈涡旋混匀，沉降 10min 以上，用超纯水定容至 10mL 混匀，然后

5000r/min 离心 5min。取上清液用水稀释 10 倍，过 0.22μm 滤膜后，过 OnGuard RP 柱去除脂肪，弃去前 6mL 后上机测定。

五、试样分析

（一）仪器参考条件

① ICS-2100 型离子色谱仪，附电导检测器。

② 色谱柱：保护柱 IonPac AG16（4mm×50mm），分析柱 IonPac AS16（4mm×250mm）。

③ 抑制器：ASRS 300（4mm），模式为外接水电抑制，电流 112mA。

④ 淋洗液：KOH 浓度 45mmol/L（氢氧化钾自动发生器）。

⑤ 进样体积：100μL（进样量取决于被测浓度的估计值）。

（二）标准曲线绘制

参照上述仪器参考条件，测定标准系列，以保留时间定性，以测得的峰面积对硫氰酸浓度绘制标准曲线。

（三）样品测定

参照上述仪器参考条件，测定样品，以保留时间定性，外标法定量。

六、质量控制

按照被测样品数量的 10%的比例对所测组分进行加标回收试验，样品量<10 件的最少测 1 个。原则上加标量为样品中目标化合物含量的 1 倍且样品测定值落于标准曲线范围内，回收率范围 90.0%～108.8%。

七、结果计算

样品中硫氰酸根的含量按照下式计算：

$$X=\frac{c\times 10\times k}{m}$$

式中 X——样品中硫氰酸根的含量，转化成硫氰酸钠乘以系数 1.4，mg/kg；

c——样品稀释液中硫氰酸根浓度，mg/L；

10——样品定容体积，mL；

m——称样量，g；

k——稀释因子。

八、技术参数

① 精密度：在重复条件下获得的两次独立测定结果的绝对差值不得超过算术平均值的 10%。

② 加标回收率：在含有目标化合物的样品中分别加入高、中、低三个浓度水平的标准溶液，每个浓度水平测定 6 次，计算样品加标回收率，参考值见表 8-6。

表 8-6　鲜乳和乳粉中硫氰酸钠加标回收率参考值（$n=6$）

样品种类	本底值/(mg/L)	加标值/(mg/L)	回收率范围/%	平均回收率/%	RSD/%
鲜乳	0.0749	0.05	90.2～106.2	98.2	2.5
	0.0749	0.1	93.1～104.1	98.6	1.9
	0.0749	0.5	98.2～101.8	100.0	1.4
乳粉	0.284	0.05	90.0～108.0	99.0	3.0
	0.284	0.1	91.0～108.0	99.5	2.4
	0.284	0.5	96.8～108.8	102.8	2.2

③ LOD 和 LOQ：本规范之乳粉中硫氰酸根的方法定性限为 0.4mg/kg，定量限为 1.0mg/kg；鲜乳的方法定性限是 0.1mg/kg，定量限为 0.3mg/kg。

九、注意事项

① 有些样品离心后仍含有水溶性杂质、混浊，易堵塞色谱柱，适当稀释后，应过 0.22μm 滤膜和 RP 柱。

② 初次使用 RP 柱时需经 10mL 甲醇和 15mL 纯水活化，并垂直静置 10min。

③ OnGuard II RP 柱可再生后继续使用，再生与活化过程相同。一般处理 2～3 个样品后应弃去。

④ 以本方法淋洗液浓度测定，硫氰酸出峰时间为 13min，在无杂质峰的前提下可适当提高淋洗液浓度以缩短分析时间。

十、资料性附录

分析图谱如图 8-2～图 8-4。

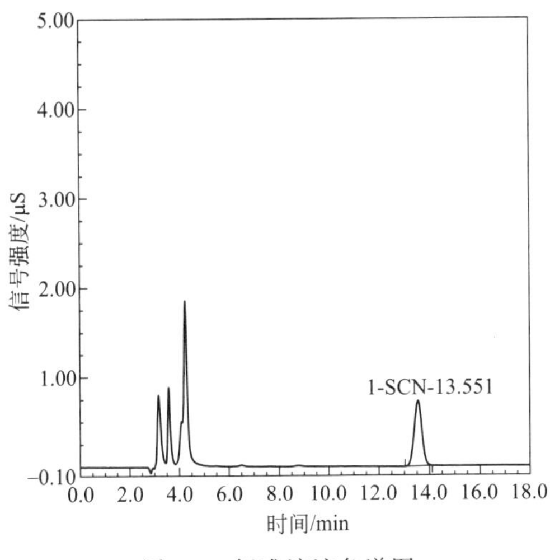

图 8-2　标准溶液色谱图

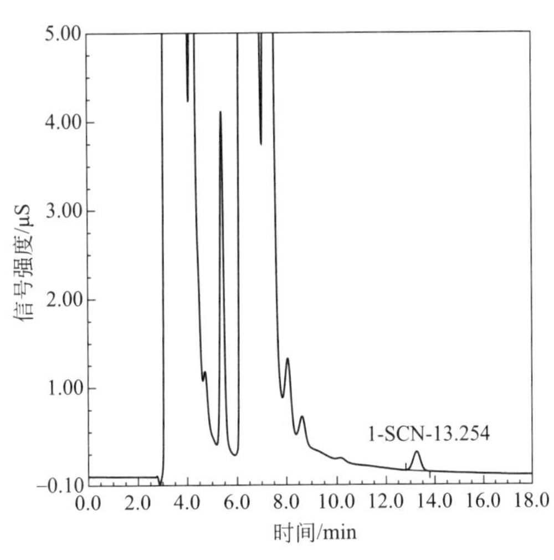

图 8-3　样品色谱图

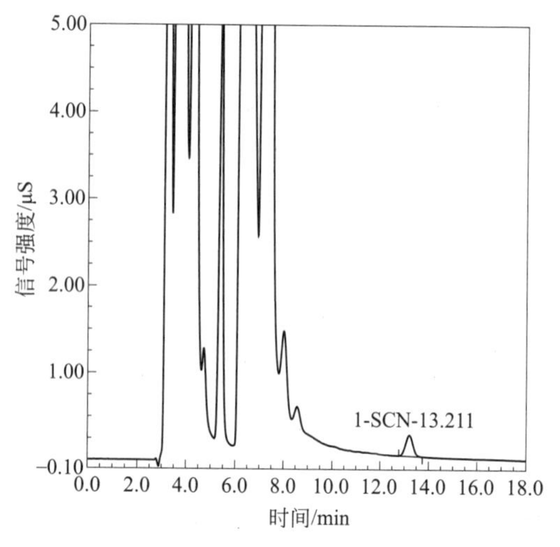

图 8-4 样品加标色谱图

第三节 小麦粉及其制品中溴酸盐的测定

一、适用范围

本标准操作规程是对国标方法 GB/T 20188—2006《小麦粉中溴酸盐的测定离子色谱法》中操作方法的细化。

本规程适用于各等级小麦粉及其以小麦粉为主要成分的制品（如油条粉等）。

二、方法提要

样品用水（或超声）振荡提取，离心后的试液经 OnGuard Ⅱ Ag/H 和 OnGuard Ⅱ RP 小柱净化，离子色谱柱分离和电导检测器测定，以保留时间定性，外标法定量。

三、仪器设备和试剂

本规程所用试剂除特定说明，均为分析纯，所用纯水均应符合 GB/T 6682 所规定的一级水，且经预试验确认溴酸盐出峰处（在本文的实验条件下在 6.2min 附近）基线平直，无杂峰。

（一）仪器和设备

① 离子色谱仪：配电导检测器。

② 振荡器。

③ 离心机：10000r/min（离心头可装 50mL 离心管）。

④ 固相萃取装置。

⑤ 抽滤装置。

（二）试剂和耗材

① 碳酸钠：优级纯，CAS RN，497-19-8。

② 碳酸氢钠：优级纯，CAS RN，144-55-8。

③ 淋洗液原液（0.45mol/L 碳酸钠-0.08mol/L 碳酸氢钠），称取碳酸钠 4.77g 碳酸氢钠 0.677g 定容于 100mL。常温避光保存，有效期 3 个月。

④ 淋洗液（4.5mmol/L 碳酸钠-0.8mmol/L 碳酸氢钠）：取淋洗液原液 10.0mL，加水至 1000mL。可使用一周。

⑤ 针头式过滤器：水性，0.2μm，尺寸 30mm。

⑥ OnGuard Ⅱ Ag/H 柱（2.5mL）：货号 057410，Dionex（Thermo）。

⑦ OnGuard Ⅱ RP 柱（2.5mL）：货号 057084，Dionex（Therom）。

（三）标准品及标准物质

① 溴酸盐标准储备液（1000mg/L）：GBW（E）100200。

② 溴酸盐标准中间液（10.0mg/L）：吸取溴酸盐标准储备液 1.00mL，用高纯水定容至 100mL，该溶液溴酸盐浓度为 10.0mg/L。4℃保存，有效期 1 周。

③ 溴酸盐标准应用液（100μg/L）：吸取溴酸盐标准中间液 1.00mL，用高纯水定容至 100mL，该溶液溴酸盐浓度为 100μg/L。

四、样品的处理

（一）提取

称取小麦粉 5.0g（精确至 0.1g）于 50mL 具塞离心管中，加入 40.0mL 高纯水，迅速摇匀后置振荡器上振荡 20min（或在间歇搅拌下于超声波中提取 20min），静置 15min 以上，8000r/min 离心 20min，上清液 4℃保存备用。

（二）净化

1. OnGuard Ⅱ Ag/H 柱活化

用注射器取高纯水 15mL，以不高于 2～3mL/min 速度均匀推出。平放 20min。使用前活化。

2. OnGuard Ⅱ RP 柱活化

用注射器取甲醇 10mL，以不高于 4mL/min 速度推出；用注射器取 15mL 去离子水，以不高于 4mL/min 速度推出。平放 20min。使用前活化。

3. 过柱净化

串联针头式过滤器——Ag/H 柱-RP 柱（如图 8-5 所示），将离心后的样品用注射器推入（可以接在固相萃取装置上，用装置的负压加速过滤），弃去 3mL（1.0mL 柱）或 6mL（2.5mL 柱）初滤液，收集后续滤液到样品管中，滤液 4℃保存备用。

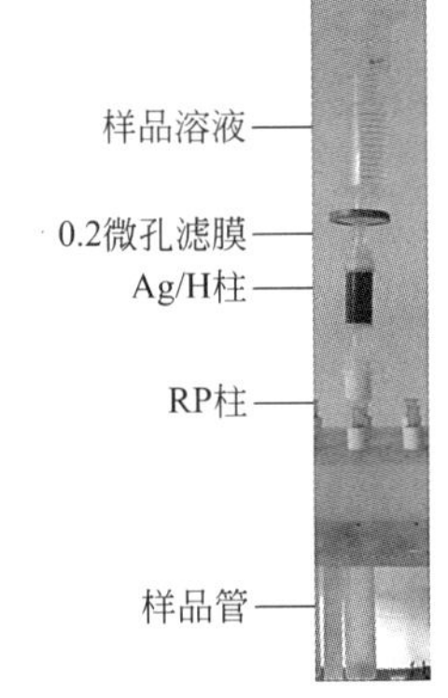

图 8-5　净化装置示意图

五、试样分析

（一）仪器参考条件

ICS 1500 型离子色谱仪参考条件如表 8-7。

表 8-7 ICS 1500 型离子色谱仪参考条件

设备或参数	AS23 柱等度
色谱柱保护柱	IonPac AG23(50mm×4mm)
色谱柱分析柱	IonPac AS23(250mm×4mm)
色谱柱柱温	30℃
电化学抑制器	抑制器 ASRS 300(4mm)
电导检测器	DS6
进样体积	300μL
流动相浓度	4.5mmol/L 碳酸钠-0.8mmol/L 碳酸氢钠
流动相流速	1mL/mim
溴酸盐出峰时间	约 6.3min(出峰时间与色谱柱容量密切相关。所以出峰时间应该是可变的，需要用标准溶液验证)

（二）标准曲线的制备

按表 8-8 准确吸取溴酸盐标准应用液于 50mL 容量瓶，加高纯水定容。

表 8-8 溴酸盐标准曲线

管号	1#	2#	3#	4#	5#	6#
(100μg/L)溴酸盐标准应用液	0mL	0.025mL	0.050mL	0.25mL	0.50mL	1.00mL
	用高纯水定容于 50mL 容量瓶中					
溴酸盐含量(mg/L)	0	0.050	0.100	0.500	1.000	2.000

（三）样品测定

标准曲线测定：参照 8-7 仪器参考条件，测定标准系列，以保留时间定性，以测得的峰面积对溴酸盐绘制标准曲线。

样品测定：参照 8-7 仪器参考条件，测定样品，以保留时间定性，外标法定量。

六、质量控制

按照 10%的比例对所测组分进行加标回收试验，样品量<10 件的最少 1 个。

原则上加标量为样品中目标化合物含量的 1 倍且样品测定值落于标准曲线范围内。

精密度和回收率实验：于 16 件面粉样品中分别加入 2 个浓度标准，平均回收率为 78.2%～99.1%，RSD 在 2.1%～4.3%之间。

七、结果计算

样品中溴酸盐的含量以下式计算。

$$X=\frac{c\times V\times f}{m}$$

式中 X——样品中溴酸盐的含量，如果结果以溴酸钾计算，需要乘以 1.31 系数，mg/kg；

c——测定样品中溴酸盐的浓度，mg/L；

V——样品定容体积，mL；

m——取样量，g；

f——样品的稀释倍数。

计算结果保留两位有效数字。计算结果小于本标准定性限 0.5mg/kg，视为未检出。

八、技术参数

① 定性限和定量限：如果设定最小峰面积为 0.05（μS×min），AS23 柱条件下小麦粉方法定性限为 0.13mg/kg，定量限为 0.40mg/kg。

② 方法线性：不同时间分别进行 6 次标准曲线测定（表 8-9），取其均值，线性范围：0.05～2.00mg/L，平均相关系数 $\gamma^2=0.9998$。

表 8-9 标准曲线

溴酸盐	0.05mg/L	0.10mg/L	0.50mg/L	1.00mg/L	2.00mg/L	γ^2
1	0.0624	0.0895	0.2254	0.3961	0.7542	0.9999
2	0.0655	0.0905	0.2348	0.3982	0.7694	0.9997
3	0.0552	0.0850	0.2232	0.3904	0.7335	0.9998
4	0.0480	0.0828	0.1966	0.3785	0.7223	0.9995
5	0.0600	0.0903	0.2195	0.3801	0.7274	0.9998
6	0.0530	0.0814	0.2113	0.3798	0.7563	0.9995
均值	0.0574	0.0866	0.2185	0.3872	0.7439	0.9998

注：表中峰面积单位为 μS×min。

③ 精密度和回收率实验：于 16 件面粉样品中分别加入 2 个浓度标准，平均回收率为 78.2%～100.3%，RSD 在 2.1%～4.3%之间（表 8-10）。

表 8-10 回收率实验数据

添加水平/(mg/L)	测定值 $X\pm s$/(g/mL)	回收率范围/%	平均回收率/%	RSD/%
0.05	0.0435±0.0030	78.2～96.8	86.7	6.9

续表

添加水平/(mg/L)	测定值 $X\pm s$/(g/mL)	回收率范围/%	平均回收率/%	RSD/%
1.00	0.932±0.059	82.4～100.3	93.1	6.3

九、注意事项

① 样品分析过程需采用符合 GB/T 6682 中一级水的要求。(电阻率≥18MΩ，0.2μm 滤膜过滤，溴酸盐出峰处基线平直。)

② 面粉样品提取后至分析前如果需要过夜（尤其在室温较高的夏季），应保存于 4℃冰箱中，以避免发霉。

③ 离心的速度建议 8000r/min 以上，前期离心速度越大，后期过柱的效率越高。并建议在离心后随即过滤。

关于过滤小柱：基于吸附原理的样品前处理过程，只有当样品溶液的流速小于 4.0mL/min 时，前处理柱的柱床才能获得最有效的利用；而对于基于离子交换原理的样品前处理过程，只有当样品溶液的流速小于 2.0mL/min 时，前处理柱的柱床才能获得最有效的利用。推入样品提取液前，用注射器将管内残留液体吹出。

④ OnGuard Ⅱ Ag/H 柱用于去除金属离子和氯的干扰。此柱为一次性，无法再生使用。如果样品中金属或氯离子过多，容易堵柱，建议稀释后过柱或固定流出液体积后更换 Ag/H 小柱。

⑤ OnGuard Ⅱ RP 柱用于去除有机大分子。此柱可再生使用。

⑥ “AS23 柱等度”条件下，溴酸盐在氯离子的前面出峰。全部分析在 30min 内完成。建议进行样品预试验来确认 30min 后是否有未出完的杂峰，如有杂峰则需延长样品测定时间或在保证分离度的条件下适当提高淋洗液流速。

⑦ 如果采用大定量环还可以提高灵敏度，降低定性限，我们试过 500μL 和 1000μL 的定量环，其中 1000μL 定量环在进样时出现因压力变化大导致泵保护性停机，过大的进样量还会导致离子含量过高而降低柱效和峰型变坏。

十、附录性资料

耗材目录如下。

名称	规格	Dionex P/N	备注
针头式过滤器	水性 0.2μm，直径 30mm		
OnGuard Ⅱ Ag/H 柱	2.5cc	057410	填料：Ag+型磺酸盐+磺酸。柱容量为 4.6 meq（OnGuard Ⅱ Ag）和 0.8 meq（OnGuard Ⅱ H）
OnGuard Ⅱ RP 柱	2.5cc	057084	填料：二乙烯基苯

相关数据如图 8-6～图 8-8。

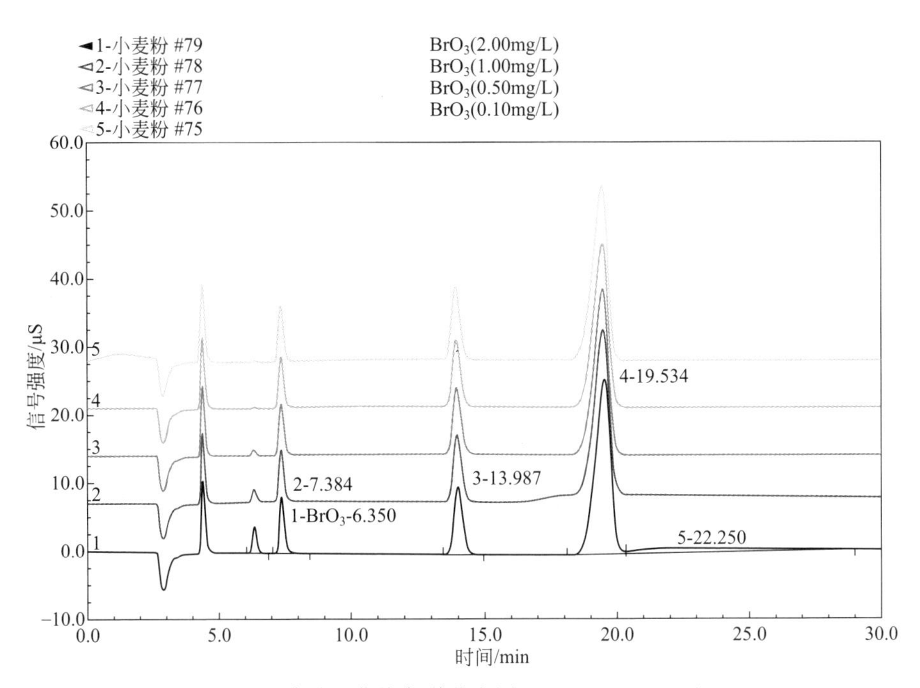

图 8-6 溴酸盐曲线色谱分离图（0.05～2.00mg/L）

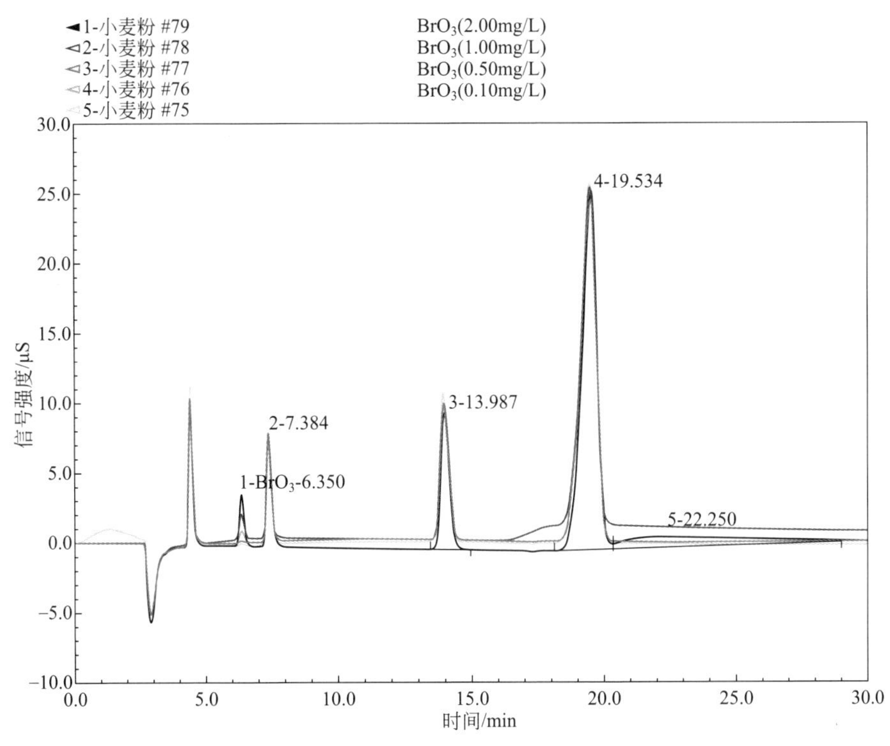

图 8-7 溴酸盐曲线色谱分离图（0.05～2.00mg/L）

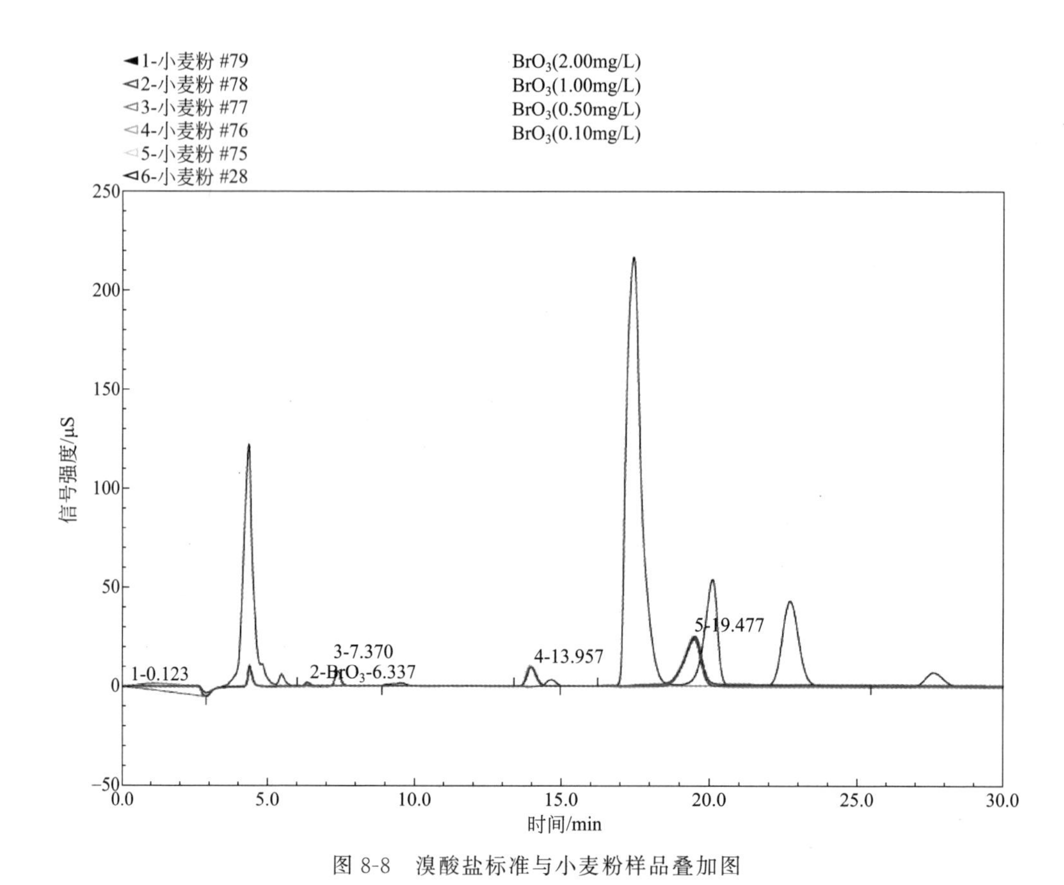

图 8-8 溴酸盐标准与小麦粉样品叠加图

第四节 辣椒、花椒制品中 11 种工业染料的测定

一、适用范围

本标准操作规程适用于辣椒、花椒制品（以下简称调味品）中红 2G，碱性橙 21、碱性橙 2、碱性橙 22、酸性橙、酸性金黄，罗丹明 B，苏丹Ⅰ、苏丹Ⅱ、苏丹Ⅲ、苏丹Ⅳ（以下简称苏丹系列）的测定。

二、方法提要

样品均质后取适量，经有机溶剂提取，再经离心取上清液过 0.45μm 膜后采用高效液相色谱法-DAD 检测器测定，以保留时间及特征光谱图定性，外标法定量。

三、仪器设备和试剂

本规程所用试剂除特殊说明外均为分析纯。试验用水符合 GB/T 6682 规定的一级水。

本规程所用玻璃器皿均需用（0.1%～0.05%）重铬酸钾-10%硝酸洗液浸泡过夜，并用水反复冲洗，最后用去离子水洗净控干。

（一）仪器和设备

① 高效液相色谱仪，配二极管阵列检测器。

② 色谱柱：Diamonsil C18（2），5μm，250mm×4.6mm 或性能相当的其他型号色谱柱。

（二）试剂和耗材

甲醇：HPLC 级。丙酮、甲酸、乙酸铵、三氯甲烷：分析纯。

（三）标准品及标准物质

标准品信息表如表 8-11。

表 8-11 标准品信息表

中文名称	英文名称	分子简式	CAS RN	纯度	生产商
红 2G	red 2G	$C_{18}H_{13}N_3O_8S_2Na_2$	3734-67-6	≥98.0%	SIGMA
碱性橙 2	basic organge G	$C_{12}H_{13}ClN_4$	532-82-1	≥95%	SIGMA
碱性橙 21	astrazon orange G	$C_{22}H_{23}ClN_2$	3056-93-7	—	SIGMA
酸性橙Ⅱ	orange Ⅱ sodium salt	$C_{16}H_{11}N_2NaO_4S$	633-96-5	≥98%	SIGMA
碱性橙 22	astrazon orange R	$C_{28}H_{27}ClN_2$	4657-00-5	—	日本化成
酸性金黄	metanil yellow	$C_{18}H_{14}N_3NaO_3S$	587-98-4	—	SIGMA
罗丹明 B	rhodamine B	$C_{28}H_{31}N_2O_3Cl$	81-88-9	≥97%	SIGMA
苏丹Ⅰ	sudan Ⅰ	$C_{16}H_{12}N_2O$	842-07-9	≥96.0%	SIGMA
苏丹Ⅱ	sudan Ⅱ	$C_{18}H_{16}N_2O$	3118-97-6	≥96.0%	SIGMA
苏丹Ⅲ	sudan Ⅲ	$C_{22}H_{16}N_4O$	85-86-9	≥96.0%	SIGMA
苏丹Ⅳ	sudan Ⅳ	$C_{24}H_{20}N_4O$	85-83-6	≥96.0%	SIGMA

1. 标准溶液配制

第一组：分别准确称取红 2G、碱性橙 2、碱性橙 21、碱性橙 22、酸性橙Ⅱ、酸性金黄、罗丹明 B 标准品 0.0100g 至 10mL 棕色容量瓶，配制成 ρ=1.00mg/mL 的标准储备液单标。

第二组：准确称取 0.0100g 苏丹Ⅰ、苏丹Ⅱ、苏丹Ⅳ于 25mL 棕色容量瓶中，用三氯甲烷溶解并定容。配制成 ρ=0.40mg/mL 的标准储备液单标。

第三组：准确称取苏丹Ⅲ标准品 0.0050g 于 25mL 棕色容量瓶中，用三氯甲烷溶解并定容。配制成 ρ=0.20mg/mL 的标准储备液单标。

2. 标准使用液

分别准确吸取标准储备液各 1mL 至 25mL 容量瓶，用甲醇定容，配制成第一组浓度 40μg/mL、第二组浓度 20μg/mL、第三组浓度 16μg/mL 的混标溶液（表

8-12）。冰箱冷冻保存，有效期 1 个月。

表 8-12　工业染料各组分储备液及使用液浓度

分组	成分	储备液/(mg/mL)	使用液/(μg/mL)
第一组	红 2G、碱性橙 2、碱性橙 21、碱性橙 22、酸性橙Ⅱ、酸性金黄、罗丹明 B	1.00	40
第二组	苏丹Ⅰ、苏丹Ⅱ、苏丹Ⅳ	0.40	20
第三组	苏丹Ⅲ	0.20	16

3. 标准曲线的制备

标准使用液用甲醇定容至 10mL，配制标准系列，标准溶液加入量及对应浓度见表 8-13。

表 8-13　11 种工业染料各组组分标准系列

标准系列	1#	2#	3#	4#
加入标准溶液体积/mL	1	2.5	5	10
第一组：红 2G、碱性橙 2、碱性橙 21、碱性橙 22、酸性橙Ⅱ、酸性金黄、罗丹明 B　(μg/mL)	5	10	20	40
第二组：苏丹Ⅰ、苏丹Ⅱ、苏丹Ⅳ　(μg/mL)	4	8	16	32
第三组：苏丹Ⅲ　(μg/mL)	2	4	8	16

四、样品的处理

样品提取：取 1.00g 匀浆样品至带刻度 20mL 离心管，加入丙酮-水溶液(90+10) 10mL，振荡混匀 1min，4000r/min 离心 10min，取上清液用 0.45μm MICRO PES 滤膜过滤后上机测定。

五、试样分析

(一) 本试验使用岛津高效液相色谱仪 UFLC-20AX RDAD 检测器检测

① 流动相 A：0.1%甲酸的 20mmol/L 乙酸胺水溶液；流动相 B：甲醇；流速：1.0mL/min。液相梯度洗脱程序如表 8-14。

② 进样量：5μL。

③ 色谱柱：Diamonsil C18，5μm，250mm×4.6mm，柱温：35℃。

④ 检测器：SPD-M20A 二极管阵列检测器。

⑤ 检测波长：在 450nm 条件下检测碱性橙 2、碱性橙 21、酸性橙Ⅱ、碱性橙 22、酸性金黄、苏丹Ⅰ；在 520 nm 条件下检测红 2G、罗丹明 B、苏丹红Ⅱ、苏丹红Ⅲ、苏丹红Ⅳ。

表 8-14 工业染料液相色谱梯度洗脱程序

时间/min	流动相 A/%	流动相 B/%
0.01	90	10
3.00	55	45
5.00	40	60
25.00	45	55
26.00	19.5	80.5
28.00	0	100
45.00	0	100
46.50	90	10
48.10	stop	

（二）标准曲线的绘制

将配制好的标准系列按上述步骤上机测定，以保留时间及特征光谱图定性，外标法定量，建立标准曲线。

（三）样品测定

分别吸取样品约 1mL 至进样瓶中，按上述步骤上机测定，以保留时间及特征光谱图定性，外标法定量，得到样品中工业染料浓度。

六、质量控制

按照被测样品数量 10%的比例对所测组分进行加标回收实验，样品量<10 件的最少 1 个。原则上加标量为样品中目标化合物含量的 1 倍且样品测定值落于标准曲线范围内，各组分回收率范围见表 8-15。

表 8-15 工业染料各组分加标值及其参考回收率范围

名称	加标/(μg/mL)	回收率范围/%
红 2G	0.5	85～100
	5	95～106
碱性橙 2	0.5	80～103
	5	80～104
碱性橙 21	0.5	79～97
	5	80～101
碱性橙 22	0.5	79～90
	5	80～118
罗丹明 B	0.5	90～103
	5	80～107
苏丹Ⅱ	0.4	80～112
	4	72～103
苏丹Ⅲ	0.2	71.5～98
	2	68.3～80
苏丹Ⅳ	0.4	96～106
	4	95～102
苏丹Ⅰ	0.4	78～113
	4	75～108

续表

名称	加标/(μg/mL)	回收率范围/%
酸性橙Ⅱ	0.5	80～110
	5	80～115
酸性金黄	0.5	75～116
	5	80～119

七、结果计算

样品中工业染料含量按下式进行计算。

$$X = \frac{A \times c \times V}{A_s \times m} \times f$$

式中 X——试样中各组分工业染料的含量，mg/kg；

A——测定样品中各组分工业染料对应峰面积；

A_s——标准溶液中各组分工业染料对应的峰面积；

c——标准溶液中各组分工业染料的浓度，μg/mL；

V——样品定容体积，mL；

m——样品质量，g；

f——稀释倍数。

八、技术参数

方法定性限及定量限：将仪器各参数调至最佳工作状态，测定空白样品以3倍信噪比计算仪器定性限，以10倍信噪比计算仪器定量限。依据取样量及定容体积算出方法定性限。本方法11种工业染料方法参数见表8-16。

表8-16　高效液相法测定11种工业染料技术参数表

名称	线性范围/(μg/mL)	方法定性限		方法定量限	
		μg/mL	mg/kg	μg/mL	mg/kg
红2G	5.0～40.0	0.0010	0.0050	0.0040	0.020
碱性橙2	5.0～40.0	0.0009	0.0045	0.0030	0.015
碱性橙21	5.0～40.0	0.0019	0.0095	0.0070	0.035
酸性橙Ⅱ	5.0～40.0	0.0036	0.0180	0.020	0.100
碱性橙22	5.0～40.0	0.0025	0.0125	0.0090	0.045
酸性金黄	5.0～40.0	0.0028	0.0140	0.010	0.050
罗丹明B	5.0～40.0	0.0006	0.0030	0.0020	0.010
苏丹Ⅰ	4.0～32.0	0.0013	0.0065	0.0050	0.025
苏丹Ⅱ	4.0～32.0	0.0026	0.0130	0.0090	0.045
苏丹Ⅲ	2.0～16.0	0.0011	0.0055	0.0040	0.020
苏丹Ⅳ	4.0～32.0	0.0015	0.0075	0.0050	0.025

九、注意事项

① 在苏丹Ⅰ、苏丹Ⅱ、苏丹Ⅲ、苏丹Ⅳ储备液品配制时，应用三氯甲烷完全

溶解并定容于棕色容量瓶中。否则标准使用液底部可能会有红棕色沉淀，此现象表明苏丹系列标准物质已有析出，需重配混标。

② 流动相经超声后，温度会有所上升，需提前平衡至室温后方可使用。

③ 如果样品本底对目标峰干扰，则可采用适当降低有机流动相浓度，延长检测时间，从而实现干扰峰与目标峰分离的目的。

十、资料性附录

分析图谱由岛津公司 UHPLC-20AXR 型高效液相色谱仪（配 DAD 检测器）测得，如图 8-9、图 8-10。

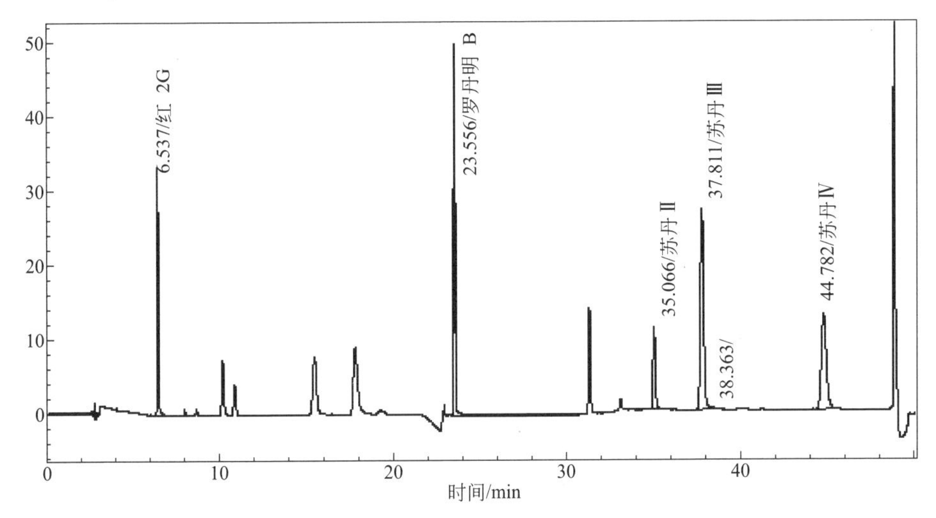

图 8-9 520nm 条件下 5 种工业染料标准图谱

（红 2G、罗丹明 B、苏丹Ⅱ、苏丹Ⅲ、苏丹Ⅳ）

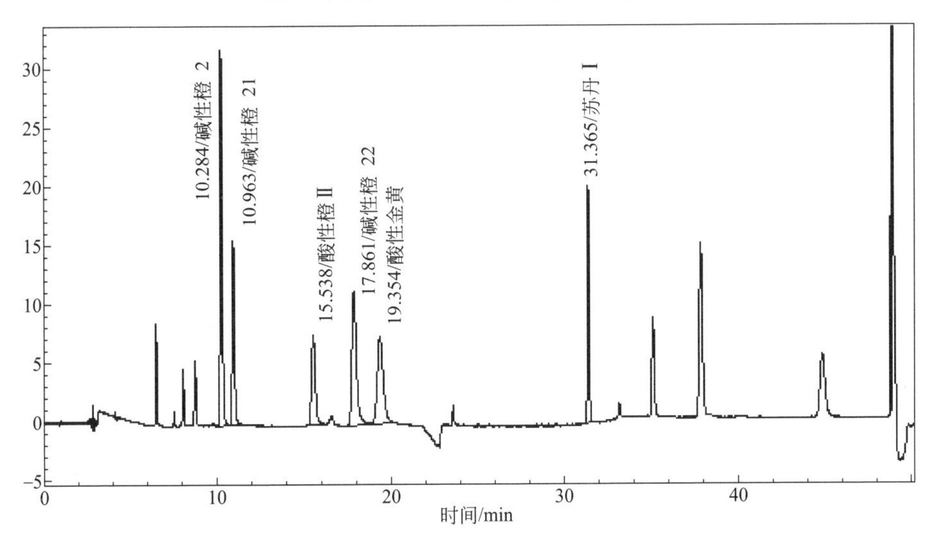

图 8-10 450nm 条件下 6 种工业染料标准图谱

（碱性橙 2、碱性橙 21、酸性橙Ⅱ、碱性橙 22、酸性金黄、苏丹Ⅰ）

第五节　熟肉制品中10种工业染料的测定

一、适用范围

本规程适用于熟肉制品中罗丹明B、苏丹红Ⅰ、苏丹红Ⅱ、苏丹红Ⅲ、苏丹红Ⅳ、碱性橙2、碱性橙21、碱性橙22、酸性橙Ⅱ、红2G含量的测定。

二、方法提要

样品经提取，净化处理后，离心，经液相色谱分离，外标法定量。

三、仪器设备和试剂

（一）仪器和设备

高效液相色谱仪，配二极管阵列检测器。

（二）试剂和耗材

实验用水符合GB/T 6682中一级水规定的要求。乙腈、丙酮、三氯甲烷，HPLC级。乙酸，分析纯。

（三）标准品及标准物质

标准品信息见表8-11。

标准储备液：分别准确称取各标准品10.0mg至不同的10mL容量瓶，配制成ρ=1.00mg/mL的标准储备液单标。(注：除苏丹系列用三氯甲烷溶解定容外，其他工业染料用水溶解定容。)

标准使用液：分别准确吸取标准储备液各1mL置于50mL容量瓶，用乙腈定容，配制成20μg/mL混标溶液。

标准曲线的制备：将标准使用液按表8-17用乙腈定容至10mL，配制标准系列，标准溶液加入量及对应浓度见表8-17。

表8-17　标准系列

浓度系列	1	2	3	4	5
加入标准溶液量/mL	1.0	2.0	5.0	8.0	10
浓度/(μg/mL)	2.0	4.0	10	16	20

四、样品的处理

样品提取：取2g(精确至0.01g)匀浆样品至带刻度50mL离心管，加入(95+5)丙酮水溶液至10mL刻度，涡旋混匀3min，9000r/min离心10min，取上清液用0.45μm PTFE滤膜过滤后上机测定。

五、试样分析

（一）仪器参考条件

① 色谱柱：Diamonsil C18（2）5μm×250mm×4.6mm（或性能相当）。

② 流动相：A，0.02mol/L 乙酸铵，0.02mol/L 乙酸铵流动相每 1L 加入 1‰（体积分数）乙酸水溶液 6mL，B，乙腈。

③ 条件：梯度洗脱参数见表 8-18 和检测波长设定见表 8-19。

表 8-18 梯度洗脱参数

时间/min	B泵浓度/%
0	10
3	50
15	75
15.01	100
32	100
32.01	10

表 8-19 检测波长

检测波长	测定成分
410nm	碱性橙 2
490nm	酸性橙Ⅱ、碱性橙 21、碱性橙 22、苏丹红Ⅰ、苏丹红Ⅱ
510nm	红 2G、罗丹明 B、苏丹红Ⅲ、苏丹红Ⅳ

④ 流速：1.0mL/min。

⑤ 柱温：40℃。

⑥ 进样体积：10μL。

（二）仪器测定

在仪器参考条件下，测定标准系列及样品。以目标化合物保留时间及特征光谱图定性。以峰面积为响应值，外标法定量。

六、质量控制

按照被测样品数量 10%的比例对所测组分进行加标回收实验，样品量<10 件的最少 1 个。

原则上加标量为样品中目标化合物含量的 1 倍且样品测定值落于标准曲线范围内，回收率范围 85%～105%。

七、结果计算

样品中工业染料含量按下式进行计算。

$$X=\frac{c\times V\times 1000}{m}$$

式中　X——样品中待测物质的含量，μg/kg；

c——样品峰面积相当标准浓度，μg/mL；

V——样品处理后的总体积，mL；

m——样品质量，g。

八、技术参数

定性限按3倍噪声计算，定量限按10倍噪声计算，若取样量为2g，定容量为10mL，则工业染料方法定性限、方法定量限见表8-20。

表8-20　方法定性限、方法定量限

名称	方法定性限		方法定量限	
	μg/mL	mg/kg	μg/mL	mg/kg
红2G	0.0030	0.10	0.0090	0.30
酸性橙Ⅱ	0.0020	0.10	0.0080	0.20
碱性橙21	0.0030	0.10	0.010	0.30
罗丹明B	0.0060	0.20	0.020	0.50
碱性橙2	0.0060	0.20	0.020	0.50
碱性橙22	0.0020	0.10	0.0060	0.20
苏丹红Ⅰ	0.0030	0.10	0.010	0.30
苏丹红Ⅱ	0.0060	0.20	0.020	0.50
苏丹红Ⅲ	0.0090	0.30	0.030	0.80
苏丹红Ⅵ	0.012	0.40	0.040	1.0

九、注意事项

本方法为检测大量样品时的简便方法，如实验室对于定性限有严格要求，可将“四、样品的处理”后的样品进行吹干浓缩定容，以降低定性限。

十、附录性资料

本规程的实验数据出自岛津公司LC-20AD，检测器SPD-M20A。相关数据如图8-11～图8-13。

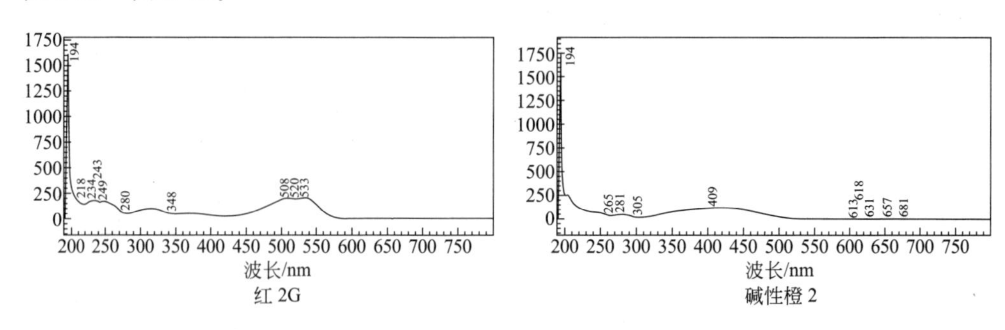

红2G　　碱性橙2

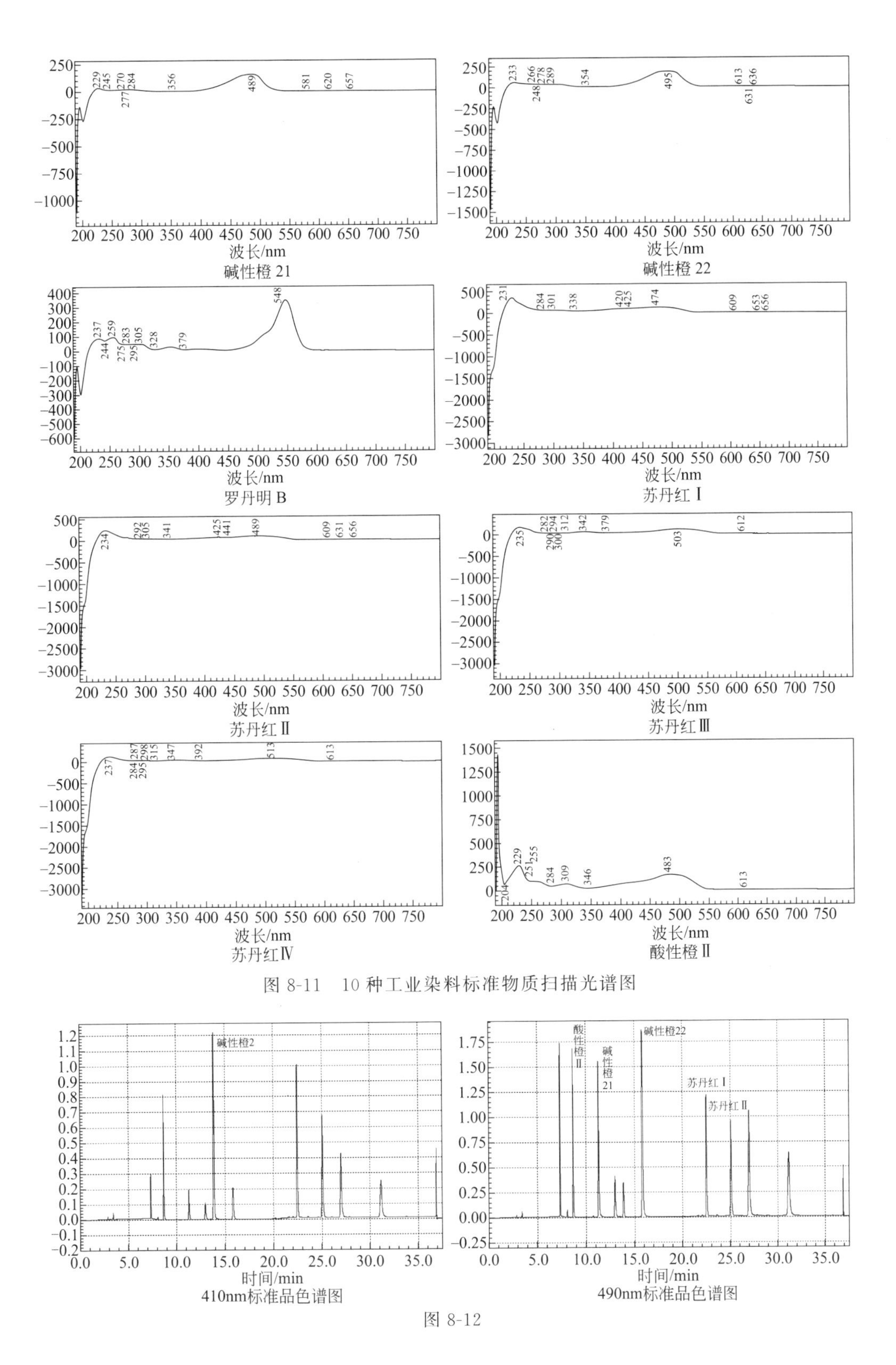

图 8-11 10 种工业染料标准物质扫描光谱图

图 8-12

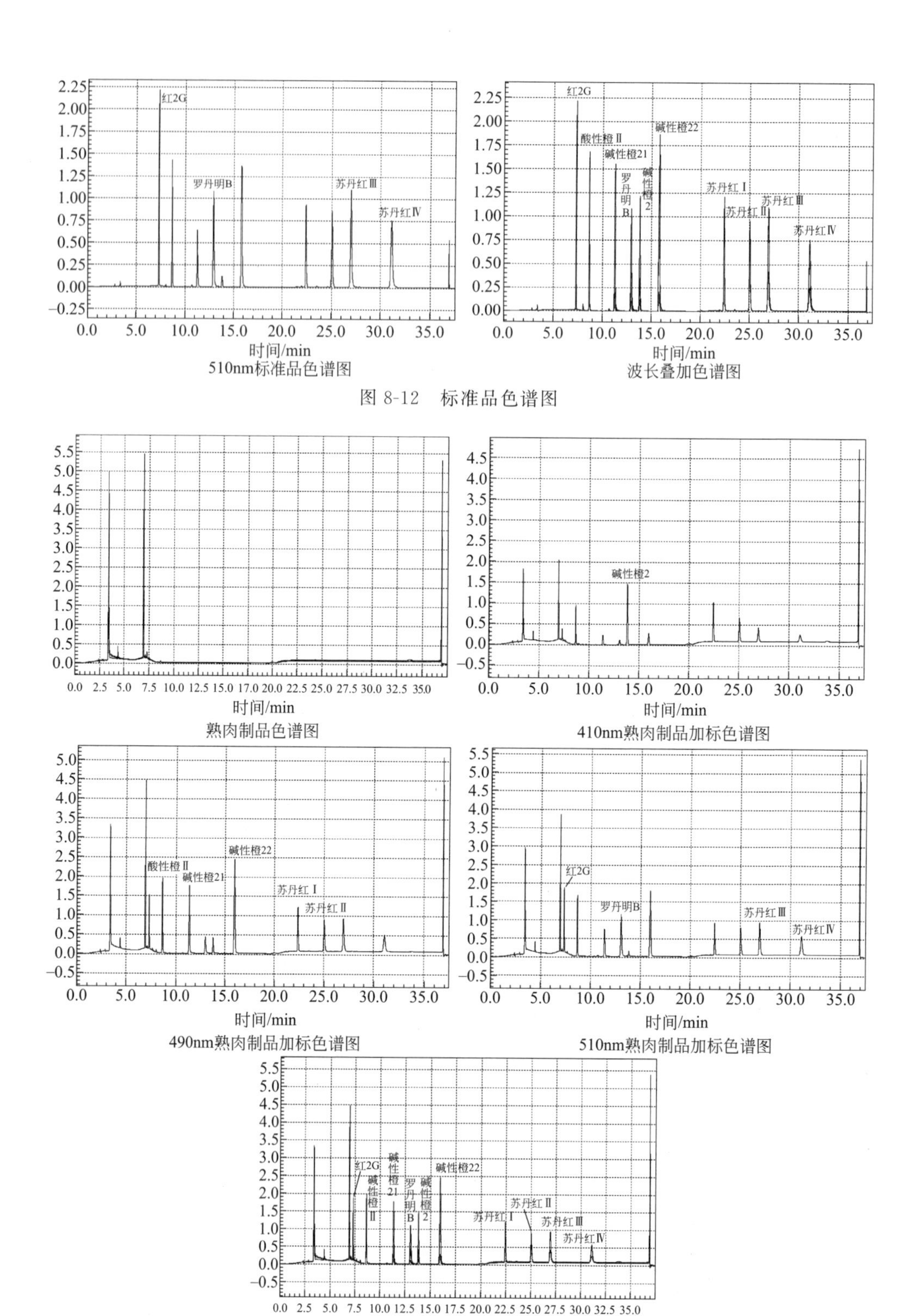

图 8-12 标准品色谱图

图 8-13 波长叠加熟肉制品加标色谱图

第六节　番茄酱、番茄沙司、薯片和虾条中10种工业染料的测定

一、适用范围

本规程规定了10种工业染料检测的制样方法、液相色谱确证方法。

本规程适用于番茄酱、番茄沙司、薯片和虾条中红2G、碱性橙21、碱性橙2、碱性橙22、酸性橙、罗丹明B、苏丹Ⅰ、苏丹Ⅱ、苏丹Ⅲ、苏丹Ⅳ10种工业染料的测定。

二、方法提要

样品均质后经丙酮与水提取后，采用两次离心处理去除提取液中油脂与杂质，取上清液经高效液相色谱仪测定，以保留时间及特征光谱图定性，外标峰面积法定量。

三、仪器设备和试剂

（一）仪器和设备

① 高效液相色谱仪，配二极管阵列检测器。

② 电子天平：感量0.1mg和感量0.001g。

③ 冷冻高速离心机（12000r/min）。

④ 超声机。

⑤ 旋涡混合器。

（二）试剂和耗材

① 甲醇：HPLC级。

② 丙酮、乙酸铵：色谱纯。

③ 三氯甲烷：优级纯。

④ 超纯水：符合GB/T 6682规定的一级水要求。

（三）标准品及标准物质

标准品信息：见表8-11。

标准储备液：分别准确称取10.0mg的标准品（按纯度表示折算），苏丹系列用三氯甲烷作为溶剂，酸性橙Ⅱ、碱性橙2、红2G和罗丹明B用（2+8，体积分数）水-甲醇作为溶剂，碱性橙21和碱性橙22用水作为溶剂，分别溶解并定容至10mL，制成1mg/mL单一标准储备液。

混合标准使用液：准确吸取10种单一标准储备液各1mL，用甲醇定容至10mL，配成各组分浓度均为100μg/mL的混合标准使用液。

标准工作曲线的制备：使用上述混合标准使用液，以（95+5，体积分数）丙

酮-水为稀释液配制浓度分别为 1.25μg/mL、2.5μg/mL、5μg/mL、10μg/mL 的标准系列溶液。

四、样品的处理

试样的制备与保存：番茄酱、番茄沙司样品混合均匀，薯片、虾条粉碎均匀。

试样的提取：取 1g（薯片、虾条）、2g（番茄酱、番茄沙司）（精确至 0.001g）均质样品于 50mL 塑料离心管内，加入（95+5，体积分数）丙酮-水溶液 5mL，涡旋混匀 30s，超声萃取 30min，静置分层，0～4℃下 12000r/min 离心 10min，取上清液于 1.5mL 离心管内，12000r/min 离心 10min，直接上高效液相色谱测定。

五、试样分析

（一）液相色谱参考条件

① 色谱柱：Diamonsil C18，250mm×4.6mm，5μm。

② 流动相：A：20mmol/L 乙酸胺水溶液；B：甲醇。梯度洗脱程序见表 8-21。

表 8-21　液相色谱参考梯度条件

时间/min	A/%	B/%
0.0	90	10
3.00	50	50
15.00	25	75
18.00	25	75
18.01	0	100
32.00	0	100
32.01	90	10
37.00	90	10

③ 进样量：10μL。

④ 柱温：40℃。

⑤ 流速：1.0mL/min。

⑥ 检测波长。如表 8-22 所示。

表 8-22　检测波长

检测波长	测定成分
410 nm	碱性橙 2
490 nm	酸性橙Ⅱ、碱性橙 21、碱性橙 22、苏丹红Ⅰ、苏丹红Ⅱ
510 nm	红 2G、罗丹明 B、苏丹红Ⅲ、苏丹红Ⅳ

（二）定性

试样中目标化合物色谱峰的保留时间与相应标准色谱峰的保留时间一致，变化范围应在±2.5%之内。

（三）样品测定

本方法采用外标曲线定量，每次测定前配制标准系列，按浓度由小到大的顺序，依次上机测定，得到目标物浓度与峰面积的工作曲线。

六、质量控制

（一）线性范围

以十种组分的浓度为横坐标，响应值为纵坐标绘制标准曲线，结果表明十种工业染料在浓度范围内与响应值呈良好的线性关系。结果见表 8-23。

表 8-23　方法的线性范围、回归方程

组分	线性范围/(μg/mL)	回归方程	相关系数
红 2G	1.25～10	$Y=21320.5X-2005.83$	0.9999
碱性橙 21	1.25～10	$Y=40963.1X-5866.13$	0.9998
酸性橙Ⅱ	1.25～10	$Y=38323.2X-3728.39$	0.9999
碱性橙 2	1.25～10	$Y=33707.9X-3257.26$	0.9999
碱性橙 22	1.25～10	$Y=51466.7X-11439.2$	0.9999
罗丹明 B	1.25～10	$Y=39069.8X-1547.09$	0.9999
苏丹Ⅰ	1.25～10	$Y=32928.8X-1318.07$	0.9999
苏丹Ⅱ	1.25～10	$Y=36579.3X-2876.2$	0.9998
苏丹Ⅲ	1.25～10	$Y=52679.2X-3586.9$	0.9999
苏丹Ⅳ	1.25～10	$Y=44734.2X-3452.15$	0.9999

（二）回收率和精密度

取番茄酱、番茄沙司、薯片和虾条样品作为本底，分别按低、中、高三个浓度水平，平行加标实验（$n=6$），实验方法如上所述，回收率结果见表 8-24～表 8-27。

表 8-24　番茄酱中各工业染料的回收率及其精密度（$n=6$）

组分	加标浓度/(mg/kg)	回收率范围/%	平均回收率/%	RSD/%
红 2G	2.5	75.1～97.6	84.0	6.3
	5.0	65.9～72.5	68.6	4.4
	10.0	64.1～68.3	65.5	3.0
碱性橙 21	2.5	95.4～96.3	96.0	0.3
	5.0	92.0～92.6	92.4	0.3
	10.0	92.9～93.4	93.3	0.3
酸性橙Ⅱ	2.5	86.8～87.6	87.0	0.4
	5.0	85.2～85.9	85.5	0.3
	10.0	87.4～88.3	87.8	0.4

续表

组分	加标浓度/(mg/kg)	回收率范围/%	平均回收率/%	RSD/%
碱性橙 2	2.5	74.3～76.2	75.0	1.1
	5.0	85.9～87.0	86.5	0.7
	10.0	86.0～87.8	87.0	0.7
碱性橙 22	2.5	93.9～96.2	96.0	1.0
	5.0	91.0～91.6	91.2	0.3
	10.0	90.8～91.7	91.2	0.4
罗丹明 B	2.5	89.0～92.3	91.0	1.6
	5.0	87.5～89.1	88.2	0.7
	10.0	89.1～90.6	90.0	0.6
苏丹Ⅰ	2.5	75.7～77.1	76.0	0.6
	5.0	92.8～93.5	93.1	0.3
	10.0	92.2～93.3	92.7	0.5
苏丹Ⅱ	2.5	91.7～94.3	93.0	1.0
	5.0	87.3～89.4	88.3	0.9
	10.0	88.7～89.7	89.1	0.4
苏丹Ⅲ	2.5	99.8～101.2	100	0.6
	5.0	90.6～92.4	91.3	0.9
	10.0	90.1～92.6	91.5	1.2
苏丹Ⅳ	2.5	84.5～92.6	89.0	3.8
	5.0	77.2～80.5	79.1	1.4
	10.0	74.0～77.6	75.6	1.8

表 8-25 番茄沙司中各工业染料的回收率及其精密度（$n=6$）

组分	加标浓度/(mg/kg)	回收率范围/%	平均回收率/%	RSD/%
红 2G	2.5	76.6～96.9	84.0	5.8
	5.0	89.2～106.2	100	5.2
	10.0	72.0～78.8	75.2	3.8
碱性橙 21	2.5	80.8～81.9	81.0	0.6
	5.0	98.4～98.9	98.6	0.3
	10.0	89.9～90.4	90.2	0.2
酸性橙Ⅱ	2.5	76.1～77.4	77.0	0.7
	5.0	93.8～94.5	94.1	0.3
	10.0	85.3～85.9	85.6	0.3
碱性橙 2	2.5	71.8～76.3	74.0	2.7
	5.0	74.4～80.6	77.5	3.6
	10.0	74.2～77.4	75.8	1.5

续表

组分	加标浓度/(mg/kg)	回收率范围/%	平均回收率/%	RSD/%
碱性橙 22	2.5	82.9～84.0	83.0	0.6
	5.0	97.0～97.8	97.4	0.3
	10.0	88.6～89.4	88.9	0.4
罗丹明 B	2.5	76.6～79.6	79.0	1.6
	5.0	93.9～96.2	95.0	1.2
	10.0	87.1～88.1	87.6	0.6
苏丹Ⅰ	2.5	73.8～75.1	74.0	0.8
	5.0	103.6～105	104	0.5
	10.0	88.4～89.7	88.9	0.5
苏丹Ⅱ	2.5	85.7～88.3	87.0	1.4
	5.0	100.4～101.1	101	0.3
	10.0	87.7～88.2	87.9	0.2
苏丹Ⅲ	2.5	93.9～95.7	95.0	1.1
	5.0	102.4～103.4	103	0.4
	10.0	87.7～89.3	88.9	0.7
苏丹Ⅳ	2.5	80.3～84.9	82.0	2.0
	5.0	83.4～85.5	84.2	1.2
	10.0	74.0～79.9	77.1	2.6

表 8-26　薯片中各工业染料的回收率及其精密度（$n=6$）

组分	加标浓度/(mg/kg)	回收率范围/%	平均回收率/%	RSD/%
红 2G	5.0	69.1～74.9	72.0	3.5
	10.0	73.8～77.9	75.5	3.3
	20.0	76.2～79.3	78.0	2.6
碱性橙 21	5.0	104.2～106.7	105	1.1
	10.0	94.2～96.5	95.5	1.0
	20.0	103.1～104.6	104	0.5
酸性橙Ⅱ	5.0	107～112	109	1.6
	10.0	98.2～100.2	99.3	0.9
	20.0	108.4～113.9	110	1.8
碱性橙 2	5.0	109.9～111.9	111	0.6
	10.0	94.6～95.9	95.0	0.6
	20.0	102.5～105.2	104	1.0
碱性橙 22	5.0	118.6～120.9	119	0.8
	10.0	102.5～104.1	103	0.5
	20.0	110.7～111.9	111	0.4

续表

组分	加标浓度/(mg/kg)	回收率范围/%	平均回收率/%	RSD/%
罗丹明 B	5.0	99.4～101.8	101	1.0
	10.0	92.8～94.5	93.5	0.8
	20.0	103.3～105.3	104	0.7
苏丹Ⅰ	5.0	90.7～94.9	93.0	1.6
	10.0	83.2～84.8	84.0	0.7
	20.0	89.6～91.7	90.3	0.8
苏丹Ⅱ	5.0	82.9～85.7	85.0	1.5
	10.0	75.7～77.9	76.9	1.0
	20.0	81.0～86.9	85.0	2.4
苏丹Ⅲ	5.0	92.0～92.5	92.0	0.3
	10.0	79.5～80.9	80.0	0.7
	20.0	84.0～85.9	84.5	0.9
苏丹Ⅳ	5.0	80.9～84.4	82.0	1.5
	10.0	74.4～75.0	74.6	0.3
	20.0	80.9～82.5	81.5	0.7

表 8-27　虾条中各工业染料的回收率及其精密度 ($n=6$)

组分	加标浓度/(mg/kg)	回收率范围/%	平均回收率/%	RSD/%
红 2G	5.0	76.4～79.9	79.0	2.8
	10.0	79.6～87.3	83.5	3.0
	20.0	79.5～83.4	80.2	2.1
碱性橙 21	5.0	90.7～103	98.0	4.3
	10.0	80.8～85.6	84.0	2.0
	20.0	89.4～91.9	90.5	1.1
酸性橙Ⅱ	5.0	95.7～114	102	6.4
	10.0	102～111.2	105	3.3
	20.0	101.4～115.6	108	1.8
碱性橙 2	5.0	110.8～114.3	112	1.2
	10.0	105.2～108.3	107	1.0
	20.0	107.6～108.3	108	0.9
碱性橙 22	5.0	109.2～110.9	110	0.6
	10.0	98.5～100.5	99.4	0.7
	20.0	97.1～99.1	98.8	0.6
罗丹明 B	5.0	94.6～97.5	96.0	1.2
	10.0	92.5～94.1	93.1	0.8
	20.0	92.0～94.7	94.2	0.9
苏丹Ⅰ	5.0	95.7～98.1	97.0	1.0
	10.0	89.9～92.9	91.2	1.2
	20.0	97.7～100.2	98.5	1.0
苏丹Ⅱ	5.0	94.1～97.3	96.0	1.2
	10.0	89.1～91.4	90.0	1.1
	20.0	82.4～96.5	88.8	1.0
苏丹Ⅲ	5.0	99.7～102.9	101	1.1
	10.0	90.6～92.8	91.7	1.0
	20.0	84.3～86.8	85.7	0.7

续表

组分	加标浓度/(mg/kg)	回收率范围/%	平均回收率/%	RSD/%
苏丹Ⅳ	5.0	97.0～101.7	99.0	2.0
	10.0	92.2～93.8	92.8	0.7
	20.0	83.5～85.6	84.1	0.9

七、结果计算

试样中各工业染料含量（mg/kg）按下式计算：

$$X=\frac{c\times V\times 1000}{m\times 1000}$$

式中　X——试样中检测目标化合物含量，mg/kg；

c——由回归曲线计算得到的试样溶液中目标化合物含量，μg/mL；

V——提取后试样的定容体积，mL；

m——试样的质量，g；

1000——换算系数。

计算结果保留三位有效数字。

八、技术参数

方法定性限和方法定量限见表8-28。

表8-28　方法定性限和方法定量限　　单位：mg/kg

组分	番茄酱		薯片、虾条	
	方法定性限	方法定量限	方法定性限	方法定量限
红2G	0.10	0.20	0.10	0.40
碱性橙21	0.10	0.30	0.20	0.50
酸性橙Ⅱ	0.10	0.20	0.20	0.40
碱性橙2	0.20	0.50	0.30	1.0
碱性橙22	0.10	0.20	0.10	0.30
罗丹明B	0.10	0.20	0.20	0.40
苏丹Ⅰ	0.10	0.30	0.20	0.50
苏丹Ⅱ	0.10	0.30	0.20	0.60
苏丹Ⅲ	0.10	0.30	0.20	0.50
苏丹Ⅳ	0.20	0.40	0.30	0.80

九、注意事项

① 流动相经超声后，温度会有所上升，需提前平衡至室温方可使用。

② 如果样品本底对目标峰干扰，则可采用适当降低有机流动相浓度，延长检测时间，从而实现干扰峰与目标峰分离的目的。

十、资料性附录

本规程数据由岛津公司LC20AD XR超高效液相色谱仪（带SPD-M20A二极

管阵列检测器）测定。相关数据如图 8-14、图 8-15。

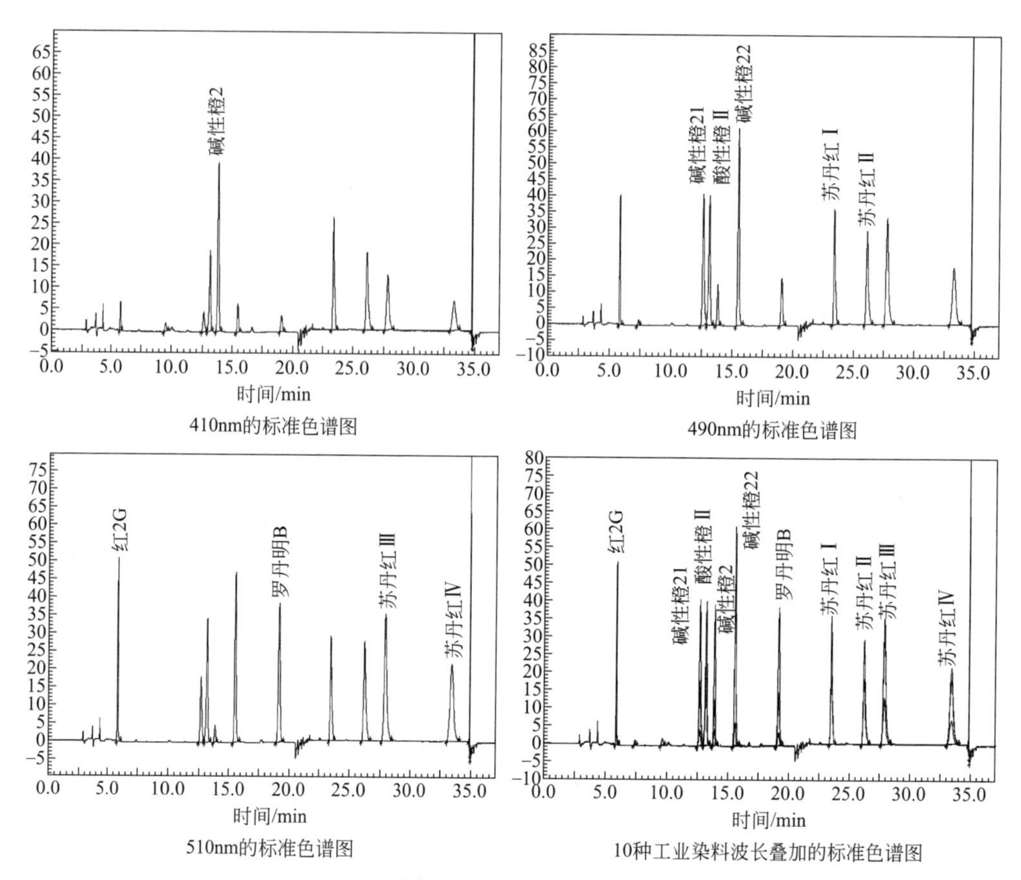

图 8-14 标准色谱图

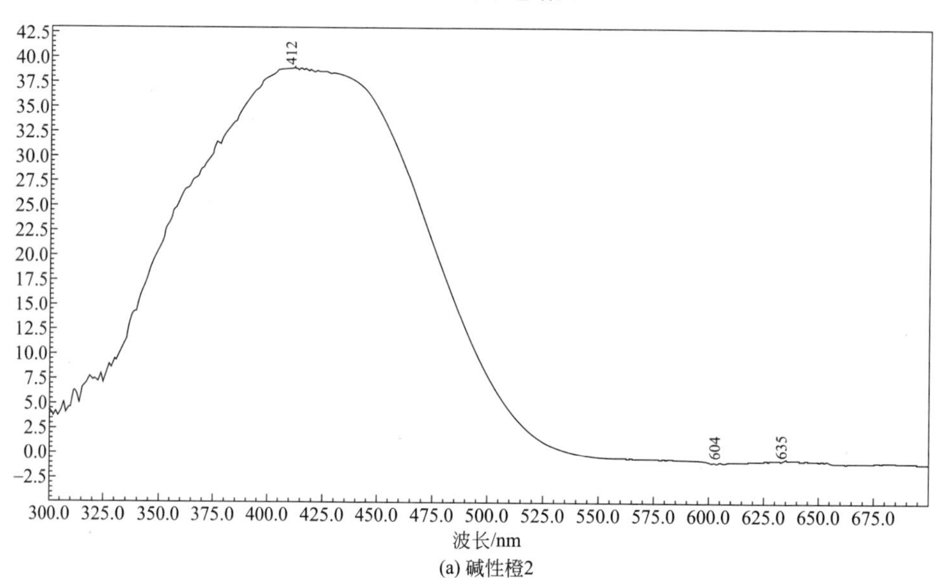

(a) 碱性橙2

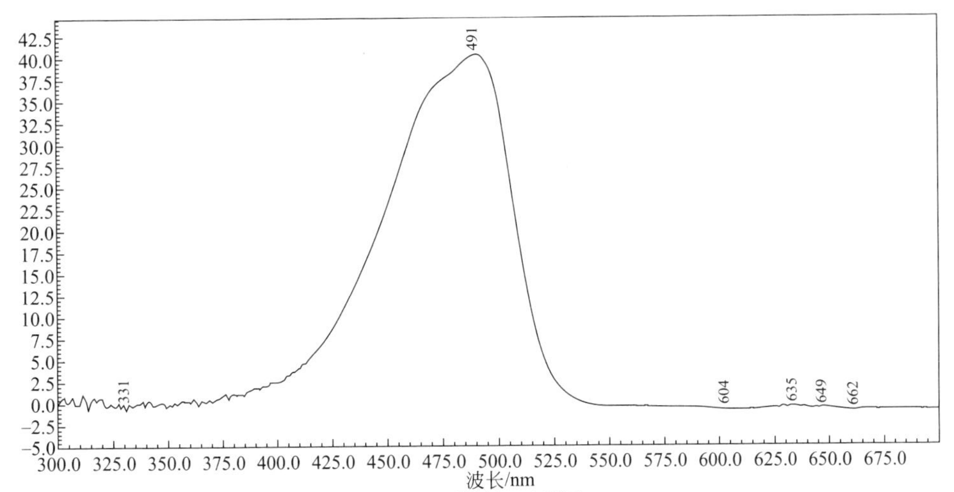

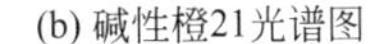
(b) 碱性橙21光谱图

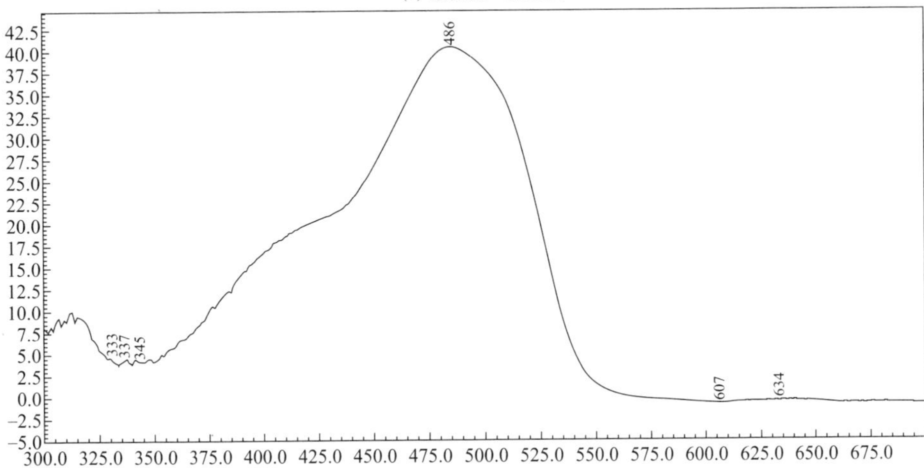

(c) 酸性橙Ⅱ光谱图

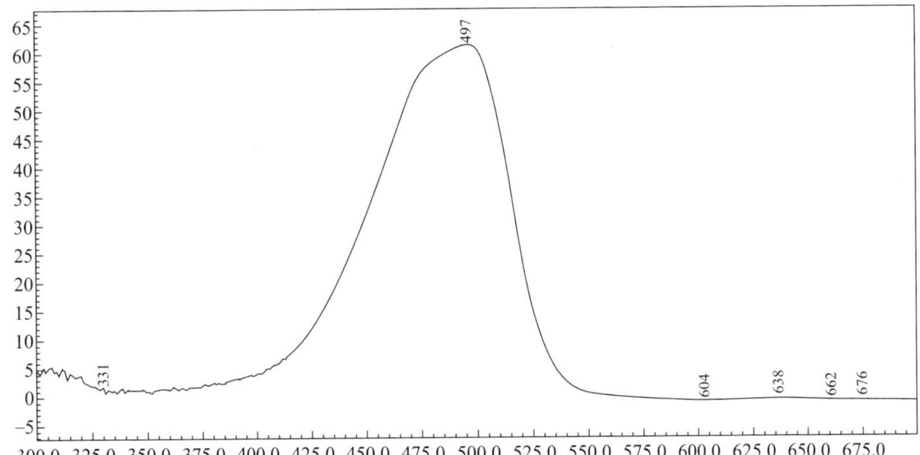

(d) 碱性橙22光谱图

图 8-15

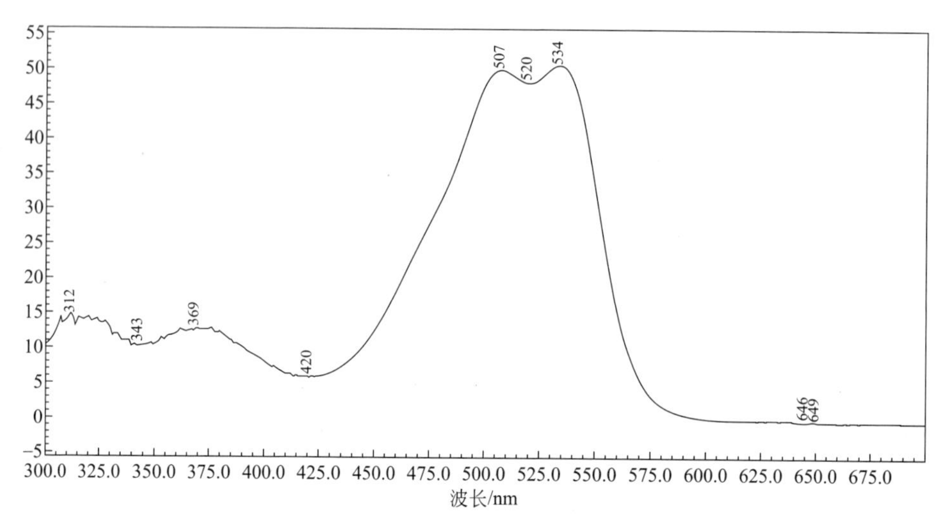

(e) 红2G光谱图

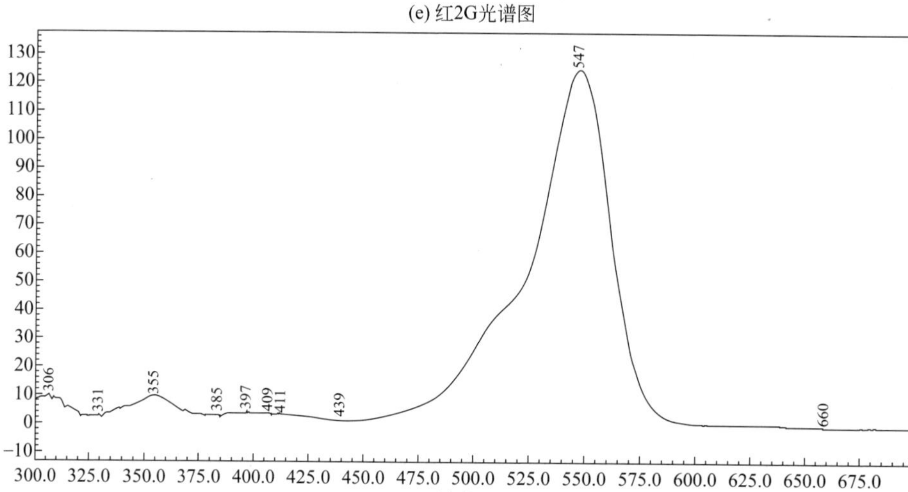

(f) 罗丹明B光谱图

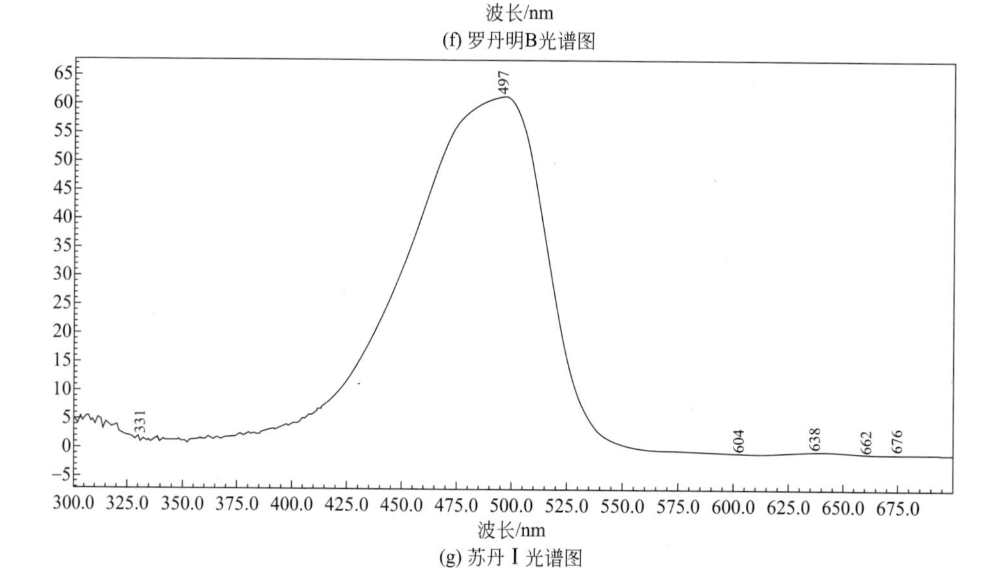

(g) 苏丹Ⅰ光谱图

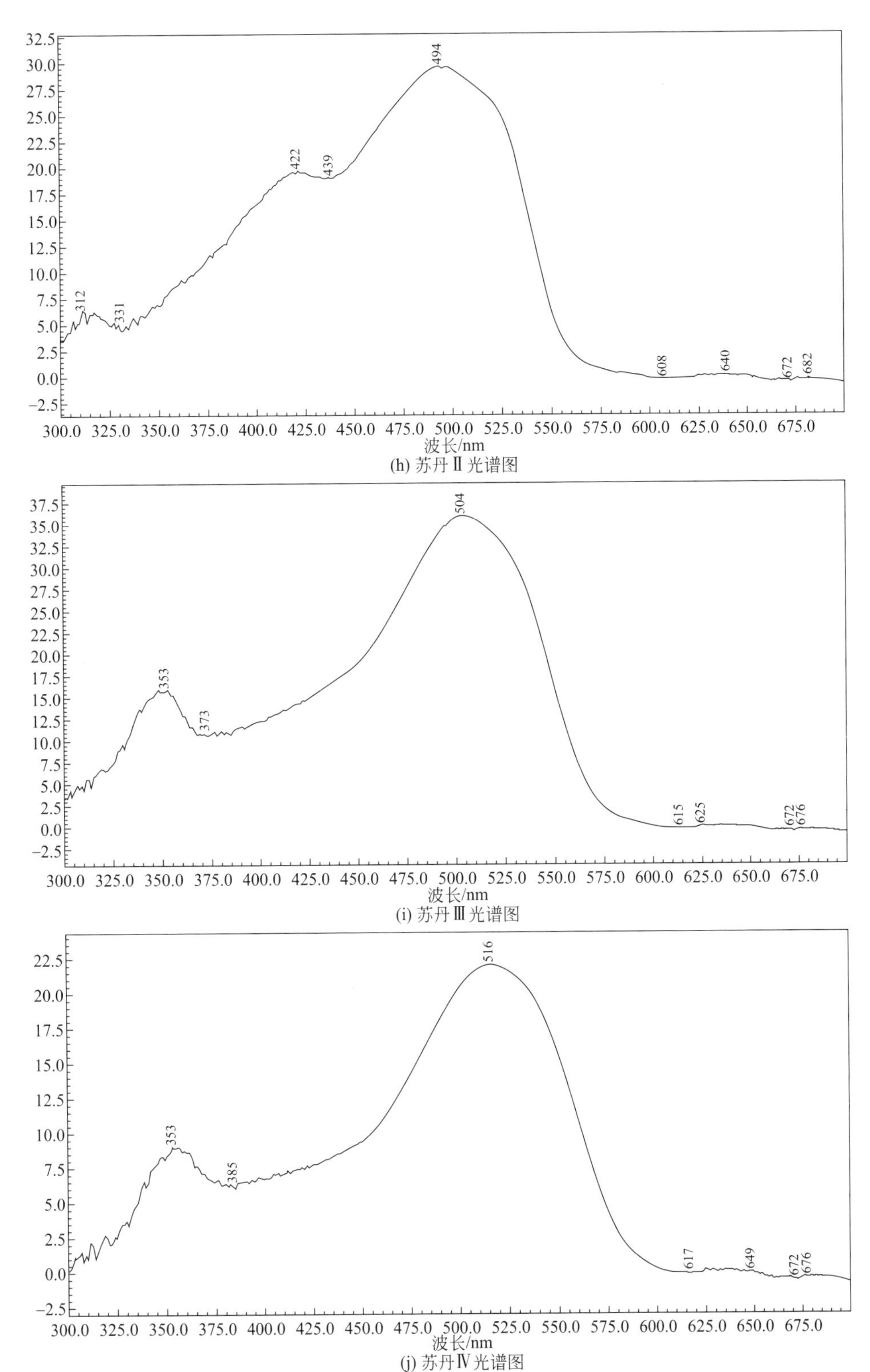

(h) 苏丹Ⅱ光谱图

(i) 苏丹Ⅲ光谱图

(j) 苏丹Ⅳ光谱图

图 8-15　十种工业染料 300～700nm 光谱图

第七节　火锅底料中吗啡、磷酸可待因、盐酸罂粟碱及那可汀的测定

一、适用范围

本标准操作规程规定了火锅底料中磷酸可待因、盐酸罂粟碱、那可汀及吗啡检测的制样方法、LC-MS-MS 确认和测定方法，适用于火锅底料中吗啡、磷酸可待因、盐酸罂粟碱及那可汀的测定。

二、方法提要

称取火锅底料，用1%三氯乙酸提取，提取液过固相萃取柱，用5%氨水甲醇洗脱，洗脱液氮吹至近干，用初始流动相复溶，以 C18 柱分离，高效液相色谱三重四极杆串联质谱仪测定，外标法定量。

三、仪器设备和试剂

（一）仪器和设备

① 液相色谱-质谱/质谱仪：配有电喷雾离子源（ESI）。

② 分析天平：感量 0.0001g。

③ 高速冷冻离心机（转速不低于 10000r/min）。

④ 氮吹仪。

⑤ 旋涡混合器（振荡器）。

（二）试剂和耗材

除另有说明外，所用试剂均为分析纯，水为≥18MΩ·cm 超纯水。

① 乙腈、正己烷、甲醇、氨水：色谱纯，迪马公司。

② 三氯乙酸：分析纯，迪马公司。

③ 1% 三氯乙酸溶液：准确量取 10mL 三氯乙酸，加水定容至 1 L。

④ 提取液：1%三氯乙酸-乙腈溶液（8+2，体积分数）

⑤ 5%氨水-甲醇溶液：准确量取 50mL 氨水，加甲醇定容至 1 L。

⑥ 乙酸铵：色谱级。

⑦ 乙酸铵溶液（10mmol/L）：准确称取乙酸铵 0.7708g，加水定容至 1 L。

⑧ Proelut™ PXC 固相萃取柱，6mL，200mg，迪马公司（货号 68212）。

⑨ 0.22μm PVDF 滤膜。

（三）标准品及标准物质

吗啡、磷酸可待因、盐酸罂粟碱及那可汀标准品：纯度≥95.0%。

配制 5 种标物的混合标准液 5μg/mL，溶剂为甲醇。于 4℃下避光保存。

四、样品的处理

（一）样品的提取

称取 2g（准确至 0.001g）火锅底料于 15mL 离心管中，加入提取液 5mL，于 4℃下，10000r/min 离心 10min，取上清液。残渣用提取液 2mL 重复提取一次，合并上清。加入正己烷 7mL，涡旋混匀 2min，于 4℃下，10000r/min 离心 10min，弃正己烷。又加入 7mL 正己烷重复提取一次。

（二）样品的净化

PXC 小柱依次使用甲醇 5mL 与水 5mL 活化后，取提取液的上清液过柱，用 50%甲醇水 5mL 淋洗。淋洗后吹干，加 5%氨水甲醇洗脱 5mL。洗脱液在 40℃下氮吹至干，残渣以初始流动相 1mL 溶解，过 0.2μm 滤膜后，以串联质谱法检测。

（三）标准溶液的制备

将标准储备液稀释，配制浓度为 0、1μg/L、2.5μg/L、5μg/L、10μg/L、25μg/L、50μg/L、100μg/L 的混合标准溶液。

五、试样分析

（一）液相色谱参考条件

本规程采用岛津公司 LC-30A 液相色谱仪和 SCIEX 公司 QTRAP 4500 串联四极杆质谱仪联用。

① 色谱柱：Shim-pack XR-ODS III C18 柱（2.0mm×50mm，1.6μm）。

② 进样量：5μL。

③ 柱温：40℃。

④ 梯度洗脱程序见表 8-29。

表 8-29 液相色谱参考条件

时间/min	流速/(mL/min)	(10mmol/L)乙酸铵溶液(A)/%	甲醇(B)/%
0.1	0.3	90	10
2	0.3	70	30
4	0.3	40	60
6	0.3	10	90
10	0.3	10	90
12	0.3	90	10

（二）质谱参考条件

① 离子化方式：电喷雾离子源，ESI+。

② 喷雾电压：5.5kV。

③ 离子源温度：550℃。

④ 气帘气压力：2.5×10^{5} Pa。

⑤ 雾化气压力：5.5×10^5 Pa。
⑥ 辅助加热气压力：5.5×10^5 Pa。
⑦ 检测方式：多离子反应监测。
⑧ 质谱分析优化参数见表 8-30。

表 8-30 质谱参考条件

目标物	母离子(m/z)	子离子(m/z)	碰撞能量/eV	锥孔电压/V
吗啡	286.1	165①/181	52/48	110
可待因	300.1	199①/155	39/46	110
罂粟碱	340.1	202.1①/324.1	34/42	120
那可汀	414.1	220①/353.1	30/32	100

① 定性离子。

（三）定性测定

按照上述条件测定试样与标准溶液，如果试样的质量色谱峰与标准溶液一致；同时试样中定性离子对丰度与其同浓度下标准溶液的相对丰度比一致，相对丰度比偏差不超过表 8-31 规定，则可判断试样中存在相应的被测物。

表 8-31 定性时相对离子丰度的最大允许偏差

相对离子丰度/%	≤10	>10～20	>20～50	>50
允许相对偏差/%	±50	±30	±25	±20

（四）定量测定

采用外标法进行定量计算。分别以标准溶液中磷酸可待因、盐酸罂粟碱、那可汀及吗啡的定量离子响应峰面积之比作为纵坐标，标准溶液制备过程中加入的吗啡、磷酸可待因、盐酸罂粟碱及那可汀质量为横坐标进行线性拟合。利用线性方程计算样品中的吗啡、磷酸可待因、盐酸罂粟碱及那可汀的浓度。

六、质量控制

本操作规程的回收率实验，以不含被测组分的火锅底料为样品基质，进行三个浓度水平的回收率检测，每个浓度水平进行 6 次平行实验，计算其平均回收率。结果见表 8-32。

表 8-32 空白样品中 3 个加标水平下目标检测物的回收率及精密度

名称	添加浓度/(μg/kg)	回收率范围/%	平均回收率/%	RSD/%
吗啡	2	62.2～74.2	69.4	6.1
	5	66.7～77.8	72.3	5.7
	10	66.0～80.1	74.8	6.5
磷酸可待因	2	82.2～105.0	92.0	9.6
	5	99.1～117.1	106	5.9
	10	93.2～111.0	99.8	6.5

续表

名称	添加浓度/(μg/kg)	回收率范围/%	平均回收率/%	RSD/%
盐酸罂粟碱	2	61.2～65.2	62.8	2.5
	5	61.7～67.8	65.4	3.4
	10	64.6～78.0	70.1	7.2
那可汀	2	61.3～66.2	63.1	2.9
	5	61.8～67.7	64.9	3.4
	10	62.0～71.1	67.9	6.5

七、结果计算

试样中待测物含量按下式进行计算。

$$X=\frac{m-m_0}{M}$$

式中 X——样品中目标检测物的含量，μg/kg；

m——试样中目标检测物的质量，ng；

m_0——空白基质中目标检测物的质量，ng；

M——取样量，g。

计算结果保留三位有效数字。

八、技术参数

将仪器各参数调至最佳工作状态，在MRM模式下，定性离子通道中信噪比为3时设定样品溶液中检测物的浓度为定性限，而以 S/N 为10时设定样品溶液中被测组分的浓度为定量限。当取样量为2g时，本规程中吗啡、磷酸可待因、盐酸罂粟碱及那可汀的定性限均为0.20μg/kg；其定量限均为0.50μg/kg。

九、注意事项

① 本实验所使用试剂具有一定毒性，使用时必须在通风橱内操作，做好个人防护。

② 样品过柱时，尽量让其在自然重力条件下过柱，避免加压，以保证目标检测物被柱中填充剂充分吸收；而洗脱固相萃取柱时，可适当加压，以完成洗脱步骤。

③ 所收集的洗脱液在氮吹时，尽量用小流量，至近干即可；避免气流过大而将样品吹干，造成样品损失。

十、资料性附录

标准液中4种标物的质量色谱图如图8-16。

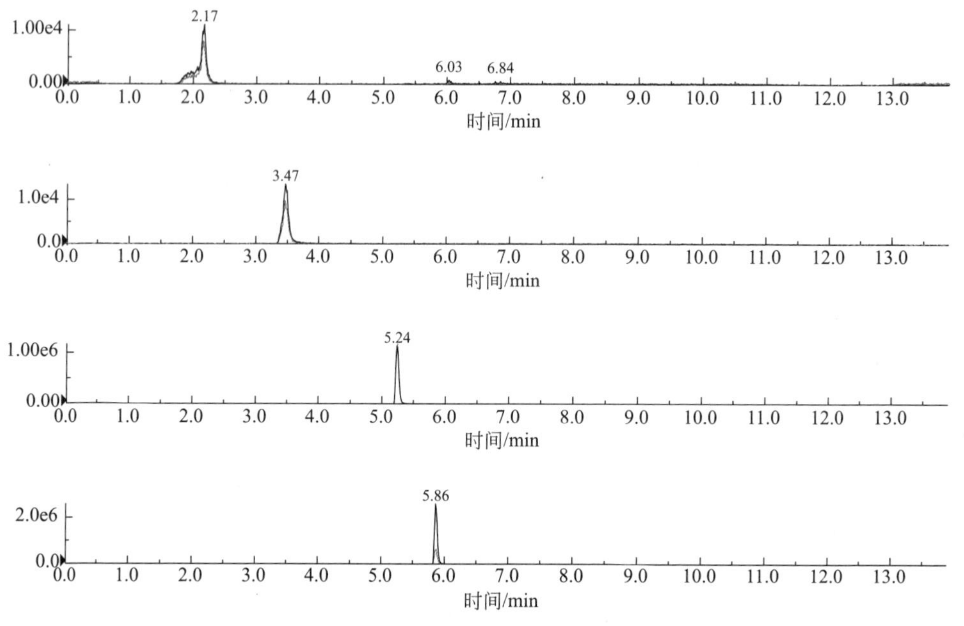

图 8-16　标准溶液中吗啡、磷酸可待因、盐酸罂粟碱及那可汀的质量色谱图（均为 25μg/L）

第八节　麻辣烫中罂粟碱、吗啡、那可汀、可待因和蒂巴因的测定

一、适用范围

本规程规定了麻辣烫中罂粟碱、吗啡、那可汀、可待因和蒂巴因测定——超高效液相色谱-串联质谱检测方法。

本标准操作规程适用于麻辣烫中罂粟碱、吗啡、那可汀、可待因和蒂巴因测定。

二、方法提要

样品加入稀盐酸，超声波加热提取后，加入正己烷，进行液液萃取，离心后将提取液过固相萃取柱进行富集净化，洗脱液氮吹至近干，进行超高效液相色谱-串联质谱分析，基质匹配外标法定量。

三、仪器设备和试剂

（一）仪器和设备

① 超高效液相色谱-串联质谱仪：配有电喷雾离子源（ESI）。

② 分析天平：感量 0.0001g。

③ 高速冷冻离心机（转速不低于 10000r/min）。

④ 氮吹仪。

⑤ 旋涡混合器（振荡器）。

⑥ 超声波清洗机。

（二）试剂和耗材

除另有说明外，所用试剂均为分析纯以上。实验用水符合 GB/T 6682 所规定的一级水要求。

① 甲醇、正己烷、甲酸、甲酸铵：色谱纯。

② 氨水、盐酸：AR。

③ MCX 固相萃取柱：6mL，150mg（沃特世公司）。（使用前依次使用甲醇 6mL 和 0.1mol/L 盐酸溶液 6mL 活化。）

④ 10mmol/L 甲酸铵水溶液：称取 0.315g 甲酸铵，用超纯水定容至 500mL。

⑤ 0.1%（体积分数）甲酸-10mmol/L 甲酸铵水溶液：移取 500μL 甲酸至 500mL 容量瓶中，用 10mmol/L 甲酸铵水溶液定容。

⑥ 0.1mol/L 盐酸溶液：移取 4.5mL 盐酸至 500mL 容量瓶中，用超纯水定容。

⑦ 5%氨化甲醇：移取 5.0mL 氨水至 100mL 容量瓶中，用甲醇定容。

⑧ 0.1%（体积分数）甲酸-乙腈溶液：移取 500μL 甲酸至 500mL 容量瓶中，用乙腈定容。

（三）标准品及标准物质

所有标准品溶液应在 4℃下避光保存。

① 罂粟碱、蒂巴因、那可汀、可待因和吗啡混合标准溶液（浓度分别为 9.987mg/L、10mg/L、10.08mg/L、50mg/L 和 50mg/L），均购自安普公司。

② 标准使用液：准确移取适量标准溶液，用甲醇定容至 10mL，配制成混合标准使用液，浓度分别为：罂粟碱、蒂巴因和那可汀 0.5μg/L；可待因和吗啡 2.5μg/L。

③ 混合标准系列：准确移取适量混合标准使用液，用含有基质的提取液配制成混合标准系列，浓度分别为：罂粟碱、蒂巴因和那可汀 0.1μg/L、0.2μg/L、0.5μg/L、1.0μg/L、10μg/L、50μg/L、100μg/L；可待因和吗啡 0.5μg/L、1.0μg/L、2.5μg/L、5.0μg/L、50μg/L、250μg/L、500μg/L。

四、样品的处理

（一）提取

称取试样 2g（准确至 0.001g）置于 50mL 具塞塑料离心管中，加入提取液 20mL，涡旋混匀 1min 后，于 50℃水浴中超声提取 20min，取出冷却至室温，缓慢加入正己烷 10mL，涡旋混匀，于 4℃，10000r/min 下离心 10min，弃去上层溶液，待净化。

（二）净化

取提取液过活化后的 MCX 小柱，分别用水 5mL 和甲醇 5mL 淋洗后，加 5% 氨水甲醇 5mL 洗脱。洗脱液用氮气浓缩至干，用 1mL 超纯水定容，待测。

五、试样分析

（一）液相色谱参考条件

① SCIEX 3200 QTrap 型液质。

② 色谱柱：HSS T3 柱，长 100mm，内径 2.1mm，粒径 1.7μm（ACQUITY UPLC® BEH ）。

③ 流动相：A，0.1%甲酸-10mmol/L 甲酸铵水溶液；B，0.1%甲酸-乙腈溶液。液相色谱梯度洗脱程序如表 8-33。

表 8-33　液相色谱梯度洗脱程序

时间/min	A/%	B/%
0.0	90	10
0.5	90	10
2.0	50	50
5.2	5	95
8.0	5	95
8.1	90	10
12	90	10

④ 流速：0.30mL/min。

⑤ 进样量：10μL。

⑥ 柱温：40℃。

（二）质谱条件

① 离子化模式：电喷雾电离正离子模式（ESI+）。

② 质谱扫描方式：多反应监测。

③ 喷雾电压：5500V。

④ 雾化温度：600℃。

⑤ 雾化器压力：50psi。

⑥ 碰撞气：中等。

⑦ 其他参考质谱条件，见表 8-34。

表 8-34　质谱仪器参考条件

目标物	保留时间/min	离子迁移(m/z)	去簇电压/V	碰撞能量/eV	出口电压/V	入口电压/V
吗啡	1.93	286.2>165.2	71	60.0	2.4	13.5
		286.2>181.2		48.0	3.8	14.0

续表

目标物	保留时间/min	离子迁移(m/z)	去簇电压/V	碰撞能量/eV	出口电压/V	入口电压/V
可待因	2.64	300.2>165.2	70	55.0	4.4	14.0
		300.2>181.2		50.5	2.4	16.0
蒂巴因	3.02	312.2>58.2	43	33.0	2.4	14.0
		312.2>251.2		35.4	4.3	11.5
罂粟碱	3.19	340.2>202.2	66.5	37.0	2.6	31.0
		340.2>171.2		52.0	2.8	18.0
那可汀	3.27	414.1>220.2	61	32.5	4.0	15.5
		414.1>353.2		31.5	5.8	16.5

（三）定性测定

除不称取试样外，均按上述步骤进行。

六、质量控制

本规程的室内回收实验，以麻辣烫为样品基质，进行三个浓度水平的添加回收试验，三个浓度包括了定量限，每个浓度水平进行 6 次重复实验。结果见表 8-35。

表 8-35　回收率结果

名称	添加浓度/(μg/kg)	回收率范围/%	RSD/%
罂粟碱	0.1	80.0～84.0	2.0
	5	75.3～90.0	7.2
	50	53.9～70.4	11
那可汀	0.1	90.0～115	8.8
	5	66.0～81.0	7.8
	50	46.5～52.9	5.1
蒂巴因	0.1	65.0～90.0	10
	5	76.4～94.3	8.1
	50	62.4～83.0	11
可待因	0.5	115～123	3.2
	25	73.8～95.7	9.5
	250	101～104	1.1
吗啡	1.25	99.6～122	8.7
	25	85.5～105.7	9.9
	250	100～104	1.2

七、结果计算

试样中各生物碱待测含量按下式计算：

$$X = \frac{A \times V_1 \times 1000}{m \times V_2 \times 1000}$$

式中　X——试样中生物碱的含量，μg/kg；

A——由标准曲线计算得到的上机试样溶液中待测物的浓度，ng/mL；

V_1——试样浓缩后定容体积，mL；

V_2——试样的定容体积，mL；

m——试样质量，g；

1000——换算系数。

计算结果保留三位有效数字。

八、技术参数

方法定性限和方法定量限：本规程的方法定性限和方法定量限见表 8-36。

表 8-36　生物碱的方法定性限和方法定量限　　单位：μg/kg

目标物	罂粟碱	蒂巴因	那可汀	可待因	吗啡
方法定性限	0.030	0.030	0.030	0.170	0.420
方法定量限	0.10	0.10	0.10	0.50	1.250

定性：试样中目标化合物色谱峰的保留时间与相应标准色谱峰的保留时间一致，变化范围应在±2.5%之内。待测化合物的定性离子的重构离子色谱峰的信噪比应大于等于 3，定量离子的重构离子色谱峰的信噪比应大于等于 10。每种化合物的质谱定性离子必须出现，至少应包括一个母离子和一个子离子，而且同一检测批次，对同一化合物，样品中目标化合物的两个子离子的相对丰度比与浓度相当的标准溶液相比，其允许偏差不超过表 8-37 规定的范围。

表 8-37　定性时相对离子丰度的最大允许偏差

相对离子丰度/%	≤10	>10～20	>20～50	>50
允许相对偏差/%	±50	±30	±25	±20

九、注意事项

① 本实验所使用试剂具有一定毒性，使用时必须在通风橱内操作，做好个人防护。

② 样品过柱时，尽量让其在自然重力条件下过柱，避免加压，以保证目标检测物被柱中填充剂充分吸收；而洗脱固相萃取柱时，可适当加压，以完成洗脱步骤。

③ 所收集的洗脱液在氮吹时，尽量用小流量，至近干即可；避免气流过大而将样品吹干，造成样品损失。

十、资料性附录

五种生物碱色谱质谱图如图 8-17。

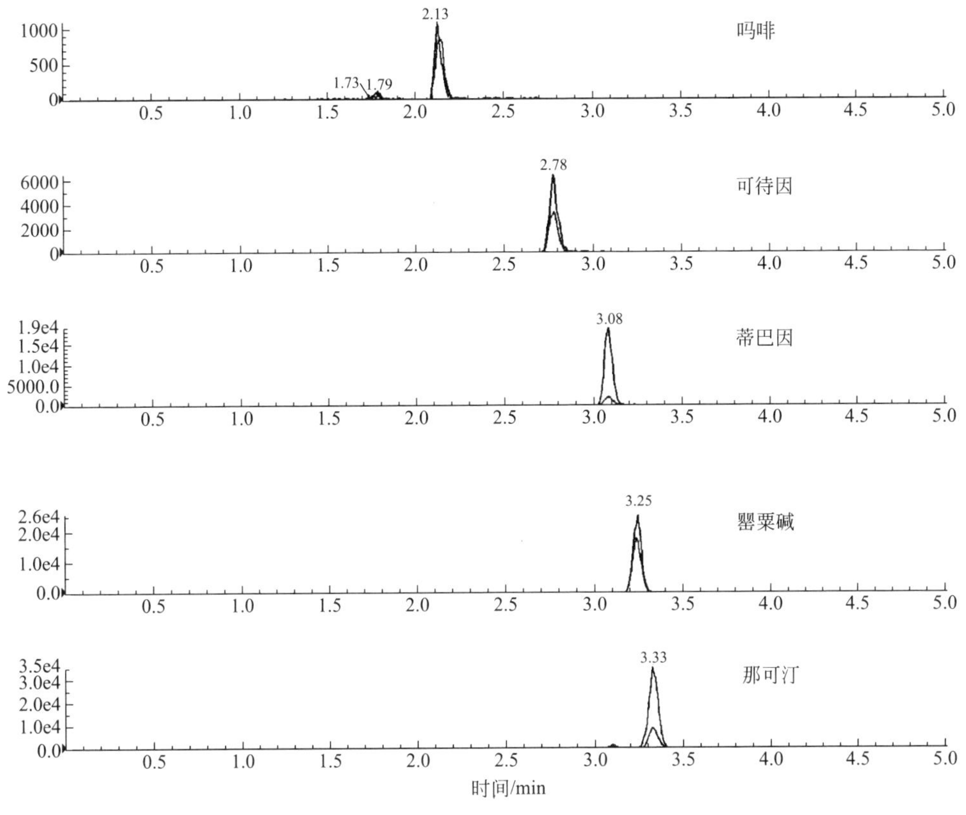

图 8-17　标准溶液中吗啡、可待因、蒂巴因、罂粟碱及那可汀的色谱质谱图

第九节　白酒中 16 种邻苯二甲酸酯的测定

一、适用范围

本方法适用于白酒中 16 种邻苯二甲酸酯类化合物气相色谱-质谱测定。

二、方法提要

试样经过提取后，用气相色谱-质谱仪进行测定，以保留时间和各监测离子的丰度比定性，外标法定量。

三、仪器设备和试剂

（一）仪器和设备

① 气相色谱质谱仪（含 EI 源）。

② 旋涡混合器。

③ 马弗炉。

④ 离心机。

⑤ DSPE 玻璃萃取管（无油基质萃取管），12mL 螺盖试管，上海安普公司。

（二）试剂和耗材

① 正己烷：农残级。

② 乙酸乙酯：色谱纯。

③ 超纯水：临用现制并且满足电阻值为 18.2 MΩ 以上的纯净水。

④ 正己烷-乙酸乙酯（1+1）（体积分数）。

⑤ 氯化钠：分析纯，使用前经过马弗炉 400℃烘烤 5h，冷却后放置干燥器内备用。

（三）标准品及标准物质

16 种邻苯二甲酸酯类化合物混合标准品储备液（1000mg/L）。

16 种邻苯二甲酸酯类化合物混合应用液（10mg/L）：取混合标准品储备液 1mL，用正己烷稀释至 100mL。

四、样品的处理

称取 2g（准确到 0.01g）样品于 DSPE 玻璃萃取管（无油基质萃取管）中，加入 4mL 超纯水，1.0g 氯化钠，（1+1）正己烷-乙酸乙酯混合液 1mL，旋涡混匀 1min，3000r/min 下离心 3min，上层有机相用玻璃滴管转移到进样瓶中供 GC/MS 分析用。

五、试样分析

（一）仪器条件

① DB-5ms 毛细管色谱柱：30m × 0.25mm × 0.25μm，或 Rxi-5ms 毛细柱（30m×0.25mm×0.25μm）。

② 进样口温度：290℃。

③ 柱温：初温 60℃，保持 1min，以 20℃/min 升至 220℃，再以 5℃/min 升至 265℃，再以 10℃/min 升至 290℃后运行 2min。

④ 载气：氦气，纯度≥99.999%，柱流量 1.50mL/min。

⑤ 进样量：1μL。

⑥ 电离方式：EI 源。

⑦ 离子源温度：250℃。

⑧ 接口湿度：280℃。

⑨ 进样方式：无分流进样。

⑩ 溶剂延迟：6.5min。

⑪ 监测方式：SIM 模式，监测离子见表 8-38。

表 8-38　16 种邻苯二甲酸酯类化合物定量离子及定性离子

序号	目标物中文名称	英文缩写	保留时间	定量离子	定性离子
1	邻苯二甲酸二甲酯	DMP	7.53	163	135,194
2	邻苯二甲酸二乙酯	DEP	8.378	149	177,121
3	邻苯二甲酸二异丁酯	DIBP	9.973	149	223,205
4	邻苯二甲酸二丁酯	DBP	10.61	149	223,205
5	邻苯二甲酸二(2-甲氧基)乙酯	DMEP	10.92	59	149,104
6	邻苯二甲酸二(4-甲基-2-戊基)酯	BMPP	11.51	149	251,167
7	邻苯二甲酸二(2-乙氧基)乙酯	DEEP	11.808	149	104,193
8	邻苯二甲酸二戊酯	DPP	12.11	149	237,219
9	邻苯二甲酸二己酯	DHXP	13.955	149	251,233
10	邻苯二甲酸丁基苄基酯	BBP	14.14	149	238,206
11	邻苯二甲酸二(2-丁氧基)乙酯	DBEP	15.393	149	167,251
12	邻苯二甲酸二环己酯	DCHP	16.051	149	193,176
13	邻苯二甲酸二(2-乙基)己酯	DEHP	16.186	149	167,249
14	邻苯二甲酸二苯酯	DPHP	16.42	225	149,279
15	邻苯二甲酸二正辛酯	DNOP	18.401	149	279,167
16	邻苯二甲酸二壬酯	DNP	19.017	149	293,167

（二）标准曲线

取 10μL、25μL、50μL、75μL、100μL 的邻苯二甲酸酯类化合物混合应用液，用 1.0mL 正己烷定容，获得 0.10mg/L、0.25mg/L、0.50mg/L、0.75mg/L、1.00mg/L 邻苯二甲酸酯类化合物标准工作液，进行仪器分析。

（三）样品测定

样品经过前处理后，将试剂空白、标准系列、样品依次进行测定，采用外标定量。

六、质量控制

（一）加标回收

由于邻苯二甲酸酯组分对检测仪器的响应值不同，检测时应分别考察各组分的定性限和定量限。取实际样品，分别加入标准溶液，按“四、样品的处理”进行测定。一般要求回收率应在 70%～120%范围内。样品加标回收率结果如表 8-39。

表 8-39　样品加标回收率结果

PAEs	添加浓度/(mg/L)	回收率范围/%	平均回收率/%	RSD/%
DMP	0.25	83.7～108.4	96.5	4.2
	0.50	87.3～101.1	95.7	4.5
	1.00	85.2～97.6	88.3	4.4

续表

PAEs	添加浓度/(mg/L)	回收率范围/%	平均回收率/%	RSD/%
DEP	0.25	90.2～105.2	103.0	5.2
	0.50	80.1～88.4	83.1	4.3
	1.00	83.4～93.5	85.7	3.8
DIBP	0.25	85.2～105.3	89.3	3.7
	0.50	85.4～94.6	93.1	3.8
	1.00	86.2～102.4	88.7	4.1
DBP	0.25	88.4～106.5	92.6	3.6
	0.50	89.1～99.3	95.2	4.9
	1.00	87.5～96.3	93.3	4.7
DMEP	0.25	88.3～103.7	98.6	3.2
	0.50	82.1～98.5	90.9	4.4
	1.00	81.2～99.5	85.6	3.3
BMPP	0.25	83.1～110.1	89.3	4.2
	0.50	82.7～94.2	91.1	3.0
	1.00	86.3～102.6	80.7	4.0
DEEP	0.25	78.4～98.5	83.5	3.1
	0.50	79.1～99.6	86.0	4.2
	1.00	77.3～95.8	85.1	3.7
DPP	0.25	88.4～101.2	89.5	4.0
	0.50	83.6～96.7	92.0	4.1
	1.00	85.2～98.6	88.8	3.6
DHXP	0.25	76.1～92.3	84.6	3.6
	0.50	72.8～96.7	89.0	3.2
	1.00	76.2～96.5	87.4	4.6
BBP	0.25	79.2～101.1	92.5	4.2
	0.50	81.5～99.6	91.0	3.8
	1.00	87.3～99.9	95.6	3.0
DBEP	0.25	73.5～100.6	89.7	3.1
	0.50	85.7～98.2	93.6	4.9
	1.00	82.3～102.6	88.2	3.6
DCHP	0.25	88.7～99.7	93.5	4.1
	0.50	70.1～98.6	84.8	3.2
	1.00	87.5～97.9	91.2	4.8
DEHP	0.25	82.6～105.4	99.1	3.6
	0.50	73.7～99.2	90.2	3.4
	1.00	85.6～98.5	86.0	3.8
DPHP	0.25	78.4～95.1	83.3	4.9
	0.50	80.6～99.7	85.1	4.2
	1.00	81.2～98.3	92.6	4.6

续表

PAEs	添加浓度/(mg/L)	回收率范围/%	平均回收率/%	RSD/%
DNOP	0.25	81.3～101.2	90.7	3.8
	0.50	77.7～98.4	91.0	4.4
	1.00	80.6～99.1	88.2	3.9
DNP	0.25	83.4～102.5	89.1	4.6
	0.50	80.2～99.9	82.2	4.0
	1.00	86.1～97.8	88.2	3.9

（二）定性

对于阳性样品，应按照方法规定进行定性离子丰度比检查。被测样品与已知标准的保留时间偏差一般在 0.02min 范围内，其特征离子相对丰度的允许偏差不超出规定的范围，定性时相对离子丰度的最大允许误差如表 8-40 所示。

表 8-40　定性时相对离子丰度的最大允许误差

相对离子丰度/%	≤10	>10～20	>20～50	>50
允许相对偏差/%	±50	±30	±25	±20

七、结果计算

样品中邻苯二甲酸酯类化合物含量按下式计算。

$$X=\frac{(c_1-c_0)\times V}{m}$$

式中　X——试样中邻苯二甲酸酯类含量，mg/kg；

c_1——试液中邻苯二甲酸酯类化合物含量，mg/L；

c_0——空白实验中邻苯二甲酸酯类化合物含量，mg/L；

V——试样定容体积，mL；

m——试样质量，g。

计算结果保留三位有效数字。

八、技术参数

邻苯二甲酸酯类化合物的方法定性限及方法定量限如表 8-41。

表 8-41　邻苯二甲酸酯类化合物的方法定性限及方法定量限

序号	中文名称	定性限/(mg/kg)	定量限/(mg/kg)
1	邻苯二甲酸二甲酯	0.020	0.050
2	邻苯二甲酸二乙酯	0.020	0.050
3	邻苯二甲酸二异丁酯	0.020	0.050
4	邻苯二甲酸二丁酯	0.020	0.050
5	邻苯二甲酸二(2-甲氧基)乙酯	0.040	0.10
6	邻苯二甲酸二(4-甲基-2-戊基)酯	0.020	0.050

续表

序号	中文名称	定性限/(mg/kg)	定量限/(mg/kg)
7	邻苯二甲酸二(2-乙氧基)乙酯	0.040	0.10
8	邻苯二甲酸二戊酯	0.020	0.050
9	邻苯二甲酸二己酯	0.020	0.050
10	邻苯二甲酸丁基苄基酯	0.020	0.050
11	邻苯二甲酸二(2-丁氧基)乙酯	0.040	0.10
12	邻苯二甲酸二环己酯	0.020	0.050
13	邻苯二甲酸二(2-乙基)己酯	0.020	0.050
14	邻苯二甲酸二苯酯	0.040	0.10
15	邻苯二甲酸二正辛酯	0.020	0.050
16	邻苯二甲酸二壬酯	0.020	0.050

九、注意事项

① 邻苯二甲酸酯类化合物的存在非常广泛，非常容易污染溶剂、器皿，因此要求在进行每批样品检测时，同时通过过程空白试验检查所用溶剂、器皿是否受邻苯二甲酸酯类化合物污染。空白试验中邻苯二甲酸酯含量少可以在样品计算中扣除，尽可能避免使用接触塑料用品。

② 经过 GC/MS 分析过程空白试验中各种邻苯二甲酸酯类化合物，主要是 DMP、DEP、DIBP、DBP、DEHP，这些化合物折算到样品中应该仅可能控制在 0.05mg/kg 之内，其他化合物均应小于 0.02mg/kg。过程空白大于 0.1mg/kg 的应该分析试剂、器皿污染原因，要求更换试剂。玻璃器皿在 300℃ 烘烤 3h 或者用有机溶剂淋洗除杂，量具用有机溶剂淋洗晾干后使用，所用的器皿可用锡纸等覆盖存放。

③ 为提高不同塑化剂组分的提取效率，降低基质效应，检测时可向样品中加水降低酒精度，在提取剂正己烷中增加乙酸乙酯。

十、资料性附录

本规程数据出自岛津公司的 GCMS-QP2010 Plus。邻苯二甲酸酯类（16 种）标准总离子流图如图 8-18。

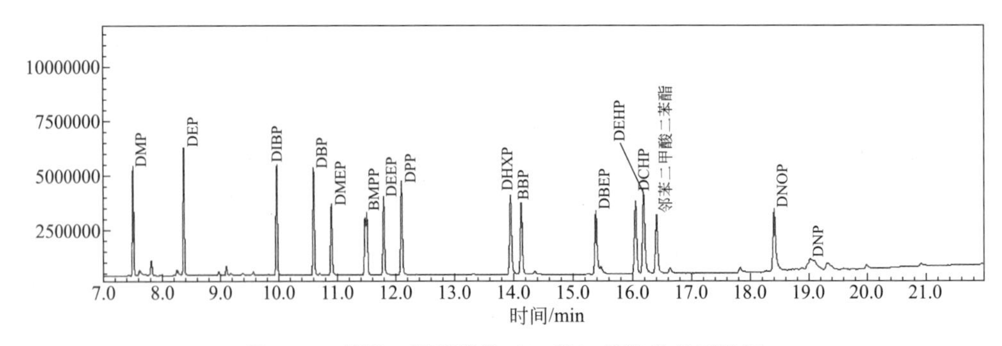

图 8-18　邻苯二甲酸酯类（16 种）标准总离子流图

第十节　食用油中16种邻苯二甲酸酯的测定

一、适用范围

本规程规定了食用油中16种邻苯二甲酸酯类化合物的气相色谱-质谱测定方法。

二、方法提要

食用油加内标后，经过萃取，固相萃取柱净化、洗脱，浓缩后，用气相色谱-质谱仪测定，内标法定量。

三、仪器设备和试剂

（一）仪器和设备

① 气相色谱-质谱仪（GC-MS）；岛津GCMS-2010QP Ultra（配EI源）。

② 氮吹仪。

③ 10mL玻璃刻度试管。

④ 固相萃取仪。

⑤ 马弗炉。

⑥ SILICA/PSA混合玻璃固相萃取柱：500mg/500mg/6mL。

（二）试剂和耗材

① 正己烷：农残级。

② 乙腈：农残级。

③ 丙酮：农残级。

（三）标准品及标准物质

① 16种邻苯二甲酸酯类化合物混合标准品：1000mg/L。

② 邻苯二甲酸二（2-乙基）己酯-d_4储备液：200.0mg/L。

③ 16种邻苯二甲酸酯类化合物混合应用液（10mg/L）：准确吸取混合标准品储备液1mL用正己烷定容至100mL，4℃保存备用。

④ 邻苯二甲酸二（2-乙基）己酯-d_4应用液（10.0mg/L）：取邻苯二甲酸二（2-乙基）己酯-d_4储备液0.50mL，用正己烷定容至10mL，放置4℃保存备用。

四、样品的处理

（一）样品提取

称取0.4g(准确到0.01g)的食用油于10mL具塞玻璃刻度试管，加邻苯二甲酸二(2-乙基)己酯-$d_4$0.2mL应用液混匀，加乙腈4mL，旋涡混匀1min，3000r/min离心5min分层，取2mL上层乙腈待净化。

（二）净化

取 SILICA/PSA 玻璃混合型固相萃取柱，先用二氯甲烷 5mL、乙腈 5mL 活化柱子，然后取上述乙腈相 2mL 加到柱子上并用试管收集，待样品过柱后再用乙腈 5mL 洗脱并一起收集，洗脱液在 45℃ 下用氮吹仪吹至尽干，用正己烷稀释至 1.0mL，样液供 GC-MS 分析。

五、试样分析

（一）仪器参考条件

① DB-5MS 毛细管色谱柱：30m×0.25mm×0.25μm。

② 进样口温度：260℃。

③ 柱温：初温 60℃，保持 1min，以 20℃/min 升至 220℃，再以 5℃/min 升至 290℃，保持 2min。

④ 载气：氦气，纯度≥99.999%，流速 1.0mL/min。

⑤ 进样量：1μL。

⑥ 电离方式：EI 源。

⑦ 离子源温度：230℃。

⑧ 进样方式：无分流进样。

⑨ 16 种邻苯二甲酸酯类化合物保留时间及监测离子见表 8-42。

表 8-42　邻苯二甲酸酯类化合物的定性、定量离子

序号	化合物	缩写	保留时间	定性离子	定量离子
1	邻苯二甲酸二甲酯	DMP	7.98	163,135,194	163
2	邻苯二甲酸二乙酯	DEP	8.85	149,177,121	149
3	邻苯二甲酸二异丁酯	DIBP	10.72	149,223,205	149
4	邻苯二甲酸二丁酯	DBP	11.54	149,223,205	149
5	邻苯二甲酸二(2-甲氧基)乙酯	DMEP	11.87	59,149,104	59
6	邻苯二甲酸二(4-甲基-2-戊基)酯	BMPP	12.62	149,251,167	149
7	邻苯二甲酸二(2-乙氧基)乙酯	DEEP	13.07	149,104,193	149
8	邻苯二甲酸二戊酯	DPP	13.47	149,237,219	149
9	邻苯二甲酸二己酯	DHXP	15.77	149,251,233	149
10	邻苯二甲酸丁基苄基酯	BBP	15.92	149,238,206	149
11	邻苯二甲酸己酯 2-乙基己基酯	HEP	17.04	149,167,251	149
12	邻苯二甲酸二(2-丁氧基)乙酯	DBEP	17.42	149,193,176	149
13	邻苯二甲酸二环己酯	DCHP	18.12	149,167,249	149
14	邻苯二甲酸二(2-乙基)己酯	DEHP	18.29	149,167,279	149
15	邻苯二甲酸二正辛酯	DNOP	20.93	149,279,167	149
16	邻苯二甲酸二壬酯	DNP	23.70	149,293,167	149
17	邻苯二甲酸二(2-乙基)己酯-d_4	DEHP-d_4	18.25	171	153

（二）标准曲线

取邻苯二甲酸二（2-乙基）己酯-d_4 应用液 0.20mL，加入 0、0.025mL、0.05mL、0.10mL、0.20mL 的邻苯二甲酸酯类化合物混合应用液，用正己烷定容 1mL，获得 0、0.25mg/L、0.5mg/L、1.0mg/L、2.0mg/L 邻苯二甲酸酯类化合物混合工作液，其中内标物浓度为 2.0mg/L。

（三）样品测定

样品经过前处理后，对样品、样品空白、标准曲线溶液进行仪器分析，采用内标法定量。

（四）定性

被测样品与已知标准的特征离子相对丰度的允许偏差不超出规定的范围，定性时相对离子丰度的最大允许误差如表 8-43 所示。

表 8-43　定性时相对离子丰度的最大允许误差

相对离子丰度/%	≤10	>10～20	>20～50	>50
允许相对偏差/%	±50	±30	±25	±20

六、质量控制

（一）加标回收

样品加标回收测定率应≥10%。向样品中加标邻苯二甲酸酯类化合物 0.31mg/kg 水平时，添加回收率应在 70%～120%范围之内。

（二）空白试验

每批样品要进行试剂空白试验，并在样品计算中扣除。

（三）平行样品测定

每个样品都应进行平行双样测定，其平行测定的相对偏差应小于 10%。

七、结果计算

样品中邻苯二甲酸酯类化合物含量按下式计算。

$$X = \frac{(c - c_0) \times V \times 4/2}{m}$$

式中　X——样品中邻苯二甲酸酯类含量，mg/kg；

c——各邻苯二甲酸酯类化合物含量，mg/L；

c_0——空白实验中对应邻苯二甲酸酯类化合物含量，mg/L；

V——定容体积，mL；

m——样品的取样量，g。

结果保留小数点后三位。

八、技术参数

（一）加标回收率及精密度

对样品进行加标回收实验，计算其回收率，结果见表 8-44。

表 8-44 样品加标回收测定结果（$n=6$）

待测物质	本底浓度/(mg/kg)	添加浓度/(mg/kg)	回收率范围/%	平均回收率/%	RSD/%
DMP	0.030	0.25	99.1～119.8	110.3	8.3
		0.625	94.1～109.5	101.6	5.8
		1.25	81.4～92.4	85.9	4.6
DEP	0.022	0.25	102.5～120.0	112.4	6.0
		0.625	98.3～115.7	107.1	6.8
		1.25	90.3～115.2	101.2	8.6
DIBP	0.385	0.25	91.7～118.7	103.3	11.1
		0.625	80.0～96.2	88.4	6.4
		1.25	96.7～116.8	102.8	7.0
DBP	0.595	0.25	80.8～114.9	101.7	13.0
		0.625	79.6～97.2	93.4	3.3
		1.25	89.8～113.4	96.5	9.1
DMEP	ND	0.25	101.5～120.0	109.7	6.0
		0.625	79.6～97.2	89.0	7.1
		1.25	89.7～112.0	98.1	8.5
BMPP	ND	0.25	93.0～113.5	102.6	7.7
		0.625	98.7～109.6	103.4	5.2
		1.25	94.1～110.6	100.5	5.6
DEEP	ND	0.25	91.0～120.0	104.4	10.9
		0.625	98.3～110.4	104.0	4.7
		1.25	94.9～118.6	102.0	8.5
DPP	ND	0.25	90.8～107.3	99.1	7.1
		0.625	97.7～110.6	104.0	5.3
		1.25	90.6～115.6	98.4	9.4
DHXP	ND	0.25	94.0～117.4	105.7	9.6
		0.625	98.1～108.7	103.8	4.6
		1.25	92.2～109.8	100.8	5.9
BBP	ND	0.25	90.7～116.7	103.9	10.0
		0.625	97.6～109.1	103.5	4.5
		1.25	90.8～111.8	95.6	8.4
HEP	ND	0.25	93.7～118.9	105.3	9.6
		0.625	98.5～107.4	103.1	4.4
		1.25	94.0～104.2	99.3	3.5

续表

待测物质	本底浓度/(mg/kg)	添加浓度/(mg/kg)	回收率范围/%	平均回收率/%	RSD/%
DBEP	ND	0.25	94.6～116.7	105.5	8.7
		0.625	99.4～110.0	104.4	4.0
		1.25	90.2～102.4	96.1	5.7
DCHP	ND	0.25	95.0～119.0	108.2	9.3
		0.625	99.8～107.8	103.8	3.8
		1.25	90.2～102.4	96.3	5.3
DEHP	0.092	0.25	88.4～113.8	100.2	9.9
		0.625	89.5～109.2	100.7	7.5
		1.25	91.7～107.4	96.6	6.6
DNOP	ND	0.25	91.6～109.3	101.8	5.8
		0.625	96.5～108.1	101.2	4.5
		1.25	79.4～85.9	83.6	2.8
DNP	ND	0.25	90.1～105.3	95.6	6.4
		0.625	94.4～113.7	100.4	6.8
		1.25	71.0～76.7	74.2	2.6

（二）方法定性限及定量限

方法定性限按照3倍噪声值计算，定量限按照10倍噪声值计算。按照取样量0.4g，定容1.0mL计算，结果见表8-45。

表8-45　16种邻苯二甲酸酯类化合物定性限及定量限　单位：mg/kg

序号	化合物	定性限	定量限
1	邻苯二甲酸二甲酯	0.007	0.022
2	邻苯二甲酸二乙酯	0.064	0.213
3	邻苯二甲酸二异丁酯	0.002	0.005
4	邻苯二甲酸二正丁酯	0.001	0.003
5	邻苯二甲酸二(2-甲氧基)乙酯	0.005	0.017
6	邻苯二甲酸二(4-甲基-2-戊基)酯	0.017	0.058
7	邻苯二甲酸二(2-乙氧基)乙酯	0.037	0.123
8	邻苯二甲酸二戊酯	0.004	0.014
9	邻苯二甲酸二己酯	0.009	0.028
10	邻苯二甲酸丁基苄酯	0.022	0.073
11	邻苯二甲酸己酯-2-乙基己基酯	0.044	0.145
12	邻苯二甲酸二(2-丁氧基)乙酯	0.032	0.107
13	邻苯二甲酸二环己酯	0.021	0.068
14	邻苯二甲酸二(2-乙基)己酯	0.003	0.009
15	邻苯二甲酸二正辛酯	0.008	0.028
16	邻苯二甲酸二壬酯	0.006	0.018

九、注意事项

① 由于环境中邻苯二甲酸酯类物质含量丰富，且极易对样品测定造成污染，故在样品测定之前要首先对操作中所用到的试剂进行筛选，使试剂中 PAEs 含量较低。

② 所有玻璃器皿在 300℃下烘烤 3h 以上以去除器皿上吸附的 PAEs 干扰，或者用有机溶剂淋洗除杂，用锡纸等覆盖存放。

③ 质谱定性按照 GB/T 21911—2008 规定，定量离子和定性离子比例在要求范围之内。根据经验保留时间定性时间窗口一般在 0.02min。

十、资料性附录

16 种 PAEs 标准溶液谱图如图 8-19。

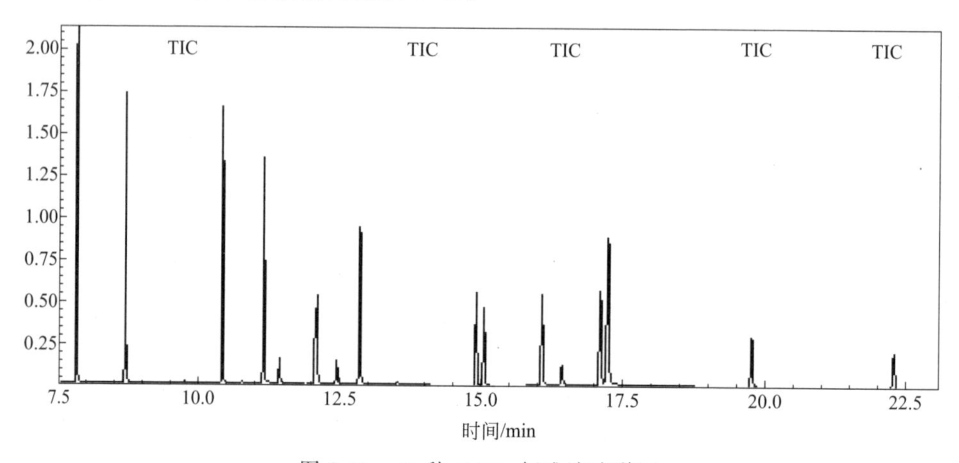

图 8-19　16 种 PAEs 标准溶液谱图

第十一节　水中 18 种邻苯二甲酸酯的测定

一、适用范围

本标准操作规程规定了水中 18 种邻苯二甲酸酯类化合物的气相色谱-质谱测定方法。

本标准操作规程适用于水中 18 种邻苯二甲酸酯类化合物的测定。

二、方法提要

样品经正己烷萃取、脱水、浓缩后，经气相色谱-质谱定性，内标法定量。

三、仪器设备和试剂

（一）仪器和设备

① 气相色谱-质谱联用仪。

② 色谱柱：DB-5MS（30m×0.25mm×0.25μm）。

③ 氮吹仪。

④ 天平：感量 0.1mg。

（二）试剂和耗材

试验用水：临用现制并满足电阻值为 18.2MΩ 以上的纯净水。

① 正己烷、丙酮：色谱纯。

② 氯化钠：分析纯。

③ 无水硫酸钠：分析纯，400℃烘烤 2h 后使用。

（三）标准品及标准物质

标准品：邻苯二甲酸酯异壬酯（DINP）和邻苯二甲酸酯异癸酯（DIDP），纯度≥98.0%。

标准溶液的配制：

① 16 种邻苯二甲酸酯类（PAEs）化合物混合标准使用液（10mg/L）：取 16 种混合标准溶液（100mg/L）1.00mL，用丙酮定容至 10mL。

② 邻苯二甲酸酯异壬酯和邻苯二甲酸酯异癸酯单标准储备液：分别称取一定量 DINP、DIDP，用正己烷溶解并定容至 25mL。

③ DINP、DIDP 标准使用液（20mg/L）：分别取一定量 DINP、DIDP 储备液用丙酮定容至 25mL，使其浓度为 20mg/L。

④ 18 种 PAEs 混合使用液：准确吸取各种标准使用液用丙酮稀释并定容至 10mL，使 16 种 PAEs 在混合液中浓度为 5mg/L，DINP、DIDP 在混合液中浓度为 10mg/L，4℃可保存三个月。

⑤ 内标物邻苯二甲酸二(2-乙基)己酯-d_4(DEHP-d_4)使用液(10mg/L)：取 DEHP-d_4 标准储备液(100mg/L)1.00mL 用丙酮溶解并定容至 10mL，4℃可保存三个月。

四、样品的处理

（一）萃取

取 20.00mL 水样于 60mL 分液漏斗中，加 100μL 内标物 DEHP-d_4 使用液，混匀。加入 5mL 正己烷，1.00g 氯化钠，振摇 2min，静止 10min 后，放出水层，由上口将正己烷层转移至 10mL 具塞玻璃刻度试管中；水层再次用 5mL 正己烷萃取，合并两次萃取液。

（二）净化与浓缩

取 5.00g 无水硫酸钠放入上述正己烷萃取液中，振摇，脱去有机相残留水分，将上层正己烷转移至另一清洁试管中，在 45℃下用氮气吹至小于 1.0mL，然后用丙酮定容至 1.0mL，供 GC-MS 分析。

五、试样分析

（一）色谱条件

① 色谱柱：DB-5MS 毛细管柱（30m×0.25mm×0.25μm）。

② 柱流速：1.0mL/min。

③ 进样口温度：260℃。

④ 进样模式：不分流进样。

⑤ 载气：氦气（纯度≥99.999%）。

⑥ 进样量：1μL。

⑦ 柱温：初温 60℃，保持 1min，以 20℃/min 升至 220℃，再以 5℃/min 升至 290℃保持 2min，290℃后运行 2min。

（二）质谱条件

① 电离方式：EI 源。

② 离子源温度：230℃。

③ 四极杆温度：150℃。

④ 接口温度：280℃。

⑤ 溶剂延迟：6min。

18 种 PAEs 保留时间、定性和定量离子如表 8-46。

表 8-46　18 种 PAEs 保留时间、定性和定量离子

化合物名称	缩写	保留时间/min	定性离子(m/z)	定量离子(m/z)
邻苯二甲酸二甲酯	DMP	7.98	135,194	163
邻苯二甲酸二乙酯	DEP	8.85	177,121	149
邻苯二甲酸二异丁酯	DIBP	10.72	223,205	149
邻苯二甲酸二丁酯	DBP	11.54	223,205	149
邻苯二甲酸二(2-甲氧基)乙酯	DMEP	11.87	149,104	59
邻苯二甲酸二(4-甲基-2-戊基)酯	BMPP	12.62	251,167	149
邻苯二甲酸二(2-乙氧基)乙酯	DEEP	13.07	104,193	149
邻苯二甲酸二戊酯	DPP	13.47	237,219	149
邻苯二甲酸二己酯	DHXP	15.77	251,233	149
邻苯二甲酸丁基苄基酯	BBP	15.92	238,206	149
邻苯二甲酸己酯 2-乙基己基酯	HEP	17.04	167,251	149
邻苯二甲酸二(2-丁氧基)乙酯	DBEP	17.42	193,176	149
邻苯二甲酸二环己酯	DCHP	18.12	167,249	149
邻苯二甲酸二(2-乙基)己酯	DEHP	18.29	167,279	149
邻苯二甲酸二正辛酯	DNOP	20.93	279,167	149
邻苯二甲酸二异壬酯	DINP	21.38	293,167	293
邻苯二甲酸二异癸酯	DIDP	21.76	307,167	307
邻苯二甲酸二壬酯	DNP	23.70	293,167	149
邻苯二甲酸二(2-乙基)己酯-d_4	DEHP-d_4	18.25	171	153

（三）标准曲线

准确吸取一定量的标准使用液，加入内标物 0.1mL，用丙酮定容至 1mL，使标准系列 16 种 PAEs 浓度为 0.01mg/L、0.05mg/L、0.1mg/L、0.5mg/L、

1.0mg/L；DINP、DIDP浓度为：0.02mg/L、0.1mg/L、0.2mg/L、1.0mg/L、2.0mg/L以分析物的峰面积/内标物峰面积为纵坐标和标准溶液浓度/内标物浓度为横坐标，绘制标准曲线，计算PAEs的含量。

（四）样品定性

① 未知组分与已知标准的保留时间相同（±0.05min）。

② 在相同的保留时间下提取到与已知标准相同的特征离子。

③ 与已知标准的特征离子相对丰度的允许偏差不超出表8-47规定的范围。

表8-47 定性时相对离子丰度的最大允许误差

相对离子丰度/%	≤10	>10～20	>20～50	>50
允许相对偏差/%	±50	±30	±25	±20

满足以上条件即可进行确证。

（五）样品定量

内标法定量。

六、质量控制

（一）空白实验

根据样品处理步骤，做试剂空白及水基质空白实验，每进10个样品需进一次试剂空白样品。

（二）加标回收

按10%的比例对所测组分进行加标回收试验，样品量<10件的最少做1个加标回收。加标方法如下：向基质空白中加入3个不等量的混合标准溶液（$n=6$），结果减基质空白后计算加标回收率和RSD，见表8-48。

表8-48 各种PAEs的回收率和精密度（$n=6$）

化合物名称	添加量/(μg/L)	回收率范围/%	平均回收率/%	RSD/%
DMP	0.50	80.2～95.5	88.5	5.4
	2.5	85.4～98.1	90.6	4.9
	5.0	88.2～99.3	93.5	3.6
DEP	0.50	83.3～93.1	88.1	3.6
	2.5	85.2～94.4	89.2	3.5
	5.0	90.2～96.6	93.0	3.1
DIBP	0.50	85.2～104.7	86.7	6.9
	2.5	92.2～106.2	93.3	5.6
	5.0	93.2～105.1	97.8	5.4
DBP	0.50	83.0～100.2	89.2	5.8
	2.5	88.2～103.7	95.7	5.0
	5.0	90.1～99.2	94.5	4.5

续表

化合物名称	添加量/(μg/L)	回收率范围/%	平均回收率/%	RSD/%
DMEP	2.5	80.6～110.2	94.7	9.1
	12.5	80.2～108.0	96.0	8.1
	25.0	84.6～105.2	95.4	7.5
BMPP	0.50	80.3～102.7	90.7	6.9
	2.5	83.2～100.8	93.3	6.1
	5.0	86.9～98.2	95.1	5.1
BEEP	1.0	80.5～100.2	92.3	7.0
	5.0	86.2～100.0	93.3	5.6
	10.0	88.8～96.8	94.5	4.5
DPP	0.50	85.2～109.6	87.2	6.7
	2.5	87.1～105.2	92.7	6.5
	5.0	92.8～102.2	95.7	4.2
DHXP	0.50	80.2～109.5	89.3	8.5
	2.5	82.4～108.2	95.7	6.9
	5.0	88.5～102.8	96.4	4.2
BBP	0.50	80.2～101.9	88.3	5.2
	2.5	85.2～98.1	92.0	4.5
	5.0	89.5～100.2	95.5	4.0
HEP	0.50	80.2～108.4	89.2	7.1
	2.5	84.0～105.6	90.7	5.7
	5.0	88.9～103.2	94.6	5.5
DBEP	1.0	80.2～109.6	101.2	8.0
	5.0	85.2～105.0	92.5	5.8
	10.0	88.8～103.2	95.7	4.8
DCHP	0.50	86.4～103.0	94.6	5.4
	2.5	90.2～104.8	98.2	4.8
	5.0	92.4～101.2	96.5	3.5
DEHP	0.50	86.4～108.0	95.7	5.2
	2.5	88.2～105.4	94.6	2.7
	5.0	90.5～103.8	95.6	3.8
DNOP	0.50	86.8～104.6	88.0	5.4
	2.5	88.2～100.0	96.7	4.1
	5.0	90.5～98.9	95.8	3.2
DINP	2.5	80.4～113.0	97.6	9.4
	12.5	80.2～108.8	98.2	8.8
	25.0	82.4～106.2	96.7	7.9
DIDP	2.5	81.4～108.3	90.7	9.2
	12.5	80.2～105.4	92.6	8.7
	25.0	83.7～107.0	95.8	7.8
DNP	0.50	85.8～99.6	88.0	4.4
	2.5	87.2～102.0	96.7	4.1
	5.0	89.7～98.8	94.5	3.8

（三）平行样测定

每个样品应进行平行双样测定，平行测定时的相对偏差应满足实验室内变异系数要求。

七、结果计算

样品中 PAEs 含量按下式计算：

$$X=\frac{(c-c_0)\times v\times 1000}{V\times 1000}$$

式中　X——样品中 PAEs 含量，mg/L；

V——取样量，mL；

c——各种邻苯二甲酸酯类化合物含量，μg/mL；

c_0——试剂空白中对应邻苯二甲酸酯类化合物含量，μg/mL；

v——定容体积，mL；

1000——换算系数。

结果保留小数点后两位。

八、技术参数

方法定性限和定量限：以 3 倍信噪比计算各组分的定性限，以 10 倍信噪比计算各组分的定量限，方法的定性限和定量限见表 8-49。

表 8-49　方法定性限和定量限　　单位：μg/L

化合物	LOD	LOQ	化合物	LOD	LOQ	化合物	LOD	LOQ
DMP	0.10	0.33	DEEP	0.20	0.66	DCHP	0.050	0.17
DEP	0.10	0.33	DPP	0.050	0.17	DEHP	0.10	0.33
DIBP	0.10	0.33	DHXP	0.050	0.17	DOP	0.10	0.33
DBP	0.050	0.17	BBP	0.050	0.17	DINP	0.50	1.7
DMEP	0.50	1.7	HEP	0.050	0.17	DIDP	0.50	1.7
BMPP	0.050	0.17	DBEP	0.20	0.66	DNP	0.10	0.33

九、注意事项

① 使用前无水硫酸钠要经过灼烧（400℃烘 2h），放置干燥器内冷却备用。

② 邻苯二甲酸酯类化合物的存在非常广泛，容易污染溶剂、器皿；进行检测时要进行试剂空白试验，并在计算结果时扣除。主要污染物是 DMP、DEP、DIBP、DBP、DEHP。

③ 实验用的玻璃器皿在 300℃烘烤 3h 后冷却至室温使用。

④ 对于不能烘烤的玻璃器皿用有机溶剂淋洗除掉干扰物。

⑤ 实验中不能使用塑料制品。

⑥ 环境中存在着 PAEs，进行样品处理时尽量减少操作时间，以防止污染。

⑦ 不同品牌、不同级别的有机试剂中含有 PAEs 的量不同，将直接影响到检测结果。

十、资料性附录

谱图采自 Agilent7890A 气相色谱-5975C 质谱仪。相关数据如图 8-20、图 8-21。

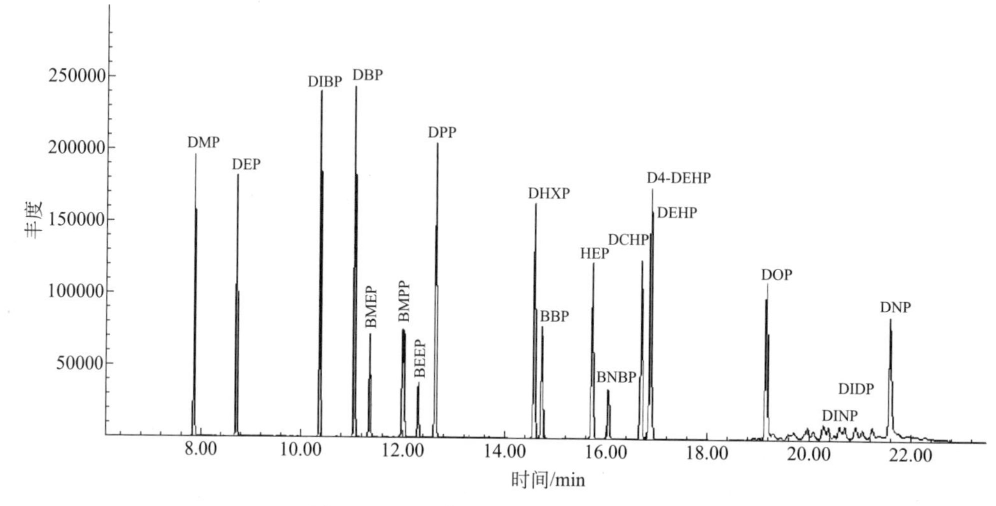

图 8-20　18 种 PAEs 标准总离子流图

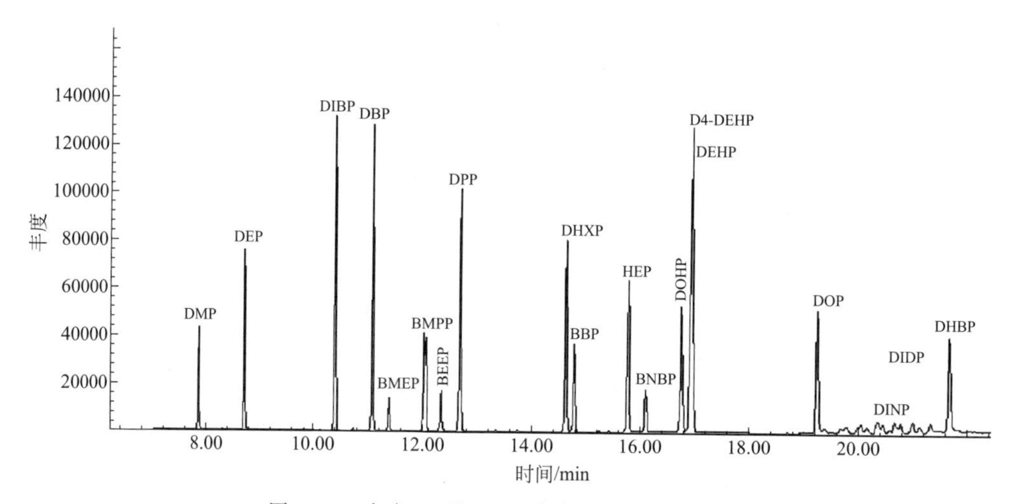

图 8-21　水中 18 种 PAEs 加标回收总离子流图

第十二节　食用植物油、方便面、面包、饼干、奶粉中氯丙醇酯的测定

一、适用范围

本规程适用于食用植物油、面包、饼干、奶粉、方便面中氯丙醇酯（简称氯

丙酯）的气相色谱质谱（GC-MS）法测定。

氯丙酯是脂肪酸与氯丙醇相结合的一类物质，本规程中仅规定了其中单氯取代氯丙醇脂肪酸酯，即 3-氯-1，2-丙二醇及 2-氯-1，3-丙二醇脂肪酸酯两类物质的检测方法。

二、方法提要

将食用植物油以及奶粉、饼干、面包、方便面提取出的脂肪部分经碱水解发生酯交换反应，水解液经中和、脱脂、基质分散固相萃取（MSPD）净化、洗脱、浓缩、衍生后供气相色谱-质谱分析，采用同位素内标法定量。

三、仪器设备和试剂

（一）仪器和设备

① 单四极杆气相色谱质谱联用仪，岛津 GCMS-2010QP Ultra，配 EI 源。

② 电子天平：感量 0.01mg 和 0.001g。

③ 旋涡混合器。

④ 旋转蒸发仪或氮吹仪。

⑤ 超声清洗器。

⑥ 马弗炉。

⑦ 气密针。

（二）试剂和耗材

以下试剂未特别说明的，均指分析纯。实验用水为符合 GB/T 6882 规定的二级水。

① 冰乙酸、硫酸钠、石油醚、无水乙醇、氨水。

② 甲基叔丁醚、乙酸乙酯、甲醇、正己烷：色谱纯。

③ 无水乙醚：重蒸或使用进口色谱级乙醚。

④ 七氟丁酰基咪唑（HFBI）：含量不低于 97.5%。

⑤ 无水硫酸钠：450℃烘烤 2h 后使用，也可购买商品化脱水剂。

⑥ 0.5mol/L 甲醇钠溶液：称取甲醇钠 2.70g，加入 50mL 甲醇，溶解后用塑料瓶存放冷藏备用。

⑦ 混合液 A：量取甲基叔丁基醚 80mL 和乙酸乙酯 20mL 充分混匀，用玻璃瓶存放冷藏备用。

⑧ 饱和硫酸钠溶液：称量硫酸钠 40.8g 溶于 100mL 水配制成溶液，充分搅拌后得到饱和溶液。

⑨ 中和液：移取 2.0mL 冰乙酸，加入 25mL 饱和硫酸钠溶液混匀。

⑩ 专用硅藻土填料：3000mg/袋（福州勤鹏生物科技有限公司）。

⑪ 硅藻土基质固相分散萃取柱：2000mg/45mL（福州勤鹏生物科技有限公司）。

（三）标准品及标准物质

① 3-氯-1,2-丙二醇棕榈酸二酯标准品（3-MCPD 酯）：CAS RN 为 51930-97-3，纯度为 98%（福州勤鹏生物科技有限公司）。

② 2-氯-1,3-丙二醇硬脂酸二酯标准品（2-MCPD 酯）：CAS RN 为 26787-56-4，纯度为 98%（福州勤鹏生物科技有限公司）。

③ 氘代同位素内标：氘代 3-氯-1,2-丙二醇棕榈酸二酯（3-MCPD 酯-d_5），氘代 2-氯-1,3-丙二醇硬脂酸二酯（2-MCPD 酯-d_5），各 50μg/mL（福州勤鹏生物科技有限公司）。

④ 氯丙酯及其同位素内标储备液（100μg/mL）：分别准确称取适量（精确到 0.01mg）3-MCPD、2-MCPD、3-MCPD-d_5 与 2-MCPD-d_5 标准品于 10mL 容量瓶中，用乙酸乙酯溶解、定容，充分混匀后得到浓度为 100μg/mL 的单一标准储备液（均以其游离态 3-MCPD、2-MCPD、3-MCPD-d_5、2-MCPD-d_5 计，以下同）。于－20℃冰箱中放置保存，一般可放置 6 个月。氯丙酯折算为游离态氯丙醇时除以如表 8-50 所示的换算系数。

表 8-50　氯丙酯和氯丙醇之间的换算系数

氯丙酯及其同位素	RMM	换算系数
3-MCPD(棕榈酸二酯)	587.36	5.314
3-MCPD-d_5(氘代棕榈酸二酯)	592.39	5.126
2-MCPD(硬脂酸二酯)	643.46	5.821
3-MCPD-d_5(氘代硬脂酸二酯)	648.49	5.611

注：3-MCPD/2-MCPD、3-MCPD-d_5/2-MCPD-d_5 的 RMM 为 110.54、115.57。

⑤ 氯丙酯混合标准中间液（20.0μg/mL）：分别准确移取氯丙酯标准储备液 5.00mL 于 25mL 容量瓶中，加入正己烷稀释，定容至 25mL，充分摇匀，配制成浓度为 20.0μg/mL 的 3-MCPD 和 2-MCPD 混合标准中间液，封紧后于－20℃冰箱中保存。

⑥ 氯丙酯混合标准工作液（2.00μg/mL）：分别准确移取 1.00mL 上述氯丙酯混合标准中间液于 10mL 容量瓶中，加入正己烷稀释，定容至 10mL，充分摇匀配制成浓度为 2.00μg/mL 的氯丙酯混合标准工作液，于 4℃冰箱中放置保存，此条件下存放期为 2 周。

⑦ 混合内标工作液：分别移取适量氘代氯丙酯标准液于 10mL 容量瓶中，加入正己烷稀释定至 10mL，充分摇匀配制成浓度为 2.00μg/mL 的氘代氯丙酯混合内标工作液，于 4℃冰箱中放置保存，此条件下存放期为 2 周。

四、样品的处理

（一）试样的制备与保存

1. 面包、饼干、方便面样品

样品打碎后，称取适量样品（精确至 0.01g）于 250mL 三角瓶中，加入适量石油醚，盖好磨口塞，振荡 30min，浸泡过夜，反复提取 3 次。定量滤纸过滤后将提取液合并至预先称重的称量瓶中，在 70℃以下水浴加热至干，擦净外壁水分后，称重。前后两次的差值即为脂肪的质量。将提取的脂肪置于 4℃冰箱中冷藏。

2. 奶粉

称取适量样品（精确至 0.01g）于 100mL 具塞玻璃试管中，加入 20mL65℃蒸馏水，涡旋至样品充分溶解，冷却至室温。向冷却后的样品溶液中加入 8mL 氨水，盖塞后涡旋混匀放入65℃水浴中加热25～40min。向试管中加入10mL无水乙醇，混合摇匀后加入25mL乙醚，后加入25mL石油醚，放气后轻轻充分振荡。静置30min，待其完全分层后，取上层溶液倒入预先称重的蒸发皿中；再加入15mL乙醚和15mL石油醚，重复提取2次，将上层液一并转移至蒸发皿中。将蒸发皿于65℃水浴去除溶剂，擦去蒸发皿外壁水分，冷却至室温后称重，前后两次差值即为脂肪的重量。将提取的脂肪置于4℃冰箱中冷藏。

（二）样品水解

称取0.1g上述脂肪样品（精确至0.1mg）于50mL塑料离心管中，加入0.5mL混合液A，再准确加入2.0μg/mL混合内标工作液100μL，超声5min，使得内标物分散于整个样品体系中。然后加入1.0mL甲醇钠溶液，涡旋后放置，严格控制水解时间为1.0min，结束后立即加入500μL中和液，充分涡旋。

（三）净化

将随基质分散固相萃取柱配备的专用硅藻土填料倒入上述中和后的水解液中，拧上离心管盖子，用手轻轻振摇，使溶液分散、吸附于硅藻土中。将此混合物全部倒入硅藻土基质固相分散萃取柱中，用30mL正己烷淋洗，弃去此淋洗液。待正己烷流尽后，在每根萃取柱底部放置装有15g脱水剂（或25g无水硫酸钠）的250mL三角瓶中，将80mL重蒸无水乙醚分4～5次倒入小柱中，调节洗脱流速不超过8.0mL/min。待洗脱结束后，反复多次振摇三角瓶，使洗脱液充分脱水。过滤收集洗脱液至旋蒸瓶或离心管中。

（四）浓缩

将过滤后的洗脱液在35℃下减压旋转蒸发或氮吹浓缩至约0.5mL，分次洗涤合并浓缩液至约为1.2mL，用滴管将其转入带磨口塞的5mL玻璃刻度试管中，待衍生用。

（五）衍生

提前取出冷冻保存的七氟丁酰基咪唑试剂，待化冻为溶液后供衍生用。用1.0mL气密针一次性吸入足量的衍生剂，向上述浓缩液中逐个快速加入HFBI试剂约80μL，立即盖上磨口玻璃塞并充分涡旋，于75℃的电热恒温箱中孵化30min。衍生结束后，取出冷却至室温，补加正己烷至体积为1mL。向试管中加入约2mL饱和硫酸钠溶液，充分涡旋至上层有机相完全澄清。将上层有机相用无水硫酸钠脱水或者直接转入约含无水硫酸钠0.2g的进样瓶中，用手振摇2～3次，供气相色谱-质谱进样分析。

五、试样分析

（一）仪器参考条件

① DB-5MS毛细管色谱柱：30m×0.25mm×0.25μm。

② 进样口温度：280℃。

③ 柱温：初温50℃，保持1min，以4℃/min升至90℃，再以40℃/min升至

280℃保持5min。

④ 载气：氦气，纯度≥99.999%，流速1mL/min。

⑤ 进样量：1μL。

⑥ 电离方式：EI源，70eV。

⑦ 离子源温度：230℃。

⑧ 进样方式：无分流进样。

⑨ 氯丙酯保留时间及监测离子见表8-51，标准选择离子图见图8-23～图8-26。

表8-51 氯丙醇及其内标衍生物的监测离子和定量离子

待测物质	保留时间/min	定量离子(m/z)	定性离子(m/z)
3-MCPD	11.137	289	289,253,453
2-MCPD	11.307	289	289,253
3-MCPD-d_5	11.026	294	257,294,278
2-MCPD-d_5	11.227	294	257,294

（二）标准曲线的制备及样品测定

于6支50mL离心管中，各称取约0.10g饱和氯化钠溶液，分别准确加入0、10μL、50μL、100μL、200μL、300μL混合标准工作液（浓度为2.0μg/mL），分别相当于20ng、100ng、200ng、400ng、600ng的氯丙醇，以样品为0.1g计算，相当于氯丙酯浓度分别为0、0.20mg/kg、1.00mg/kg、2.00mg/kg、4.00mg/kg、6.00mg/kg（均以氯丙醇计）。再准确加入混合内标工作液（2.0μg/mL）各100μL，按照“四”中水解至衍生描述的步骤进行处理后进样分析，内标法定量。

六、质量控制

① 加标回收：样品加标测定率应≥10%。样品数小于10个时，至少测1个。

② 质控样品：FAPAS参考样T2642QC，标准值范围为0.348～0.811mg/kg，中位值0.579mg/kg。

③ 空白实验：根据样品处理步骤，同时进行试剂空白及基质空白实验，每批次至少做1个。

④ 平行样品测定：每个样品都应进行平行双样测定，其平行测定的相对偏差应小于10%。

七、结果计算

计算氯丙酯（以游离态醇3-MCPD、2-MCPD计算）与对应内标物的峰面积比值，以各标准系列溶液中氯丙酯的质量（A）与峰面积比值（X）进行一次方线性回归，由回归方程计算氯丙醇酯的质量，按下式计算试样中氯丙醇酯的含量。

$$X=\frac{A\times f}{m\times 1000}$$

式中 X——试样（食用油）或试样提取脂肪（面包、饼干、方便面、奶粉）中氯丙酯含量（均以游离态氯丙醇计），mg/kg；

A——由标准曲线计算试样中氯丙酯的质量，ng；

m——试样（食用油）或提取脂肪（面包、饼干、方便面、奶粉）质量，g；

f——稀释倍数。

计算结果保留三位有效数字。

八、技术参数

（一）线性范围及标准曲线

本方法线性范围与标准曲线如表 8-52 所示。

表 8-52 线性范围与标准曲线

待测物质	线性范围/ng	标准曲线方程	γ 值
3-MCPD 酯	0～600	$y=0.004341x+0.000768$	0.9994
2-MCPD 酯	0～600	$y=0.003725x+0.012426$	0.9995

（二）质控样品测定

对 FAPAS 质控样品 T2642QC 样品进行 6 次平行实验，计算 3-MCPD 酯含量，其结果见表 8-53。

表 8-53 T2642QC 质控样品测定结果（$n=6$）

待测物质	测定含量/(mg/kg)	测定平均值/(mg/kg)	RSD/%	证书含量范围/(mg/kg)
3-MCPD 酯	0.560～0.650	0.604	5.6	0.348～0.811

（三）加标回收率

对样品进行三水平加标，分别进行 6 次平行实验，计算待测物质含量的 RSD 及回收率，其结果见表 8-54。

表 8-54 氯丙醇酯加标回收率结果（$n=6$）

样品种类	待测物质	本底平均值/(mg/kg)	添加浓度/(mg/kg)	回收率范围/%	平均回收率/%	RSD/%
食用油	3-MCPD 酯	<0.03	0.20	109.8～142.2	122.2	9.2
			0.40	100.3～115.5	106.3	4.8
			0.60	91.7～114.6	100.7	8.4
	2-MCPD 酯	<0.03	0.20	112.1～134.8	120.5	6.8
			0.40	98.7～112.7	104.6	4.5
			0.60	87.0～101.4	94.2	5.9
奶粉	3-MCPD 酯	<0.03	0.20	90.0～113.1	102.8	9.2
			0.40	82.2～100.1	90.3	9.2
			1.00	87.7～91.7	89.1	2.3
	2-MCPD 酯	<0.03	0.20	70.0～103.1	90.9	8.4
			0.40	81.5～104.4	89.7	9.9
			1.00	84.7～89.3	87.5	2.8

续表

样品种类	待测物质	本底平均值/(mg/kg)	添加浓度/(mg/kg)	回收率范围/%	平均回收率/%	RSD/%
方便面	3-MCPD 酯	1.27	0.20	74.6～105.7	86.8	2.0
			0.40	82.9～99.4	90.0	1.9
			1.00	87.2～93.3	90.4	0.8
	2-MCPD 酯	1.09	0.20	73.4～99.2	84.1	3.2
			0.40	97.4～115.2	106.1	2.1
			1.00	85.2～92.3	89.0	2.1
面包	3-MCPD 酯	3.90	0.20	63.4～83.6	72.4	2.8
			0.40	83.2～98.4	90.5	2.1
			1.00	81.7～89.9	84.5	0.6
	2-MCPD 酯	2.10	0.20	60.1～73.0	65.6	2.4
			0.40	71.1～103.2	86.0	2.4
			1.00	79.2～90.5	83.3	2.4
饼干	3-MCPD 酯	2.67	0.40	64.9～107.1	81.4	1.3
			0.80	68.9～110.1	83.9	2.5
			1.00	72.0～97.1	84.0	2.0
	2-MCPD 酯	1.38	0.40	68.7～103.2	91.0	3.9
			0.80	66.4～100.0	79.7	1.5
			1.00	76.2～97.2	84.4	2.1

（四）方法定性限及定量限

以仪器中 SIM 模式下，定量离子通道中性噪比（S/N）为 3 时设定样品溶液中各待测组分的浓度为定性限，以定量离子通道中性噪比（S/N）为 10 时设定样品溶液中各待测组分的浓度为定量限如表 8-55 所示（以取样量 0.1g 计算）。

表 8-55　食用油中氯丙醇酯方法定性限及方法定量限　单位：μg/kg

待测物质	方法定性限	方法定量限
3-MCPD 酯	24	80
2-MCPD 酯	24	80

九、注意事项

① 本实验中使用上海国药生产，标明甲醇钠含量是 50%。如采用其他含量的甲醇钠试剂，可以在实验前用 pH 试纸进行预实验，测定水解中和后产物 pH=6.0～7.0 则可以正常使用。

② 用无水乙醚前需要先确定是否含有本底值，检验方法是取 100mL 无水乙醚浓缩至 1mL，衍生后进样，如没有本底值，不影响衍生效果无水乙醚就可以不蒸馏。可以用乙酸乙酯代替洗脱氯丙醇。

③ 本实验中使用的脱水剂可以用无水硫酸钠代替。实验中所用无水硫酸钠，

在实验前应在高温炉中以450℃以上烤2h以上，烘烤后放置于干燥器中，尽量不要长期暴露于高湿度环境中。在实验中如发现完全不出现结块现象或者提取液出现明显浑浊，则考虑为无水硫酸钠已吸水，脱水效率受影响，应当重新高温烘烤后再使用。

④ 衍生时，应适当观察样品量，如发现试剂量过少（如<0.5mL），应考虑补加试剂，如果溶液挥发变干，会造成衍生失败。

⑤ 氯丙酯测定值若超过线性范围最高点，应重新取样，以混合液A稀释后吸取0.5mL稀释液，并加入内标。不可直接稀释。

⑥ 本实验是将氯丙酯水解为游离氯丙醇后测定，测定结果为样品脂肪中氯丙酯及游离氯丙醇的总量，以游离态氯丙醇计。

⑦ 本实验中计算结果为样品中单位质量脂肪的氯丙醇酯含量，面包、饼干、方便面奶粉计算结果时应同时提供样品中脂肪含量。

⑧ 在实际样品测试前需要对测定中使用的色谱柱进行验收，并对仪器条件进行相应优化，使2-MCPD衍生物和3-MCPD衍生物达到完全分离，否则影响两种物质的定量结果。氯丙醇衍生物与其内标衍生物没有达到完全分离不影响测定。

十、资料性附录

相应数据如图8-22～图8-26。

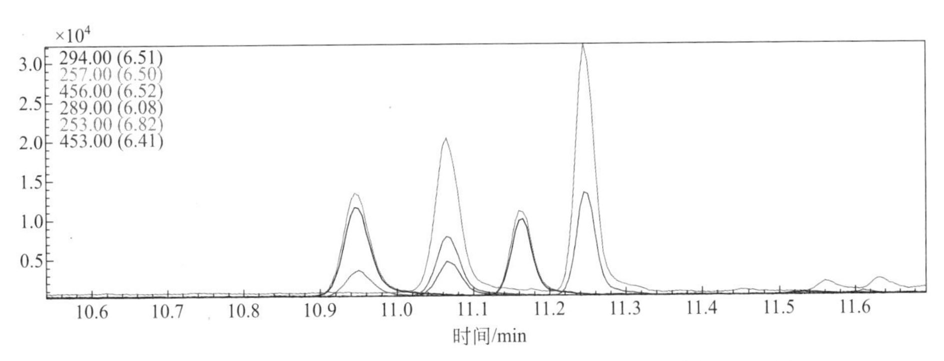

图8-22　3-MCPD酯、2-MCPD酯标准（100ng）及内标SIM图

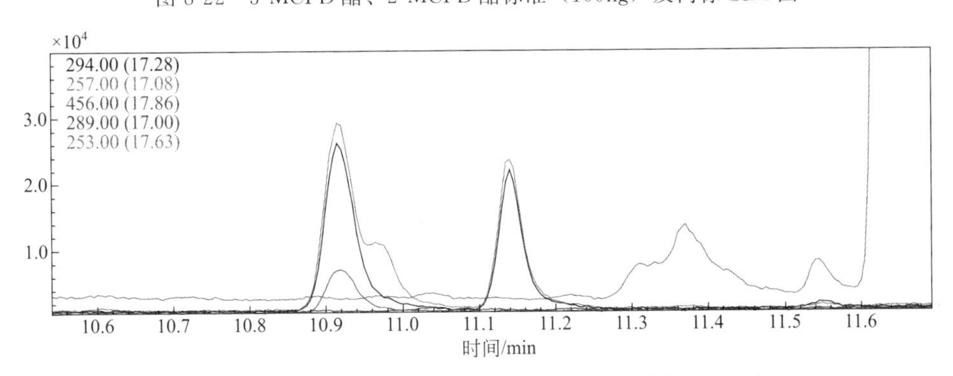

图8-23　奶粉中3-MCPD酯、2-MCPD酯及内标SIM图

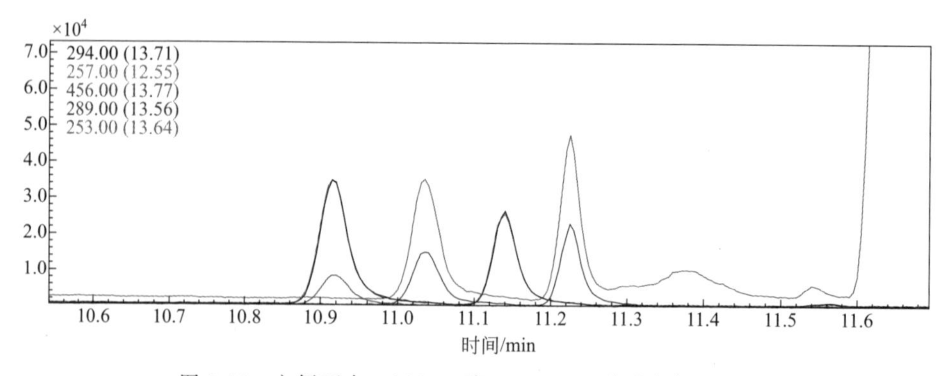

图 8-24　方便面中 3-MCPD 酯、2-MCPD 酯及内标 SIM 图

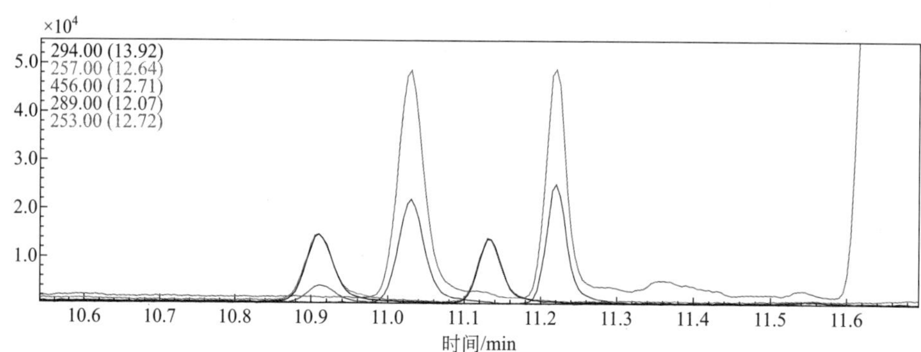

图 8-25　面包中 3-MCPD 酯、2-MCPD 酯及内标 SIM 图

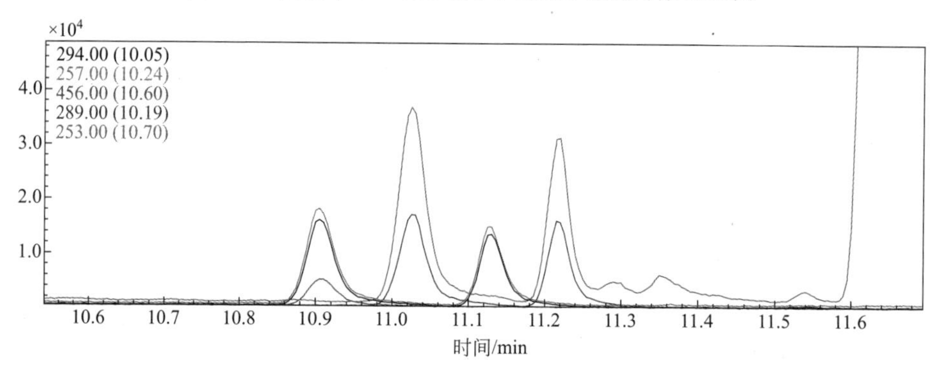

图 8-26　饼干中 3-MCPD 酯、2-MCPD 酯及内标 SIM 图

第十三节　食用植物油中氯丙醇酯及缩水甘油酯的测定

一、适用范围

本标准操作规程规定了食用植物油中 3-氯-1,2-丙二醇脂肪酸酯（3-MCPD 酯）

及 2-氯-1,3-丙二醇脂肪酸酯（2-MCPD 酯）和食用植物油中缩水甘油脂肪酸酯（简称缩水甘油酯，Gly 酯）含量的测定。

二、方法提要

测定 3-MCPD 酯和 2-MCPD 酯：将食用植物油经碱水解发生酯交换反应，水解液经中和、脱脂、基质分散固相萃取（MSPD）净化、洗脱、浓缩、衍生后供气相色谱-质谱分析，采用同位素内标法定量。

测定 Gly 酯：利用 Gly 酯水解后，在氯离子存在和酸性条件下，易转换成氯丙醇的特性来测定。取 2 份样品，脂肪水解后，在 A 管加入含氯离子的酸性中和液；B 管加入不含氯离子的酸性中和液且该溶液酸性更弱，再按照测定氯丙酯的方法测定，得到 2 份样品测定结果。其中 A 管测定的是 Gly 酯＋3-MCPD 酯；B 管测定的是样品中原有的 3-MCPD 酯。

三、仪器设备和试剂

（一）仪器和设备

① 单四极杆气相色谱质谱联用仪（GC-MS），岛津 GCMS-2010QP Ultra，配 EI 源。

② 电子天平：感量 0.01mg 和 0.001g。

③ 旋涡混合器。

④ 旋转蒸发仪或氮吹仪。

⑤ 超声清洗器。

⑥ 马弗炉。

⑦ 气密针。

（二）试剂和耗材

以下试剂未特别说明的，均指分析纯。实验用水为符合 GB/T 6882 规定的二级水。

① 硫酸（95%）。

② 氯化钠、氢氧化钠、溴化钠、磷酸二氢钠。

③ 乙酸乙酯、二氯甲烷、甲醇、正己烷：色谱纯。

④ 七氟丁酰基咪唑（HFBI）：含量不低于 97.5%。

⑤ 无水硫酸钠：450℃烘烤 2h 以上后使用。

⑥ 氢氧化钠甲醇溶液（1mol/L）：称取 2g 氢氧化钠，加入 50mL 甲醇，混匀使充分溶解。用塑料瓶冷藏存放。

⑦ 溴化钠溶液（10%）：称取溴化钠 10g，用水 100mL 溶解，混匀。

⑧ 氯化钠溶液（20%）：称取氯化钠 20g，用水 100mL 溶解，混匀。

⑨ 中和液 A（硫酸-氯化钠溶液）：移取 2.0mL 硫酸，加入 25mL20%氯化钠溶液混匀，供 A 管测 3-MCPD 酯和缩水甘油酯（3-MCPD 酯计）总量用。

⑩ 中和液 B（1.5mol/L 磷酸二氢钠溶液）：称取磷酸二氢钠 9g，用水 50mL 溶解，混匀使充分溶解。供 B 管测定 3-MCPD 酯用。

⑪ 硅藻土基质固相分散萃取柱：Chem Elut 5mL（安捷伦）。

⑫ 乙酸乙酯-二氯甲烷（30＋70）混合溶剂：量取 30mL 乙酸乙酯，加入 70mL 二氯甲烷，混匀。

（三）标准品及标准物质

① 3-氯-1,2-丙二醇棕榈酸二酯标准品（3-MCPD 酯）：纯度 98%；CAS RN：51930-97-3（TRC 公司）。

② 2-氯-1,3-丙二醇硬脂酸二酯标准品（2-MCPD 酯）：纯度 98%；CAS RN：26787-56-4（TRC 公司）。

③ 缩水甘油棕榈酸酯（Gly 酯）：纯度 98%；CAS RN：7501-44-2（TRC 公司）。

④ 氘代同位素内标：氘代 3-氯-1,2-丙二醇棕榈酸二酯（3-MCPD-d_5 酯）：纯度 98%；CAS RN：1185057-55-9；氘代 2-氯-1,3-丙二醇硬脂酸二酯（2-MCPD-d_5 酯）：纯度 98%；CAS RN：1329796-49-7（TRC 公司）。

⑤ 氯丙醇酯、氘代同位素内标及缩水甘油酯储备液（100μg/mL）：分别准确称取适量（精确到 0.01mg）3-MCPD 酯、2-MCPD 酯、Gly 酯、氘代同位素内标标准品于 10mL 容量瓶中，用乙酸乙酯溶解、定容，充分混匀后得到浓度为 100μg/mL 的单一标准储备液（均以其游离态 3-MCPD、2-MCPD、Gly 计，下同）。于－20℃冰箱中放置保存，一般可放置 6 个月。氯丙酯折算为游离态氯丙醇时除以如表 8-56 中系数进行换算。

⑥ 氯丙酯、内标混合标准中间液（20.0μg/mL）：分别准确移取氯丙酯标准储备液、内标储备液，用正己烷稀释成浓度为 20.0μg/mL 的 3-MCPD 和 2-MCPD 混合标准中间液，封紧后于－20℃ 冰箱中保存。

表 8-56　氯丙酯和氯丙醇之间的换算系数

氯丙酯及其同位素	RMM	换算系数
3-MCPD(棕榈酸二酯)	587.36	5.314
3-MCPD-d_5(氘代棕榈酸二酯)	592.39	5.126
2-MCPD(硬脂酸二酯)	643.46	5.821
2-MCPD-d_5(氘代硬脂酸二酯)	648.49	5.611
Gly(棕榈酸酯)	312.49	4.218

注：3-MCPD/2-MCPD、3-MCPD-d_5/ 2-MCPD-d_5 的 RMM 为 110.54、115.57。

⑦ Gly 标准中间液（20.0μg/mL）：取 Gly 储备液用正己烷稀释成浓度为 20.0μg/mL 的 Gly 标准中间液，封紧后于－20℃冰箱中保存。

⑧ 氯丙酯混合标准工作液（2.00μg/mL）：准确移取上述氯丙酯混合标准中间液，用正己烷稀释成浓度为 2.00μg/mL 的氯丙酯混合标准工作液，于 4℃冰箱中放置保存，此条件下的存放期为 2 周。

⑨ 缩水甘油酯标准工作液（2.00μg/mL）：准确移取 1.00mL 上述 Gly 标准中间液于 10mL 容量瓶中，加入正己烷稀释，定容至 10mL，充分摇匀配制成浓度为 2.00μg/mL 的缩水甘油酯标准工作液，于 4℃冰箱中放置保存，此条件下的存放期为 2 周。

⑩ 混合内标工作液：分别移取适量氘代氯丙酯标准中间液于 10mL 容量瓶中，加入正己烷稀释定至 10mL，充分摇匀配制成浓度为 2.00μg/mL 的氘代氯丙酯混合内标工作液，于 4℃冰箱中放置保存，此条件下的存放期为 2 周。

四、样品的处理

（一）试样的制备与保存

植物油样品混匀，阴凉通风处存放。

（二）样品水解

准确称取 2 份 0.1g 样品（精确至 0.001g）于 10mL 试管的底部，分别记为 A 管和 B 管，每管均加入氘代氯丙醇混合标准工作液 100μL、正己烷 0.5mL，混匀，加入 0.3mL 氢氧化钠-甲醇溶液（1mol/L），涡旋振荡 3min。严格控制水解时间为 3min，结束后立即加入酸溶液以中和过量的碱，具体如下。

A 管：皂化后立即加入 360μL 中和液 A（硫酸-氯化钠溶液），涡旋 30s，静置 10min。之后再加入 0.7mL 水和 1mL 正己烷，涡旋振荡 10s，3000r/min 离心 2min，弃去上层正己烷相，再用 1mL 正己烷萃取一次，弃去上层正己烷相，下层的水相溶液待净化。

B 管：皂化后立即加入中和液 B（1.5mol/L 磷酸二氢钠溶液）0.8mL，混匀以终止反应。之后再加入 0.2mL 10%溴化钠溶液和 1mL 正己烷，涡旋振荡 10s，3000r/min 离心 2min，弃去上层正己烷相，再用 1mL 正己烷萃取一次，弃去上层正己烷相，下层的水相溶液待净化。

A 管和 B 管均分别按以下净化、浓缩、衍生操作步骤进行处理。

（三）净化

分别将 A 管和 B 管水相溶液用滴管加到两根硅藻土小柱中(可以适当加压，使水相完全渗透到填料中)，平衡 15min 后，用约 20mL(5mL×4 次）乙酸乙酯/二氯甲烷（30+70）淋洗，收集前面的洗脱液约 12mL(之后如果还有，可以不要)。

（四）浓缩

将净化后所得的 12mL 洗脱液于 35℃氮吹浓缩至约 0.1～0.2mL（不可以吹干)，加正己烷 1mL 复溶，涡旋混匀。

（五）衍生

提前 1h 取出冷冻保存的七氟丁酰基咪唑试剂，待化冻为溶液后供衍生用。于上述浓缩液中，加入七氟丁酰基咪唑 80μL，立即密塞。涡旋混合后，于 70℃烘箱中孵化 20min。取出放至室温，补充正己烷至 1mL。加 20%氯化钠溶液 2mL，充分涡旋后静置至上层有机相澄清透明，取出上层有机相，用无水硫酸钠脱水或者直接转入约含 0.2g 无水硫酸钠的进样瓶中，用手振摇 2～3 次，即可供气相色谱-质谱进样分析。

五、试样分析

（一）仪器参考条件

① DB-5MS 毛细管色谱柱：30m×0.25mm×0.25μm。

② 进样口温度：280℃。

③ 柱温：初温 50℃，保持 1min，以 4℃/min 升至 90℃，再以 40℃/min 升至 280℃保持 5min。

④ 载气：氦气，纯度≥99.999%，流速 1mL/min。

⑤ 进样量：1μL。

⑥ 电离方式：EI 源，70eV。

⑦ 离子源温度：230℃。

⑧ 进样方式：无分流进样。

⑨ 氯丙酯保留时间及监测离子见表 8-57。

表 8-57　氯丙酯及其内标衍生物的监测离子和定量离子

待测物质	保留时间/min	定量离子(m/z)	定性离子(m/z)
3-MCPD	11.137	289	289,253,453
2-MCPD	11.307	289	289,253
3-MCPD-d_5	11.026	294	257,294,278
2-MCPD-d_5	11.227	294	257,294

（二）标准曲线的制备及样品测定

于 8 支 15mL 离心管中，分别准确加入 0、10μL、25μL、50μL、100μL、250μL、400μL、500μL 混合标准工作液（浓度为 2.0μg/mL），分别相当于 0、20ng、50ng、100ng、200ng、500ng、800ng、1000ng 的氯丙酯，再准确加入混合内标工作液 100μL，其余操作按照“四（二）～四（五）”描述的步骤进行处理。衍生后，由浓度从低到高的顺序进样，内标法定量。

六、质量控制

① 加标回收：样品加标测定率应≥10%。样品数小于 10 个时，至少测 1 个。

② 质控样品：FAPAS 参考样 T2649QC，标准值范围：3-MCPD 酯 1.13～2.09mg/kg，中位值 1.61mg/kg。2-MCPD 酯 0.470～0.947mg/kg，中位值 0.709mg/kg。Gly 酯 0.200～0.444mg/kg，中位值 0.322mg/kg。

③ 空白实验：根据样品处理步骤，同时进行试剂空白及基质空白实验，每批次至少做 1 个。

④ 平行样品测定：每个样品都应进行平行双样测定，其平行测定的相对偏差应小于 10%。

七、结果计算

（一）氯丙醇酯计算

计算氯丙酯（以游离态醇 3-MCPD、2-MCPD 计算）与对应内标物的峰面积比值，以各标准系列溶液中氯丙酯的质量（A）与峰面积比值（X）进行一次方线性回归，由回归方程计算氯丙酯的质量，按下式计算试样中氯丙酯的含量。

$$X=\frac{A\times f}{m\times 1000}$$

式中　X——试样脂肪中氯丙酯含量（均以游离态氯丙醇计），mg/kg；

A——由标准曲线计算试样中氯丙酯的质量，ng；

m——脂肪试样质量，g；

f——稀释倍数；

1000——换算系数。

计算结果保留三位有效数字。

注：样品测定结果超出线性范围最高点浓度值，应将该脂肪样品稀释后，重新称样制备处理再进行测定。

（二）缩水甘油酯计算公式

根据《2017年国家食品污染和有害因素风险监测工作手册》，以饱和硫酸钠、茶油、橄榄油、花生油、芝麻油、菜籽油、奶粉脂肪为基质时，由3-MCPD酯含量折算为Gly酯时，其折算系数在0.770～0.969之间，均值为0.856，相对标准偏差为7.45%，即获得3-MCPD酯的差值（A－B）再乘以系数0.856，即得试样中Gly酯的含量（W_{Gly}，μg/kg）。

通过3-MCPD酯标准工作曲线计算A管和B管中3-MCPD酯的质量，按下式计算Gly酯的质量（W_{Gly}）：

$$W_{Gly}=0.856\times[W_{3-MCPD(A)}-W_{3-MCPD(B)}]$$

式中　W_{Gly}——试样中Gly酯的质量，ng；

$W_{3\text{-}MCPD(A)}$——由3-MCPD酯标准工作曲线计算A管中3-MCPD酯的质量，ng；

$W_{3\text{-}MCPD(B)}$——由3-MCPD酯标准工作曲线计算B管中3-MCPD酯的质量，ng。

按下式计算试样中Gly酯的含量。

$$X_{Gly}=\frac{W_{Gly}\times f}{m}$$

式中　X_{Gly}——试样中Gly酯含量（以游离态缩水甘油计），μg/kg；

W_{Gly}——试样中Gly酯的质量，ng；

m——食用油或者脂肪的取样量，g；

f——试样的稀释倍数（未稀释时f为1）。

八、技术参数

（一）线性范围及标准曲线

本方法线性范围与标准曲线如表8-58所示。

表8-58　线性范围与标准曲线

待测物质	线性范围/ng	标准曲线方程	γ值
3-MCPD酯	0～1000	$y=0.00396x+0.0047$	0.9995
2-MCPD酯	0～1000	$y=0.00368x-0.0205$	0.9998

（二）质控样品测定

对 FAPAS 质控样品 T2649QC 样品进行 6 次平行实验，计算 3-MCPD 酯、2-MCPD 酯含量，其结果见表 8-59。

表 8-59　T2649QC 质控样品测定结果（$n=6$）

待测物质	测定含量/(mg/kg)	测定平均值/(mg/kg)	RSD/%	证书含量范围/(mg/kg)
3-MCPD 酯	1.603,1.646,1.568 1.561,1.489,1.487	1.559	4.0	1.13～2.09
2-MCPD 酯	0.773,0.765,0.786 0.771,0.734,0.719	0.758	3.4	0.470～0.947
Gly 酯	0.516,0.517,0.338 0.374,0.341,0.320	0.401	22.7	0.200～0.444

（三）加标回收及精密度

对样品进行三水平加标，其中 A 管加标物质为缩水甘油酯，B 管加标物质为 2-MCPD 酯、3-MCPD 酯，分别进行 6 次平行实验，计算待测物质含量的 RSD 及回收率，其结果见表 8-60。

表 8-60　氯丙醇酯加标回收率及精密度（$n=6$）

待测物质	本底平均值/(mg/kg)	添加浓度/(mg/kg)	回收率范围/%	平均回收率/%	RSD/%
3-MCPD 酯（B 管）	0.139	0.50	88.8～95.5	90.1	3.0
		1.00	84.9～89.4	86.8	2.0
		2.00	83.7～88.2	86.6	1.8
2-MCPD 酯（B 管）	0.0757	0.50	92.1～100.5	98.1	2.9
		1.00	92.3～94.6	93.3	0.9
		2.00	92.8～95.9	94.0	1.2
Gly 酯	0.158	0.40	126.1～137.4	134.2	3.3
		1.00	113.1～123.6	118.2	3.5
		2.00	102.7～105.8	104.1	1.2

注：Gly 酯回收率计算中，Gly 酯向 3-MCPD 酯转化率按照经验值 0.856 计算。

（四）方法定性限及定量限

以仪器中 SIM 模式下，定量离子通道中性噪比为 3 时设定样品溶液中各待测组分的浓度为定性限，以定量离子通道中性噪比为 10 时设定样品溶液中各待测组分的浓度为定量限。本法的定性限及定量限如表 8-61 所示（以取样量 0.1g 计算）。

表 8-61　氯丙醇酯定性限及定量限　　单位：μg/kg

待测物质	定性限	定量限
3-MCPD 酯	30	100
2-MCPD 酯	30	100

（五）方法验证结果

1. 样品测定

经 3 家单位对 3 浓度验证样品进行多次测定，结果如表 8-62 所示。

表 8-62　氯丙醇酯验证样品结果（$n=6$）

验证样品	待测物质	检测结果范围/(μg/kg)	平均值/(μg/kg)	室内 RSD 范围/%	室间 RSD/%
1	3-MCPD 酯	621～777	663	2.1～8.6	1.6
	2-MCPD 酯	201～254	220	3.2～9.0	5.1
	Gly 酯	329～395	366	2.3～5.1	5.5
2	3-MCPD 酯	576～669	628	3.7～4.5	1.1
	2-MCPD 酯	329～421	369	2.1～3.1	7.9
	Gly 酯	527～621	573	1.8～5.9	1.7
3	3-MCPD 酯	1019～1173	1125	1.2～5.3	1.1
	2-MCPD 酯	619～695	670	0.8～3.3	3.3
	Gly 酯	1083～1166	1130	0.8～2.6	1.1

2. 加标回收

经 3 家单位对食用植物油样品进行加标回收验证实验，结果如表 8-63 所示。

表 8-63　氯丙醇酯加标回收实验结果

待测物质	加标浓度/(μg/kg)	回收率范围/%	平均值/%	室内 RSD/%	室间 RSD/%
3-MCPD 酯	200	88.5～141.1	105.7	3.3～7.8	15.6
	1000	81.4～102.0	94.9	3.6～7.0	3.5
	2500	85.9～100.1	92.8	0.4～1.7	6.7
2-MCPD 酯	200	60.6～98.5	87.5	2.5～16.8	14.1
	1000	94.9～100.9	98.2	0.5～1.2	2.5
	2500	90.3～100.3	94.0	0.4～1.8	4.9
Gly 酯	200	88.5～118.3	99.1	2.5～4.8	12.1
	1000	93.6～129.5	104.7	1.3～4.8	14.2
	2500	93.6～107.4	100.3	0.6～1.9	5.5

九、注意事项

① 本实验是将氯丙酯水解为游离氯丙醇后测定，测定结果为样品中氯丙酯及游离氯丙醇的总量，以游离态氯丙醇计。

② 氯丙酯测定值若超过线性范围最高点，应重新取样，以正己烷稀释后吸取 0.5mL 稀释液，并加入内标。不可直接稀释。

③ 碱水解液及中和液要经过测试，即在实验前没有样品时按照比例混合，并测定 pH 值。A 管中和后 pH 值应<1，B 管中和后 pH 值应近中性。

④ 实验中所用无水硫酸钠，在实验前应在高温炉中以 450℃ 以上烤至少 2h，

烘烤后放置于干燥器中，尽量不要长期暴露于高湿度环境中。

⑤ 在实际样品测试前需要对测定中使用的色谱柱进行验收，并对仪器条件进行相应优化，使2-MCPD衍生物和3-MCPD衍生物达到完全分离，否则影响两种物质的定量结果。氯丙醇衍生物与其内标衍生物没有达到完全分离，不影响测定。

十、资料性附录

分析图谱如图8-27。

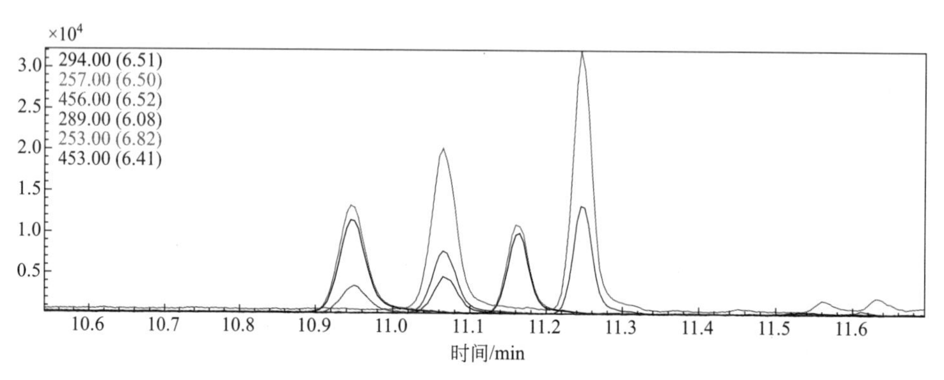

图8-27　3-MCPD酯、2-MCPD酯标准（100ng）及内标SIM图

第十四节　啤酒中N, N-二甲基亚硝胺的测定

一、适用范围

本标准操作规程适用于啤酒中N,N-二甲基亚硝胺的测定。

二、方法提要

啤酒加N,N-二甲基亚硝胺-d_6内标后，经过二氯甲烷萃取，SILICA/PSA固相萃取柱净化、洗脱，洗脱液浓缩后，采用气相色谱-质谱仪测定。

三、仪器设备和试剂

（一）仪器和设备

① 气相色谱质谱仪。

② 旋涡混合器。

③ 氮吹仪。

④ 10mL具塞玻璃刻度试管、50mL离心管。

⑤ 固相萃取仪。

⑥ 冷冻离心机：转速满足10000r/min。

（二）试剂和耗材

① SILICA/PSA 混合玻璃固相萃取柱：1.0g/6mL。

② 正己烷、乙酸乙酯、二氯甲烷、乙腈、丙酮：色谱纯。

③ 无水硫酸钠：分析纯。

（三）标准品及标准物质

①*N*,*N*-二甲基亚硝胺标准品（100mg/L）、*N*,*N*-二甲基亚硝胺-d_6 标准品（1.0mg/mL）。

②*N*,*N*-二甲基亚硝胺使用液（2.0mg/L）：取 0.25mL 标准储备液用色谱纯甲醇稀释 25mL，得到 10.0mg/L 混合应用液，进一步取 10.0mg/L 混合应用液 2mL 用甲醇定容到 10mL，得到 2.0mg/L 使用液，放置 4℃冰箱。

③ 内标 *N*,*N*-二甲基亚硝胺-d_6 应用液（2.0mg/L）：取 *N*,*N*-二甲基亚硝胺-d_6 储备液，进一步用甲醇稀释至 2.0mg/L，放置 4℃冰箱待用。

四、样品的处理

（一）试样的制备与保存

啤酒样品采集后应放阴凉处保存，尽量避免光照。

（二）样品提取

取 100mL 啤酒，在超声波清洗机中超声脱气 5min，然后量取 10mL 置于 50mL 离心管内，加入 100μL 内标溶液，混匀，加入 3.0g 氯化钠溶解至饱和，加入 15mL 二氯甲烷，涡旋提取 2min，然后 10000r/min 离心 4min，弃去上层水相，二氯甲烷层经无水硫酸钠脱水后，室温氮气吹干至 0.1mL 以下（不能干），然后加入 1mL 环己烷，超声混匀，待净化。

（三）样品净化

取 SILICA/PSA 玻璃柱，上面加 0.2g 无水硫酸钠，先用 3mL 二氯甲烷、5mL 环己烷淋洗活化柱子，然后将提取液全部过柱，先用 10%二氯甲烷-环己烷 5mL 淋洗除杂，最后用 5mL 二氯甲烷洗脱收集，氮气吹至 0.5mL，加入 1.0mL 甲醇，继续吹至 1.0mL，取 2.0μL 进样 GC/MS 分析。

五、试样分析

（一）仪器参考条件

本规程的试验参数采用仪器为：GC/MS-QP2010P，带自动进样器，岛津公司。

① 色谱柱为 Dm-Wax（30.0m×0.25mm×0.25μm）。

② 进样口温度：210℃；柱温：初温 35℃，保持 3min，以 10℃/min 升至 115℃，以 15℃/min 升至 190℃，240℃后运行 4min。

③ 载气：氦气，纯度≥99.999%，流速为 1.0mL/min。

④ 电离方式：EI 源，70eV。

⑤ 离子源温度：230℃。

⑥ 进样量：2μL。

⑦ 进样方式：不分流进样。

（二）标准曲线制作

取2.0mg/L *N*,*N*-二甲基亚硝胺使用液5μL、25μL、50μL、100μL、250μL、500μL，加入2.0mg/L *N*,*N*-二甲基亚硝胺-d_6标准内标应用液100μL，用甲醇定容至1mL，得到10μg/L、50μg/L、100μg/L、200μg/L、500μg/L、1000μg/L标准曲线。

试样溶液的测定。

根据*N*,*N*-二甲基亚硝胺、*N*,*N*-二甲基亚硝胺-d_6保留时间及碎片离子进行定性、定量分析。

六、质量控制

为了保证分析结果的准确，要求在分析每批样品时，进行加标试验，为了保证分析结果的准确，要求在分析每批样品时，进行加标试验，*N*,*N*-二甲基亚硝胺加标，添加回收率应在80%～120%范围之内。

分析每批样品时，需要分析10%的平行样，平行样间结果的RSD小于等于20%；每个批次均需做一次方法空白试验；同时每批样品进行加标回收试验，具体方法如下。高浓度加标：在10mL样品中加入2.0μg/mL标准储备液200μL，加标量为40μg/L；中浓度加标：在10mL样品中加入2.0μg/mL标准储备液100μL，加标量为20μg/L；低浓度加标：在10mL样品中加入2.0μg/mL标准储备液50μL，加标量为10μg/L。具体回收率参数见表8-64。

表8-64　啤酒中*N*,*N*-二甲基亚硝胺测定的加标回收（*n*=6）

加标量/(μg/L)	回收率范围/%	RSD/%
10	90.2～96.6	4.3
20	91.0～97.6	3.5
40	95.3～99.8	2.2

七、结果计算

样品中*N*,*N*-二甲基亚硝胺含量按下式计算。

$$X=\frac{c}{m}$$

式中　X——样品中*N*,*N*-二甲基亚硝胺含量，μg/kg或μg/L；

c——样品中*N*,*N*-二甲基亚硝胺含量，μg/L；

m——取样量，g或mL。

结果保留小数点后1位。

八、技术参数

N,*N*-二甲基亚硝胺监测离子如表8-65、定性限和定量限如表8-66。

表 8-65　*N*,*N*-二甲基亚硝胺监测离子

序号	化合物	保留时间	定性离子	定量离子
1	*N*,*N*-二甲基亚硝胺	9.79	42、43	74
2	*N*,*N*-二甲基亚硝胺-d_6	9.79	46	80

表 8-66　*N*,*N*-二甲基亚硝胺定性限和定量限

样品	定性限/(μg/L)	定量限/(μg/L)
啤酒	0.1	0.3

九、注意事项

① 所有玻璃器皿需要在350℃烘烤，或者用二氯甲烷淋洗除杂。所用有机溶剂要进行干扰物质鉴定，看 *N*,*N*-二甲基亚硝胺出峰处有无干扰，有干扰建议更换。

② 对购置的 SILICA/PSA 固相萃取柱和试剂进行技术验收，要求标准过柱回收率在 80%以上，过程空白对 *N*,*N*-二甲基亚硝胺无干扰。

③ 试剂要做空白实验，以保证对 *N*,*N*-二甲基亚硝胺无干扰。

④ 样品提取时，室温氮气吹干至 0.1mL 以下（不能干），否则回收率将降低。

⑤ 如果出现目标化合物在上述参考仪器条件下可能分离度达不到要求，可更换色谱柱或适当改变系统温度。

⑥ 按照欧盟标准质谱定性规定，定量离子和定性离子比例在要求范围之内，根据经验保留时间定性时间窗口一般在 0.02min，另外还需要满足“注意事项 7”规定。

⑦ 由于 *N*,*N*-二甲基亚硝胺 RMM 小，42、43、74 定性定量离子容易受到其他物质干扰，因此对样品前处理要求特别高，另外 42、74 容易受 43、44、73 峰干扰，因此要求 *N*,*N*-二甲基亚硝胺峰的纯度比较高，本方法选择 44、73 为干扰离子同时进行监测。要求样品 *N*,*N*-二甲基亚硝胺出峰处，43、44 碎片强度小于 42（除去本底）；73 碎片强度小于 74。

十、资料性附录

分析图谱如图 8-28～图 8-30。

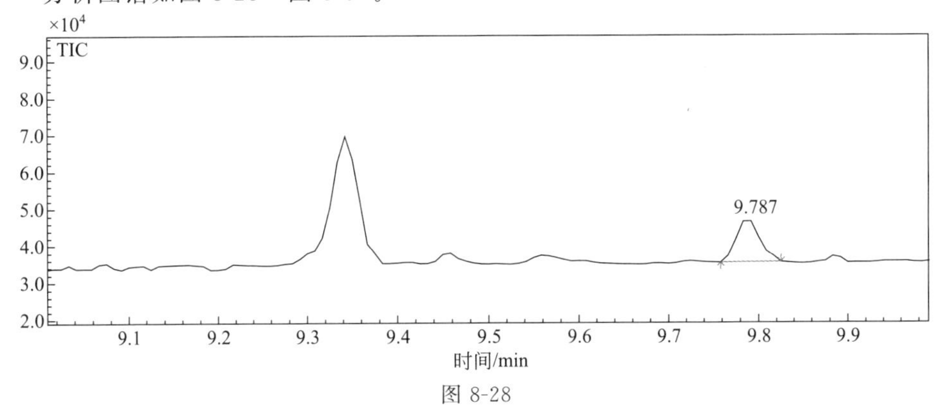

图 8-28

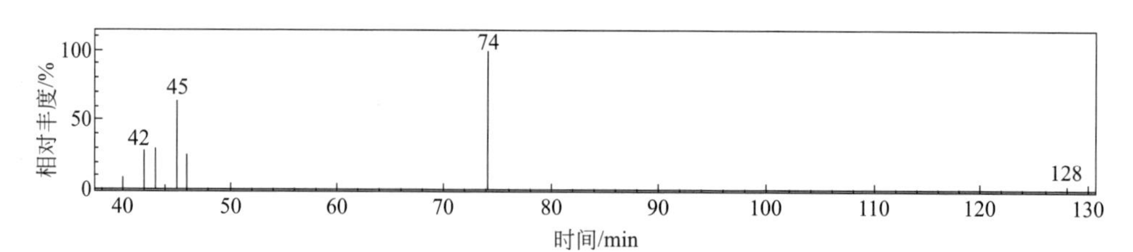

图 8-28　N,N-二甲基亚硝胺总离子流图及质谱图

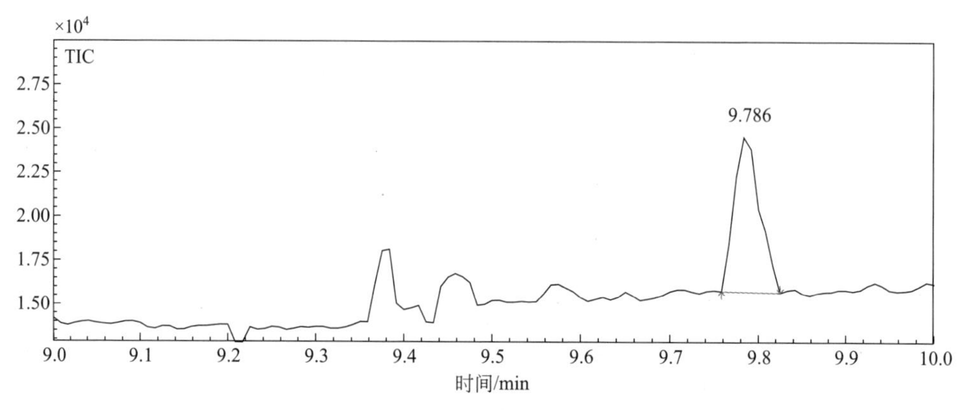

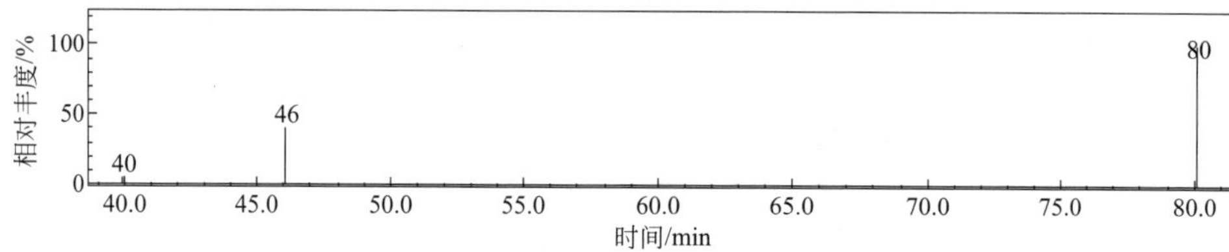

图 8-29　N,N-二甲基亚硝胺-d_6 总离子流图及质谱图

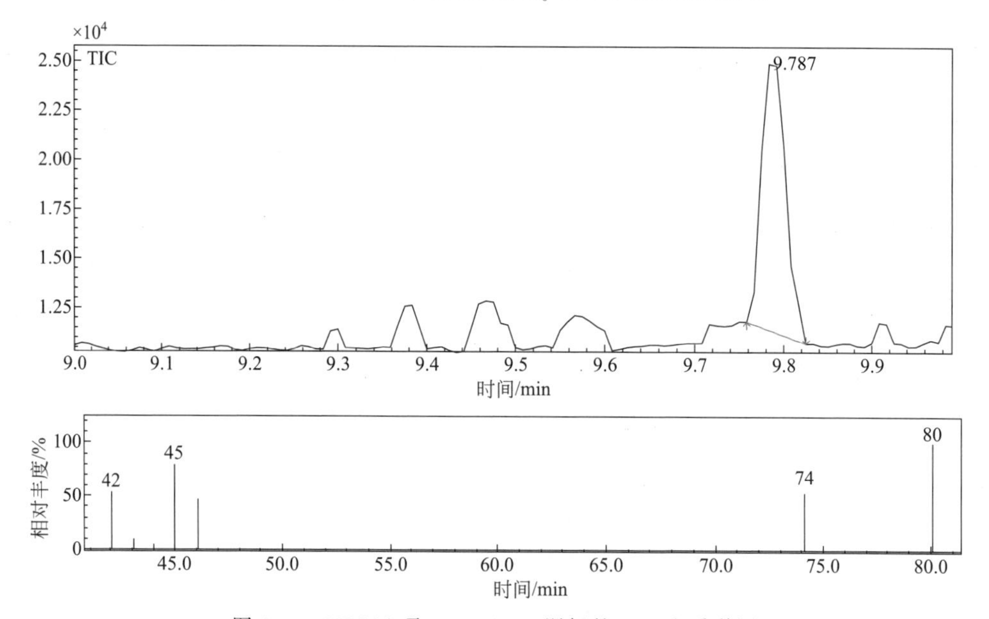

图 8-30　NDMA 及 NDMA-d_6 混标的 TIC 和质谱图

第十五节　蔬菜、水果和谷物中16种多环芳烃的测定

一、适用范围

本标准操作规程适用于蔬菜、水果及谷物中16种多环芳烃（苯并［*c*］芴、苯并［*a*］蒽、䓛、5-甲基-1，2-苯并菲、苯并［*j*］荧蒽、苯并［*b*］荧蒽、苯并［*k*］荧蒽、苯并［*a*］芘、二苯并［*a*，*l*］芘、二苯并［*a*，*h*］蒽、苯并［*g*，*h*，*i*］苝、茚并［1，2，3-*cd*］芘、二苯并［*a*，*e*］芘、二苯并［*a*，*i*］芘、二苯并［*a*，*h*］芘、环戊烯［*c*，*d*］芘）的测定，采用了高效液相色谱法。

二、方法提要

蔬菜、水果样品经乙腈提取，提取液经浓缩近干后用正己烷复溶，复溶后的提取液经过固相萃取柱净化，洗脱液浓缩近干，乙腈溶解后，通过高效液相色谱分离，测定各种多环芳烃在266nm（环戊烯［*c*，*d*］芘为288nm）波长下含量，用外标法定量。

谷物类样品经正己烷-丙酮混合液提取，提取液经浓缩近干后用正己烷复溶，复溶后的提取液经过固相萃取柱净化，洗脱液浓缩近干，乙腈溶解后，通过高效液相色谱分离，测定各种多环芳烃在266nm（环戊烯［*c*，*d*］芘为288nm）波长下含量，用外标法定量。

三、仪器设备和试剂

（一）仪器和设备

① 高效液相色谱仪，带PDA测器/荧光检测器。
② 旋转蒸发仪。
③ 超声波振荡器。
④ 涡旋振荡器。
⑤ 离心机：转速≥4000r/min。
⑥ 电子分析天平：感量分别为0.1mg和0.01g。

（二）试剂和耗材

正己烷、乙腈、二氯甲烷、丙酮：色谱纯（迪马公司）。

多环芳烃专用净化柱：500mg，6mL（迪马公司）。

（三）标准品及标准物质

苯并［*c*］芴：纯度>98.2%；CAS RN：205-12-9（迪马公司）。

15种欧盟优控PAHs混合标准溶液（Dr. Ehernstorfer公司）相关信息如表8-67。

表 8-67　15 种欧盟优控 PAHs 混合标准溶液相关信息

序号	名称	CAS RN	浓度/(μg/mL)
1	苯并[*a*]蒽	56-55-3	10
2	䓛	218-01-9	10
3	5-甲基-1,2-苯并菲	3697-24-3	10
4	苯并[*j*]荧蒽	205-82-3	10
5	苯并[*b*]荧蒽	205-99-2	10
6	苯并[*k*]荧蒽	191-24-2	10
7	苯并[*a*]芘	50-32-8	10
8	二苯并[*a*,*l*]芘	191-30-0	10
9	二苯并[*a*,*h*]蒽	53-70-3	10
10	苯并[*g*,*h*,*i*]苝	191-24-2	10
11	茚并[1,2,3-*cd*]芘	193-39-5	10
12	二苯并[*a*,*e*]芘	192-65-4	10
13	二苯并[*a*,*i*]芘	189-55-9	10
14	二苯并[*a*,*h*]芘	189-64-0	10
15	环戊烯[*c*,*d*]芘	27208-37-3	10

称取 2mg 左右（精确到 0.00001g）苯并［*c*］芴至 10mL 容量瓶中，用乙腈溶解定容，作为苯并［*c*］芴的储备液，−18℃下保存。

吸取 500μL 苯并［*c*］芴储备液，至 10mL 容量瓶中，用乙腈定容至刻度，作为苯并［*c*］芴的中间液，−18℃下保存。

多环芳烃标准中间液（1mg/L）：吸取多环芳烃有证标准溶液和苯并［*c*］芴的中间液各 0.2mL，用乙腈定容至 2mL，在−18℃下保存。

四、样品的处理

（一）试样的制备与保存

取蔬菜及水果样品约 200g，切碎后用匀浆机匀浆，制得试样，备用。

取谷物样品约 100g，经高速粉碎机粉碎，制得试样，备用。

（二）试样的前处理

蔬菜、水果：称取 5g（精确至 0.01g）试样于 50mL 具塞离心管中，加入 15mL 乙腈溶剂，涡旋振荡 30s 后，超声提取 15min，以 10000r/min 离心 5min，吸取上清液于 50mL 茄形瓶中。提取 2 次，合并提取液。提取液浓缩至近干，加入 8mL 环己烷-乙酸乙酯混合溶剂（1+1）及 1g 无水硫酸钠，振荡使多环芳烃溶解，以 10000r/min 离心 5min，上清液转移至 GPC 进样瓶中，进行 GPC 净化。

谷物：称取 5g（精确至 0.1g）试样于 50mL 具塞离心管中，加入 15mL 正己烷-丙酮混合溶剂（1+1），涡旋振荡 30s 后，超声提取 15min，以 10000r/min 离心 5min，吸取上清液于 50mL 茄形瓶中。提取 2 次，合并提取液。提取液浓缩至近干，加入 5mL 正己烷溶剂，振荡使多环芳烃溶解，以 10000r/min 离心 5min，上清液转移至 15mL 离心管中，进行固相萃取柱净化。

五、试样分析

（一）仪器参考条件

① 色谱柱：PAHC18 反相键合固定相色谱柱，柱长 250mm，内径 4.6mm，粒径 5μm。

② 流动相：A（乙腈）和 B（水）。流动相梯度洗脱程序：见表 8-68。

表 8-68 梯度洗脱程序

色谱时间/min	流速/(mL/min)	溶剂 A/%	溶剂 B/%
0	1.2	70	30
5	1.2	70	30
30	1.2	100	0
32	1.2	100	0
33	2.0	100	0
42	2.0	100	0
43	1.2	50	30
47	1.2	50	30

③ 柱温：35℃。

④ 进样量：20μL。

⑤ 检测器：PDA 检测器，检测波长 266nm（环戊烯 [*c*,*d*] 芘检测波长为 288nm）。

⑥ 检测器：荧光检测器，检测波长：激发和发射波长见表 8-69。

表 8-69 多环芳烃的激发波长、发射波长及其切换色谱时间检测参数

序号	化合物名称	切换时间/min	激发波长/nm	发射波长/nm
1	苯并[*c*]芴	9.1	235	355
2	苯并[*a*]蒽 䓛 5-甲基-1,2-苯并菲	11.0	248	375
3	苯并[*j*]荧蒽	15.5	242	513
4	苯并[*b*]荧蒽 苯并[*k*]荧蒽 苯并[*a*]芘	16.8	280	440
5	二苯并[*a*,*l*]芘 二苯并[*a*,*h*]蒽 苯并[*g*,*h*,*i*]苝	22.0	280	440
6	茚并[1,2,3-*cd*]芘	26	274	507
7	二苯并[*a*,*e*]芘	27.5	280	410
8	二苯并[*a*,*i*]芘	35.0	280	440
9	二苯并[*a*,*h*]芘	40.0	310	455

（二）标准曲线

分别吸取多环芳烃标准中间液（1mg/L）0.01mL、0.02mL、0.05mL、0.1mL、0.2mL，用乙腈定容至 1mL，相当于 10μg/L、20μg/L、50μg/L、100μg/L、200μg/L 的标准溶液，临用时配制，供 HPLC 分析后绘制标准曲线。

（三）样品测定

试样溶液的测定：将试样溶液同标准溶液一起进行测定，按外标法以标准曲线对样品进行定量。

（四）空白试验

除不加样品外，采用完全相同的测定步骤进行操作。

六、质量控制

（一）线性范围

线性范围由 10～200μg/L，当检测值超线性范围时上机稀释后检测。

（二）回收率和精密度

小麦粉和白菜中的多环芳烃回收率分别见表 8-70 和表 8-71。

表 8-70　小麦粉中多环芳烃的加标回收率

化合物名称	加标量/(μg/kg)	回收率范围/%	平均回收率/%	RSD/%
苯并[*c*]芴	5	85.4～92.9	89.5	3.2
	10	88.5～94.5	91.5	2.3
	25	91.9～95.2	93.5	1.4
苯并[*a*]蒽	5	84.5～89.8	85.8	2.3
	10	90.2～94.0	92.5	1.5
	25	93.0～98.7	95.5	2.0
䓛	5	80.2～89.8	83.6	5.7
	10	89.9～97.0	91.8	2.9
	25	88.6～94.7	91.6	2.8
5-甲基-1,2-苯并菲	5	79.6～84.1	81.9	2.3
	10	84.0～87.3	85.8	1.4
	25	93.5～97.2	95.7	1.7
苯并[*j*]荧蒽	5	84.0～87.4	85.3	1.8
	10	92.0～96.9	94.0	2.3
	25	95.8～98.7	97.5	1.2
苯并[*b*]荧蒽	5	81.5～88.6	86.0	4.0
	10	90.4～98.2	92.2	3.3
	25	92.7～99.4	95.6	3.1

续表

化合物名称	加标量/(μg/kg)	回收率范围/%	平均回收率/%	RSD/%
苯并[*k*]荧蒽	5	81.3～93.8	84.0	5.7
	10	90.0～95.7	94.0	2.2
	25	88.7～96.1	91.4	3.8
苯并[*a*]芘	5	84.0～89.3	86.8	3.0
	10	91.8～99.3	95.6	3.6
	25	94.5～99.7	97.1	2.1
二苯并[*a*,*l*]芘	5	89.3～92.1	91.3	1.1
	10	88.7～95.1	90.3	2.7
	25	93.7～96.0	95.0	0.8
二苯并[*a*,*h*]蒽	5	81.2～90.8	84.3	5.2
	10	85.6～89.1	87.7	1.8
	25	92.6～97.2	94.2	1.7
苯并[*g*,*h*,*i*]苝	5	93.7～97.8	96.8	1.6
	10	95.8～103.4	97.9	2.9
	25	92.3～99.4	94.6	3.1
茚并[1,2,3-*cd*]芘	5	82.2～86.2	84.1	2.0
	10	91.2～97.1	92.9	2.3
	25	92.2～95.6	93.1	1.4
二苯并[*a*,*e*]芘	5	90.2～96.6	95.2	2.6
	10	93.5～96.6	94.8	1.3
	25	94.8～99.2	96.4	1.6
二苯并[*a*,*i*]芘	5	81.6～95.0	90.6	5.4
	10	89.0～94.7	91.2	2.7
	25	90.4～94.3	92.4	1.9
二苯并[*a*,*h*]芘	5	88.2～92.4	89.9	2.0
	10	92.5～95.1	93.7	0.9
	25	92.1～95.5	94.2	1.7
环戊烯[*c*,*d*]芘	5	87.6～93.6	90.3	2.7
	10	92.8～96.4	95.0	1.6
	25	90.9～96.5	94.0	2.4

表 8-71　白菜中多环芳烃的加标回收率

化合物名称	加标量/(μg/kg)	回收率范围/%	平均回收率/%	RSD/%
苯并[*c*]芴	5	79.3～85.4	82.6	2.4
	10	88.5～95.1	91.2	2.5
	25	94.4～97.9	96.3	1.3
苯并[*a*]蒽	5	84.5～89.8	85.8	2.3
	10	90.1～97.9	92.8	3.6
	25	93.0～98.7	95.3	2.5

续表

化合物名称	加标量/(μg/kg)	回收率范围/%	平均回收率/%	RSD/%
䓛	5	80.2～89.8	83.6	5.7
	10	86.0～96.2	89.1	4.1
	25	90.7～96.8	94.2	2.5
5-甲基-1,2-苯并菲	5	80.0～86.7	84.2	2.9
	10	84.0～94.2	89.8	4.6
	25	93.5～97.2	95.3	1.4
苯并[*j*]荧蒽	5	84.5～95.6	92.0	4.4
	10	89.1～96.9	92.6	3.7
	25	93.6～100.8	96.6	3.1
苯并[*b*]荧蒽	5	81.5～91.2	86.8	5.0
	10	89.6～98.2	91.8	3.5
	25	92.7～99.4	95.6	3.1
苯并[*k*]荧蒽	5	80.3～93.8	83.6	6.0
	10	90.0～95.7	93.7	2.2
	25	89.6～96.1	92.8	2.7
苯并[*a*]芘	5	81.8～92.08	86.5	5.0
	10	88.2～93.7	90.7	2.3
	25	90.5～98.1	94.3	3.3
二苯并[*a*,*l*]芘	5	78.2～80.6	79.9	1.1
	10	85.6～96.1	89.9	3.8
	25	92.1～96.9	93.8	1.8
二苯并[*a*,*h*]蒽	5	80.0～92.6	84.7	6.5
	10	82.8～89.1	86.2	3.3
	25	89.7～97.2	91.8	2.9
苯并[*g*,*h*,*i*]苝	5	84.2～87.9	87.0	1.6
	10	90.5～101.8	95.8	4.2
	25	92.3～99.4	94.1	3.6
茚并[1,2,3-*cd*]芘	5	84.3～93.6	88.6	4.5
	10	86.2～97.1	91.2	4.2
	25	92.2～97.7	93.8	2.2
二苯并[*a*,*e*]芘	5	90.2～96.3	92.8	2.1
	10	90.2～96.6	93.5	2.8
	25	93.6～100.0	95.6	2.4
二苯并[*a*,*i*]芘	5	81.6～93.8	90.3	5.0
	10	89.7～94.7	91.4	2.5
	25	90.4～94.3	92.4	1.9

续表

化合物名称	加标量/(μg/kg)	回收率范围/%	平均回收率/%	RSD/%
二苯并[a,h]芘	5	86.2～92.3	89.0	3.0
	10	81.9～89.8	85.7	4.2
	25	95.1～98.5	96.7	1.6
环戊烯[c,d]芘	5	83.7～92.4	87.5	3.8
	10	89.3～96.4	93.8	3.5
	25	90.4～95.9	93.7	2.5

精密度：在重复性条件下获得的两次独立测定结果的绝对差值不得超过算术平均值的20%。

七、结果计算

试样中各多环芳烃的含量按下式计算。

$$X=\frac{Ac\times(c_i-c_0)\times V}{RT\times m}\times f$$

式中 X——试样中被测组分含量，μg/kg；

c_i——进样瓶中被测物质浓度，μg/L；

c_0——空白样品浓度，μg/L；

Ac——标准物质的实际浓度，μg/L；

RT——标准物质的理论值，mg/L；

V——定容体积，mL；

f——稀释倍数；

m——样品质量，g。

以重复性条件下获得的两次独立测定结果的算术平均值表示，结果保留一位小数或两位有效数字。

八、技术参数

方法定性限和方法定量限：称样量（谷物和蔬菜）5g样品，定容体积1mL时，PDA和RF检测器下方法定性限见表8-72。

表8-72 谷物和蔬菜中多环芳烃的方法定性限

序号	名称	LC-PDA法/(μg/kg)	LC-RF法/(μg/kg)
1	苯并[a]蒽	5	0.3
2	䓛	5	0.3
3	5-甲基-1,2-苯并菲	5	0.3
4	苯并[j]荧蒽	5	0.3
5	苯并[b]荧蒽	5	0.3
6	苯并[k]荧蒽	5	0.3
7	苯并[a]芘	5	0.3

续表

序号	名称	LC-PDA 法/(μg/kg)	LC-RF 法/(μg/kg)
8	二苯并[*a*,*l*]芘	5	0.3
9	二苯并[*a*,*h*]蒽	5	0.3
10	苯并[*g*,*h*,*i*]苝	2	0.3
11	茚并[1,2,3-*cd*]芘	5	0.3
12	二苯并[*a*,*e*]芘	5	0.3
13	二苯并[*a*,*i*]芘	5	0.3
14	二苯并[*a*,*h*]芘	5	0.3
15	环戊烯[*c*,*d*]芘	5	0.3

九、注意事项

① 本规程使用的有机溶剂和酸具有挥发性和毒性，进行相关的操作时在通风橱中进行。

② 为保证组分不受储存条件及环境影响，建议当日样品当日完成提取。

③ 由于蔬菜含有大量水分，必要时在复溶后净化前再加入少量无水硫酸钠。

④ 浓缩步骤中，氮吹时样品液严禁完全吹干，否则会造成样品的损失。

⑤ 环戊烯［*c*,*d*］芘无荧光响应，实验中，采用 PDA 测定 16 种多环芳烃，荧光检测器测定 15 种多环芳烃，但可达到更低方法定性限。

十、资料性附录

多环芳烃标准溶液的液相色谱图如图 8-31、图 8-32。

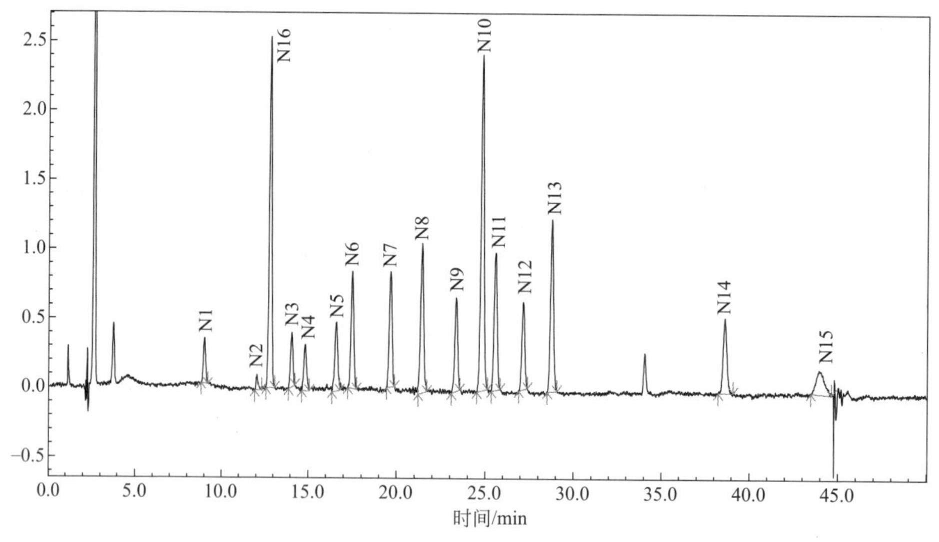

图 8-31　多环芳烃标准溶液的液相色谱图（PAHs-PDA16）

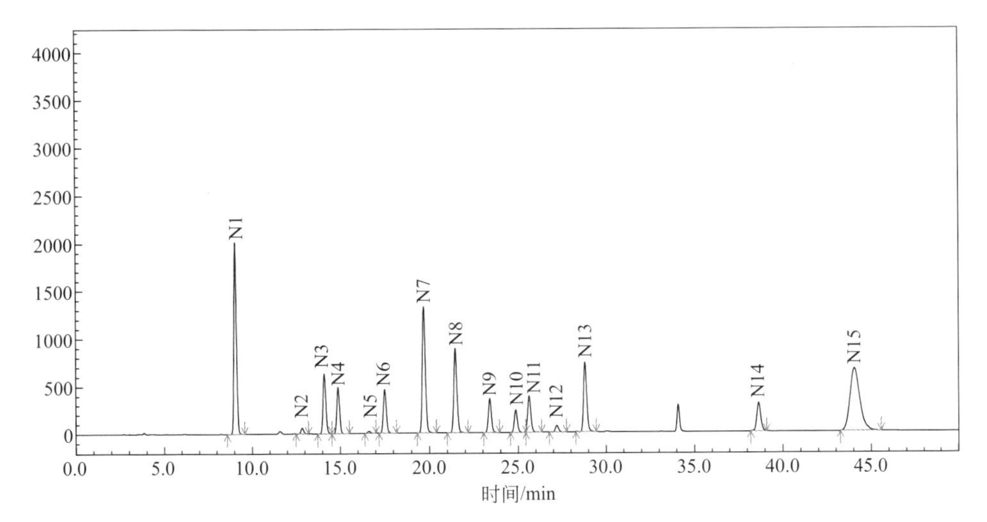

图 8-32 多环芳烃标准溶液的液相色谱图（PAHs-FLR15）

图 8-31 和图 8-32 的对应峰号如下。N1：苯并［*c*］芴；N2：苯并［*a*］蒽；N3：䓛；N4：5-甲基-1，2-苯并菲；N5：苯并［*j*］荧蒽；N6：苯并［*b*］荧蒽；N7：苯并［*k*］荧蒽；N8：苯并［*a*］芘；N9：二苯并［*a*,*l*］芘；N10：二苯并［*a*,*h*］蒽；N11：苯并［*g*,*h*,*i*］苝；N12：茚并［1,2,3-*cd*］芘；N13：二苯并［*a*,*e*］芘；N14：二苯并［*a*,*i*］芘；N15：二苯并［*a*,*h*］芘；N16：环戊烯［*c*,*d*］芘。

第十六节　液态奶中壬基酚的测定

一、适用范围

本标准操作规程适用于液态奶中壬基酚的测定。

二、方法提要

样品经过乙腈提取后，离心取部分上清液，氮吹至近干，用正已烷复溶，再氮吹至近干，最后用甲醇定容，用配有 ESI 电离源的液相色谱-三重四极杆质谱仪（LC-MS-MS）进行测定。

三、仪器设备和试剂

（一）仪器和设备

① 液相色谱-三重四极杆质谱仪（岛津公司 LCMS-8050）。

② 冷冻离心机（Eppendorf，Centrifuge5810R）。

③ 涡旋振荡器（Qilinbeier，Vdrtex-5）。

④ 氮吹仪（皓庄仪器，NDK-24W）。

（二）试剂和耗材

除另有规定外，所用试剂均为分析纯，水为一级水。

① 甲醇、乙腈、正己烷：HPLC 级。

② 氨水：ACS 级。

③ 氯化钠：分析纯。

（三）标准品及标准物质

1. 标准品

4-壬基酚（4-NP）：纯度 100.0%，Dr. Ehrenstorfer 公司；CAS RN：25154-52-3。

4-*n*-壬基酚-d_4（4-*n*-NP-d_4）：纯度 98.9%，C/D/NIsotopes 公司；CAS RN：358730-95-7。

2. 标准溶液

标准储备液：分别准确称取相应克数的标准品于 10.00mL 容量瓶中，用甲醇溶液定容至刻度，混匀。−18℃保存。

标准使用液：准确移取相应毫升数的标准储备液于 100.00mL 容量瓶中，用甲醇溶液定容至刻度，混匀，4-NP 和 4-*n*-NP 使用液浓度均为 1.0μg/mL。4℃保存，可稳定 3 个月。

四、样品的处理

试样的制备与保存

液态奶样品，恢复到室温，混匀后直接取样称量。

五、试样分析

（一）提取

称取 2.000g 左右液态奶试样，置于 50mL 具塞离心管中，加入 100μL 同位素内标使用液，加入乙腈 10mL，再加入适量固体氯化钠，混匀，超声提取 10min。

（二）净化

将提取后的离心管于 4℃冷冻离心机 10000r/min 离心 10min，取 5mL 上清液于 15mL 具塞离心管中，氮吹至尽干，用正己烷复溶，再于 4℃冷冻离心机 3800r/min 离心 10min，弃去离心管底部杂质，将全部上清液移入另一 15mL 离心管中，氮吹至尽干，用 1mL 甲醇复溶，充分振荡溶解后，上机测定。

（三）液相色谱条件

① 色谱柱：ACQUITYUPLC® BEHC18（2.1×100mm，1.7μm）。

② 流动相：A，甲醇；B，水（含有 0.05%氨水），梯度洗脱程序见表 8-73。

表 8-73　梯度洗脱程序

时间/min	A/%	B/%
1.00	40	60
1.50	90	10
2.00	100	0
7.00	100	0
7.10	40	60
9.00	40	60

③ 流速：0.2mL/min。

④ 进样量：5μL。

⑤ 柱温：40℃。

（四）质谱条件

① 离子化模式：电喷雾电离负离子模式（ESI−）。

② 质谱扫描方式：多反应监测。

③ 接口温度：300℃。

④ 脱溶剂管温度：200℃。

⑤ 加热模块温度：500℃。

⑥ 干燥气流速：10.00L/min。

⑦ 加热气流速：10.00L/min。

⑧ 雾化气流速：3.00L/min。

⑨ 其他条件见表 8-74。

表 8-74　质谱仪器条件及各目标毒素保留时间

名称	保留时间/min	前体离子(m/z)	产物离子(m/z)	Q1PreBias/V	CE/eV	Q3PreBias/V
壬基酚	4.909	219.10	133.10	10.0	29.0	21.0
		219.10	147.15	10.0	26.0	26.0
壬基酚-d_4	5.045	224.10	111.00	11.0	22.0	18.0
		224.10	124.15	11.0	40.0	21.0

六、质量控制

加标回收：以液态奶为基质，分别测定高、中、低三个浓度加标回收率，结果见表 8-75。

表 8-75　加标回收率及精密度（$n=6$）

毒素名称	加标量/(μg/kg)	回收率范围/%	平均回收率/%	RSD/%
壬基酚	2.5	85.7～110.9	101.5	9.5
	5	91.3～103.4	98.0	4.9
	25	93.5～98.8	109.2	5.9

七、结果计算

试样中壬基酚的含量计算见下式。

$$X=\frac{(c_1-c_0)\times V\times 1000}{m\times 1000}\times f$$

式中 X——试样中壬基酚的含量，μg/kg；

c_1——样液中壬基酚的浓度，μg/L；

c_0——样液中空白的浓度，μg/L；

V——样液最终定容体积，mL；

m——试样质量，g；

f——稀释倍数。

八、技术参数

精密度：在重复性条件下获得的两次独立测定结果的绝对差值不得超过算术平均值的 10%。

方法定性限及定量限：取样量按 2g 计算，以 3 倍信噪比下的浓度为方法定性限，10 倍信噪比下的浓度为方法定量限。壬基酚的方法定性限为 0.10μg/kg，方法定量限为 0.30μg/kg。

九、注意事项

① 由于环境中壬基酚来源较多，且极易对样品测定造成污染，故在样品测定之前要首先对操作中所用到的试剂和耗材进行筛选，使其中壬基酚含量较低。

② 在样品操作时，要同时做试剂空白实验，在数据处理中对空白值进行扣除。

③ 在测量过程中，建议每测定 10～20 个样品用同一份标准溶液检查仪器的稳定性。

十、资料性附录

分析图谱如图 8-33～图 8-35。

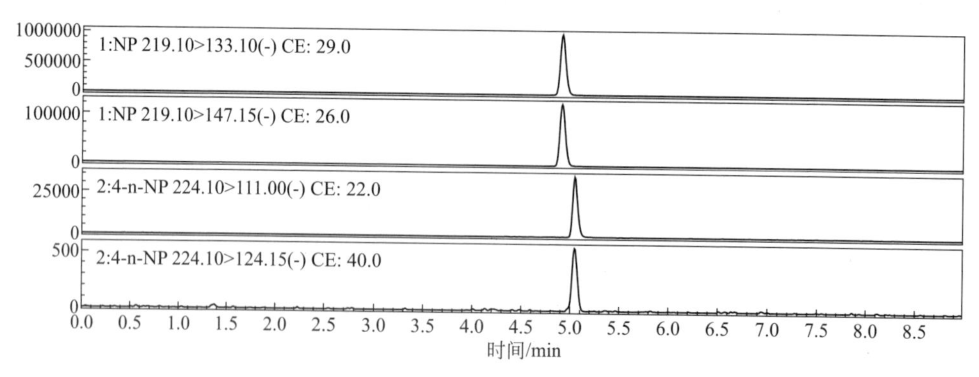

图 8-33 标准物质色谱图

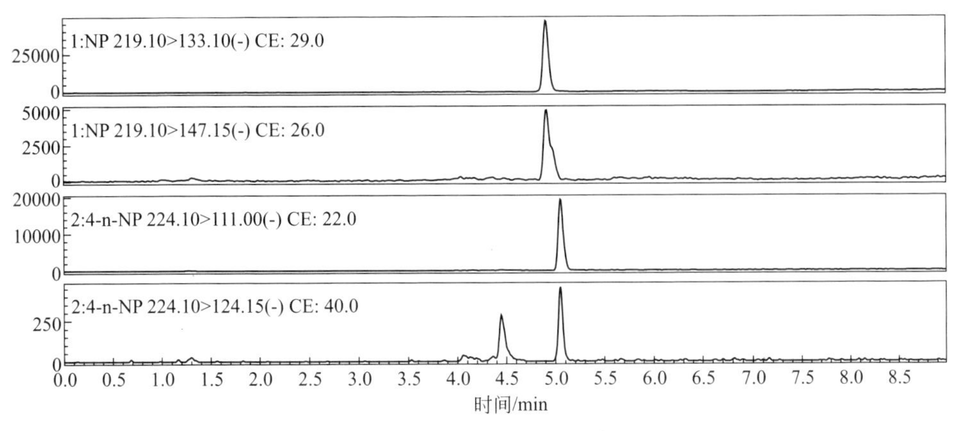

图 8-34　空白基质样品色谱图

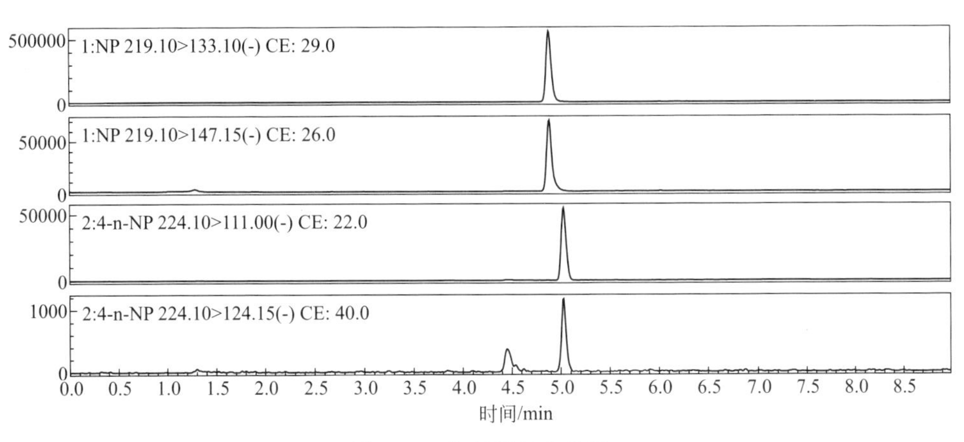

图 8-35　加标样品色谱图

第十七节　肌肉和大米中双酚 A 与双酚 S 的测定

一、适用范围

本规程规定了肌肉和大米中双酚 A 与双酚 S 的液相色谱串联质谱测定方法。

二、方法提要

样品试样中加入 BPA 以及 BPS 同位素内标后，经有机溶剂提取，固相萃取柱净化，高效液相色谱/串联质谱仪测定，内标法定量。

三、仪器设备和试剂

（一）仪器和设备

① ENVI^{TM}-Carb 固相萃取柱（GCB 柱，500mg，6mL，Supelco 公司）。

② 固相萃取装置。

③ 高效液相色谱/串联四极杆质谱仪：QuattroPremierXE 型超高效液相串联质谱仪，配电喷雾离子源（ESI），沃特世公司。

④ 电子天平：感量为 0.0001g 和 0.01g。

⑤ 组织匀浆机。

⑥ 离心机：最大转速 10000r/min。

⑦ 超声提取仪。

⑧ 真空离心浓缩仪。

⑨ 分样筛，孔径 250 目。

（二）试剂和耗材

除另有说明外，所用试剂均为分析纯，试验用水为 GB/T 6682 规定的一级水。

① 乙腈、甲醇、丙酮、甲酸（色谱纯）。

② 甲醇-水溶液（1+4，体积分数）

③ 甲醇-水溶液（1+1，体积分数）

④ 甲醇-丙酮溶液（4+1，体积分数）

（三）标准品及标准物质

1. 标准品

① 双酚 A（BPA）标准品（CAS RN：80-05-7；纯度≥98.0%）。

② 双酚 S（BPS）标准品（CAS RN：80-09-1；纯度≥98.0%）。

③ 双酚 A 同位素内标（BPA-d_{16}）标准品（CAS RN：96210-87-6；纯度≥99.0%）。

④ 双酚 S 同位素内标（BPS-$^{13}C_{12}$）标准品（纯度≥99.0%）。

2. 标准溶液配制

① BPA 标准储备溶液（100mg/L）：称取 10mg（精确至 0.1mg）BPA 标准品，用甲醇溶解，并定容至 100mL，使 BPA 浓度为 100mg/L，置于－20℃冰箱中保存，有效期 12 个月。

② BPS 标准储备溶液（100mg/L）：称取 10mg（精确至 0.1mg）BPS 标准品，用甲醇溶解，并定容至 100mL，使 BPS 浓度为 100mg/L，置于－20℃冰箱中保存，有效期 12 个月。

③ BPA 与 BPS 混合工作液（BPA：1000μg/L；BPS：200μg/L）：准确吸取 BPA 储备液浓度标准溶液 100μL 与 BPS 中间浓度标准溶液 20μL 于 10mL 容量瓶中，用甲醇-水定容至刻度，使 BPA 浓度为 100μg/L，BPS 浓度为 20μg/L。临用时配制。

④ BPA 同位素内标标准储备溶液（100mg/L）：称取 10mg（精确至 0.1mg）BPA-d_{16} 标准品，用甲醇溶解，并定容至 100mL，使 BPA-d_{16} 浓度为 100mg/L，置于－20℃冰箱中保存，有效期 12 个月。

⑤ BPS 同位素内标标准储备溶液（100mg/L）：称取 10mg(精确至 0.1mg) BPS-$^{13}C_{12}$ 标准品，用甲醇溶解，并定容至 100mL，使 BPS-$^{13}C_{12}$ 浓度为 100mg/L，置于－20℃冰箱中保存，有效期 12 个月。

⑥ BPA 与 BPS 同位素内标混合工作液（BPA-d_{16}：1000μg/L；BPS-$^{13}C_{12}$：200μg/L）：准确吸取 BPA-d_{16} 同位素中间浓度标准溶液 100μL 与 BPS-$^{13}C_{12}$ 中间浓度标准溶液 20μL 于 100mL 容量瓶中，用甲醇-水定容至刻度，使 BPA-d_{16} 浓度为 1000μg/L，BPS-$^{13}C_{12}$ 浓度为 200μg/L。临用时配制。

四、样品的处理

大米：取试样约 200g，用粉碎机粉碎均匀，过孔径 250 目筛网后，装入洁净容器中，密封并标明标记，于 4℃以下冷藏保存，一周内进行处理。

动物肌肉：取代表性试样约 200g，用匀浆机匀浆均匀，装入洁净容器中，密封并标明标记，于 4℃以下冷藏保存，两天内进行处理。

五、试样分析

（一）提取

分别称取预处理试样 1.0g（精确到 0.1g）置于 15mL 离心管中，加入 100mL BPA 与 BPS 同位素内标混合工作液和 5mL 乙腈溶液，涡旋混匀，超声提取 30min，于 9000r/min 离心 10min，上清液尽可能全部转移至 50mL 离心管中，加水稀释至 25mL，加入 50μL 甲酸，待净化。

（二）净化

取 GCB 固相萃取柱，使用前用 18mL 甲醇、6mL 水活化。

将提取项所得上清液以 2～3mL/min 的速度上样，弃去滤液，用 6mL 水淋洗，再用 6mL 甲醇-水淋洗，最后用 6mL 甲醇-丙酮洗脱，洗脱液蒸发至近干。用 1mL 甲醇-水溶解残渣，待 LC-MS/MS 测定。

（三）标准曲线的制备

取 6 个 10mL 容量瓶，分别加入 BPA 与 BPS 混合工作溶液 10μL、20μL、50μL、100μL、200μL、500μL，以及 100μLBPA 与 BPS 同位素内标混合工作液。用甲醇-水稀释至刻度。该标准系列溶液中 BPA 的浓度分别为 1.0μg/L、2.0μg/L、5.0μg/L、10μg/L、20μg/L、50μg/L；BPS 的浓度分别为 0.2μg/L、0.4μg/L、1.0μg/L、2.0μg/L、4.0μg/L、10μg/L，内标浓度 BPA-d_{16}：10μg/L、BPS-$^{13}C_{12}$：2.0μg/L。该标准曲线工作溶液用于 BPA 与 BPS 测定时标准曲线的制作，临用时配制。

（四）样品测定

1. 液相色谱参考条件

① 色谱柱：ACQUITYUPLC® RPC18 柱，I.D. 2.1mm×50mm，粒径 1.7μm。

② 流动相：A，甲醇；B，水。

③ 流动相梯度洗脱程序：见表 8-76。

④ 流速：0.3mL/min。

⑤ 柱温：40℃。

⑥ 样品室温度：4℃。

⑦ 进样量：5μL。

表 8-76 表 1BPABPS 液相色谱梯度洗脱程序

时间/min	甲醇/%	水/%
0	20	80
4	100	0
5	100	0
5.1	20	80
7	20	80

2. 质谱条件

① 离子化模式：电喷雾电离为负离子模式（ESI－）。

② 质谱扫描方式：多反应监测。

③ 毛细管电压：2.5kV。

④ 源温度：150℃。

⑤ 脱溶剂气温度：400℃。

⑥ 脱溶剂气流量：1000L/h。

⑦ 碰撞室压力：3.1×10^{-3}mbar。

⑧ BPA 和 BPS 及其内标物的保留时间、定性定量离子对、碰撞能量见表 8-77。

表 8-77 目标化合物的质谱参数

化合物	保留时间/min	母离子(m/z)	锥孔电压/V	子离子(m/z)	碰撞能量/eV
BPA	3.43	227.2	38	212.1① 191.1	18 26
BPA-d_{16}	3.42	376.1	40	224.1	20
BPS	2.29	394.1	40	108.0① 156	26 22
BPS-$^{13}C_{12}$	2.28	412.1	46	114	26

① 定量离子。

六、质量控制

（一）精密度和准确度实验

在分析实际试样前，实验室必须达到可接受的精密度和准确度水平。通过对加标试样的分析，验证分析方法的可靠性。即取不少于 3 份基质与实际试样相似的空白样品，分别加入标准溶液。将制备好的加标试样按上述方法进行分析，各目标化合物的回收率应在 75%～125%范围内，RSD 小于 20%。在进行实际试样分析之前，必须达到上述标准。当试样的提取、净化方法进行了修改以及更换分析操作人员后，必须重复上述试验并直至达到上述标准。如果可以获得与试样具有相似基质的标准参考物，则可以用标准参考物代替加标试样进行精密度和准确度试验。正式进行分析试样时，为了保证分析结果的准确性，要求在分析每批样品时，需要分析 100%的平行样，平行样间结果的 RSD 小于等于 20%；每个批次均需做一次方法空白试验；同时每批样品按照不同样品分类分别进行加标回收试验，具体回收率参数见表 8-78 和表 8-79。

表 8-78 肉类样品加标回收率（$n=6$）

化合物名称	加标量/(μg/kg)	回收率范围/%	平均回收率/%	RSD/%
BPA	1.0	84.9～116.5	97.1	17.4
	5.0	83.2～100.0	90.2	9.7
	10.0	83.3～112.0	96.2	15.1
BPS	0.3	96.3～120.0	107.2	11.2
	1.5	84.0～90.1	86.4	3.8
	3.0	89.0～96.7	93.1	4.2

表 8-79 大米样品加标回收率（$n=6$）

化合物名称	加标量/(μg/kg)	回收率范围/%	平均回收率/%	RSD/%
BPA	1.0	90.0～118.8	105.6	13.8
	5.0	99.0～114.4	104.5	8.2
	10.0	94.2～99.0	96.2	2.6
BPS	0.3	96.2～108.0	101.9	5.8
	1.5	85.2～101.0	94.5	8.7
	3.0	94.8～99.0	97	2.2

（二）保留时间窗口

每 20 次进样后对标准溶液进行分析，校准保留时间。当更换色谱柱或改变色谱参数后均必须使用窗口确定标准溶液对保留时间窗口进行校准。

七、结果计算

按下式计算样品中 BPA 与 BPS 的量：

$$X=\frac{(c_1-c_0)\times V}{m}$$

式中 X——样品中待测组分的含量，μg/kg；

c_1——测定液中待测组分的浓度，ng/mL；

c_0——测定液中待测组分的浓度，ng/mL；

V——定容体积，mL；

m——样品称样量，g。

注：测定结果用平行测定的算术平均值表示，保留三位有效数字。

八、技术参数

（一）定性

试样中目标化合物色谱峰的保留时间与相应标准色谱峰的保留时间一致，时间窗口应在±5%之内。待测化合物定性离子的重构离子色谱峰的信噪比应大于等于3，定量离子的重构离子色谱峰的信噪比应大于等于10。同一检测批次，对同一化合物，样品中目标化合物的两个子离子的相对丰度，其允许偏差不超过表8-80规定的范围。

表8-80 定性确证时相对离子丰度的最大允许偏差

相对离子丰度/%	≤10	>10～20	>20～50	>50
允许相对偏差/%	±50	±30	±25	±20

（二）方法定性限、定量限

按能够准确确认的目标化合物浓度来估计各目标化合物在不同样品基质的定性限，样品基质、取样量、进样量、色谱分离状况、电噪声水平以及仪器灵敏度均可能对样品定性限造成影响，因此噪声水平必须从实际样品谱图中获取。以MRM模式下，定性离子通道中信噪比 $S/N=3$ 时设定样品溶液中各待测组分的浓度为定性限，以定量离子通道中信噪比 $S/N=10$ 时设定样品溶液中各待测组分的浓度为定量限。

BPS在肌肉、大米中定量限为0.30μg/kg（定性限为0.10μg/kg）；BPA在肌肉、大米中定量限为10μg/kg（定性限为0.30μg/kg）。

九、注意事项

① 样品上机前过0.22μm的滤膜。

② 由于BPA和BPS在工业上用作合成聚碳酸酯和环氧树脂的材料，因此在塑料制品中可能存在BPS和BPA的潜在污染，实验之前应考察实验所需器皿以及试剂中目标物的本底含量。

③ 固相萃取小柱存在痕量的BPA及BPS迁出，固相萃取柱活化时采用三倍体积甲醇活化（18mL）能有效降低目标物的潜在污染。

④ 实验过程中每一批样品至少做3个空白实验，空白实验中BPA和BPS的本底值应控制在0.5ng和0.2ng以下。如条件允许，推荐使用LC-MS级试剂做流动相和定溶液。

⑤ 同位素内标标准中有引入目标物污染的风险，实验之前应进行考察。

⑥ 对超标的样品，应复测，排除样品处理中受污染的可能。对于检出高浓度的样品，如后续的样品也检出目标物，应对该样液进行复测，以排除交叉污染的可能。

十、资料性附录

分析图谱如图8-36。

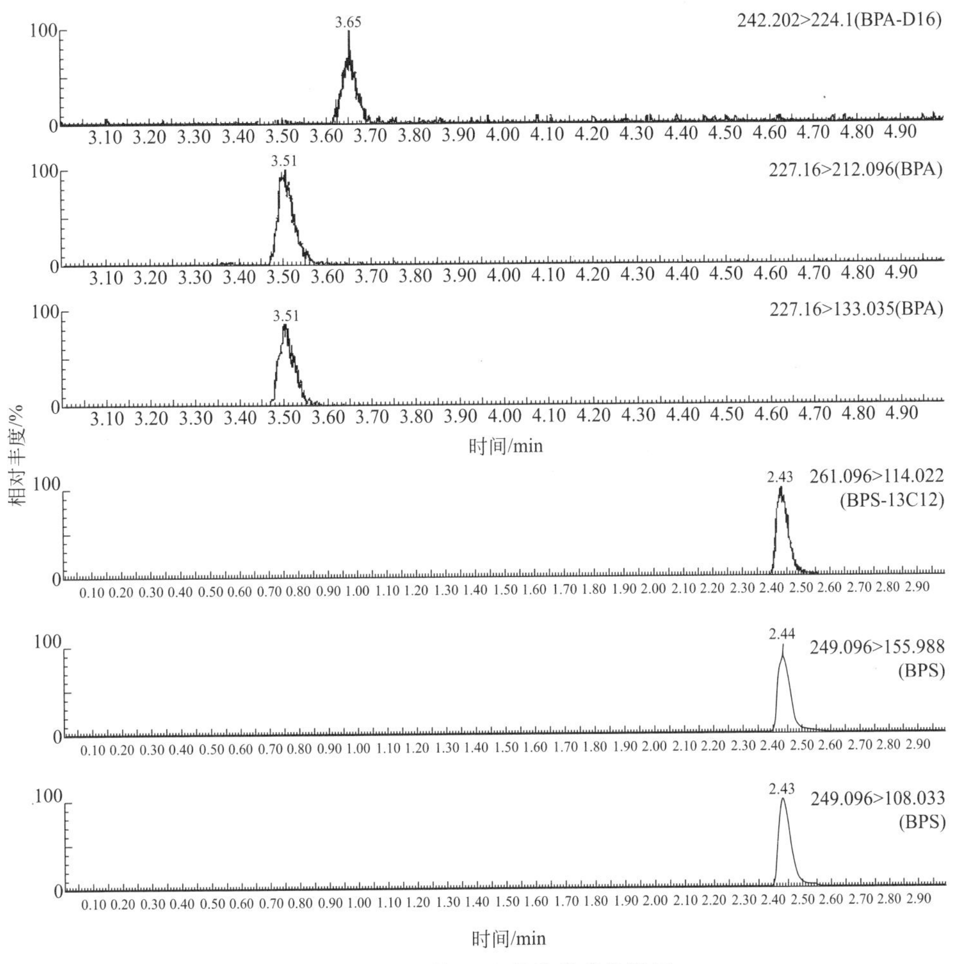

图 8-36　BPS 及 BPA 标准样品色谱图

（BPA 和 BPA-d_4：5ppb；BPS 和 BPS-$^{13}C_{12}$：0.5ppb；1ppb=1μg/mL）

第十八节　罐装食品中双酚 A 及双酚 F 的衍生物的测定

一、适用范围

本规程规定了罐装蔬菜、罐装水果、罐装肉、罐装饮料双酚 A-二缩水甘油醚、双酚 F-二缩水甘油醚及其衍生物含量的液相色谱串联质谱测定方法。

本规程适用于罐装蔬菜、罐装水果、罐装肉、罐装饮料双酚 A-二缩水甘油醚、双酚 F-二缩水甘油醚及其衍生物含量中的测定。

二、方法提要

样品中双酚 A-二缩水甘油醚、双酚 F-二缩水甘油醚及其衍生物用叔丁基甲醚和甲醇提取，经固相萃取净化，液相色谱-质谱/质谱法测定，外标法定量。

三、仪器设备和试剂

（一）仪器和设备

① 液相色谱串联四极杆质谱仪：沃特世公司 QuattroPremierXE 型超高效液相串联质谱仪，配电喷雾离子源（ESI）。

② 电子天平：感量 0.01mg，感量 0.0001g。

③ 旋涡混合器。

④ HLB 固相萃取净化柱：60mg，3mL。

⑤ 真空离心浓缩仪。

⑥ 超声波振荡器。

⑦ 高速离心机：15000r/min。

⑧ 固相萃取装置。

（二）试剂和耗材

除另有说明外，所用试剂均为分析纯，试验用水为 GB/T 6682 规定的一级水。

① 甲醇、叔丁基甲醚、甲酸、正己烷、乙酸铵：色谱纯。

② 甲醇-水-甲酸溶液（40＋60＋0.1，体积分数）：取甲醇 40mL，水 60mL，加入 0.1mL 甲酸，混合均匀。

③ 甲醇-水-甲酸溶液（90＋10＋0.1，体积分数）：取甲醇 90mL，水 10mL，加入 0.1mL 甲酸，混合均匀。

④ 乙酸铵溶液（0.005mol/L）：称取 0.385g 乙酸铵，以水溶解定容至 1000mL。

⑤ 甲酸-乙酸铵溶液：取 0.1mL 甲酸，以乙酸铵溶液定容至 100mL。

（三）标准品及标准物质

以下标准品均为 SIGMA 公司。

① 双酚 A-二缩水甘油醚（BADGE），CAS RN：1675-54-3，纯度≥95％。

② 双酚 A-(2,3-二羟丙基）缩水甘油醚（BADGE・H_2O），CAS RN：76002-91-0，纯度≥95％。

③ 双酚 A-二（2,3-二羟丙基）醚（BADGE・$2H_2O$），CAS RN：5581-32-8，纯度≥97％。

④ 双酚 A-(3-氯-2-羟丙基）(2,3-二羟丙基）醚（BADGE・H_2O・HCl），CAS RN：227947-06-0，纯度≥95％。

⑤ 双酚 A-(3-氯-2-羟丙基）甘油醚（BADGE・HCl），CAS RN：13836-48-1，纯度≥90％。

⑥ 双酚 A-二（3-氯-2-羟丙基）醚（BADGE・2HCl），CAS RN：4809-35-2，

纯度≥90%。

⑦ 双酚 F-二缩水甘油醚（BFDGE），CAS RN：2095-03-6，纯度≥95%。

⑧ 双酚 F-二（2,3-二羟丙基）醚（BFDGE · $2H_2O$），CAS RN：72406-26-9，纯度≥95%。

⑨ 双酚 F-二（2-氯-1-丙醇）醚（BFDGE · 2HCl），CAS RN：374772-79-9，纯度≥97%。

⑩ 标准储备溶液：准确称取适量标准品，用甲醇-水-甲酸溶液（40+60+0.1，体积比）溶解配制浓度为 1.0mg/mL，储备液贮存于−18℃以下。

⑪ 混合标准中间溶液：各取 BADGE、BADGE · H_2O、BADGE · $2H_2O$ 储备液 0.05mL，BADGE · H_2O · HCl、BADGE · HCl 储备液 0.10mL，BADGE · 2HCl、BFDGE、BFDGE · 2HCl 储备液 0.20mL，BFDGE · $2H_2O$ 储备液 0.50mL 置于 100mL 容量瓶中，用甲醇定容至 100mL，得到混合标准中间液（BADGE、BADGE · H_2O、BADGE · $2H_2O$ 为 0.5μg/mL；BADGE · H_2O · HCl、BADGE · HCl 为 1.0μg/mL；BADGE · 2HCl、BFDGE、BFDGE · 2HCl 为 2.0μg/mL；BFDGE · $2H_2O$ 为 5.0μg/mL）。

四、样品的处理

（一）试样的制备与保存

取整罐样品，整罐全部内容物用组织捣碎机充分捣碎混匀，均分成两份，分别装入洁净容器作为试样，密封，并标明标记。将试样置于−18℃冷冻避光保存。

（二）提取

罐装蔬菜、水果及饮料类样品：称取样品 2.0～5.0g 于 50mL 离心管内，加入 15mL 叔丁基甲醚，超声振荡提取 10min。在 12000r/min 下冷冻离心 3min，转移叔丁基甲醚至另一离心管中，用 15mL 叔丁基甲醚重复提取一次，合并提取液于另一离心管。于真空离心浓缩仪中，浓缩至干。加入 5mL 甲醇-水-甲酸溶液溶解，溶解液再加入 7mL 水混匀。

罐装动物源性样品：称取样品 2.0～5.0g 于 50mL 离心管内，加入 15mL 叔丁基甲醚，超声振荡提取 10min。在 12000r/min 下冷冻离心 3min，转移叔丁基甲醚至另一离心管中，剩余残渣依次用 10mL 叔丁基甲醚、10mL 甲醇、5mL 甲醇各提取一次，合并提取液于另一离心管。于真空离心浓缩仪中，浓缩至干。加入 5mL 甲醇-水-甲酸溶液溶解后，加入 10mL 正己烷，振荡 10min 后，12000r/min 下冷冻离心 3min，收集下层，用 5mL 甲醇-水-甲酸溶液反萃取，合并两次下层溶液，再加入 14mL 水混匀。

（三）净化

依次用 5mL 甲醇、5mL 水活化 HLB 固相萃取柱，将上述溶液于固相萃取柱上，然后依次用水 5mL，甲醇溶液 5mL 淋洗柱子，抽真空 3min，用 5mL 甲醇洗脱，收集洗脱液，于 40℃ 氮吹浓缩至干，用甲醇溶液 2.0mL 溶解残渣，经 0.22μm 滤膜过滤，混匀备用。

（四）标准工作曲线的制备

分别取混合标准中间液 0.01mL、0.05mL、0.1mL、0.5mL、1.0mL，用甲醇溶液定容至 10mL。制成如表 8-81 所示标准溶液。

表 8-81　标准曲线　　单位：ng/mL

标准溶液	1#	2#	3#	4#	5#
BADGE、BADGE·H_2O、BADGE·$2H_2O$	0.5	2.5	5.0	25	50
BADGE·H_2O·HCl、BADGE·HCl	1.0	5.0	10	50	100
BADGE·2HCl、BFDGE、BFDGE·2HCl	2.0	10	20	100	200
BFDGE·$2H_2O$	5.0	25	50	250	500

同样品一起进行上机检测，并绘制标准曲线。

五、试样分析

（一）液相色谱参考条件

沃特世公司 QuattroPremierXE 型超高效液相串联质谱仪。

① 色谱柱：ACQUITYUPLC® RPC18 柱，I.D. 2.1mm×100mm，粒径 1.7μm。

② 流动相：A，甲醇；B，甲酸-乙酸铵溶液（见“（二）试剂和耗材”）。梯度洗脱条件见表 8-82。

表 8-82　液相色谱洗脱条件时间

时间/min	A/%	B/%
0.0	40	60
4.0	90	10
5.0	90	10
5.1	40	60
7.0	40	60

③ 流速：0.3mL/min。

④ 柱温：40℃。

⑤ 进样量：5μL。

（二）质谱条件

① 离子化模式：电喷雾电离为负离子模式（ESI+）。

② 质谱扫描方式：多反应监测。

③ 毛细管电压：3kV。

④ 源温度：150℃。

⑤ 脱溶剂气温度：500℃。

⑥ 脱溶剂气流量（氮气）：800L/h。

⑦ 锥孔气流量：150L/h。

⑧ 雾化气：7bar。

⑨ 碰撞气（氩气）：0.15mL/min。

⑩ 双酚 A-二缩水甘油醚、双酚 F-二缩水甘油醚及其衍生物的特征离子见表 8-83。

表 8-83　双酚 A-二缩水甘油醚、双酚 F-二缩水甘油醚及其衍生物的主要质谱参数

化合物	保留时间/min	母离子(m/z)	锥孔电压/V	子离子(m/z)	碰撞能量/eV
BADGE	4.09	358.1	22	135.0①	30
				191.1	16
BADGE · H_2O	3.51	376.1	20	135.0①	28
				209.1	12
BADGE · $2H_2O$	2.86	394.1	24	135.0①	40
				209.1	14
BADGE · H_2O · HCl	3.70	412.1	22	135.0①	36
				227.1	20
BADGE · HCl	4.23	394.0	20	191.1①	18
				227.1	13
BADGE · 2HCl	4.33	430.0	22	135.0①	35
				227.1	14
BFDGE	3.71	330.0	22	133.0①	18
				163.0	14
BFDGE · $2H_2O$	2.24	366.1	20	107.0①	32
				181.0	16
BFDGE · 2HCl	4.00	402.0	22	181.0①	22
				199.0	14

① 为定量离子。

六、质量控制

（一）精密度和准确度实验

通过对加标试样的分析，验证分析方法的可靠性。即取不少于 3 份基质与实际试样相似的空白样品，分别加入标准溶液。将制备好的加标试样按上述方法进行分析，各目标化合物的回收率应在 75%～125%范围内，RSD 小于 20%。在进行实际试样分析之前，必须达到上述标准。当试样的提取、净化方法进行了修改以及更换分析操作人员后，必须重复上述试验并直至达到上述标准。如果可以获得与试样具有相似基质的标准参考物，则可以用标准参考物代替加标试样进行精密度和准确度试验。

正式进行分析试样时，为了保证分析结果的准确性，要求在分析每批样品时，需要分析 100%的平行样，平行样间结果的 RSD 小于等于 20%；每个批次均需做一次方法空白试验；同时每批样品按照不同样品分类分别进行加标回收试验，具体回收率参数见表 8-84。

表 8-84　食品中双酚 A 类的回收率及其精密度 ($n=6$)

化合物	加标量/(μg/kg)	平均回收率/%	回收率范围/%	RSD/%
BADGE	0.3	95.3	60.3～120.7	27.0
	1.5	98.4	80.1～120.2	15.3
	3.0	97.7	76.3～112.3	13.5
BADGE·$2H_2O$	0.3	76.0	60.7～80.7	10.7
	1.5	94.7	76.2～108.1	12.8
	3.0	97.7	84.3～108.7	11.9
BADGE·2HCl	1.5	92.3	75.2～125.4	23.6
	7.5	83.7	64.1～108.3	18.0
	15	88.1	76.3～99.2	10.8
BADGE·H_2O	0.3	100.7	80.0～140.7	21.9
	1.5	98.3	80.3～120.4	17.7
	3.0	97.7	88.7～106.0	7.2
BADGE·H_2O·HCl	0.6	75.0	60.5～100.8	21.9
	3.0	89.3	74.7～104.0	14.3
	6.0	79.5	67.2～88.5	9.8
BADGE·HCl	0.6	78.6	60.3～100.5	20.5
	3.0	75.7	58.0～90.3	15.6
	6.0	88.5	71.3～118.7	19.5
BFDGE	1.5	120.0	90.2～150.3	19.0
	7.5	78.4	58.3～88.4	14.0
	15	80.8	67.0～91.8	12.0
BFDGE·$2H_2O$	3.0	91.7	60.3～108.3	24.8
	15	84.0	74.0～91.7	7.6
	30	86.2	75.3～93.3	7.5
BFDGE·2HCl	1.5	106.1	90.1～130.0	12.8
	7.5	92.3	74.2～108.5	12.4
	15	96.6	86.3～116.5	11.3

(二)保留时间窗口

每 20 次进样后对标准溶液进行分析，校准保留时间。当更换色谱柱或改变色谱参数后均必须使用窗口确定标准溶液对保留时间窗口进行校准。

七、结果计算

样品中双酚 A-二缩水甘油醚、双酚 F-二缩水甘油醚及其衍生物的量按下式计算：

$$X=\frac{c\times V}{M}$$

式中　X——样品中待测组分的含量，μg/kg；

c——测定液中待测组分的浓度，ng/mL；

V——定容体积，mL；

M——样品称样量，g。

注：测定结果用平行测定的算术平均值表示，保留两位有效数字。

八、技术参数

（一）定性

试样中目标化合物色谱峰的保留时间与相应标准色谱峰的保留时间一致，时间窗口应在±5%之内。待测化合物的定性离子的重构离子色谱峰的信噪比应大于等于3，定量离子的重构离子色谱峰的信噪比应大于等于10。同一检测批次，对同一化合物，样品中目标化合物的两个子离子的相对丰度比，其允许偏差不超过表8-85规定的范围。

表 8-85　定性时相对离子丰度的最大允许偏差

相对离子丰度/%	≤10	>10～20	>20～50	>50
允许相对偏差/%	±50	±30	±25	±20

（二）方法定性限、定量限

按能够准确确认的目标化合物浓度来估计各目标化合物在不同样品基质的定性限，样品基质、取样量、进样量、色谱分离状况、电噪声水平以及仪器灵敏度均可能对样品定性限造成影响，因此噪声水平必须从实际样品谱图中获取。以MRM模式下，定性离子通道中信噪比 $S/N=3$ 时设定样品溶液中各待测组分的浓度为定性限，以定量离子通道中信噪比 $S/N=10$ 时设定样品溶液中各待测组分的浓度为定量限。本方法的定性限和方法定量限见表8-86。

表 8-86　方法定性限和方法定量限　　单位：μg/kg

化合物	方法定性限	方法定量限
BADGE	0.10	0.30
BADGE・H_2O	0.10	0.30
BADGE・$2H_2O$	0.10	0.30
BADGE・H_2O・HCl	0.20	0.60
BADGE・HCl	0.20	0.60
BADGE・2HCl	0.50	1.5
BFDGE	0.50	1.5
BFDGE・2HCl	0.50	1.5
BFDGE・$2H_2O$	1.0	3.0

九、注意事项

① 注意整个实验中，尽量实验玻璃和硬质塑料器皿，玻璃器皿使用前在马弗炉中400℃烘烤4h。

② 注意由于所测物质在罐头内容物中，分布不均，为了让取样具有代表性，需取整罐内容物于金属材质组织捣碎机中粉碎并混匀，放入原罐头盒中密封好，于－18℃下避光保存。

③ 正己烷除油步骤中，尽量吸取下层澄清液体，避免引入残渣堵塞固相萃取柱。

④ 样品上机前过 0.22μm 的滤膜。

⑤ 由于 BFDGE·2HCl 和 BFDGE 分别存在 2 种和 3 种异构体，故在做 MRM 时，定量离子和定性离子均出现 2 个、3 个峰，定量时选用了所有响应峰的峰面积之和进行定量。

十、资料性附录

分析图谱如图 8-37。

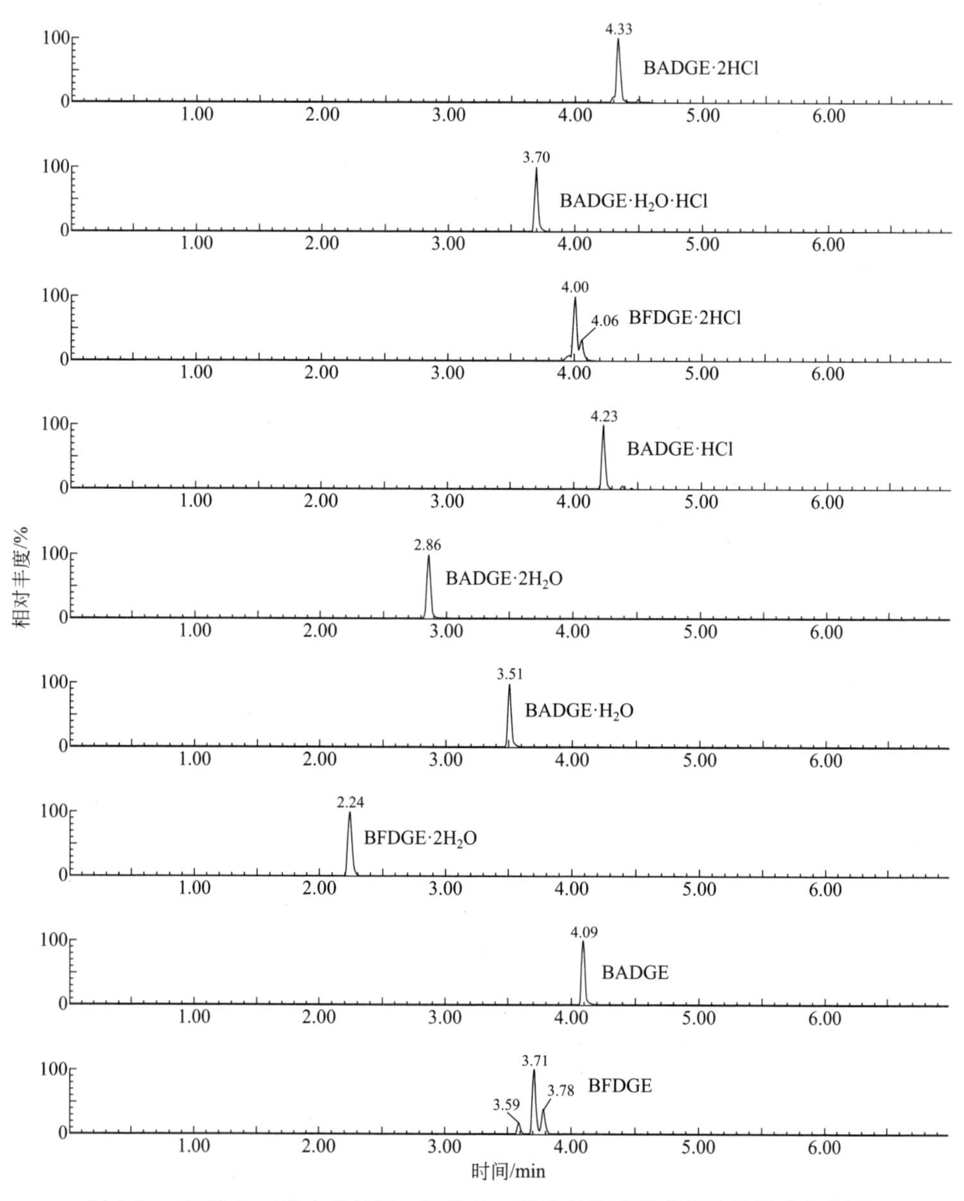

图 8-37 双酚 A-二缩水甘油醚、双酚 F-二缩水甘油醚及其衍生物标准色谱图

第十九节　酒精性饮料中氨基甲酸乙酯的测定

一、适用范围

本标准操作规程适用于葡萄酒、黄酒、啤酒等酒精性饮料中氨基甲酸乙酯含量的测定。

二、方法提要

试样经过净化、浓缩后，气相色谱-质谱联用仪测定，利用选择离子监测模式及内标法对其进行定性、定量。

三、仪器设备和试剂

（一）仪器和设备

① 气相色谱质谱仪，带 EI 源。

② 旋涡混合器。

③ 氮吹仪。

④ 固相萃取仪，配有抽真空装置。

⑤ ProElutLLE+液液萃取柱（3g/12mL，迪马公司）。

⑥ 天平：感量为 1.0mg 和 0.01g。

（二）试剂和耗材

本规程实验用水符合 GB/T 6682 中一级水规定的要求。

① 无水硫酸钠、氯化钠：AR。

② 正己烷、乙酸乙酯、乙醚、甲醇：色谱纯。

③ 无水硫酸钠：450℃烘烤 4h，冷却后贮于干燥器中备用。

④ 5%（体积分数）乙酸乙酯-乙醚溶液：取 5mL 乙酸乙酯，用乙醚定容到 100mL，混匀待用。

⑤ 碱性硅藻土固相萃取柱：500mg/6mL。

（三）标准品及标准物质

① 氨基甲酸乙酯标准品（$C_3H_7O_2N$）：纯度>99.0%，CAS RN：51-79-6。

② 氨基甲酸乙酯-d_5 标准品($C_3H_2D_5NO_2$)：纯度>99.0%，CAS RN：73962-07-9。

③ 氨基甲酸乙酯储备液（1.0mg/mL）：准确称取 0.1000g 氨基甲酸乙酯标准品，用甲醇溶解、定容至 100mL，置 4℃冰箱储存，有效期 1 个月。

④氨基甲酸乙酯中间液（1.0μg/mL）：准确吸取 1.0mg/mL 氨基甲酸乙酯标准储备液 1.0mL，用甲醇定容至 1000mL，临用现配。

⑤ 氨基甲酸乙酯-d_5 内标储备液（1.0mg/mL）：准确称取氨基甲酸乙酯-d_5 标准品 10.0mg，用甲醇定容至 10mL。

⑥ 氨基甲酸乙酯-d_5 内标使用液（1.0μg/mL）：准确吸取 1.0mg/mL 氨基甲酸乙酯-d_5 标准储备液 0.1mL，用甲醇定容至 100mL。

四、样品的处理

取 2.0g(准确到 0.01g)的酒样，内标法加氨基己酸乙酯-d_5 内标使用液 100μL，旋涡混合器混匀，加样到 ProElutLLE＋液液萃取柱上，抽真空，让试样慢慢渗入到萃取柱中，静置约 10min，先用正己烷 10mL 淋洗，然后用 10mL5％乙酸乙酯-乙醚洗脱，收集于 10mL 具塞刻度试管中，洗脱液经无水硫酸钠脱水后，在 30℃下氮吹仪吹至近干，用甲醇溶解定容 1.0mL，制成测定液供 GC-MS 分析，同时做空白实验。

五、试样分析

（一）内标法仪器参考条件

1. 色谱条件

① 色谱柱：DM-WAX（30m×0.25mm×0.25μm，迪马公司）。

② 进样口温度：200℃。

③ 不分流进样。

④ 进样体积 1μL。

⑤ 色谱柱升温程序：初温 50℃，保持 1min，然后以 8℃/min 升至 160℃，以 30℃/min 升至 220℃，保持 5.0min。

2. 质谱条件

① 离子源（EI）源温：200℃。

② 接口温度：220℃。

③ 溶剂延迟时间：10min。

④ 选择离子监测方式(SIMmode)：氨基甲酸乙酯监测离子 m/z 为 44、62、89，定量离子为 62；氨基甲酸乙酯-d_5 选择监测离子 m/z 为 44、64、76，定量离子为 64。

3. 标准曲线绘制

分别准确吸取一定量氨基甲酸乙酯标准中间液，加入 1.0μg/mL 氨基甲酸乙酯-d_5 内标使用液 100μL，用甲醇定容至 1.0mL，得到 20.0ng/mL、40.0ng/mL、80.0ng/mL、120.0ng/mL、160.0ng/mL 的标准使用液。

将上述氨基甲酸乙酯标准使用液 20.0ng/mL、40.0ng/mL、80.0ng/mL、120.0ng/mL、160.0ng/mL 进行气相色谱-质谱仪测定，以氨基甲酸乙酯浓度为横坐标，以相应浓度氨基甲酸乙酯的峰面积与内标峰面积比为纵坐标，绘制标准曲线。

（二）外标法仪器参考条件

1. 色谱条件

① DB-FFAP 毛细管色谱柱：30m×0.32mm×0.25μm。

② 进样口温度：200℃。

③ 柱温：初温 50℃，保持 1min，然后以 10℃/min 升至 150℃。程序运行完成后 240℃后运行 5min。

④ 载气：氦气，纯度≥99.999%，流速 1mL/min。

⑤ 电离方式：EI 源。

⑥ 离子源温度：200℃。

⑦ 接口温度：200℃。

⑧ 进样方式：不分流进样。

⑨ 进样量：2.0μL。

⑩ 氨基甲酸乙酯选择监测离子（m/z）：44、62、89；定量离子 62。

2. 标准曲线制备

将氨基甲酸乙酯标准使用液 10.0ng/mL、25.0ng/mL、50.0ng/mL、100ng/mL、200ng/mL、400ng/mL、1000ng/mL 进行气相色谱-质谱仪测定，以氨基甲酸乙酯浓度为横坐标，以相应浓度的峰面积为纵坐标，绘制标准曲线。

（三）试样测定

将试样溶液同标准溶液进行测定，根据标准曲线得到待测液中氨基甲酸乙酯的浓度。定性：保留时间；离子丰度比满足的条件范围。

（四）空白试验

空白试验系指除不加试样外，采用完全相同的分析步骤、试剂和用量，进行平行操作。

六、质量控制

加标回收：按照 10%的比例对所测组分进行加标回收试验，样品量<10 件的最少 1 个。加标的回收率应在 60%～120%范围内，内标的绝对回收率应大于 50%。其加标回收率参考值如表 8-87。

表 8-87 食品中氨基甲酸乙酯测定的加标回收率参考值

氨基甲酸乙酯的浓度/(μg/kg)	>20	<20
加标回收率/%	90～120	85～115

七、结果计算

试样中氨基甲酸乙酯含量按下式计算。

$$X=\frac{(c-c_0)\times V\times 1000}{m\times 1000}$$

式中 X——试样中氨基甲酸乙酯含量，μg/kg；

c——试液中氨基甲酸乙酯的含量，ng/mL；

c_0——空白样品中氨基甲酸乙酯的含量，ng/mL；

m——样品称样量，g；

V——样品的定容体积，mL；

1000——换算系数。

计算结果在重复性条件下获得两次测定结果的算术平均值小于 20%。结果保留三位有效数字。

八、技术参数

一般的原则是按照3倍信噪比计算，即当样品组分的响应值等于基线噪声3倍时，该样品的浓度就被作为最小检测限，与此对应的该组分的进样量就叫作最小检测量。此外，在验证定量方法时，还将10倍信噪比所对应的样品浓度叫作最小定量限。

内标法：氨基甲酸乙酯的线性范围为0～160.0ng/mL；当样品的取样量为2.0g时，本法的定性限为1.0μg/kg，定量限为2.0μg/kg。

外标法：当试样取2.00g时，氨基甲酸乙酯的方法定性限为2.0μg/kg，定量限为5.0μg/kg。

九、注意事项

① 当样品中含有较多亲水性组分时，洗脱液可能呈浑浊状，但这不会影响到后面的浓缩。

② 为了避免水进入洗脱液，加入的水样不能超过柱容量。

③ 平衡时间过短会降低回收率。

④ 样品量较少时，被填料扣留的洗脱溶剂会增多，这会影响回收率；所以当样品量与柱子的最大上样量相差较大时，应向样品中加入20%NaCl溶液，使样品量等于最大上样量。

⑤ 实际样品中氨基甲酸乙酯含量相差很大，如葡萄酒每千克只有几十微克，而黄酒、白酒可能每千克有成百上千微克，在实际检测中按照样品浓度，选择合适的标准曲线范围。低浓度可以选择10～200μg/L标准曲线计算样品中含量，高浓度氨基甲酸乙酯采用50～1000μg/L来绘制标准曲线，计算样品中含量。

⑥ 由于氨基甲酸乙酯属于挥发性化合物，因此要求洗脱液洗脱后容易挥发，否则在除去溶剂的同时，造成氨基甲酸乙酯损失。因此本方法采用5%乙酸乙酯-乙醚作为固相萃取洗脱液。

⑦ 所有色谱柱应为强极性柱，用弱极性柱或非极性柱，在目标物附近有干扰，影响测定。

十、资料性附录

内标法分析图谱如图8-38～图8-40。

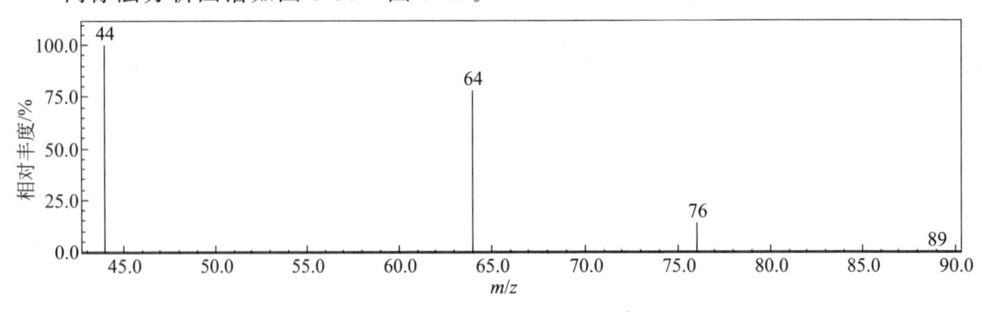

图8-38 氨基甲酸乙酯-d_5标准液质谱图

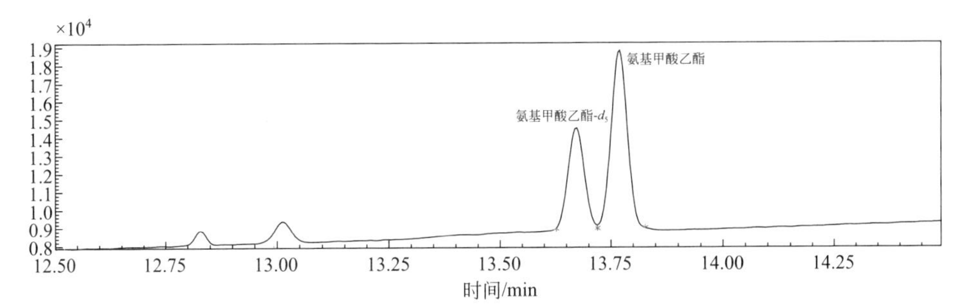

图 8-39　在 DM-WAX 色谱柱上的分离图谱（氨基甲酸乙酯含量为 0.20μg/mL）

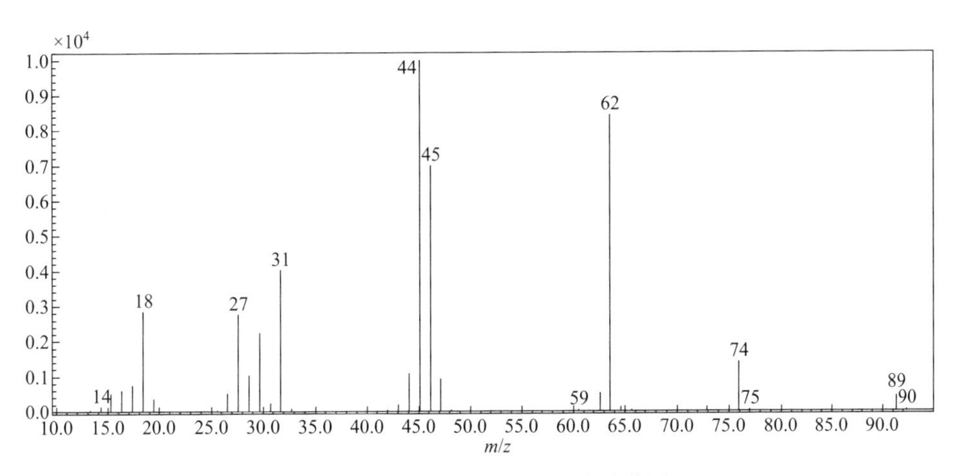

图 8-40　氨基甲酸乙酯标准液质谱图

外标法分析图谱如图 8-41～图 8-44。

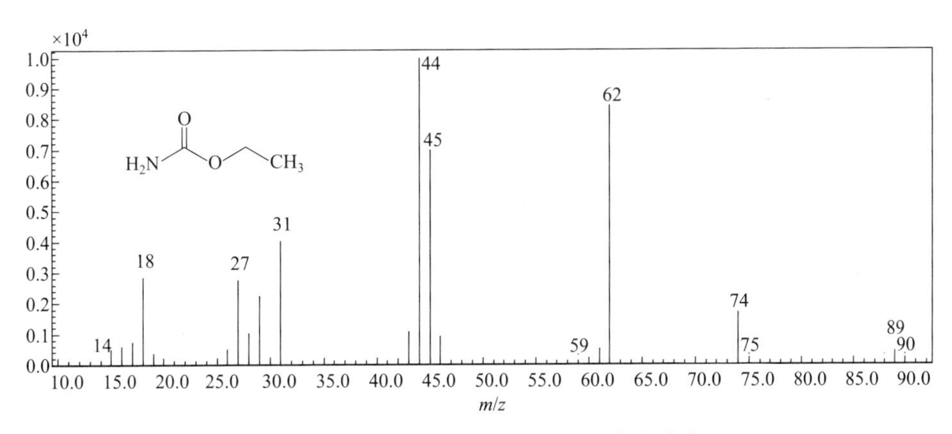

图 8-41　氨基甲酸乙酯在 NIST 标准谱库质谱图

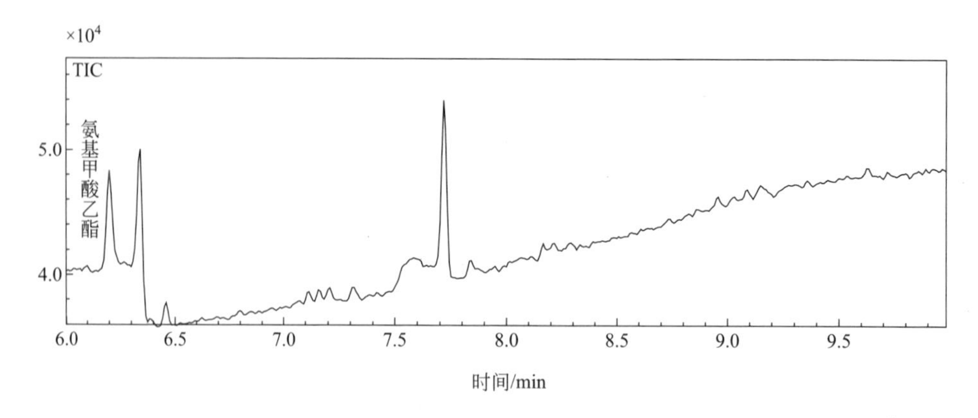

图 8-42　氨基甲酸乙酯总离子图

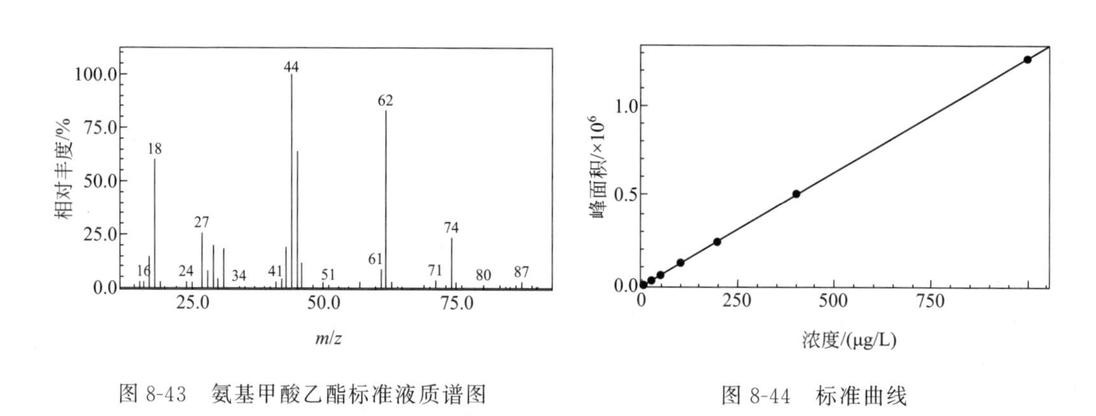

图 8-43　氨基甲酸乙酯标准液质谱图

图 8-44　标准曲线

第二十节　葡萄酒、果汁、啤酒中 8 种生物胺的测定

一、适用范围

本标准操作规程适用于葡萄酒、果汁、啤酒中色胺、苯乙胺、腐胺、尸胺、组胺、酪胺、亚精胺和精胺含量的液相色谱法测定。

二、方法提要

以 1,7-二氨基庚烷为内标，经过盐酸酸化超声提取后，以丹磺酰氯为衍生剂，60℃衍生 30min，C18 柱分离，二极管阵列（或紫外）检测器检测，以保留时间定性，内标法定量。

三、仪器设备和试剂

（一）仪器和设备

① 高效液相色谱仪，附二极管阵列（或紫外）检测器。

② 色谱柱：C18（150mm×4.6mm，粒径 5μm）。

③ 恒温水浴箱。

④ 超声提取仪。

⑤ 氮吹仪。

⑥ 涡旋混合振荡器。

⑦ 酸度计。

（二）试剂和耗材

除另有规定外，所用试剂均为分析纯，实验用水符合 GB/T 6682 所规定的一级水要求。

① 氢氧化钠、碳酸氢钠、谷氨酸钠、乙醚：分析纯。

② 甲醇、丙酮：色谱纯。

③ 氢氧化钠溶液：1mol/L。

④ 饱和碳酸氢钠溶液，用氢氧化钠溶液调 pH=9.5。

⑤ 谷氨酸钠溶液：50mg/mL，溶于饱和碳酸氢钠溶液中。

⑥ 盐酸：0.1mol/L。

⑦ 丹磺酰氯衍生剂：准确称取适量丹磺酰氯（$C_{12}H_{12}ClNO_2S$，纯度>95%），以丙酮为溶剂配制成浓度为 0.01mg/L 的衍生剂，置 4℃ 冰箱储存。

（三）标准品及标准物质

① 组胺盐酸盐标准品（$C_5H_9N_3 \cdot 2HCl$）（纯度>99%，称量时以组胺计，$C_5H_9N_3/C_5H_9N_3 \cdot 2HCl=111/184$）。

② β-苯乙胺标准品（$C_8H_{11}N$）。

③ 酪胺盐酸盐标准品（$C_8H_{12}ClNO \cdot HCl$）（纯度>99%，称量时以酪胺计，$C_8H_{12}ClNO/C_8H_{12}ClNO \cdot HCl=137/174$）

④ 腐胺标准品（$C_4H_{12}N_2$）（纯度>98%）。

⑤ 尸胺标准品（$C_5H_{14}N_2$）（纯度>95%）。

⑥ 色胺标准品（$C_{10}H_{12}N_2$）（纯度>99%）。

⑦ 精胺标准品（$C_{10}H_{26}N_4$）（纯度>95%）。

⑧ 亚精胺标准品（$C_7H_{19}N_3$）（纯度>97%）。

⑨ 二氨基庚烷内标标准品（$C_7H_{18}N_2$）（纯度>98%）。

（四）标准溶液

① 标准储备溶液：准确称取各种生物胺标准品及内标物质适量，0.1mol/L HCl 溶液溶解后转移至 10mL 容量瓶中，用 0.1mol/L HCl 溶液定容，混匀，配制成浓度为 1000mg/L（以各种生物胺单体计）的标准储备液，置 4℃ 冰箱储存，有效期 1 个月。

② 生物胺标准混合使用液分别吸取各生物胺单组分标准储备溶液 1.0mL，置于同一个 10mL 容量瓶中，用 0.1mol/LHCl 稀释至刻度，混匀，配制成生物胺混合标准使用液（100mg/L）。

③ 内标使用液。

④ 取 1.0mL 内标储备液，置 10mL 容量瓶中，用 0.1mol/L HCl 稀释至刻度，混匀，作为内标使用液（100mg/L），置 4℃冰箱储存，有效期 1 周。

⑤ 生物胺标准系列溶液。

⑥ 吸取 0.10mL、0.25mL、0.5mL、1.00mL、1.5mL、2.5mL、5.0mL 生物胺标准混合使用液（100mg/L），分别置于 10mL 容量瓶中，用 0.1mol/L HCl 溶液定容，混匀，使浓度分别为 1.0mg/L、2.5mg/L、5.0mg/L、10.0mg/L、15.0mg/L、25.0mg/L、50.0mg/L。

四、样品的处理

试样的制备与保存：取样品 0.50mL 于具塞玻璃刻度离心管中（啤酒样品打开后静置 10min，待气泡消除掉再取样），加入 1mol/L HCl 0.1mL，30℃ 超声 30min，待衍生。

五、试样分析

（一）样品衍生

取已处理的样品，加入内标使用液 20μL，加入饱和碳酸氢钠溶液 1.5mL、丹磺酰氯衍生剂 1.0mL，振荡混匀。置 60℃恒温水浴箱中反应 30min，中间振荡 2 次，取出，分别加入谷氨酸钠溶液 100μL，振荡混匀，60℃保温 15min。取出，加入 1mL 超纯水，40℃水浴，用氮气吹至大约剩 1mL。加入乙醚 3mL，振荡 2min，静置分层后，吸取出上层有机相（乙醚层），重复萃取 1 次，合并乙醚萃取液，氮气吹干。加入甲醇 1.0mL 使残留物溶解，振荡混匀，0.22μm 微孔滤膜过滤，滤液待测。

（二）标准系列衍生

分别移取生物胺标准系列溶液 0.50mL，分别置于具塞玻璃刻度离心管中，以下操作同“样品衍生”。

六、样品测定

① 色谱柱：C18 柱，（150mm×4.6mm，粒径 5μm）。

② 检测波长：254nm。

③ 进样量：20μL。

④ 柱温：30℃。

⑤ 流速：1.5mL/min

⑥ 流动相：A 为甲醇溶液，B 为超纯水。

⑦ 梯度洗脱程序见表 8-88。

表 8-88　梯度洗脱程序表

时间/min	甲醇/%	水/%
0	55	45
7	65	35
14	70	30
20	70	30
27	90	10
30	100	0
34	100	0
35	55	45

分别吸取上述标准系列和试样的衍生溶液注入高效液相色谱仪中测定。

七、质量控制

（一）线性范围

8 种生物胺在 0.20～50mg/L 范围内线性关系良好，相关系数 $r>0.9979$。

（二）回收率和精密度

取 20.0mg/L 的标准加入样于具塞玻璃刻度离心管中，按本法进行 6 次平行测定，得到的 RSD 为 0.90%～2.95%。

在阳性样品中分别加入低、中、高三种浓度的生物胺标准物质，按本法进行测定，回收率范围为 86.5%～103.0%，结果见表 8-89。

表 8-89　回收率实验结果

生物胺	本底浓度/(mg/L)	加标浓度/(mg/L)	测定浓度/(mg/L)	回收率/%
色胺	ND	2.00	1.85	92.5
	ND	20.0	19.23	96.2
	ND	40.0	38.26	95.7
苯乙胺	0.41	2.00	2.14	86.5
	0.41	20.0	20.05	98.2
	0.41	40.0	39.26	97.1
腐胺	2.52	2.00	4.31	89.5
	2.52	20.0	22.06	97.7
	2.52	40.0	41.45	97.3
尸胺	ND	2.00	2.06	103.0
	ND	20.0	18.24	91.2
	ND	40.0	38.1	95.3
组胺	3.25	2.00	5.04	89.5
	3.25	20.0	22.96	98.6
	3.25	40.0	43.89	101.6
酪胺	0.82	2.00	2.65	91.5
	0.82	20.0	20.17	96.8
	0.82	40.0	40.68	99.7

续表

生物胺	本底浓度/(mg/L)	加标浓度/(mg/L)	测定浓度/(mg/L)	回收率/%
亚精胺	ND	2.00	1.85	92.5
	ND	20.0	18.97	94.9
	ND	40.0	38.96	97.4
精胺	ND	2.00	1.76	88.0
	ND	20.0	20.08	100.4
	ND	40.0	38.26	95.7

八、结果计算

按下式计算样品中生物胺的含量。

$$X=\frac{c\times V\times f}{m}$$

式中 X——试样中生物胺的含量，μg/kg；

c——样液中生物胺的浓度，ng/mL；

V——样液定容体积，mL；

m——试样质量，g；

f——稀释倍数。

结果保留三位有效数字。

九、技术参数

在本实验条件下，8种生物胺在0.20～50mg/L范围内线性关系良好，线性相关系数、线性方程及定性限见表8-90。

表8-90 线性方程、相关系数、定性限和定量限

生物胺	相关系数(r)	回归方程	定性限/(mg/L)	定量限/(mg/L)
色胺	0.9991	$Y=1.133X+1.942$	0.52	1.56
苯乙胺	0.9995	$Y=3.350X+0.6637$	0.17	0.51
腐胺	0.9994	$Y=0.1504X+0.8543$	0.11	0.33
尸胺	0.9990	$Y=0.2286X+0.6799$	0.10	0.30
组胺	0.9989	$Y=0.2485X+0.4553$	0.75	2.25
酪胺	0.9993	$Y=0.2598X+0.4454$	0.32	0.96
亚精胺	0.9989	$Y=0.2871X+0.2666$	0.18	0.54
精胺	0.9979	$Y=0.4317X-0.9207$	0.21	0.63

十、注意事项

① 在葡萄酒样品测定中发现在苯甲胺与色胺之间出现一个未知成分峰，此峰随着样品的不同，常常会影响到苯甲胺峰面积的计算，这样会影响样品中生物胺

的定量计算，可尝试通过积分时间或积分范围进行调整。

② 为保证分析结果的准确，要求在分析每批样品时，视样品含量进行加标试验，计算添加回收率，回收率应在60%～120%范围之内。内标回收率大于50%。

③ 生物胺衍生30min的效率最高，应严格控制时间。

④ 在衍生中，除组胺和腐胺外，其余从室温到50℃范围内，衍生效率变化不大。50℃后，各生物胺衍生效率变化较大。在60℃时各生物胺衍生效率最高，60℃后衍生效率下降。在试验过程中还发现，室温、40℃和50℃衍生时，衍生溶液常常带有深浅不均的黄色，衍生温度60℃时黄色基本消失。因此选择60℃为生物胺丹磺酰氯衍生的最佳温度。

⑤ 加入谷氨酸钠溶液后，除组胺的衍生效率随时间变化较大外，再处理时间对其他生物胺的衍生效率影响变化幅度并不显著，根据实验结果，选择15～20min比较理想。

⑥ 衍生体系的pH对衍生效率影响较大，应严格控制反应体系的pH。

十一、资料性附录

分析图谱如图8-45。

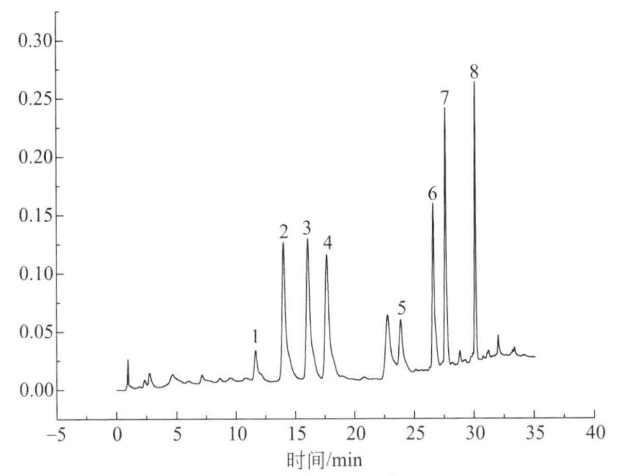

图8-45 八种生物胺标准色谱图（10mg/L）

1—色胺（RT=11.67）；2—苯乙胺（RT=14.01）；3—腐胺（RT=16.05）；4—尸胺（RT=17.66）；5—组胺（RT=22.77）；6—酪胺（RT=26.59）；7—亚精胺（RT=27.61）；8—精胺（RT=30.10）；

第二十一节 鱼与鸡蛋中氯霉素的测定

一、适用范围

本规程规定了氯霉素药物残留检测的制样方法、液相色谱/质谱确证及测定方法。

本规程适用于鱼与鸡蛋中氯霉素含量的制样方法、液相色谱/质谱确证及测定方法。

二、方法提要

氯霉素在碱性条件下，用乙酸乙酯提取，提取液经氮吹后，残渣用水溶解，经正己烷液液分配脱脂，液相色谱-质谱仪测定，外标法定量。

三、仪器设备和试剂

（一）仪器和设备

① Xevo™TQMS 液相色谱-串联四极杆质谱仪：配有电喷雾离子源，沃特世公司。

② 电子天平：感量 0.001g 和 0.0001g。

③ 超声清洗仪。

④ 旋涡混合器。

⑤ 台式冷冻离心机：13000r/min。

⑥ 冷冻离心机：7000r/min。

⑦ 氮吹仪。

⑧ 微量移液器。

（二）试剂和耗材

实验用水，符合 GB/T 6682 规定的一级水。

① 甲醇、乙酸乙酯、正己烷：色谱纯。

② 氢氧化铵（分析纯）：25%～28%。

③ 无水硫酸钠（分析纯）：经 650℃灼烧 4h，置于干燥器中备用。

（三）标准品及标准物质

1. 标准品

氯霉素，纯度 98.6%，CAS RN：56-75-7（Dr. EhrenstorferGmbH 公司）。

2. 标准溶液

① 标准储备液：称取氯霉素标准品 10.0mg，用甲醇定容至 10mL 容量瓶，制成 1000mg/L 标准储备液，−18℃以下保存，可以稳定 12 个月。

② 标准工作液：取标准储备液 100μL，用甲醇定容至 10mL 容量瓶，制成 10mg/L 标准使用液。

四、样品的处理

（一）试样的制备与保存

取鱼肉 500g 去除皮和刺等后均质，取足够量样品于−18℃保存。

取鸡蛋 500g 去壳用均质机均质，取足够量样品于−18℃保存。

（二）提取

称取 5g 样品（精确至 0.01g）于 50mL 具塞塑料离心管中，准确加入内标使用 75μL、乙酸乙酯 15mL、氢氧化铵 0.45mL，5g 无水硫酸钠，鱼肉样品不加无水硫酸钠，旋涡混匀，超声提取15min，0～4℃下7000r/min离心5min，将上清液转入另一个50mL具塞塑料离心管中。

再向第一个50mL具塞塑料离心管中加入乙酸乙酯15mL、氢氧化铵0.45mL，旋涡混匀，超声提取15min，0～4℃下7000r/min离心5min，上清液转入第二个50mL具塞塑料离心管中。

再向第一个50mL具塞塑料离心管中加入乙酸乙酯15mL，旋涡混匀，超声提取15min，0～4℃下7000r/min离心5min，上清液转入第二个50mL具塞塑料离心管中。

用乙酸乙酯将前3次合并上清液定容至50mL，混匀后取10mL提取液于45℃氮气吹干。

（三）净化

吹干后残渣，用3mL水溶解，超声5min，加入3mL正己烷，旋涡混合30s，0～4℃下7000r/min离心5min，弃去上层正己烷；再加入3mL正己烷，旋涡混合30s，0～4℃下7000r/min离心5min，移取1.5mL下层水相于1.5mL聚丙烯离心管中，0～4℃下13000r/min离心5min，过0.2μm滤膜后，供仪器测定。

五、试样分析

（一）仪器参考条件

1. 液相色谱条件

① 色谱柱：ACQUITYUPLC® RPC18柱，2.1mm(内径)×100mm，1.7μm。

② 流动相：A，甲醇；B，水。梯度洗脱程序见表8-91。

表8-91　梯度洗脱程序

时间/min	A/%	B/%
0	80	20
1	40	60
1.5	10	90
3	30	70
3.5	80	20
5	80	20

③ 流速：0.25mL/min。

④ 柱温：35℃。

⑤ 进样量：10μL。

2. 质谱条件

① 电离源：电喷雾负离子模式。

② 毛细管电压：2.0kV。

③ 源温度：150℃。

④ 脱溶剂气温度：400℃。

⑤ 脱溶剂气流量：700L/h。

⑥ 氯霉素的特征离子，见表 8-92。

表 8-92 氯霉素的特征离子

化合物	保留时间/min	母离子(m/z)	锥孔电压/V	子离子(m/z)	碰撞能量/eV
氯霉素	1.18	321.1	26	151.9(定量) 257.0(定性)	16 10

（二）标准曲线

将标准工作液稀释成 100μg/L 的标准曲线工作溶液，得到 0.10μg/L、0.50μg/L、1.00μg/L、2.00μg/L、5.00μg/L 浓度的标准系列溶液，以标准溶液中分析物的峰面积与分析物浓度（μg/L）绘制校正曲线，按外标法计算样品中氯霉素的含量。

（三）样品测定

1. 样品的定性

① 未知组分与已知标准的保留时间相同（±2.5%之内）。

② 在相同保留时间下提取到与已知标准相同的特征离子。

③ 与已知标准的特征离子相对丰度的允许偏差不超出规定的范围；满足以上条件即可进行确证。

2. 样品的定量

外标法定量。

六、质量控制

（一）定性与定量测定

试样中目标化合物色谱峰的保留时间与相应标准色谱峰的保留时间一致，变化范围应在±2.5%之内。待测化合物的定性离子的重构离子色谱峰的信噪比应≥3，定量离子的重构离子色谱峰的信噪比应≥10。每种化合物的质谱定性离子必须出现，至少应包括一个母离子和一个子离子，而且同一检测批次，对同一化合物样品中目标化合物的两个离子的相对丰度比与浓度相当的标准溶液相比，其允许偏差不超过表 8-93 规定的范围。

表 8-93 定性离子相对离子丰度的最大允许偏差

相对离子丰度/%	≤10	>10～20	>20～50	>50
允许相对偏差/%	±50	±30	±25	±20

（二）平行实验

按以上步骤操作，需对统一样品进行独立两次分析测定，测定的两次结果的绝对差值不得超过算术平均值的 15%。

（三）保留时间窗口

每 100 次进样后进行窗口确定标准溶液的分析，确定保留时间窗口的正确。当更换色谱柱或改变色谱参数后均必须使用窗口确定标准溶液对保留时间窗口进行校准。

(四)质谱仪的质量数校正

定期用校正液进行一次质谱仪的质量校正,确保监测离子的质量数不发生改变。

七、结果计算

按下式计算样品中氯霉素的残留量

$$X=\frac{c\times V\times 5\times 1000}{m\times 1000}$$

式中 X——试样中待测物质含量,μg/kg;

c——样液中待测物质浓度,μg/L;

V——样液定容体积,mL;

m——试样质量,g;

5——稀释倍数;

1000——换算系数。

注:计算结果需扣除空白值,测定结果用平行测定的算术平均值表示,保留三位有效数字,平行样品间 RSD≤20%。

八、技术参数

(一)定性限和定量限

按能够准确确认的目标化合物浓度来估计各目标化合物在不同样品基质的定性限,样品基质、取样量、进样量、色谱分离状况、电噪声水平以及仪器灵敏度均可能对样品定性限造成影响,因此噪声水平必须从实际样品谱图中获取。因此,在此不规定各个化合物的定性限和定量限。原则上以各个单位仪器中 MRM 模式下,定性离子通道中信噪比为 3 时,设定样品溶液中个待测组分的浓度定性限,以定量离子通道中信噪比为 10 时设定样品溶液中各待测组分的浓度为定量限。在使用上述型号设备检测时 LOQ 为 0.30μg/kg。

(二)精密度和准确度试验

在分析实际样品前,实验室必须达到可接受的精密度和准确度水平。通过对加标样品的分析,验证分析方法的可靠性。即取不少于 3 份基质与实际样品相似的空白样品,分别加入标准溶液。将制备好的加标样品按上述方法进行分析,各目标化合物的回收率应在 90%~105%范围内,RSD<20%。

在进行实际样品分析之前,必须达到上述标准。当样品的提取、净化方法进行了修改以及更换分析操作人员后,必须重复上述样品并直至达到上述标准。实验室每 6 个月应进行上述试验,并直至达到上述标准。如果可以获得与样品具有相似基质的标准参考物,则可以用标准参考物代替加标样品进行精密度和准确度试验。

正式进行分析样品时，为了保证分析结果的准确性，要求在分析每批样品时，需要分析10%的平行样，平行样间结果的RSD≤20%；每个批次均需做一次方法空白试验；同时每批样品按照不同样品分类分别进行加标回收试验，通过阴性空白样品添加标准溶液，计算回收率（表8-94）。

表8-94　氯霉素的回收率及其精密度（$n=6$）

目标物	添加水平/(μg/kg)	回收率范围/%	平均值/%	RSD/%
鸡蛋	2.0	92.8～103.2	97.6	3.5
	5.0	95.5～104.1	101.2	5.5
	10.0	97.8～103.2	99.4	3.5
鱼	2.0	91.3～101.3	96.3	5.2
	5.0	92.5～103.5	94.1	7.3
	10.0	95.7～102.3	97.6	4.5

九、注意事项

① 样品使用超声提取的方式，在对鱼肉等样品进行提取前应确保样品足够均匀。

② 鸡蛋样品离心过0.2μm膜时部分样品中存在白色絮状物，会使微孔膜堵塞，在过滤时如有此情况应及时更换微孔膜，或一次过滤后检查样液是否澄清，可以再次过滤；所以在移取静置分层后的水相时应尽可能多地移取至1.5mL的离心管进行离心，并吸取足够量的样品进行过膜，且从离心后到取样完成应尽可能地轻柔，否则白色絮状物易与下层澄清样品混合。

十、资料性附录

分析谱图如图8-46。

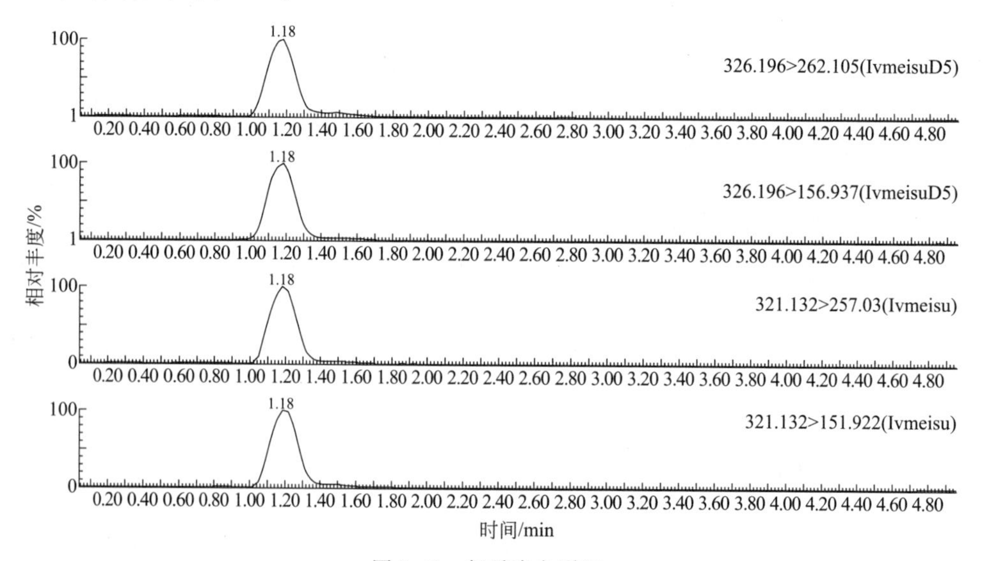

图8-46　氯霉素色谱图

第二十二节　蜂蜜中甲硝唑和氯霉素的测定

一、适用范围

本标准操作规程适用于蜂蜜中甲硝唑和氯霉素残留的高效液相色谱-串联质谱法检测。

二、方法提要

试样中的甲硝唑和氯霉素经乙酸乙酯提取，用PLS固相萃取柱富集和净化；电喷雾离子化，超高效液相色谱-串联质谱检测。用同位素标记的内标法定量。

三、仪器设备和试剂

（一）仪器和设备

① 沃特世公司XevoTQ-S超高效液相色谱-三重四极质谱联用仪，配有电喷雾离子源。

② 冷冻离心机：10000r/min。

③ 氮吹仪。

④ PLS固相萃取柱（6mL，150mg）。

（二）试剂和耗材

实验用水为符合GB/T 6682规定的一级水。

① 甲醇、乙酸乙酯、甲酸：色谱纯。

② 甲酸水溶液：0.1%（体积分数）。

③ 甲醇水溶液A：10%（体积分数）。

④ 甲醇水溶液B：80%（体积分数）。

⑤ 样品定容液：取0.1%甲酸水溶液5mL，用甲醇定容至100mL，制成样品定容液。

（三）标准品及标准物质

1. 标准品

① 甲硝唑（metronidazole，MNZ），纯度≥99%，CAS RN：443-48-1。

② 甲硝唑-d_4（metronidazole-d_4，MNZ-d_4），CAS RN：1261392-47-5。

③ 氯霉素（chloramphenicol，CAP），纯度≥99%，CAS RN：56-75-7。

④ 氯霉素-d_5（chloramphenicol-d_5，CAP-d_5），CAS RN：202480-68-0。

2. 标准溶液

① 甲硝唑标准储备液：称取甲硝唑标准品10.0mg，用甲醇定容至10mL容量瓶，制成1000mg/L标准储备液，−18℃以下保存，可以稳定12个月。

② 氯霉素标准储备液：称取氯霉素标准品10.0mg，用甲醇定容至10mL容量

瓶，制成 1000mg/L 标准储备液，−18℃以下保存，可以稳定 12 个月。

③ 甲硝唑-d_4 标准储备液：称取甲硝唑-d_4 标准品 10.0mg，用甲醇定容至 10mL 容量瓶，制成 1000mg/L 标准储备液，−18℃以下保存，可以稳定 12 个月。

④ 氯霉素-d_5 标准储备液：称取氯霉素-d_5 标准品 10.0mg，用甲醇定容至 10mL 容量瓶，制成 1000mg/L 标准储备液，−18℃以下保存，可以稳定 12 个月。

⑤ 混合标准工作液：分别取标准甲硝唑和氯霉素准储备液 10μL，用甲醇定容至 100mL 容量瓶，制成 100ng/mL 混合标准使用液，4℃保存，可以稳定 3 个月。

⑥ 混合内标工作液：分别取标准甲硝唑-d_4 和氯霉素-d_5 标准储备液 10μL，用甲醇定容至 100mL 容量瓶，制成 100ng/mL 混合内标使用液，4℃保存，可以稳定 3 个月。

四、样品的处理

（一）提取

称取 2g 蜂蜜样品（精确至 0.01g）于 50mL 具塞塑料离心管中，加入 100μL 混合内标工作液。混匀后加入 20mL 乙酸乙酯，涡旋混匀 1min 后置于摇床上振荡 20min。之后，将离心管置于高速冷冻离心机中，以 10000r/min 的速度离心 8min，再将上层乙酸乙酯层转移至另一 50mL 离心管中，在 40℃的水浴中氮气吹干。然后，向离心管中加入 10mL 水并涡旋混匀，待固相萃取净化。

（二）净化

PLS 固相萃取柱预先用 5mL 甲醇和 5mL 水进行活化与平衡。将 10mL 样品溶液分批倒入固相萃取小柱中；待溶液全部通过小柱后，用 5mL 甲醇水溶液 A 淋洗小柱。再通过减压抽干小柱中的水分，采用 5mL 甲醇水溶液 B 洗脱目标物。洗脱液用氮气吹干，加入 1mL 样品定容液溶解，旋涡混匀后，过 0.2μm 滤膜后，供仪器测定。

五、试样分析

（一）仪器参考条件

1. 液相色谱条件

① 色谱柱：Endeavorsil C18 柱，2.1mm（内径）×100mm，1.8μm。

② 流动相：A，甲酸水溶液（0.1%，体积分数）；B，甲醇。梯度淋洗程序见表 8-95。

表 8-95　梯度洗脱程序

时间/min	A/%	B/%
0	95	5
3	5	95
5	5	95
7	95	5
8	95	5

③ 流动相流速：0.25mL/min。

④ 柱温：40℃。

⑤ 进样体积：5μL。

2. 质谱条件

① 离子源：甲硝唑为正离子扫描（ESI+）；氯霉素为负离子扫描（ESI-）。

② 毛细管电压：2.5kV。

③ 离子源温度：150℃。

④ 脱溶剂气温度：450℃。

⑤ 脱溶剂气流量：800L/h。

⑥ 甲硝唑与氯霉素的特征离子：见表 8-96。

表 8-96 甲硝唑与氯霉素的特征离子

目标物	保留时间/min	ESI 扫描模式	母离子(*m*/*z*)	子离子(*m*/*z*)	碰撞能量/eV	备注
MNZ	2.40	(+)	172.1	82.1	20	定量离子
				128.1	12	
MNZ-d_4	2.40	(+)	176.1	128.1	14	
CAP	3.51	(-)	321.1	152.0	16	定量离子
				194.1	10	
CAP-d_5	3.51	(-)	326.2	157.1	14	

（二）标准曲线制备

本实验采用同位素标记内标法定量。

用混合标准工作液制备浓度为 1.00μg/L、5.00μg/L、10.0μg/L、25.0μg/L、50μg/L 的标准系列溶液，并加入混合内标工作液，使内标浓度均为 10μg/L。以标准溶液浓度为横坐标，待测组分与内标物的峰面积之比为纵坐标绘制内标工作曲线，按内标法计算样品中甲硝唑与氯霉素的含量。

（三）空白试验

除不加试料外，采用完全相同的测定步骤进行平行操作。

（四）定性测定

样品中甲硝唑和氯霉素色谱峰的保留时间应与其标准色谱峰的保留时间一致，变化范围应在±2.5%之内。待测化合物的定性离子的重构离子色谱峰的信噪比≥3，定量离子的重构离子色谱峰的信噪比≥10。同一检测批次，样品中的两个子离子的相对丰度比与浓度相当的标准溶液相比，允许偏差不超过表 8-97 的规定范围。

表 8-97 定性时相对离子丰度的最大允许偏差

相对离子丰度/%	≤10	>10～20	>20～50	>50
允许相对偏差/%	±50	±30	±25	±20

六、质量控制

（一）定性测定

在相同的实验条件下进行标准品和样品测定分析，如果①样品检出的色谱峰的保留时间与标准品相一致（0.4min 窗口），②样品质谱图在扣除背景后所选择的特征离子均出现，并且对应的离子丰度比与标准对照品相比，其允许最大偏差在表 8-111 范围内，则可判断本样品存在该种杀菌剂。

（二）定量测定

按照上述操作步骤，按照基质加标配制系列低浓度样品进样检测，以液相色谱-串联质谱(LC-MS/MS)测定的信噪比＞3 作为检测限，信噪比＞10 作为定量限。

（三）平行试验

按以上步骤操作，需对同一样品进行独立两次分析测定，测定的两次结果的绝对差值不得超过算术平均值的 15%。

七、结果计算

样品中甲硝唑、氯霉素的残留量按下式计算。

$$X=\frac{c\times V\times 1000}{m\times 1000}$$

式中　X——试样中待测物质含量，μg/kg；

c——样液中待测物质浓度，ng/mL；

V——样品定溶液体积，mL；

m——试样质量，g。

八、技术参数

（一）方法定量限和定性限

同时采用空白基质溶液，分别在添加低浓度水平的标准溶液，以信噪比为 3 的含量定为方法的定性限(LOD)，以信噪比为 10 的含量定为方法的定量限(LOQ)，3 种目标化合物的定性限在 0.1～0.2μg/kg 之间，定量限在 0.2～0.5μg/kg 之间，在使用上述型号设备检测甲硝唑和氯霉素的定性限 LOD＝0.01μg/kg，定量限 LOQ＝0.05μg/kg。

（二）准确度与精密度

取阴性蜂蜜样品进行 3 个浓度水平（0.5μg/kg、5μg/kg 和 25μg/kg）的加标回收实验，每个添加水平重复 6 次，回收率见表 8-98。

表 8-98　氯霉素和甲硝唑的回收率

目标物	添加水平/(μg/kg)	回收率范围/%	RSD/%
氯霉素	0.5	88.7～110.2	12.3
	5	80.5～91.7	8.9
	25	83.5～91.1	6.6

续表

目标物	添加水平/(μg/kg)	回收率范围/%	RSD/%
甲硝唑	0.5	99.9～112.4	6.5
	5	81.4～92.5	5.0
	25	82.8～96.2	5.1

九、注意事项

需尽量加大甲硝唑和氯霉素的保留时间间隔，以便于正负离子采集模式切换后，系统达到稳定状态。

十、资料性附录

分析谱图如图 8-47。

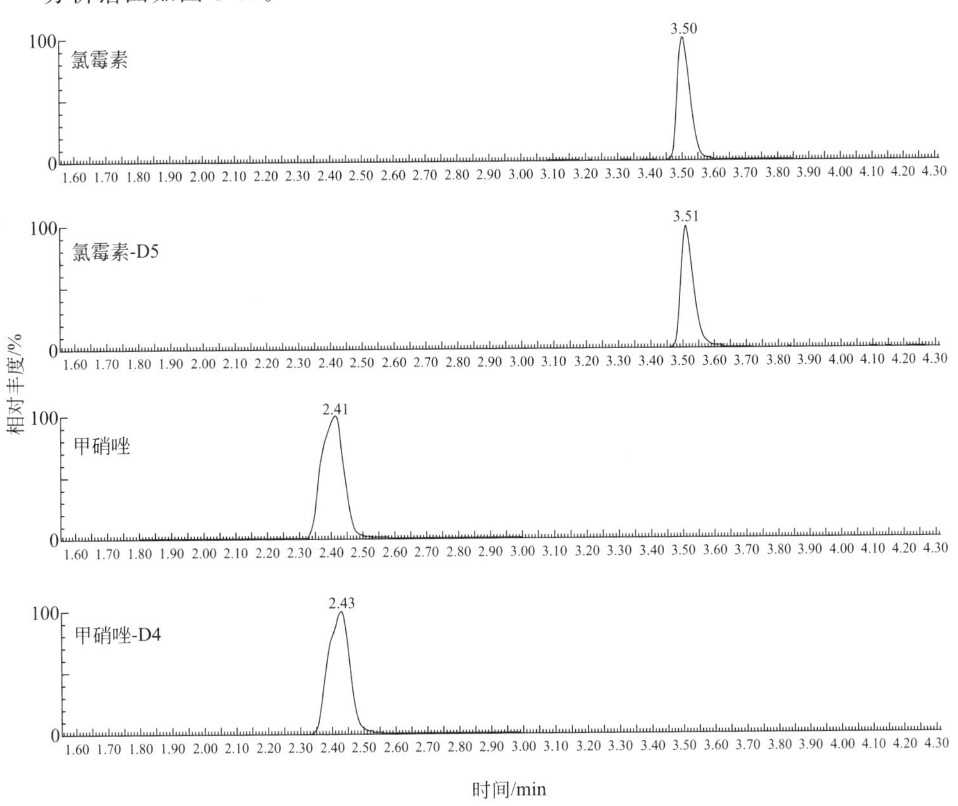

图 8-47　氯霉素和甲硝唑的总离子流色谱图

第二十三节　猪肉中氯丙嗪的测定

一、适用范围

本标准操作规程规定了猪肉中氯丙嗪的液相色谱测定方法。

本标准操作规程适用于猪肉中氯丙嗪的液相色谱测定。

二、方法提要

样品经乙腈浸泡提取，用反相液相色谱分离，以保留时间定性，外标法定量。

三、仪器设备和试剂

除特殊规定外，本操作规程所用试剂为色谱纯或优级纯，实验用水符合 GB/T 6682 中一级水规定的要求。

（一）仪器和设备

① 超高效液相色谱仪（附二极管阵列检测器）。

② 分析天平：感量为 0.1mg。

③ 超声波清洗仪。

④ 高速离心机。

⑤ 快速混匀器。

⑥ 0.22μm 微孔尼龙滤膜。

（二）试剂和耗材

① 乙腈：色谱纯。

② 0.02mol/L 乙酸铵：称取乙酸铵 1.54g 用高纯水定容至 1000mL。

（三）标准品及标准物质

① 氯丙嗪（$C_{17}H_{19}ClN_2S$），纯度≥99.0%，CAS RN：50-53-3。

② 氯丙嗪标准储备液：精确称取氯丙嗪标准品 0.0100g，用少量乙腈溶解，并转移到 10mL 棕色容量瓶中，用乙腈定容至刻度，此氯丙嗪标准储备液浓度 1.00mg/mL。于 4℃冰箱避光保存，可保存 1 个月。

③ 氯丙嗪标准使用液：取氯丙嗪标准储备液 1.00mL，转移到 100mL 棕色容量瓶中，用乙腈定容至刻度，此氯丙嗪标准使用液浓度 10.00μg/mL，临用时现配。

④ 氯丙嗪标准系列的配制：分别准确吸取氯丙嗪标准使用液 0、0.01mL、0.05mL、0.10mL、0.50mL、1.00mL 于 10mL 棕色容量瓶中，用乙腈定容至刻度。此标准系列溶液的质量浓度分别为 0、0.01μg/mL、0.05μg/mL、0.10μg/mL、0.50μg/mL、1.00μg/mL。此溶液临用现配，注意避光。

四、样品的处理

（一）试样的制备与保存

取样品可食部分约 200g，切碎后用匀浆机匀浆，制得试样，备用。

（二）样品提取

取 10.0g 均质试样于 50mL 离心管中，加 25mL 乙腈，涡旋混匀 30s，超声避光提取 15min。4℃下 12000r/min 离心 10min，避光静置 20min。取上清液过

0.22μm 针式过滤器过滤后，供上机分析。

五、试样分析

（一）仪器条件

① 色谱柱：ACQUITYUPLC® BEHC18 柱（50mm×2.1mm，粒径 1.7μm）。

② 检测器：二极管阵列检测器。

③ 检测波长：254nm。

④ 流动相：乙腈＋乙酸铵＝60＋40。

⑤ 洗脱时间：3min。

⑥ 流速：0.4mL/min。

⑦ 柱温：40℃。

⑧ 进样量：5μL。

（二）标准曲线的制作

将标准系列工作溶液分别注入液相色谱仪中，测定相应的峰面积，以标准系列工作溶液的质量浓度为横坐标，峰面积为纵坐标，绘制标准曲线。

（三）试样溶液的测定

将试样溶液注入液相色谱仪中，得到峰面积，根据标准曲线得到待测液中氯丙嗪的质量浓度。

六、质量控制

（一）定性测定

在相同的实验条件下进行标准品和样品测定分析，以保留时间及特征光谱图定性。

（二）定量测定

按照上述操作步骤，基质加标配制系列低浓度样品进样检测，以液相色谱测定的信噪比＞3 作为检测限，信噪比＞10 作为定量限。

（三）平行试验

按以上步骤操作，对同一样品进行独立两次分析测定，测定的两次结果的绝对差值不得超过算术平均值的 15％。

七、结果计算

样品中氯丙嗪的含量按照下式计算：

$$X=\frac{c\times V\times 1000}{m\times 1000}$$

式中　X——试样中氯丙嗪的含量，mg/kg；

c——试液中氯丙嗪的含量，μg/mL；

V——试样稀释总体积，mL；

m——试样质量，g；

1000——单位换算系数。

注：以重复条件下获得的两次独立测定结果的算术平均值表示，结果保留三位有效数字。

八、技术参数

（一）线性范围、方法定性限和定量限

经实验，在 0～1.00mg/L 浓度范围内曲线呈良好的线性关系，相关系数（r）＞0.999。

以液相色谱的信噪比＞3 作为检测限，信噪比＞10 作为定量限。若取样量为 10.0g，定容体积为 25.00mL，则氯丙嗪方法定性限为 25.0μg/kg，方法定量限为 75.0μg/kg。

（二）准确度与精密度

本操作规程的精密度是指在重复条件下获得的多次独立测定结果的相对偏差。在空白样品中分别加入低、中、高三个浓度水平的标准溶液，各浓度点分别测定 6 次，计算样品加标回收率。结果见表 8-99。

表 8-99　空白样品不同添加水平的回收率和精密度实验（n＝6）

样品	添加水平/(mg/kg)	平均回收率/%	RSD/%
猪肉	0.025	98.3	4.2
	1.00	99.7	0.3
	2.50	100.1	0.2

九、注意事项

① 氯丙嗪易见光分解，全部操作需要避光进行，标准使用液要贮存在棕色容量瓶中。样品离心后，须避光静置 20min，使样品进一步沉降分层。试验操作时，须水平移动离心管，勿破坏样品分离层。移取试样至样品瓶时，进样针须插入清澈的液体分离层，勿吸取油脂层。

② 在分析实际试样前实验室必须达到可接受的精密度和准确度水平。通过对加标样品的分析，验证分析方法的可靠性。在重复条件下获得的多次独立测定结果的相对偏差 RSD≤5%（n＝6）。加标回收率应达到 80%～120%。

③ 在进行实际试样分析之前，必须达到上述标准。当试样的提取、净化方法进行修改后以及更换分析操作人员后，必须重复上述试验并直至达到上述标准。实验室每 6 个月应进行上述试验并直至达到上述标准。如果可以获得与试样具有相似基质的标准参考物，则可以用标准参考物代替加标试样进行精密度准确度试验。

十、资料性附录

分析谱图如图 8-48～图 8-51。

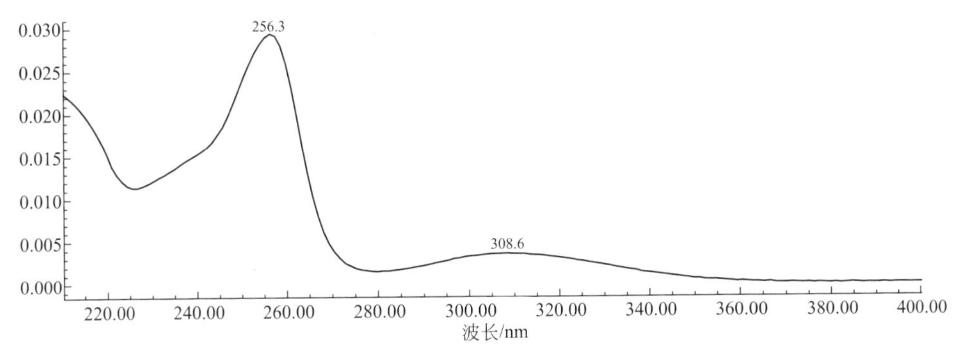

图 8-48　氯丙嗪（1μg/mL）标准物质扫描光谱图

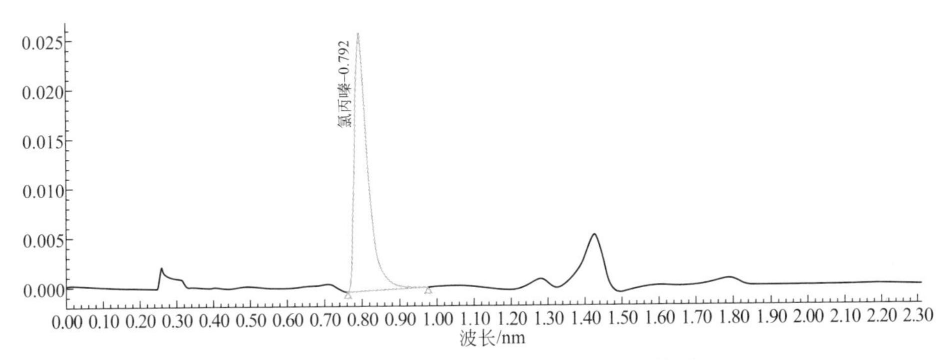

图 8-49　氯丙嗪（1μg/mL）标准品色谱图

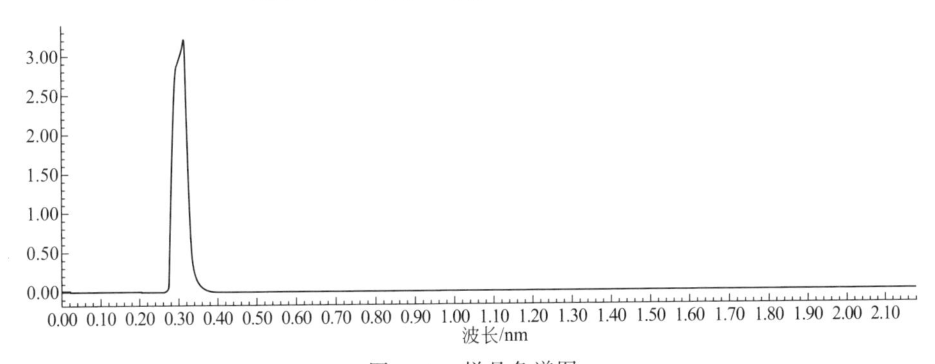

图 8-50　样品色谱图

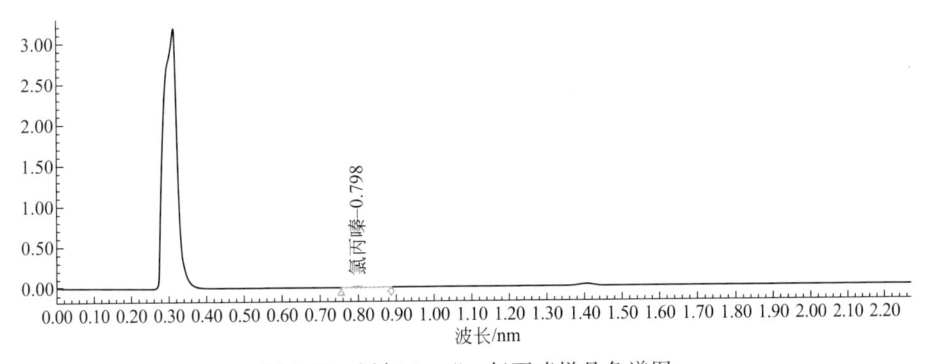

图 8-51　添加 1μg/kg 氯丙嗪样品色谱图

第二十四节　猪肉和淡水鱼肉中喹乙醇的测定

一、适用范围

本标准操作规程规定了猪肉和淡水鱼肉中喹乙醇的测定。

本标准操作规程适用于猪肉和淡水鱼肉中喹乙醇的液相色谱测定。

二、方法提要

样品经提取，沉淀蛋白，离心，反相分离，外标法定量。

三、仪器设备和试剂

（一）仪器和设备

① 超高效液相色谱仪，配有二极管阵列检测器。

② 天平：感量 0.1mg。

③ 亲水相聚丙烯材质微孔过滤膜（GP-Polypro）。

④ 高速冷冻离心机。

⑤ 恒温振荡水浴。

⑥ 快速混匀器。

（二）试剂和耗材

除特殊规定外，本操作规程所用试剂为优级纯，实验用水符合 GB/T 6682 中一级水规定的要求。

① 甲醇：色谱纯。

② 亚铁氰化钾溶液：称取亚铁氰化钾 [$K_4Fe(CN)_3 \cdot 3H_2O$] 106.0g，用水溶解，并稀释至 1000mL。

③ 乙酸锌溶液：称取乙酸锌 [$Zn(CH_3COO)_2 \cdot 2H_2O$] 220.0g，加冰乙酸 30mL 溶于水，并稀释至 1000mL。

（三）标准品及标准物质

① 喹乙醇标准品：纯度≥99.0%，CAS RN 为 23696-28-8。

② 喹乙醇标准储备液：精确称取喹乙醇标准品 0.0100g，用少量水溶解，并转移到 100mL 棕色容量瓶中，用甲醇定容至刻度，此喹乙醇标准储备液浓度 100.0μg/mL。

③ 喹乙醇标准使用液：取喹乙醇标准储备液 1.00mL，转移到 10mL 棕色容量瓶中，用甲醇定容至刻度，此喹乙醇标准使用液浓度 10.0μg/mL。此标准使用液需置于棕色容量瓶内避光冷藏保存，有效期 1 个月。

④ 喹乙醇标准系列的配制：分别准确吸取喹乙醇标准使用液 0、0.10mL、0.20mL、0.50mL、1.00mL、2.00mL 于 10mL 棕色容量瓶中，用 10% 甲醇水定

容至刻度。此标准系列溶液的质量浓度分别为 0、0.10μg/mL、0.20μg/mL、0.50μg/mL、1.00μg/mL、2.00μg/mL。此溶液临用现配，注意避光。

四、样品的处理

（一）试样的制备与保存

取样品可食用部分约 200g，切碎后用匀浆机匀浆，制得试样，备用。

（二）样品提取

称取 10g（精确至 0.01g）均质试样于 50mL 离心管中，加 10.0mL 水，涡旋混匀 30s，放入 60℃恒温水浴中避光振荡提取 15min。取出加入亚铁氰化钾 5.0mL 和乙酸锌 5.0mL 沉淀蛋白，加水至 25mL，4℃下 12000r/min 离心 10min，避光静置 20min。取上清液过 0.22μm 微孔滤膜，待测。

五、试样分析

（一）仪器条件

① 色谱柱：ACQUITYUPLC® BEHC18 柱，50mm×2.1mm×1.7μm。

② 检测器：二极管阵列检测器。

③ 检测波长：380nm。

④ 流动相：甲醇（A）＋水（B），梯度洗脱程序见表 8-100。

表 8-100　流动相梯度洗脱程序

时间/min	流速/(mL/min)	A 甲醇/%	B 水/%
0.0	0.3	10	90
2.0	0.3	63	37
3.0	0.3	90	10
5.0	0.3	10	90

⑤ 流速：0.3mL/min。

⑥ 柱温：40℃。

⑦ 进样量：3μL。

（二）标准曲线的制作

将标准系列工作溶液顺序进样，测定相应的峰面积，以标准系列工作溶液的质量浓度为横坐标，峰面积为纵坐标，绘制标准曲线。

（三）试样溶液的测定

将试样溶液注入液相色谱仪中，得到峰面积，根据标准曲线得到待测液中喹乙醇的质量浓度。

六、质量控制

（一）定性测定

在相同的实验条件下进行标准品和样品测定分析，以保留时间及特征光谱图定性。

（二）定量测定

按照上述操作步骤，按照基质加标配制系列低浓度样品进样检测，以液相色谱测定的信噪比>3 作为检测限，信噪比>10 作为定量限。

（三）平行试验

按以上步骤操作，对同一样品进行独立两次分析测定，测定的两次结果的绝对差值不得超过算术平均值的 15%。

七、结果计算

试样中喹乙醇含量按下式计算：

$$X=\frac{c\times V\times 1000}{m\times 1000}$$

式中 X——试样中喹乙醇的含量，mg/kg；

c——试液中喹乙醇的含量，μg/mL；

V——试样稀释总体积，mL；

m——试样质量，g；

1000——单位换算系数。

注：以重复条件下获得的两次独立测定结果的算术平均值表示，结果保留三位有效数字。

八、技术参数

（一）线性范围、方法定性限和定量限

经实验，在 0～2.00mg/L 浓度范围内曲线呈良好的线性关系，相关系数（r）>0.999。定性限按 3 倍噪声计算，定量限按 10 倍噪声计算。若取样量为 10.0g，定容体积为 25.00mL，则喹乙醇方法定性限为 15.0μg/kg，方法定量限为 50.0μg/kg。

（二）精密度

分别配制低（0.10μg/mL）、中（0.40μg/mL）、高（1.00μg/mL）三个浓度的标准溶液，进行 6 次重复测定，其 RSD 分别为 1.6%、0.4%和 0.3%。

在空白基质溶液中添加 2.50mg/kg 喹乙醇标准品，连续测定 3 天，计算其批间精密度。三天的 RSD 分别为 3.0%、1.0%和 1.0%。

（三）加标回收率

在空白基质溶液中，分别添加低、中、高 3 个浓度水平的喹乙醇标准品做加标回收实验，以考察方法的准确度。结果见表 8-101。

表 8-101 不同添加水平的回收率试验结果（$n=6$）

添加水平/(mg/kg)	平均回收率/%	回收率范围/%	RSD/%
0.25	97.8	95.0～101.0	2.6
2.50	92.3	87.7～96.5	2.0
5.00	97.0	95.8～97.6	1.2

九、注意事项

① 喹乙醇易见光分解，全部操作需要避光进行，标准使用液要贮存在棕色容量瓶中。样品离心后，须避光静置 20min，使样品进一步沉降分层。试验操作时，须水平移动离心管，勿破坏样品分离层。移取试样至样品瓶时，进样针须插入清澈的液体分离层，勿吸取油脂层。

② 在分析实际试样前实验室必须达到可接受的精密度和准确度水平。通过对加标样品的分析，验证分析方法的可靠性。在重复条件下获得的多次独立测定结果的相对偏差 RSD≤5%（$n=6$）。加标回收率应达到 80%～120%。

③ 在进行实际试样分析之前，必须达到上述标准。当试样的提取、净化方法进行修改后以及更换分析操作人员后，必须重复上述试验并直至达到上述标准。实验室每 6 个月应进行上述试验并直至达到上述标准。如果可以获得与试样具有相似基质的标准参考物，则可以用标准参考物代替加标试样进行精密度准确度试验。

十、资料性附录

分析谱图如图 8-52～图 8-55。

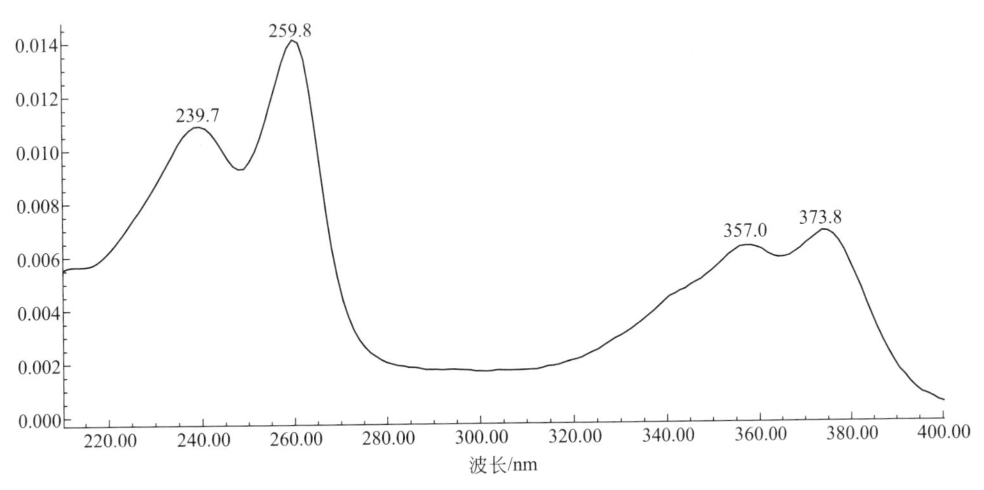

图 8-52 喹乙醇标准物质扫描光谱图

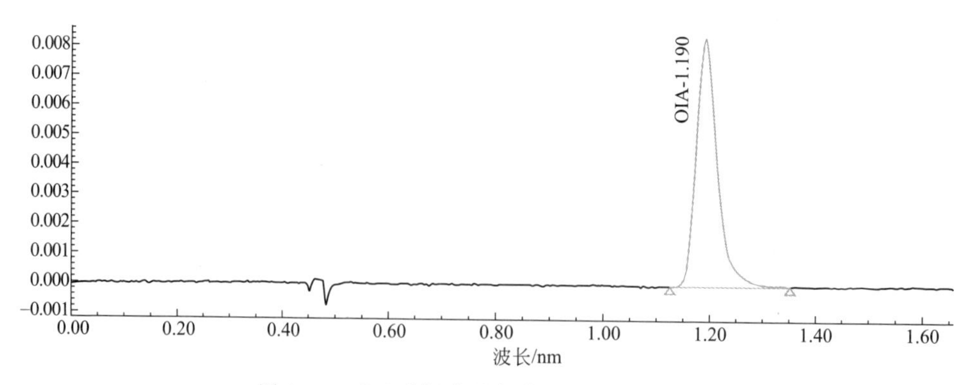

图 8-53　喹乙醇标准品色谱图（1.00μg/mL）

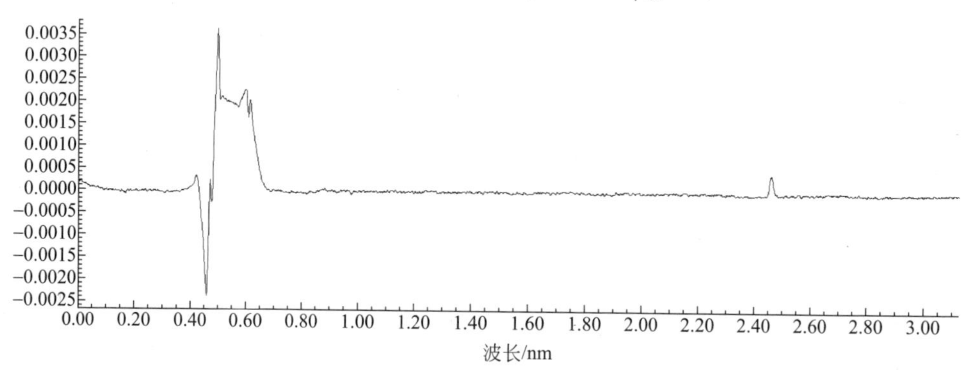

图 8-54　样品色谱图

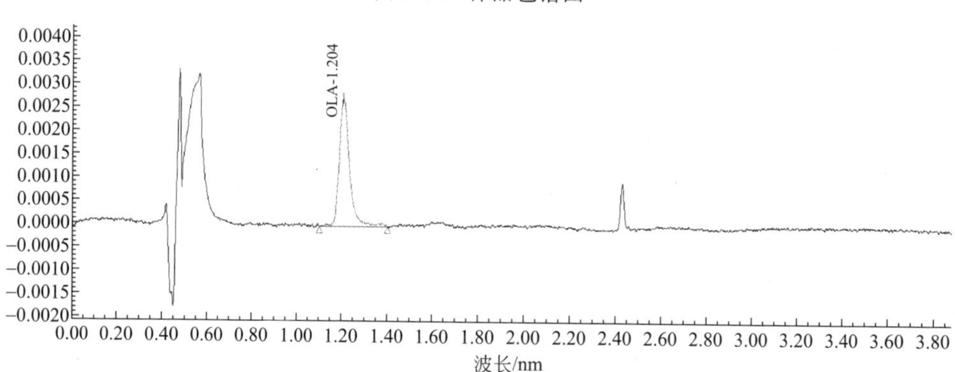

图 8-55　添加 1.00mg/kg 喹乙醇样品色谱图

第二十五节　肉、肉制品和牛奶中 8 种激素的测定

一、适用范围

本规程规定了多种激素残留检测的制样方法、液相色谱/质谱确证及测定方法。

本规程适用于新鲜或冷冻的肉与肉制品与牛奶中己烯雌酚、甲基睾丸酮、丙酸睾酮、苯丙酸诺龙、雌二醇、玉米赤霉醇、去甲雄三烯醇酮、醋酸甲孕酮含量的制样方法、液相色谱/质谱确证及测定方法。

二、方法提要

肉及肉制品样品或牛奶加入同位素内标经匀质、酶解、甲醇-水提取、固相萃取浓缩净化、液相色谱串联四极杆质谱正离子模式测定雄激素、孕激素，负离子模式测定雌激素和皮质醇激素。各组分以保留时间、不同监测离子的峰面积比定性，各组分定量采用多反应监测模式。

三、仪器设备和试剂

（一）仪器和设备

① 液相色谱-串联四极杆质谱仪，沃特世公司 QuattroPremierXE 型串联四极杆液质联用仪。

② 氮吹仪。

③ 固相萃取仪。

④ 电子天平：感量 0.0001g。

⑤ 组织匀浆机。

⑥ 旋涡混合器。

⑦ 离心机（10000r/min）。

⑧ 取液器（量程 10～50μL，20～100μL，200～1000μL）。

（二）试剂和耗材

① 甲醇、氯仿、甲酸，色谱纯，迪马公司。

② 酶解液：β-葡糖醛酸苷肽酶/芳基磺酸酯酶溶液（β-glucuronidase/arylsulfatase)，Merck 公司或 Roche 公司。

③ 乙酸-乙酸钠缓冲溶液（pH=5.2)：称取 43.0gNaAC・4H_2O，加入 25mL 乙酸，用水溶解并定容到 1000mL，用乙酸调节 pH 到 5.2。

④ 超纯水（电阻率：18.3Ω/cm)。

⑤ ENVI-Carb 固相萃取柱（500mg，6mL，SupcooCo.)。

⑥ 氨基固相萃取柱（500mg，6mL，沃特世公司)。

（三）标准品及标准物质

标准物质：以下标准物质均购于 Dr. EhrenstorferGmbH 公司。

① 己烯雌酚：纯度>99.0%，CAS RN：56-53-1。

② 甲基睾丸酮：纯度>98.0%，CAS RN：58-18-4。

③ 丙酸睾酮：纯度>98.0%，CAS RN：57-85-2。

④ 苯丙酸诺龙：纯度>98.0%，CAS RN：62-90-8。

⑤ 雌二醇：纯度>98.0%，CAS RN：50-28-2。

⑥ 玉米赤霉醇：纯度>98.0%，CAS RN：26538-44-3。

⑦ 去甲雄三烯醇酮：纯度>98.0%，CAS RN：10161-33-8。

⑧ 醋酸甲孕酮：纯度>98.0%，CAS RN：71-58-9。

⑨ 17β-雌二醇-d_3 同位素内标（100mg/L，1mL），纯度 98%，CAS RN：79037-37-9。

⑩ 甲基睾丸酮-d_3 同位素内标（100mg/L，1mL），纯度 99%，CAS RN：96425-03-5。

⑪ 己烯雌酚-d_6 同位素内标（100mg/L，1mL），纯度 99%，

标准储备液：精确称取标准物各 0.0100g，分别用甲醇溶解并定容至 10mL，浓度为 1000mg/L，−20℃冰箱中保存，有效期 24 个月。对于同位素标准品，直接用 1mL 甲醇溶解，制成 10mg/L 的标准溶液，有效期 24 个月。

中间标准工作液：根据需要，用甲醇将标准储备溶液配制为适当浓度的标准工作液。标准工作液应使用前配制。

四、样品的处理

（一）试样的制备与保存

取肉样品约 200g，切碎后用匀浆机匀浆，制得试样，备用。

牛奶样品约 500mL，混匀后备用。

（二）样品提取

① 肉与肉制品的提取：称取匀浆后的样品 5.0g，加入浓度为 100ng/mL 的同位素内标溶液 100μL，加入 pH=5.2 的乙酸钠-乙酸缓冲溶液 10mL，匀浆后，加入酶解液 100μL，于 37℃±1℃振荡酶解过夜。取出冷却后，加入 25mL 甲醇振荡提取 30min，转入离心管中，10000r/mim 离心 10min。取上清液，转入 200mL 烧杯中加去离子水至 100mL，待净化。

② 牛奶样品的提取：称取匀浆后的样品 5.0g，加入浓度为 100ng/mL 的同位素内标溶液 100μL，加入 pH=5.2 的乙酸钠-乙酸缓冲溶液 10mL，匀浆后，加入酶解液 100μL，于 37℃±1℃振荡酶解过夜。取出冷却后，加入 25mL 甲醇振荡提取 30min，转入离心管中，10000r/mim 离心 10min。取上清液，转入 200mL 烧杯中加去离子水至 100mL，待净化。

（三）净化

ENVI-Carb 固相萃取柱［用前依次用（7+3）二氯甲烷-甲醇 6mL、6mL 甲醇、6mL 水活化］。提取液以 2～3mL/min 的速度过柱。用 1mL 甲醇洗涤萃取柱，将固相萃取柱减压抽干。将氨基柱［用前以（7+3）二氯甲烷-甲醇 6mL 活化］串接在 ENVI-Carb 固相萃取柱下方。用（7+3）二氯甲烷-甲醇 6mL 洗脱并收集洗脱液，再用（7+3）二氯甲烷-甲醇 2mL 洗脱氨基柱，同时收集洗脱液，合并洗脱液并用氮气吹干，残渣用（1+1）甲醇-水 1mL 溶解，供上机测定。

（四）基质匹配的标准工作曲线的制备

空白基质溶液的制备：称取与试样基质相应的阴性样品 5.0g，与试样同时进行提取、净化和复溶得到。准确吸取 1mg/L 的混合标准使用液，用初始流动相配

比溶液复溶的空白基质溶液制成 0.5μg/L、1μg/L、10μg/L、20μg/L、50μg/L 的标准系列溶液。以系列标准溶液中分析物的浓度（μg/L）与对应的氘代同位素内标的峰面积比值绘制校正曲线，按内标法计算试样中各激素的含量。

五、试样分析

（一）液相色谱参考条件

① 色谱柱：ACQUITYUPLC® BEHC18（100mm×2.1mm，1.7μm）。

② 梯度洗脱程序见表 8-102 和表 8-103。

根据仪器性能调至最佳状态，甲基睾丸酮、丙酸睾酮、苯丙酸诺龙、去甲雄三烯醇酮和醋酸甲孕酮测定的仪器参考条件见表 8-104；己烯雌酚、苯甲酸雌二醇和玉米赤霉醇测定的仪器参考条件见表 8-103，标准参考色谱图见附图 8-56。

表 8-102　甲基睾丸酮、丙酸睾酮、苯丙酸诺龙、去甲雄三烯醇酮和醋酸甲孕酮液相色谱参考条件

时间/min	流速/(mL/min)	乙腈/%	0.1%甲酸水/%
0	0.3	15	85
1	0.3	15	85
2	0.3	30	70
3	0.3	50	50
6.5	0.3	65	35
9.5	0.3	90	10
10	0.3	100	0
12.5	0.3	100	0
12.6	0.3	15	85
15	0.3	15	85

表 8-103　己烯雌酚、雌二醇、玉米赤霉醇液相色谱参考条件

时间/min	流速/(mL/min)	乙腈/%	水/%
0	0.3	35	65
4	0.3	50	50
4.5	0.3	100	0
5.5	0.3	100	0
5.6	0.3	35	65
9	0.3	35	65

③ 进样量：5μL。

④ 柱温：35℃。

（二）质谱参考条件

① 离子化方式：ESI（+）/ESI（－）。

② 扫描方式：多反应监测。

③ 毛细管电压：3.5kV。

④ 源温度：150℃。

⑤ 脱溶剂气温度：450℃。

⑥ 脱溶剂气流量：700L/h。

⑦ 质谱分析优化参数见表 8-104。

表 8-104　参考质谱条件

化合物	保留时间/min	母离子(m/z)	子离子(m/z)	碰撞能量/eV
甲睾酮①	6.67	303.5	109.1③ 97.1	27 25
甲睾酮-$d_3$①	6.67	306.4	109.1③	27
丙酸睾酮①	9.05	345.2	97.1③ 109.1	20 22
苯丙酸诺龙①	9.72	407.2	105.1③ 257.2	28 15
去甲雄三烯醇酮①	5.29	271.4	253.3③ 199.3	18 24
醋酸甲孕酮①	7.57	387.5	327.3③ 285.4	20 22
雌二醇②	3.30	271.4	183.1③ 145.2	40 45
雌二醇-$d_3$②	3.30	273.4	145.2③	45
己烯雌酚②	4.68	267.3	251.3③ 237.3	25 28
己烯雌酚-$d_6$②	4.68	273.3	237.1③	28
玉米赤霉醇②	2.70	321.1	276.9③ 302.9	16 16

① 采用 ESI 正离子扫描模式。

② 采用 ESI 负离子扫描模式。

③ 为定量离子。

六、质量控制

定性测定：在相同的实验条件下进行标准品和样品测定分析，如果①样品检出的色谱峰的保留时间与标准品相一致（0.4min 窗口），②样品质谱图在扣除背景后所选择的特征离子均出现，并且对应的离子丰度比与标准对照品相比，其允许最大偏差在表 8-105 范围内，则可判断本样品存在该种杀菌剂。

表 8-105　定性确证时相对离子丰度的最大允许偏差

相对离子丰度/%	≤10	>10～20	>20～50	>50
允许相对偏差/%	±50	±30	±25	±20

定量测定：按照上述操作步骤，按照基质加标配制系列低浓度样品进样检测，以液相色谱-串联质谱（LC-MS/MS）测定的信噪比>3 作为检测限，信噪比>10 作为定量限。

平行试验：按以上步骤操作，需对同一样品进行独立两次分析测定，测定的两次结果的绝对差值不得超过算术平均值的15%。

七、结果计算

按下式计算样品中待测物的量：

$$X=\frac{c\times V\times 1000}{M\times 1000}$$

式中　X——样品中待测组分的含量，μg/kg；

c——测定液中待测组分的浓度，ng/mL；

V——定容体积，mL；

M——样品称样量，g；

1000——换算系数。

注：计算结果需扣除空白值，测定结果用平行测定的算术平均值表示，保留三位有效数字，平行样品间RSD小于等于20%。

八、技术参数

方法定性限、定量限：按能够准确确认的目标化合物浓度来估计各目标化合物在不同样品基质的定性限，样品基质、取样量、进样量、色谱分离状况、电噪声水平以及仪器灵敏度均可能对样品定性限造成影响，因此噪声水平必须从实际样品谱图中获取。因此，在此不规定各个化合物的检测限与定量限。原则上以各单位仪器中MRM模式下，定性离子通道中信噪比为3时设定样品溶液中各待测组分的浓度为定性限，以定量离子通道中信噪比为10时设定样品溶液中各待测组分的浓度为定量限。各目标化合物的方法的定性限，方法定量限均在1.5μg/kg以下，详细数据见表8-106，仅供参考。

表8-106　方法定性限、定量限　　单位：μg/kg

化合物	方法定性限	方法定量限	化合物	方法定性限	方法定量限
甲睾酮	0.40	1.2	醋酸甲孕酮	0.50	1.5
丙酸睾酮	0.40	1.2	雌二醇	0.50	1.5
苯丙酸诺龙	0.50	1.5	己烯雌酚	0.40	1.2
去甲雄三烯醇酮	0.50	1.5	玉米赤霉醇	0.40	1.2

准确度与精密度：本操作规程的精密度是指在重复条件下获得的多次独立测定结果的相对偏差，不同本方法在2～10μg/kg添加浓度范围内，各化合物的回收率为80%～100%之间。详细结果见表8-107。

表8-107　8种激素的回收率

化合物	加标/(μg/kg)	回收率范围/%	平均回收率/%	RSD/%
甲睾酮	2	73～89	81.7	12.9
	5	71～91	83.1	16.8
	10	81～93	85.7	11.5

续表

化合物	加标/(μg/kg)	回收率范围/%	平均回收率/%	RSD/%
丙酸睾酮	2	71～89	82.3	14.1
	5	71～93	84.2	19.1
	10	84～91	88.4	11.3
苯丙酸诺龙	2	81～95	87.7	13.4
	5	82～97	89.3	11.3
	10	81～97	92.1	9.7
去甲雄三烯醇酮	2	79～88	82.3	15.9
	5	75～91	83.7	17.8
	10	82～93	86.7	11.5
醋酸甲孕酮	2	76～89	83.3	12.1
	5	77～91	85.2	13.1
	10	79～92	86.4	9.3
雌二醇	2	75～92	83.2	17.4
	5	73～95	89.3	14.3
	10	87～99	92.1	11.7
己烯雌酚	2	72～86	80.2	16.9
	5	77～90	83.3	13.8
	10	81～92	87.7	9.5
玉米赤霉醇	2	77～89	83.3	14.1
	5	75～92	87.2	13.1
	10	84～91	89.4	10.3

九、注意事项

① 氮吹复溶后必须过 0.22μm 的滤膜。

② 注意酶解液的放置条件与活性单位，应在有效期内使用，使用后用封口膜封好隔绝空气后按照放置条件置于冰箱内保存。

③ 注意采用基质匹配的标准曲线进行定量检测。

④ 采用相应的内标溶液进行校准。

⑤ 配置（7+3）二氯甲烷-甲醇洗脱液时务必使用干燥的器皿，以免器皿中少量的水分会导致洗脱液分层，造成回收率降低。

⑥ 样品净化过程，在洗脱 GCB 固相萃取小柱前务必将其抽干，否则会影响方法的回收率及精密度。

十、资料性附录

分析谱图如图 8-56、图 8-57。

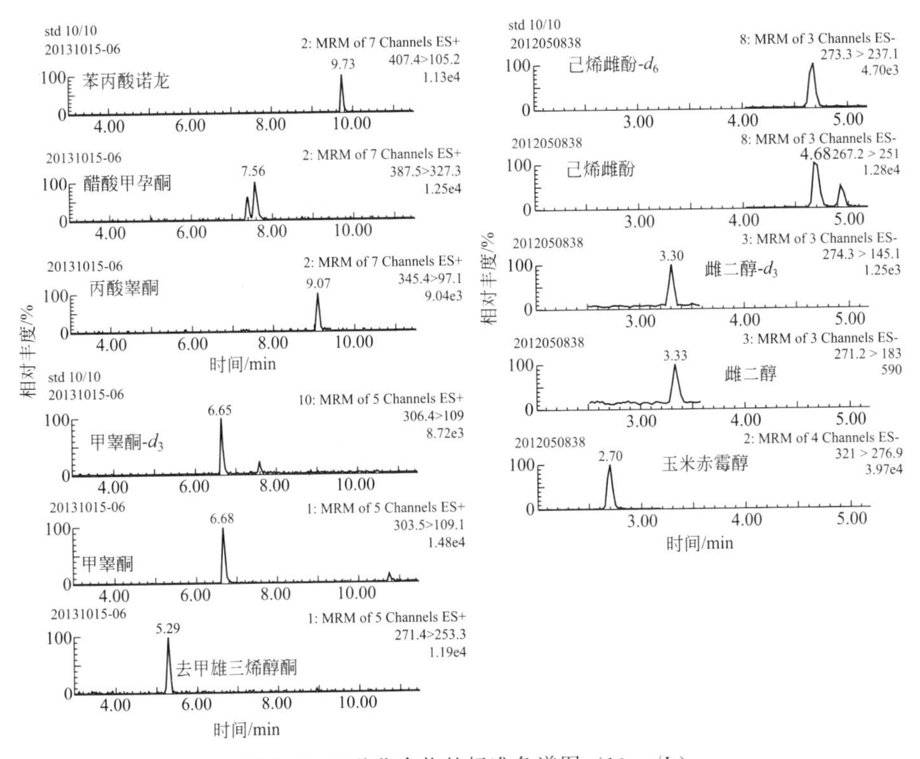

图 8-56　8 种化合物的标准色谱图（10μg/L）

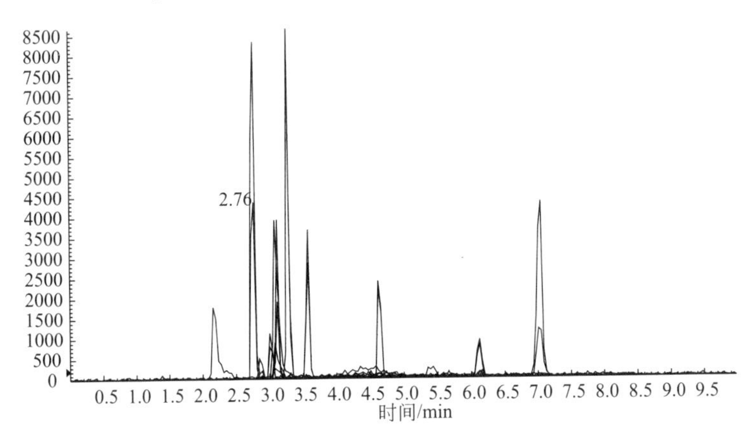

图 8-57　8 种化合物的标准质谱图（10μg/L）

第二十六节　水产品中孔雀石绿和结晶紫及其代谢物残留量的测定

一、适用范围

本操作程序规定了水产品中孔雀石绿及其代谢物隐色孔雀石绿、结晶紫及其代谢物隐色结晶紫残留量的液相色谱-质谱/质谱测定方法。

本操作程序适用于鲜活水产品及其制品中孔雀石绿及其代谢物隐色孔雀石绿、结晶紫及其代谢物隐色结晶紫残留量的液相色谱-质谱/质谱测定和确证。

二、方法提要

将均质好的样品用乙腈超声波提取，经中性氧化铝固相小柱净化、浓缩，初始流动相溶解后经液相色谱/串联质谱仪测定，结合内标法峰面积定量。

三、仪器设备和试剂

（一）仪器和设备

① 超高效液相色谱—串联质谱仪：Quattro Premier XE 型（沃特世公司）。

② 天平：感量 0.0001g。

③ 冷冻高速离心机（10000r/min）。

④ 振荡器。

⑤ 旋涡混合器。

⑥ 组织匀浆机。

⑦ 氮吹仪。

⑧ 超声波清洗器。

⑨ 固相萃取装置。

⑩ 固相萃取柱：中性氧化铝固相萃取柱，6mL/g，或者中性氧化铝粉末（大于 200 目）。

（二）试剂和耗材

① 乙腈：色谱纯，迪马公司。

② 冰乙酸、乙酸铵：纯度均为 99%，Ameisensaeure 公司。

③ 超纯水。

④ 乙酸铵溶液（5mmol/L）：准确称取 0.385g 无水乙酸铵，用超纯水定容至 1000mL 容量瓶中，用冰乙酸调节 pH 至 4.5。

（三）标准品及标准物质

1. 标准品

以下均购于 Dr. EhrenstorferGmbH 公司。

① 孔雀石绿：纯度>99.0%，CAS RN：569-64-2。

② 隐色孔雀石绿：纯度>98.0%，CAS RN：129-73-7。

③ 结晶紫：纯度>98.0%，CAS RN：548-62-9。

④ 隐色结晶紫：纯度>98.0%，CAS RN：603-48-5。

⑤ 孔雀石绿-d_6，隐性孔雀石绿-d_6，纯度>98%。

2. 标准储备溶液

精确称取标准品各 0.0100g，分别用乙腈溶解并定容至 10mL，浓度为 1000mg/L，−18℃冰箱中保存，有效期 24 个月。

3. 同位素标准品

精确称取标准品各 0.0100g，分别用乙腈溶解并定容至 10mL，浓度为 1000mg/L，−18℃冰箱中保存，有效期 24 个月。

4. 中间标准工作液

根据需要，用甲醇将标准储备溶液配制为适当浓度的标准工作液。标准工作液应使用前配制。

四、样品的处理

（一）试样的制备与保存

取鱼肉样品约 200g，切碎后用匀浆机匀浆，制得试样，备用。

（二）提取

称取均质好的 5g（精确至 0.1g）均匀样品到 50mL 聚丙烯塑料离心管中；用移液器准确加入 50μL 混合内标工作液（200ng/mL）（注：内标总质量为 10ng，取 25mL 提取液中的 5.0mL 净化、浓缩至 1.0mL 后上机测定，相当于该溶液内标浓度为 2.0ng/g 样品，与标准系列内标浓度保持了完全的一致）。加入 13mL 乙腈，超声 5min，使得内标液均匀分散于混合体系中。然后盖上塞子，将离心管旋涡 30s，使得样品分散于体系中，再超声提取 5min，或者用振荡法提取 15min。提取结束后，配平塑料离心管，以 5000r/min 速度离心 10min。吸取上清液至 25.0mL 比色管中，再于沉淀中加入 10.0mL 乙腈，涡旋 30s，使底层残渣分散开（必要时用玻璃棒搅开），再提取一次，然后离心。合并前后两次的上清液，并用乙腈定容至 25.0mL，充分摇匀后，移取 5mL 进行后续的净化操作。

（三）净化

先用 5mL 乙腈活化中性氧化铝小柱，再取上清液 5mL 加载在中性氧化铝小柱上，收集滤液，用 4mL 乙腈淋洗小柱，收集滤液与上步骤滤液混合，混合滤液在 50℃以下用氮气吹至近干，准确取（1＋1）乙腈-5mmol/L 乙酸铵溶液 1.0mL 溶解残渣，过 0.22μm 滤膜 2.0mL 进样瓶中，混匀备用。

（四）筛查方法

如果质谱仪的灵敏度满足前述要求，可直接取氧化铝分散固相离心净化法所得的溶液 0.5mL，与等体积的 5mmol/L 乙酸铵溶液涡旋混合后，以 10000r/min 离心 2min 或者过 0.22μm 的微孔滤膜，取上清液或者滤液上机测定。对阴性样品，取氧化铝净化后的溶液 5.0mL 浓缩至 1.0mL 后，溶解残渣，混匀备用。

（五）基质匹配的标准工作曲线的制备

称取 5.0g（精确至 0.01g）空白基质样品，每份样品按上述萃取过程进行处理，得到的基质提取液用于配制基质匹配工作曲线及高浓度样品溶液稀释。准确吸取 1mg/L 的混合标准使用液，用初始流动相配比溶液复溶的空白基质溶液制成 0.2μg/L、0.5μg/L、1.0μg/L、5.0μg/L、10.0μg/L、20.0μg/L 的标准系列溶液。以系列标准溶液中分析物的浓度（μg/L）与对应的氘代同位素内标的峰面积比值绘制校正曲线，按内标法计算试样中化合物的含量。

五、试样分析

（一）液相色谱参考条件

① 色谱柱：BEHshieldC18 柱（1.7μm，2.1mm×50mm），或者其他等效柱。

② 流动相：A 相，5mmol/L 乙酸铵水溶液；B 相，乙腈。

③ 梯度洗脱程序见表 8-108。

表 8-108 流动相的梯度洗脱表

时间/min	流速/(mL/min)	A/%	B/%	曲线
0	0.25	80	20	
1	0.25	20	80	6
3	0.25	5	95	6
4	0.25	5	85	6
4.5	0.25	80	20	6
6	0.25	80	20	6

④ 进样量：5μL。

⑤ 柱温：35℃。

（二）质谱参考条件

① 离子化方式：ESI（+）。

② 扫描方式：多反应监测。

③ 毛细管电压：2.6kV。

④ 源温度：110℃。

⑤ 脱溶剂气温度：400℃。

⑥ 脱溶剂气流量：700L/h。

⑦ 质谱分析优化参数见表 8-109。

表 8-109 孔雀石绿等化合物的主要质谱参数

名称	母离子	子离子	锥孔电压/V	碰撞电压/V
孔雀石绿	329.1	207.7	60	35
		313.1①		35
隐色孔雀石绿	331.1	239	45	32
		316.1①		25
孔雀石绿-d_6	334	318	60	35
隐色孔雀石绿-d_6	337	322	45	25
结晶紫	372.1	340.2①	70	60
		356.1		40
隐色结晶紫	374.1	342①	50	55
		358.2		38

① 为定量离子。

六、质量控制

（一）精密度和准确度试验

在分析实际试样前，实验室必须达到可接受的精密度和准确度水平。通过对加标试样的分析，验证分析方法的可靠性。即取不少于 3 份基质与实际试样相似的空白样品，分别加入标准溶液。将制备好的加标试样按上述方法进行分析，各目标化合物的回收率应在 75%～125%范围内，RSD 小于 20%。在进行实际试样分析之前，必须达到上述标准。当试样的提取、净化方法进行了修改以及更换分析操作人员后，必须重复上述试验，直至达到上述标准。如果可以获得与试样具有相似基质的标准参考物，则可以用标准参考物代替加标试样进行精密度和准确度试验。

正式进行分析试样时，为了保证分析结果的准确性，要求在分析每批样品时，需要分析 10%的平行样，平行样间结果的 RSD 小于等于 20%；每个批次均需做一次方法空白试验；同时每批样品按照不同样品分类分别进行加标回收试验，具体方法如下：高浓度加标：在 5.0g 样品中加入 100μg/L 标准储备液 250μL，加标量为 4.0μg/kg；低浓度加标：在 5.0g 样品中加入 100μg/L 的标准储备液 50μL，加标量为 1.0μg/kg。具体回收率参数见表 8-110。

表 8-110　样品加标回收率（$n=6$）

化合物	加标/(μg/kg)	回收率范围/%	平均回收率/%	RSD/%
孔雀石绿	2	63.3～88.8	72.2	15.9
	5	75.4～87.0	81.3	16.8
	10	80.1～92.1	84.7	9.5
隐形孔雀石绿	2	65.8～82.6	76.3	17.3
	5	76.7～89.0	82.2	17.1
	10	84.3～91.2	88.4	9.3
结晶紫	2	67.2～83.6	73.7	15.3
	5	75.2～106.4	86.3	17.3
	10	90.9～100.2	96.1	6.7
隐形结晶紫	2	69.5～89.7	79.2	17.4
	5	92.3～98.9	91.3	11.4
	10	91.2～100.3	95.7	9.5

（二）保留时间窗口

每 50 次进样后进行窗口确定标准溶液的分析，确定保留时间窗口的正确。当更换色谱柱或改变色谱参数后均必须使用窗口确定标准溶液对保留时间窗口进行校准。

（三）质谱仪的质量数校正

定期用校正液进行一次质谱仪的质量校正，确保监测离子的质量数不发生改变。

（四）阳性样品复测

对确证为检出目标物的样品，应进一步称样，复测，排除样品处理中受污染的可能。对于检出高浓度的样品，如后续的样品也检出目标物，应对该样液进行下一步进样分析，以排除交叉污染的可能。

七、结果计算

按下式计算样品中待测物的量：

$$X=\frac{c\times V\times 1000}{M\times 1000}$$

式中 X——样品中待测组分的含量，μg/kg；

c——测定液中待测组分的浓度，ng/mL；

V——定容体积，mL；

M——样品称样量，g；

1000——换算系数。

注：计算结果需扣除空白值，测定结果用平行测定的算术平均值表示，保留两位有效数字，平行样品间 RSD 小于等于 20%。

八、技术参数

定性：样品中目标化合物色谱峰的保留时间与相应标准色谱峰的保留时间一致，变化范围应在±2.5%之内。待测化合物的定性离子的重构离子色谱峰的信噪比应大于等于 3，定量离子的重构离子色谱峰的信噪比应大于等于 10。每种化合物的质谱定性离子必须出现，至少应包括一个母离子和一个子离子，而且同一检测批次，对同一化合物，样品中目标化合物的两个子离子的相对丰度比与浓度相当的标准溶液相比，其允许偏差不超过表 8-111 规定的范围。

表 8-111 定性时相对离子丰度的最大允许偏差

相对离子丰度/%	≤10	>10～20	>20～50	>50
允许相对偏差/%	±50	±30	±25	±20

方法定性限、定量限：按能够准确确认的目标化合物浓度来估计各目标化合物在不同样品基质的定性限，样品基质、取样量、进样量、色谱分离状况、电噪声水平以及仪器灵敏度均可能对样品定性限造成影响，因此噪声水平必须从实际样品谱图中获取。因此，在此不规定各个化合物的检测限与定量限。原则上以各单位仪器中 MRM 模式下，定性离子通道中信噪比 $S/N=3$ 时设定样品溶液中各待测组分的浓度为定性限，以定量离子通道中信噪比 $S/N=10$ 时设定样品溶液中各待测组分的浓度为定量限。各目标化合物的方法的定性限，方法定量限均在 0.5μg/kg，详细数据见表 8-112。

表 8-112 方法定性限和定量限 单位：μg/kg

化合物	方法定性限/(μg/kg)	方法定量限/(μg/kg)
孔雀石绿	0.2	0.5
隐性孔雀石绿	0.2	0.5
结晶紫	0.2	0.5
隐性结晶紫	0.2	0.5

九、注意事项

① 样品上机前过 0.22μm 的滤膜。

② 注意采用基质匹配的标准曲线进行定量检测。

十、资料性附录

孔雀石绿、结晶紫及其隐性化合物的标准色谱图如图 8-58 所示。

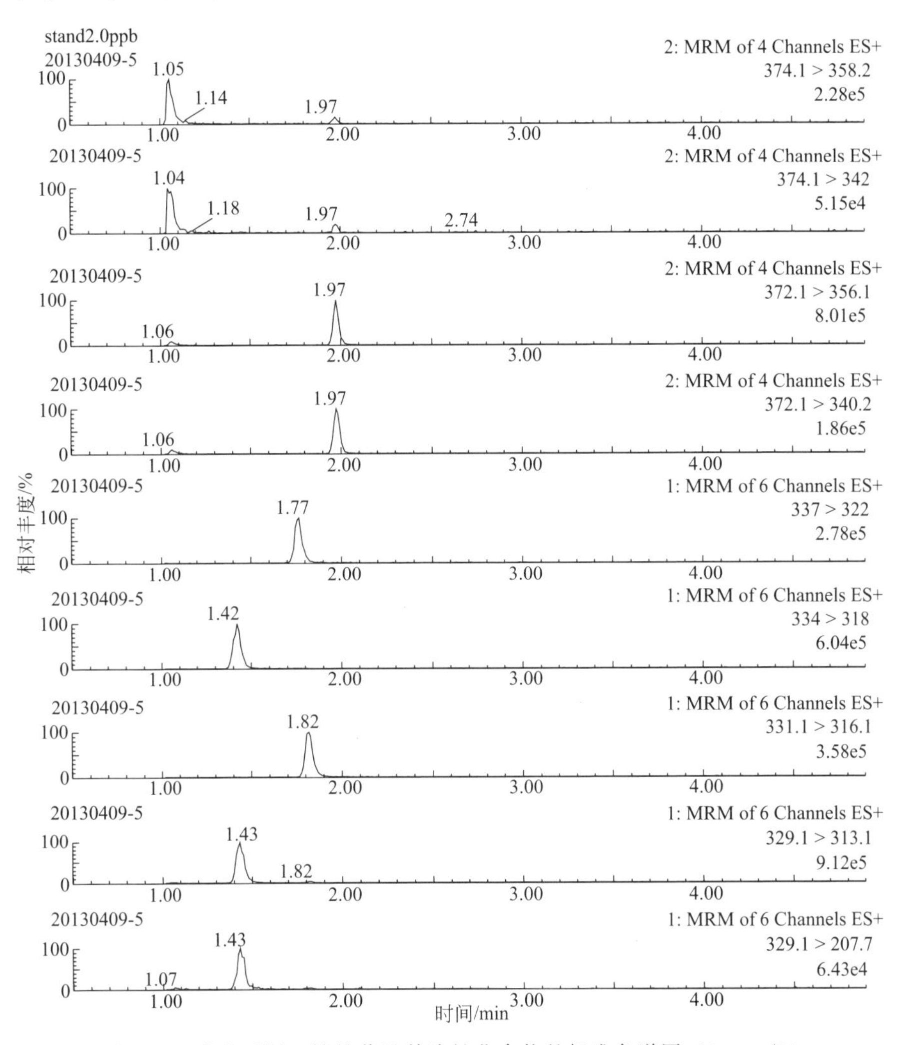

图 8-58　孔雀石绿、结晶紫及其隐性化合物的标准色谱图（2.0μg/L）

第二十七节　水产品中硝基呋喃类代谢物残留量的测定

一、适用范围

本规程适用于水产品中硝基呋喃类代谢物单个或混合物残留量的检测。

二、方法提要

试样中残留的硝基呋喃类代谢物在酸性条件下用2-硝基苯甲醛衍生化，用OasisHLB或性能相当的固相萃取柱净化。电喷雾离子化，液相色谱-串联质谱检测。同位素标记的内标法定量。

三、仪器设备和试剂

（一）仪器和设备

① 液相色谱-串联质谱仪：QuattroPremierXE型，配有电喷雾离子源（ESI）。（沃特世公司。）

② 高速冷冻离心机（10000r/min）。

③ 电子天平感量0.01g和0.0001g。

④ 超声波清洗仪。

⑤ 氮吹仪。

⑥ 旋涡混合器。

⑦ 固相萃取装置。

（二）试剂和耗材

除另有说明外，水为GB/T 6682规定的一级水。

① 甲醇、乙酸乙酯、乙腈、甲酸：色谱纯，迪马公司。

② 浓盐酸：分析纯。

③ 乙酸铵：分析纯，迪马公司。

④ 稀盐酸：0.2mol/L，量取17mL浓盐酸用水定容至1000mL。

⑤ 氢氧化钠：分析纯。

⑥ 氢氧化钠溶液：1mol/L，称取40g氢氧化钠，用水溶解，定容至1000mL；0.2mol/L，取100mL1mol/L氢氧化钠溶液，用水稀释至500mL。

⑦ 衍生剂：（0.1mol/L）2-硝基苯甲醛-乙腈溶液；称取2-硝基苯甲醛0.151g溶于10mL乙腈，现用现配。

⑧ OasisHLB固相萃取柱：60mg，3mL；使用前分别以3mL甲醇，3mL水进行活化。

⑨ 微孔滤膜：0.22μm。

（三）标准品及标准物质

1. 标准品

① 四种硝基呋喃代谢物标准物质：呋喃它酮代谢物5-吗啉甲基-3-氨基-2-噁唑烷基酮（AMOZ）、呋喃唑酮代谢物3-氨基-2-噁唑烷基酮（AOZ）、呋喃西林代谢物氨基脲（SEM）、呋喃妥因代谢物1-氨基-2-内酰脲（AHD），四种标准物质纯度均≥99%，SIGMA公司。

② 四种硝基呋喃代谢物内标物：AMOZ-d_5、AOZ-d_4、SEM-$^{13}C^{15}N_2$、AHD-$^{13}C_3$，四种内标标准物质纯度均≥99%，SIGMA公司。

2. 标准溶液的配制

① 四种硝基呋喃代谢产物标准储备液：1.0mg/mL。称取适量的四种硝基呋喃代谢产物标准物质，分别用甲醇稀释成 1.0mg/mL 的标准储备液。避光保存于 −20℃冰箱，可使用 6 个月。

② 四种硝基呋喃代谢物混合标准溶液：0.1μg/mL。吸取适量四种硝基呋喃代谢物标准储备溶液，用甲醇稀释成 0.1μg/mL 的混合标准溶液，避光保存于 −20℃冰箱，可使用 3 个月。

③ 四种硝基呋喃代谢物内标标准储备溶液：1.0mg/mL。称取适量的四种硝基呋喃代谢物内标标准物质，分别用甲醇稀释成 1.0mg/mL 的标准储备液。避光保存于 −20℃冰箱，可使用 6 个月。

④ 四种硝基呋喃代谢物内标混合标准溶液：0.1μg/mL。吸取适量四种硝基呋喃代谢物内标标准储备溶液，用甲醇稀释成 0.1μg/mL 的混合标准溶液，避光保存于 −20℃冰箱，可使用 3 个月。

四、样品的处理

（一）试样的制备与保存

从原始样品中取可食用部位约 500g，用组织捣碎机充分捣碎混匀，装入洁净容器作为试样，备用。

（二）衍生化

准确称取 2.0g 试样于 50mL 具塞塑料离心管中，依次加入混合内标工作液 50μL，0.2mol/L HCl 溶液 10mL，200μL 衍生剂 2-NBA 溶液，振荡 30min 后，将离心管置于 37℃恒温箱中放置过夜（约 16h）。

（三）提取

从恒温箱中取出离心管并冷却至室温，用氢氧化钠溶液（1mol/L）调节混合液的 pH 值，使其 pH=7.2～7.4。再以 10000r/min 的速度，在 4℃下离心 10min，取上清液进行固相萃取净化。

（四）净化

将提取液以 2～3mL/min 的速度通过预先活化过的 OasisHLB 固相萃取柱，再用 5mL 超纯水淋洗小柱后，将小柱减压抽干。用 5mL 乙酸乙酯洗脱小柱，洗脱液在氮气流下吹干，用（1+1）甲醇-水溶液定容，过 0.22μm 微孔滤膜后待上机测定。

（五）标准曲线的制作

准确吸取适量硝基呋喃代谢物混合标准溶液和硝基呋喃代谢物内标混合标准溶液，用(1+1)甲醇-水溶液定容溶液制成硝基呋喃代谢物浓度分别为 1μg/L、2μg/L、5μg/L、10μg/L、20μg/L 的标准系列溶液，其中各目标物对应的内标物浓度为 5ng/mL。再按照衍生化，提取，净化进行试验。按内标法计算试样中各目标物的含量。

五、试样分析

（一）液相色谱参考条件

① 色谱柱：ACQUITYUPLC® BEH C18（100mm×2.1mm，1.7μm）。

② 流动相：A 相，5mmol/L 乙酸铵的 0.01%甲酸水溶液；B 相，乙腈。

③ 梯度洗脱程序见表 8-113。

表 8-113　液相色谱参考梯度条件

时间/min	流速/(mL/min)	A/%	B/%
0	0.3	90	10
4	0.3	10	90
5	0.3	10	90
5.1	0.3	90	10
7	0.3	90	10

④ 进样量：10μL。

⑤ 柱温：40℃。

（二）质谱参考条件

① 离子化方式：ESI（+）。

② 扫描方式：多反应监测。

③ 毛细管电压：3.5kV。

④ 源温度：120℃。

⑤ 脱溶剂气温度：450℃。

⑥ 脱溶剂气流量：700L/h。

⑦ 质谱分析优化参数见表 8-114。

表 8-114　硝基呋喃类代谢物的主要质谱参数

目标物	保留时间/min	母离子(m/z)	子离子(m/z)	锥孔电压/V	碰撞能量/eV
2-NP-AMOZ	1.76	334.8	261.9 290.9①	25	15 10
2-NP-SEM	2.14	209.0	165.8① 192.0	25	10 13
2-NP-AHD	2.17	249.0	103.5 133.8①	27	20 10
2-NP-AOZ	2.39	236.0	103.3 133.6①	30	20 10
2-NP-AMOZ-d_5	1.76	340.1	264.9 296.0①	25	20 12
2-NP-SEM-$^{13}C_{15}N_2$	2.14	211.8	167.6① 194.6	25	10 12
2-NP-AHD-$^{13}C_3$	2.17	251.8	133.6① 178.6	25	13 18
2-NP-AOZ-d_4	2.39	239.7	103.5 133.5①	30	20 15

① 为定量离子。

六、质量控制

保留时间窗口：每50次进样后进行窗口确定标准溶液的分析，确定保留时间窗口的正确。当更换色谱柱或改变色谱参数后均必须使用窗口确定标准溶液对保留时间窗口进行校准。

质谱仪的质量数校正：定期用校正液进行一次质谱仪的质量校正，确保监测离子的质量数不发生改变。

定性：试样中目标化合物色谱峰的保留时间与相应标准色谱峰的保留时间一致，变化范围应在±2.5%之内。待测化合物的定性离子的重构离子色谱峰的信噪比应大于等于3，定量离子的重构离子色谱峰的信噪比应大于等于10。每种化合物的质谱定性离子必须出现，至少应包括一个母离子和一个子离子，而且同一检测批次，对同一化合物，样品中目标化合物的两个子离子的相对丰度比与浓度相当的标准溶液相比，其允许偏差不超过表8-115规定的范围。

表8-115　定性时相对离子丰度的最大允许偏差

相对离子丰度/%	≤10	>10～20	>20～50	>50
允许相对偏差/%	±50	±30	±25	±20

七、结果计算

按下式计算样品中硝基呋喃类物质的量：

$$X=\frac{c\times V\times 1000}{M\times 1000}$$

式中　X——样品中待测组分的含量，μg/kg；

c——测定液中待测组分的浓度，ng/mL；

V——定容体积，mL；

M——样品称样量，g；

1000——换算系数。

注：计算结果需扣除空白值，测定结果用平行测定的算术平均值表示，保留两位有效数字，平行样品间RSD小于等于20%。

八、技术参数

（一）方法定性限和定量限

按能够准确确认的目标化合物浓度来估计各目标化合物在不同样品基质的定性限，样品基质、取样量、进样量、色谱分离状况、电噪声水平以及仪器灵敏度均可能对样品定性限造成影响，因此噪声水平必须从实际样品谱图中获取。因此，在此不规定各个化合物的检测限与定量限。原则上以各单位仪器中MRM模式下，定性离子通道中信噪比为3时设定样品溶液中各待测组分的浓度为定性限，以定量离子通道中信噪比为10时设定样品溶液中各待测组分的浓度为定量限。各目标化合物的方法的定性限、方法定量限均小于1.0μg/kg，详细数据见表8-116。

表 8-116 方法定性限和定量限

化合物	方法定性限/(μg/kg)	方法定量限/(μg/kg)
2-NP-AMOZ	0.50	1.0
2-NP-SEM	0.50	1.0
2-NP-AHD	0.50	1.0
2-NP-AOZ	0.50	1.0

（二）精密度和准确度试验

在分析实际试样前，实验室必须达到可接受的精密度和准确度水平。通过对加标试样的分析，验证分析方法的可靠性。即取不少于 3 份基质与实际试样相似的空白样品，分别加入标准溶液。将制备好的加标试样按上述方法进行分析，各目标化合物的回收率应在 75%～125%范围内，RSD 小于 20%。在进行实际试样分析之前，必须达到上述标准。当试样的提取、净化方法进行了修改以及更换分析操作人员后，必须重复上述试验，直至达到上述标准。如果可以获得与试样具有相似基质的标准参考物，则可以用标准参考物代替加标试样进行精密度和准确度试验。

正式进行分析试样时，为了保证分析结果的准确性，要求在分析每批样品时，需要分析 10%的平行样，平行样间结果的 RSD 小于等于 20%；每个批次均需做一次方法空白试验；同时每批样品按照不同样品分类分别进行加标回收试验，具体方法如下。高浓度加标：在 2.0g 样品中加入 100μg/L 标准储备液 100μL，加标量为 5.0μg/kg，测定液中含量为 10.0μg/L；低浓度加标：在 2.0g 样品中加入 100μg/L 的标准储备液 20μL，加标量为 1.0μg/kg，测定液中含量为 2.0μg/L。具体回收率参数见表 8-117。

表 8-117 样品加标回收率（$n=6$）

待测物	添加水平/(μg/kg)	回收率范围/%	平均值/%	RSD/%
2-NP-AMOZ	1	80.3～88.8	84.6	12.3
	5	83.4～97.0	91.2	7.6
2-NP-SEM	1	83.8～92.6	87.1	14.1
	5	84.7～99.0	92.9	8.3
2-NP-AHD	1	84.2～93.3	88.7	13.2
	5	85.2～101.4	94.8	9.2
2-NP-AOZ	1	86.5～99.3	92.5	15.3
	5	82.3～98.7	95.2	8.5

九、注意事项

① 衍生剂可以适当过量添加，以保证目标物完全被反应。

② 若无恒温振荡装置，可在恒温过夜前将离心管充分振荡、涡旋，使内标物和衍生剂与样品充分混匀。

③ 调节混合液的 pH 时，要保证样品已完全冷却至室温，否则显示的 pH 值将不准确。

④ 为避免离心后的上清液中悬浮物过多而堵塞固相萃取柱，可在离心前将样品稍加冷冻，或在上清液过小柱之前将其过滤。

⑤ 固相萃取柱要完全抽干，否则会影响乙酸乙酯的洗脱和上机测定；当固相萃取柱内填料已明显松散流动，可视为已经抽干。

十、资料性附录

硝基呋喃类化合物标准色谱图如图 8-59、图 8-60。

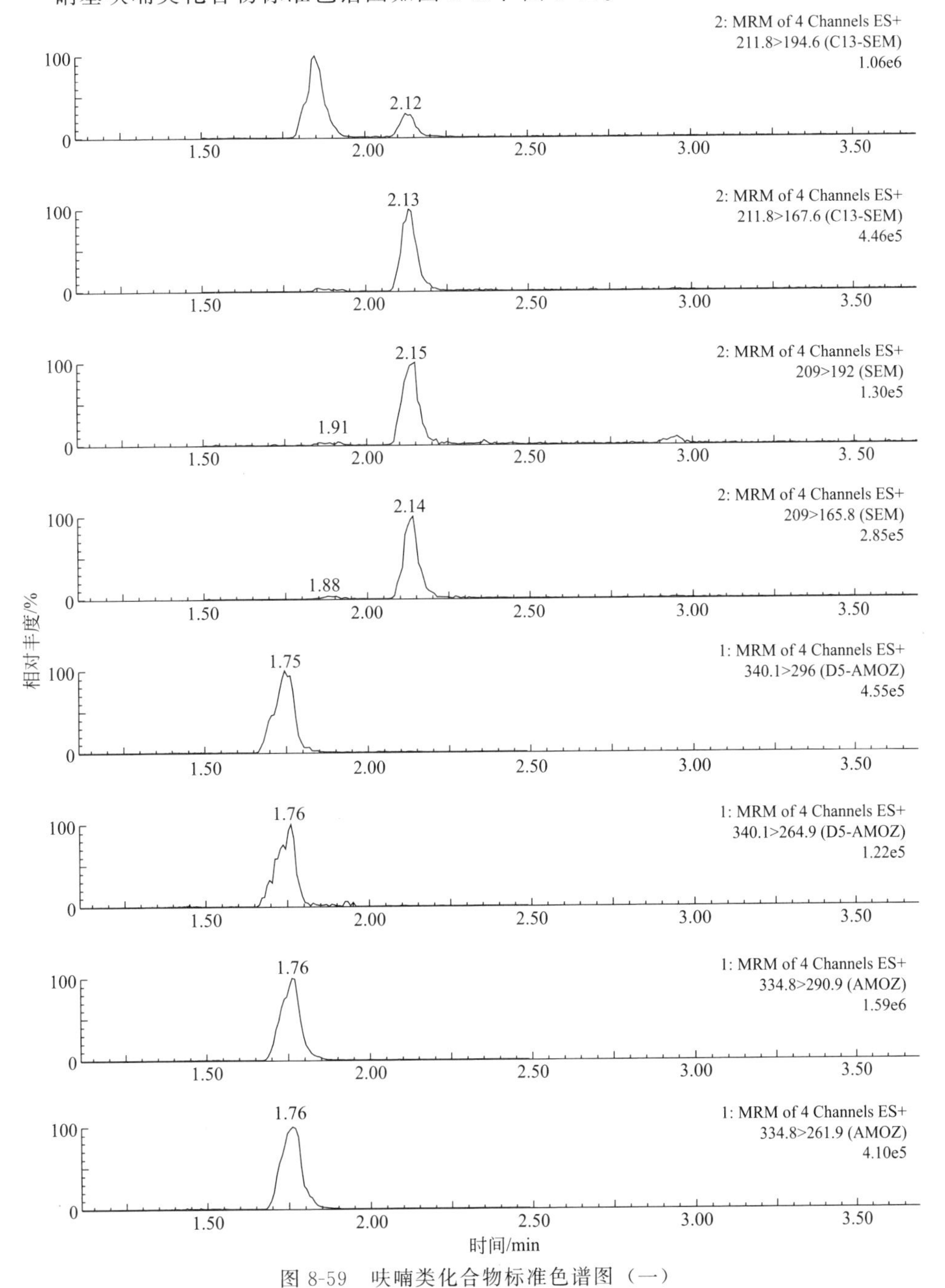

图 8-59 呋喃类化合物标准色谱图（一）

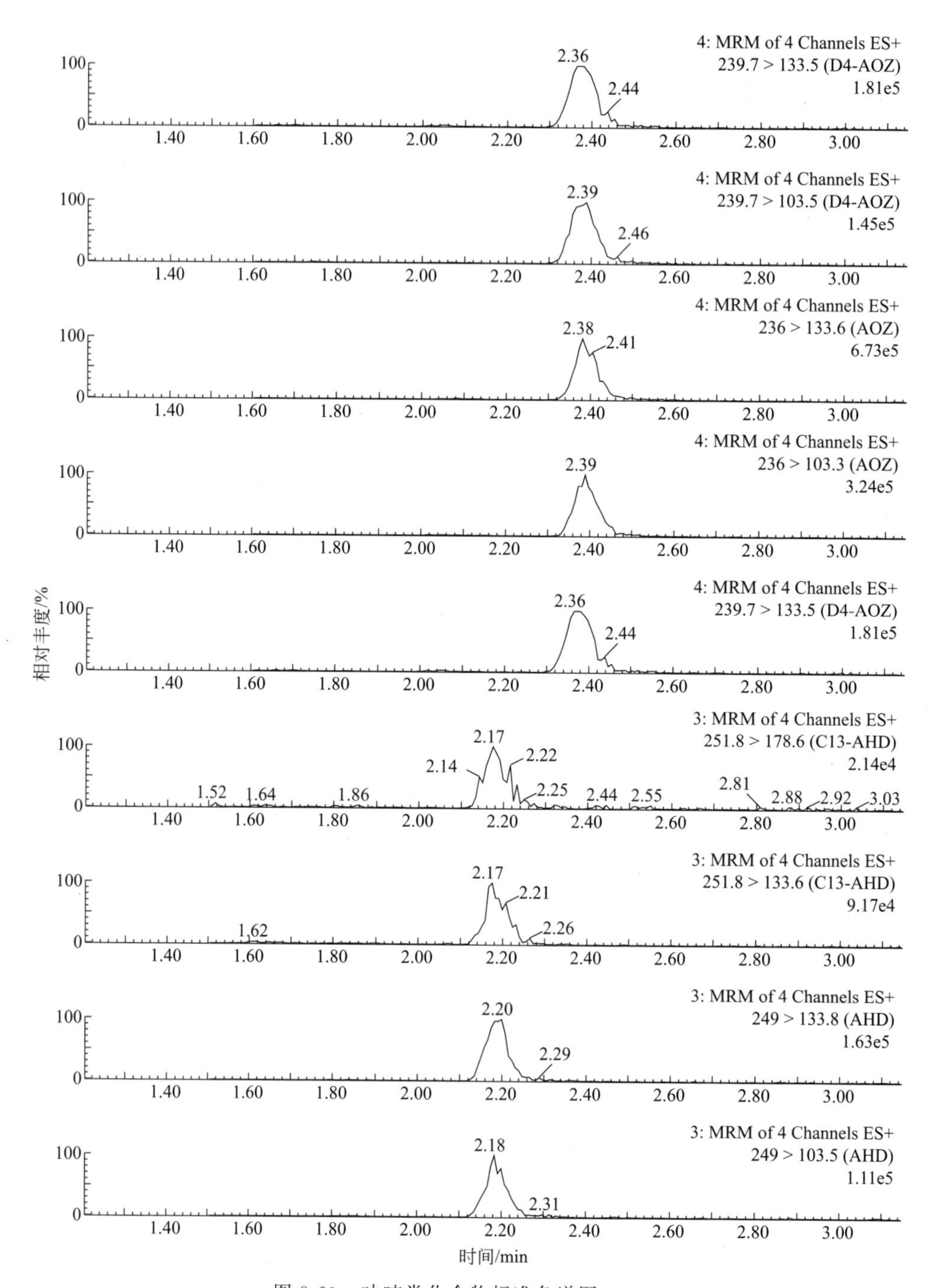

图 8-60 呋喃类化合物标准色谱图（二）

参考文献

[1] Pan G F. Analytical methods for food safety by mass spectrometry || Nitrofurans [J]. AcademicPress, 2018：265-288.

[2] 尹怡，潘宇，刘书贵，等. 超声辅助衍生-液相色谱/串联质谱法快速测定养殖水体中硝基呋喃类代谢物的残留量 [J]. 分析试验室，2015，34（4）：416-420.

[3] 王丹，陈颖，宋书锋，等. 固相萃取-超高效液相色谱-串联质谱法检测面粉及面制品中的氨基脲 [J]. 中国食品卫生杂志，2014，26（6）：579-583.

[4] 农业部 781 号公告-4-2006 动物源食品中硝基呋喃类代谢物残留量的测定高效液相色谱-串联质谱法 [S]. 北京：中国标准出版社，2006.

[5] 刘谦，颜红，王锋，等. 高效液相色谱串联质谱测定小麦粉及制品中的氨基脲 [J]. 粮食与饲料工业，2012，11，59-61.

[6] 向露，易廷辉，王雅，等. 高效液相色谱法测定面粉中偶氮甲酰胺的含量 [J]. 重庆医科大学学报，2014，39（4），533-536.

[7] 王丹慧，高娃，李梅. 原料乳中硫氰酸钠掺假定性检测方法 [J]. 中国乳品工业，2008，36（7）：57-58.

[8] 李传扬，张富新，王攀，等. 激活乳过氧化物酶体系对牛乳的保鲜 [J]. 陕西师范大学（自然科学版），2008，36（3）：105-108.

[9] 顾欣，黄士新，李丹妮，等. 乳中硫氰酸盐对人类健康的风险评估 [J]. 中国兽药杂志，2010，44（9）：45-49.

[10] 焦霞，鲁联合，盖学武. 离子色谱紫外检测器联用技术同时分离测定乳制品中的碘离子和硫氰酸根 [J]. 化学分析计量，2010，19（1）：33-35.

[11] 高勇兴，郑小平，王建军. 离子色谱法测定原料乳中硫氰酸钠的不确定度评定研究 [J]. 乳业科学与技术，2011，34（2）：65-66.

[12] 姚敬，朱杰民，陈明，等. 在线渗析-离子色谱法测定牛奶中硫氰酸盐 [J]. 中国卫生检验杂志，2011，21（4）：824-826.

[13] 李静，王雨，梁丽娜，等. 混合模式色谱柱离子色谱法同时测定奶粉中的碘离子和硫氰酸根 [J]. 色谱，2010，28（4）：422-425.

[14] 小麦粉中溴酸盐的测定离子色谱法：GB/T 20188—2006 [S].

[15] 王竹天，杨大进. 调味品中碱性橙、碱性玫瑰精、酸性橙Ⅱ及酸性金黄四种工业染料测定的标准操作程序//食品中化学污染物及有害因素监测技术手册 [M]. 北京：中国标准出版社，2011.

[16] 国家食品安全风险评估中心. 2017 年国家食品污染和有害因素风险监测工作手册 [M]. 2016.

[17] 赵海燕，赵榕，李兵，等. HPLC 同时测定调味料中非法添加多组分工业染料的方法研究 [J]. 中国食品卫生杂志，2011，23（6）：527-531.

[18] 张林田，黄少玉，陆奕娜，等. 固相萃取/HPLC-MS/MS 检测食品中吗啡等五种罂粟壳生物碱残留 [J]. 分析试验室 2014，(6)，722-725.

[19] 王越，马丽霞，田微. 火锅底料中罂粟壳的高效液相色谱法测定 [J]. 色谱，1999，18（4）：401-402.

[20] 李秋霞，肖国军，周聪. 固相萃取-液相色谱检测火锅汤料中吗啡、可待因和罂粟碱 [J]. 中国职业医学，2011，S1：58-61.

[21] 刘敏敏，张朝正，李延志，等. 液相色谱-串联质谱法检测火锅底料中罂粟壳 [J]. 食品研究与开发 2013（1）：91-94.

[22] 食品安全地方标准火锅食品中罂粟碱、吗啡、那可汀、可待因和蒂巴因的测定液相色谱-串联质谱法：DB 312010—2012 [S].

[23] 顾万江，周春艳，唐晓琴，等. 固相萃取-超高效液相色谱-串联质谱法同时测定食品中 5 种生物碱 [J]. 中国卫生检验杂志，2014，24（17）：2481-2484.

[24] 祝伟霞，孙转莲，袁萍，等. 同位素内标-多反应监测同步在线质谱全扫描确证火锅料中罂粟壳成分 [J]. 色谱，2014，33（12）：1333-1339.

[25] 食品中邻苯二甲酸酯的测定：GB/T 21911—2008 [S].

[26] 吴平谷，杨大进，沈向红，等. 气相色谱-质谱联用测定食用植物油中的邻苯二甲酸酯类化合物 [J]. 中华预防医学杂志，2012（6）：561-566.
[27] 刘杰，白妮. GC-MS法测定食用油中邻苯二甲酸酯类物质的含量[J]. 粮油食品科技，2012，20(4)：24-27.
[28] 吴平谷，杨大进，沈向红，等. 气相色谱质谱联用测定食用植物油中的邻苯二甲酸酯类化合物 [J]. 中华预防医学杂志 2012，46（6）：561-566.
[29] 廖艳，余煜棉，赖子尼，等. 固相萃取气相色谱法检测水中的邻苯二甲酸酯 [J]. 化工环保，2006，3（26）：235-238.
[30] 贾宁，许恒智，胡亚丽，等. 固相萃取-气相色谱法测定北京市水样中的邻苯二甲酸酯 [J]. 分析实验室，2005，11（24）：18-21.
[31] 高洁，刘卿，韩枫，等. 固相支持液液萃取-气相色谱－质谱法测定膳食样品中氯丙二醇酯 [J]. 卫生研究，2014，43（3）：449-454.
[32] 傅武胜，严小波，吕华东，等. 气相色谱/质谱法测定植物油中脂肪酸氯丙醇酯[J]. 分析化学，2012(09)：1329-1335.
[33] 实验室质量控制规范食品理化检测：GB/T 27404—2008 [S].
[34] 里南. 食品中脂肪酸氯丙醇酯的污染调查与暴露评估 [D]. 福州：福建农林大学，2012.
[35] 糕点卫生标准的分析方法：GB/T 5009.56—2003 [S].
[36] 食品安全国家标准食品中脂肪的测定：GB 5009.6—2016 [S].
[37] 食品安全国家标准食品中氯丙醇及其脂肪酸酯含量的测定：GB 5009.191—2016 [S].
[38] 刘文菁. 油脂性食品中氯丙醇酯和缩水甘油酯的表征技术与污染研究 [D]. 福州：福建医科大学，2017.
[39] 胡荣梅，马立珊. *N*-亚硝基化合物分析方法 [M]. 北京：科学出版社，1980.
[40] 胡继繁，宋圆菊. 食品中挥发性亚硝胺的测定 [J]. 中华预防医学杂志，1985，6（19）：378-381.
[41] 郭润正，万延建. 气相色谱-质谱法测定尿中挥发性亚硝胺 [J]. 中华预防医学杂志，2013，3（47）：270-273.
[42] 食品中亚硝胺的测定（征求意见稿）：GB 5009.26 [S].
[43] 吴平谷. 啤酒中 *N*,*N*-二甲基亚硝胺的测定气相色谱质谱法标准操作规程.
[44] 食品安全国家标准食品中多环芳烃的测定：GB 5009.265—2016 [S].
[45] 邵兵，韩灏，李冬梅，等. 加速溶剂萃取液相色谱质谱/质谱法分析动物组织中的壬基酚、辛基酚和双酚 A [J]. 色谱，2005，23（4）：362-365.
[46] 李蔚，赵秀香，李凤华. 超高效液相色谱-串联质谱法检测婴幼儿乳粉中双酚 A 和壬基酚 [J]. 预防医学论坛，2017，23（3）：233-235.
[47] 化妆品中污染物双酚 A 的测定高效液相色谱-串联质谱法：GB/T 30939—2014 [S].
[48] 出口食品中双酚 A-二缩水甘油醚、双酚 F-二缩水甘油醚及其衍生物残留测定液相色谱-质谱/质谱法：SN/T 3150—2012 [S].
[49] 吴平谷，陈正冬. 固相萃取结合 GC/MS 法测定酒中氨基甲酸乙酯 [J]. 卫生研究，2004，33（5）：627-6281.
[50] 宋钢. 酒类的安全性调查——氨基甲酸乙酯的分析 [J]. 中国酿造，2008（3）：99-1021.
[51] 高年发，宝菊花. 氨基甲酸乙酯的研究进展 [J]. 中国酿造，2006（9）：1-41.
[52] 周萍萍，周蕊，赵云峰，等. 葡萄酒中氨基甲酸乙酯污染评估 [J]. 中国食品卫生杂志，2008，20（3）：8021.
[53] 出口酒类中氨基甲酸乙酯残留量检验方法：SN 0285—1993 [S].
[54] 马永民，刘玉莹，李跃红，等. 气相色谱/热离子检测器法测定粮食中的氨基甲酸乙酯残留量 [J]. 职业与健康，1994，14（2）：35-36.
[55] 王竹天，杨大进. 食品中化学污染物及有害因素监测技术手册 [M]. 北京：中国标准出版社，2011：288-292.
[56] 动物性食品中克伦特罗残留量的测定：GB/T 5009.192—2003 [S].
[57] 朱栋平，陶萍，李学惠. 固相萃取-气相色谱法测定葡萄酒中的氨基甲酸乙酯 [J]. 上海水产大学学报，2008，17（9）：616-619.

[58] 食品中生物胺含量的测定：GB/T 5009.208—2008 [S].
[59] 水质组胺等五种生物胺的测定高效液相色谱法：GB/T 21970—2008 [S].
[60] 杨文军，张丽英，贺平丽，等.反相离子对色谱柱后衍生法测定生物组织中四种生物胺的含量.现代科学仪器，2007，3：107-109.
[61] 陆永梅，董明盛，吕欣，等.高效液相色谱法测定黄酒中生物胺 [J].食品科学，2006，27：196-198.
[62] 张慧，蔡成岗，朱耿杰，等.高效液相色谱法同时测定香肠中6种生物胺 [J].中国食品学报，2009，9，4：205-210.
[63] 董伟峰，李宪臻，林维宣.丹磺酰氯作为生物胺柱前衍生试剂衍生化条件的研究 [J].大连轻工业学院学报，2005，24，2：115-118.
[64] 张剑，钟其顶，熊正河，等.葡萄酒中生物胺的研究进展 [J].酿酒科技，2010，7：80-85.
[65] 可食动物肌肉、肝脏和水产品中氯霉素、甲砜霉素和氟苯尼考残留量的测定液相色谱-串联质谱法：GB/T 20756—2006 [S].
[66] 河豚鱼、鳗鱼和烤鳗中氯霉素、甲砜霉素和氟苯尼考残留量的测定液相色谱-串联质谱法：GB/T 22959—2008 [S].
[67] 饲料中氯霉素的测定高效液相色谱串联质谱法：GB/T 21108—2007 [S].
[68] 蜂蜜中氯霉素残留量的测定方法液相色谱-串联质谱法：GB/T 18932.19—2003 [S].
[69] 蜂蜜中硝基咪唑类药物及其代谢物残留量的测定液相色谱-质谱/质谱法：GB/T 23410—2009 [S].
[70] 于慧娟，毕士川，黄冬梅，等，高效液相色谱测定水产品中喹乙醇的残留量 [J].分析科学学报，2004，20（3）：281-283.
[71] 梅光明，郑斌，陈学昌，等.超高效液相色谱-质谱联用法测定水产品中喹乙醇代谢物的残留量 [J].浙江海洋学院学报（自然科学版），2010，29（3）：254－259.
[72] 动物源食品中激素多残留检测方法液相色谱-质谱/质谱法：GB/T 21981—2008 [S].
[73] 水产品中孔雀石绿和结晶紫残留量的测定：GB/T 19857—2005 [S].
[74] 动物源性食品中硝基呋喃类药物代谢物残留量检测方法-高效液相色谱/串联质谱法：GB/T 21311—2007 [S].

附录一　本章涉及物质化学信息

（一）工业染料类

中文名称	英文名称	CAS RN	C. I.
红 2G(酸性红 1,酸性红 G)	red 2G(azophloxin,acid red 1)	3734-67-6	18050
碱性橙 2(橘红,柯衣定)	basic orange 2,chrysoidine G	532-82-1	11270
碱性橙 21	basic orange 21	3056-93-7	48035
碱性橙 22	astrazon orange	4657-00-5	48040
酸性橙Ⅱ(酸性橙 7)	acid orange 7	633-96-5	15510
罗丹明 B(玫瑰红 B)	rhodamine B	81-88-9	45170
苏丹红Ⅰ	sudan Ⅰ	842-07-9	12055
苏丹红Ⅱ	sudan Ⅱ(solvent orange 7)	3118-97-6	12140
苏丹红Ⅲ(溶剂红 23)	sudan Ⅲ(solvent red 23)	85-86-9	26100
苏丹红Ⅳ(溶剂红 24)	sudan Ⅳ(solvent red 24)	85-83-6	26105
酸性金黄(丫啶黄)	metanil yellow	587-98-4	13065

（二）多环芳烃

中文名称	英文名称(含缩写)	CAS RN	IRAC
苯并[*a*]芘	benzo(a) pyrene,BaP	50-32-8	1
环戊烯[*c*,*d*]芘	cyclopenta(c,d)pyrene,CPP	27208-37-3	2A
苯并[*a*]蒽	benz anthracene,BaA	56-55-3	2B
䓛	chrysene,ChR	218-01-9	2B
5-甲基-1,2-苯并菲	5-methylchrysene,5-MC	3697-24-3	2B
苯并[*j*]荧蒽	benzo(j) fluoranthene,BjF	205-82-3	2B
苯并[*b*]荧蒽	benzo(b) fluoranthene,BbF	205-99-2	2B
苯并[*k*]荧蒽	benzo(k) fluoranthene,BkF	207-08-9	2B
二苯并[*a*,*l*]芘	dibenzo(a,i) pyrene,DiP	191-30-0	2B
二苯并[*a*,*h*]蒽	dibenzo(a,h) anthracene,DaA	53-70-3	2B
茚并[1,2,3-*cd*]芘	indeno(1,2,3-cd) pyrene,IcP	193-39-5	2B
二苯并[*a*,*i*]芘	dibenzo(a,i) pyrene,DiP	189-55-9	2B
二苯并[*a*,*h*]芘	dibenzo(a,h) pyrene,DhP	189-64-0	2B
苯并[*c*]芴	benzo(c) fluorene,BcF	205-12-9	3
苯并[*g*,*h*,*i*]苝	benzo(g,h,i) perylene,BgP	191-24-2	3
二苯并[*a*,*e*]芘	dibenzo(a,e) pyrene,DeP	192-65-4	3

（三）其他

中文名称	英文名称(含缩写)	CAS RN
1,7-二氨基庚烷	1,7-diaminoheptane	646-19-5
17β-雌二醇-d_3	17β-estradiol-16,16,17-d_3	79037-37-9
1-氨基-2-内酰脲	1-aminohydantoin,AHD	6301-02-6
1-氨基-2-内酰脲-$^{13}C_3$	1-amino-2,4-imidazolidinedione-$^{13}C_3$;AHD-$^{13}C_3$	957509-31-8
2-氯-1,3-丙二醇	2-chloro-1,3-propanediol,2-MCPD	497-04-1
2-氯-1,3-丙二醇硬脂酸二酯	rac-1,3-distearoyl-2-chloropropanediol	26787-56-4
3-氨基-2-噁唑烷基酮	3-amino-2-oxazolidinone,AOZ	80-65-9
3-氨基-2-噁唑烷基酮-d_4	3-amino-2-oxazolidinone-d_4(AOZ-d_4)	1188331-23-8
3-氯-1,2-丙二醇	3-chloro-1,2-propanediol,3-MCPD	96-24-2
3-氯-1,2-丙二醇棕榈酸二酯	rac-1,2-bis-palmitoyl-3-chloropropanediol	51930-97-3
4-*n*-壬基酚-d_4	4-*n*-nonylphenol-d_4	358730-95-7
5-吗啉甲基-3-氨基-2-噁唑烷基酮	3-amino-5-morpholinomethyl-2-oxazolidinone,AMOZ	43056-63-9
5-吗啉甲基-3-氨基-2-噁唑烷基酮-d_5	3-amino-5-morpholin-4-ylmethyl-oxazolidin-2-one-d_5;AMOZ-d_5	1017793-94-0
N-甲基-*N*-亚硝基甲胺	*N*-nitrosodimethylamine	62-75-9
β-苯乙胺	β-phenethylamine	64-04-0
尸胺	1,5-diaminopentane	462-94-2
己烯雌酚	diethylstilbestrol	56-53-1
己烯雌酚-d_6	diethylstilbestrol-d_6	89717-83-9

续表

中文名称	英文名称(含缩写)	CAS RN
壬基酚	nonylphenol,NP	25154-52-3
孔雀石绿	malachite green,MG	569-64-2
孔雀石绿-d_5 苦味酸盐	malachite green-d_5 picrate	1258668-21-1
双酚 A	bisphenolA,BPA	80-05-7
双酚 A-d_{16}	BPA-d_{16}	96210-87-6
双酚 A-(2,3-二羟基丙基)缩水甘油醚	BADGE·H_2O	76002-91-0
双酚 A-(3-氯-2-羟丙基)(2,3-二羟丙基)醚	BADGE·H_2O·HCl	227947-06-0
双酚 A-(3-氯-2-羟丙基)甘油醚	BADGE·HCl	13836-48-1
双酚 A-二(2,3-二羟丙基)醚	BADGE·$2H_2O$	5581-32-8
双酚 A-二(3-氯-2-羟丙基)醚	BADGE·2HCl	4809-35-2
双酚 A-二缩水甘油醚	BADGE	1675-54-3
双酚 F-二(2,3-二羟丙基)醚	BFDGE·$2H_2O$	72406-26-9
双酚 F 二(2-氯-1-丙醇)醚	BFDGE·2HCl	374772-79-9
双酚 F-二缩水甘油醚	BFDGE	2095-03-6
双酚 S	bisphenolS,BPS	80-09-1
双酚 S-$^{13}C_{12}$	BPS-$^{13}C_{12}$	
玉米赤霉醇,α-赤霉醇	α-zearalanol	26538-44-3
去甲雄三烯醇酮(群勃龙)	trenbolone	10161-33-8
可待因	codeine	76-57-3
可待因-d_3	codeine-d_3	70420-71-2
可待因盐酸盐	codeine hydrochloride	1422-07-7
可待因磷酸盐	codeine phosphate	41444-62-6
丙酸睾酮	testosteronepropionate	57-85-2
甲基睾丸酮	methyltestosterone	58-18-4
甲基睾丸酮-d_3	dumogran-d_3	96425-03-5
甲硝唑	metronidazole,MNZ	443-48-1
四亚甲基二砜四胺(毒鼠强)	tetramine,TETS,DSTA	80-12-6
四氘代甲硝唑,甲硝唑-d_4	metronidazole-d_4,MNZ-d_4	1261392-47-5
亚精胺	spermidine	124-20-9
亚精胺盐酸盐	spermidine trihydrochloride	334-50-9
吗啡	morphine,MOP	57-27-2
吗啡-d_3	morphine-d_3	67293-88-3
吗啡盐酸盐	morphine hydrochloride	52-26-6
氘代邻苯二甲酸二(2-乙基)己酯	DI-2-ethylhexyl phthalate-d_4	93951-87-2
氘代氨基甲酸乙酯	deuteratedurethane	73962-07-9
氘代氯霉素,氯霉素-d_5	chloramphenicol-d_5,CAP-d_5	202480-68-0
色胺	tryptamine	61-54-1
那可汀	narcotine	128-62-1
那可汀盐酸盐	narcotine hydrochloride	912-60-7
邻苯二甲酸二(2-乙氧基)乙酯	bis(2-ethoxyethyl)phthalate,BEEP	605-54-9
邻苯二甲酸二(2-乙基)己酯	dioctylphthalate,HEP,DEHP	117-81-7
邻苯二甲酸二(2-甲氧基)乙酯	dimethoxyethylphthalate,DMEP	117-82-8
邻苯二甲酸二乙酯	diethylortho-phthalate,DEP	84-66-2

续表

中文名称	英文名称(含缩写)	CAS RN
邻苯二甲酸二正丁酯	di-*n*-butylortho-phthalate,DBP	84-74-2
邻苯二甲酸二正戊酯	diehenylortho-phthalate,DPP	131-18-0
邻苯二甲酸二正辛酯	di-*n*-octylo-phthalate,DOP	117-84-0
邻苯二甲酸二甲酯	dimethyl phthalate,DMP	131-11-3
邻苯二甲酸二异丁酯	diisobutyl phthalate,DIBP	84-69-5
邻苯二甲酸苄基丁酯	benzyl-*n*-butylortho-phthalate,BBP	85-68-7
苯丙酸诺龙	nandrolone phenylpropionate	62-90-8
组胺	histamine	51-45-6
组胺二盐酸盐	histamine dihydrochloride	56-92-8
结晶紫(龙胆紫)	crystal violet,GV	548-62-9
氨基甲酸乙酯	urethane	51-79-6
氨基脲	semicarbazide,SEM	57-56-7
氨基脲-^{13}C-$^{15}N_2$ 盐酸盐	SEM-[1,2-$^{15}N_2$ ^{13}C]	1173020-16-0
氨基脲盐酸盐	semicarbazide hydrochloride	563-41-7
隐性孔雀石绿	leucomalachite green,LMG	129-73-7
隐性孔雀石绿-d_6	leucomalachite green-d_6	1173021-13-0
隐性结晶紫(无色结晶紫)	leucocrystal violet,LGV	603-48-5
蒂巴因	thebaine	115-37-7
硫氰酸钠	sodium thiocyanate	540-72-7
喹乙醇	olaquindox,OLA	23696-28-8
氯丙嗪	chlorpromazine	50-53-3
氯霉素	chloramphenicol,CAP	56-75-7
酪胺	tyramine	51-67-2
酪胺盐酸盐	tyramine hydrochloride	60-19-5
溴酸钾	potassium bromate	7758-01-2
雌二醇	estradiol	50-28-2
罂粟碱	papaverine	58-74-2
罂粟碱盐酸盐	papaverine hydrochloride	61-25-6
腐胺	1,4-diaminobutane	110-60-1
精胺	spermine	71-44-3
醋酸甲孕酮(安宫黄体酮)	medroxyprogesterone17-acetate	71-58-9

(四)有机磷类

本部分内容参见本书第五章。

附录二　安全规则

原方法中的安全规则合并到本附录中，进行实验前请参阅相关内容。

一、总则

① 检测实验室的运行和管理应遵守国家、地方和行业的相关安全、应急、环保等标准，遵守政府行政管理机关的相关规定。

② 实验前先从物理、机械、化学和生物安全角度了解并检查实验相关的实验

室基础设备和仪器，确保实验设备和仪器的完好性和安全性。

③ 实验前熟悉实验所用试剂的物理化学性质及其毒性、应急处理方法和步骤。准备好有效的个人防护装备。

④ 实验作业过程中遵循实验室和仪器设备的安全操作。实验中产生的有害气体应处理后安全排放。

⑤ 实验结束后对实验产生的固体和液体废弃物按照相关标准和法规处理。

二、各类安全规则

（1）危险化学品类

① 多环芳烃类、真菌毒素类（伏马毒素、黄曲霉毒素、交链孢霉菌素、雪腐镰刀菌烯醇、赭曲霉毒素 A 等）、亚硝胺类等具有不同程度的“三致性”，实验人员应符合安全防护要求，尽量减少暴露。对黄曲霉毒素测定中的所有玻璃器皿，用 5%次氯酸钠浸泡过夜灭活处理。

② 河豚毒素测定时应特别注意安全防护！测定应在通风柜中进行并戴手套，尽量减少暴露。实验中使用过河豚毒素的容器及含有河豚毒素的溶液要 220℃加热 20～60min 或在 1mol/L 氢氧化钠溶液中浸泡 60min 以上，进行灭活处理。

③ 压力容器类：

i. 钢瓶在“危险化学品”里属于“压力容器”，使用前需检查管路和阀门的气密性。使用中必须按照高压钢瓶安全要求操作。

ii. 采用压力罐或者微波消解时，消解罐在消解后仍有较高压力，需等待罐内压力下降到接近大气压时才能在通风柜内进行开罐作业。

（2）作业过程要求

① 消化作业：

i. 硝酸、硫酸、高氯酸、盐酸、三氟化硼等具有强腐蚀性，使用时须穿防护衣和戴耐热防酸手套，佩戴护目镜作业。

ii. 使用含高氯酸的消化液时为了防止发生爆炸，严禁烧干。

② 样品的提取和净化作业：有机溶剂类（甲醇、乙腈、乙酸乙酯、二氯甲烷和正己烷），应全程在通风橱中进行，并配备足够的个人防护设备（穿防护衣、佩戴护目镜和防护类口罩等）。

③ 离心作业：使用高速离心机时，需注意离心机转子受力均衡的问题，以免设备及人员发生危险。

④ 固相萃取作业：在添加 QuEChERS 固体粉末时会产生大量热量，为防止烫伤，应分 2～3 步添加固体粉末，待温度稳定后再添加下一部分。

⑤ 高频作业：为了防止高频辐射危害身体，在使用 ICP 或 ICP-MS 时，点燃等离子体后，不要打开炬室门。